Herbert Amann
Joachim Escher

Analysis I

Dritte Auflage

Birkhäuser Verlag
Basel · Boston · Berlin

Autoren:

Herbert Amann
Institut für Mathematik
Universität Zürich
Winterthurerstr. 190
CH-8057 Zürich
e-mail: herbert.amann@math.unizh.ch

Joachim Escher
Institut für Angewandte Mathematik
Universität Hannover
Welfengarten 1
D-30167 Hannover
e-mail: escher@ifam.uni-hannover.de

Erste Auflage 1998
Zweite Auflage 2002

Bibliografische Information der Deutschen Bibliothek
Die Deutsche Bibliothek verzeichnet diese Publikation in der Deutschen Nationalbibliografie;
detaillierte bibliografische Daten sind im Internet über <http://dnb.ddb.de> abrufbar.

ISBN 978-3-7643-7755-7 Birkhäuser Verlag, Basel – Boston – Berlin

© 2006 Birkhäuser Verlag, Postfach 133, CH-4010 Basel, Schweiz
Ein Unternehmen von Springer Science+Business Media
Satz und Layout mit LaTeX: Gisela Amann, Zürich
Gedruckt auf säurefreiem Papier, hergestellt aus chlorfrei gebleichtem Zellstoff. TCF ∞

ISBN 978-3-7643-7755-7

ISBN 978-3-7643-7756-4 (eBook)

9 8 7 6 5 4 3 2 1

Vorwort

Ein Hauptanliegen der Mathematikausbildung ist die Schulung der Fähigkeit, logisch zu denken und komplexe Zusammenhänge zu analysieren und zu verstehen. Eine solche Analyse erfordert das Erkennen und Herausarbeiten möglichst einfacher Grundstrukturen, welche einer Vielzahl äußerlich verschiedener Problemstellungen gemein sind. Dazu bedarf es eines gerüttelten Maßes an Abstraktionsfähigkeit, die es erlaubt, sich auf den wesentlichen Kern zu konzentrieren, ohne sich von aktuellen Einkleidungen und Nebensächlichkeiten ablenken zu lassen.

Erlernen und Einüben solcher Fähigkeiten können natürlich nicht im „luftleeren Raum" erfolgen. Sie sind an ein sorgfältiges Ausarbeiten von Einzelheiten gebunden. Nur eine stete geistige Auseinandersetzung mit konkreten Fragestellungen und das Ringen um ein tieferes Verständnis, auch von Details, können zum Erfolg führen.

Das vorliegende Werk ist entscheidend vom Streben nach Klarheit, Transparenz und Konzentration auf das Wesentliche geprägt. Es verlangt vom Leser[1] von Anfang an die Bereitschaft, sich mit abstrakten Konzepten auseinanderzusetzen, sowie ein beträchtliches Maß an Mitarbeit und Eigeninitiative. Er wird für seine Mühen durch die Schulung seiner Denkfähigkeit reichlich belohnt. Darüberhinaus werden ihm die Grundlagen für eine tiefergehende Beschäftigung mit der Mathematik und ihren Anwendungen vermittelt.

Dieses Buch ist der erste Band einer dreiteiligen Einführung in die Analysis. Sie ist aus Vorlesungen hervorgegangen, welche die Autoren im Laufe der letzten sechsundzwanzig Jahre an den Universitäten Bochum, Kiel und Zürich, sowie Basel und Kassel abgehalten haben. Da wir hoffen, daß das Werk auch zum Selbststudium und zu Ergänzungen neben Vorlesungen verwendet werde und der Leser daran interessiert sei, eine gute mathematische Allgemeinbildung zu erwerben, haben wir mehr Stoff aufgenommen, als in einer dreisemestrigen Vorlesung behandelt werden kann. Dies geschah einerseits zur Abrundung und um Ausblicke zu geben, andererseits, um schöne und wichtige Anwendungen der entwickelten Theorie aufzuzeigen. Es ist uns ein Anliegen zu demonstrieren, daß die Mathematik nicht nur Eleganz

---

[1] In diesem Werk verwenden wir im Interesse der deutschen Sprache durchgehend die männliche Form. Dies ist im Sinne einer „Variablen" zu verstehen, an deren Stelle nach Bedarf und Bezug das weibliche Äquivalent treten kann.

und innere Schönheit besitzt, sondern auch schlagkräftige Methoden zur Lösung konkreter Fragestellungen zur Verfügung stellt.

Die „eigentliche Analysis" beginnt mit Kapitel II. Im ersten Kapitel haben wir auch Grundbegriffe bereitgestellt, die in der Linearen Algebra entwickelt werden. Daneben sind wir relativ ausführlich auf den Aufbau der Zahlensysteme eingegangen. Dieses Kapitel ist insbesondere für das Selbststudium konzipiert. Es ist bestens geeignet, den Leser in der logisch exakten Deduktion einfacher Sachverhalte zu üben und ihn darin zu schulen, sich auf das Wesentliche zu konzentrieren und kein unbewiesenes a-priori-Wissen unreflektiert zu übernehmen. Dem erfahrenen Dozenten wird es leichtfallen, eine geeignete Stoffauswahl zu treffen, oder die entsprechenden Grundlagen an späterer Stelle, wenn sie erstmals benötigt werden, zu behandeln.

Wir haben uns bemüht, mit diesem Werk ein solides Fundament zu legen und eine Analysis zu lehren, welche dem Leser später ein tieferes Eindringen in die moderne Mathematik erleichtert. Deshalb haben wir alle Begriffe und Konzepte von Anfang an in der Allgemeinheit dargestellt, in der sie später auch bei einer weitergehenden Beschäftigung mit der Mathematik und ihren Anwendungen gebraucht werden. So muß sich der Student den Stoff nur ein einziges Mal erarbeiten und kann dann, hierauf aufbauend, zu neuen Erkenntnissen fortschreiten.

Wir sehen davon ab, hier eine nähere Beschreibung des Inhaltes der drei Bände zu geben. Hierzu verweisen wir auf die Einleitungen zu den einzelnen Kapiteln sowie auf das ausführliche Inhaltsverzeichnis. Wir möchten die Aufmerksamkeit jedoch besonders auf die zahlreichen Übungsaufgaben lenken, die wir den einzelnen Paragraphen beigegeben haben. Das Bearbeiten dieser Aufgaben ist eine unabdingbare Voraussetzung für ein vertieftes Verständnis des Stoffes und eine wirksame Selbstkontrolle.

Beim Schreiben dieses ersten Bandes konnten wir von der Hilfe zahlreicher Kollegen und Schüler profitieren, welche uns mit konstruktiver Kritik zur Seite standen und uns halfen, zahlreiche Druckfehler und Unrichtigkeiten zu beseitigen. Besonders danken möchten wir hier Peter Gabriel, Patrick Guidotti, Stephan Maier, Sandro Merino, Frank Weber, Bea Wollenmann, Bruno Scarpellini und, nicht zuletzt, den Hörern der verschiedenen Vorlesungen, welche durch ihre positiven Reaktionen und späteren Erfolge uns in unserer Art, Analysis zu lehren, bestärkten.

Von Peter Gabriel erhielten wir Unterstützung, die weit über das übliche Maß hinausreicht. Er hat in uneigennütziger Weise den Anhang „Einführung in die Schlußlehre" verfaßt und uns zur Verfügung gestellt. Dafür gebührt ihm unser ganz besonderer Dank.

Wie bei früheren Gelegenheiten auch wurde ein wesentlicher Teil der Arbeit, die zum Gelingen eines solchen Werkes nötig ist, „hinter den Kulissen" geleistet. Dabei ist von unschätzbarem Wert für uns der große Beitrag unseres „Satzperfektionisten", der unzählige anstrengende Stunden vor dem Bildschirm und lange hartnäckige Diskussionen grammatikalischer Feinheiten beigesteuert hat. Der perfekte Satz dieses Buches und die grammatisch richtigen Sätze sind allein sein Verdienst. Unser allerherzlichster Dank gilt ihm.

Herzlich danken möchten wir auch Andreas, der uns stets mit der neuesten TₑX-Version[2] versorgte und uns bei Soft- und Hardware-Problemen beratend und helfend zur Seite stand.

Schließlich danken wir Thomas Hintermann für die Anregung, unsere Vorlesungen in dieser Form einer größeren Öffentlichkeit zugänglich zu machen, sowie ihm und dem Birkhäuser Verlag für die gute und angenehme Zusammenarbeit.

Zürich und Kassel, im Juni 1998   H. Amann und J. Escher

Vorwort zur zweiten Auflage

In dieser Neuauflage haben wir Ungenauigkeiten und Fehler ausgemerzt, auf die wir durch aufmerksame Leser hingewiesen wurden. Besonders wertvoll waren uns die zahlreichen Hinweise und Änderungsvorschläge unserer Kollegen H. Crauel und A. Ilchmann. Ihnen allen gilt unser herzlichster Dank.

Zürich und Hannover, im März 2002   H. Amann und J. Escher

Vorwort zur dritten Auflage

Auch in dieser Auflage haben wir weitere Fehler korrigiert, die uns in der Zwischenzeit zur Kenntnis gebracht worden sind. Besonders zu Dank verpflichtet sind wir Gary Brookfield, der uns anläßlich seiner Übersetzung dieses Bandes ins Englische auf Unstimmigkeiten aufmerksam gemacht und einzelne Beweisvereinfachungen vorgeschlagen hat. Wir danken auch Filip Bár, der ausführliche „Anmerkungen und Errata" zu unseren Bänden geschrieben (http://matheplanet.com) und uns seine Korrekturliste zugesandt hat.

Zürich und Hannover, im März 2006   H. Amann und J. Escher

---

[2]Für den Text wurde ein LₐTₑX-file erstellt. Die Abbildungen wurden zusätzlich mittels Corel-DRAW! und Maple gestaltet.

Inhaltsverzeichnis

Kapitel III   Stetige Funktionen

Kapitel IV   Differentialrechnung in einer Variablen

Kapitel V Funktionenfolgen

Kapitel I

Grundlagen

Große Teile dieses ersten Kapitels handeln von „den Zahlen". Letztere stellen unbestreitbar die Grundlage der gesamten Mathematik dar, was eine vertiefte Betrachtung nicht nur rechtfertigt, sondern unabdingbar macht. Ohne eine genaue Kenntnis der Eigenschaften der Zahlen ist ein tieferes Verständnis der Mathematik nicht möglich.

Wir haben uns dafür entschieden, einen konstruktiven Aufbau der Zahlensysteme vorzustellen. Ausgehend von den Peano-Axiomen für die natürlichen Zahlen werden wir schrittweise immer umfassendere Zahlenbereiche konstruieren. Dabei werden wir uns von dem Wunsch leiten lassen, gewisse „natürliche" Gleichungen zu „lösen". Auf diese Weise werden wir von den natürlichen über die ganzen und die rationalen zu den reellen Zahlen aufsteigen, um schließlich als letzten und umfassendsten Zahlenbereich die komplexen Zahlen zu konstruieren. Dieses Vorgehen ist relativ langwierig und verlangt vom Leser ein beträchtliches Maß an Einsatz und Mitdenken. Er wird dafür durch die Schulung seines mathematischen Denkvermögens reichlich belohnt.

Bevor wir überhaupt von dem einfachsten aller Zahlensysteme, den natürlichen Zahlen, sinnvoll sprechen können, müssen wir auf mengentheoretische Grundbegriffe eingehen. Hierbei, wie auch bei der Behandlung der logischen Grundlagen im ersten Paragraphen, handelt es sich in erster Linie darum, eine präzise „Sprache" zu formulieren und genaue „Rechenregeln" festzulegen. Auf axiomatische Begründungen der Logik und Mengenlehre können und wollen wir nicht eingehen.

Dem Leser dürfte von der Schule her bereits ein Teil des Stoffes der ersten vier Paragraphen bekannt sein — zumindest „der Spur nach" und in einfachen Situationen. Wir haben jedoch bewußt darauf verzichtet, Anleihen beim Schulwissen zu machen und haben von Anfang an einen relativ abstrakten Rahmen gewählt. So achten wir streng darauf, daß nichts verwendet wird, was zuvor nicht präzise definiert oder bereits bewiesen worden ist. Es ist uns wichtig, daß der Student von Anfang an lernt, „genau hinzusehen" sowie mit den Definitionen zu arbeiten und aus ihnen Folgerungen zu ziehen, ohne zusätzliche Informationen zu verwenden, die für ein gegebenes Problem irrelevant und der Klarheit der Beweisführung abträglich sind.

Der Aufstieg vom Einfachen, den natürlichen Zahlen, zum Komplizierten, den komplexen Zahlen, geht Hand in Hand mit dem Fortschreiten von sehr einfachen algebraischen Strukturen zu relativ reichhaltigen Objekten. Aus diesem Grund behandeln wir einigermaßen ausführlich in den Paragraphen 7 und 8 die wichtigsten algebraischen Grundbegriffe. Wiederum haben wir einen abstrakten formalen Zugang gewählt, da wir den Anfänger daran gewöhnen wollen, auch in komplizierten Situationen, wie wir sie in späteren Kapiteln antreffen werden, einfache Strukturen zu sehen, die in der gesamten Mathematik omnipräsent sind. Ein vertieftes Studium dieser algebraischen Grundbegriffe ist Gegenstand der (Linearen) Algebra. In den entsprechenden Vorlesungen und der einschlägigen Literatur wird der Leser weitergehende Anwendungen der algebraischen Theorie finden. Hier geht es darum, Rechenregeln abzuleiten, die immer dann gelten, wenn einige wenige Axiome erfüllt sind. Das Erkennen einfacher algebraischer Strukturen in komplexeren Problemen der Analysis wird es uns später erlauben, den Überblick über ausgedehnte mathematische Gebiete zu behalten und die letzteren innewohnenden Gemeinsamkeiten zu sehen. Außerdem soll der Leser frühzeitig merken, daß die Mathematik eine Einheit ist und nicht in disjunkte, voneinander isolierte Teile zerfällt.

Da der Anfänger üblicherweise parallel zur Einführung in die Analysis eine ebensolche in die Lineare Algebra erhält, haben wir uns auf das Wesentliche beschränkt. Dabei haben wir uns bei der Auswahl der vorgestellten Begriffe durch unsere späteren Bedürfnisse leiten lassen. Dies trifft besonders auf den in Paragraph 12 behandelten Stoff, nämlich Vektorräume und Algebren, zu. Letztere werden uns, z.B. in Form von Funktionenalgebren, beim tieferen Eindringen in die Analysis auf Schritt und Tritt begegnen.

Der etwas „trockene" Stoff dieses ersten Kapitels wird dadurch etwas aufgelockert, daß wir immer wieder Anwendungen der allgemeinen Theorie behandeln. Da wir — wie oben bereits erwähnt — den Leser darin schulen wollen, nur das zu verwenden, was er sich bereits erarbeitet hat, sind wir anfänglich auf sehr einfache „interne" Beispiele angewiesen. In späteren Paragraphen können wir uns dann mehr und mehr von solchen Beschränkungen befreien, wie z.B. die Behandlung des Interpolationsproblems in Paragraph 12 zeigt.

Es sei daran erinnert, daß dieses Buch sowohl zum Selbststudium als auch zum Gebrauch in und neben Vorlesungen gedacht ist. Aus diesem Grund sind wir in diesem ersten Kapitel ausführlicher und bringen mehr Stoff, als dies in einer Vorlesung der Fall sein kann. Dem Studierenden legen wir das sorgfältige Durcharbeiten dieser „Grundlagen" ganz besonders ans Herz. Dabei können beim ersten Durchgang die in Kleindruck skizzierten Beweise der Theoreme 5.3, 9.1, 9.2 und 10.4 übergangen werden. Zu einem späteren Zeitpunkt, wenn der Leser mit der mathematischen Denkweise besser vertraut ist, sollten diese Lücken aber unbedingt geschlossen werden.

1 Logische Grundbegriffe

Um komplizierte Sachverhalte übersichtlich darzustellen, ist es nützlich, die Notationen der symbolischen Logik zu verwenden. Diese beziehen sich auf Aussagen, wobei unter einer **Aussage** jeder Satz zu verstehen ist, von dem man sinnvollerweise behaupten kann, daß er richtig oder falsch sei. Jeder Aussage kann also der *Wahrheitswert* „wahr" (w) oder „falsch" (f) zugeordnet werden. Eine andere Möglichkeit gibt es nicht, und eine Aussage kann nicht gleichzeitig wahr und falsch sein.

Beispiele für Aussagen sind: „Es regnet", „Es stehen Wolken am Himmel", „Alle Leser dieses Buches finden, es sei schön". Andererseits ist „Der hier niedergeschriebene Satz ist falsch" keine Aussage. Denn wäre sie wahr, so träfe der behauptete Sachverhalt zu, der besagt, daß er falsch ist. Wäre sie jedoch falsch, so träfe der Sachverhalt nicht zu; also wäre der Satz wahr und nicht falsch.

Ist A eine Aussage, so erhält man durch ihre **Negation** die neue Aussage $\neg A$ (in Worten: „nicht A"). Hierbei ist $\neg A$ wahr, wenn A falsch ist, und $\neg A$ ist falsch, wenn A wahr ist. Schematisch können wir dies in der *Wahrheitstafel*

A	w	f
$\neg A$	f	w

darstellen.

Natürlich wird „nicht A" in der sprachlichen Formulierung den Regeln der Syntax und der Grammatik angepaßt. Ist z.B. A die Aussage: „Es stehen Wolken am Himmel", so lautet $\neg A$: „Es stehen keine Wolken am Himmel". Die Negation der Aussage „Alle Leser dieses Buches finden, es sei schön" ist: „Es gibt mindestens einen Leser dieses Buches, der findet, es sei nicht schön" (und nicht etwa: „Kein Leser dieses Buches findet, es sei schön"!).

Aus der Aussage A wird durch Negation die Aussage $\neg A$ gebildet. Sind A und B Aussagen, so können diese durch die **Konjunktion** $\wedge$ und die **Disjunktion** $\vee$ zu neuen Aussagen verbunden werden. Dabei ist die Aussage $A \wedge B$ („A und B") richtig (d.h. wahr), wenn sowohl A als auch B wahr sind, und in allen anderen Fällen falsch. Die Aussage $A \vee B$ („A oder B") ist falsch, wenn sowohl A als auch B falsch sind, und richtig in allen anderen Fällen. Diese Definitionen sind in der folgenden Wahrheitstafel übersichtlich zusammengefaßt:

A	B	$A \wedge B$	$A \vee B$
w	w	w	w
w	f	f	w
f	w	f	w
f	f	f	f

Es ist zu beachten, daß das „oder" der Disjunktion nicht im Sinne des die andere Möglichkeit ausschließenden „entweder-oder" gebraucht wird. „A oder B" ist wahr, wenn A wahr ist, oder wenn B wahr ist, oder wenn beide wahr sind.

Ist $E(x)$ ein Ausdruck, der eine Aussage darstellt, wenn für x ein Objekt (Mitglied, Ding) einer vorgegebenen Klasse (Kollektion, Gesamtheit) von Objekten eingesetzt wird, so heißt E **Eigenschaft**. Der Satz: „x hat die Eigenschaft E" bedeutet dann: „$E(x)$ ist wahr". Gehört x zur Klasse X, d.h., ist x ein **Element** von X, so schreiben wir $x \in X$, andernfalls[1] $x \notin X$. Dann ist

$$\{\, x \in X \,;\, E(x) \,\}$$

die Klasse aller Elemente x der Kollektion X, welche die Eigenschaft E besitzen. Ist X die Klasse der Leser dieses Buches und ist $E(x)$ die Aussage: „x trägt eine Brille", so stellt $\{\, x \in X \,;\, E(x) \,\}$ die Klasse der Leser dieses Buches dar, die eine Brille tragen.

Wir schreiben $\exists$ für den **Quantor** „es gibt". Folglich bezeichnet

$$\exists\, x \in X : E(x)$$

die Aussage: „Es gibt (mindestens) ein (Objekt) x in (der Klasse) X, welches die Eigenschaft E besitzt". Wir schreiben $\exists!\, x \in X : E(x)$, wenn es **genau ein** solches Objekt gibt.

Für den Quantor „für alle" verwenden wir die Bezeichnung $\forall$. Dabei muß $\forall$ in der sprachlichen Formulierung wiederum den Regeln der Syntax und der Grammatik angepaßt werden. So stellt

$$\forall\, x \in X : E(x) \tag{1.1}$$

die Aussage dar: „Für jedes (Objekt) x in (der Klasse) X gilt die Eigenschaft E", oder „Jedes x in X besitzt die Eigenschaft E". Die Aussage (1.1) ist gleichbedeutend mit

$$E(x) \,, \qquad \forall\, x \in X \,, \tag{1.2}$$

d.h. mit der Aussage: „Die Eigenschaft E gilt für alle x in X". In der Formulierung (1.2) lassen wir in der Regel den Quantor $\forall$ weg und schreiben kurz:

$$E(x) \,, \qquad x \in X \,. \tag{1.3}$$

Ein Ausdruck der Form (1.3) ist also stets zu lesen als: „Die Eigenschaft E gilt für jedes x in X", oder „Es gilt E für alle x in X".

Schließlich verwenden wir das Zeichen $:=$, um „steht für" abzukürzen. Also bedeutet

$$a := b \,,$$

daß das Objekt a (als Abkürzung) steht für das Objekt b, oder daß a ein neuer Name ist für b. Man sagt auch: „a ist definitionsgemäß gleich b", oder „Das ‚Ding‘ auf der Seite des Doppelpunktes ‚wird definiert durch‘ das ‚Ding‘ auf der Seite des Gleichheitszeichens". Natürlich bedeutet $a = b$, daß die Objekte a und b gleich sind, d.h., daß a und b nur verschiedene Darstellungen desselben Objektes (Gegenstandes, Aussage etc.) sind.

---

[1]Es ist allgemein üblich, bei Abkürzungen von Aussagen durch Zeichen (wie $\in$ bzw. $=$ etc.), deren Negation durch Streichen der Zeichen (wie $\notin$ bzw. $\neq$ etc.) anzugeben.

1.1 Beispiele Es seien A und B Aussagen, X und Y seien Klassen von Objekten, und E sei eine Eigenschaft. Dann verifiziert man leicht die Richtigkeit der folgenden Aussagen (u.a. durch Verwenden von Wahrheitstafeln):

(a) $\neg\neg A := \neg(\neg A) = A$.

(b) $\neg(A \wedge B) = (\neg A) \vee (\neg B)$.

(c) $\neg(A \vee B) = (\neg A) \wedge (\neg B)$.

(d) $\neg(\forall x \in X : E(x)) = (\exists x \in X : \neg E(x))$. Anschauliches Beispiel: Die Verneinung der Aussage „Jeder Leser dieses Buches trägt eine Brille" lautet „Mindestens ein Leser dieses Buches trägt keine Brille".

(e) $\neg(\exists x \in X : E(x)) = (\forall x \in X : \neg E(x))$. Anschauliches Beispiel: Die Negation der Aussage „Es gibt einen kahlen Einwohner der Stadt Z." lautet „Kein Einwohner von Z. ist kahl".

(f) $\neg(\forall x \in X : (\exists y \in Y : E(x,y))) = (\exists x \in X : (\forall y \in Y : \neg E(x,y)))$. Anschauliches Beispiel: Die Verneinung der Aussage „Jeder Leser dieses Buches findet im ersten Kapitel mindestens einen Satz, der ihm trivial erscheint" lautet „Für mindestens einen Leser dieses Buches ist jeder Satz des ersten Kapitels nicht trivial".

(g) $\neg(\exists x \in X : (\forall y \in Y : E(x,y))) = (\forall x \in X : (\exists y \in Y : \neg E(x,y)))$. Anschauliches Beispiel: Die Negation der Aussage „Es gibt einen Einwohner der Stadt B., der mit allen Bewohnern der Stadt Z. befreundet ist" lautet „Jeder Einwohner von B. ist mit mindestens einem Einwohner von Z. nicht befreundet". ■[2]

1.2 Bemerkungen **(a)** In den obigen Beispielen haben wir der Deutlichkeit halber Klammern gesetzt. Dies empfiehlt sich stets bei komplizierten, wenig übersichtlichen Sachverhalten. Andererseits wird die Darstellung oft einfacher, wenn man auf das Setzen von Klammern sowie auf die Angabe der Klassenzugehörigkeit verzichtet, falls keine Unklarheiten zu befürchten sind. In allen Fällen ist jedoch die Reihenfolge der auftretenden Quantoren wesentlich. So sind „$\forall x \, \exists y : E(x,y)$" und „$\exists y \, \forall x : E(x,y)$" verschiedene Aussagen: Im ersten Fall gibt es zu jedem x ein solches y, daß $E(x,y)$ richtig ist. In diesem Fall wird y i. allg. von x abhängen, d.h., zu einem anderen x muß man i. allg. ein anderes y suchen, damit $E(x,y)$ wahr ist. Im zweiten Fall kann man ein festes y finden, so daß die Aussage $E(x,y)$ für jedes x wahr ist. Ist z.B. $E(x,y)$ die Aussage „Der Leser x dieses Buches findet den mathematischen Sachverhalt y dieses Buches trivial", so lautet die erste Aussage „Jeder Leser dieses Buches findet mindestens einen mathematischen Sachverhalt dieses Buches trivial". Die zweite Aussage lautet dagegen „Es gibt eine mathematische Aussage in diesem Buch, die von jedem Leser dieses Buches als trivial empfunden wird".

---

[2]Wir verwenden ein schwarzes Quadrat, um das Ende einer Auflistung von Beispielen, von Bemerkungen oder eines Beweises zu kennzeichnen.

(b) Unter Verwendung der Quantoren $\exists$ und $\forall$ können Negationen „mechanisch" durchgeführt werden. Dazu sind die Quantoren $\exists$ und $\forall$ sowie die **Junktoren** $\wedge$ und $\vee$ jeweils (unter Beibehaltung der ursprünglichen Reihenfolge!) zu vertauschen und alle auftretenden Aussagen zu negieren (vgl. die Beispiele 1.1). Dies gilt auch für mehr als „zweistellige" Aussagen. So ist z.B. die Negation der Aussage „$\forall x \, \exists y \, \forall z : E(x, y, z)$" durch „$\exists x \, \forall y \, \exists z : \neg E(x, y, z)$" gegeben. $\blacksquare$

Es seien A und B Aussagen. Dann erhält man eine neue Aussage, die **Implikation** $A \Rightarrow B$, („Aus A folgt B", „A impliziert B" oder „A zieht B nach sich" etc.) durch

$$(A \Rightarrow B) := (\neg A) \vee B . \tag{1.4}$$

Folglich ist $(A \Rightarrow B)$ falsch, wenn A richtig und B falsch sind, und richtig in allen anderen Fällen (vgl. Beispiele 1.1(a), (c)). Also ist $A \Rightarrow B$ richtig, wenn A und B richtig sind, oder wenn A falsch ist (unabhängig davon, ob B wahr oder falsch ist). Dies bedeutet, daß aus einer richtigen Aussage keine falsche abgeleitet werden kann, während aus einer falschen jede Aussage hergeleitet werden kann, egal, ob diese richtig oder falsch sei.

Die **Äquivalenz** $A \Leftrightarrow B$ („A und B sind äquivalent") der Aussagen A und B wird durch

$$(A \Leftrightarrow B) := (A \Rightarrow B) \wedge (B \Rightarrow A)$$

definiert. Statt „A und B sind äquivalent" sagt man auch: „A gilt genau dann (oder: dann und nur dann), wenn B gilt". Die Aussagen A und B sind genau dann äquivalent, wenn mit der Aussage $A \Rightarrow B$ auch ihre **Umkehrung** $B \Rightarrow A$ richtig ist.

Ist $A \Rightarrow B$ richtig, so ist (die Gültigkeit von) „A **hinreichend** für (die Gültigkeit von) B" und (die Gültigkeit von) „B **notwendig** für (die Gültigkeit von) A". Also sind A und B genau dann äquivalent, wenn „A **notwendig und hinreichend** ist für B".

Es ist eine fundamentale Beobachtung, daß gilt

$$(A \Rightarrow B) \Leftrightarrow (\neg B \Rightarrow \neg A) . \tag{1.5}$$

Dies ergibt sich unmittelbar aus Definition (1.4) und Beispiel 1.1(a). Hierbei heißt die Aussage $\neg B \Rightarrow \neg A$ **Kontraposition** der Aussage $A \Rightarrow B$.

Sind z.B. A die Aussage „Es stehen Wolken am Himmel" und B die Aussage „Es regnet", so ist $B \Rightarrow A$ die Aussage „Wenn es regnet, stehen Wolken am Himmel". Ihre Kontraposition lautet: „Wenn keine Wolken am Himmel stehen, regnet es nicht".

Aus der Richtigkeit der Aussage $B \Rightarrow A$ folgt i. allg. nicht, daß die Aussage $\neg B \Rightarrow \neg A$ wahr ist! Auch wenn „es nicht regnet", können „Wolken am Himmel stehen".

Wenn A eine Aussage ist, für die wir *festsetzen*, daß sie genau dann richtig sein soll, wenn die Aussage B wahr ist, schreiben wir

$$A :\Leftrightarrow B$$

und sagen: „A gilt definitionsgemäß genau dann, wenn B gilt".

In der Mathematik wird eine wahre Aussage oft als **Satz**[3] bezeichnet. Besonders häufig treten Sätze der Form $A \Rightarrow B$ auf; also wahre Aussagen der Form $(A \Rightarrow B) = (\neg A) \vee B$. Hierbei ist natürlich nur der Fall interessant, in dem A wahr ist. In diesem Fall ist $A \Rightarrow B$ genau dann wahr, wenn auch B wahr ist. Um also, unter der **Voraussetzung** (Annahme) der Richtigkeit der Aussage A, zu zeigen, daß die Aussage $A \Rightarrow B$ richtig, d.h. der Satz $A \Rightarrow B$ gültig ist, muß man beweisen, daß die **Behauptung** B richtig ist (daß „aus der Voraussetzung A die Behauptung B folgt").

Zum Beweis eines mathematischen Satzes der Form $A \Rightarrow B$ kann man im wesentlichen zwei Arten des Argumentierens verwenden: den direkten und den indirekten Beweis. Der **direkte Beweis** verwendet die Tatsache, daß gilt

$$(A \Rightarrow C) \wedge (C \Rightarrow B) \Rightarrow (A \Rightarrow B) , \tag{1.6}$$

wie der Leser unschwer verifizieren möge. Um also die Gültigkeit des Satzes $A \Rightarrow B$ zu beweisen, wird man die Aussage $A \Rightarrow B$ in bereits als richtig erkannte Teilaussagen $A \Rightarrow C$ und $C \Rightarrow B$ so zerlegen, daß gilt: $(A \Rightarrow C) \wedge (C \Rightarrow B)$. Dann folgt die Gültigkeit des zu beweisenden Satzes aus (1.6). Natürlich kann dieses Vorgehen wiederholt werden, d.h., $A \Rightarrow C$ und $C \Rightarrow B$ werden analog zerlegt, usw.

Im **indirekten Beweis** nimmt man an, die Behauptung B sei falsch, d.h., es gelte $\neg B$. Dann leitet man — unter der Annahme A und der zusätzlichen Voraussetzung $\neg B$ — mittels vorher als richtig erkannter Aussagen die Wahrheit einer Aussage C ab, von der man bereits weiß, daß sie falsch ist. Aus diesem „Widerspruch" folgt, daß $\neg B$ nicht richtig sein kann. Also ist B wahr.

Schließlich ist es oft einfacher, statt des Satzes $A \Rightarrow B$ seine Kontraposition $\neg B \Rightarrow \neg A$ zu beweisen. Gemäß (1.5) ist die letzte Aussage zu der gewünschten äquivalent.

Wir verzichten hier auf die Konstruktion künstlicher Beispiele. Dem Leser wird empfohlen, in den Beweisen der folgenden Paragraphen die entsprechenden Strukturen zu identifizieren (vgl. insbesondere den Beweis von Satz 2.6).

Die vorangehenden Erklärungen sind unbefriedigend, da wir weder gesagt haben, was eine Aussage sei, noch wie wir entscheiden können, ob sie wahr sei. Eine weitere Schwierigkeit liegt in der Tatsache, daß wir uns der herkömmlichen deutschen Sprache

---

[3]Zur klareren Strukturierung verwenden wir in diesem Buch statt „Satz" überdies folgende Bezeichnungen: Theorem („ein besonders wichtiger Satz"), Lemma („Hilfssatz") und Korollar („eine direkte oder leichte Folgerung aus einem unmittelbar vorangehenden Satz", ein „Folgesatz").

bedienen. Wie jede Umgangssprache enthält sie viele mehrdeutige Begriffe und Satzbildungen, welche keine Aussagen in unserem Sinne darstellen.

Um eine solide Basis für die Regeln des mathematischen Schließens zu erhalten, müssen wir die mathematische Logik zu Hilfe nehmen. Sie stellt formale Sprachen zur Verfügung, in denen die zulässigen Aussagen als Sätze erscheinen, welche mittels wohldefinierter Konstruktionsvorschriften aus einem vorgegebenen System von „Axiomen" abgeleitet werden können. Bei diesen Axiomen handelt es sich um „unbeweisbare" Aussagen, welche der Erfahrungswelt der Mathematiker entnommen sind und als allgemeingültige Grundtatsachen anerkannt werden.

Wir sehen hier davon ab, tiefer in solche formalen Bereiche einzudringen, und geben uns mit unseren obigen Formulierungen zufrieden. Interessierte Leser verweisen wir auf den Anhang „Einführung in die Schlußlehre", welcher eine Präzisierung der vorstehenden Betrachtungen enthält.

Aufgaben

1 Wird hier logisch richtig geschlossen oder nicht?

(a) Wenn sich die Konsensfähigkeit des Gemeindepräsidenten nicht ändert, dann schlägt die politische Stimmung im Dörfchen Seldwyla nicht um. Wird der Gemeindepräsident aber konsensfähiger, so wird Seldwyla der Ennettaler Union beitreten. In diesem Fall wird es einen wirtschaftlichen Aufschwung geben, und im Dörfchen Seldwyla werden Milch und Honig fließen. Wenn die politische Stimmung nicht umschlägt, droht Seldwyla hingegen eine Rezession.

Somit droht dem Dörfchen Seldwyla eine Rezession, oder es werden Milch und Honig fließen.

(b) Wenn Majestix seine Pflicht nicht vernachlässigt, bereiten sich unsere wohlbekannten Gallier auf das nächste Wildschweinessen vor. Wenn er seine Pflicht vernachlässigt, herrscht ein zu geringer Lauwarme-Cervisia-Konsum. Es wird aber entweder genügend lauwarme Cervisia getrunken oder zuwenig. Letzteres ist jedoch niemals der Fall. Also vernachlässigt Majestix seine Pflicht keinesfalls.

2 „Meiers werden uns heute abend besuchen", kündigt Frau Müller an. „Die ganze Familie, also Herr und Frau Meier mit ihren drei Kindern Franziska, Kathrin und Walter?" fragt Herr Müller bestürzt. Darauf Frau Müller, die keine Gelegenheit vorübergehen läßt, ihren Mann zu logischem Denken anzuregen: „Nun, ich will es dir so erklären: Wenn Herr Meier kommt, dann bringt er auch seine Frau mit. Mindestens eines der beiden Kinder Walter und Kathrin kommt. Entweder kommt Frau Meier oder Franziska, aber nicht beide. Entweder kommen Franziska und Kathrin oder beide nicht. Und wenn Walter kommt, dann auch Kathrin und Herr Meier. So, jetzt weißt du, wer uns heute abend besuchen wird."

Wer kommt und wer kommt nicht?

3 In der Bibliothek des Grafen Dracula gibt es keine zwei Bücher, deren Inhalt aus gleich vielen Wörtern besteht. Die Anzahl der Bücher ist größer als die Summe der Anzahl der Wörter jedes einzelnen Buches. Diese Aussagen genügen, um den Inhalt mindestens eines Buches aus Draculas Bibliothek genau zu beschreiben. Was steht in diesem Buch?

2 Mengen

Die Grundtatsachen der Mengenlehre setzen wir als bekannt voraus. Jedoch erinnern wir im folgenden an die wesentlichen Begriffe, um eine klare Grundlage zu haben und um die Bezeichnungen festzulegen. Außerdem behandeln wir Erweiterungen, Folgerungen und Rechenregeln.

Elementare Tatsachen

Sind X und Y Mengen, so bedeutet die Aussage $X \subset Y$ („X ist **Teilmenge** von Y“ oder „X ist in Y enthalten“), daß jedes Element von X auch zu Y gehört, d.h. $\forall x \in X : x \in Y$. Wir schreiben $Y \supset X$ für $X \subset Y$ und sagen „Y ist **Obermenge** von X“. Die Gleichheit von Mengen wird durch

$$X = Y :\Longleftrightarrow (X \subset Y) \wedge (Y \subset X)$$

definiert.

Die Aussagen

$$X \subset X \qquad\qquad\qquad \text{(Reflexivität)}$$
$$(X \subset Y) \wedge (Y \subset Z) \Rightarrow (X \subset Z) \qquad \text{(Transitivität)}$$

sind offensichtlich. Gelten $X \subset Y$ und $X \neq Y$, so heißt X **echte Teilmenge** von Y, und Y ist eine **echte Obermenge** von X. Diesen Sachverhalt bezeichnen wir gelegentlich mit $X \subsetneq Y$ oder $Y \supsetneq X$ und sagen: „X ist echt in Y enthalten“.

Ist X eine Menge und ist E eine Eigenschaft, so ist $\{ x \in X ; E(x) \}$ die Teilmenge von X, die aus allen Elementen x von X besteht, für die $E(x)$ wahr ist. Die Menge $\emptyset_X := \{ x \in X ; x \neq x \}$ ist die **leere Teilmenge** von X.

2.1 Bemerkungen (a) Es sei E eine Eigenschaft. Dann ist die Aussage

$$x \in \emptyset_X \Rightarrow E(x)$$

für jedes $x \in X$ richtig („Die leere Menge besitzt jede Eigenschaft“).

Beweis Gemäß (1.4) gilt:

$$(x \in \emptyset_X \Rightarrow E(x)) = \neg(x \in \emptyset_X) \vee E(x) .$$

Die Negation $\neg(x \in \emptyset_X)$ ist aber für jedes $x \in X$ wahr. ∎

(b) Sind X und Y Mengen, so gilt $\emptyset_X = \emptyset_Y$, d.h., es gibt genau eine **leere Menge**; sie wird mit $\emptyset$ bezeichnet und ist Teilmenge jeder Menge.

Beweis Aus (a) folgt $x \in \emptyset_X \Rightarrow x \in \emptyset_Y$, also $\emptyset_X \subset \emptyset_Y$. Durch Vertauschen von X und Y erhalten wir $\emptyset_X = \emptyset_Y$. ∎

Die Menge, die aus dem einzigen Element x besteht, wird mit $\{x\}$ bezeichnet. Sie ist eine **einpunktige Menge**. Analog ist $\{a, b, \ldots, *, \odot\}$ die Menge, die aus den Elementen a, b, $\ldots$, $*$, $\odot$ besteht.

Die Potenzmenge

Ist X eine Menge, so ist auch ihre **Potenzmenge** $\mathfrak{P}(X)$ eine Menge. Die Elemente von $\mathfrak{P}(X)$ sind gerade die Teilmengen von X. Statt $\mathfrak{P}(X)$ schreibt man auch 2^X (aus Gründen, die in Paragraph 5 klarwerden; vgl. auch Aufgabe 3.6). Offensichtlich gelten die folgenden Aussagen:

$$\emptyset \in \mathfrak{P}(X)\,, \quad X \in \mathfrak{P}(X)\,.$$
$$x \in X \Longleftrightarrow \{x\} \in \mathfrak{P}(X)\,.$$
$$Y \subset X \Longleftrightarrow Y \in \mathfrak{P}(X)\,.$$

Insbesondere ist $\mathfrak{P}(X)$ stets nicht leer.

2.2 Beispiele   (a) $\mathfrak{P}(\emptyset) = \{\emptyset\}$, $\mathfrak{P}(\{\emptyset\}) = \{\emptyset, \{\emptyset\}\}$.

(b) $\mathfrak{P}(\{*, \odot\}) = \{\emptyset, \{*\}, \{\odot\}, \{*, \odot\}\}$. ∎

Komplemente, Durchschnitte und Vereinigungen

Es seien A und B Teilmengen einer Menge X. Dann ist

$$A\backslash B := \big\{\, x \in X \;;\; (x \in A) \wedge (x \notin B) \,\big\}$$

das (relative) **Komplement von B in A**. Ist es (aus dem Zusammenhang) klar, von welcher Obermenge X die Rede ist, setzen wir

$$A^c := X\backslash A$$

und nennen A^c **Komplement** von A. Damit ist offensichtlich, daß

$$A\backslash B = A \cap B^c$$

gilt.

Die Menge

$$A \cap B := \big\{\, x \in X \;;\; (x \in A) \wedge (x \in B) \,\big\}$$

(„A geschnitten mit B" oder „A Durchschnitt B") heißt **Durchschnitt** von A und B. Gilt $A \cap B = \emptyset$, haben also A und B kein Element gemeinsam, sagt man „A und B sind **disjunkt**". Die Menge

$$A \cup B := \big\{\, x \in X \;;\; (x \in A) \vee (x \in B) \,\big\}$$

(„A vereinigt mit B") heißt **Vereinigung** von A und B.

2.3 Bemerkung Es ist empfehlenswert, sich Relationen zwischen Mengen graphisch, in sogenannten **Venn-Diagrammen**, zu veranschaulichen. Dabei werden Mengen schematisch durch Bereiche in der Ebene dargestellt, bzw. durch die sie umschließenden Kurven.

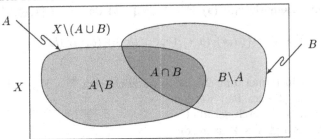

Derartige Skizzen besitzen natürlich keinerlei Beweiskraft. Sie sind aber zur Förderung der Intuition äußerst nützlich. ∎

Im folgenden Satz stellen wir einige einfache „Rechenregeln" zusammen, wobei wir in Klammern die dafür üblichen Bezeichnungen angeben.

2.4 Satz *Es seien X, Y und Z Teilmengen einer Menge. Dann gelten die Aussagen:*

(i) $X \cup Y = Y \cup X$, $X \cap Y = Y \cap X$. *(Kommutativität)*

(ii) $X \cup (Y \cup Z) = (X \cup Y) \cup Z$, $X \cap (Y \cap Z) = (X \cap Y) \cap Z$. *(Assoziativität)*

(iii) $X \cup (Y \cap Z) = (X \cup Y) \cap (X \cup Z)$,
$X \cap (Y \cup Z) = (X \cap Y) \cup (X \cap Z)$. *(Distributivität)*

(iv) $X \subset Y \Longleftrightarrow X \cup Y = Y \Longleftrightarrow X \cap Y = X$.

Beweis Dies folgt unmittelbar aus den Definitionen[1]. ∎

Produkte

Aus zwei Objekten a und b bilden wir ein neues Objekt, das **geordnete Paar** (a, b). Hierbei wird die Gleichheit von zwei geordneten Paaren (a, b) und (a', b') durch

$$(a, b) = (a', b') :\Longleftrightarrow (a = a') \wedge (b = b')$$

definiert. Das erste [bzw. zweite] Element eines geordneten Paares $x = (a, b)$ heißt erste [bzw. zweite] **Komponente** von x. Wir setzen auch

$$\mathrm{pr}_1(x) := a , \quad \mathrm{pr}_2(x) := b ,$$

und nennen $\mathrm{pr}_j(x)$ j-te **Projektion** von $x = (a, b)$ für $j = 1, 2$ (d.h. für $j \in \{1, 2\}$).

---

[1] Mit derartigen und ähnlichen Aussagen (wie: „Dies ist offensichtlich", „Dies gilt trivialerweise" etc.) meinen wir natürlich, daß der Leser die notwendigen Überlegungen und Rechnungen selbst durchführen und sich die Behauptungen klarmachen soll!

Sind X und Y Mengen, so besteht das (**cartesische**) **Produkt** $X \times Y$ von X und Y aus allen geordneten Paaren (x, y) mit $x \in X$ und $y \in Y$. Dann ist $X \times Y$ wieder eine Menge.

2.5 Beispiel und Bemerkung (a) Für $X := \{a, b\}$ und $Y := \{*, \odot, \square\}$ gilt:

$$X \times Y = \{(a, *), (b, *), (a, \odot), (b, \odot), (a, \square), (b, \square)\} \ .$$

(b) Ähnlich wie in Bemerkung 2.3 ist es nützlich, sich $X \times Y$ graphisch zu veranschaulichen: In diesem Fall werden
die Mengen X und Y durch gerade Li-
nien repräsentiert und $X \times Y$ durch die
Rechtecksfläche. Es sei aber wiederholt,
daß derartige Darstellungen keinerlei
Beweiskraft besitzen, sondern nur zur
Intuition bei Beweisen nützlich sein
können. ∎

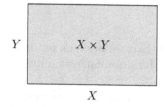

Um den Leser in die Beweistechniken einzuführen, geben wir einen ausführlichen Beweis für einige der folgenden elementaren Aussagen:

2.6 Satz *Es seien X und Y Mengen.*

(i) $X \times Y = \emptyset \Leftrightarrow (X = \emptyset) \vee (Y = \emptyset)$.

(ii) *Im allgemeinen gilt:* $X \times Y \neq Y \times X$.

Beweis (i) Wir müssen zwei Aussagen beweisen, nämlich die Aussage

$$X \times Y = \emptyset \Rightarrow (X = \emptyset) \vee (Y = \emptyset)$$

sowie deren Umkehrung. Dies deuten wir durch die Symbole „$\Rightarrow$" und „$\Leftarrow$" an.

„$\Rightarrow$" Wir führen einen Widerspruchsbeweis. Also nehmen wir an, $X \times Y = \emptyset$
und die Aussage $(X = \emptyset) \vee (Y = \emptyset)$ sei falsch. Dann ist gemäß Beispiel 1.1(c) die
Aussage $(X \neq \emptyset) \wedge (Y \neq \emptyset)$ richtig. Deshalb gibt es $x \in X$ und $y \in Y$. Dann ist
aber $(x, y) \in X \times Y$, was $X \times Y = \emptyset$ widerspricht. Also folgt aus $X \times Y = \emptyset$ die
Behauptung $(X = \emptyset) \vee (Y = \emptyset)$.

„$\Leftarrow$" Wir beweisen die Kontraposition der Aussage

$$(X = \emptyset) \vee (Y = \emptyset) \Rightarrow X \times Y = \emptyset \ .$$

Es sei also $X \times Y \neq \emptyset$. Dann gibt es $(x, y) \in X \times Y$. Also sind $x \in X$ und $y \in Y$.
Folglich gilt $(X \neq \emptyset) \wedge (Y \neq \emptyset) = \neg ((X = \emptyset) \vee (Y = \emptyset))$.

(ii) ist offensichtlich (vgl. Aufgabe 4). ∎

Das Produkt von drei Mengen X, Y und Z wird durch

$$X \times Y \times Z := (X \times Y) \times Z$$

definiert. Diesen Prozess können wir wiederholen[2], um das Produkt von n Mengen zu definieren: $X_1 \times \cdots \times X_n := (X_1 \times \cdots \times X_{n-1}) \times X_n$. Für ein Element x von $X_1 \times \cdots \times X_n$ schreiben wir $(x_1, \ldots, x_n)$ statt $(\cdots((x_1, x_2), x_3), \ldots, x_n)$. Dann ist x_j für $1 \leq j \leq n$ die j-te **Komponente** von x. Sie wird auch mit $\mathrm{pr}_j(x)$ bezeichnet. Ferner heißt $\mathrm{pr}_j(x)$ j-te **Projektion** von x. Statt $X_1 \times \cdots \times X_n$ schreiben wir auch

$$\prod_{j=1}^{n} X_j \,,$$

und X^n bedeutet, daß in diesem Produkt alle „Faktoren" gleich X sind, d.h., daß $X_j = X$ für $j = 1, \ldots, n$ gilt.

Mengensysteme

Es sei A eine nichtleere Menge und für jedes $\alpha \in \mathsf{A}$ sei A_α eine Menge. Dann heißt $\{\, A_\alpha \; ; \; \alpha \in \mathsf{A} \,\}$ **Familie** von Mengen (oder **Mengensystem**), und A ist eine **Indexmenge** für diese Familie. Man beachte, daß wir nicht verlangen, daß $A_\alpha \neq A_\beta$ gelte, wenn die Indizes α und β verschieden sind, oder daß A_α nicht leer sei. Außerdem beachte man, daß ein Mengensystem stets nicht leer ist, d.h. mindestens eine Menge enthält.

Es sei X eine Menge und $\mathcal{A} := \{\, A_\alpha \; ; \; \alpha \in \mathsf{A}\}$ sei eine Familie von Teilmengen von X. In Verallgemeinerung der oben eingeführten Begriffe definieren wir den **Durchschnitt** bzw. die **Vereinigung** dieser Familie durch

$$\bigcap_\alpha A_\alpha := \{\, x \in X \; ; \; \forall \alpha \in \mathsf{A} : x \in A_\alpha \,\}$$

bzw.

$$\bigcup_\alpha A_\alpha := \{\, x \in X \; ; \; \exists \alpha \in \mathsf{A} : x \in A_\alpha \,\} \,.$$

Also sind $\bigcap_\alpha A_\alpha$ und $\bigcup_\alpha A_\alpha$ Teilmengen von X. Statt $\bigcap_\alpha A_\alpha$ schreiben wir auch $\bigcap_{\alpha \in \mathsf{A}} A_\alpha$, oder $\bigcap_\alpha \{\, x \in X \; ; \; x \in A_\alpha \,\}$, oder $\bigcap_{A \in \mathcal{A}} A$, oder einfach $\bigcap \mathcal{A}$. Ist $\mathcal{A}$ ein endliches Mengensystem, so kann es mit endlich vielen natürlichen Zahlen[3] $\{0, 1, \ldots, n\}$ indiziert werden: $\mathcal{A} = \{\, A_j \; ; \; j = 0, \ldots, n \}$. Dann schreiben wir auch $\bigcup_{j=0}^n A_j$ oder $A_0 \cup \cdots \cup A_n$ für $\bigcup \mathcal{A}$.

Im folgenden Satz stellen wir, in Verallgemeinerung von Satz 2.4, wieder Rechenregeln zusammen.

---

[2]Vgl. dazu auch Satz 5.11.
[3]Siehe Paragraph 5.

2.7 Satz   *Es seien* $\{A_\alpha \; ; \; \alpha \in \mathsf{A}\}$ *und* $\{B_\beta \; ; \; \beta \in \mathsf{B}\}$ *Familien von Teilmengen einer Menge. Dann gelten die Aussagen:*

(i) $\left(\bigcap_\alpha A_\alpha\right) \cap \left(\bigcap_\beta B_\beta\right) = \bigcap_{(\alpha,\beta)} A_\alpha \cap B_\beta.$

$\qquad \left(\bigcup_\alpha A_\alpha\right) \cup \left(\bigcup_\beta B_\beta\right) = \bigcup_{(\alpha,\beta)} A_\alpha \cup B_\beta.$ (Assoziativität)

(ii) $\left(\bigcap_\alpha A_\alpha\right) \cup \left(\bigcap_\beta B_\beta\right) = \bigcap_{(\alpha,\beta)} A_\alpha \cup B_\beta.$

$\qquad \left(\bigcup_\alpha A_\alpha\right) \cap \left(\bigcup_\beta B_\beta\right) = \bigcup_{(\alpha,\beta)} A_\alpha \cap B_\beta.$ (Distributivität)

(iii) $\left(\bigcap_\alpha A_\alpha\right)^c = \bigcup_\alpha A_\alpha^c.$

$\qquad \left(\bigcup_\alpha A_\alpha\right)^c = \bigcap_\alpha A_\alpha^c.$ (Regeln von De Morgan)

Hierbei durchläuft (α, β) *die Indexmenge* $\mathsf{A} \times \mathsf{B}$.

Beweis   Dies folgt leicht aus den Definitionen. Für (iii) beachte man auch die Beispiele 1.1. ∎

2.8 Bemerkung   Dem aufmerksamen Leser wird nicht entgangen sein, daß wir nirgends erklären, was eine Menge sei. In der Tat ist das Wort „Menge", wie auch das Wort „Element", ein nicht definierter Begriff in der Mathematik. Deshalb benötigt man **Axiome**, d.h. Grundregeln, welche sagen, wie diese Begriffe zu verwenden sind. Aussagen über Mengen, die in diesem und dem folgenden Paragraphen gemacht werden, und die nicht von einem Beweis (und sei er auch offensichtlich und somit dem Leser überlassen) begleitet oder Definitionen sind, können als Axiome aufgefaßt werden. So ist etwa die Aussage, daß die Potenzmenge einer Menge wieder eine Menge ist, ein solches Axiom. Auf die genaueren axiomatischen Grundlagen der Mengenlehre können und wollen wir in diesem Lehrbuch — abgesehen von einigen zusätzlichen Bemerkungen in Paragraph 5 — nicht eingehen. (Hierfür sei der interessierte Leser auf die einschlägige Literatur verwiesen. Kurze verständliche Darstellungen findet man z.B. in [Dug66], [Ebb77], [FP85] oder [Hal69]. Allerdings erfordert das Studium dieser Fragen eine gewisse mathematische Reife und kann dem Anfänger nicht empfohlen werden.)

Wir möchten ausdrücklich darauf hinweisen, daß das „Wesen" von Mengen und Elementen unwichtig ist. Wichtig sind allein die Rechenregeln, d.h. die Vorschriften, nach denen man mit den undefinierten Termen umgehen darf. ∎

Aufgaben

1   Es seien X, Y und Z Mengen. Man beweise die *Transitivität der Inklusion*, d.h.

$$(X \subset Y) \wedge (Y \subset Z) \Rightarrow X \subset Z \; .$$

2   Die Aussagen von Satz 2.4 sind zu verifizieren.

3   Man gebe einen ausführlichen Beweis von Satz 2.7.

4   Es ist zu zeigen, daß für nichtleere Mengen gilt: $X \times Y = Y \times X \Leftrightarrow X = Y$.

5   Es seien A und B Teilmengen einer Menge X. Man bestimme die folgenden Mengen:

(a) $(A^c)^c$,

(b) $A \cap A^c$,

(c) $A \cup A^c$,

(d) $(A^c \cup B) \cap (A \cap B^c)$,

(e) $(A^c \cup B) \cup (A \cap B^c)$,

(f) $(A^c \cup B^c) \cap (A \cup B)$,

(g) $(A^c \cup B^c) \cap (A \cap B)$.

6 Man beweise, daß für jede Menge X gilt:

$$\bigcup_{A \in \mathfrak{P}(X)} A = X \quad \text{und} \quad \bigcap_{A \in \mathfrak{P}(X)} A = \emptyset .$$

7 Es seien X, Y, A, B Mengen, wobei X und A bzw. Y und B Teilmengen einer Obermenge U bzw. V seien. Man zeige:

(a) Ist $A \times B \neq \emptyset$, so gilt: $A \times B \subset X \times Y \Leftrightarrow (A \subset X) \wedge (B \subset Y)$.

(b) $(X \times Y) \cup (A \times Y) = (X \cup A) \times Y$.

(c) $(X \times Y) \cap (A \times B) = (X \cap A) \times (Y \cap B)$.

(d) $(X \times Y) \setminus (A \times B) = ((X \setminus A) \times Y) \cup (X \times (Y \setminus B))$.

8 Es seien $\{ A_\alpha ; \alpha \in \mathsf{A} \}$ und $\{ B_\beta ; \beta \in \mathsf{B} \}$ Familien von Teilmengen einer Menge. Dann gelten:

(a) $(\bigcap_\alpha A_\alpha) \times (\bigcap_\beta B_\beta) = \bigcap_{(\alpha,\beta)} A_\alpha \times B_\beta$,

(b) $(\bigcup_\alpha A_\alpha) \times (\bigcup_\beta B_\beta) = \bigcup_{(\alpha,\beta)} A_\alpha \times B_\beta$.

3 Abbildungen

Der Begriff der Abbildung ist von fundamentaler Bedeutung für die gesamte Mathematik. Natürlich hat dieser bis zu seiner heute gebräuchlichen Formulierung
viele Abänderungen erfahren. Ein wichtiger Schritt in der Entwicklung des Abbil-
dungsbegriffes war seine Loslösung von jeder arithmetischen, algorithmischen oder
geometrischen Darstellung. Dies führte zu der mengentheoretischen Formulierung,
die wir — abgesehen von „formalen Spitzfindigkeiten" (vgl. Bemerkung 3.1) — im
folgenden erklären werden.

In diesem Paragraphen seien X, Y, U und V beliebige Mengen.

Eine **Abbildung** oder **Funktion** f **von** X **in** Y ist eine Vorschrift, die *jedem*
Element von X *genau ein* Element von Y zuordnet. Wir schreiben dafür

$$f : X \to Y \qquad \text{oder} \qquad X \to Y \,, \quad x \mapsto f(x) \,,$$

manchmal auch $f : X \to Y$, $x \mapsto f(x)$. Dabei ist $f(x) \in Y$ der **Wert** (der **Funkti-
onswert**) von f an der Stelle x. Die Menge X heißt **Definitionsbereich** von f und
wird mit $\mathrm{dom}(f)$ bezeichnet, und Y ist der **Wertevorrat** oder die **Zielmenge** von f.
Schließlich heißt

$$\mathrm{im}(f) := \left\{ y \in Y \; ; \; \exists x \in X : y = f(x) \right\}$$

Bild von f.

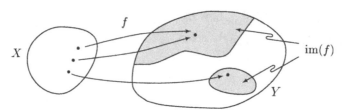

Ist $f : X \to Y$ eine Abbildung, so ist

$$\mathrm{graph}(f) := \left\{ (x,y) \in X \times Y \; ; \; y = f(x) \right\} = \left\{ (x, f(x)) \in X \times Y \; ; \; x \in X \right\}$$

der **Graph** von f. Offensichtlich ist der Graph einer Funktion stets eine Teilmenge
des cartesischen Produktes $X \times Y$. In den nachstehenden schematischen Darstellungen der Teilmengen G und H von $X \times Y$ ist G der Graph einer Funktion von X
in Y, nicht jedoch H.

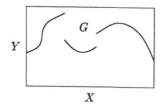
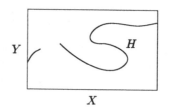

3.1 Bemerkung   Es sei G eine Teilmenge von $X \times Y$ mit der Eigenschaft, daß es zu jedem $x \in X$ genau ein $y \in Y$ gibt mit $(x, y) \in G$. Dann wird eine Funktion $f : X \to Y$ dadurch definiert, daß jedem $x \in X$ das entsprechende $y \in Y$ mit $(x, y) \in G$ zugeordnet wird, d.h. $f(x) := y$. Offensichtlich gilt dann $\operatorname{graph}(f) = G$. Diese Beobachtung motiviert die folgende *Definition*: Eine Funktion $X \to Y$ ist ein geordnetes Tripel (X, G, Y) mit $G \subset X \times Y$ und der Eigenschaft, daß es zu jedem $x \in X$ genau ein $y \in Y$ gibt mit $(x, y) \in G$. Diese Definition vermeidet die zwar anschaulich klaren aber etwas unpräzisen Ausdrücke „Zuordnung" und „Vorschrift" und verwendet nur den Mengenbegriff (vgl. dazu jedoch Bemerkung 2.8). ∎

Einfache Beispiele

Man beachte, daß wir die Fälle $X = \emptyset$ oder $Y = \emptyset$ nicht ausgeschlossen haben. Ist X die leere Menge, so gibt es genau eine Abbildung von X in Y, nämlich die **leere Abbildung** $\emptyset : \emptyset \to Y$. Ist $Y = \emptyset$, aber $X \neq \emptyset$, so kann es offensichtlich keine Abbildung von X in Y geben.

Zwei Abbildungen $f : X \to Y$ und $g : U \to V$ heißen genau dann **gleich**, in Symbolen $f = g$, wenn gilt:
$$X = U , \quad Y = V \quad \text{und} \quad f(x) = g(x) , \qquad x \in X .$$

Damit also zwei Abbildungen gleich sind, müssen ihre Definitionsbereiche, ihre Wertemengen und die Abbildungsvorschriften übereinstimmen. Ist eine dieser Bedingungen verletzt, so sind die beiden Funktionen verschieden.

3.2 Beispiele   (a) Die Abbildung $\operatorname{id}_X : X \to X$, $x \mapsto x$ ist die **Identität** (von X). Ist aus dem Zusammenhang die Bedeutung von X klar, so schreiben wir oft kurz id für id_X.

(b) Es gelte $X \subset Y$. Dann heißt $i : X \to Y$, $x \mapsto x$ **Inklusion** (Einbettung, Injektion) **von X in Y**. Man beachte, daß gilt: $i = \operatorname{id}_X \Longleftrightarrow X = Y$.

(c) Es seien X und Y nicht leer, und $b \in Y$ sei fest gewählt. Dann ist $X \to Y$, $x \mapsto b$ eine **konstante Abbildung**.

(d) Es sei $f : X \to Y$ und es gelte $A \subset X$. Dann ist $f | A : A \to Y$, $x \mapsto f(x)$ die **Restriktion (Einschränkung) von f auf A**. Offensichtlich gilt: $f | A = f \Longleftrightarrow A = X$.

(e) Es seien $A \subset X$ und $g : A \to Y$. Dann heißt jede Abbildung $f : X \to Y$ mit $f | A = g$ **Erweiterung von g**. Ist f eine Erweiterung von g, so schreiben wir auch $f \supset g$. Man beachte, daß mit den Bezeichnungen von (b) gilt: $\operatorname{id}_Y \supset i$. (Die Rechtfertigung für die mengentheoretische Notation $f \supset g$ ergibt sich natürlich aus Bemerkung 3.1.)

(f) Es sei $f : X \to Y$ eine Abbildung und es gelte $\operatorname{im}(f) \subset U \subset Y \subset V$. Dann „induziert" f Abbildungen $f_1 : X \to U$ und $f_2 : X \to V$ durch die Festsetzung:

$f_j(x) := f(x)$ für $x \in X$ und $j = 1, 2$. Im folgenden werden wir in der Regel diese „induzierten" Abbildungen wieder mit dem Symbol f bezeichnen und f nach Bedarf als Abbildung von X in U, in Y oder in V auffassen.

(g) Es seien $X \neq \emptyset$ und $A \subset X$. Dann heißt

$$\chi_A : X \to \{0, 1\}\,, \quad x \mapsto \begin{cases} 1\,, & x \in A\,, \\ 0\,, & x \in A^c\,, \end{cases}$$

charakteristische Funktion von A.

(h) Sind $X_1, \ldots, X_n$ nichtleere Mengen, so ist jede der Projektionen

$$\mathrm{pr}_k : \prod_{j=1}^{n} X_j \to X_k\,, \quad x = (x_1, \ldots, x_n) \mapsto x_k\,, \qquad k = 1, \ldots, n\,,$$

eine Abbildung. ∎

Die Komposition von Abbildungen

Es seien $f : X \to Y$ und $g : Y \to V$ zwei Abbildungen. Dann definieren wir eine neue Abbildung $g \circ f$, die **Komposition** von f mit g (genauer: f „gefolgt von" g), durch

$$g \circ f : X \to V\,, \quad x \mapsto g\big(f(x)\big)\,.$$

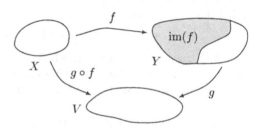

3.3 Satz *Es seien $f : X \to Y$, $g : Y \to U$ und $h : U \to V$ Abbildungen. Dann sind die Kompositionen $(h \circ g) \circ f$ und $h \circ (g \circ f) : X \to V$ wohldefiniert und es gilt*

$$(h \circ g) \circ f = h \circ (g \circ f) \tag{3.1}$$

(Assoziativität der Komposition).

Beweis Dies folgt unmittelbar aus der Definition. ∎

Aufgrund des vorangehenden Satzes ist es unnötig, bei Kompositionen Klammern zu setzen, d.h., die Abbildung (3.1) kann einfach mit $h \circ g \circ f$ bezeichnet werden. Natürlich gilt dies ebenfalls für Kompositionen von mehr als drei Abbildungen; vgl. dazu auch die Beispiele 4.9(a) und 5.10.

Es ist ebenfalls zu beachten, daß Beispiel 3.2(f) offensichtliche „Verallgemeinerungen" von Satz 3.3 zur Folge hat, die wir im weiteren stets stillschweigend verwenden werden.

Kommutative Diagramme

Häufig ist es nützlich, Kompositionen von Abbildungen in einem Diagramm dar-zustellen. Dazu schreiben wir $X \xrightarrow{f} Y$ für $f: X \to Y$. Dann heißt das **Diagramm**

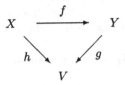

kommutativ, wenn $h = g \circ f$ gilt. Analog heißt

$$
\begin{array}{ccc}
X & \xrightarrow{f} & Y \\
\varphi \downarrow & & \downarrow g \\
U & \xrightarrow{\psi} & V
\end{array}
$$

kommutativ, wenn $g \circ f = \psi \circ \varphi$ richtig ist. Gelegentlich betrachtet man kompli-ziertere Diagramme, die aus mehreren Mengen und „Pfeilen", d.h. Abbildungen, bestehen. Derartige Diagramme heißen **kommutativ**, falls folgendes gilt: Wenn man von einem beliebigen Element einer Menge X auf zwei verschiedene Weisen zum selben Element einer anderen Menge Y dadurch gelangt, daß man stets Pfeilen folgt, z.B.

$$X \xrightarrow{f_1} A_1 \xrightarrow{f_2} A_2 \xrightarrow{f_3} \cdots \xrightarrow{f_n} Y$$

oder

$$X \xrightarrow{g_1} B_1 \xrightarrow{g_2} B_2 \xrightarrow{g_3} \cdots \xrightarrow{g_m} Y ,$$

dann sind die Abbildungen $f_n \circ f_{n-1} \circ \cdots \circ f_1$ und $g_m \circ g_{m-1} \circ \cdots \circ g_1$ gleich. So bedeutet z.B. die Kommutativität des Diagramms

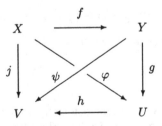

daß die Beziehungen $\varphi = g \circ f$, $\psi = h \circ g$ und $j = h \circ g \circ f = h \circ \varphi = \psi \circ f$ gelten, was nichts anderes als die Assoziativitätsaussage von Satz 3.3 ist.

Injektionen, Surjektionen und Bijektionen

Es sei $f\colon X \to Y$ eine Abbildung. Dann heißt f **surjektiv**, wenn $\mathrm{im}(f) = Y$ gilt, **injektiv**, wenn aus $x \neq y$ stets $f(x) \neq f(y)$ folgt, und **bijektiv**, wenn f injektiv und surjektiv ist. Man sagt dann auch, f sei eine **Surjektion**, bzw. **Injektion**, bzw. **Bijektion**. Statt „surjektiv" verwendet man auch „Abbildung auf" und für „bijektiv" wird oft „**umkehrbar eindeutig**" gebraucht.

3.4 Beispiele   (a) Für die folgenden Funktionen, schematisch dargestellt durch ihre Graphen, gilt:

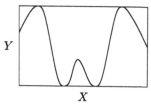
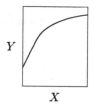
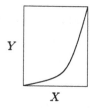

surjektiv, nicht injektiv   injektiv, nicht surjektiv   bijektiv

(b) Es seien $X_1, \dots, X_n$ nichtleere Mengen. Dann ist für jedes $k \in \{1, \dots, n\}$ die k-te Projektion $\mathrm{pr}_k \colon \prod_{j=1}^n X_j \to X_k$ surjektiv, aber i. allg. nicht injektiv. $\blacksquare$

3.5 Satz   *Es sei $f\colon X \to Y$ eine Abbildung. Dann ist f genau dann bijekiv, wenn es eine Abbildung $g\colon Y \to X$ gibt mit $g \circ f = \mathrm{id}_X$ und $f \circ g = \mathrm{id}_Y$. In diesem Fall ist g eindeutig bestimmt.*

Beweis   (i) „$\Rightarrow$" Ist $f\colon X \to Y$ bijektiv, so gibt es für jedes $y \in Y$ genau ein $x \in X$ mit $y = f(x)$. Diese Zuordnung definiert eine Abbildung $g\colon Y \to X$ mit den gewünschten Eigenschaften.

(ii) „$\Leftarrow$" Aus $f \circ g = \mathrm{id}_Y$ folgt, daß f surjektiv ist. Es seien nun $x, y \in X$ und $f(x) = f(y)$. Dann gilt $x = g\big(f(x)\big) = g\big(f(y)\big) = y$. Also ist f auch injektiv.

(iii) Ist $h\colon Y \to X$ mit $h \circ f = \mathrm{id}_X$ und $f \circ h = \mathrm{id}_Y$, so folgt aus Satz 3.3

$$g = g \circ \mathrm{id}_Y = g \circ (f \circ h) = (g \circ f) \circ h = \mathrm{id}_X \circ h = h \;,$$

was die behauptete Eindeutigkeit beweist. $\blacksquare$

Umkehrabbildungen

Der eben bewiesene Satz ist Grundlage folgender Definition: Es sei f bijektiv. Dann ist die **Umkehrfunktion** oder **Umkehrabbildung** f^{-1} von f die eindeutig bestimmte Funktion $f^{-1}\colon Y \to X$ mit $f \circ f^{-1} = \mathrm{id}_Y$ und $f^{-1} \circ f = \mathrm{id}_X$.

Der Beweis des folgenden Satzes wird als Übungsaufgabe gestellt (vgl. auch Aufgabe 3).

3.6 Satz *Es seien* $f : X \to Y$ *und* $g : Y \to V$ *bijektiv. Dann ist auch* $g \circ f : X \to V$ *bijektiv, und*

$$(g \circ f)^{-1} = f^{-1} \circ g^{-1} .$$

Es seien $f : X \to Y$ eine Abbildung und $A \subset X$. Dann ist die Menge

$$f(A) := \{ f(a) \in Y \ ; \ a \in A \}$$

das **Bild von** A **unter** f. Für jedes $C \subset Y$ heißt

$$f^{-1}(C) := \{ x \in X \ ; \ f(x) \in C \}$$

Urbild von C **unter** f.

3.7 Beispiel Die Funktion $f : X \to Y$ sei schematisch durch den folgenden Graphen gegeben:

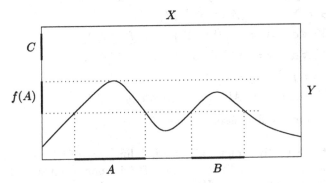

Dann gilt: $f^{-1}(C) = \emptyset$ und $f^{-1}\big(f(A)\big) = A \cup B$. Insbesondere halten wir fest, daß in diesem Fall $f^{-1}\big(f(A)\big) \supsetneq A$ gilt. ∎

Mengenabbildungen

Es sei $f : X \to Y$ eine Abbildung. Dann werden durch die obigen Festsetzungen die folgenden zwei Mengenabbildungen „induziert":

$$\widetilde{f} : \mathfrak{P}(X) \to \mathfrak{P}(Y) , \quad A \mapsto f(A)$$

und

$$\widetilde{f^{-1}} : \mathfrak{P}(Y) \to \mathfrak{P}(X) , \quad B \mapsto f^{-1}(B) .$$

Falls $f : X \to Y$ bijektiv ist, sind $f^{-1}(y)$ und $\widetilde{f^{-1}}(\{y\})$ für alle $y \in Y$ definiert und es gilt $\{f^{-1}(y)\} = \widetilde{f^{-1}}(\{y\})$. Folglich können wir, ohne Mißverständnisse befürchten zu müssen, die induzierte Mengenabbildung $\widetilde{f^{-1}}$ ebenfalls mit f^{-1} bezeichnen. Genauer treffen wir folgende

Vereinbarung Ist f bijektiv, so bezeichnet f^{-1} die Umkehrfunktion von f. Ist f nicht bijektiv, so steht f^{-1} für die von f induzierte Mengenfunktion $\widetilde{f^{-1}}$. Im allgemeinen bezeichnen wir die induzierten Mengenfunktionen $\widetilde{f}$ bzw. $\widetilde{f^{-1}}$ ebenfalls mit f bzw. f^{-1}. Schließlich schreiben wir generell $f^{-1}(y)$ für $f^{-1}(\{y\})$ und nennen $f^{-1}(y) \subset X$ **Faser** von f an der Stelle (im Punkt) y.

Die Faser $f^{-1}(y)$ von f an der Stelle y ist also nichts anderes als die Lösungsmenge $\{\, x \in X \;;\; f(x) = y \,\}$ der Gleichung $f(x) = y$. Sie kann natürlich leer sein.

3.8 Satz *Es sei $f \colon X \to Y$ eine Abbildung. Dann gelten für die von f induzierten Mengenabbildungen:*

(i) $A \subset B \subset X \Rightarrow f(A) \subset f(B)$.

(ii) $A_\alpha \subset X \ \forall \alpha \in \mathsf{A} \Rightarrow f(\bigcup_\alpha A_\alpha) = \bigcup_\alpha f(A_\alpha)$.

(iii) $A_\alpha \subset X \ \forall \alpha \in \mathsf{A} \Rightarrow f(\bigcap_\alpha A_\alpha) \subset \bigcap_\alpha f(A_\alpha)$.

(iv) $A \subset X \Rightarrow f(A^c) \supset f(X) \backslash f(A)$.

(i′) $A' \subset B' \subset Y \Rightarrow f^{-1}(A') \subset f^{-1}(B')$.

(ii′) $A'_\alpha \subset Y \ \forall \alpha \in \mathsf{A} \Rightarrow f^{-1}(\bigcup_\alpha A'_\alpha) = \bigcup_\alpha f^{-1}(A'_\alpha)$.

(iii′) $A'_\alpha \subset Y \ \forall \alpha \in \mathsf{A} \Rightarrow f^{-1}(\bigcap_\alpha A'_\alpha) = \bigcap_\alpha f^{-1}(A'_\alpha)$.

(iv′) $A' \subset Y \Rightarrow f^{-1}(A'^c) = \big[f^{-1}(A')\big]^c$.

Ist $g \colon Y \to V$ eine weitere Abbildung, so gilt $(g \circ f)^{-1} = f^{-1} \circ g^{-1}$.

Den einfachen Beweis überlassen wir dem Leser.

Aus Satz 3.8(i′)–(iv′) folgt, daß die Abbildung $f^{-1} \colon \mathfrak{P}(Y) \to \mathfrak{P}(X)$ mit allen Mengenoperationen „verträglich" ist, d.h., f^{-1} ist **operationstreu**. Für die induzierte Abbildung $f \colon \mathfrak{P}(X) \to \mathfrak{P}(Y)$ ist dies wegen (iii) und (iv) i. allg. nicht richtig.

Schließlich bezeichnen wir mit $\mathrm{Abb}(X, Y)$ die **Menge aller Abbildungen** von X in Y. Wegen Bemerkung 3.1 ist $\mathrm{Abb}(X, Y)$ eine Teilmenge von $\mathfrak{P}(X \times Y)$. Für $\mathrm{Abb}(X, Y)$ schreiben wir auch Y^X. Diese Notation ist konsistent mit der Bezeichnung X^n für das n-fache cartesische Produkt der Menge X mit sich selbst, da letzteres offensichtlich gleich der Menge aller Abbildungen von $\{1, 2, \dots, n\}$ in X ist. Gilt $U \subset Y \subset V$, so folgt

$$\mathrm{Abb}(X, U) \subset \mathrm{Abb}(X, Y) \subset \mathrm{Abb}(X, V) \,, \tag{3.2}$$

wobei wir natürlich die Konventionen von Beispiel 3.2(f) verwenden.

Aufgaben

1 Man gebe einen Beweis von Satz 3.6.

2 Man gebe einen Beweis von Satz 3.8 und belege, daß die angegebenen Inklusionen im allgemeinen echt sind.

3 Es seien $f : X \to Y$ und $g : Y \to V$ zwei Abbildungen. Man zeige:

(a) Sind f und g injektiv [bzw. surjektiv], so ist $g \circ f$ injektiv [bzw. surjektiv].

(b) f ist injektiv $\Leftrightarrow \exists h : Y \to X$ mit $h \circ f = \mathrm{id}_X$.

(c) f ist surjektiv $\Leftrightarrow \exists h : Y \to X$ mit $f \circ h = \mathrm{id}_Y$.

4 Es sei $f : X \to Y$ eine Abbildung. Dann sind die folgenden Aussagen äquivalent:

(a) f ist injektiv.

(b) $f^{-1}(f(A)) = A, \ A \subset X$.

(c) $f(A \cap B) = f(A) \cap f(B), \ A, B \subset X$.

5 Man bestimme die Fasern der Projektionen pr_k.

6 Man beweise, daß für jede nichtleere Menge X die Abbildung

$$\mathfrak{P}(X) \to \{0, 1\}^X , \quad A \mapsto \chi_A$$

bijektiv ist.

7 Es seien $f : X \to Y$ und $A \subset X$, und es bezeichne $i : A \to X$ die Inklusion. Man zeige:

(a) $f \,|\, A = f \circ i$.

(b) $(f \,|\, A)^{-1}(B) = A \cap f^{-1}(B), \ B \subset Y$.

4 Relationen und Verknüpfungen

Um Strukturen mathematischer Sachverhalte klar zu erkennen und angemessen zu beschreiben, ist es zweckmäßig, (mögliche) Beziehungsverhältnisse zwischen Elementen einer Menge X zu axiomatisieren. Dazu nennen wir eine Teilmenge $R \subset X \times X$ (binäre oder zweistellige) **Relation** auf X. Für $(x, y) \in R$ schreiben wir xRy oder $x \underset{R}{\sim} y$.

Eine Relation R auf X heißt **reflexiv**, wenn für jedes $x \in X$ gilt: xRx, d.h., wenn R die **Diagonale**

$$\Delta_X := \{ (x, x) \; ; \; x \in X \}$$

enthält. Sie ist **transitiv**, falls gilt:

$$(xRy) \wedge (yRz) \Rightarrow xRz \; .$$

Ist

$$xRy \Rightarrow yRx$$

erfüllt, heißt R **symmetrisch**.

Es sei Y eine nichtleere Teilmenge von X, und R sei eine Relation auf X. Dann ist $R_Y := (Y \times Y) \cap R$ eine Relation auf Y, die von R (kanonisch) auf Y **induzierte** Relation. Offensichtlich gilt xR_Yy genau dann, wenn $x, y \in Y$ und xRy erfüllt sind. In der Regel werden wir wieder R für R_Y schreiben, ohne Mißverständnisse befürchten zu müssen.

Äquivalenzrelationen

Eine Relation auf X, die reflexiv, transitiv und symmetrisch ist, heißt **Äquivalenzrelation** auf X und wird mit $\sim$ bezeichnet. Dann heißt für jedes $x \in X$ die Menge

$$[x] := \{ y \in X \; ; \; y \sim x \}$$

Äquivalenzklasse (oder **Restklasse**) von x, und jedes $y \in [x]$ ist ein **Repräsentant** dieser Äquivalenzklasse. Schließlich bezeichnet

$$X/\!\!\sim \; := \{ [x] \; ; \; x \in X \}$$

die Menge aller Äquivalenzklassen von X bezügl. der Relation $\sim$. Offensichtlich ist $X/\!\!\sim$ eine Teilmenge von $\mathfrak{P}(X)$, die **Restklassenmenge modulo** $\sim$.

Eine **Zerlegung** einer Menge ist eine Teilmenge $\mathfrak{Z} \subset \mathfrak{P}(X) \backslash \{\emptyset\}$ mit der Eigenschaft, daß es zu jedem $x \in X$ genau ein $Z \in \mathfrak{Z}$ gibt mit $x \in Z$. Folglich besteht $\mathfrak{Z}$ aus paarweise disjunkten Teilmengen von X, deren Vereinigung ganz X ergibt, d.h. $\bigcup \mathfrak{Z} = X$.

4.1 Satz *Es sei $\sim$ eine Äquivalenzrelation auf X. Dann ist $X/\!\!\sim$ eine Zerlegung von X.*

Beweis Beachten wir, daß $x \in [x]$ für alle $x \in X$ gilt, so folgt

$$X \subset \bigcup_{x \in X} [x] \subset X , \quad \text{also } X = \bigcup_{x \in X} [x] .$$

Es sei nun $z \in [x] \cap [y]$. Dann gelten $z \sim x$ und $z \sim y$, und somit $x \sim y$. Dies zeigt, daß $[x] = [y]$ gilt, d.h., zwei Äquivalenzklassen stimmen entweder überein oder sind disjunkt. $\blacksquare$

Aus den Definitionen folgt sofort, daß

$$p := p_X : X \to X/\!\!\sim , \quad x \mapsto [x]$$

eine wohldefinierte Surjektion ist, die (kanonische) **Projektion** von X auf $X/\!\!\sim$.

4.2 Beispiele (a) Es bezeichne X die Bevölkerung der Stadt Z. Wir definieren eine Relation auf X durch die Festsetzung: $x \sim y :\Leftrightarrow$ (x und y haben dasselbe Elternpaar). Dies ist offensichtlich eine Äquivalenzrelation, und zwei Personen der Stadt Z. gehören genau dann derselben Äquivalenzklasse an, wenn sie Geschwister sind.

(b) Die „feinste" Äquivalenzrelation auf einer Menge X wird durch die Diagonale Δ_X gegeben, d.h. durch die Relation $=$, die Gleichheitsrelation.

(c) Es sei $f : X \to Y$ eine Abbildung. Dann wird durch die Festsetzung

$$x \sim y :\Leftrightarrow f(x) = f(y)$$

eine Äquivalenzrelation auf X definiert. Die Äquivalenzklassen von X sind die Mengen $[x] = f^{-1}(f(x))$, $x \in X$. Ferner gibt es eine eindeutig bestimmte Abbildung $\widetilde{f}$, für die das folgende Diagramm kommutativ ist:

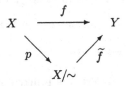

Diese (kanonisch) **induzierte Abbildung** ist injektiv und $\operatorname{im}(\widetilde{f}) = \operatorname{im}(f)$. Insbesondere ist $\widetilde{f}$ bijektiv, falls f surjektiv ist.

(d) Ist $\sim$ eine Äquivalenzrelation auf einer Menge X und ist Y eine nichtleere Teilmenge von X, so ist die von $\sim$ auf Y induzierte Relation eine Äquivalenzrelation auf Y. $\blacksquare$

Ordnungsrelationen

Eine Relation $\leq$ auf X heißt **Ordnung** oder **Ordnungsrelation** auf X, falls sie reflexiv, transitiv und **antisymmetrisch** ist, was bedeutet, daß

$$(x \leq y) \wedge (y \leq x) \Rightarrow x = y$$

gilt. Ist $\leq$ eine Ordnung auf X, so heißt das Paar $(X, \leq)$ **geordnete Menge**. Ist aus dem Zusammenhang klar, von welcher Ordnung die Rede ist, schreiben wir einfach X für $(X, \leq)$ und sagen, X sei eine geordnete Menge. Gilt zusätzlich

$$\forall\, x, y \in X : (x \leq y) \vee (y \leq x) \,,$$

so heißt $\leq$ **totale Ordnung** auf X.

4.3 Bemerkungen (a) Es ist nützlich, folgende Bezeichnungen einzuführen:

$$x \geq y :\Longleftrightarrow y \leq x \,,$$
$$x < y :\Longleftrightarrow (x \leq y) \wedge (x \neq y) \,,$$
$$x > y :\Longleftrightarrow y < x \,.$$

(b) Ist X total geordnet, so gilt für je zwei Elemente $x, y \in X$ genau eine der Beziehungen

$$x < y \,, \quad x = y \,, \quad x > y \,.$$

In einer nicht total geordneten Menge gibt es mindestens zwei Elemente, die nicht vergleichbar sind. ∎

4.4 Beispiele (a) Es sei $(X, \leq)$ eine geordnete Menge, und Y sei eine Teilmenge von X. Dann definiert die von $\leq$ auf Y induzierte Relation eine Ordnung, die (kanonisch) **induzierte Ordnung** auf Y.

(b) $(\mathfrak{P}(X), \subset)$ ist eine geordnete Menge, und diese Ordnung heißt **natürliche Ordnung**. Im allgemeinen ist $(\mathfrak{P}(X), \subset)$ nicht total geordnet.

(c) Es sei X eine Menge und $(Y, \leq)$ sei eine geordnete Menge. Dann wird durch

$$f \leq g :\Longleftrightarrow f(x) \leq g(x) \,, \quad x \in X \,,$$

eine Ordnung auf $\mathrm{Abb}(X, Y)$ definiert, die **punktweise Ordnung**. Mit dieser Ordnung ist $\mathrm{Abb}(X, Y)$ i. allg. nicht total geordnet. ∎

Vereinbarung Wird $\mathfrak{P}(X)$ als geordnete Menge aufgefaßt und nicht ausdrücklich eine andere Ordnung angegeben, so ist $\mathfrak{P}(X)$, und damit jede nichtleere Teilmenge $\mathfrak{X}$ von $\mathfrak{P}(X)$, stets mit der natürlichen Ordnung versehen.

Es seien $(X, \leq)$ eine geordnete Menge und A eine nichtleere Teilmenge von X. Dann heißt A

nach oben beschränkt $:\Longleftrightarrow \exists\, s \in X : a \leq s \quad \forall a \in A$,

nach unten beschränkt $:\Longleftrightarrow \exists\, s \in X : s \leq a \quad \forall a \in A$,

beschränkt $:\Longleftrightarrow A$ ist nach oben und nach unten beschränkt.

Jedes Element $s \in X$, welches $a \leq s$ [bzw. $s \leq a$] für alle $a \in A$ erfüllt, heißt **obere** [bzw. **untere**] **Schranke** für A.

Ein Element $m \in X$ heißt **Minimum**, $\min(A)$ [bzw. **Maximum**, $\max(A)$], von A, wenn gilt: $m \in A$ und m ist untere [bzw. obere] Schranke von A. Es ist zu beachten, daß A höchstens ein Minimum und höchstens ein Maximum besitzen kann.

Es sei A eine nach oben beschränkte Teilmenge einer geordneten Menge X. Besitzt die Menge aller oberen Schranken von A ein Minimum, so heißt dieses Element von X **kleinste obere Schranke** von A oder **Supremum** von A und wird mit $\sup(A)$ bezeichnet, d.h.

$$\sup(A) := \min\{\, s \in X \;;\; s \text{ ist obere Schranke von } A \,\} \ .$$

Entsprechend setzen wir für eine nach unten beschränkte nichtleere Teilmenge A von X:

$$\inf(A) := \max\{\, s \in X \;;\; s \text{ ist untere Schranke von } A \,\} \ ,$$

und nennen $\inf(A)$, falls dieses Element existiert, **größte untere Schranke** von A oder **Infimum** von A. Ist A eine zweielementige Menge, $A = \{a, b\}$, so benutzen wir auch die Bezeichnungen $a \vee b := \sup(A)$ und $a \wedge b := \inf(A)$.

4.5 Bemerkungen (a) Wir unterstreichen, daß es für eine nach oben [bzw. unten] beschränkte Menge keine kleinste obere [bzw. größte untere] Schranke zu geben braucht (vgl. dazu Beispiel 10.3).

(b) Existieren $\sup(A)$ und $\inf(A)$, so gelten i. allg. $\sup(A) \notin A$ und $\inf(A) \notin A$.

(c) Existiert $\sup(A)$ [bzw. $\inf(A)$] und gilt $\sup(A) \in A$ [bzw. $\inf(A) \in A$], so ist $\sup(A) = \max(A)$ [bzw. $\inf(A) = \min(A)$].

(d) Existiert $\max(A)$ [bzw. $\min(A)$], so existiert auch $\sup(A)$ [bzw. $\inf(A)$] und es gilt: $\sup(A) = \max(A)$ [bzw. $\inf(A) = \min(A)$]. ∎

4.6 Beispiele (a) Es sei $\mathfrak{A}$ eine nichtleere Teilmenge von $\mathfrak{P}(X)$. Dann gilt:

$$\sup(\mathfrak{A}) = \bigcup \mathfrak{A} \ , \quad \inf(\mathfrak{A}) = \bigcap \mathfrak{A} \ .$$

(b) Es sei X eine Menge mit mindestens zwei Elementen und $\mathfrak{X} := \mathfrak{P}(X) \setminus \{\emptyset\}$, versehen mit der natürlichen Ordnung. Ferner seien A und B zwei nichtleere disjunkte Teilmengen von X und $\mathfrak{A} := \{A, B\}$. Dann ist $\mathfrak{A} \subset \mathfrak{X}$ und es gilt $\sup(\mathfrak{A}) = A \cup B$.

Aber $\mathfrak{A}$ besitzt kein Maximum. Ferner ist $\mathfrak{A}$ nicht nach unten beschränkt. Also existiert insbesondere $\inf(\mathfrak{A})$ nicht. ∎

Als nächstes wollen wir Abbildungen zwischen geordneten Mengen betrachten und für den späteren Gebrauch einige Begriffe bereitstellen. Es seien also $X := (X, \leq)$ und $Y := (Y, \leq)$ geordnete Mengen und $f : X \to Y$ eine Abbildung. (Hier und im folgenden verwenden wir dasselbe Symbol $\leq$, um die Ordnungen in X und in Y zu bezeichnen, ohne Mißverständnisse befürchten zu müssen.) Dann heißt f **wachsend** [bzw. **fallend**], wenn aus $x \leq y$ folgt $f(x) \leq f(y)$ [bzw. $f(x) \geq f(y)$]. Wir sagen, daß f **strikt wachsend** [bzw. **strikt fallend**] sei, wenn $x < y$ impliziert, daß $f(x) < f(y)$ [bzw. $f(x) > f(y)$] gilt. Schließlich heißt f [**strikt**] **monoton**, wenn f [strikt] wachsend oder [strikt] fallend ist.

Es seien X eine beliebige und $Y := (Y, \leq)$ eine geordnete Menge. Die Abbildung $f : X \to Y$ heißt **beschränkt**, wenn $\mathrm{im}(f) = f(X)$ in Y beschränkt ist. Entsprechend heißt f **nach oben** [bzw. **nach unten**] **beschränkt**, wenn $\mathrm{im}(f)$ in Y nach oben [bzw. unten] beschränkt ist. Ist auch X eine geordnete Menge, so heißt f **beschränkt auf beschränkten Mengen**, wenn für jede beschränkte Teilmenge A von X die Restriktion $f|A$ beschränkt ist.

Um Verwechslungen mit später einzuführenden anderen Beschränktheitsbegriffen zu vermeiden, sagt man auch, A bzw. f sei **ordnungsbeschränkt** etc.

4.7 Beispiele (a) Es seien X und Y Mengen und $f \in Y^X$. Dann sind die von f induzierten Abbildungen $f : \mathfrak{P}(X) \to \mathfrak{P}(Y)$ und $f^{-1} : \mathfrak{P}(Y) \to \mathfrak{P}(X)$ nach Satz 3.8 wachsend.

(b) Es sei X eine Menge mit mindestens zwei Elementen, und $\mathfrak{X} := \mathfrak{P}(X) \backslash \{X\}$ sei mit der natürlichen Ordnung versehen. Dann ist die Identität $\mathfrak{X} \to \mathfrak{X}$, $A \mapsto A$ beschränkt auf beschränkten Mengen, aber nicht beschränkt. ∎

Verknüpfungen

Eine Abbildung $\circledast : X \times X \to X$ nennt man manchmal **Verknüpfung** auf X. In diesem Fall schreiben wir meistens $x \circledast y$ statt $\circledast(x, y)$. Dann bezeichnen wir für nichtleere Teilmengen A und B von X mit $A \circledast B$ das Bild von $A \times B$ unter $\circledast$, also

$$A \circledast B = \{\, a \circledast b \,;\, a \in A,\ b \in B \,\}. \tag{4.1}$$

Ist $A = \{a\}$ eine einelementige Teilmenge, so schreiben wir einfach $a \circledast B$ für $A \circledast B$. Analog ist $A \circledast b = \{\, a \circledast b \,;\, a \in A \,\}$. Eine nichtleere Teilmenge A von X ist **abgeschlossen unter der Verknüpfung** $\circledast$, wenn $A \circledast A \subset A$ gilt, d.h., wenn das Bild von $A \times A$ unter der Abbildung $\circledast$ wieder in A enthalten ist.

4.8 Beispiele (a) Es sei X eine Menge. Dann ist die Komposition $\circ$ zweier Abbildungen eine Verknüpfung auf $\mathrm{Abb}(X, X)$.

(b) $\cup$ und $\cap$ sind Verknüpfungen auf $\mathfrak{P}(X)$. ∎

Die Verknüpfung $\circledast$ auf X heißt **assoziativ**, wenn gilt:

$$x \circledast (y \circledast z) = (x \circledast y) \circledast z , \qquad x, y, z \in X , \qquad (4.2)$$

und $\circledast$ heißt **kommutativ**, falls $x \circledast y = y \circledast x$ für $x, y \in X$ gilt. Ist $\circledast$ assoziativ, so können in (4.2) die Klammern weggelassen werden.

4.9 Beispiele **(a)** Die Komposition $\circ$ ist nach Satz 3.3 assoziativ auf $\text{Abb}(X, X)$, aber im allgemeinen nicht kommutativ (vgl. Aufgabe 3).

(b) $\cup$ und $\cap$ sind assoziativ und kommutativ auf $\mathfrak{P}(X)$. ∎

Es sei $\circledast$ eine Verknüpfung auf der Menge X. Gibt es ein Element $e \in X$ mit

$$e \circledast x = x \circledast e = x , \qquad x \in X ,$$

so heißt e **neutrales Element** in X (bezüglich der Verknüpfung $\circledast$).

4.10 Beispiele **(a)** id_X ist ein neutrales Element in $\text{Abb}(X, X)$ bezüglich der Komposition $\circ$.

(b) $\emptyset$ [bzw. X] ist neutrales Element bezüglich $\cup$ [bzw. $\cap$] auf $\mathfrak{P}(X)$.

(c) Offensichtlich besitzt $\mathfrak{X} := \mathfrak{P}(X) \backslash \{\emptyset\}$ bezüglich $\cup$ kein neutrales Element, falls X aus mehr als einem Punkt besteht. ∎

Der folgende Satz zeigt, daß neutrale Elemente bezüglich einer Verknüpfung eindeutig bestimmt sind, falls solche überhaupt existieren.

4.11 Satz *Es gibt höchstens ein neutrales Element bezüglich einer Verknüpfung.*

Beweis Es sei $\circledast$ eine Verknüpfung auf X, und e sowie e' seien neutrale Elemente. Dann folgt $e = e \circledast e' = e'$, was die Eindeutigkeit beweist. ∎

4.12 Beispiel Es sei $\circledast$ eine Verknüpfung auf der Menge Y, und X sei eine nichtleere Menge. Dann definieren wir die **punktweise Verknüpfung** auf $\text{Abb}(X, Y)$, **induziert durch** $\circledast$, durch die Festsetzung

$$(f \odot g)(x) := f(x) \circledast g(x) , \qquad x \in X .$$

Es ist klar, daß $\odot$ eine Verknüpfung auf $\text{Abb}(X, Y)$ ist. Außerdem ist $\odot$ assoziativ bzw. kommutativ, wenn $\circledast$ assoziativ bzw. kommutativ ist. Gibt es in Y ein neutrales Element e für $\circledast$, so ist die konstante Abbildung

$$X \to Y , \qquad x \mapsto e$$

das neutrale Element der Verknüpfung $\odot$. Im folgenden werden wir die von $\circledast$ auf Abb(X,Y) induzierte Verknüpfung stets wieder mit dem Symbol $\circledast$ bezeichnen. Aus dem Zusammenhang wird immer klar sein, um welche der beiden Verknüpfungen es sich in einer gegebenen Situation handelt. Es wird sich bald zeigen, daß diese einfache und natürliche Konstruktion sehr tragfähig ist. Wichtige Anwendungen findet man in den Beispielen 7.2(d), 8.2(b), 12.3(e) und 12.11(a) sowie in Bemerkung 8.14(b). ∎

Aufgaben

1 Es seien $\sim$ bzw. $\overset{.}{\sim}$ Äquivalenzrelationen auf den Mengen X bzw. Y. Dann heißt $f \in Y^X$ **relationentreu**, wenn $x \sim y$ stets $f(x) \overset{.}{\sim} f(y)$ impliziert. Man beweise die Aussage: Ist $f : X \to Y$ relationentreu, so gibt es genau eine Abbildung f_*, für die das Diagramm

$$
\begin{array}{ccc}
X & \xrightarrow{\ \ f\ \ } & Y \\
{\scriptstyle p_X}\downarrow & & \downarrow{\scriptstyle p_Y} \\
X/\!\sim & \xrightarrow{\ \ f_*\ \ } & Y/\!\overset{.}{\sim}
\end{array}
$$

kommutativ ist.

2 Man verifiziere, daß die Abbildung f von Beispiel 4.7(b) nicht beschränkt ist.

3 Man zeige, daß die Komposition $\circ$ auf Abb(X,X) i. allg. nicht kommutativ ist.

4 Eine Verknüpfung $\circledast$ auf einer Menge X heißt *antikommutativ*, falls gelten:

(i) Es gibt ein rechtsneutrales Element $r := r_X$, d.h. $\exists r \in X : x \circledast r = x$, $x \in X$.

(ii) $x \circledast y = r \Longleftrightarrow (x \circledast y) \circledast (y \circledast x) = r \Longleftrightarrow x = y$.

Man zeige, daß eine antikommutative Verknüpfung $\circledast$ auf X nicht kommutativ ist und kein neutrales Element besitzt, falls X mehr als zwei Elemente besitzt.

5 Es seien $\circledast$ bzw. $\odot$ antikommutative Verknüpfungen auf X bzw. Y. Ferner sei $f : X \to Y$ eine **verknüpfungstreue** Abbildung, d.h., es gelte

$$f(r_X) = r_Y , \quad f(x \circledast y) = f(x) \odot f(y) , \quad x,y \in X .$$

Man beweise die folgenden Aussagen:

(a) Durch die Festsetzung

$$x \sim y :\Longleftrightarrow f(x \circledast y) = r_Y$$

wird auf X eine Äquivalenzrelation definiert.

(b) Die Abbildung

$$\widetilde{f} : X/\!\sim\ \to Y , \quad [x] \mapsto f(x)$$

ist wohldefiniert und injektiv. Ist f zusätzlich surjektiv, so ist $\widetilde{f}$ bijektiv.

6 Es sei $(X, \leq)$ eine geordnete Menge. Ferner seien A und B nach oben beschränkte und C und D nach unten beschränkte Teilmengen von X. Man beweise folgende Aussagen, falls die entsprechenden Suprema und Infima existieren:

(a) $\sup(A \cup B) = \sup\{\sup(A), \sup(B)\}$, $\inf(C \cup D) = \inf\{\inf(C), \inf(D)\}$.

(b) Aus $A \subset B$ und $C \subset D$ folgen

$$\sup(A) \leq \sup(B) \quad \text{und} \quad \inf(C) \geq \inf(D) .$$

(c) Sind $A \cap B$ und $C \cap D$ nicht leer, so gelten

$$\sup(A \cap B) \leq \inf\{\sup(A), \sup(B)\} , \quad \inf(C \cap D) \geq \sup\{\inf(C), \inf(D)\} .$$

(d) In (a) kann die Aussage $\sup(A \cup B) = \sup\{\sup(A), \sup(B)\}$ nicht verschärft werden zu $\sup(A \cup B) = \max\{\sup(A), \sup(B)\}$. Entsprechendes gilt für die zweite Formel. (Hinweis zu (d): Man betrachte die Potenzmenge einer nichtleeren Menge.)

7 Es seien R eine Relation auf X und S eine Relation auf Y. Man definiere eine Relation $R \times S$ auf $X \times Y$ durch die Festsetzung

$$(x,y)(R \times S)(u,v) :\Longleftrightarrow (xRu) \wedge (ySv)$$

für $(x,y), (u,v) \in X \times Y$. Man beweise, daß $R \times S$ eine Äquivalenzrelation auf $X \times Y$ ist, falls R eine Äquivalenzrelation auf X und S eine Äquivalenzrelation auf Y sind.

8 Man belege anhand eines Beispieles, daß die geordnete Menge $(\mathfrak{P}(X), \subset)$ i. allg. nicht total geordnet ist.

9 Es sei $\mathfrak{A}$ eine nichtleere Teilmenge von $\mathfrak{P}(X)$. Man zeige, daß $\sup(\mathfrak{A}) = \bigcup \mathfrak{A}$ und $\inf(\mathfrak{A}) = \bigcap \mathfrak{A}$ gelten (vgl. Beispiel 4.6(a)).

5 Die natürlichen Zahlen

„Was sind und was sollen die Zahlen?" heißt der Titel einer fundamentalen, von R. Dedekind im Jahre 1888 verfaßten Arbeit über die mengentheoretische Begründung der natürlichen Zahlen [Ded32]. Sie stellt einen Meilenstein dar auf dem Weg der logischen Fundierung der (natürlichen) Zahlen und war Teil einer Entwicklung, die sowohl inhaltlich als auch historisch zu den Glanzpunkten der Mathematik gehört.

In unserer Darstellung werden wir, ausgehend von einem einfachen und „natürlichen" Axiomensystem für die natürlichen Zahlen, die ganzen, die rationalen und schließlich die reellen Zahlen „konstruieren". Dieses *konstruktive* oder *genetische* Vorgehen hat gegenüber der von D. Hilbert 1899 vorgeschlagenen *axiomatischen* Einführung der reellen Zahlen (vgl. [Hil23]) den Vorteil, daß das gesamte Gebäude der Mathematik auf einigen wenigen Grundpfeilern errichtet wird, die ihrerseits wieder in der mathematischen Logik und der axiomatischen Mengenlehre verankert sind.

Die Peano-Axiome

Die natürlichen Zahlen werden durch die folgenden, auf **G. Peano** zurückgehenden **Axiome** eingeführt, welche den Vorgang des (Immer-Weiter-)Zählens formalisieren.

Die **natürlichen Zahlen** bilden eine Menge $\mathbb{N}$, in der ein Element 0 ausgezeichnet ist und für die es eine Abbildung $\nu : \mathbb{N} \to \mathbb{N}^\times := \mathbb{N} \backslash \{0\}$ gibt mit folgenden Eigenschaften:

(N_0) ν ist injektiv.

(N_1) Enthält eine Teilmenge N von $\mathbb{N}$ das Element 0 und mit n auch $\nu(n)$, so gilt $N = \mathbb{N}$.

5.1 Bemerkungen   **(a)** Für $n \in \mathbb{N}$ heißt $\nu(n)$ Nachfolger von n, und ν ist die Nachfolgerfunktion. Ferner ist 0 die einzige natürliche Zahl, welche nicht Nachfolger einer natürlichen Zahl ist, d.h., die Abbildung $\nu : \mathbb{N} \to \mathbb{N}^\times$ ist surjektiv, also, wegen (N_0), bijektiv.

Beweis Es sei

$$N := \left\{ n \in \mathbb{N} \, ; \, \exists n' \in \mathbb{N} : \nu(n') = n \right\} \cup \{0\} = \operatorname{im}(\nu) \cup \{0\} \, .$$

Für $n \in N$ gilt $\nu(n) \in \operatorname{im}(\nu) \subset N$. Wegen $0 \in N$ erhalten wir somit aus (N_1), daß $N = \mathbb{N}$ gilt. Da wir aus (N_0) wissen, daß $\operatorname{im}(\nu)$ in $\mathbb{N}^\times$ enthalten ist, folgt $\operatorname{im}(\nu) = \mathbb{N}^\times$. ∎

(b) Statt $0, \nu(0), \nu(\nu(0)), \nu(\nu(\nu(0))), \ldots$ schreibt man üblicherweise $0, 1, 2, 3, \ldots$

(c) Manche Autoren ziehen es vor, den durch ν beschriebenen „Zählvorgang" bei 1 und nicht bei 0 beginnen zu lassen. Dies ist natürlich mathematisch ohne Bedeutung.

(d) Axiom (N_1) beschreibt das **Prinzip der vollständigen Induktion**. Wir werden dieses wichtige Prinzip in Satz 5.7 und den Beispielen 5.8 ausführlich diskutieren. ∎

5.2 Bemerkungen (a) Im folgenden werden wir sehen, daß aus den Peano-Axiomen alle Aussagen über das Rechnen mit Zahlen, an das wir von der Schule her gewöhnt sind, deduziert werden können. Für den Mathematiker erheben sich jedoch sofort die folgenden zwei fundamentalen Fragen. (1) Existiert überhaupt ein System ($\mathbb{N}, 0, \nu$), welches den Axiomen (N_0)–(N_1) genügt, ein **Modell** der natürlichen Zahlen? (2) Wenn ja, wie viele solcher Modelle gibt es? Auf diese Fragen wollen wir im weiteren kurz eingehen.

Zur Vereinfachung der Sprechweise führen wir folgenden Begriff ein: Eine Menge M heißt *einfach unendliches System*, wenn es eine injektive Selbstabbildung $f : M \to M$ mit $f(M) \subsetneq M$ gibt. Offensichtlich bilden die natürlichen Zahlen $\mathbb{N}$, falls diese überhaupt existieren, ein einfach unendliches System. Die tiefere Bedeutung solcher Systeme erklärt der folgende, von R. Dedekind bewiesene Satz: *Jedes einfach unendliche System enthält ein Modell* ($\mathbb{N}, 0, \nu$) *der natürlichen Zahlen.*

Die Frage nach der Existenz der natürlichen Zahlen kann somit auf die Frage nach der Existenz einfach unendlicher Systeme reduziert werden. Tatsächlich gibt Dedekind auch einen Beweis der Existenz eines solchen Systems, welcher sich jedoch implizit bereits auf das von G. Frege erst 1893 eingeführte „Komprehensionsaxiom" stützt: *Zu jeder Eigenschaft E von Mengen existiert die Menge*

$$M_E := \{ \, x \; ; \; x \text{ ist Menge und } E \text{ trifft auf } x \text{ zu} \, \} \, .$$

Bereits 1901 erkannte B. Russell, daß dieses Axiom zu widersprüchlichen Aussagen, sogenannten *Antinomien*, führt. Russell wählte nämlich für E die Eigenschaft „x ist Menge und x ist nicht Element von sich selbst". Das Komprehensionsaxiom sichert dann die Existenz folgender *Menge*:

$$M := \{ \, x \; ; \; (x \text{ ist Menge}) \wedge (x \notin x) \, \} \, .$$

Hierfür gilt offensichtlich der Widerspruch

$$M \in M \Longleftrightarrow M \notin M \, .$$

Es ist nur allzugut nachvollziehbar, daß solche Antinomien die Grundfesten der Mengenlehre zutiefst erschütterten und zu einer eigentlichen „Grundlagenkrise" führten. Genauere Untersuchungen zeigten, daß große Teile der Problematik, will man es etwas vage und unpräzise formulieren, darin liegen, daß man „zu große Mengen" betrachtete. Um Widersprüche, wie die Russelsche Antinomie, auszuschließen, kann man so vorgehen, daß man zwischen zwei Arten von Kollektionen von Objekten unterscheidet, zwischen *Klassen* und *Mengen*. Dabei sind Mengen spezielle Klassen. Wann eine Klasse sogar eine Menge ist, muß dann axiomatisch beschrieben werden. Das Komprehensionsaxiom wird dahingehend abgewandelt, daß man verlangt: *Zu jeder Eigenschaft E von Mengen gibt es eine Klasse, die genau die Mengen als Elemente besitzt, auf welche die Eigenschaft E zutrifft.* Dann ist $\{ \, x \; ; \; (x \text{ ist Menge}) \wedge (x \notin x) \, \}$ eine Klasse und keine Menge, und der Russelsche Widerspruch ergibt sich nicht mehr. Zusätzlich fordert man ein „Aussonderungsaxiom", welches insbesondere die bereits in den vorangehenden Paragraphen mehrfach verwendete Aussage zur Folge hat, daß *für jede Menge X und jede Eigenschaft E von Mengen gilt:*

$$\{ \, x \; ; \; (x \in X) \wedge E(x) \, \} =: \{ \, x \in X \; ; \; E(x) \, \} \text{ ist eine Menge.}$$

Für genauere Ausführungen müssen wir auf die Literatur über die Mengenlehre verweisen (z.B. [FP85]).

Die Dedekindschen Untersuchungen zeigten, daß man, um im Rahmen der axiomatischen Mengenlehre die Existenz der natürlichen Zahlen zu beweisen, das *Unendlichkeitsaxiom* benötigt: Es gibt eine *induktive Menge*, d.h. eine Menge, die $\emptyset$ enthält und mit jedem z auch $z \cup \{z\}$. Setzt man dann

$$\mathbb{N} := \bigcap \{ m \ ; \ m \text{ ist induktive Menge} \} \ ,$$

so zeigt es sich, daß $\mathbb{N}$ selbst eine induktive Menge ist. Definiert man schließlich die Abbildung $\nu := \mathbb{N} \to \mathbb{N}$ durch $\nu(n) := n \cup \{n\}$ und setzt $0 := \emptyset$, so kann man *beweisen*, daß $(\mathbb{N}, 0, \nu)$ den Peano-Axiomen genügt, also ein Modell der natürlichen Zahlen darstellt.

Es sei nun $(\mathbb{N}', 0', \nu')$ irgendein Modell der natürlichen Zahlen. Dann läßt sich im Rahmen der Mengenlehre zeigen, daß es eine Bijektion $\varphi : \mathbb{N} \to \mathbb{N}'$ gibt, welche $\varphi(0) = 0'$ und $\varphi \circ \nu = \nu' \circ \varphi$ erfüllt, eine **Isomorphie** von $(\mathbb{N}, 0, \nu)$ auf $(\mathbb{N}', 0', \nu')$. Wegen der Beziehungen $\nu' = \varphi \circ \nu \circ \varphi^{-1}$ und $\nu = \varphi^{-1} \circ \nu' \circ \varphi$ bedeutet dies, daß man beim „Rechnen im Modell $(\mathbb{N}', 0', \nu')$" die gleichen Ergebnisse erhält wie beim Rechnen im Modell $(\mathbb{N}, 0, \nu)$". *Die natürlichen Zahlen sind bis auf Isomorphie eindeutig bestimmt.* Es ist somit sinnvoll, von *den* natürlichen Zahlen zu sprechen. Für Beweise und Einzelheiten verweisen wir wieder auf [FP85].

(b) In den vorangehenden Bemerkungen zur Mengenlehre haben wir uns, wie auch in den früheren Paragraphen, auf das *von Neumann-Bernays-Gödelsche (NBG) Axiomensystem* bezogen, das mit dem Begriff der Klasse arbeitet. Klassen können jedoch gänzlich vermieden werden. In der Tat wird in der ebenso populären *Zermelo-Fraenkelschen Mengenlehre mit Auswahlaxiom* (ZFC[1]) nur über Mengen geredet. Glücklicherweise läßt sich zeigen, daß die beiden Axiomensysteme NBG und ZFC in dem Sinne äquivalent sind, daß in beiden Systemen die gleichen Aussagen über Mengen beweisbar sind. ∎

Rechenregeln

Ausgehend von den Peano-Axiomen kann man allein durch logische Schlüsse folgenden Satz beweisen, in welchem die „üblichen" Rechenregeln für den Umgang mit den natürlichen Zahlen zusammengefaßt sind.

5.3 Theorem *Auf der Menge $\mathbb{N}$ der natürlichen Zahlen können auf eindeutige Weise zwei Verknüpfungen, die* **Addition** $+$ *und die* **Multiplikation** $\cdot$ *, sowie eine Ordnungsrelation $\leq$ definiert werden, so daß die folgenden Aussagen richtig sind:*

(i) *Die Addition ist assoziativ, kommutativ und besitzt 0 als neutrales Element.*

(ii) *Die Multiplikation ist assoziativ, kommutativ und besitzt $1 := \nu(0)$ als neutrales Element.*

(iii) *Es gilt das Distributivgesetz*

$$(\ell + m) \cdot n = \ell \cdot n + m \cdot n \ , \qquad \ell, m, n \in \mathbb{N} \ .$$

---

[1] C steht für „axiom of Choice".

(iv) $0 \cdot n = 0$ und $\nu(n) = n + 1$ für $n \in \mathbb{N}$.

(v) $\mathbb{N}$ ist durch $\leq$ total geordnet, und $0 = \min(\mathbb{N})$.

(vi) Zu $n \in \mathbb{N}$ gibt es kein $k \in \mathbb{N}$ mit $n < k < n + 1$.

(vii) Für $m, n \in \mathbb{N}$ gelten

$$m \leq n \iff \exists d \in \mathbb{N} \quad : m + d = n \,,$$
$$m < n \iff \exists d \in \mathbb{N}^{\times} : m + d = n \,.$$

Das Element d ist eindeutig bestimmt und heißt **Differenz** von n und m, in Symbolen: $d := n - m$.

(viii) Für $m, n \in \mathbb{N}$ gelten

$$m \leq n \iff m + \ell \leq n + \ell \,, \quad \ell \in \mathbb{N} \,,$$
$$m < n \iff m + \ell < n + \ell \,, \quad \ell \in \mathbb{N} \,.$$

(ix) Für $m, n \in \mathbb{N}^{\times}$ ist $m \cdot n \in \mathbb{N}^{\times}$.

(x) Für $m, n \in \mathbb{N}$ gelten

$$m \leq n \iff m \cdot \ell \leq n \cdot \ell \,, \quad \ell \in \mathbb{N}^{\times} \,,$$
$$m < n \iff m \cdot \ell < n \cdot \ell \,, \quad \ell \in \mathbb{N}^{\times} \,.$$

Beweis Um einen Eindruck von der Beweistechnik zu geben, zeigen wir exemplarisch die Existenz und Eindeutigkeit einer Verknüpfung $+$ auf $\mathbb{N}$, die (i) und

$$n + \nu(m) = \nu(n + m) \,, \qquad n, m \in \mathbb{N} \,, \tag{5.1}$$

erfüllt. Für die restlichen Aussagen verweisen wir auf [Lan30], dessen Lektüre wir nachdrücklich empfehlen. Das Durcharbeiten[2] des Landauschen Büchleins bietet dem Anfänger eine ausgezeichnete Möglichkeit, seine logisch-analytische Denkfähigkeit zu schulen. Die Beweise sind elementar. Eine der Hauptschwierigkeiten für wenig Geübte liegt darin, keine „Rechenregeln", die vom gewöhnlichen Zahlenrechnen her bekannt zu sein scheinen, zu verwenden, *bevor* sie aus den Peano-Axiomen hergeleitet worden sind. Insbesondere haben 0 und 1 anfänglich lediglich die Bedeutung ausgezeichneter Elemente. Sie haben (anfänglich) nichts mit den vertrauten *Zahlen* 0 und 1 zu tun.

(a) Wir nehmen zuerst an, $\circledast$ sei eine kommutative Verknüpfung auf $\mathbb{N}$, welche

$$0 \circledast 0 = 0 \,, \quad n \circledast 1 = \nu(n) \quad \text{und} \quad n \circledast \nu(m) = \nu(n \circledast m) \,, \qquad n, m \in \mathbb{N} \,, \tag{5.2}$$

erfüllt. Dann betrachten wir die Menge

$$N := \{ n \in \mathbb{N} \,; \, 0 \circledast n = n \} \,.$$

---

[2]Im sehr lesenswerten Vorwort zu [Lan30] finden wir eine der wenigen Stellen in der Literatur, wo konkrete Vorstellungen über den zeitlichen Aufwand für mathematische Lektüre formuliert sind: „Ich hoffe, ..., diese Schrift so abgefaßt zu haben, daß ein normaler Student sie in zwei Tagen lesen kann". Wir ergänzen dazu nur noch, daß der vollständige Beweis von Theorem 5.3 ziemlich genau ein Achtel der Seiten des Landauschen Büchleins füllt.

Offensichtlich gehört 0 zu N. Für $n \in N$ folgt aus der dritten Aussage von (5.2), daß $0 \circledast \nu(n) = \nu(0 \circledast n) = \nu(n)$ gilt. Also gehört auch $\nu(n)$ zu N. Nun folgt $N = \mathbb{N}$ wegen (N$_1$), d.h., es gilt

$$0 \circledast n = n\,, \qquad n \in \mathbb{N}\,. \tag{5.3}$$

(b) Wir nehmen an, $\odot$ sei eine kommutative Verknüpfung auf $\mathbb{N}$, welche ebenfalls (5.2), also

$$0 \odot 0 = 0\,, \quad n \odot 1 = \nu(n) \quad \text{und} \quad n \odot \nu(m) = \nu(n \odot m)\,, \qquad n, m \in \mathbb{N}\,, \tag{5.4}$$

erfüllt. Für ein frei gewähltes („festes") $n \in \mathbb{N}$ setzen wir

$$M := \{\, m \in \mathbb{N}\,;\ m \circledast n = m \odot n\,\}\,.$$

Wie in (a) folgt aus (5.4), daß $0 \odot n = n$ gilt. Somit erhalten wir aus (5.3) die Gültigkeit von $0 \circledast n = n = 0 \odot n$, d.h. $0 \in M$. Es sei nun $m \in M$. Dann gilt

$$\nu(n \circledast m) = \nu(m \odot n) = \nu(n \odot m)\,,$$

und somit

$$\nu(m) \circledast n = n \circledast \nu(m) = n \odot \nu(m) = \nu(m) \odot n$$

wegen (5.2) und (5.4). Also gehört auch $\nu(m)$ zu M, und (N$_1$) impliziert $M = \mathbb{N}$. Da $n \in \mathbb{N}$ beliebig war, haben wir gezeigt, daß es höchstens eine kommutative Abbildung $\circledast : \mathbb{N} \times \mathbb{N} \to \mathbb{N}$ gibt, welche (5.2) erfüllt.

(c) Wir konstruieren nun eine Verknüpfung auf $\mathbb{N}$ mit der Eigenschaft (5.1). Dazu setzen wir

$$N := \big\{\, n \in \mathbb{N}\,;\ \exists\, \varphi_n : \mathbb{N} \to \mathbb{N} \text{ mit } \varphi_n(0) = \nu(n) \\ \text{und } \varphi_n(\nu(m)) = \nu(\varphi_n(m))\ \forall m \in \mathbb{N}\,\big\}\,. \tag{5.5}$$

Mit $\varphi_0 := \nu$ erkennen wir, daß $0 \in N$ gilt. Es sei nun wieder $n \in N$ gegeben. Dann gibt es ein $\varphi_n : \mathbb{N} \to \mathbb{N}$ mit $\varphi_n(0) = \nu(n)$ und $\varphi_n(\nu(m)) = \nu(\varphi_n(m))$ für alle $m \in \mathbb{N}$. Wir setzen

$$\psi : \mathbb{N} \to \mathbb{N}\,, \qquad m \mapsto \nu(\varphi_n(m))\,.$$

Dann gelten $\psi(0) = \nu(\varphi_n(0)) = \nu(\nu(n))$ sowie

$$\psi(\nu(m)) = \nu(\varphi_n(\nu(m))) = \nu(\nu(\varphi_n(m))) = \nu(\psi(m))\,, \qquad m \in \mathbb{N}\,.$$

Also folgt aus $n \in N$ stets auch $\nu(n) \in N$. Wiederum liefert (N$_1$), daß $N = \mathbb{N}$ gilt.

Wir merken ferner an, daß für jedes $n \in \mathbb{N}$ die Abbildung φ_n in (5.5) eindeutig bestimmt ist. Sei nämlich ψ_n für $n \in \mathbb{N}$ eine Abbildung von $\mathbb{N}$ in sich mit

$$\psi_n(0) = \nu(n) \quad \text{und} \quad \psi_n(\nu(m)) = \nu(\psi_n(m))\,, \qquad m \in \mathbb{N}\,.$$

Dann setzen wir

$$M_n := \big\{\, m \in \mathbb{N}\,;\ \varphi_n(m) = \psi_n(m)\,\big\}$$

und erhalten aus $\varphi_n(0) = \nu(n) = \psi_n(0)$, daß 0 zu M_n gehört. Gilt $m \in M_n$, so folgt $\varphi_n(\nu(m)) = \nu(\varphi_n(m)) = \nu(\psi_n(m)) = \psi_n(\nu(m))$. Also gehört auch $\nu(m)$ zu M_n. Folglich impliziert (N$_1$), daß $M_n = \mathbb{N}$ gilt, was $\varphi_n = \psi_n$ bedeutet.

Wir haben also gezeigt: Für jedes $n \in \mathbb{N}$ gibt es genau eine Abbildung

$$\varphi_n : \mathbb{N} \to \mathbb{N} \text{ mit } \varphi_n(0) = \nu(n) \text{ und } \varphi_n(\nu(m)) = \nu(\varphi_n(m)) , \qquad m \in \mathbb{N} .$$

Nun setzen wir

$$+ : \mathbb{N} \times \mathbb{N} \to \mathbb{N} , \quad (n,m) \mapsto n + m := \begin{cases} n , & m = 0 , \\ \varphi_n(m') , & m = \nu(m') . \end{cases} \qquad (5.6)$$

Dann ist $+$ aufgrund von Bemerkung 5.1(a) eine wohldefinierte Verknüpfung auf $\mathbb{N}$, welche (5.1) erfüllt, denn es gelten

$$\begin{aligned} n + 0 &= n , \\ n + 1 = n + \nu(0) &= \varphi_n(0) = \nu(n) = \nu(n + 0) , \end{aligned} \qquad n \in \mathbb{N} ,$$

sowie

$$n + \nu(m) = \varphi_n(m) = \varphi_n(\nu(m')) = \nu(\varphi_n(m')) = \nu(n + m)$$

für $n \in \mathbb{N}$, $m \in \mathbb{N}^\times$ und $m' := \nu^{-1}(m)$. Damit haben wir die Existenz einer Verknüpfung auf $\mathbb{N}$, der „Addition" $+$, welche (5.1) erfüllt, bewiesen. Wir haben bereits gezeigt, daß $n + 0 = n$ für $n \in \mathbb{N}$ gilt. Zusammen mit (5.3) ergibt sich, daß 0 das neutrale Element der Addition ist.

(d) Wir verifizieren die Assoziativität der Addition. Dazu wählen wir $\ell, m \in \mathbb{N}$ beliebig und setzen

$$N := \{ n \in \mathbb{N} ; (\ell + m) + n = \ell + (m + n) \} .$$

Offensichtlich gehört 0 zu N, und für $n \in N$ gilt nach (5.1)

$$(\ell + m) + \nu(n) = \nu((\ell + m) + n) = \nu(\ell + (m + n)) = \ell + \nu(m + n) = \ell + (m + \nu(n)) .$$

Somit folgt aus $n \in N$ stets $\nu(n) \in N$. Nach Axiom (N$_1$) bedeutet dies $N = \mathbb{N}$.

(e) Um die Kommutativität der Addition zu beweisen, betrachten wir zuerst die Menge $N := \{ n \in \mathbb{N} ; n + 1 = 1 + n \}$. Sie enthält das Element 0. Für $n \in N$ folgt aus (5.1)

$$\nu(n) + 1 = \nu(\nu(n)) = \nu(n + 1) = \nu(1 + n) = 1 + \nu(n) .$$

Also gilt $\nu(n) \in N$, und (N$_1$) impliziert $N = \mathbb{N}$. Somit wissen wir, daß

$$n + 1 = 1 + n , \qquad n \in \mathbb{N} , \qquad (5.7)$$

richtig ist. Nun fixieren wir $n \in \mathbb{N}$ und setzen

$$M := \{ m \in \mathbb{N} ; m + n = n + m \} .$$

Wieder gehört 0 zu M. Für $m \in M$ finden wir wegen (d) und (5.7), daß

$$\begin{aligned} \nu(m) + n = (m + 1) + n &= m + (1 + n) = m + (n + 1) \\ &= (m + n) + 1 = \nu(m + n) = \nu(n + m) = n + \nu(m) , \end{aligned}$$

gilt, wobei wir beim letzten Schritt wieder (5.1) verwendet haben. Also gehört auch $\nu(m)$ zu M, woraus wegen (N$_1$) wieder $M = \mathbb{N}$ folgt. Da $n \in \mathbb{N}$ beliebig war, gilt $n + m = m + n$ für alle $m, n \in \mathbb{N}$. ∎

Im folgenden verwenden wir natürlich ohne weiteren Kommentar das uns aus der Schule vertraute „Einmaleins". Zur Übung sei dem Leser empfohlen, einige Aussagen des Einmaleins, wie z.B. $2 \cdot 2 = 4$ oder $3 \cdot 4 = 12$, zu beweisen.

Wie üblich schreiben wir meist mn für $m \cdot n$. Außerdem vereinbaren wir, daß die „Multiplikation stärker binden soll als die Addition", d.h., $mn + k$ bedeutet $(m \cdot n) + k$ (und nicht etwa $m(n + k)$). Schließlich nennen wir die Elemente von $\mathbb{N}^\times$ **positive natürliche Zahlen**.

Der euklidische Algorithmus

Eine einfache Folgerung der Aussage (x) von Theorem 5.3 ist die nachstehende **Kürzungsregel**:

$$\text{Für } m, n \in \mathbb{N} \text{ und } k \in \mathbb{N}^\times \text{ mit } mk = nk \text{ gilt } m = n. \tag{5.8}$$

Wir nennen $m \in \mathbb{N}^\times$ **Teiler** von $n \in \mathbb{N}$, wenn es ein $k \in \mathbb{N}$ gibt mit $mk = n$. Ist m ein Teiler von n, so schreiben wir $m|n$ („m teilt n"). Die nach (5.8) eindeutig bestimmte natürliche Zahl k heißt **Quotient** von m und n und wird mit $\frac{n}{m}$ oder n/m bezeichnet. Sind m und n zwei positive natürliche Zahlen, so wird im allgemeinen weder m ein Teiler von n sein, noch wird n die Zahl m teilen. Der folgende Satz, auch **euklidischer Algorithmus** oder **Division mit Rest** genannt, klärt die allgemeine Situation.

5.4 Satz Zu $m \in \mathbb{N}^\times$ und $n \in \mathbb{N}$ gibt es genau ein $k \in \mathbb{N}$ und genau ein $\ell \in \mathbb{N}$ mit

$$n = km + \ell \quad \text{und} \quad \ell < m \,.$$

Beweis (a) Wir verifizieren zuerst die Existenzaussage. Dazu wählen wir $m \in \mathbb{N}^\times$ und setzen

$$N := \{\, n \in \mathbb{N} \,;\, \exists k, \ell \in \mathbb{N} : n = km + \ell, \ \ell < m \,\} \,.$$

Unser Ziel ist der Nachweis, daß $N = \mathbb{N}$ gilt. Offensichtlich gehört 0 zu N, denn $0 = 0 \cdot m + 0$ nach Theorem 5.3(i) und (iv). Es sei nun $n \in N$. Dann gibt es $k, \ell \in \mathbb{N}$ mit $n = km + \ell$ und $\ell < m$. Somit gilt $n + 1 = km + (\ell + 1)$. Ist $\ell + 1 < m$, so finden wir, daß $n + 1$ zu N gehört. Ist andererseits $\ell + 1 = m$, so gilt $n + 1 = (k + 1)m$ gemäß (iii) von Theorem 5.3. Also ist auch in diesem Fall $n + 1$ ein Element von N. Somit haben wir gezeigt, daß $0 \in N$ und daß aus $n \in N$ stets $n + 1 \in N$ folgt. Aufgrund des Prinzips der vollständigen Induktion ergibt sich also $N = \mathbb{N}$.

(b) Um die Eindeutigkeit nachzuweisen, nehmen wir an, es seien $m \in \mathbb{N}^\times$ und $k, k', \ell, \ell' \in \mathbb{N}$ mit

$$km + \ell = k'm + \ell' \quad \text{und} \quad \ell < m \,, \quad \ell' < m \,, \tag{5.9}$$

gegeben. Zudem können wir annehmen, daß $\ell \leq \ell'$ gelte. Der Fall $\ell' \leq \ell$ kann analog behandelt werden. Aus $\ell \leq \ell'$ und (5.9) ergibt sich $k'm + \ell' = km + \ell \leq km + \ell'$, also auch $k'm \leq km$, nach Theorem 5.3(viii). Somit folgt $k' \leq k$ aus Theorem 5.3(x).

Andererseits erhalten wir aus $\ell' < m$ die Ungleichungskette

$$km \leq km + \ell = k'm + \ell' < k'm + m = (k' + 1)m \ .$$

Hier haben wir die Aussagen (viii) und (iii) von Theorem 5.3 benutzt. Nun ergibt sich aus Aussage (x) desselben Satzes $k < k' + 1$. Zusammen mit $k' \leq k$ finden wir also $k' \leq k < k' + 1$, was wegen Theorem 5.3(vi) nur für $k = k'$ möglich ist. Aus $k = k'$, (5.9) und der Eindeutigkeitsaussage in (vii) von Theorem 5.3 folgt nun $\ell = \ell'$. ∎

Im eben geführten Beweis haben wir, als Übung, sämtliche Verweise auf Theorem 5.3 explizit angegeben. In zukünftigen Betrachtungen werden wir diese Rechenregeln ohne weitere Referenz benutzen.

Das Induktionsprinzip

Wir haben bereits mehrfach gewinnbringend das Induktionsaxiom (N_1) angewendet. Eine wichtige, zu Axiom (N_1) äquivalente Aussage ist das **Wohlordnungsprinzip**:

5.5 Satz *Die natürlichen Zahlen* $\mathbb{N}$ *sind* **wohlgeordnet**, *d.h., jede nichtleere Teilmenge von* $\mathbb{N}$ *besitzt ein Minimum.*

Beweis Wir führen einen Widerspruchsbeweis. Es sei also $A \subset \mathbb{N}$ nicht leer und besitze kein Minimum. Wir setzen

$$B := \{ n \in \mathbb{N} \ ; \ n \text{ ist untere Schranke von } A \} \ .$$

Offenbar gilt $0 \in B$. Es sei nun $n \in B$. Da A kein Minimum besitzt, kann n nicht zu A gehören. Aus $a \geq n$ für $a \in A$ folgt $a \geq n + 1$ für alle $a \in A$. Dies zeigt, daß $n + 1 \in B$ gilt. Aufgrund des Induktionsaxioms (N_1) finden wir also $B = \mathbb{N}$. Dies impliziert aber, daß $A = \emptyset$ gelten muß. Denn wäre $m \in A$, so folgte $m + 1 \notin B = \mathbb{N}$, was nicht möglich ist. Somit finden wir den (gewünschten) Widerspruch: $A \neq \emptyset$ und $A = \emptyset$. ∎

Um eine Anwendung des eben bewiesenen Prinzips geben zu können, sagen wir, eine natürliche Zahl $p \in \mathbb{N}$ heißt **Primzahl**, falls gilt: $p \geq 2$ und p besitzt außer 1 und p keine weiteren Teiler.

5.6 Satz *Außer 0 und 1 kann jede natürliche Zahl als Produkt endlich vieler Primzahlen, der* **Primfaktoren**, *dargestellt werden. Dabei sind „Produkte" mit nur* *einem Faktor zugelassen. Diese* **Primfaktorzerlegung** *ist bis auf die Reihenfolge der auftretenden Zahlen eindeutig.*

Beweis Wir nehmen an, die Behauptung sei falsch. Nach Satz 5.5 gibt es dann eine kleinste natürliche Zahl $n_0 \geq 2$, die nicht in Primfaktoren zerlegt werden kann. Insbesondere kann n_0 keine Primzahl sein. Somit gibt es $n, m \in \mathbb{N}$ mit $n_0 = n \cdot m$ und $n, m > 1$. Dies impliziert aber $n < n_0$ und $m < n_0$. Aus der Definition von n_0 ergibt sich nun, daß n und m als Produkte endlich vieler Primzahlen dargestellt werden können, also auch $n_0 = n \cdot m$, was wir aber ausgeschlossen haben. Damit haben wir die Existenzaussage bewiesen.

Zum Beweis der Eindeutigkeit nehmen wir an, es gäbe eine natürliche Zahl, die zwei verschiedene Primfaktorzerlegungen besitzt. Dann sei p die kleinste solche Zahl, mit den Zerlegungen $p = p_0 p_1 \cdots p_k = q_0 q_1 \cdots q_n$. Jedes p_i ist von jedem q_j verschieden, denn ein gemeinsamer Teiler beider Darstellungen würde p teilen und eine kleinere natürliche Zahl p' mit zwei verschiedenen Darstellungen liefern, im Widerspruch zur Wahl von p.

Wir dürfen annehmen, daß $p_0 \leq p_1 \leq \cdots \leq p_k$ und $q_0 \leq q_1 \leq \cdots \leq q_n$ sowie $p_0 < q_0$ gelten. Wir setzen $q := p_0 q_1 \cdots q_n$. Dann gelten $p_0 | q$ und $p_0 | p$, also $p_0 | (p - q)$. Folglich gilt die Darstellung

$$p - q = p_0 r_1 \cdots r_\ell$$

mit geeigneten Primzahlen $r_1, \ldots, r_\ell$. Wegen $p - q = (q_0 - p_0) q_1 \cdots q_n$ ist $p - q$ positiv. Wir stellen nun $q_0 - p_0$ als Produkt von Primzahlen dar: $q_0 - p_0 = t_0 \cdots t_s$. Dann ist

$$p - q = t_0 \cdots t_s q_1 \cdots q_n$$

eine zweite Darstellung von $p - q$ als Produkt von Primzahlen. Es ist klar, daß p_0 kein Teiler von $q_0 - p_0$ ist. Also haben wir zwei verschiedene Darstellungen von $p - q$ gefunden, denn genau eine enthält p_0. Wegen $0 < p - q < p$ stellt dies einen Widerspruch zur Minimalität von p dar. ∎

In den obigen Betrachtungen haben wir verschiedentlich vom Prinzip der vollständigen Induktion Gebrauch gemacht. Die dabei verwendete Schlußweise können wir wie folgt formalisieren. Für jedes $n \in \mathbb{N}$ sei $\mathcal{A}(n)$ eine Aussage. Es soll gezeigt werden, daß $\mathcal{A}(n)$ für jedes $n \in \mathbb{N}$ richtig ist. Dies kann mittels eines *Beweises durch vollständige Induktion* erreicht werden, indem man wie folgt vorgeht:

(a) *Induktionsanfang:* Es wird gezeigt, daß $\mathcal{A}(0)$ richtig ist.

(b) *Induktionsschluß:* Dieser setzt sich zusammen aus:

    (α) *Induktionsvoraussetzung:* Es sei $n \in \mathbb{N}$ und $\mathcal{A}(n)$ sei richtig.

    (β) *Induktionsschritt* $(n \to n + 1)$: Man zeigt, daß aus (α) mittels logischer Schlüsse und bereits als wahr erkannter Aussagen die Richtigkeit von $\mathcal{A}(n + 1)$ abgeleitet werden kann.

Damit ist die Richtigkeit von $\mathcal{A}(n)$ für alle $n \in \mathbb{N}$ nachgewiesen. Um dies einzusehen, setzen wir

$$N := \{ n \in \mathbb{N} \; ; \; \mathcal{A}(n) \text{ ist richtig} \} \; .$$

Der Induktionsanfang liefert dann $0 \in N$, und aus dem Induktionsschluß folgt, daß mit $n \in N$ auch $n + 1 \in N$ gilt. Nach (N$_1$) ist somit $N = \mathbb{N}$.

In vielen Anwendungen ist es nützlich, den Induktionsanfang nicht bei 0, sondern bei, sagen wir, $n_0 \in \mathbb{N}$ zu setzen. Dies führt zu folgender leicht verallgemeinerter Form des obigen Beweisprinzips.

5.7 Satz (Induktionsprinzip) *Es sei $n_0 \in \mathbb{N}$, und für jedes $n \geq n_0$ sei $\mathcal{A}(n)$ eine Aussage. Ferner gelte:*

(i) *$\mathcal{A}(n_0)$ ist richtig.*

(ii) *Für jedes $n \geq n_0$ gilt: Aus der Richtigkeit von $\mathcal{A}(n)$ folgt, daß $\mathcal{A}(n + 1)$ richtig ist.*

Dann ist $\mathcal{A}(n)$ für jedes $n \geq n_0$ richtig.

Beweis Setzen wir $N := \{ n \in \mathbb{N} \; ; \; \mathcal{A}(n + n_0) \text{ ist richtig} \}$, so folgt aus dem Induktionsaxiom (N$_1$) sofort $N = \mathbb{N}$. ∎

Für $m \in \mathbb{N}$ und $n \in \mathbb{N}^\times$ bezeichnen wir mit m^n das Produkt aus n gleichen Faktoren m, d.h.

$$m^n := \underbrace{m \cdot m \cdot \cdots \cdot m}_{n\text{-mal}} \; .$$

Mit dieser Abkürzung und den Rechenregeln für die natürlichen Zahlen können wir die folgenden einfachen Beispiele zum Induktionsprinzip behandeln.

5.8 Beispiele **(a)** Für $n \in \mathbb{N}^\times$ gilt $1 + 3 + 5 + \cdots + (2n - 1) = n^2$.

Beweis (durch Induktion) Den Induktionsanfang setzen wir bei $n_0 = 1$ durch $1 = 1 \cdot 1 = 1^2$. Um den Induktionsschluß zu vollziehen, nehmen wir an:

$$\text{Es sei } n \in \mathbb{N} \text{ und es gelte: } 1 + 3 + 5 + \cdots + (2n - 1) = n^2 \; .$$

Dies ist unsere Induktionsvoraussetzung. Der Induktionsschritt ist der folgende:

$$\begin{aligned}
1 + 3 + 5 + \cdots + (2(n + 1) - 1) &= 1 + 3 + 5 + \cdots + (2n + 1) \\
&= 1 + 3 + 5 + \cdots + (2n - 1) + (2n + 1) \\
&= n^2 + 2n + 1 \; .
\end{aligned}$$

Dabei haben wir die Induktionsvoraussetzung verwendet, um die letzte Gleichheit zu erhalten. Wegen $n^2 + 2n + 1 = (n + 1)^2$, wie man leicht aus dem Distributivgesetz (iii) von Theorem 5.3 ableitet, ergibt sich somit die Behauptung. ∎

(b) Es gilt $2^n > n^2$ für alle $n \in \mathbb{N}$ mit $n \geq 5$.

Beweis Der Induktionsanfang ergibt sich für $n_0 = 5$ mit $32 = 2^5 > 5^2 = 25$. Als Induktionsvoraussetzung formulieren wir:

$$\text{Es sei } n \in \mathbb{N} \text{ mit } n \geq 5 \text{ und es gelte } 2^n > n^2 \ . \tag{5.10}$$

Folgende Argumente ermöglichen den Induktionsschritt: Aus (5.10) folgt

$$2^{n+1} = 2 \cdot 2^n > 2 \cdot n^2 = n^2 + n \cdot n \ . \tag{5.11}$$

Beachten wir weiter $n \geq 5$, so ergibt sich $n \cdot n \geq 5n > 2n + 1$. Zusammen mit (5.11) erhalten wir $2^{n+1} > n^2 + 2n + 1 = (n+1)^2$, womit die Behauptung bewiesen ist. ∎

Wir formulieren eine weitere Version des Induktionsprinzips. Sie ermöglicht, daß wir alle Aussagen $\mathcal{A}(k)$, $n_0 \leq k \leq n$, verwenden können, um den Induktionsschritt $n \to n+1$ sicherzustellen.

5.9 Satz *Es sei $n_0 \in \mathbb{N}$, und für jedes $n \geq n_0$ sei $\mathcal{A}(n)$ eine Aussage. Ferner gelte:*

(i) *$\mathcal{A}(n_0)$ ist richtig.*

(ii) *Für jedes $n \geq n_0$ gilt: Aus der Richtigkeit von $\mathcal{A}(k)$ für $n_0 \leq k \leq n$ folgt, daß $\mathcal{A}(n+1)$ richtig ist.*

Dann ist $\mathcal{A}(n)$ für jedes $n \geq n_0$ richtig.

Beweis Wir setzen

$$N := \big\{ n \in \mathbb{N} \ ; \ n \geq n_0 \text{ und } \mathcal{A}(n) \text{ ist falsch} \big\}$$

und nehmen an, es gelte $N \neq \emptyset$. Dann existiert nach dem Wohlordnungsprinzip (Satz 5.5) $m := \min(N)$, und wegen (i) gilt $m > n_0$. Somit gibt es genau ein $n \in \mathbb{N}$ mit $n + 1 = m$. Weiter folgt aus der Definition von m, daß $\mathcal{A}(k)$ richtig ist für alle $k \in \mathbb{N}$ mit $n_0 \leq k \leq n$. Berücksichtigen wir (ii), so ergibt sich die Richtigkeit von $\mathcal{A}(n+1) = \mathcal{A}(m)$, was nicht möglich ist. ∎

5.10 Beispiel Es sei $\circledast$ eine assoziative Verknüpfung auf einer Menge X. Dann kommt es auch bei mehr als drei Faktoren nicht auf die Stellung der Klammern an.

Beweis Es sei K_n ein „Klammerausdruck der Länge n", d.h. ein Verknüpfungsausdruck bestehend aus n Elementen $a_1, \ldots, a_n \in X$ und einer beliebigen Anzahl Klammern, z.B. $K_7 := \big((a_1 \circledast a_2) \circledast (a_3 \circledast a_4)\big) \circledast \big((a_5 \circledast (a_6 \circledast a_7))\big)$. Wir behaupten, daß gilt

$$K_n = \big(\cdots (a_1 \circledast a_2) \circledast a_3) \circledast \cdots\big) \circledast a_{n-1}\big) \circledast a_n \ , \qquad n \in \mathbb{N} \ ,$$

und erbringen den Beweis durch vollständige Induktion.

Für $n = 3$ ist die Aussage richtig. Dies ist der Induktionsanfang. Unsere Induktionsvoraussetzung heißt:

Es gilt $K_k = \big(\cdots (a_1 \circledast a_2) \circledast a_3) \circledast \cdots\big) \circledast a_{k-1}\big) \circledast a_k$

für jeden Klammerausdruck der Länge $k \in \mathbb{N}$ mit $3 \leq k \leq n$.

Es sei nun K_{n+1} ein Klammerausdruck der Länge $n + 1$. Dann gibt es $\ell, m \in \mathbb{N}^\times$ mit $\ell + m = n + 1$ und $K_{n+1} = K_\ell \circledast K_m$. Nun sind zwei Fälle zu unterscheiden:

1. Fall: $m = 1$. Dann gilt $K_m = a_{n+1}$. Ferner ist gemäß der Induktionsvoraussetzung

$$K_\ell = K_n = (\cdots (a_1 \circledast a_2) \circledast a_3) \cdots) \circledast a_n \ .$$

Somit folgt in diesem Fall

$$K_{n+1} = ((\cdots (a_1 \circledast a_2) \circledast a_3) \cdots) \circledast a_n) \circledast a_{n+1} \ .$$

2. Fall: $m > 1$. Dann ist K_{m-1} erklärt, und nach Induktionsvoraussetzung gilt $K_m = K_{m-1} \circledast a_{n+1}$.

Damit ergibt sich

$$K_{n+1} = K_\ell \circledast (K_{m-1} \circledast a_{n+1}) = (K_\ell \circledast K_{m-1}) \circledast a_{n+1} \ .$$

Nun ist aber $K_\ell \circledast K_{m-1}$ ein Klammerausdruck der Länge n, auf den wir unsere Induktionsvoraussetzung anwenden können, d.h., es gilt

$$K_\ell \circledast K_{m-1} = (\cdots (a_1 \circledast a_2) \circledast a_3) \cdots) \circledast a_n \ ,$$

woraus sich wiederum die Behauptung ergibt. ∎

Rekursive Definitionen

Wir kommen zu einer weiteren wichtigen Anwendung der vollständigen Induktion, dem *Prinzip der rekursiven Definition*. Die Tragweite dieses Prinzips wird durch die anschließenden Beispiele klarwerden.

5.11 Satz *Es seien X eine nichtleere Menge und $a \in X$. Ferner sei für jedes $n \in \mathbb{N}^\times$ eine Abbildung $V_n : X^n \to X$ gegeben. Dann gibt es eine eindeutig bestimmte Abbildung $f : \mathbb{N} \to X$ mit folgenden Eigenschaften:*

  (i) $f(0) = a$.

  (ii) $f(n+1) = V_{n+1}\big(f(0), f(1), \ldots, f(n)\big), \ n \in \mathbb{N}$.

Beweis (a) Wir zeigen zuerst durch vollständige Induktion, daß es nur eine solche Abbildung geben kann. Es seien also $f, g : \mathbb{N} \to X$ mit $f(0) = g(0) = a$ und

$$\begin{aligned} f(n+1) &= V_{n+1}\big(f(0), \ldots, f(n)\big) \ , \\ g(n+1) &= V_{n+1}\big(g(0), \ldots, g(n)\big) \ , \end{aligned} \qquad n \in \mathbb{N} \ . \qquad (5.12)$$

Wir wollen $f = g$ beweisen, d.h., es soll $f(n) = g(n)$ für alle $n \in \mathbb{N}$ nachgewiesen werden. Die Eigenschaft $f(0) = g(0) \ (= a)$ liefert uns den Induktionsanfang. Als Induktionsvoraussetzung dient uns die Aussage $f(k) = g(k)$ für $0 \le k \le n$. Mit (5.12) folgt $f(n+1) = g(n+1)$. Nach Satz 5.9 ergibt sich nun die Behauptung.

(b) Wenden wir uns der Existenz einer solchen Abbildung zu. Dazu behaupten wir: Für jedes $n \in \mathbb{N}$ gibt es eine Abbildung $f_n : \{0, 1, \ldots, n\} \to X$ mit

$$
\begin{aligned}
f_n(0) &= a \,, \\
f_n(k) &= f_k(k) \,, \\
f_n(k+1) &= V_{k+1}\big(f_n(0), \ldots, f_n(k)\big) \,,
\end{aligned} \qquad 0 \leq k < n \,.
$$

Der Beweis dieser Behauptung wird wiederum durch vollständige Induktion erbracht. Offenbar ist die Aussage für $n = 0$ richtig, da es kein $k \in \mathbb{N}$ mit $0 \leq k < 0$ gibt. Um den Induktionsschritt $n \to n+1$ durchzuführen, setzen wir:

$$
f_{n+1}(k) := \begin{cases} f_n(k) \,, & 0 \leq k \leq n \,, \\ V_{n+1}\big(f_n(0), \ldots, f_n(n)\big) \,, & k = n+1 \,. \end{cases}
$$

Gemäß Induktionsvoraussetzung ergibt sich

$$
f_{n+1}(k) = f_n(k) = f_k(k) \,, \qquad k \in \mathbb{N} \,, \quad 0 \leq k \leq n \,, \tag{5.13}
$$

und, zusammen mit (5.13),

$$
\begin{aligned}
f_{n+1}(k+1) = f_n(k+1) &= V_{k+1}\big(f_n(0), \ldots, f_n(k)\big) \\
&= V_{k+1}\big(f_{n+1}(0), \ldots, f_{n+1}(k)\big)
\end{aligned}
$$

für $0 < k+1 \leq n$, sowie

$$
f_{n+1}(n+1) = V_{n+1}\big(f_n(0), \ldots, f_n(n)\big) = V_{n+1}\big(f_{n+1}(0), \ldots, f_{n+1}(n)\big) \,.
$$

Dies beweist den Induktionsschluß $n \to n+1$, und zeigt somit die Existenz der Abbildungen f_n für alle $n \in \mathbb{N}$.

(c) Nach diesem vorbereitenden Schritt definieren wir nun $f : \mathbb{N} \to X$ durch

$$
f : \mathbb{N} \to X \,, \quad f(n) := \begin{cases} a \,, & n = 0 \,, \\ f_n(n) \,, & n \in \mathbb{N}^\times \,. \end{cases}
$$

Aufgrund der in (b) bewiesenen Eigenschaften der Abbildungen f_n finden wir

$$
\begin{aligned}
f(n+1) = f_{n+1}(n+1) &= V_{n+1}\big(f_{n+1}(0), \ldots, f_{n+1}(n)\big) \\
&= V_{n+1}\big(f_0(0), \ldots, f_n(n)\big) \\
&= V_{n+1}\big(f(0), \ldots, f(n)\big) \,.
\end{aligned}
$$

Damit ist alles bewiesen. ∎

5.12 Beispiel Es bezeichne $\odot$ eine assoziative Verknüpfung auf einer Menge X und es seien $x_k \in X$ für $k \in \mathbb{N}$ gegeben. Für jedes $n \in \mathbb{N}$ definieren wir

$$\bigodot_{k=0}^{n} x_k := x_0 \odot x_1 \odot \cdots \odot x_n \ . \tag{5.14}$$

Damit obige Definition sinnvoll wird, müssen wir die Bedeutung der drei Punkte auf der rechten Seite klären. Dazu ziehen wir das Prinzip der rekursiven Definition heran. Es sei nämlich

$$V_n : X^n \to X \ , \quad (y_0, \ldots, y_{n-1}) \mapsto y_{n-1} \odot x_n \ , \quad n \in \mathbb{N}^\times \ .$$

Dann gibt es nach Satz 5.11 eine eindeutig bestimmte Abbildung $f : \mathbb{N} \to X$ mit $f(0) = x_0$ und

$$f(n) = V_n\big(f(0), \ldots, f(n-1)\big) = f(n-1) \odot x_n \ , \quad n \in \mathbb{N}^\times \ .$$

Wir setzen nun $\bigodot_{k=0}^{n} x_k := f(n)$ für $n \in \mathbb{N}$. Mit diesen Bezeichnungen ergibt sich die Rekursionsvorschrift

$$\bigodot_{k=0}^{0} x_k = x_0 \ , \quad \bigodot_{k=0}^{n} x_k = \bigodot_{k=0}^{n-1} x_k \odot x_n \ , \quad n \in \mathbb{N}^\times \ ,$$

welche die Schreibweise in (5.14) rechtfertigt. ∎

Verwenden wir die Symbole $+$ bzw. $\cdot$ für eine assoziative Verknüpfung auf X, so nennen wir $+$ eine *Addition* und $\cdot$ eine *Multiplikation* auf X. Für *Summen* bzw. *Produkte* werden dann üblicherweise die Notationen

$$\sum_{k=0}^{n} x_k := x_0 + x_1 + \cdots + x_n \quad \text{bzw.} \quad \prod_{k=0}^{n} x_k := x_0 \cdot x_1 \cdots \cdots x_n$$

benutzt. Man beachte, daß hierbei die Reihenfolge der auftretenden Größen wichtig ist, da wir die Kommutativität der Verknüpfungen nicht vorausgesetzt haben.

5.13 Bemerkungen (a) Summen und Produkte sind selbstverständlich unabhängig von der Wahl des „Summationsindexes" bzw. „Multiplikationsindexes", d.h.

$$\sum_{k=0}^{n} x_k = \sum_{j=0}^{n} x_j \quad \text{und} \quad \prod_{k=0}^{n} x_k = \prod_{j=0}^{n} x_j \ .$$

Sind die Addition $+$ und die Multiplikation $\cdot$ (allgemeiner: ist die Verknüpfung $\odot$) kommutativ, so gelten

$$\sum_{k=0}^{n} x_k = \sum_{j=0}^{n} x_{\sigma(j)} \quad \text{und} \quad \prod_{k=0}^{n} x_k = \prod_{j=0}^{n} x_{\sigma(j)}$$

für jede **Permutation** σ der Zahlen $0, \ldots, n$, d.h. für jede bijektive Abbildung $\sigma : \{0, \ldots, n\} \to \{0, \ldots, n\}$.

(b) Es seien $+$ und $\cdot$ assoziative und kommutative Verknüpfungen auf X, welche das **Distributivgesetz** $(x+y)\cdot z = x\cdot z + y\cdot z$ für $x,y,z \in X$ erfüllen. Dann gelten folgende *Rechenregeln*:

(α) $\sum_{k=0}^{n} a_k + \sum_{k=0}^{n} b_k = \sum_{k=0}^{n}(a_k + b_k)$;

(β) $\prod_{k=0}^{n} a_k \cdot \prod_{k=0}^{n} b_k = \prod_{k=0}^{n}(a_k \cdot b_k)$;

(γ) $\sum_{j=0}^{m} a_j \cdot \sum_{k=0}^{n} b_k = \sum_{\substack{0\le j\le m\\ 0\le k\le n}}(a_j \cdot b_k)$.

Hierbei wird in der letzten *Doppelsumme* über alle möglichen Produkte $a_j \cdot b_k$, $0 \le j \le m$, $0 \le k \le n$, in einer beliebigen Reihenfolge summiert. Die obigen Regeln werden durch vollständige Induktion bewiesen. Wir überlassen dies dem Leser. ∎

5.14 Beispiele **(a)** Als eine weitere Anwendung des Prinzips der rekursiven Definition betrachten wir eine nichtleere Menge X und eine assoziative Verknüpfung $\circledast$ auf X mit neutralem Element e. Für $a \in X$ definieren wir rekursiv

$$a^0 := e\,,\quad a^{n+1} := a^n \circledast a\,,\qquad n \in \mathbb{N}\,.$$

Aus Satz 5.11 folgt dann, daß a^n, die *n-te* **Potenz von** a, für alle $n \in \mathbb{N}$ wohldefiniert ist. Offensichtlich gelten $a^1 = a$ sowie

$$e^n = e\,,\quad a^n \circledast a^m = a^{n+m}\,,\quad (a^n)^m = a^{nm}\,,\qquad n,m \in \mathbb{N}\,. \tag{5.15}$$

Sind a und b **kommutierende** Elemente von X, d.h., gilt $a \circledast b = b \circledast a$, so folgt

$$a^n \circledast b^n = (a \circledast b)^n\,,\qquad n \in \mathbb{N}\,.$$

Ist die Verknüpfung kommutativ und wird sie **additiv** geschrieben, so nennt man das neutrale Element **Null(element)** und bezeichnet es mit 0_X oder einfach mit 0, wenn keine Verwechslungen zu befürchten sind. Im kommutativen Fall definiert man rekursiv

$$0 \cdot a := 0_X\,,\quad (n+1)\cdot a := (n\cdot a) + a\,,\qquad n \in \mathbb{N}\,,\quad a \in X\,,$$

und nennt $n \cdot a$ das n-**fache** von a. Dann gilt

$$n \cdot a = \sum_{k=1}^{n} a := \underbrace{a + \cdots + a}_{n\ \text{Summanden}}\,,\qquad n \in \mathbb{N}^{\times}\,,$$

und die Regeln (5.15) lauten folgendermaßen:

$$n \cdot 0_X = 0_X\,,\quad n\cdot a + m\cdot a = (n+m)\cdot a\,,\quad m\cdot(n\cdot a) = (mn)\cdot a$$

sowie

$$n \cdot a + n \cdot b = n \cdot (a+b)$$

für $a,b \in X$ und $n,m \in \mathbb{N}$.

Wiederum überlassen wir die einfachen Beweise dieser Aussagen dem Leser.

(b) Wir definieren eine Abbildung $\mathbb{N} \to \mathbb{N}$, $n \mapsto n!$, die **Fakultät**, rekursiv durch

$$0! := 1 , \quad (n+1)! := (n+1)n! , \quad n \in \mathbb{N} .$$

Es ist nicht schwierig einzusehen, daß gilt: $n! = \prod_{k=1}^{n} k$ für $n \in \mathbb{N}^{\times}$. Ferner bemerken wir, daß die Fakultät sehr schnell wächst:

$$0! = 1 , \quad 1! = 1 , \quad 2! = 2 , \quad 3! = 6 , \quad 4! = 24 , \quad \ldots , \quad 10! > 3'628'000 , \quad \ldots ,$$

$$100! > 9 \cdot 10^{157} , \quad \ldots , \quad 1'000! > 4 \cdot 10^{2'567} , \quad \ldots , \quad 10'000! > 2 \cdot 10^{35'659} , \quad \ldots$$

In Kapitel VI werden wir eine analytische Formel herleiten, mittels derer dieses Wachstum gut abgeschätzt werden kann. ∎

Aufgaben

1 Man gebe ausführliche Beweise für die Rechenregeln von Bemerkung 5.13(b) und die Potenzgesetze von Beispiel 5.14(a).

2 Folgende Identitäten sind durch vollständige Induktion zu verifizieren:

(a) $\sum_{k=0}^{n} k = n(n+1)/2$, $n \in \mathbb{N}$.

(b) $\sum_{k=0}^{n} k^2 = n(n+1)(2n+1)/6$, $n \in \mathbb{N}$.

3 Man verifiziere durch vollständige Induktion:

(a) Für jedes $n \geq 2$ gilt $n + 1 < 2^n$.

(b) Für $a \in \mathbb{N}$ mit $a \geq 3$ gilt $a^n > n^2$ für $n \in \mathbb{N}$.

4 Es sei A eine Menge mit n Elementen. Man zeige, daß $\mathfrak{P}(A)$ genau 2^n Elemente besitzt.

5 (a) Man verifiziere, daß für $m, n \in \mathbb{N}$ mit $m \leq n$ gilt: $[m!\,(n-m)!]\,\big|\,n!$.
(Hinweis: $(n+1)! = n!\,(n+1-m) + n!\,m$.)

(b) Für $m, n \in \mathbb{N}$ werden die **Binomialkoeffizienten** $\binom{n}{m} \in \mathbb{N}$ definiert durch

$$\binom{n}{m} := \begin{cases} \dfrac{n!}{m!\,(n-m)!} , & m \leq n , \\ 0 , & m > n . \end{cases}$$

Man beweise folgende Rechenregeln:

(i) $\binom{n}{m} = \binom{n}{n-m}$;

(ii) $\binom{n}{m-1} + \binom{n}{m} = \binom{n+1}{m}$, $1 \leq m \leq n$;

(iii) $\sum_{k=0}^{n} \binom{n}{k} = 2^n$;

(iv) $\sum_{k=0}^{m} \binom{n+k}{n} = \binom{n+m+1}{n+1}$.

Bemerkung Die Formel (ii) erlaubt eine einfache sukzessive Berechnung der ersten Binomialkoeffizienten in der als **Pascalsches Dreieck** bekannten nachstehenden Anordnung. In diesem Dreieck drückt sich deutlich die Symmetriebeziehung (i) aus, und die Relation (iv) läßt sich leicht veranschaulichen.

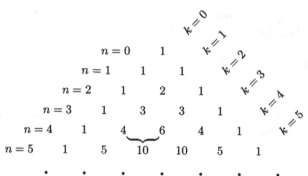

6   Für $m, n \in \mathbb{N}$ werte man die Summe

$$S(m,n) := \sum_{k=0}^{n} \left[\binom{m+n+k}{k} 2^{n+1-k} - \binom{m+n+k+1}{k} 2^{n-k} \right]$$

geschlossen aus. (Hinweis: Für $1 \le j < \ell$ gilt $\binom{\ell}{j} - \binom{\ell}{j-1} = \binom{\ell+1}{j} - 2\binom{\ell}{j-1}$.)

7   Es sei $p \in \mathbb{N}$ mit $p > 1$. Man beweise: p ist genau dann eine Primzahl, wenn für je zwei Zahlen $m, n \in \mathbb{N}$ gilt

$$p \mid mn \Rightarrow (p \mid m \text{ oder } p \mid n) .$$

8   (a) Es sei $n \in \mathbb{N}^{\times}$. Man zeige: Keine der n aufeinanderfolgenden Zahlen

$$(n+1)! + 2, (n+1)! + 3, \ldots, (n+1)! + (n+1)$$

ist prim. Folgerung: Es gibt beliebig große Primzahllücken.

(b) Man zeige, daß es keine größte Primzahl gibt. Dazu nehme man an, es gäbe eine größte Primzahl, bezeichne mit $\{p_0, \ldots, p_m\}$ die Menge aller Primzahlen und betrachte $q := p_0 \cdots \cdots p_m + 1$.

9   Dem bekannten französischen Forscher E.R. Reur ist es endlich gelungen, die erste These der Julirevolution („Alle Menschen sind gleich") wissenschaftlich zu beweisen. Ist nämlich M eine Menge mit endlich vielen Elementen, so gilt $a = b$ für $a, b \in M$.
Beweis durch Induktion:

(a) Induktionsanfang: Hat M genau ein Element, $M = \{a\}$, so ist die Aussage richtig.

(b) Induktionsschluß: (α): Die Aussage sei richtig für alle Mengen mit genau n Elementen. (β): Es sei M' eine Menge mit genau $n+1$ Elementen. Für $b \in M'$ sei $N := M' \setminus \{b\}$. Die Elemente von N sind nach (α) einander gleich. Es bleibt zu zeigen: $b = c$, wenn $c \in M'$. Dazu entfernt man ein anderes Element d aus M' und weiß dann: $b \in M' \setminus \{d\}$. Die Elemente dieser Menge sind nach (α) wiederum einander gleich. Wegen der Transitivität der Gleichheitsbeziehung folgt dann die Behauptung.[3]
Was ist falsch an diesem Schluß?

---

[3]Vgl. die Sondernummer der Zeitschrift „Pour Quoi Pas".

10   Für jedes $n \in \mathbb{N}$ ist $1 + 2^{(2^n)} + 2^{(2^{n+1})}$ durch 7 teilbar.

11   Es sei $g \in \mathbb{N}$ mit $g \geq 2$ fest gewählt. Man zeige: Für jedes $n \in \mathbb{N}$ gibt es eine Darstellung der Form

$$n = \sum_{j=0}^{\ell} y_j g^j \tag{5.16}$$

mit $y_k \in \{0, \ldots, g-1\}$ für $k \in \{0, \ldots, \ell\}$ und $y_\ell > 0$. Außerdem ist die Darstellung (5.16) eindeutig; d.h., ist $n = \sum_{j=0}^{m} z_j g^j$ mit $z_k \in \{0, \ldots, g-1\}$ für $k \in \{0, \ldots, m\}$ eine weitere Darstellung von n, so folgen $\ell = m$ und $y_k = z_k$ für $k \in \{0, \ldots, \ell\}$.

6 Abzählbarkeit

Unsere Ausführungen im letzten Paragraphen haben gezeigt, daß das Wesen „unendlicher Mengen" für die Konstruktion der natürlichen Zahlen von grundlegender Bedeutung ist. Andererseits zeigt das *Galileische Paradoxon*, d.h. die Bijektion $\mathbb{N} \to 2\mathbb{N}$, $n \mapsto 2n$, welche die natürlichen Zahlen umkehrbar eindeutig auf die geraden Zahlen abbildet, daß ein vorsichtiger Umgang mit dem „Unendlichen" angebracht ist: Denn die obige Abbildung suggeriert doch, daß es „gleich viele" natürliche wie gerade Zahlen gibt. Wo fänden dann aber die ungeraden Zahlen $1, 3, 5, \ldots$ ihren Platz in $\mathbb{N}$? Wir wollen uns deshalb in diesem Paragraphen weiter mit „unendlichen Mengen" befassen und insbesondere aufzeigen, daß eine Differenzierung im Bereich des „Unendlichen" möglich ist.

Eine Menge X heißt **endlich**, falls X leer ist, oder falls es ein $n \in \mathbb{N}^\times$ und eine Bijektion von $\{1, \ldots, n\}$ auf X gibt. Ist eine Menge nicht endlich, so heißt sie **unendlich**.

6.1 Beispiele **(a)** Die Menge $\mathbb{N}$ ist unendlich.

Beweis Wir nehmen an, $\mathbb{N}$ sei endlich. Dann gibt es ein $m \in \mathbb{N}^\times$ und eine Bijektion φ von $\mathbb{N}$ auf $\{1, \ldots, m\}$. Somit ist $\psi := \varphi | \{1, \ldots, m\}$ eine Injektion von $\{1, \ldots, m\}$ in sich. Also ist ψ gemäß Aufgabe 1 eine Bijektion von $\{1, \ldots, m\}$ auf sich. Folglich gibt es ein $n \in \{1, \ldots, m\}$ mit $\varphi(n) = \psi(n) = \varphi(m + 1)$, was der Injektivität von φ widerspricht. Also ist $\mathbb{N}$ unendlich. ∎

(b) Es ist nicht schwierig einzusehen, daß jedes einfach unendliche System von Bemerkung 5.2(a) eine unendliche Menge ist (vgl. Aufgabe 2). ∎

Es ist naheliegend, die „Größe" einer endlichen Menge X durch eine (endliche) Abzählung, d.h. durch eine Bijektion von $\{1, \ldots, n\}$ auf X, zu messen. Bei unendlichen Mengen versagt dieses Verfahren offensichtlich. Bevor wir auf diese Schwierigkeit genauer eingehen, ist es nützlich, die **Anzahl** einer Menge X, in Symbolen: $\mathrm{Anz}(X)$, einzuführen:

$$\mathrm{Anz}(X) := \begin{cases} 0, & \text{falls } X = \emptyset, \\ n, & \text{falls } n \in \mathbb{N}^\times \text{ und es eine Bijektion von } \{1, \ldots, n\} \text{ auf } X \text{ gibt}, \\ \infty, & \text{falls } X \text{ unendlich ist}.^1 \end{cases}$$

6.2 Bemerkung Angenommen, es seien $m, n \in \mathbb{N}^\times$, und φ bzw. ψ seien Bijektionen von X auf $\{1, \ldots, m\}$ bzw. $\{1, \ldots, n\}$. Dann ist $\varphi \circ \psi^{-1}$ eine Bijektion von $\{1, \ldots, n\}$ auf $\{1, \ldots, m\}$. Nun zeigt Aufgabe 2, daß $m = n$ gilt. Also ist obige Definition sinnvoll, d.h., $\mathrm{Anz}(X)$ ist wohldefiniert. ∎

---

[1]Das Symbol ∞ („unendlich") ist *keine* natürliche Zahl. Es ist aber nützlich, die Addition $+$ und die Multiplikation $\cdot$ von $\mathbb{N}$ *teilweise* auf $\bar{\mathbb{N}} := \mathbb{N} \cup \{\infty\}$ auszudehnen durch die Festsetzungen: $n + \infty := \infty + n := \infty$ für $n \in \bar{\mathbb{N}}$, und $n \cdot \infty := \infty \cdot n := \infty$ für $n \in \mathbb{N}^\times \cup \{\infty\}$. Ferner gelte $n < \infty$ für $n \in \mathbb{N}$.

Permutationen

Es sei X eine endliche Menge. Eine bijektive Selbstabbildung von X heißt **Permutation** von X. Gemäß Aufgabe 1 ist jede injektive Abbildung von X in sich bereits bijektiv, also eine Permutation. Wir bezeichnen mit S_X die Menge aller Permutationen von X. Schließlich sagen wir, eine endliche Menge X sei n-**elementig**, falls $\text{Anz}(X) = n$ für ein $n \in \mathbb{N}$ gilt.

6.3 Satz *Es sei X eine n-elementige Menge. Dann gilt $\text{Anz}(S_X) = n!$, d.h., $n!$ ist die Anzahl aller Permutationen einer n-elementigen Menge.*

Beweis Zuerst betrachten wir den Fall $X = \emptyset$. Dann gibt es genau eine Abbildung $\emptyset : \emptyset \to \emptyset$. Diese ist bijektiv[2]. Dann gilt die Behauptung in diesem Fall.

Nun wenden wir uns dem Fall $n \in \mathbb{N}^\times$ zu, wo wir die Behauptung durch Induktion beweisen. Der Induktionsanfang ergibt sich für $n_0 = 1$, da $S_X = \{\text{id}_X\}$ für jede einelementige Menge X. Unsere Induktionsvoraussetzung lautet: Für jede n-elementige Menge X gilt $\text{Anz}(S_X) = n!$. Es seien nun Y eine $(n+1)$-elementige Menge und $\{a_1, \ldots, a_{n+1}\}$ eine Abzählung von Y, d.h., $\{a_1, \ldots, a_{n+1}\}$ sei das Bild einer Bijektion von $\{1, \ldots, n+1\}$ auf Y. Gemäß Induktionsvoraussetzung gibt es für jedes fest gewählte $j \in \{1, \ldots, n+1\}$ genau $n!$ injektive Selbstabbildungen von Y, welche a_j auf a_1 abbilden. Dies ergibt insgesamt $(n+1)n! = (n+1)!$ injektive Abbildungen von Y auf sich (vgl. Aufgabe 5). ∎

Der Mächtigkeitsbegriff

Zwei Mengen X und Y heißen **gleichmächtig** oder **äquipotent**, in Symbolen $X \sim Y$, wenn es eine Bijektion von X auf Y gibt. Ist M eine Menge von Mengen, so stellt $\sim$ offensichtlich eine Äquivalenzrelation auf M dar (vgl. Satz 3.6).

Eine Menge X heißt **abzählbar unendlich**, falls $X \sim \mathbb{N}$, und wir nennen X **abzählbar**, falls $X \sim \mathbb{N}$ oder falls X endlich ist. Schließlich heißt X **überabzählbar**, wenn X nicht abzählbar ist.

6.4 Bemerkung Ist $X \sim \mathbb{N}$, so folgt aus Beispiel 6.1(a), daß X nicht endlich ist. Also ist der Begriff „abzählbar unendlich" wohldefiniert, d.h., eine Menge kann nicht gleichzeitig endlich und abzählbar unendlich sein. ∎

Selbstverständlich ist die Menge $\mathbb{N}$ der natürlichen Zahlen abzählbar unendlich. Etwas interessanter ist die Beobachtung, daß echte Teilmengen von abzählbar unendlichen Mengen selbst wieder abzählbar unendlich sein können, wie das Beispiel der Menge der geraden natürlichen Zahlen $2\mathbb{N} = \{2n \; ; \; n \in \mathbb{N}\}$ zeigt. An-

---

[2]Hierbei handelt es sich natürlich um eine Wortspielerei bzw. Haarspalterei. Der Sinn dieser Betrachtung liegt einzig darin, den Fall $n = 0$ nicht ausschließen zu müssen. Dadurch werden einfache, aber umständliche Fallunterscheidungen vermieden.

dererseits werden wir im nächsten Paragraphen echte Obermengen von $\mathbb{N}$ kennenlernen, welche ihrerseits abzählbar sind.

Bevor wir weitere Eigenschaften von abzählbaren Mengen untersuchen, wollen wir kurz die Existenz einer überabzählbaren Menge sicherstellen. Dazu beweisen wir zuerst das folgende Resultat, welches auf G. Cantor zurückgeht.

6.5 Theorem *Es sei X eine beliebige Menge. Dann gibt es keine Surjektion von X auf $\mathfrak{P}(X)$.*

Beweis Wegen $\mathfrak{P}(\emptyset) = \{\emptyset\}$ ist die Behauptung richtig, wenn X die leere Menge ist, da es keine Surjektion von der leeren Menge auf eine nichtleere Menge gibt. Also sei $X \neq \emptyset$. Dann betrachten wir eine beliebige Abbildung $\varphi : X \to \mathfrak{P}(X)$ sowie die Teilmenge $A := \{\, x \in X \; ; \; x \notin \varphi(x) \,\}$ von X. Ferner nehmen wir an, es gebe ein $y \in X$ mit $\varphi(y) = A$. Dann gilt entweder $y \in A$, also $y \notin \varphi(y) = A$, was nicht möglich ist. Oder es gilt $y \notin A = \varphi(y)$, also $y \in A$, was ebenfalls unmöglich ist. Dies zeigt, daß φ nicht surjektiv sein kann. ∎

Als unmittelbare Konsequenz dieses Satzes ergibt sich die Existenz überabzählbarer Mengen.

6.6 Korollar $\mathfrak{P}(\mathbb{N})$ *ist überabzählbar.*

Abzählbare Mengen

Wir wenden uns nun wieder abzählbaren Mengen zu und beweisen folgende anschaulich evidente Aussage:

6.7 Satz *Jede Teilmenge einer abzählbaren Menge ist abzählbar.*

Beweis (a) Es seien X eine abzählbare Menge und $A \subset X$. Wir können ohne Beschränkung der Allgemeinheit annehmen, A sei abzählbar unendlich, was zur Folge hat, daß X abzählbar unendlich ist, denn für endliche Mengen ist die zu beweisende Aussage klar (vgl. Aufgabe 9). Somit gibt es eine Bijektion φ von X auf $\mathbb{N}$ und eine Bijektion $\psi := \varphi|A$ von A auf $\varphi(A)$. Folglich können wir ohne Beschränkung der Allgemeinheit den Fall $X = \mathbb{N}$ mit einer unendlichen Teilmenge A von $\mathbb{N}$ betrachten.

(b) Wir definieren als nächstes rekursiv eine Abbildung $\alpha : \mathbb{N} \to A$ durch

$$\alpha(0) := \min(A) \,, \quad \alpha(n+1) := \min\{\, m \in A \; ; \; m > \alpha(n) \,\} \,.$$

Aufgrund von Satz 5.5 und der Voraussetzung $\mathrm{Anz}(A) = \infty$ ist $\alpha : \mathbb{N} \to A$ wohldefiniert. Ferner halten wir fest, daß

$$\alpha(n+1) > \alpha(n) \,, \quad \alpha(n+1) \geq \alpha(n) + 1 \,, \qquad n \in \mathbb{N} \,. \tag{6.1}$$

(c) Es gilt $\alpha(n+k) > \alpha(n)$ für $n \in \mathbb{N}$ und $k \in \mathbb{N}^{\times}$. In der Tat, dies folgt sofort aus der ersten Aussage in (6.1) und durch vollständige Induktion nach k. Insbesondere ist α injektiv.

(d) Wir verifizieren die Surjektivität von α. Dazu beweisen wir zuerst durch vollständige Induktion die Aussage:

$$\alpha(m) \geq m , \qquad m \in \mathbb{N} . \tag{6.2}$$

Für $m = 0$ ist dies sicherlich richtig. Der Induktionsschritt $m \to m + 1$ ergibt sich dann aus der zweiten Aussage in (6.1) und der Induktionsvoraussetzung:

$$\alpha(m + 1) \geq \alpha(m) + 1 \geq m + 1 .$$

Es sei nun $n_0 \in A$ vorgegeben. Wir müssen ein $m_0 \in \mathbb{N}$ mit $\alpha(m_0) = n_0$ finden. Dazu betrachten wir $B := \{ m \in \mathbb{N} \ ; \ \alpha(m) \geq n_0 \}$. Wegen (6.2) ist B nicht leer. Somit existiert nach Satz 5.5 $m_0 := \min(B)$. Gilt $m_0 = 0$, so folgt

$$\min(A) = \alpha(0) \geq n_0 \geq \min(A) ,$$

und damit $n_0 = \alpha(0)$. Wir können also annehmen, daß $n_0 > \min(A)$, und somit $m_0 \in \mathbb{N}^{\times}$, gilt. Dann ergibt sich aber $\alpha(m_0 - 1) < n_0 \leq \alpha(m_0)$, und wir finden gemäß Definition von α, daß $\alpha(m_0) = n_0$. ∎

6.8 Satz *Jede abzählbare Vereinigung abzählbarer Mengen ist abzählbar.*

Beweis Für jedes $n \in \mathbb{N}$ sei X_n eine abzählbare Menge. Wegen Satz 6.7 können wir annehmen, X_n sei abzählbar unendlich, und die X_n seien paarweise disjunkt. Folglich gilt $X_n = \{x_{n,k} \ ; \ k \in \mathbb{N}\}$ mit $x_{n,k} \neq x_{n,j}$ für $k \neq j$, d.h., $x_{n,k}$ ist das Bild von $k \in \mathbb{N}$ unter einer Bijektion von $\mathbb{N}$ auf X_n. Nun ordnen wir die Elemente von $X := \bigcup_{n=0}^{\infty} X_n$, wie nachstehend angedeutet, in einem (sich in zwei Richtungen „ins Unendliche erstreckenden") Schema, in einer „unendlichen Matrix", an. Dann induziert das durch die Pfeile symbolisierte Verfahren eine Bijektion von X auf $\mathbb{N}$.

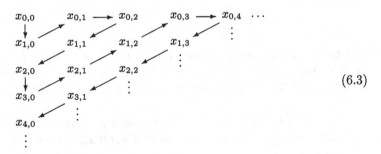

$$(6.3)$$

Es bleibt dem Leser überlassen, die Abbildungsvorschrift explizit zu formulieren. ∎

6.9 Satz   *Jedes endliche Produkt abzählbarer Mengen ist abzählbar.*

Beweis Es seien X_j, $j = 0, 1, \ldots, n$, abzählbare Mengen, und $X := \prod_{j=0}^{n} X_j$.
Wegen $X = \left(\prod_{j=0}^{n-1} X_j \right) \times X_n$ genügt es, den Fall $n = 1$, d.h. ein Produkt von
zwei abzählbaren Mengen, zu betrachten. Also sei $X := X_0 \times X_1$. Wegen Satz 6.7
können wir wieder annehmen, X_0 und X_1 seien abzählbar unendlich. Also gelten
$X_0 = \{ y_k \; ; \; k \in \mathbb{N} \}$ und $X_1 = \{ z_k \; ; \; k \in \mathbb{N} \}$. Nun setzen wir $x_{j,k} := (y_j, z_k)$ für
$j, k \in \mathbb{N}$, so daß $X = \{ x_{j,k} \; ; \; j, k \in \mathbb{N} \}$ gilt. Mit diesen Bezeichnungen können wir
direkt (6.3) anwenden. ∎

Unendliche Produkte

6.10 Bemerkung   Die Aussage von Satz 6.9 ist nicht mehr richtig, wenn wir „unendliche Produkte" abzählbarer Mengen zulassen. Um eine entsprechende Aussage präzise
formulieren zu können, müssen wir zuerst den Begriff „unendliches Produkt" klären. Da-
zu nehmen wir an, $\{ X_\alpha \; ; \; \alpha \in \mathsf{A} \}$ sei eine Familie von Teilmengen einer festen Menge.
Dann ist das **cartesische Produkt** $\prod_{\alpha \in \mathsf{A}} X_\alpha$ definitionsgemäß die Menge aller Abbildun-
gen $\varphi : \mathsf{A} \to \bigcup_{\alpha \in \mathsf{A}} X_\alpha$, welche $\varphi(\alpha) \in X_\alpha$ für jedes $\alpha \in \mathsf{A}$ erfüllen. Anstelle von φ schreibt
man oft $\{ x_\alpha \; ; \; \alpha \in \mathsf{A} \}$, wobei natürlich $x_\alpha := \varphi(\alpha)$ gilt.

Im Spezialfall $\mathsf{A} = \{1, \ldots, n\}$ für ein $n \in \mathbb{N}^\times$ stimmt $\prod_{\alpha \in \mathsf{A}} X_\alpha$ offensichtlich mit
dem bereits in Paragraph 2 eingeführten Produkt $\prod_{k=1}^{n} X_k$ überein. Also ist die obige
Definition sinnvoll. Gilt $X_\alpha = X$ für jedes $\alpha \in \mathsf{A}$, so setzt man $X^{\mathsf{A}} := \prod_{\alpha \in \mathsf{A}} X_\alpha$, wie wir
dies schon am Ende von Paragraph 3 getan haben.

Es ist klar, daß $\prod_{\alpha \in \mathsf{A}} X_\alpha = \emptyset$, wenn mindestens ein X_α leer ist. Im allgemeinen,
d.h. für beliebige Mengensysteme $\{ X_\alpha \; ; \; \alpha \in \mathsf{A} \}$, kann man aus den bis zu dieser Stelle verwendeten Axiomen der Mengenlehre nicht beweisen, daß $\prod_{\alpha \in \mathsf{A}} X_\alpha$ nicht leer ist,
wenn $X_\alpha \neq \emptyset$ für jedes $\alpha \in \mathsf{A}$ gilt. Dazu müßte man ja eine Funktion $\varphi : \mathsf{A} \to \bigcup_{\alpha \in \mathsf{A}} X_\alpha$
angeben, welche $\varphi(\alpha) \in X_\alpha$ für jedes $\alpha \in \mathsf{A}$ erfüllt, d.h. eine Vorschrift, die aus jeder
Menge X_α des Mengensystems $\{ X_\alpha \; ; \; \alpha \in \mathsf{A} \}$ genau ein Element auswählt. Um die Existenz einer solchen Funktion zu gewährleisten, benötigt man das **Auswahlaxiom**, das wir
auf folgende Weise formulieren können: Für jedes Mengensystem $\{ X_\alpha \; ; \; \alpha \in \mathsf{A} \}$ gilt

$$\prod_{\alpha \in \mathsf{A}} X_\alpha \neq \emptyset \Leftrightarrow (X_\alpha \neq \emptyset \;\; \forall \alpha \in \mathsf{A}) \; .$$

Im folgenden werden wir dieses natürlich erscheinende Axiom stets stillschweigend verwenden. Den an den Grundlagen interessierten Leser verweisen wir für damit zusammenhängende Fragen auf die einschlägige Literatur (vgl. z.B. [Ebb77], [FP85]). ∎

Erstaunlicherweise sind, im Unterschied zu Satz 6.9, abzählbar unendliche
Produkte *endlicher* Mengen i. allg. nicht abzählbar, wie der folgende Satz zeigt.

6.11 Satz   *Die Menge $\{0, 1\}^{\mathbb{N}}$ ist überabzählbar.*

Beweis Es sei $A \in \mathfrak{P}(\mathbb{N})$. Dann ist die charakteristische Funktion χ_A ein Element von $\{0,1\}^{\mathbb{N}}$. Es ist klar, daß die Abbildung

$$\mathfrak{P}(\mathbb{N}) \to \{0,1\}^{\mathbb{N}} , \quad A \mapsto \chi_A \tag{6.4}$$

injektiv ist. Für $\varphi \in \{0,1\}^{\mathbb{N}}$ sei $A(\varphi) := \varphi^{-1}(1) \in \mathfrak{P}(\mathbb{N})$. Dann gilt $\chi_{A(\varphi)} = \varphi$. Dies zeigt, daß die Abbildung (6.4) surjektiv ist (vgl. auch Aufgabe 3.6). Also sind $\{0,1\}^{\mathbb{N}}$ und $\mathfrak{P}(\mathbb{N})$ äquipotent, und die Behauptung folgt aus Korollar 6.6. ∎

6.12 Korollar *Die Mengen $\{0,1\}^{\mathbb{N}}$ und $\mathfrak{P}(\mathbb{N})$ sind äquipotent.*

Aufgaben

1 Es sei $n \in \mathbb{N}^{\times}$. Man beweise, daß jede injektive Selbstabbildung von $\{1,\ldots,n\}$ bijektiv ist. (Hinweis: Induktion nach n. Es seien $f: \{1,\ldots,n+1\} \to \{1,\ldots,n+1\}$ injektiv und $k := f(n+1)$. Man betrachte nun die Abbildungen

$$g(j) := \begin{cases} n+1 , & j = k , \\ k , & j = n+1 , \\ j & \text{sonst} , \end{cases}$$

sowie $h := g \circ f$ und $h|\{1,\ldots,n\}$.)

2 Man beweise folgende Aussagen:

(a) Es seien $m,n \in \mathbb{N}^{\times}$. Dann gibt es genau dann eine bijektive Abbildung von $\{1,\ldots,m\}$ auf $\{1,\ldots,n\}$, wenn $m = n$ gilt.

(b) Es sei M ein einfach unendliches System. Dann gilt $\operatorname{Anz}(M) = \infty$ (Hinweis: Aufgabe 1).

3 Man zeige, daß die Anzahl der m-elementigen Teilmengen einer n-elementigen Menge gleich $\binom{n}{m}$ ist. (Hinweis: Es seien N eine n-elementige Menge und M eine m-elementige Teilmenge von N. Mit Satz 6.3 schließt man, daß es $m!\,(n-m)!$ Bijektionen von $\{1,\ldots,n\}$ auf N gibt, welche $\{1,\ldots,m\}$ auf M abbilden.)

4 Es seien M und N endliche Mengen. Wie groß ist die Anzahl der injektiven Abbildungen von M in N?

5 Es seien $X_0,\ldots,X_m$ endliche Mengen. Man zeige, daß auch $X := \bigcup_{j=0}^{m} X_j$ endlich ist und daß $\operatorname{Anz}(X) \leq \sum_{j=0}^{m} \operatorname{Anz}(X_j)$ gilt. Wann tritt Gleichheit ein?

6 Es seien $X_0,\ldots,X_m$ endliche Mengen. Man beweise, daß auch $X := \prod_{j=0}^{m} X_j$ endlich ist und daß gilt: $\operatorname{Anz}(X) = \prod_{j=0}^{m} \operatorname{Anz}(X_j)$.

7 Man zeige, daß eine nichtleere Menge X genau dann abzählbar ist, wenn es eine Surjektion von $\mathbb{N}$ auf X gibt.

8 Es sei X eine abzählbare Menge. Man zeige, daß die Menge aller endlichen Teilmengen von X abzählbar ist. (Hinweis: Man betrachte die Abbildungen $X^n \to \mathcal{E}_n(X)$, $(x_1,\ldots,x_n) \mapsto \{x_1,\ldots,x_n\}$, wobei $\mathcal{E}_n(X)$ die Menge aller Teilmengen mit höchstens n Elementen ist.)

9 Man zeige: Jede Teilmenge einer endlichen Menge ist endlich.

7 Gruppen und Homomorphismen

In Theorem 5.3 haben wir die Differenz $n - m$ zweier natürlicher Zahlen m und n
eingeführt, allerdings nur, wenn $m \leq n$ gilt. Ist m ein Teiler von n, so haben wir
auch den Quotienten n/m definiert. In beiden Fällen sind die angegebenen Restriktionen an m und n notwendig, um sicherzustellen, daß die Differenz bzw. der
Quotient wieder eine natürliche Zahl ist. Möchte man eine „Differenz" $n - m$ bzw.
einen „Quotienten" n/m für beliebige natürliche Zahlen m und n bilden, muß
man den Bereich der natürlichen Zahlen verlassen. Dies wird dadurch geschehen,
daß wir ihn durch Hinzunahme neuer „idealer" Elemente zu größeren Zahlberei-
chen erweitern, in denen diese Operationen uneingeschränkt durchführbar sind.
Natürlich müssen die neuen Zahlbereiche so beschaffen sein, daß darin „vernünf-
tige Rechenregeln" gelten. Insbesondere wollen wir die uns von der Schule her
vertrauten Rechenoperationen wiedergewinnen und ihnen eine logisch einwandfreie solide Grundlage geben. Dazu ist eine genaue Analyse dieser „Rechenregeln",
losgelöst vom speziellen Bezug zu den „üblichen Zahlen", äußerst nützlich. Zum
einen werden wir uns auf diese Weise weiterhin darin üben, nur solche Begriffe und Sätze zu verwenden, die wir bereits definiert bzw. bewiesen haben, und
nicht etwa Aussagen als richtig hinzunehmen, weil sie uns vom Umgang mit den
„üblichen Zahlen" her vertraut sind. Andererseits lassen eine genaue Analyse und
eine abstrakte Formulierung der benötigten Begriffe und Regeln konzeptionelle
Strukturen erkennen, die in vielen Gebieten der Mathematik auftreten und von
fundamentaler Bedeutung sind. Dies rechtfertigt eine abstrakte, vom speziellen
Bezug zu den Zahlen losgelöste Behandlung der zugrundeliegenden Begriffe.

Eine ausführliche vertiefte Diskussion der in diesem und dem nächsten Paragraphen behandelten Fragestellungen ist Aufgabe der Algebra. Aus diesem Grund
werden wir uns relativ kurz fassen und nur einige der wichtigsten Folgerungen
aus den Axiomen ziehen. Für unsere Zwecke ist es vor allem wichtig, allgemeine
Strukturen, die in verschiedenster „Verkleidung" immer wieder auftauchen werden, zu erkennen. Das Ableiten von Rechenregeln aus einigen wenigen Axiomen
in einem abstrakten, von konkreten Bezügen freien Rahmen wird es uns erlauben,
Ordnung in eine schier unübersehbare Masse von Formeln und Resultaten zu bringen und den Blick auf das Wesentliche zu richten. Die Folgerungen, die wir aus
den allgemeinen Axiomen ziehen können, sind ja immer dann gültig, wenn die entsprechenden Strukturen vorliegen, unabhängig von der speziellen Einkleidung oder
Erscheinungsform. Was einmal allgemein als richtig erkannt worden ist, braucht
nicht immer wieder neu bewiesen zu werden, wenn es in spezieller Gestalt auftritt.

In diesem und dem nachfolgenden Paragraphen werden wir nur wenige konkrete Beispiele für die neuen Begriffe geben. Es geht uns hier hauptsächlich darum,
eine Sprache zu vermitteln. Wir hoffen, daß der Leser in den späteren Paragraphen
und Kapiteln die Möglichkeiten und Ökonomie dieser Sprache erkennen und die
mathematischen Inhalte hinter den Formalismen sehen wird.

Gruppen

Zuerst diskutieren wir kurz Systeme, die aus einer Menge mit nur einer Verknüpfung und einigen wenigen Eigenschaften bestehen. Diese „Gruppen" gehören zu den einfachsten interessanten algebraischen Strukturen und sind deswegen in der Mathematik omnipräsent.

Ein Paar $(G, \odot)$, bestehend aus einer nichtleeren Menge G und einer Verknüpfung $\odot$, heißt **Gruppe**, falls gilt:

(G$_1$) $\odot$ ist assoziativ.

(G$_2$) $\odot$ besitzt in G ein neutrales Element e.

(G$_3$) Zu jedem $g \in G$ gibt es ein **inverses Element** $h \in G$ mit $g \odot h = h \odot g = e$.

Eine Gruppe $(G, \odot)$ heißt **kommutativ** oder **abelsch**, falls $\odot$ eine kommutative Verknüpfung auf G ist. Ist es (aus dem Zusammenhang) klar, welche Verknüpfung gemeint ist, schreiben wir oft einfach G für $(G, \odot)$.

7.1 Bemerkungen Es sei $G = (G, \odot)$ eine Gruppe.

(a) Gemäß Satz 4.11 ist das neutrale Element e eindeutig bestimmt.

(b) Zu jedem $g \in G$ gibt es genau ein inverses Element, ein **Inverses**, das (vorerst) $g^\flat$ heiße. Insbesondere gilt $e^\flat = e$.

Beweis Wegen (G$_3$) ist nur die Eindeutigkeit des inversen Elementes zu zeigen. Es seien also $g, h, k \in G$ mit $g \odot h = h \odot g = e$ und $g \odot k = k \odot g = e$, d.h., h und k seien inverse Elemente für g. Dann folgt

$$ h = h \odot e = h \odot (g \odot k) = (h \odot g) \odot k = e \odot k = k \ , $$

was die erste Behauptung beweist. Wegen $e \odot e = e$ folgt nun auch die zweite Aussage. ∎

(c) Für jede Wahl $a, b \in G$ gibt es genau ein $x \in G$ mit $a \odot x = b$ und genau ein $y \in G$ mit $y \odot a = b$. D.h., jede „Gleichung in G" der Form $a \odot x = b$ bzw. $y \odot a = b$ kann eindeutig gelöst werden.

Beweis Es seien $a, b \in G$ gegeben. Setzen wir $x := a^\flat \odot b$ und $y := b \odot a^\flat$, so folgen $a \odot x = b$ und $y \odot a = b$. Dies beweist die Existenzaussage. Um die eindeutige Lösbarkeit der ersten Gleichung zu verifizieren, seien $x, z \in G$ mit $a \odot x = b$ und $a \odot z = b$ gegeben. Dann gilt

$$ x = (a^\flat \odot a) \odot x = a^\flat \odot (a \odot x) = a^\flat \odot b = a^\flat \odot (a \odot z) = (a^\flat \odot a) \odot z = z \ . $$

Ein analoges Argument für die Gleichung $y \odot a = b$ beschließt den Beweis. ∎

(d) Für jedes $g \in G$ gilt $(g^\flat)^\flat = g$.

Beweis Aus der Definition des inversen Elementes ergeben sich die Identitäten:

$$ g \odot g^\flat = g^\flat \odot g = e \ , $$
$$ (g^\flat)^\flat \odot g^\flat = g^\flat \odot (g^\flat)^\flat = e \ , $$

und wir schließen mit (c), daß $g = (g^\flat)^\flat$. ∎

(e) Es sei H eine nichtleere Menge mit einer assoziativen Verknüpfung $\circledast$ und einem neutralen Element e. Ferner gebe es zu jedem $h \in H$ ein **linksinverses** Element $\overline{h}$ mit $\overline{h} \circledast h = e$ [bzw. ein **rechtsinverses** Element $\underline{h}$ mit $h \circledast \underline{h} = e$]. Dann ist $(H, \circledast)$ bereits eine Gruppe und $\overline{h} = h^\flat$ [bzw. $\underline{h} = h^\flat$].

Beweis Es sei $h \in H$ und $\overline{h}$ sei ein linksinverses Element von h. Dann gibt es ein linksinverses Element $\overline{\overline{h}}$ von $\overline{h}$. Also gilt $\overline{\overline{h}} \circledast \overline{h} = e$ und somit

$$h = e \circledast h = \left(\overline{\overline{h}} \circledast \overline{h}\right) \circledast h = \overline{\overline{h}} \circledast (\overline{h} \circledast h) = \overline{\overline{h}} \circledast e = \overline{\overline{h}} \,,$$

woraus $h \circledast \overline{h} = e$ folgt. Also ist $\overline{h}$ auch ein rechtsinverses Element von h, somit ein inverses Element. Analog zeigt man, daß jedes rechtsinverse Element auch linksinvers ist. ∎

(f) Für beliebige Elemente g, h, von G gilt: $(g \odot h)^\flat = h^\flat \odot g^\flat$.

Beweis Wegen

$$(h^\flat \odot g^\flat) \odot (g \odot h) = h^\flat \odot (g^\flat \odot g) \odot h = h^\flat \odot e \odot h = h^\flat \odot h = e$$

folgt die Behauptung aus (e). ∎

Um zu zeigen, daß ein gegebenes Axiomensystem widerspruchsfrei ist, muß man zeigen, daß es überhaupt Objekte gibt, welche die angegebenen Axiome erfüllen. Im Fall der Gruppenaxiome (G_1)–(G_3) ist dies äußerst einfach, wie das erste der nachfolgenden Beispiele zeigt.

7.2 Beispiele **(a)** Es sei $G := \{e\}$ eine einelementige Menge. Dann ist $\{G, \odot\}$ eine abelsche Gruppe, eine **triviale Gruppe**, mit der (einzig möglichen) Verknüpfung $e \odot e = e$.

(b) Es sei $G := \{a, b\}$ einen Menge mit zwei Elementen und der Verknüpfung $\odot$, die auf offensichtliche Weise durch die nebenstehende **Verknüpfungstafel** definiert wird. Dann ist $(G, \odot)$ eine abelsche Gruppe.

$\odot$	a	b
a	a	b
b	b	a

(c) Es seien X eine nichtleere Menge und S_X die Menge aller bijektiven Selbstabbildungen von X. Dann ist $\mathsf{S}_X := (\mathsf{S}_X, \circ)$ eine Gruppe mit neutralem Element id_X, wobei $\circ$ die Komposition von Abbildungen bezeichnet. Ferner ist die Umkehrabbildung f^{-1} das inverse Element von $f \in \mathsf{S}_X$. Gemäß Aufgabe 4.3 ist S_X i. allg. nicht kommutativ. Im Fall einer endlichen Menge X haben wir in Paragraph 6 die Elemente von S_X als Permutationen von X bezeichnet. Aus diesem Grund heißt S_X **Permutationsgruppe** von X, auch wenn X nicht endlich ist.

(d) Es sei X eine nichtleere Menge, und $(G, \odot)$ sei eine Gruppe. Mit der **punktweisen Verknüpfung** ist $(G^X, \odot)$ eine Gruppe (vgl. Beispiel 4.12). Das zu $f \in G^X$ inverse Element wird durch die Funktion

$$f^\flat : X \to G, \quad x \mapsto \left(f(x)\right)^\flat$$

gegeben. Insbesondere ist G^m für $m \geq 2$ mit den punktweisen Verknüpfungen

$$(g_1, \ldots, g_m) \odot (h_1, \ldots, h_m) = (g_1 \odot h_1, \ldots, g_m \odot h_m)$$

eine Gruppe.

(e) Es seien $G_1, \ldots, G_m$ Gruppen. Dann ist $G_1 \times \cdots \times G_m$ eine Gruppe mit der (in Analogie zu (d) definierten) punktweisen Verknüpfung. Sie wird **direktes Produkt** oder **Produktgruppe** von $G_1, \ldots, G_m$ genannt. ∎

Untergruppen

Es sei $G = (G, \odot)$ eine Gruppe, und H sei eine nichtleere Teilmenge von G, die abgeschlossen ist unter der Verknüpfung $\odot$, d.h.,

(UG$_1$) $H \odot H \subset H$.

Gilt außerdem

(UG$_2$) $h^\flat \in H$, falls $h \in H$,

so ist $H := (H, \odot)$ selbst eine Gruppe mit der von G **induzierten** Verknüpfung, eine **Untergruppe** von G. Da es nämlich ein Element h in H gibt, folgt aus (UG$_1$) und (UG$_2$), daß auch $e = h^\flat \odot h$ zu H gehört. Die Verknüpfung $\odot$, die wegen (UG$_1$) auf H wohldefiniert ist, ist natürlich assoziativ.

7.3 Beispiele Es sei $G = (G, \odot)$ eine Gruppe.

(a) Die triviale Gruppe $\{e\}$ und G selbst sind Untergruppen von G, die kleinste und die größte Untergruppe (bezüglich der durch die mengentheoretische Inklusion induzierten natürlichen Ordnung von Beispiel 4.4.(b)).

(b) Sind H_α, $\alpha \in \mathsf{A}$, Untergruppen von G, so ist auch $\bigcap_\alpha H_\alpha$ eine Untergruppe von G. ∎

Restklassen

Es sei N eine Untergruppe von G. Dann sind $g \odot N$ die **Linksrestklasse** und $N \odot g$ die **Rechtsrestklasse**[1] von $g \in G$ bezügl. N. Setzen wir

$$g \sim h :\Longleftrightarrow g \in h \odot N \,, \tag{7.1}$$

so ist $\sim$ eine Äquivalenzrelation auf G. Denn wegen $e \in N$ ist $\sim$ reflexiv. Gelten $g \in h \odot N$ und $h \in k \odot N$, so gilt auch

$$g \in (k \odot N) \odot N = k \odot (N \odot N) = k \odot N \,,$$

---

[1]Statt Restklasse sagt man auch **Nebenklasse**.

da offensichtlich

$$N \odot N = N \tag{7.2}$$

richtig ist. Also ist $\sim$ transitiv. Ist schließlich $g \in h \odot N$, so gibt es ein $n \in N$ mit $g = h \odot n$. Dann folgt $h = g \odot n^\flat \in g \odot N$ aus (UG$_2$). Also ist $\sim$ auch symmetrisch, d.h., durch (7.1) wird auf G eine Äquivalenzrelation definiert, und für die Äquivalenzklassen $[\cdot]$ bezügl. $\sim$ gilt:

$$[g] = g \odot N , \qquad g \in G . \tag{7.3}$$

Aus diesem Grund bezeichnet man $G/\sim$ mit G/N und nennt G/N **Linksrestklassenmenge modulo** N.

Von besonderem Interesse ist eine Untergruppe N mit

$$g \odot N = N \odot g , \qquad g \in G . \tag{7.4}$$

Ein solches N heißt **normale** Untergruppe (**Normalteiler**) von G. In diesem Fall nennt man $g \odot N$ **Restklasse von** g **modulo** N, da nicht zwischen Links- und Rechtsnebenklassen unterschieden werden muß.

Für eine normale Untergruppe N von G folgt somit aus (7.2), (7.4) und der Assoziativität der Verknüpfung

$$(g \odot N) \odot (h \odot N) = g \odot (N \odot h) \odot N = (g \odot h) \odot N , \qquad g, h, \in G .$$

Dies zeigt, daß die Menge der Nebenklassen unter der Verknüpfung $\odot$, die von der mit demselben Symbol bezeichneten Verknüpfung in G induziert wird, abgeschlossen ist. In anderen Worten: Die **induzierte** Verknüpfung

$$(G/N) \times (G/N) \to G/N , \qquad (g \odot N, h \odot N) \mapsto (g \odot h) \odot N \tag{7.5}$$

ist wohldefiniert.

7.4 Satz *Es seien G eine Gruppe und N eine normale Untergruppe von G. Dann ist G/N mit der induzierten Verknüpfung eine Gruppe, die* **Restklassengruppe modulo** N.

Beweis Der Leser prüft leicht nach, daß die induzierte Verknüpfung assoziativ ist. Wegen $(e \odot N) \odot (g \odot N) = (e \odot g) \odot N = g \odot N$ ist $N = e \odot N$ das neutrale Element von G/N. Nun folgt die Behauptung aus

$$(g^\flat \odot N) \odot (g \odot N) = (g^\flat \odot g) \odot N = e \odot N = N$$

und Bemerkung 7.1(e). ∎

Statt von Restklassengruppen modulo N spricht man auch von **Faktorgruppen** oder **Quotientengruppen** von G **nach** dem Normalteiler N.

7.5 Bemerkungen (a) Wegen (7.3) und (7.5) gilt

$$[g] \odot [h] = [g \odot h] , \qquad g, h \in G .$$

Um zwei Restklassen miteinander zu verknüpfen, werden somit zwei beliebige Repräsentanten der Gruppe verknüpft und dann die Restklasse des Ergebnisses gebildet. Da die Verknüpfung auf G/N wohldefiniert ist, ist diese Operation unabhängig von der speziellen Wahl der Repräsentanten. Ferner sind $[e] = N$ das neutrale Element von G/N und $[g]^\flat = [g^\flat]$ das Inverse von $[g] \in G/N$.

(b) Offensichtlich ist jede Untergruppe einer abelschen Gruppe stets normal. Also ist G/N immer eine Gruppe, wenn G kommutativ und N eine Untergruppe sind. Selbstverständlich ist dann auch G/N kommutativ. ∎

Homomorphismen

Unter den Abbildungen zwischen Gruppen sind natürlich die, welche mit den Gruppenstrukturen verträglich sind, die Homomorphismen, von besonderem Interesse.

Es seien $G = (G, \odot)$ und $G' = (G', \circledast)$ Gruppen. Eine Abbildung $\varphi \colon G \to G'$ heißt (**Gruppen-**)**Homomorphismus**, wenn gilt:

$$\varphi(g \odot h) = \varphi(g) \circledast \varphi(h) , \qquad g, h \in G .$$

Ein Homomorphismus von G in sich ist ein (**Gruppen-**)**Endomorphismus**.

7.6 Bemerkungen (a) Es sei e bzw. e' das neutrale Element von G bzw. G' und $\varphi \colon G \to G'$ sei ein Homomorphismus. Dann gelten:

$$\varphi(e) = e' \quad \text{und} \quad \bigl(\varphi(g)\bigr)^\flat = \varphi(g^\flat) , \qquad g \in G .$$

Beweis Aus $\varphi(e) = \varphi(e \odot e) = \varphi(e) \circledast \varphi(e)$ und $\varphi(e) = e' \circledast \varphi(e)$ folgt $\varphi(e) = e'$ nach Bemerkung 7.1(c). Ist $g \in G$, so ist $e' = \varphi(e) = \varphi(g^\flat \odot g) = \varphi(g^\flat) \circledast \varphi(g)$ und, analog, $e' = \varphi(g) \circledast \varphi(g^\flat)$. Also folgt $\bigl(\varphi(g)\bigr)^\flat = \varphi(g^\flat)$ aus Bemerkung 7.1(b). ∎

(b) Es sei $\varphi \colon G \to G'$ ein Homomorphismus. Der **Kern** von φ, $\ker(\varphi)$, wird durch

$$\ker(\varphi) := \varphi^{-1}(e') = \bigl\{ g \in G ; \ \varphi(g) = e' \bigr\}$$

definiert. Dann ist $\ker(\varphi)$ eine normale Untergruppe von G.

Beweis Für $g, h \in \ker(\varphi)$ gilt

$$\varphi(g \odot h) = \varphi(g) \circledast \varphi(h) = e' \circledast e' = e' .$$

Also ist (UG$_1$) erfüllt. Wegen $\varphi(g^\flat) = \bigl(\varphi(g)\bigr)^\flat = (e')^\flat = e'$ ist auch (UG$_2$) richtig. Folglich ist $\ker(\varphi)$ eine Untergruppe von G. Es sei $h \in g \odot \ker(\varphi)$. Dann gibt es ein $n \in G$ mit

$\varphi(n) = e'$ und $h = g \odot n$. Für $m := g \odot n \odot g^\flat$ folgt

$$\varphi(m) = \varphi(g) \circledast \varphi(n) \circledast \varphi(g^\flat) = \varphi(g) \circledast \varphi(g^\flat) = e' \ ,$$

also $m \in \ker(\varphi)$. Somit gilt $m \odot g = g \odot n = h$, d.h., $h \in \ker(\varphi) \odot g$. Analog schließt man auf $\ker(\varphi) \odot g \subset g \odot \ker(\varphi)$. Dies zeigt, daß $\ker(\varphi)$ eine normale Untergruppe von G ist. ∎

(c) Es seien $\varphi \colon G \to G'$ ein Homomorphismus und $N := \ker(\varphi)$. Dann gilt

$$g \odot N = \varphi^{-1}\big(\varphi(g)\big) \ , \qquad g \in G \ ,$$

also

$$g \sim h \Longleftrightarrow \varphi(g) = \varphi(h) \ , \qquad g, h \in G \ ,$$

wobei $\sim$ die Äquivalenzrelation (7.1) bezeichnet.

Beweis Für $h \in g \odot N$ folgt

$$\varphi(h) \in \varphi(g \odot N) = \varphi(g) \circledast \varphi(N) = \varphi(g) \circledast \{e'\} = \{\varphi(g)\} \ ,$$

also $h \in \varphi^{-1}\big(\varphi(g)\big)$. Umgekehrt sei $h \in \varphi^{-1}(\varphi(g))$, also $\varphi(h) = \varphi(g)$. Dann ist

$$\varphi(g^\flat \odot h) = \varphi(g^\flat) \circledast \varphi(h) = \big(\varphi(g)\big)^\flat \circledast \varphi(g) = e' \ ,$$

was $g^\flat \odot h \in N$ und somit $h \in g \odot N$ bedeutet. ∎

(d) Ein Homomorphismus ist genau dann injektiv, wenn sein Kern trivial ist, d.h., wenn $\ker(\varphi) = \{e\}$ gilt.

Beweis Dies folgt unmittelbar aus (c). ∎

(e) Das Bild, $\operatorname{im}(\varphi)$, eines Homomorphismus $\varphi \colon G \to G'$ ist eine Untergruppe von G'. ∎

7.7 Beispiele (a) Die konstante Abbildung $G \to G'$, $g \mapsto e'$ ist ein Homomorphismus, der **triviale** Homomorphismus.

(b) Die Identität $\mathrm{id}_G \colon G \to G$ ist ein Endomorphismus.

(c) Kompositionen von Homomorphismen [bzw. Endomorphismen] sind Homomorphismen [bzw. Endomorphismen].

(d) Es sei N ein Normalteiler von G. Dann ist die kanonische Projektion

$$p \colon G \to G/N \ , \qquad g \mapsto g \odot N$$

ein surjektiver Homomorphismus mit $\ker(p) = N$.

Beweis Da N eine normale Untergruppe von G ist, ist die Faktorgruppe G/N wohldefiniert. Wegen (7.1) und Satz 4.1 ist somit die kanonische Projektion p wohldefiniert, und Bemerkung 7.5(a) zeigt, daß p ein Homomorphismus ist. Da N das neutrale Element von G/N ist, folgt die Behauptung. ∎

(e) Ist $\varphi \colon G \to G'$ ein bijektiver Homomorphismus, so ist auch $\varphi^{-1} \colon G' \to G$ ein (bijektiver) Homomorphismus. ∎

Isomorphismen

Ein Homomorphismus $\varphi\colon G \to G'$ heißt **(Gruppen-)Isomorphismus** von G auf G', wenn φ bijektiv ist. Dann sagt man, die Gruppen G und G' seien **isomorph** und schreibt $G \cong G'$. Einen Isomorphismus von G auf sich, d.h. einen bijektiven Endomorphismus, nennt man **(Gruppen-)Automorphismus** von G.

7.8 Beispiele (a) Die Identität $\mathrm{id}_G\colon G \to G$ ist ein Automorphismus. Mit φ und ψ sind auch $\varphi \circ \psi$ und φ^{-1} Automorphismen von G. Hieraus folgt leicht, daß die Menge aller Automorphismen einer Gruppe G mit der Komposition als Verknüpfung eine Gruppe bildet, die **Automorphismengruppe** von G. Sie ist eine Untergruppe der Permutationsgruppe S_G.

(b) Für jedes $a \in G$ ist die Abbildung $g \mapsto a \odot g \odot a^b$ ein Automorphismus von G.

(c) Es sei $\varphi\colon G \to G'$ ein Homomorphismus. Dann gibt es genau einen injektiven Homomorphismus $\widetilde{\varphi}\colon G/\ker(\varphi) \to G'$, für den das Diagramm

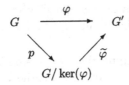

kommutativ ist. Wenn φ surjektiv ist, dann ist $\widetilde{\varphi}$ ein Isomorphismus, der von φ **induzierte** Isomorphismus.

Beweis Wegen Bemerkung 7.6(c) folgt aus Beispiel 4.2(c), daß es genau eine Injektion $\widetilde{\varphi}$ gibt, für die das obenstehende Diagramm kommutativ ist und für die $\mathrm{im}(\varphi) = \mathrm{im}(\widetilde{\varphi})$ gilt. Nun prüft man leicht nach, daß $\widetilde{\varphi}$ ein Homomorphismus der Faktorgruppe $G/\ker(\varphi)$ auf G' ist. ∎

(d) Es sei $(G, \odot)$ eine Gruppe, und G' sei eine nichtleere Menge. Ferner sei $\varphi\colon G \to G'$ eine Bijektion von G auf G'. Wir **übertragen** die **Verknüpfung** $\odot$ auf G' durch die Festsetzung:

$$g' \circledast h' := \varphi^{-1}(g') \odot \varphi^{-1}(h') , \qquad g', h' \in G' .$$

Dann ist $(G', \circledast)$ eine Gruppe, und φ ist ein Isomorphismus von G auf G'. Man nennt $\circledast$ die durch φ **übertragene Verknüpfung**.

(e) Sind $G = \{e\}$ und $G' = \{e'\}$ triviale Gruppen, so sind G und G' isomorph.

(f) Es sei G die Gruppe von Beispiel 7.2(b), und G' sei diejenige Gruppe, die entsteht, wenn man in der Verknüpfungstafel a und b vertauscht. Dann sind G und G' isomorph. Genauer gilt: Die Verknüpfung auf G' ist die durch die „Vertauschungsabbildung" $\varphi\colon \{a, b\} \to \{a, b\}$ übertragene Verknüpfung, wobei φ durch $\varphi(a) := b$ und $\varphi(b) := a$ definiert ist.

(g) Es seien X und Y nichtleere Mengen und $\varphi\colon X \to Y$ sei bijektiv. Dann ist

$$\widehat{\varphi}\colon \mathsf{S}_X \to \mathsf{S}_Y\,, \quad f \mapsto \varphi \circ f \circ \varphi^{-1}$$

ein Isomorphismus der Permutationsgruppe S_X auf die Permutationsgruppe S_Y, der von φ **induzierte** Isomorphismus. ∎

Ist φ ein Isomorphismus von der Gruppe G auf die Gruppe G', so unterscheiden sich die beiden Gruppen nur durch die Bezeichnungen ihrer Elemente, nicht jedoch vom „rechnerischen Standpunkt" aus. Um zwei Elemente g und h von G zu verknüpfen, kann man genausogut ihre Bildelemente $\varphi(g)$ und $\varphi(h)$ in G' verknüpfen. Dann erhält man $g \odot h$ als Bild von $\varphi(g) \circledast \varphi(h)$ unter dem inversen Isomorphismus φ^{-1}. Mit anderen Worten: Statt in dem „Modell $(G, \odot)$ zu rechnen", kann man dies ebensogut in dem dazu isomorphen „Modell" $(G', \circledast)$ tun, da man mit Hilfe des Isomorphismus φ jederzeit ohne Informationsverlust von einem „Modell" in das andere wechseln kann. In praktischen Fällen kann es jedoch sehr viel einfacher sein, im „Modell $(G', \circledast)$ zu rechnen" als in der ursprünglichen Gruppe, da die Elemente von G' sowie auch die „Rechenvorschrift" $\circledast$ handlicher sein können als die der ursprünglichen Gruppe (vgl. dazu insbesondere die Paragraphen 9 und 10).

Vom Standpunkt der Gruppentheorie aus sind isomorphe Gruppen nicht wesentlich verschieden voneinander. In der Tat, die Isomorphierelation $\cong$ ist eine Äquivalenzrelation auf jeder Menge $\mathfrak{G}$ von Gruppen, wie man leicht verifiziert. Also wird $\mathfrak{G}$ durch $\cong$ in Äquivalenzklassen, in **Isomorphieklassen**, eingeteilt. Es genügt dann, statt $\mathfrak{G}$ die Menge $\mathfrak{G}/{\cong}$ der Isomorphieklassen zu betrachten. Anders ausgedrückt: Man identifiziert isomorphe Gruppen. In diesem Sinne spricht man von *der* trivialen Gruppe, da nach Beispiel 7.8(e) je zwei triviale Gruppen isomorph sind. Analog „gibt es (,bis auf Isomorphie') nur *eine* Gruppe der Ordnung[2] zwei", d.h. mit genau zwei Elementen, wie aus Beispiel 7.8(f) folgt. Ist $n \in \mathbb{N}^\times$, so genügt es gemäß Beispiel 7.8(g) und den obigen Bemerkungen, eine einzige Permutationsgruppe S_X mit $\mathrm{Anz}(X) = n$ zu betrachten, z.B. die **Permutationsgruppe** (oder **symmetrische Gruppe**) **der Ordnung** $n!$,

$$\mathsf{S}_n := \mathsf{S}_{\{1,\dots,n\}}\,,$$

d.h. die Permutationsgruppe der Menge $\{1, \dots, n\}$ (vgl. Satz 6.3).

Vereinbarung Im folgenden werden wir die Verknüpfung in einer Gruppe G oft einfach mit $\cdot$ bezeichnen, oder statt $x \cdot y$ einfach xy für $x, y \in G$ schreiben. In diesem Fall heißt $\cdot$ **(Gruppen-)Multiplikation**, und für x^b schreibt man üblicherweise x^{-1} („x hoch minus eins"). Ist die Gruppe abelsch, so bezeichnet man die Verknüpfung oft mit $+$ und nennt sie **Addition**. Dann wird das inverse Element x^b von x in der Regel mit $-x$ („minus x") bezeichnet.

---

[2]Die **Ordnung** einer endlichen Gruppe ist die Anzahl ihrer Elemente.

Der Anfänger sei ausdrücklich davor gewarnt, sich von Notationen in die Irre führen zu lassen. Es sei wiederholt: Wichtig sind nicht die Bezeichnungen und Namen, sondern allein die Regeln, die in den Axiomen festgehalten sind, und die besagen, wie man die Symbole zu verwenden hat. In verschiedenen Einkleidungen können dieselben Notationen vollkommen verschiedene Bedeutungen haben, obwohl nach denselben Regeln „gerechnet" wird. Andererseits dürfen Symbole (wie z.B. die Verknüpfungen + oder ·), deren äußere Erscheinungsform aus einem Bereich bereits vertraut ist (z.B. aus dem Bereich der natürlichen Zahlen), den Leser nicht dazu verleiten, mit ihnen so umzugehen, wie er dies in einem anderen Zusammenhang vielleicht gewöhnt ist. Man hat sich in jedem Fall über die in den Axiomen niedergelegten Grundregeln im klaren zu sein und darf nur diese sowie die daraus abgeleiteten Sätze benutzen.

Obwohl die Verwendung derselben Symbole in verschiedenen Geltungsbereichen dem Anfänger erfahrungsgemäß Schwierigkeiten bereitet und ihm vielleicht unsinnig erscheint, trägt sie doch wesentlich dazu bei, die zu behandelnde komplexe Materie übersichtlich, elegant und einfach darzustellen und zu vermeiden, daß man sich in einem Wust von Bezeichnungen verliert.

Aufgaben

1 Es sei G eine endliche Gruppe, und N sei eine Untergruppe von G. Dann gilt: $\mathrm{Anz}(G) = \mathrm{Anz}(N) \cdot \mathrm{Anz}(G/N)$, d.h., die Ordnung einer Untergruppe ist ein Teiler der Ordnung einer endlichen Gruppe.

2 Man verifiziere die Aussagen der Beispiele 7.2(c) und (d).

3 Man beweise die Aussage von Beispiel 7.3(b) und zeige, daß Durchschnitte von Normalteilern wieder normale Untergruppen sind.

4 Man beweise Bemerkung 7.6(e). Ist $\mathrm{im}(\varphi)$ eine normale Untergruppe von G'?

5 Es seien $\varphi \colon G \to G'$ ein Homomorphismus und N' eine normale Untergruppe von G'. Dann ist $\varphi^{-1}(N')$ eine normale Untergruppe von G.

6 Es seien G eine Gruppe und X eine nichtleere Menge. Die Gruppe G **operiert** (**von links**) **auf** X, wenn es eine Abbildung

$$G \times X \to X \; , \quad (g, x) \mapsto g \cdot x$$

gibt, für die gilt:

(GO$_1$) $e \cdot x = x$ für $x \in X$.

(GO$_2$) $g \cdot (h \cdot x) = (gh) \cdot x$ für $g, h \in G$ und $x \in X$.

Man zeige:

(a) Für jedes $g \in G$ ist $x \mapsto g \cdot x$ eine Bijektion auf X mit der Inversen $x \mapsto g^{-1} \cdot x$.

(b) Für $x \in X$ ist $G \cdot x$ die **Bahn** (der **Orbit**) von x (unter der Operation von G). Dann induziert „y gehört zum Orbit von x" eine Äquivalenzrelation auf X.

Bemerkung Die Menge der zugehörigen Äquivalenzklassen wird mit X/G bezeichnet und heißt **Bahnenraum** (oder **Orbitraum**).

(c) Ist H eine Untergruppe von G, so sind $(h,g) \mapsto h \cdot g$ und $(h,g) \mapsto hgh^{-1}$ Operationen von H auf G.

(d) Man zeige, daß durch

$$S_m \times \mathbb{N}^m \to \mathbb{N}^m \, , \quad (\sigma, \alpha) \mapsto \sigma \cdot \alpha := (\alpha_{\sigma(1)}, \ldots, \alpha_{\sigma(m)})$$

eine Operation von S_m auf $\mathbb{N}^m$ erklärt wird.

7 Es sei $G = (G, \odot)$ eine endliche Gruppe der Ordnung m mit neutralem Element e. Man zeige, daß es zu jedem $g \in G$ eine kleinste natürliche Zahl $k > 0$ gibt mit

$$g^k := \bigodot_{j=1}^{k} g = e \, .$$

Ferner schließe man, daß für jedes $g \in G$ die Beziehung $g^m = e$ richtig ist. (Hinweis: Aufgabe 1.)

8 Auf der Menge $G = \{e, a, b, c\}$ seien gemäß untenstehenden Tafeln drei Verknüpfungen erklärt:

$\odot$	e	a	b	c
e	e	a	b	c
a	a	e	c	b
b	b	c	e	a
c	c	b	a	e

$\circledast$	e	a	b	c
e	e	a	b	c
a	a	e	c	b
b	b	c	a	e
c	c	b	e	a

$\oplus$	e	a	b	c
e	e	a	b	c
a	a	b	c	e
b	b	c	e	a
c	c	e	a	b

(a) Man verifiziere, daß $(G, \circledast)$ und $(G, \oplus)$ isomorphe Gruppen sind.

(b) Man zeige, daß die Gruppen $(G, \odot)$ und $(G, \circledast)$ nicht isomorph sind.

(c) Man bestimme alle weiteren Gruppenstrukturen auf G sowie die Isomorphieklassen von G.

9 Man finde für S_3 eine nichtkommutative Gruppenstruktur.

10 Es seien G und H Gruppen. Ferner bezeichne

$$p \colon G \times H \to G \, , \quad (g,h) \mapsto g$$

die kanonische Projektion auf den ersten Faktor. Man zeige, daß p ein surjektiver Homomorphismus ist und man bestimme $H' := \ker(p)$. Außerdem zeige man, daß $(G \times H)/H'$ und G isomorphe Gruppen sind.

11 Es sei $\odot$ eine Verknüpfung auf einer Menge G mit neutralem Element. Für $g \in G$ bezeichne $Lg \colon G \to G$, $h \mapsto g \odot h$ die **Linkstranslation** mit g und es gelte

$$L := \{ Lg \, ; \, g \in G \} \subset S_G \, ,$$

d.h., jedes Lg sei bijektiv. Man beweise:

$$(G, \odot) \text{ ist eine Gruppe} \iff L \text{ ist eine Untergruppe von } S_G \, .$$

8 Ringe, Körper und Polynome

In diesem Paragraphen betrachten wir Mengen, die zwei Verknüpfungen tragen. Hierbei nehmen wir stets an, bezüglich der einen Verknüpfung liege eine (additive) abelsche Gruppe vor und die beiden Verknüpfungen seien durch geeignete „Distributivgesetze" miteinander verträglich. Dadurch werden wir zu den fundamentalen Begriffen der „Ringe" und „Körper" geführt, durch welche die Regeln des Zahlenrechnens formalisiert werden. Als ein besonders wichtiges Beispiel von Ringen betrachten wir Potenzreihen- und insbesondere Polynomringe in einer (und mehreren) Unbestimmten und leiten einige fundamentale Eigenschaften von Polynomen her. Mit polynomialen Funktionen lernen wir eine Klasse von Abbildungen kennen, die relativ leicht zu handhaben sind. Ihre Bedeutung für die Analysis liegt darin, daß man „allgemeine Funktionen durch Polynome beliebig gut approximieren" kann, was wir wesentlich später genauer sehen und verstehen werden.

Ringe

Ein Tripel $(R, +, \cdot)$, bestehend aus einer nichtleeren Menge R und zwei Verknüpfungen, der **Addition** $+$ und der **Multiplikation** $\cdot$, heißt **Ring**, falls folgende Eigenschaften gelten:

(R$_1$) $(R, +)$ ist eine abelsche Gruppe.

(R$_2$) Die Multiplikation ist assoziativ.

(R$_3$) Es gelten die **Distributivgesetze**:

$$(a + b) \cdot c = a \cdot c + b \cdot c , \quad c \cdot (a + b) = c \cdot a + c \cdot b , \qquad a, b, c \in R .$$

Dabei vereinbaren wir, daß die Multiplikation **stärker binde** als die Addition, d.h., $a \cdot b + c$ bedeutet, daß zuerst das Produkt, $d := a \cdot b$, gebildet wird und dann die Summe, $d + c$ (und nicht etwa $a \cdot (b + c)$). Außerdem schreiben wir meistens ab für $a \cdot b$.

Ein Ring heißt **kommutativ**, wenn die Multiplikation kommutativ ist. In diesem Fall reduzieren sich die Distributivgesetze (R$_3$) natürlich auf die Forderung

$$(a + b)c = ac + bc , \qquad a, b, c \in R . \tag{8.1}$$

Gibt es ein neutrales Element bezügl. der Multiplikation, so bezeichnen wir es in der Regel mit 1_R, oder einfach mit 1, und nennen es **Eins(element) des Ringes** R. Dann sagen wir, $(R, +, \cdot)$ sei ein **Ring mit Eins(element)**. Ist es (aus dem Zusammenhang) klar, von welcher Addition und Multiplikation die Rede ist, schreiben wir kurz R für $(R, +, \cdot)$.

8.1 Bemerkungen Es sei $R := (R, +, \cdot)$ ein Ring.

(a) Das neutrale Element der **additiven Gruppe** $(R, +)$ des Ringes R wird, wie in Beispiel 5.14 vereinbart, mit 0_R, oder einfach mit 0, bezeichnet und heißt **Nullelement des Ringes** R. Gemäß Satz 4.11 ist 0_R, wie auch das Einselement 1_R — falls vorhanden — , eindeutig bestimmt.

(b) Aus Bemerkung 7.1(d) folgt, daß für jedes $a \in R$ gilt: $-(-a) = a$.

(c) Für jedes Paar $a, b \in R$ gibt es nach Bemerkung 7.1(c) genau eine Lösung $x \in R$ der Gleichung $a + x = b$, nämlich $x = b + (-a) =: b - a$ („b minus a"), die **Differenz** von a und b.

(d) Für jedes $a \in R$ gelten $0a = a0 = 0$ und $-0 = 0$. Ist $a \neq 0$ und gibt es ein $b \neq 0$ mit $ab = 0$ oder $ba = 0$, so heißt a **Nullteiler** von R. Besitzt R keine Nullteiler, d.h., folgt aus $ab = 0$ stets $a = 0$ oder $b = 0$, so ist R **nullteilerfrei**.

Beweis Wegen $0 = 0 + 0$ ist $a0 = a(0 + 0) = a0 + a0$. Da auch $a0 + 0 = a0$ gilt, folgt $a0 = 0$ aus (c). Analog zeigt man $0a = 0$. Die zweite Behauptung folgt ebenfalls aus (c). ∎

(e) Es gelten $a(-b) = (-a)b = -(ab) =: -ab$ und $(-a)(-b) = ab$ für $a, b \in R$.

Beweis Wegen $0 = b + (-b)$ folgt mit (d), daß $0 = a0 = ab + a(-b)$. Also erhalten wir wie oben, daß $a(-b) = -ab$ gilt. Analog zeigt man $(-a)b = -ab$. Durch zweimaliges Anwenden des eben Bewiesenen ergibt sich

$$(-a)(-b) = -(a(-b)) = -(-ab) = ab ,$$

wobei die letzte Gleichheit aus (b) folgt. ∎

(f) Besitzt R ein Einselement, so ist $(-1)a = -a$ für $a \in R$.

Beweis Dies ist ein Spezialfall von (e). ∎

(g) Gemäß Beispiel 5.14(a) ist na für $n \in \mathbb{N}$ und $a \in R$ wohldefiniert und es gelten die dort aufgeführten Regeln. Bezeichnen wir der Deutlichkeit halber die Nullelemente von R bzw. $\mathbb{N}$ mit 0_R bzw. $0_\mathbb{N}$, so zeigt (d), daß die in jenem Beispiel getroffene Definition $0_\mathbb{N} \cdot a := 0_R$ mit den Ringaxiomen konsistent ist. Ebenso gilt $1_\mathbb{N} \cdot a = 1_R \cdot a$, falls R ein Einselement besitzt. ∎

8.2 Beispiele **(a)** Der **Nullring** besteht nur aus dem Element 0 und wird einfach mit 0 bezeichnet. Jeder Ring, der vom Nullring verschieden ist, heißt **nichttrivial**. Der Nullring ist offensichtlich kommutativ und hat ein Einselement. Ist R ein Ring mit Eins, so folgt aus $1_R \cdot a = a$ für jedes $a \in R$, daß R genau dann der Nullring ist, wenn $1_R = 0_R$ gilt.

(b) Es seien $R := (R, +, \cdot)$ ein Ring und X eine nichtleere Menge. Dann ist R^X ein Ring mit den punktweisen Verknüpfungen:

$$(f + g)(x) := f(x) + g(x) , \quad (fg)(x) := f(x)g(x) , \qquad x \in X , \quad f, g \in R^X .$$

Ist R kommutativ, bzw. besitzt R ein Einselement, so ist auch $R^X := (R^X, +, \cdot)$ ein kommutativer Ring bzw. ein Ring mit Eins (vgl. Beispiel 4.12). Insbesondere ist das m-fache **direkte Produkt** R^m des Ringes R mit sich selbst, der **Produktring**, für $m \geq 2$ mit den punktweisen Verknüpfungen

$$(a_1, \ldots, a_m) + (b_1, \ldots, b_m) = (a_1 + b_1, \ldots, a_m + b_m)$$

und

$$(a_1, \ldots, a_m)(b_1, \ldots, b_m) = (a_1 b_1, \ldots, a_m b_m)$$

ein Ring. Ist R nichttrivial mit Einselement und besitzt X mindestens zwei Elemente, so besitzt R^X stets Nullteiler.

Beweis Für die erste Behauptung erinnern wir an Beispiel 4.12. Für den zweiten Teil seien $x, y \in X$ mit $x \neq y$, und $f, g \in R^X$ mit $f(x) = 1$ und $f(x') = 0$ für $x' \in X \backslash \{x\}$ sowie $g(y) = 1$ und $g(y') = 0$ für $y' \in X \backslash \{y\}$. Dann ist $fg = 0$. ∎

(c) Es sei R ein Ring, und S sei eine nichtleere Teilmenge von R, für die gelten:

(UR₁) S ist eine Untergruppe von $(R, +)$.

(UR₂) $S \cdot S \subset S$.

Dann ist S ein Ring, ein **Unterring** von R, und R heißt **Oberring** von S. Selbstverständlich sind 0 und R Unterringe von R. Ist R ein Ring mit Eins, so braucht S kein Einselement zu besitzen (vgl. (e)). Gilt jedoch $1_R \in S$, so ist 1_R auch das Einselement von S. Natürlich ist S kommutativ, wenn R es ist. Die Umkehrung ist i. allg. nicht richtig.

(d) Durchschnitte von Unterringen sind Unterringe.

(e) Es sei R ein nichttrivialer Ring mit Eins und S sei die Menge aller $g \in R^{\mathbb{N}}$ mit $g(n) = 0$ für **fast alle**, d.h. für alle bis auf endlich viele, $n \in \mathbb{N}$. Dann ist S ein Unterring von $R^{\mathbb{N}}$ ohne Eins (warum?).

(f) Es sei X eine Menge. Für Teilmengen A und B von X wird die **symmetrische Differenz** $A \triangle B$ durch

$$A \triangle B := (A \cup B) \backslash (A \cap B) = (A \backslash B) \cup (B \backslash A)$$

definiert. Dann ist $(\mathfrak{P}(X), \triangle, \cap)$ ein kommutativer Ring mit Eins, der **Mengenring** von X. ∎

Es seien R und R' Ringe. Ein **(Ring-)Homomorphismus** ist eine Abbildung $\varphi : R \to R'$, die mit den Verknüpfungen verträglich ist, d.h.,

$$\varphi(a + b) = \varphi(a) + \varphi(b) , \quad \varphi(ab) = \varphi(a)\varphi(b) , \qquad a, b \in R . \tag{8.2}$$

Ist φ außerdem bijektiv, so heißt φ **(Ring-)Isomorphismus**. Gibt es einen Ringisomorphismus von R auf R', so sind die beiden Ringe **isomorph**. Gilt $R = R'$, so heißt φ **(Ring-)Endomorphismus** bzw. **(Ring-)Automorphismus**.[1]

---

[1] Ist es aus dem Zusammenhang klar, in welcher „Kategorie" wir uns bewegen, d.h., haben

8.3 Bemerkungen (a) Jeder Ringhomomorphismus ist auch ein Gruppenhomomorphismus von $(R, +)$ in $(R', +)$. Unter dem **Kern**, $\ker(\varphi)$, eines Ringhomomorphismus φ versteht man den Kern dieses Gruppenhomomorphismus, d.h.,

$$\ker(\varphi) = \{\, a \in R \;;\; \varphi(a) = 0 \,\} = \varphi^{-1}(0) \;.$$

(b) Die **Nullabbildung** $R \to R'$, $a \mapsto 0_{R'}$ ist ein Homomorphismus mit $\ker(\varphi) = R$.

(c) Es seien R und R' Ringe mit Einselementen, und $\varphi \colon R \to R'$ sei ein Homomorphismus. Wie (b) zeigt, folgt nicht, daß $\varphi(1_R) = 1_{R'}$ gilt. Dies liegt daran, daß bezügl. der Multiplikation keine Gruppenstruktur gegeben ist. ∎

Der binomische Satz

Im folgenden zeigen wir, daß die Ringaxiome (R_1)–(R_3) neben den Rechenregeln der Bemerkung 8.1 weitere wichtige Formeln implizieren.

8.4 Theorem (Binomischer Lehrsatz)   *Es seien a und b zwei kommutierende Elemente eines Ringes R mit Einselement. Dann gilt für $n \in \mathbb{N}$:*

$$(a + b)^n = \sum_{k=0}^{n} \binom{n}{k} a^k b^{n-k} \;. \tag{8.3}$$

Beweis Zuerst bemerken wir, daß vermöge der Beispiele 5.14, Bemerkung 8.1(g) und Aufgabe 5.5 beide Seiten von (8.3) wohldefiniert sind, und daß die Aussage für $n = 0$ richtig ist. Es gelte nun (8.3) für ein $n \in \mathbb{N}$. Dann folgt:

$$(a + b)^{n+1} = (a + b)^n (a + b) = \left(\sum_{k=0}^{n} \binom{n}{k} a^k b^{n-k} \right)(a + b)$$

$$= \sum_{k=0}^{n} \binom{n}{k} a^{k+1} b^{n-k} + \sum_{k=0}^{n} \binom{n}{k} a^k b^{n+1-k}$$

$$= a^{n+1} + \sum_{k=0}^{n-1} \binom{n}{k} a^{k+1} b^{n-k} + \sum_{k=1}^{n} \binom{n}{k} a^k b^{n+1-k} + b^{n+1}$$

$$= a^{n+1} + \sum_{k=1}^{n} \left\{ \binom{n}{k-1} + \binom{n}{k} \right\} a^k b^{n+1-k} + b^{n+1} \;.$$

---

wir es nur mit Gruppen oder nur mit Ringen (später auch mit Körpern, Vektorräumen oder Algebren etc.) zu tun, so sprechen wir einfach von Homomorphismen, Isomorphismen etc., ohne Mißverständnisse befürchten zu müssen.

Da nach Aufgabe 5.5 $\binom{n}{k-1} + \binom{n}{k} = \binom{n+1}{k}$ gilt, ergibt sich somit

$$(a+b)^{n+1} = a^{n+1} + \sum_{k=1}^{n} \binom{n+1}{k} a^k b^{n+1-k} + b^{n+1} ,$$

und die Behauptung folgt aus dem Induktionsprinzip von Satz 5.7. ∎

Multinomialformeln

Wir wollen als nächstes den binomischen Lehrsatz dahingehend verallgemeinern, daß wir auf der linken Seite von (8.3) Summen mit mehr als zwei Summanden zulassen. Um die entsprechende *Multinomialformel* übersichtlich schreiben zu können, ist es nützlich, folgende Begriffe einzuführen:

Für $m \in \mathbb{N}$ mit $m \geq 2$ heißt ein Element $\alpha = (\alpha_1, \ldots, \alpha_m) \in \mathbb{N}^m$ auch **Multiindex** (**der Ordnung** m). Die **Länge** $|\alpha|$ eines Multiindexes $\alpha \in \mathbb{N}^m$ ist durch

$$|\alpha| := \sum_{j=1}^{m} \alpha_j$$

erklärt. Ferner setzen wir

$$\alpha! := \prod_{j=1}^{m} (\alpha_j)! ,$$

und wir definieren die **natürliche Ordnung** auf $\mathbb{N}^m$ durch

$$\alpha \leq \beta :\Longleftrightarrow (\alpha_j \leq \beta_j, \ 1 \leq j \leq m) .$$

Schließlich seien R ein kommutativer Ring mit Eins und $m \in \mathbb{N}$ mit $m \geq 2$. Dann setzen wir

$$a^\alpha := \prod_{j=1}^{m} (a_j)^{\alpha_j}$$

für $a = (a_1, \ldots, a_m) \in R^m$ und $\alpha = (\alpha_1, \ldots, \alpha_m) \in \mathbb{N}^m$.

8.5 Theorem (Multinomialformel) *Es sei R ein kommutativer Ring mit Eins. Für $m \in \mathbb{N}$ mit $m \geq 2$ gilt*

$$\left(\sum_{j=1}^{m} a_j \right)^k = \sum_{|\alpha|=k} \frac{k!}{\alpha!} a^\alpha , \qquad a = (a_1, \ldots, a_m) \in R^m , \quad k \in \mathbb{N} . \qquad (8.4)$$

Dabei bedeutet $\sum_{|\alpha|=k}$ Summation über alle Multiindizes der Länge k in $\mathbb{N}^m$.

Beweis Wir beginnen mit dem Beweis der Aussage

$$k!/\alpha! \in \mathbb{N}^\times \qquad \text{für } k \in \mathbb{N} \text{ und } \alpha \in \mathbb{N}^m \text{ mit } |\alpha| = k , \qquad (8.5)$$

den wir durch Induktion nach m führen. Dazu betrachten wir zuerst $m = 2$.

Es sei also $\alpha \in \mathbb{N}^2$ ein beliebiger Multiindex der Länge k. Dann gibt es genau ein $\ell \in \mathbb{N}$ mit $0 \le \ell \le k$ und $\alpha = (\ell, k - \ell)$. Folglich gilt

$$\frac{k!}{\alpha!} = \frac{k!}{\ell!\,(k-\ell)!} = \binom{k}{\ell} \in \mathbb{N}^{\times}$$

nach Aufgabe 5.5(b). Es sei nun (8.5) richtig für ein $m \in \mathbb{N}$ mit $m \ge 2$. Um den Induktionsschritt $m \to m+1$ zu vollziehen, wählen wir ein beliebiges $\alpha \in \mathbb{N}^{m+1}$ mit $|\alpha| = k$. Setzen wir $\alpha' := (\alpha_2, \ldots, \alpha_{m+1}) \in \mathbb{N}^m$, so folgt aus unserer Induktionsvoraussetzung und Aufgabe 5.5(a):

$$\frac{k!}{\alpha!} = \frac{(k-\alpha_1)!}{\alpha'!}\binom{k}{\alpha_1} \in \mathbb{N}^{\times} \ . \tag{8.6}$$

Dies beschließt den Beweis von (8.5).

Um (8.4) zu beweisen, führen wir ebenfalls einen Induktionsbeweis nach m. Im Fall $m = 2$ stimmt die zu beweisende Aussage mit dem binomischen Lehrsatz überein. Es seien also $a \in R^{m+1}$ für ein $m \ge 2$ und $k \in \mathbb{N}$ gegeben. Wir setzen $b := \sum_{j=2}^{m+1} a_j$ und schließen aus Theorem 8.4 und der Induktionsvoraussetzung:

$$\begin{aligned}
\Big(\sum_{j=1}^{m+1} a_j\Big)^k &= (a_1 + b)^k = \sum_{\alpha_1=0}^{k} \binom{k}{\alpha_1} a_1^{\alpha_1} b^{k-\alpha_1} \\
&= \sum_{\alpha_1=0}^{k} \binom{k}{\alpha_1} a_1^{\alpha_1} \sum_{|\alpha'|=k-\alpha_1} \frac{(k-\alpha_1)!}{\alpha'!} a_2^{\alpha_2} \cdot \cdots \cdot a_{m+1}^{\alpha_{m+1}} \\
&= \sum_{\alpha_1=0}^{k} \sum_{|\alpha'|=k-\alpha_1} \frac{(k-\alpha_1)!}{\alpha'!} \binom{k}{\alpha_1} a_1^{\alpha_1} \cdot \cdots \cdot a_{m+1}^{\alpha_{m+1}} \\
&= \sum_{|\alpha|=k} \frac{k!}{\alpha!} a^{\alpha} \ ,
\end{aligned}$$

wobei wir beim letzten Schritt die Beziehung (8.6) verwendet haben. ∎

8.6 Bemerkungen (a) Die **Multinomialkoeffizienten** werden durch[2]

$$\binom{k}{\alpha} := \frac{k!}{\alpha!\,(k-|\alpha|)!} \ , \qquad k \in \mathbb{N}, \quad \alpha \in \mathbb{N}^m, \quad |\alpha| \le k \ ,$$

definiert. Dann gelten $\binom{k}{\alpha} \in \mathbb{N}^{\times}$ und, falls R ein kommutativer Ring mit Eins ist,

$$(1 + a_1 + \cdots + a_m)^k = \sum_{|\alpha| \le k} \binom{k}{\alpha} a^{\alpha} \ , \qquad a = (a_1, \ldots, a_m) \in R^m, \quad k \in \mathbb{N} \ .$$

---

[2]Um die Notation nicht unnötig zu überlasten, verwenden wir für Multinomialkoeffizienten $\binom{k}{\alpha}$ und für Binomialkoeffizienten $\binom{k}{\ell}$ dasselbe Symbol ( ). Beim aufmerksamen Umgang mit diesen Symbolen sind jedoch keine Mißverständnisse zu befürchten, da für einen Multinomialkoeffizienten $\binom{k}{\alpha}$ stets gilt: $\alpha \in \mathbb{N}^m$ mit $m \ge 2$; hingegen ist bei einem Binomialkoeffizienten ℓ immer eine natürliche Zahl.

Beweis Mit $\beta := (\alpha_1, \ldots, \alpha_m, k - |\alpha|) \in \mathbb{N}^{m+1}$ gilt $|\beta| = k$ für $|\alpha| \le k$ und $\binom{k}{\alpha} = k!/\beta!$. Nun folgt die Behauptung aus Theorem 8.5. ∎

(b) Offensichtlich bleiben Theorem 8.5 und (a) richtig, wenn wir voraussetzen, $a_1, \ldots, a_m$ seien paarweise kommutierende Elemente eines beliebigen Ringes mit Eins. ∎

Körper

Ein Ring R hat besonders schöne Eigenschaften, wenn $R \backslash \{0\}$ bezügl. der Multiplikation eine Gruppe bildet. So ausgezeichnete Ringe nennt man Körper. Genauer nennen wir K **Körper**, wenn folgende Bedingungen erfüllt sind:

(K_1) K ist ein kommutativer Ring mit Eins.

(K_2) $0 \ne 1$.

(K_3) $K^\times := K \backslash \{0\}$ ist bezügl. der Multiplikation eine abelsche Gruppe.

Die abelsche Gruppe $K^\times = (K^\times, \cdot)$ heißt **multiplikative Gruppe** des Körpers K.

Natürlich gelten in einem Körper alle Regeln, die wir in den Bemerkungen 8.1 für das „Rechnen" in Ringen abgeleitet haben. Da $K^\times$ eine kommutative Gruppe ist, erhalten wir aus den Bemerkungen 7.1 die folgenden wichtigen Rechenregeln.

8.7 Bemerkungen Es sei K ein Körper.

(a) Für jedes $a \in K^\times$ gilt: $(a^{-1})^{-1} = a$.

(b) Jeder Körper ist nullteilerfrei.

Beweis Es sei $ab = 0$. Ist $a \ne 0$, so erhalten wir durch Multiplikation mit a^{-1} wegen Bemerkung 8.1(d), daß $b = 0$ gilt. ∎

(c) Es seien $a \in K^\times$ und $b \in K$. Dann gibt es genau ein $x \in K$ mit $ax = b$, nämlich den **Quotienten** $\frac{b}{a} := b/a := ba^{-1}$ („b durch a").

(d) Für $a, c \in K$ und $b, d \in K^\times$ gelten:[3]

(i) $\dfrac{a}{b} = \dfrac{c}{d} \Longleftrightarrow ad = bc$;

(ii) $\dfrac{a}{b} \pm \dfrac{c}{d} = \dfrac{ad \pm bc}{bd}$;

(iii) $\dfrac{a}{b} \cdot \dfrac{c}{d} = \dfrac{ac}{bd}$;

(iv) $\dfrac{a}{b} / \dfrac{c}{d} = \dfrac{ad}{bc}$, $c \ne 0$.

---

[3] Treten in einem Formelausdruck bzw. in einer Gleichung(skette) die Symbole $\pm$ oder $\mp$ auf, so handelt es sich um eine Abkürzung für zwei Ausdrücke bzw. Gleichung(skett)en, die man dadurch erhält, daß man entweder überall das obere oder überall das untere „Vorzeichen" wählt.

Beweis Nach Multiplikation mit bd ergeben die beiden Seiten von (i)–(iii) jedesmal dasselbe, und aus $bdx = bdy$ folgt $x = y$. Die Regel (iv) ist nun eine einfache Konsequenz von (i). ∎

(e) Für $a, b \in K^\times$ ist gemäß (c) die Gleichung $ax = b$ eindeutig lösbar. Andererseits ist nach Bemerkung 8.1(d) jedes $x \in K$ Lösung der Gleichung $0x = 0$. Da $K^\times$ nicht leer ist, gilt für die letzte Gleichung die Eindeutigkeitsaussage nicht. Dies liegt daran, daß 0 kein multiplikatives Inverses besitzt, da aus der Existenz von 0^{-1} sowohl $0 \cdot 0^{-1} = 1$ als auch $0 \cdot 0^{-1} = 0$ folgen würde, was wegen (K_2) nicht möglich ist. Dies illustriert die Sonderrolle der Null bezüglich der Multiplikation, was sich in der Definition von $K^\times$ niederschlägt und üblicherweise durch die Aussage „Durch Null darf nicht dividiert werden" ausgedrückt wird.

(f) Es seien K' ein Körper und $\varphi : K \to K'$ ein Homomorphismus mit $\varphi \neq 0$ (d.h. ein Ringhomomorphismus). Dann gelten:

$$\varphi(1_K) = 1_{K'} \quad \text{und} \quad \varphi(a^{-1}) = \varphi(a)^{-1} , \qquad a \in K^\times .$$

Beweis Dies folgt aus Bemerkung 7.6(a). ∎

Spricht man von Homomorphismen, Isomorphismen etc. im Zusammenhang mit Körpern, so meint man natürlich immer Ringhomomorphismen etc. und nicht etwa Gruppenhomomorphismen. Der Deutlichkeit halber sagt man auch, es handle sich um **Körperhomomorphismen** etc. Analog spricht man von **Unterkörpern**, **Oberkörpern** usw.

Das folgende Beispiel zeigt, daß es überhaupt Körper gibt, also die Axiome (K_1)–(K_3) widerspruchsfrei sind.

8.8 Beispiel Auf der zweielementigen Menge $\{n, e\}$ definieren wir eine Addition $+$ und eine Multiplikation $\cdot$ durch die Verknüpfungstafeln:

$+$	n	e		$\cdot$	n	e
n	n	e		n	n	n
e	e	n		e	n	e

Dann verifiziert man, daß $\mathbb{F}_2 := \big(\{n, e\}, +, \cdot\big)$ ein Körper ist. Außerdem ist $\mathbb{F}_2$ bis auf Isomorphie der einzige Körper mit zwei Elementen. ∎

Angeordnete Körper

Es wird sich zeigen, daß für die Analysis solche Ringe und Körper von besonderer Bedeutung sind, die neben der algebraischen auch noch eine Ordnungsstruktur tragen. Natürlich wird man fordern, daß diese beiden Strukturen miteinander verträglich sind, um interessante Aussagen zu gewinnen. Genauer heißt ein Ring R **angeordnet**, wenn gelten:[4]

(OR$_0$) R ist total geordnet.

(OR$_1$) $x < y \Rightarrow x + z < y + z$, $z \in R$.

(OR$_2$) $x, y > 0 \Rightarrow xy > 0$.

Da für unsere Bedürfnisse angeordnete Körper von besonderem Interesse sind, stellen wir im nächsten Satz einige einfache Rechenregeln zusammen.

8.9 Satz *Es seien K ein angeordneter Körper und $x, y, a, b \in K$. Dann gelten:*

(i) $x > y \Leftrightarrow x - y > 0$;

(ii) $x + a > y + b$, *falls $x > y$ und $a > b$;*

(iii) $ax > ay$, *falls $a > 0$ und $x > y$;*

(iv) *Aus $x > 0$ (bzw. $x < 0$) folgt $-x < 0$ (bzw. $-x > 0$);*

(v) *Es sei $x > 0$. Dann ist $xy < 0$ (bzw. $xy > 0$) , falls $y < 0$ (bzw. $y > 0$);*

(vi) $ax < ay$, *falls $a < 0$ und $x > y$;*

(vii) $x^2 > 0$ *für $x \in K^\times$. Insbesondere gilt $1 > 0$;*

(viii) *Aus $x > 0$ folgt $x^{-1} > 0$;*

(ix) *Aus $x > y > 0$ folgen $0 < x^{-1} < y^{-1}$ und $xy^{-1} > 1$.*

Beweis Alle Aussagen ergeben sich leicht aus den Axiomen (OR$_1$) und (OR$_2$). Wir verifizieren deshalb exemplarisch nur (ix) und überlassen die restlichen Beweise dem Leser.

Es gelte $x > y > 0$. Dann folgen $x - y > 0$, $x^{-1} > 0$ und $y^{-1} > 0$. Aus (OR$_2$) schließen wir nun

$$0 < (x - y)x^{-1}y^{-1} = y^{-1} - x^{-1} \, ,$$

also $x^{-1} < y^{-1}$, sowie

$$0 < (x - y)y^{-1} = xy^{-1} - 1 \, ,$$

also $xy^{-1} > 1$. ∎

Die Aussagen (ii) und (vii) von Satz 8.9 implizieren z.B., daß der Körper $\mathbb{F}_2$ nicht angeordnet werden kann, da sonst $0 = 1 + 1 > 0$ gälte. Im nächsten Paragraphen werden wir zeigen, daß es angeordnete Körper gibt.

---

[4]Hierbei und im folgenden verwenden wir die bequeme und unmißverständliche Abkürzung $a, b, \ldots, w > 0$ für $a > 0$, $b > 0$, $\ldots$, $w > 0$.

Auf jedem angeordneten Körper K werden zwei Funktionen, der **Betrag**, $|\cdot| : K \to K$, und das **Signum**, $\text{sign}(\cdot) : K \to K$, definiert durch

$$|x| := \begin{cases} x\,, & x > 0\,, \\ 0\,, & x = 0\,, \\ -x\,, & x < 0\,, \end{cases} \qquad \text{sign}\,x := \begin{cases} 1\,, & x > 0\,, \\ 0\,, & x = 0\,, \\ -1\,, & x < 0\,. \end{cases}$$

Auch hierfür wollen wir einige Rechenregeln festhalten:

8.10 Satz   *Es sei K ein angeordneter Körper. Dann gelten für $x, y, a \in K$ und $\varepsilon \in K$ mit $\varepsilon > 0$:*

  (i) $x = |x|\,\text{sign}(x)$, $|x| = x\,\text{sign}(x)$;

 (ii) $|x| = |-x|$, $x \le |x|$;

(iii) $|xy| = |x|\,|y|$;

 (iv) $|x| \ge 0$ *und* $\big(|x| = 0 \Leftrightarrow x = 0\big)$;

  (v) $|x - a| < \varepsilon \Leftrightarrow a - \varepsilon < x < a + \varepsilon$;

 (vi) $|x + y| \le |x| + |y|$ *(Dreiecksungleichung).*

Beweis   Die ersten vier Aussagen folgen unmittelbar aus den entsprechenden Definitionen. Ferner gilt wegen (vi) und (ii) von Satz 8.9:

$$|x - a| < \varepsilon \Leftrightarrow -\varepsilon < x - a < \varepsilon \Leftrightarrow a - \varepsilon < x < a + \varepsilon\,,$$

was (v) zeigt. Um (vi) zu verifizieren, nehmen wir zuerst an: $x + y \ge 0$. Dann folgt aus (ii) $|x + y| = x + y \le |x| + |y|$. Gilt $x + y < 0$, so ist $-(x + y) > 0$, und wir schließen:

$$|x + y| = |-(x + y)| = |(-x) + (-y)| \le |-x| + |-y| = |x| + |y|\,,$$

was die Behauptung beweist. ∎

8.11 Korollar (umgekehrte Dreiecksungleichung) *In jedem angeordneten Körper K gilt*

$$|x - y| \ge \big||x| - |y|\big|\,, \qquad x, y \in K\,.$$

Beweis   Aus $x = (x - y) + y$ und der Dreiecksungleichung folgt $|x| \le |x - y| + |y|$, d.h. $|x| - |y| \le |x - y|$. Nun erhalten wir $|y| - |x| \le |y - x| = |x - y|$ durch Vertauschen von x und y. ∎

Formale Potenzreihen

Es sei R ein nichttrivialer Ring mit Einselement. Auf der Menge $R^{\mathbb{N}} = \mathrm{Abb}(\mathbb{N}, R)$ definieren wir zwei Verknüpfungen, eine Addition durch

$$(p + q)_n := p_n + q_n , \qquad n \in \mathbb{N} , \tag{8.7}$$

und eine Multiplikation durch das **Cauchy-** oder **Faltungsprodukt**

$$(pq)_n := (p \cdot q)_n := \sum_{j=0}^{n} p_j q_{n-j} = p_0 q_n + p_1 q_{n-1} + \cdots + p_n q_0 \tag{8.8}$$

für $n \in \mathbb{N}$, wobei p_n den Wert von $p \in R^{\mathbb{N}}$ an der Stelle $n \in \mathbb{N}$ bezeichnet und n-ter **Koeffizient** von p heißt. In diesem Zusammenhang nennen wir ein Element $p \in R^{\mathbb{N}}$ **formale Potenzreihe in einer Unbestimmten** mit Koeffizienten in R, und wir setzen $R[\![X]\!] := (R^{\mathbb{N}}, +, \cdot)$. Der folgende Satz zeigt, daß $R[\![X]\!]$ ein Ring ist. Es ist dabei zu beachten, daß dieser Ring von dem in Beispiel 8.2(b) eingeführten Abbildungsring $R^{\mathbb{N}}$ verschieden ist.

8.12 Satz $R[\![X]\!]$ *ist ein Ring mit Einselement,* **der Ring der formalen Potenzreihen in einer Unbestimmten.** *Ist R kommutativ, so ist es auch $R[\![X]\!]$.*

Beweis Wegen (8.7) und Beispiel 7.2(d) ist $\big(R[\![X]\!], +\big)$ eine abelsche Gruppe. Um (R_2) zu zeigen, seien $p, q, r \in R[\![X]\!]$. Dann finden wir

$$\big((pq)r\big)_n = \sum_{j=0}^{n} (pq)_j r_{n-j} = \sum_{j=0}^{n} \sum_{k=0}^{j} p_k q_{j-k} r_{n-j} \tag{8.9}$$

für $n \in \mathbb{N}$. Dabei erstreckt sich die Doppelsumme, die wir wegen des Assoziativgesetzes und der Kommutativität der Addition in R beliebig umordnen können, über die „Gitterpunkte" des nebenstehenden Dreiecks, wobei „zeilenweise" zu summieren ist. Durch Vertauschen der Summationsreihenfolge, d.h. durch „spaltenweises" Summieren, finden wir für die rechte Seite von (8.9)

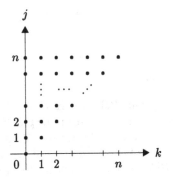

$$\sum_{k=0}^{n} \sum_{j=k}^{n} p_k q_{j-k} r_{n-j} = \sum_{k=0}^{n} p_k \sum_{\ell=0}^{n-k} q_\ell r_{n-k-\ell} = \sum_{k=0}^{n} p_k (qr)_{n-k} = \big(p(qr)\big)_n ,$$

wobei wir $\ell := j - k$ gesetzt haben. Die Gültigkeit von (R_3) ist klar, ebenso die Tatsache, daß die formale Potenzreihe p mit $p_0 = 1$ und $p_n = 0$ für $n \in \mathbb{N}^{\times}$ das Einselement von $R[\![X]\!]$ darstellt. Die letzte Behauptung ist trivial. ∎

Für $a \in R$ bezeichnen wir mit aX^0 die **konstante** Potenzreihe,

$$aX_n^0 := \begin{cases} a\,, & n = 0\,, \\ 0\,, & n > 0\,, \end{cases}$$

und RX^0 ist die Menge aller konstanten Potenzreihen. Aus (8.7) und (8.8) liest man ab, daß RX^0 ein Unterring mit Eins von $R[\![X]\!]$ und daß die Abbildung

$$R \to RX^0\,, \quad a \mapsto aX^0 \tag{8.10}$$

ein Isomorphismus sind. Im folgenden werden wir meistens R mit RX^0 *identifizieren*, d.h., wir werden die konstante Potenzreihe aX^0 meistens wieder mit a bezeichnen und R als Unterring von $R[\![X]\!]$ auffassen. Man beachte, daß (8.8) die Beziehungen

$$(ap)_n = ap_n\,, \quad n \in \mathbb{N}\,, \quad a \in R\,, \quad p \in R[\![X]\!]\,, \tag{8.11}$$

impliziert.

Wir schreiben X für die **unbestimmte** Potenzreihe

$$X_n := \begin{cases} 1\,, & n = 1\,, \\ 0 & \text{sonst}\,. \end{cases}$$

Dann ergibt sich für die m-te Potenz X^m von X in $R[\![X]\!]$ (vgl. Beispiel 5.14(a)) durch Induktion

$$X_n^m := \begin{cases} 1\,, & n = m\,, \\ 0\,, & n \neq m\,, \end{cases} \quad m, n \in \mathbb{N}\,. \tag{8.12}$$

Polynome

Unter einem **Polynom in einer Unbestimmten mit Koeffizienten in R** verstehen wir eine formale Potenzreihe $p \in R[\![X]\!]$, die nur endlich viele von Null verschiedene Werte annimmt. Mit anderen Worten, $p \in R[\![X]\!]$ ist genau dann ein Polynom, wenn $p_n = 0$ für fast alle $n \in \mathbb{N}$ gilt. Die Menge aller Polynome in $R[\![X]\!]$ bezeichnen wir mit $R[X]$. Offensichtlich ist $R[X]$ ein Unterring, der die Eins von $R[\![X]\!]$ enthält, der **Polynomring über R in der Unbestimmten X**.

Ist p ein Polynom, so gibt es ein $n \in \mathbb{N}$ mit $p_k = 0$ für $k > n$. Aus (8.11) und (8.12) folgt, daß p die Darstellung

$$p = \sum_k p_k X^k = \sum_{k=0}^n p_k X^k = p_0 + p_1 X + p_2 X^2 + \cdots + p_n X^n \tag{8.13}$$

mit $p_0, \ldots, p_n \in R$ besitzt. Natürlich kann $p_k = 0$ für einige (oder alle) $k \in \mathbb{N}$ mit $k \leq n$ gelten. In der Darstellung (8.13) nehmen die Regeln (8.7) bzw. (8.8) die Form

$$\sum_k p_k X^k + \sum_k q_k X^k = \sum_k (p_k + q_k) X^k \tag{8.14}$$

bzw.

$$\left(\sum_k p_k X^k\right)\left(\sum_j q_j X^j\right) = \sum_n \left(\sum_{j=0}^n p_j q_{n-j}\right) X^n \tag{8.15}$$

an. Man beachte, daß man (8.15) erhält, indem man das Produkt der linken Seite unter formaler Verwendung der Distributivgesetze und der Regel

$$(aX^j)(bX^k) = abX^{j+k} , \qquad a, b \in R , \quad j, k \in \mathbb{N} ,$$

„ausmultipliziert" und „gleiche Potenzen" zusammenfaßt.

Als eine einfache Anwendung der Tatsache, daß $R[X]$ ein Ring ist, beweisen wir das folgende *Additionstheorem für Binomialkoeffizienten*, welches die Formel (ii) von Aufgabe 5.5 verallgemeinert.

8.13 Satz Für $\ell, m, n \in \mathbb{N}$ gilt

$$\binom{m+n}{\ell} = \sum_{k=0}^\ell \binom{m}{k}\binom{n}{\ell-k} = \sum_{k=0}^\ell \binom{m}{\ell-k}\binom{n}{k} .$$

Beweis Für $1 + X \in R[X]$ folgt aus (5.15)

$$(1+X)^m (1+X)^n = (1+X)^{m+n} . \tag{8.16}$$

Da X mit der Eins, $1 = 1X^0 = X^0$, von $R[X]$ kommutiert, liefert der binomische Satz 8.4

$$(1+X)^j = \sum_{i=0}^j \binom{j}{i} X^i , \qquad j \in \mathbb{N} . \tag{8.17}$$

Also erhalten wir aus (8.15)

$$(1+X)^m (1+X)^n = \left(\sum_{k=0}^m \binom{m}{k} X^k\right)\left(\sum_{j=0}^n \binom{n}{j} X^j\right) = \sum_\ell \left(\sum_{k=0}^\ell \binom{m}{k}\binom{n}{\ell-k}\right) X^\ell .$$

Wegen (8.16) und (8.17) gilt somit

$$\sum_\ell \left(\sum_{k=0}^\ell \binom{m}{k}\binom{n}{\ell-k}\right) X^\ell = \sum_\ell \binom{m+n}{\ell} X^\ell ,$$

wenn wir $\binom{\ell}{k} = 0$ für $k > \ell$ berücksichtigen. Dies impliziert die Behauptung.[5] ∎

---

[5]Hier wird natürlich die Definition der Gleichheit zweier Abbildungen benutzt. Im Zusammenhang mit Polynomen spricht man auch vom „Prinzip des Koeffizientenvergleichs".

Ist $p = \sum_k p_k X^k \neq 0$ ein Polynom, so gibt es gemäß Satz 5.5 ein kleinstes $m \in \mathbb{N}$ mit $p_k = 0$ für $k > m$, den **Grad** von p, den wir mit $\operatorname{Grad}(p)$ bezeichnen. Ferner heißt p_m **höchster** oder **führender Koeffizient**. Dem **Nullpolynom** $p = 0$ ordnen wir als Grad das *Symbol* $-\infty$ („minus Unendlich") zu mit der Maßgabe, daß gelten:[6]

$$-\infty < k, \quad k \in \mathbb{N}, \qquad -\infty + k = k + (-\infty) = -\infty, \quad k \in \mathbb{N} \cup \{-\infty\}. \quad (8.18)$$

Für $k + (-\infty)$ schreiben wir auch $k - \infty$.

Es ist offensichtlich, daß

$$\operatorname{Grad}(p + q) \leq \max\big(\operatorname{Grad}(p), \operatorname{Grad}(q)\big), \quad \operatorname{Grad}(pq) \leq \operatorname{Grad}(p) + \operatorname{Grad}(q) \quad (8.19)$$

für $p, q \in R[X]$ richtig sind. Falls R nullteilerfrei ist, also insbesondere ein Körper, gilt sogar

$$\operatorname{Grad}(pq) = \operatorname{Grad}(p) + \operatorname{Grad}(q), \qquad\qquad (8.20)$$

wie man sich leicht überlegt.

Es ist üblich und bequem, auch ein beliebiges $p \in R[\![X]\!]$ in der Form

$$p = \sum_k p_k X^k \qquad\qquad (8.21)$$

darzustellen, was den Namen „formale Potenzreihe" erklärt. Hierbei handelt es sich lediglich um eine andere Schreibweise für die Funktion $p \in R^{\mathbb{N}}$. In diesem Fall ist X^k einfach als eine „Marke" anzusehen, die uns sagt, daß die Funktion p an der Stelle $k \in \mathbb{N}$ den Wert $p_k \in R$ besitzt. „Rechnen" dürfen wir mit solchen „unendlichen Summen" im Sinne der Relationen (8.14)–(8.15), die natürlich auch im allgemeinen Fall gelten.

Polynomiale Funktionen

Es sei $p = \sum_{k=0}^n p_k X^k$ ein Polynom über R. Dann definieren wir den **Wert von p an der Stelle** $x \in R$ durch

$$p(x) := \sum_{k=0}^n p_k x^k \in R.$$

Dadurch wird eine Funktion

$$\underline{p} \colon R \to R, \quad x \mapsto p(x)$$

definiert, die **polynomiale Funktion**, $\underline{p} \in R^R$, zu $p \in R[X]$.

---

[6]Bei (8.18) handelt es sich um Ad-hoc-Regeln für den Umgang mit dem Symbol $-\infty$, die es z.B. erlauben, bei Betrachtungen über den Grad von Polynomen, wie etwa in (8.19), das Nullpolynom mitzubehandeln. Es sei ausdrücklich darauf hingewiesen, daß $-\infty$ kein Element einer additiven abelschen Gruppe ist, welche $\mathbb{N}$ umfaßt. (Warum?)

8.14 Bemerkungen (a) Die polynomiale Funktion zu dem konstanten Polynom a ist die konstante Abbildung $(x \mapsto a) \in R^R$. Die polynomiale Funktion zu X ist die identische Abbildung $\mathrm{id}_R \in R^R$.

(b) Es sei R kommutativ. Dann gelten für $p, q \in R[X]$:

$$(p + q)(x) = p(x) + q(x) \ , \quad (pq)(x) = p(x)q(x) \ , \qquad x \in R \ .$$

Dies bedeutet, daß die Abbildung

$$R[X] \to R^R \ , \quad p \mapsto \underline{p} \tag{8.22}$$

ein Homomorphismus ist, der **Einsetzungshomomorphismus**, der überdies die Eins auf die Eins abbildet. Hierbei ist R^R mit der punktweise definierten Ringstruktur von Beispiel 8.2(b) versehen.

Beweis Die einfachen Verifikationen überlassen wir dem Leser. ∎

(c) Ist R ein nichttrivialer endlicher Ring, so ist die Abbildung (8.22) nicht injektiv. Im Gegensatz hierzu ist (8.22) stets injektiv, wenn R ein unendlicher Körper ist, d.h. in den für die Analysis besonders wichtigen Fällen.

Beweis der ersten Aussage: Da R mindestens zwei Elemente enthält, ist die Menge $R[X] = R^{\mathbb{N}}$ nach den Sätzen 6.7 und 6.11 sogar überabzählbar, während R^R eine endliche Menge ist. Also kann es keine Injektion von $R[X]$ in R^R geben. Die zweite Aussage werden wir in Bemerkung 8.19(d) beweisen. ∎

(d) Es sei M ein Ring mit Eins und es gebe eine Abbildung $R \times M \to M$, die wir mit $(a, m) \mapsto am$ bezeichnen. Dann kann der Wert von $p = \sum_{k=0}^{n} p_k X^k$ an der Stelle $m \in M$ durch

$$p(m) := \sum_{k=0}^{n} p_k m^k$$

definiert werden. Ein trivialer Fall liegt vor, wenn M ein Oberring von R mit Eins ist, da dann $R[X] \subset M[X]$ gilt, und p als Polynom über M aufgefaßt werden kann. In Bemerkung 12.12 werden wir auf diese allgemeinere Situation zurückkommen.

(e) Ist $p = \sum_k p_k X^k$ eine formale Potenzreihe, so ergibt ein Ausdruck der Form $\sum_k p_k x^k$ für $x \in R$ im allgemeinen keinen Sinn, da wir keine Möglichkeit besitzen, eine „unendliche Summe" in R zu bilden. In Paragraph II.9 werden wir jedoch spezielle Klassen von formalen Potenzreihen p kennenlernen, welche die Eigenschaft haben, daß für gewisse $x \in R$ (und für bestimmte Körper R) ein Wert $p(x) \in R$ wohlbestimmt ist.

(f) Zur effizienten Berechnung des Wertes $p(x)$ beachte man, daß p in der Form

$$p = \Big((\cdots ((p_n X + p_{n-1}) X + p_{n-2}) \cdots) X + p_1 \Big) X + p_0$$

geschrieben werden kann (wie man durch vollständige Induktion leicht verifiziert). Dann führt „Einsetzen von Innen" zu dem „rückwärtigen Iterationsverfahren"

$$x_n := p_n \ , \quad x_{k-1} := x_k x + p_{k-1} \ , \qquad k = n, n-1, \ldots, 1 \ ,$$

und es gilt $x_0 = p(x)$. Bei diesem „Algorithmus" (**Horner Schema**), der leicht zu
programmieren ist, müssen lediglich n Multiplikationen und n Additionen durchgeführt werden, während eine „direkte" Berechnung $2n - 1$ Multiplikationen und
n Additionen benötigte. ∎

Division mit Rest

Für Polynome über einem Körper K beweisen wir nun das wichtige Analogon zum
euklidischen Algorithmus von Satz 5.4.

8.15 Satz (über die Division mit Rest)   *Es seien K ein Körper und $p, q \in K[X]$
mit $q \neq 0$. Dann gibt es eindeutig bestimmte Polynome r und s mit*

$$p = sq + r \quad \text{und} \quad \text{Grad}(r) < \text{Grad}(q) \; . \tag{8.23}$$

Beweis   (a) Existenz: Gilt $\text{Grad}(p) < \text{Grad}(q)$, so erfüllen $s := 0$ und $r := p$ die
Beziehungen (8.23). Also können wir $n := \text{Grad}(p) \geq \text{Grad}(q) =: m$ voraussetzen.
Es seien also

$$p = \sum_{k=0}^{n} p_k X^k \; , \qquad q = \sum_{j=0}^{m} q_j X^j \; , \qquad p_n \neq 0 \; , \qquad q_m \neq 0 \; .$$

Mit $s_{(1)} := p_n q_m^{-1} X^{n-m} \in K[X]$ ist dann $p_{(1)} := p - s_{(1)} q$ ein Polynom, für welches
gilt: $\text{Grad}(p_{(1)}) < \text{Grad}(p)$. Ist $\text{Grad}(p_{(1)}) < m$, so besitzen $s := s_{(1)}$ und $r := p_{(1)}$
die Eigenschaften (8.23). Anderenfalls befinden wir uns in einer zur Ausgangslage
analogen Situation. Dann können wir die obige Argumentation wiederholen. Auf
diese Weise erhalten wir nach endlich vielen Schritten Polynome r und s, die
(8.23) erfüllen.

(b) Eindeutigkeit: Es seien $s_{(1)}$ und $r_{(1)}$ zwei weitere Polynome, für die
ebenfalls $p = s_{(1)} q + r_{(1)}$ und $\text{Grad}(r_{(1)}) < \text{Grad}(q)$ gelten. Dann erhalten wir die
Gleichheit $(s_{(1)} - s)q = r - r_{(1)}$. Wäre $s_{(1)} - s \neq 0$, dann folgte aus (8.20)

$$\text{Grad}(r - r_{(1)}) = \text{Grad}\big((s_{(1)} - s)q\big) = \text{Grad}(s_{(1)} - s) + \text{Grad}(q) > \text{Grad}(q) \; ,$$

was wegen $\text{Grad}(r - r_{(1)}) \leq \max\big(\text{Grad}(r), \text{Grad}(r_{(1)})\big) < \text{Grad}(q)$ nicht möglich
ist. Also ist $s_{(1)} = s$ und somit $r_{(1)} = r$. ∎

Man beachte, daß der obige Beweis „konstruktiv" ist, d.h., mittels der in
Teil (a) angegebenen Konstruktionsvorschrift können die Polynome r und s explizit
berechnet werden.

Als eine erste Anwendung von Satz 8.15 beweisen wir, daß sich jedes Polynom
„um jede Stelle $a \in K$ entwickeln" läßt.

8.16 Satz *Es seien K ein Körper, $p \in K[X]$ ein Polynom vom Grad $n \in \mathbb{N}$ und $a \in K$. Dann gibt es eindeutig bestimmte Koeffizienten $b_0, b_1, \ldots, b_n \in K$ mit*

$$p = \sum_{k=0}^{n} b_k (X - a)^k = b_0 + b_1(X - a) + b_2(X - a)^2 + \cdots + b_n(X - a)^n . \quad (8.24)$$

Insbesondere ist $b_n \neq 0$.

Beweis Wegen $\mathrm{Grad}(X - a) = 1$ gibt es nach Satz 8.15 genau ein $p_{(1)} \in K[X]$ und ein $b_0 \in K$ mit $p = (X - a)p_{(1)} + b_0$. Aus der Gradformel (8.20) folgt außerdem $\mathrm{Grad}(p_{(1)}) = \mathrm{Grad}(p) - 1$. Nun erhalten wir die Aussage durch (endliche) Induktion. ∎

Linearfaktoren

Eine unmittelbare Konsequenz dieses Satzes ist das folgende fundamentale „Faktorisierungstheorem".

8.17 Theorem *Es seien K ein Körper und $p \in K[X]$ mit $\mathrm{Grad}(p) \geq 1$. Ist $a \in K$ eine* **Nullstelle** *von p, d.h., ist $p(a) = 0$, so „läßt sich der* **Linearfaktor** *$X - a \in K[X]$ abspalten", d.h., es ist $p = (X - a)q$ mit einem eindeutig bestimmten $q \in K[X]$, und $\mathrm{Grad}(q) = \mathrm{Grad}(p) - 1$.*

Beweis Aus (8.24) lesen wir $0 = p(a) = b_0$ sowie

$$p = \sum_{k=1}^{n} b_k (X - a)^k = \left(\sum_{j=0}^{n-1} b_{j+1}(X - a)^j \right)(X - a) ,$$

also die Behauptungen, ab. ∎

8.18 Korollar *Ein nichtkonstantes Polynom vom Grad m über einem Körper hat höchstens m Nullstellen.*

8.19 Bemerkungen Es sei K ein Körper.

(a) Im allgemeinen braucht ein nichtkonstantes Polynom keine Nullstelle zu besitzen. Ist z.B. K ein angeordneter Körper, so hat das Polynom $X^2 + 1$ wegen der Aussagen (vii) und (ii) von Satz 8.9 keine Nullstelle.

(b) Es sei $p \in K[X]$ mit $\mathrm{Grad}(p) = m \geq 1$. Sind $a_1, \ldots, a_n \in K$ alle Nullstellen von p, so gilt

$$p = q \prod_{j=1}^{n} (X - a_j)^{m(j)}$$

mit einem $q \in K[X]$ ohne Nullstellen und eindeutig bestimmten $m(j) \in \mathbb{N}^\times$. Hierbei heißt $m(j)$ **Vielfachheit der Nullstelle** a_j von p. Die Nullstelle a_j ist **einfach**, wenn $m(j) = 1$ gilt. Ferner ist $\sum_{j=1}^n m(j) \leq m$.

Beweis Dies folgt aus Theorem 8.17 durch Induktion. ∎

(c) Sind p und q Polynome über K vom Grad $\leq n$ und stimmen sie an $n+1$ Stellen überein, so ist $p = q$ (*Identitätssatz für Polynome*).

Beweis Nach (8.19) gilt $\mathrm{Grad}(p - q) \leq n$. Also folgt $p = q$ aus Korollar 8.18. ∎

(d) Ist K ein unendlicher Körper, d.h., ist die Menge K unendlich, so ist der Einsetzungshomomorphismus (8.22) injektiv.[7]

Beweis Gilt für $p, q \in K[X]$ die Beziehung $\underline{p} = \underline{q}$, so ist $p(x) = q(x)$ für alle $x \in K$. Da K unendlich ist, folgt $p = q$ aus dem Identitätssatz. ∎

Polynome in mehreren Unbestimmten

Zum Schluß dieses Paragraphen erweitern wir einige der vorangehenden Resultate auf den Fall formaler Potenzreihen und Polynome in m Unbestimmten. In Analogie zum Fall $m = 1$ führen wir für ein beliebiges, aber festes $m \in \mathbb{N}^\times$ in $R^{(\mathbb{N}^m)} = \mathrm{Abb}(\mathbb{N}^m, R)$ eine Addition bzw. eine Multiplikation durch

$$(p + q)_\alpha := p_\alpha + q_\alpha , \qquad \alpha \in \mathbb{N}^m , \tag{8.25}$$

bzw. durch das m-**dimensionale Cauchy-** oder **Faltungsprodukt**

$$(pq)_\alpha := \sum_{\beta \leq \alpha} p_\beta q_{\alpha - \beta} , \qquad \alpha \in \mathbb{N}^m , \tag{8.26}$$

ein. Hierbei ist in (8.26) natürlich über alle Multiindizes $\beta \in \mathbb{N}^m$ mit $\beta \leq \alpha$ zu summieren. In diesem Zusammenhang nennen wir $p \in R^{(\mathbb{N}^m)}$ **formale Potenzreihe in m Unbestimmten** mit Koeffizienten in R. Wir setzen

$$R[\![X_1, \ldots, X_m]\!] := \left(R^{(\mathbb{N}^m)}, +, \cdot \right) ,$$

wobei $+$ und $\cdot$ die durch (8.25) und (8.26) definierten Verknüpfungen sind. Eine formale Potenzreihe $p \in R[\![X_1, \ldots, X_m]\!]$ heißt **Polynom in m Unbestimmten über R**, wenn $p_\alpha = 0$ für fast alle $\alpha \in \mathbb{N}^m$ gilt. Die Menge aller solchen Polynome bezeichnen wir mit $R[X_1, \ldots, X_m]$.

Wir setzen $X := (X_1, \ldots, X_m)$ und bezeichnen mit $X^\alpha \in R[X_1, \ldots, X_m]$ für $\alpha \in \mathbb{N}^m$ die Potenzreihe (d.h. die Funktion $\mathbb{N}^m \to R$) mit

$$X^\alpha_\beta := \begin{cases} 1 , & \beta = \alpha , \\ 0 , & \beta \neq \alpha , \end{cases} \qquad \beta \in \mathbb{N}^m .$$

---

[7]Für endliche Körper ist diese Aussage falsch (vgl. Aufgabe 16).

Dann können wir wieder jedes $p \in R[\![X_1, \ldots, X_m]\!]$ eindeutig in der Form

$$p = \sum_{\alpha \in \mathbb{N}^m} p_\alpha X^\alpha$$

darstellen. Die Rechenregeln (8.25) und (8.26) nehmen hierbei die Gestalt

$$\sum_{\alpha \in \mathbb{N}^m} p_\alpha X^\alpha + \sum_{\alpha \in \mathbb{N}^m} q_\alpha X^\alpha = \sum_{\alpha \in \mathbb{N}^m} (p_\alpha + q_\alpha) X^\alpha \qquad (8.27)$$

und

$$\left(\sum_{\alpha \in \mathbb{N}^m} p_\alpha X^\alpha \right) \left(\sum_{\beta \in \mathbb{N}^m} q_\beta X^\beta \right) = \sum_{\alpha \in \mathbb{N}^m} \left(\sum_{\beta \leq \alpha} p_\beta q_{\alpha-\beta} \right) X^\alpha \qquad (8.28)$$

an. Wieder erhalten wir die rechten Seiten von (8.27) und (8.28) durch Ausmultiplizieren und Zusammenfassen gleicher Potenzen unter formaler Verwendung der Distributivgesetze und der Regel

$$aX^\alpha b X^\beta = ab X^{\alpha+\beta} , \qquad a, b \in R , \quad \alpha, \beta \in \mathbb{N}^m .$$

Für ein Polynom

$$p = \sum_{\alpha \in \mathbb{N}^m} p_\alpha X^\alpha \in R[X_1, \ldots, X_m] \qquad (8.29)$$

wird der **Grad** durch[8]

$$\mathrm{Grad}(p) := \max\{ |\alpha| \in \mathbb{N} \; ; \; p_\alpha \neq 0 \}$$

definiert. Jedes Polynom der Form $p_\alpha X^\alpha$ mit $\alpha \in \mathbb{N}^m$ heißt **Monom**. Das Polynom (8.29) ist **homogen vom Grad** k, wenn $p_\alpha = 0$ für $|\alpha| \neq k$ gilt. Jedes homogene Polynom vom Grad $k \in \mathbb{N}$ hat die Form

$$\sum_{|\alpha|=k} p_\alpha X^\alpha , \qquad p_\alpha \in R .$$

Polynome vom Grad ≤ 0 heißen **konstant**, solche vom Grad 1 **linear**, und die vom Grad 2 **quadratisch**.

8.20 Bemerkungen (a) $R[X_1, \ldots, X_m]$ ist ein Ring mit Einselement, das durch X^0 gegeben ist. Er ist kommutativ, wenn R es ist. Der Polynomring in den Unbestimmten $X_1, \ldots, X_n$, d.h. $R[X_1, \ldots, X_n]$, ist ein Unterring, der das Einselement X^0 enthält. R ist isomorph zum Unterring $RX^0 := \{ aX^0 \; ; \; a \in R \}$ von

---

[8]Wir verwenden stets die Konventionen: $\max(\emptyset) = -\infty$ und $\min(\emptyset) = \infty$.

$R[X_1,\ldots,X_n]$. Vermöge dieser Isomorphie, welche die Eins auf die Eins abbildet, wird R mit RX^0 identifiziert, also als Unterring von $R[X_1,\ldots,X_n]$ aufgefaßt. Folglich schreiben wir meistens einfach a für aX^0.

(b) Es sei R ein *kommutativer* Ring. Dann wird der **Wert** von $p \in R[X_1,\ldots,X_m]$ an der Stelle $x := (x_1,\ldots,x_m) \in R^m$ durch

$$p(x) := \sum_{\alpha \in \mathbb{N}^m} p_\alpha x^\alpha \in R$$

definiert. Dadurch wird die **polynomiale Funktion** (in m Variablen)

$$\underline{p} \colon R^m \to R , \quad x \mapsto p(x)$$

zu $p \in R[X_1,\ldots,X_m]$ erklärt. Die Abbildung

$$R[X_1,\ldots,X_m] \to R^{(R^m)} , \quad p \mapsto \underline{p} \tag{8.30}$$

ist ein Homomorphismus, wenn $R^{(R^m)}$ die Ringstruktur von Beispiel 8.2(b) trägt, der **Einsetzungshomomorphismus**.

(c) Es sei K ein unendlicher Körper. Dann ist der Einsetzungshomomorphismus (8.30) injektiv.

Beweis Es sei $p \in K[X_1,\ldots,X_m]$. Dann genügt es nach Bemerkung 7.6(d) zu zeigen, daß p das Nullpolynom ist, wenn $\underline{p}(x) = 0$ für alle $x = (x_1,\ldots,x_m) \in K^m$ gilt. Offensichtlich kann $p = \sum_\alpha p_\alpha X^\alpha$ in der Form

$$p = \sum_{j=0}^{n} q_j(X_1,\ldots,X_{m-1})X_m^j \tag{8.31}$$

für geeignete $n \in \mathbb{N}$ und $q_j \in K[X_1,\ldots,X_{m-1}]$ geschrieben werden. Dies legt einen Induktionsbeweis nach der Anzahl der Unbestimmten nahe: Für $m = 1$ wurde die Behauptung in Bemerkung 8.19(d) bereits als richtig erkannt. Wir nehmen also an, die Behauptung sei wahr für $1 \le k \le m-1$. Aus (8.31) folgt

$$p_{(x')} := \sum_{j=0}^{n} \underline{q}_j(x_1,\ldots,x_{m-1})X^j \in K[X] , \qquad x' := (x_1,\ldots,x_{m-1}) \in K^{m-1} .$$

Wegen $\underline{p}(x) = 0$ für $x \in K^m$ erhalten wir $p_{(x')}(\xi) = 0$ für jedes $\xi \in K$ und jedes feste $x' \in K^{m-1}$. Also impliziert Bemerkung 8.19(d), daß $p_{(x')} = 0$ gilt, d.h., für $0 \le j \le n$ ist $\underline{q}_j(x_1,\ldots,x_{m-1}) = 0$. Da $x' \in K^{m-1}$ beliebig war, erhalten wir $q_j(x_1,\ldots,x_{m-1}) = 0$ im Polynomring $K[X_1,\ldots,X_{m-1}]$ für $j = 0,\ldots,n$ aus der Induktionsvoraussetzung, was $p = 0$ zeigt. ∎

Vereinbarung Es seien K ein unendlicher Körper und $m \in \mathbb{N}^\times$. Dann identifizieren wir $K[X_1,\ldots,X_m]$ mit seinem Bild in $K^{(K^m)}$ unter dem Einsetzungshomomorphismus. Mit anderen Worten, wir identifizieren das Polynom

$p \in K[X_1, \dots, X_m]$ mit der polynomialen Funktion

$$K^m \to K , \quad x \mapsto p(x) .$$

Also ist $K[X_1, \dots, X_m]$ ein Unterring von $K^{(K^m)}$, der Ring der **Polynome in m Variablen.**

Aufgaben

1 Es seien a und b kommutierende Elemente eines Ringes mit Eins und $n \in \mathbb{N}$. Man beweise:

(a) $a^{n+1} - b^{n+1} = (a-b) \sum_{j=0}^{n} a^j b^{n-j}$.

(b) $a^{n+1} - 1 = (a-1) \sum_{j=0}^{n} a^j$.

Bemerkung $\sum_{j=0}^{n} a^j$ heißt **endliche geometrische Reihe** in R.

2 Es sei R ein Ring mit Eins. Dann gilt $(1-X) \sum_k X^k = (\sum_k X^k)(1-X) = 1$ in $R[X]$.
Bemerkung $\sum_k X^k$ heißt **geometrische Reihe**.

3 Man zeige, daß der Polynomring in einer Unbestimmten über einem Körper nullteilerfrei ist.

4 Man zeige, daß ein endlicher Körper nicht angeordnet werden kann.

5 Man beweise die Bemerkungen 8.20(a) und (b).

6 Es sei R ein Ring mit Eins. Ein Unterring $\mathfrak{a}$ heißt **Ideal** in R, wenn $R\mathfrak{a} = \mathfrak{a}R = \mathfrak{a}$ gilt. Ein Ideal ist **eigentlich**, wenn es von 0 und R verschieden ist. Man zeige:

(a) Ist $\mathfrak{a}$ ein eigentliches Ideal, so ist $1 \notin \mathfrak{a}$.

(b) Ein Körper besitzt keine eigentlichen Ideale.

(c) Sind R' ein Ring und $\varphi : R \to R'$ ein Homomorphismus, so ist $\ker(\varphi)$ ein Ideal in R.

(d) Durchschnitte von Idealen sind Ideale.

(e) Es sei $\mathfrak{a}$ ein Ideal in R und $R/\mathfrak{a}$ sei die Faktorgruppe $(R,+)/\mathfrak{a}$. Dann wird durch

$$R/\mathfrak{a} \times R/\mathfrak{a} \to R/\mathfrak{a} , \quad (a+\mathfrak{a}, b+\mathfrak{a}) \mapsto ab + \mathfrak{a}$$

eine Verknüpfung auf $R/\mathfrak{a}$ definiert. Mit dieser Verknüpfung als Multiplikation ist $R/\mathfrak{a}$ ein Ring und die kanonische Projektion $p : R \to R/\mathfrak{a}$ ist ein Homomorphismus.

Bemerkung Man nennt $R/\mathfrak{a}$ **Faktorring**, **Quotientenring** oder **Restklassenring modulo** $\mathfrak{a}$, und für $a \in R$ ist $a + \mathfrak{a}$ die **Restklasse** von a **modulo** $\mathfrak{a}$. Statt $a \in b + \mathfrak{a}$ schreibt man meist $a \equiv b \pmod{\mathfrak{a}}$ („a ist **kongruent** zu b **modulo** $\mathfrak{a}$").

7 Es seien R ein kommutativer Ring mit Eins und $m \in \mathbb{N}$ mit $m \geq 2$. Ferner sei

$$\mathsf{S}_m \times \mathbb{N}^m \to \mathbb{N}^m , \quad (\sigma, \alpha) \mapsto \sigma \cdot \alpha$$

die Operation der symmetrischen Gruppe S_m auf $\mathbb{N}^m$ von Aufgabe 7.6(d). Man zeige:

(a) Durch

$$S_m \times R[X_1, \ldots, X_m] \to R[X_1, \ldots, X_m] \,, \quad (\sigma, p) \mapsto \sigma \cdot p$$

mit

$$\sigma \cdot \sum_\alpha a_\alpha X^\alpha := \sum_\alpha a_\alpha X^{\sigma \cdot \alpha}$$

wird eine Operation von S_m auf dem Polynomring $R[X_1, \ldots, X_m]$ erklärt.

(b) Für jedes $\sigma \in S_m$ ist $p \mapsto \sigma \cdot p$ ein Automorphismus von $R[X_1, \ldots, X_m]$.

(c) Man bestimme die Bahnen $S_m \cdot p$ in den folgenden Fällen:

   (i) $p := X_1$;

   (ii) $p := X_1^2$;

   (iii) $p := X_1^2 X_2 X_3^3$.

(d) Ein Polynom $p \in R[X_1, \ldots, X_m]$ heißt **symmetrisch**, wenn $S_m \cdot p = \{p\}$ gilt, d.h., wenn es von jeder Permutation fest gelassen wird. Man zeige, daß p genau dann symmetrisch ist, wenn es die Form

$$p = \sum_{[\alpha] \in \mathbb{N}^m / S_m} a_{[\alpha]} \left(\sum_{\beta \in [\alpha]} X^\beta \right)$$

besitzt.

(e) Man gebe alle symmetrischen Polynome in 3 Unbestimmten vom Grad ≤ 3 an.

(f) Die **elementarsymmetrischen Funktionen**

$$s_1 := \sum_{1 \leq j \leq m} X_j$$

$$s_2 := \sum_{1 \leq j < k \leq m} X_j \cdot X_k$$

$$\vdots$$

$$s_k := \sum_{1 \leq j_1 < j_2 < \cdots < j_k \leq m} X_{j_1} \cdot X_{j_2} \cdot \cdots \cdot X_{j_k}$$

$$\vdots$$

$$s_m := X_1 X_2 \cdots X_m$$

sind symmetrische Polynome.

(g) Für das Polynom

$$(X - X_1)(X - X_2) \cdots (X - X_m) \in R[X_1, \ldots, X_m][X]$$

in einer Unbestimmten X über dem Ring $R[X_1, \ldots, X_m]$ gilt:

$$(X - X_1)(X - X_2) \cdots (X - X_m) = \sum_{k=0}^m (-1)^k s_k X^{m-k}$$

mit $s_0 := 1 \in R$.

8   Es sei R ein kommutativer Ring mit Eins. Für $r \in R$ wird die Potenzreihe $p[r] \in R[X]$ durch $p[r] := \sum_k r^k X^k$ definiert. Man beweise:

(a) $(p[1])^m = \sum_k \binom{m+k-1}{k} X^k$, $m \in \mathbb{N}^\times$;

(b) $\prod_{j=1}^m p[a_j] = \sum_k \left(\sum_{|\alpha|=k} a^\alpha \right) X^k$, $a := (a_1, \ldots, a_m) \in R^m$, $m \in \mathbb{N}$ mit $m \geq 2$;

(c) $\sum_{\substack{\alpha \in \mathbb{N}^m \\ |\alpha|=k}} 1 = \binom{m+k-1}{k}$;

(d) $\sum_{\substack{\alpha \in \mathbb{N}^m \\ |\alpha| \leq k}} 1 = \binom{m+k}{k}$.

9 Man verifiziere, daß für eine beliebige Menge X der Mengenring $(\mathfrak{P}(X), \triangle, \cap)$ ein kommutativer Ring mit Eins ist (vgl. Beispiel 8.2(f)).

10 Es seien K ein angeordneter Körper und $a, b, c, d \in K$.

(a) Man beweise die Ungleichung

$$\frac{|a+b|}{1+|a+b|} \leq \frac{|a|}{1+|a|} + \frac{|b|}{1+|b|} \,.$$

(b) Gelten $b > 0$, $d > 0$ und $a/b < c/d$, so folgt

$$\frac{a}{b} < \frac{a+c}{b+d} < \frac{c}{d} \,.$$

(c) Für $a, b \in K^\times$ gilt

$$\left| \frac{a}{b} + \frac{b}{a} \right| \geq 2 \,.$$

11 In jedem angeordneten Körper K gelten

$$\sup\{a, b\} = \max\{a, b\} = \frac{a + b + |a - b|}{2} \,,$$
$$\inf\{a, b\} = \min\{a, b\} = \frac{a + b - |a - b|}{2} \,, \qquad a, b \in K \,.$$

12 Es sei R ein angeordneter Ring und für $a, b \in R$ gelten $a \geq 0$ und $b \geq 0$. Ferner gebe es ein $n \in \mathbb{N}^\times$ mit $a^n = b^n$. Dann gilt $a = b$.

13 Man beweise die Aussagen der Beispiele 8.2(d) und (e).

14 Es sei K ein Körper. Für $p = \sum_{k=0}^n p_k X^k \in K[X]$ setze man

$$Dp := \sum_{k=1}^n k p_k X^{k-1} \in K[X] \,,$$

falls $n \in \mathbb{N}^\times$, und $Dp = 0$, falls p konstant ist. Dann gilt

$$D(pq) = pDq + qDp \,, \qquad p, q \in K[X] \,.$$

15 Man bestimme $r, s \in K[X]$ mit $\mathrm{Grad}(r) < 3$ und

$$X^5 - 3X^4 + 4X^3 = s(X^3 - X^2 + X - 1) + r \,.$$

16 Es sei K ein endlicher Körper. Man zeige, daß der Einsetzungshomomorphismus

$$K[X] \to K^K \,, \qquad p \mapsto \underline{p}$$

von Bemerkung 8.14(b) i. allg. nicht injektiv ist. (Hinweis: $p := X^2 - X \in \mathbb{F}_2[X]$.)

9 Die rationalen Zahlen

Nach den allgemeinen algebraischen Betrachtungen der beiden vorangehenden Paragraphen wenden wir uns nun wieder unserer ursprünglichen Fragestellung zu, nämlich dem Problem, die natürlichen Zahlen zu größeren Zahlenbereichen zu erweitern, in denen die uns von der Schule her vertrauten Rechenregeln gelten. Gemäß den Bemerkungen 8.1 und 8.7 sind dies die in jedem Körper geltenden Regeln. Folglich müssen wir $\mathbb{N}$ so in einen Körper „einbetten", daß die Restriktionen der Körperoperationen auf $\mathbb{N}$ mit der Addition und der Multiplikation in $\mathbb{N}$, die wir nach Theorem 5.3 ja schon kennen, übereinstimmen. Da $\mathbb{N}$ außerdem eine totale Ordnung besitzt, die mit $+$ und $\cdot$ verträglich ist, erwarten wir natürlich auch, daß diese Ordnungsstruktur auf den „Erweiterungskörper" fortgesetzt werden kann. Theorem 5.3 zeigt zumindest, daß die Regeln für das Rechnen mit den natürlichen Zahlen nicht im Widerspruch zu den Rechenregeln in einem angeordneten Körper stehen. Im folgenden werden wir sehen, daß unser Problem (im wesentlichen eindeutig) lösbar ist. Dazu werden wir in zwei Schritten vorgehen. Zuerst werden wir $\mathbb{N}$ in einen Ring einbetten, den Ring der „ganzen" Zahlen. Anschließend werden wir diesen Ring zu einem Körper, dem Körper der rationalen Zahlen, erweitern.

Die ganzen Zahlen

Aus Theorem 5.3 lesen wir ab, daß $\mathbb{N} = (\mathbb{N}, +, \cdot)$ „beinahe" ein nichttrivialer kommutativer Ring mit Eins ist. Es fehlt lediglich das additive Inverse $-n$ für ein beliebiges $n \in \mathbb{N}$.

Nehmen wir an, Z sei ein Ring mit $Z \supset \mathbb{N}$, der auf $\mathbb{N}$ die bereits vorhandenen Addition und Multiplikation induziert. Dann ist für $(m, n) \in \mathbb{N}^2$ die Differenz $m - n$ in Z wohldefiniert. Außerdem gilt

$$m - n = m' - n' \Longleftrightarrow m + n' = m' + n , \qquad (m', n') \in \mathbb{N}^2 . \tag{9.1}$$

Für die Summe zweier solcher Elemente finden wir

$$(m - n) + (m' - n') = (m + m') - (n + n') , \tag{9.2}$$

und für deren Produkt gilt

$$(m - n) \cdot (m' - n') = (mm' + nn') - (mn' + m'n) . \tag{9.3}$$

Man beachte, daß die Additionen und Multiplikationen in den Klammerausdrücken der jeweiligen rechten Seite ganz in $\mathbb{N}$ ausgeführt werden. Diese Betrachtungen legen es nahe, Zahlenpaare $(m, n) \in \mathbb{N}^2$ zu betrachten und auf $\mathbb{N}^2$ eine Addition und eine Multiplikation in Analogie zu (9.2) und (9.3) einzuführen. Dabei ist natürlich (9.1) zu beachten. Das folgende Theorem zeigt, daß diese Strategie zum Erfolg führt.

9.1 Theorem   *Es gibt einen kleinsten kommutativen nullteilerfreien Ring mit Eins, $\mathbb{Z}$, mit $\mathbb{Z} \supset \mathbb{N}$, der auf $\mathbb{N}$ die ursprüngliche Addition und die ursprüngliche Multiplikation induziert. Er ist bis auf Isomorphie eindeutig und wird* **Ring der ganzen Zahlen** *genannt.*

Beweis Wir skizzieren nur die wichtigsten Beweisschritte und überlassen dem Leser die einfachen Verifikationen, die zeigen, daß die Definitionen sinnvoll (z.B. repräsentantenunabhängig) und die Ringaxiome (R_1)–(R_3) erfüllt sind.

Auf $\mathbb{N}^2$ definieren wir eine Äquivalenzrelation durch

$$(m,n) \sim (m',n') :\Longleftrightarrow m + n' = m' + n \;,$$

und wir setzen $\mathbb{Z} := \mathbb{N}^2/\sim$. Anschließend führen wir auf $\mathbb{Z}$ eine Addition bzw. eine Multiplikation durch

$$[(m,n)] + [(m',n')] := [(m+m', n+n')]$$

bzw.

$$[(m,n)] \cdot [(m',n')] := [(mm'+nn', mn'+m'n)]$$

ein. Dann zeigen die Regeln von Theorem 5.3 über das Rechnen mit $\mathbb{N}$, daß $\mathbb{Z} := (\mathbb{Z}, +, \cdot)$ ein kommutativer Ring ist. Das Null- bzw. Einselement in $\mathbb{Z}$ ist die Äquivalenzklasse, welche $(0,0)$ bzw. $(1,0)$ enthält. Außerdem ist $\mathbb{Z}$ nullteilerfrei.

Die Abbildung

$$\mathbb{N} \to \mathbb{Z}, \quad m \mapsto [(m,0)] \tag{9.4}$$

ist injektiv und mit der Addition und der Multiplikation in $\mathbb{N}$ bzw. $\mathbb{Z}$ verträglich. Deshalb können wir $\mathbb{N}$ mit seinem Bild unter (9.4) identifizieren. Dann gilt $\mathbb{N} \subset \mathbb{Z}$, und $\mathbb{Z}$ induziert auf $\mathbb{N}$ die ursprüngliche Addition bzw. Multiplikation.

Es sei nun $R \supset \mathbb{N}$ irgendein kommutativer nullteilerfreier Ring mit Eins, der auf $\mathbb{N}$ die ursprüngliche Addition bzw. Multplikation induziert. Da $\mathbb{Z}$ nach Konstruktion offensichtlich minimal ist, gibt es genau einen injektiven Homomorphismus $\varphi : \mathbb{Z} \to R$ mit $\varphi|\mathbb{N} = (\text{Inklusion von } \mathbb{N} \text{ in } R)$. Dies impliziert die behauptete Eindeutigkeit bis auf Isomorphie. ∎

Im folgenden unterscheiden wir nicht zwischen isomorphen Bildern von $\mathbb{Z}$ und sprechen von **dem** (eindeutig bestimmten) **Ring der ganzen Zahlen**. (Anders ausgedrückt: Wir denken uns ein für allemal einen festen Repräsentanten aus der Isomorphieklasse von $\mathbb{Z}$ fixiert, mit dem wir arbeiten.) Die Elemente von $\mathbb{Z}$ sind die **ganzen Zahlen**, und $-\mathbb{N}^\times := \{ -n \; ; \; n \in \mathbb{N}^\times \}$ ist die Menge der **negativen ganzen Zahlen**. Offensichtlich ist $\mathbb{Z}$ als disjunkte Vereinigung

$$\mathbb{Z} = \mathbb{N}^\times \cup \{0\} \cup (-\mathbb{N}^\times) = \mathbb{N} \cup (-\mathbb{N}^\times)$$

darstellbar.

Die rationalen Zahlen

Im Ring $\mathbb{Z}$ können wir zwar nun beliebige Differenzen $m - n$ bilden, aber i. allg.
ist der Quotient zweier ganzer Zahlen, m/n, nicht definiert, auch wenn $n \neq 0$ gilt.
So besitzt ja z.B. die Gleichung $2x = 1$ in $\mathbb{Z}$ keine Lösung, denn aus $2(m - n) = 1$
mit $m, n \in \mathbb{N}$ würde $2m = 2n + 1$ folgen, was Satz 5.4 widerspräche. Um diesen
„Defekt" zu beheben, werden wir nun einen Körper K konstruieren, der $\mathbb{Z}$ als
Unterring enthält. Natürlich werden wir K minimal wählen wollen.

Wir gehen wie bei der Erweiterung von $\mathbb{N}$ zu $\mathbb{Z}$ vor. Dazu nehmen wir zuerst
an, K sei ein solcher Körper. Dann gilt für $a, c \in \mathbb{Z}$ und $b, d \in \mathbb{Z}^{\times} := \mathbb{Z} \backslash \{0\}$ die
Relation (i) von Bemerkung 8.7(d). Dies legt es wieder nahe, „Brüche" von ganzen
Zahlen als Paare ganzer Zahlen einzuführen und für diese Zahlenpaare Rechenregeln zu definieren, welche den Regeln des „Bruchrechnens" von Bemerkung 8.7(d)
entsprechen. Das folgende Theorem zeigt wieder, daß dieser Weg zum Erfolg führt,
wenn wir die nötige Vorsicht walten lassen.

9.2 Theorem *Es gibt — bis auf Isomorphie — einen eindeutig bestimmten minimalen Körper $\mathbb{Q}$, der $\mathbb{Z}$ als Unterring enthält.*

Beweis Wieder geben wir nur die wichtigsten Beweisschritte an und überlassen dem
Leser die notwendigen Verifikationen zur Übung.

Auf $\mathbb{Z} \times \mathbb{Z}^{\times}$ führen wir eine Äquivalenzrelation ein durch

$$(a, b) \sim (a', b') :\Longleftrightarrow ab' = a'b ,$$

und wir setzen $\mathbb{Q} := (\mathbb{Z} \times \mathbb{Z}^{\times})/\sim$. Dann definieren wir eine Addition bzw. eine Multiplikation auf $\mathbb{Q}$ durch

$$[(a, b)] + [(a', b')] := [(ab' + a'b, bb')]$$

bzw.

$$[(a, b)] \cdot [(a', b')] := [(aa', bb')] .$$

Mit diesen Verknüpfungen ist $\mathbb{Q} := (\mathbb{Q}, +, \cdot)$ ein Körper.

Die Abbildung

$$\mathbb{Z} \to \mathbb{Q} , \quad z \mapsto [(z, 1)] \tag{9.5}$$

ist ein injektiver Ringhomomorphismus. Deshalb können wir $\mathbb{Z}$ mit seinem Bild in $\mathbb{Q}$
unter (9.5) identifizieren. Also ist $\mathbb{Z}$ ein Unterring von $\mathbb{Q}$.

Es sei Q ein Körper, der $\mathbb{Z}$ enthält. Da $\mathbb{Q}$ nach Konstruktion offensichtlich minimal ist, gibt es genau einen injektiven Homomorphismus $\varphi : \mathbb{Q} \to Q$, für den gilt:
$\varphi | \mathbb{Z} = $ (Inklusion von $\mathbb{Z}$ in Q). Dies impliziert die behauptete Eindeutigkeit von $\mathbb{Q}$ bis
auf Isomorphie. ∎

Die Elemente von $\mathbb{Q}$ heißen **rationale Zahlen** oder **Brüche**. (Wir unterscheiden
wieder nicht zwischen isomorphen Bildern von $\mathbb{Q}$, d.h., wir wählen einen festen
Repräsentanten aus der Isomorphieklasse.)

9.3 Bemerkungen (a) Es ist nicht schwer zu sehen, daß gilt:

$$r \in \mathbb{Q} \Longleftrightarrow \exists\, (p,q) \in \mathbb{Z} \times \mathbb{N}^{\times} \text{ mit } r = p/q .$$

Da $\mathbb{N}$ nach Satz 5.5 wohlgeordnet ist, besitzt die Menge

$$\left\{ n \in \mathbb{N}^{\times} \; ; \; \exists\, m \in \mathbb{Z} \text{ mit } \tfrac{m}{n} = r \right\}$$

ein eindeutig bestimmtes Minimum $q_0 := q_0(r)$. Mit $p_0 := p_0(r) := rq_0(r)$ erhalten wir für jedes $r \in \mathbb{Q}$ eine eindeutig bestimmte **minimale** (oder **teilerfremde**) **Darstellung** $r = p_0/q_0$.

(b) In der im Beweis von Theorem 9.2 skizzierten Konstruktion von $\mathbb{Q}$ als „Erweiterungskörper" von $\mathbb{Z}$ wird überhaupt nicht Gebrauch davon gemacht, daß es sich bei den Elementen von $\mathbb{Z}$ um „Zahlen" handelt. Es wird lediglich benutzt, daß $\mathbb{Z}$ ein nichttrivialer kommutativer nullteilerfreier Ring mit Eins ist. Somit zeigt jener Beweis, daß es zu jedem kommutativen nullteilerfreien Ring mit Eins einen (bis auf Isomorphie) eindeutig bestimmten minimalen Körper Q gibt, der R als Unterring enthält, den **Quotientenkörper von R**.

(c) Es sei K ein Körper. Dann ist der Polynomring $K[X]$ kommutativ, nullteilerfrei und besitzt ein Einselement (vgl. Aufgabe 8.3). Der zugehörige Quotientenkörper, $K(X)$, ist der **Körper der rationalen Funktionen mit Koeffizienten in K**. Folglich ist eine **rationale Funktion über K** ein Quotient von Polynomen über K,

$$r = p/q , \qquad p,q \in K[X] , \qquad q \neq 0 ,$$

wobei p'/q' mit $p',q' \in K[X]$ und $q' \neq 0$ ebenfalls die rationale Funktion r darstellt, wenn $pq' = p'q$ gilt. ∎

9.4 Satz $\mathbb{Z}$ und $\mathbb{Q}$ *sind abzählbar unendlich.*

Beweis Wegen $\mathbb{N} \subset \mathbb{Z} \subset \mathbb{Q}$ und Beispiel 6.1(a) sind $\mathbb{Z}$ und $\mathbb{Q}$ unendlich. Es ist nicht schwierig einzusehen, daß

$$\varphi : \mathbb{N} \to \mathbb{Z}, \qquad \varphi(n) := \begin{cases} n/2 , & n \text{ gerade} , \\ -(n+1)/2 , & n \text{ ungerade} , \end{cases}$$

eine Bijektion ist. Also ist $\mathbb{Z}$ abzählbar. Folglich ist $\mathbb{Z} \times \mathbb{N}^{\times}$ gemäß Satz 6.9 abzählbar. Unter Verwendung der teilerfremden Darstellungen von Bemerkung 9.3(a) sieht man, daß $\mathbb{Q}$ bijektiv auf eine Teilmenge von $\mathbb{Z} \times \mathbb{N}^{\times}$ abgebildet werden kann. Somit folgt aus Satz 6.7, daß auch $\mathbb{Q}$ abzählbar ist. ∎

Auf $\mathbb{Q}$ führen wir eine Ordnung ein durch die Festsetzung:

$$\frac{m}{n} \leq \frac{m'}{n'} :\Longleftrightarrow m'n - mn' \in \mathbb{N} , \qquad m,m' \in \mathbb{Z} , \quad n,n' \in \mathbb{N}^{\times} .$$

Man prüft leicht nach, daß $\leq$ wohldefiniert ist.

9.5 Theorem $\mathbb{Q} := (\mathbb{Q}, \leq)$ *ist ein angeordneter Körper, und die Ordnung von* $\mathbb{Q}$ *induziert auf* $\mathbb{N}$ *die ursprüngliche Ordnung.*

Beweis   Die einfachen Verifikationen werden als Übung gestellt. ∎

Die Ordnung von $\mathbb{Q}$ induziert auf $\mathbb{Z}$ eine totale Ordnung, für welche die Aussagen (i)–(vii) von Satz 8.9 gelten. Im Gegensatz zu $\mathbb{N}$ ist aber $\mathbb{Z}$, und somit auch $\mathbb{Q}$, nicht wohlgeordnet.[1] So besitzt ja weder $\mathbb{Z}$ noch die Menge der geraden ganzen Zahlen

$$2\mathbb{Z} = \{\, 2n \; ; \; n \in \mathbb{Z} \,\} \,,$$

noch die Menge der ungeraden ganzen Zahlen

$$2\mathbb{Z} + 1 = \{\, 2n + 1 \; ; \; n \in \mathbb{Z} \,\}$$

ein Minimum, wie aus den Peano-Axiomen, Theorem 5.3(vii) und Satz 8.9(iv) sofort ersichtlich ist.

Rationale Nullstellen von Polynomen

Mit der Konstruktion des Körpers $\mathbb{Q}$ haben wir einen Zahlenbereich gefunden, in dem die uns von der Schule her vertrauten „vier Grundrechenarten" unbeschränkt ausführbar sind. Überdies haben sie eine solide, logisch einwandfreie Fundierung erhalten. Insbesondere können wir jetzt in $\mathbb{Q}$ jede Gleichung der Form $ax = b$ mit beliebigen $a, b \in \mathbb{Q}$ und $a \neq 0$ stets eindeutig lösen.

Wie sieht es aber mit der Lösbarkeit von Gleichungen der Form $x^n = b$ in $\mathbb{Q}$ für $b \in \mathbb{Q}$ und $n \in \mathbb{N}^\times$ aus? Dazu beweisen wir eine etwas allgemeinere Aussage, die zeigt, daß solche Gleichungen für $n > 1$ nur sehr selten lösbar sind.

9.6 Satz   *Jede rationale Nullstelle eines Polynoms der Form*

$$X^n + a_{n-1}X^{n-1} + \cdots + a_1 X + a_0 \in \mathbb{Z}[X]$$

ist ganz.

Beweis   Es sei $x \in \mathbb{Q}\backslash\mathbb{Z}$ eine Nullstelle des obigen Polynoms, das wir mit f bezeichnen. Dann besitzt x die teilerfremde Darstellung $x = p/q$. Wegen $x \notin \mathbb{Z}$ gelten dabei $p \in \mathbb{Z}^\times$ und $q > 1$. Die Aussage $f(p/q) = 0$ ist äquivalent zu

$$p^n = -q \sum_{j=0}^{n-1} a_j p^j q^{n-1-j} \,,$$

wobei die Summe rechts eine ganze Zahl darstellt. Wegen $q > 1$ existiert eine Primzahl r mit $r \,|\, q$. Also teilt r auch p^n und somit p (vgl. Aufgabe 5.7). Folglich sind

---

[1]Es ist jedoch möglich, auf $\mathbb{Q}$ eine Ordnung $\prec$ anzugeben, so daß $(\mathbb{Q}, \prec)$ wohlgeordnet ist. Man vergleiche dazu Aufgabe 9.

$p' := p/r$ und $q' := q/r$ ganz und es gilt $p'/q' = p/q = x$. Wegen $p' \neq 0$ und $q' < q$ widerspricht dies der Annahme, daß die Darstellung $x = p/q$ teilerfremd sei. ∎

9.7 Korollar *Es seien $n \in \mathbb{N}^\times$ und $a \in \mathbb{Z}$. Dann ist entweder jede rationale Lösung der Gleichung $x^n = a$ eine ganze Zahl, oder $x^n = a$ ist in $\mathbb{Q}$ nicht lösbar.*

Quadratwurzeln

Wir betrachten nun den Spezialfall der **quadratischen Gleichung** $x^2 = a$, aber nicht nur in $\mathbb{Q}$, sondern in einem beliebigen angeordneten Körper K. Mit anderen Worten: Wir interessieren uns für Nullstellen des Polynoms $X^2 - a \in K[X]$.

9.8 Lemma *Es seien K ein angeordneter Körper und $a \in K^\times$. Dann hat die Gleichung $x^2 = a$ höchstens dann eine Lösung, wenn $a > 0$. Ist $b \in K$ eine Lösung, so besitzt die Gleichung genau zwei Lösungen, nämlich b und $-b$.*

Beweis Die erste Aussage ist klar, da jede Lösung b ungleich Null ist und somit $a = b^2 > 0$ gilt. Wegen $(-b)^2 = b^2$ ist dann auch $-b$ eine Lösung, und nach Korollar 8.18 kann es keine weiteren Nullstellen der Gleichung $x^2 = a$ geben. ∎

Es seien K ein angeordneter Körper und $a \in K$ mit $a > 0$. Besitzt die Gleichung $x^2 = a$ eine Lösung in K, so hat sie nach Lemma 9.8 genau eine *positive* Lösung. Diese heißt **Quadratwurzel** von a und wird mit $\sqrt{a}$ bezeichnet. In diesem Fall sagen wir: „Die Quadratwurzel von a existiert in K." Außerdem setzen wir $\sqrt{0} := 0$.

9.9 Bemerkungen   (a) Es seien $a, b \geq 0$ und $\sqrt{a}$, $\sqrt{b}$ mögen existieren. Dann existiert auch $\sqrt{ab}$ und es gilt $\sqrt{ab} = \sqrt{a}\sqrt{b}$.

Beweis Aus $x^2 = a$ und $y^2 = b$ folgt $(xy)^2 = x^2 y^2 = ab$. Dies zeigt die Existenz von $\sqrt{ab}$ sowie die Relation $\sqrt{ab} = \sqrt{a}\sqrt{b}$. ∎

(b) Für jedes $x \in K$ gilt $|x| = \sqrt{x^2}$.

Beweis Ist $x \geq 0$, so gilt $\sqrt{x^2} = x$. Ist hingegen $x < 0$, so folgt $\sqrt{x^2} = -x$. ∎

(c) Für $a \in \mathbb{Z}$ existiert $\sqrt{a}$ in $\mathbb{Q}$ genau dann, wenn a eine Quadratzahl ist. Dann ist $\sqrt{a}$ eine natürliche Zahl. ∎

Aufgaben

1   Es seien K ein Körper und $a \in K^\times$. Für $m \in \mathbb{N}$ sei $a^{-m} := (a^{-1})^m$.

(a) Man beweise:

$$a^{-m} = 1/a^m \quad \text{und} \quad a^{m-n} = a^m/a^n, \qquad m, n \in \mathbb{N}.$$

(b) Nach Teil (a) ist a^k für alle $k \in \mathbb{Z}$ definiert. Man verifiziere die folgenden Rechenregeln:

$$a^k a^\ell = a^{k+\ell} , \quad a^k b^k = (ab)^k , \quad (a^k)^\ell = a^{k\ell}$$

für $a, b \in K^\times$ und $k, \ell \in \mathbb{Z}$.

2 Für jedes $n \in \mathbb{Z}$ ist $n\mathbb{Z}$ ein Ideal in $\mathbb{Z}$. Also ist der Restklassenring

$$\mathbb{Z}_n := \mathbb{Z}/n\mathbb{Z} ,$$

der **Restklassenring modulo n von** $\mathbb{Z}$, wohldefiniert (vgl. Aufgabe 8.6). Man zeige:

(a) $\mathbb{Z}_n$ hat für $n \in \mathbb{N}^\times$ genau n Elemente. Was ist $\mathbb{Z}_0$?

(b) Falls $n \in \mathbb{N}$ mit $n \geq 2$ keine Primzahl ist, dann besitzt $\mathbb{Z}_n$ Nullteiler.

(c) Ist $p \in \mathbb{N}$ eine Primzahl, so ist $\mathbb{Z}_p$ ein Körper.

(Hinweise: (b) Satz 5.6. (c) Zu $a \in \mathbb{N}$ mit $0 < a < p$ ist ein $x \in \mathbb{Z}$ mit $ax \in 1 + p\mathbb{Z}$ zu finden. Durch fortgesetztes Dividieren mit Rest (Satz 5.4) findet man positive Zahlen $r_0, \ldots, r_k$ und $q, q_0, \ldots, q_k$ mit $a > r_0 > r_1 > \cdots > r_k$ und

$$p = qa + r_0 , \quad a = q_0 r_0 + r_1 , \quad r_0 = q_1 r_1 + r_2, \ldots, r_{k-2} = q_{k-1} r_{k-1} + r_k , \quad r_{k-1} = q_k r_k .$$

Hieraus folgt $r_j = m_j a + n_j p$ für $j = 0, \ldots, k$ mit $m_j, n_j \in \mathbb{Z}$. Da p prim ist, gilt $r_k = 1$.)

Bemerkung Statt $a \equiv b \pmod{n\mathbb{Z}}$ (vgl. Aufgabe 8.6) schreibt man kürzer $a \equiv b \pmod{n}$ für $n \in \mathbb{Z}$. Also bedeutet $a \equiv b \pmod{n}$, daß $a - b \in n\mathbb{Z}$ gilt.

3 Es sei X eine n-elementige Menge. Man zeige:

(a) $\mathrm{Anz}\big(\mathfrak{P}(X)\big) = 2^n$.

(b) $\mathrm{Anz}\big(\mathfrak{P}_g(X)\big) = \mathrm{Anz}\big(\mathfrak{P}_u(X)\big)$ für $n > 0$. Hierbei bezeichnet $\mathfrak{P}_g(X)$ bzw. $\mathfrak{P}_u(X)$ die Menge aller geradzahligen bzw. ungeradzahligen Teilmengen von X, d.h.,

$$\mathfrak{P}_g(X) := \big\{ A \subset X ; \ \mathrm{Anz}(A) \equiv 0 \pmod{2} \big\} ,$$
$$\mathfrak{P}_u(X) := \big\{ A \subset X ; \ \mathrm{Anz}(A) \equiv 1 \pmod{2} \big\} .$$

(Hinweis: Aufgabe 6.3 und Theorem 8.4.)

4 Ein angeordneter Körper K heißt **archimedisch angeordnet**, falls es zu $a, b \in K$ mit $a > 0$ ein $n \in \mathbb{N}$ gibt mit $b < na$. Man verifiziere, daß $\mathbb{Q} := (\mathbb{Q}, \leq)$ ein archimedisch angeordneter Körper ist.

5 Man zeige, daß jede rationale Nullstelle eines Polynoms $p = \sum_{k=0}^n a_k X^k \in \mathbb{Z}[X]$ vom Grad $n \geq 1$ zu $a_n^{-1}\mathbb{Z}$ gehört. (Hinweis: Man betrachte $a_n^{n-1}p$.)

6 Auf der symmetrischen Gruppe S_n wird die **Signumfunktion**, sign, durch

$$\mathrm{sign}\,\sigma := \prod_{1 \leq j < k \leq n} \frac{\sigma(j) - \sigma(k)}{j - k} , \qquad \sigma \in \mathsf{S}_n ,$$

definiert. Man zeige:

(a) $\mathrm{sign}(\mathsf{S}_n) \subset \{\pm 1\}$.

(b) $\mathrm{sign}(\sigma \circ \tau) = (\mathrm{sign}\,\sigma)(\mathrm{sign}\,\tau)$ für $\sigma, \tau \in \mathsf{S}_n$. Also ist sign ein Homomorphismus von S_n in die multiplikative Gruppe $(\{\pm 1\}, \cdot)$. Der Kern dieses Homomorphismus ist die **alternierende Gruppe** A_n, d.h., $\mathsf{A}_n := \{ \sigma \in \mathsf{S}_n ; \ \mathrm{sign}\,\sigma = 1 \}$. Die Permutationen in A_n heißen **gerade**, die in $\mathsf{S}_n \setminus \mathsf{A}_n$ **ungerade**.

(c) A_n hat die Ordnung $n!/2$ für $n \geq 2$, und 1 für $n = 1$.

(d) sign ist surjektiv für $n \geq 2$.

(e) Eine [**Nachbar-**]**Transposition** ist eine Permutation, die zwei [benachbarte] Ziffern miteinander vertauscht und die restlichen fest läßt. Für $n \geq 2$ ist jede Permutation $\sigma \in S_n$ als Komposition von Transpositionen, sogar von Nachbartranspositionen, darstellbar: $\sigma = \sigma_1 \circ \sigma_2 \circ \cdots \circ \sigma_N$. Ferner gilt $\operatorname{sign}\sigma = (-1)^N$, unabhängig von dieser Darstellung. Die Anzahl der benötigten Transpositionen ist gerade bei einer geraden Permutation und ungerade bei einem ungeraden $\sigma \in S_n$.

7 Man gebe einen ausführlichen Beweis von Theorem 9.5.

8 Für $k \in \mathbb{N}$ und $q_0, \ldots, q_k \in \mathbb{N}^\times$ heißt die rationale Zahl

$$q_0 + \cfrac{1}{q_1 + \cfrac{1}{q_2 + \cfrac{1}{q_3 + \cfrac{1}{\ddots \atop \quad q_{k-1} + \cfrac{1}{q_k}}}}}$$

endlicher Kettenbruch der $q_0, \ldots, q_k$. Man zeige, daß jedes $x \in \mathbb{Q}$ mit $x \geq 0$ als endlicher Kettenbruch dargestellt werden kann, und daß es nur eine Kettenbruchdarstellung von x gibt mit $q_k \neq 1$. (Hinweis: Es sei r/r_0 eine minimale Darstellung von x. Nach dem euklidischen Algorithmus gibt es genau ein $q_0 \in \mathbb{N}$ und ein $r_1 \in \mathbb{N}$ mit $r_1 < r_0$ und $r = q_0 r_0 + r_1$. Falls nötig, wende man den euklidischen Algorithmus auf das Paar (r_0, r_1) an und konstruiere so iterativ die $q_0, \ldots, q_k$.)

9 Man gebe auf $\mathbb{Q}$ eine Ordnung $\prec$ an, so daß $(\mathbb{Q}, \prec)$ wohlgeordnet ist. (Hinweis: Man beachte Satz 9.4 und (6.3).)

10 Die reellen Zahlen

Wir haben gesehen, daß die Gleichung $x^2 = a$ für positive a im allgemeinen in $\mathbb{Q}$ nicht lösbar ist. Da x^2 als der Flächeninhalt eines Quadrates mit der Seitenlänge x interpretiert werden kann, heißt dies, daß es zu vorgegebenem positiven a im allgemeinen kein Quadrat gibt, welches den Flächeninhalt a hat, falls wir uns nur im Bereich der rationalen Zahlen bewegen können. Um diese unbefriedigende Situation zu verbessern, müssen wir, wie von der Schule her bekannt ist, „Irrationalzahlen" als Seitenlänge zulassen. Das bedeutet, daß unser Körper $\mathbb{Q}$ zu klein ist. Wir benötigen also einen $\mathbb{Q}$ umfassenden Körper, in dem wir die Gleichung $x^2 = a$ für $a > 0$ lösen können. Der neue Körper K soll auf $\mathbb{Q}$ die ursprüngliche Struktur induzieren (d.h., $\mathbb{Q}$ soll ein Unterkörper von K sein), denn wir wollen die rationalen Zahlen und die für sie gültigen Rechenvorschriften ja nicht verlieren. Andererseits wollen wir mit den neuen „irrationalen" Zahlen genauso rechnen können wie bisher; kurz: Wir suchen einen angeordneten **Erweiterungskörper** von $\mathbb{Q}$, in dem die Gleichung $x^2 = a$ für jedes $a > 0$ lösbar ist.

Die Ordnungsvollständigkeit

Der gesuchte Erweiterungskörper ist durch eine Vollständigkeitseigenschaft charakterisiert. Dazu nennen wir eine total geordnete Menge X **ordnungsvollständig** (man sagt auch, X erfülle das **Vollständigkeitsaxiom**), wenn jede nichtleere nach oben beschränkte Teilmenge von X ein Supremum besitzt.

10.1 Satz *Es sei X eine total geordnete Menge. Dann sind die folgenden Aussagen äquivalent:*

(i) *X ist ordnungsvollständig.*

(ii) *Jede nichtleere nach unten beschränkte Teilmenge von X besitzt ein Infimum.*

(iii) *Für je zwei nichtleere Teilmengen A, B von X mit $a \leq b$ für $(a, b) \in A \times B$ gibt es ein $c \in X$ mit $a \leq c \leq b$ für alle $(a, b) \in A \times B$.*

Beweis „(i)$\Rightarrow$(ii)" Es sei A eine nichtleere nach unten beschränkte Teilmenge von X. Dann ist $B := \{ x \in X \; ; \; x \leq a \; \forall a \in A \}$ nicht leer und nach oben beschränkt. Gemäß Voraussetzung existiert $m := \sup(B)$ in X und es gilt $m \leq a$ für alle $a \in A$, da m die kleinste obere Schranke von B ist. Somit gehört m zu B und deshalb gilt $m = \max(B)$, vgl. Bemerkung 4.5(c). Nach Definition des Infimums bedeutet dies, daß $m = \inf(A)$.

„(ii)$\Rightarrow$(iii)" Es seien A, B nichtleere Teilmengen von X und es gelte $a \leq b$ für $(a, b) \in A \times B$. Nach Voraussetzung existiert dann $c := \inf(B)$, da B nach unten beschränkt ist. Ferner ist jedes $a \in A$ eine untere Schranke von B. Somit folgt $c \geq a$ für $a \in A$, und wir finden, daß gilt: $a \leq c \leq b$ für $a \in A$ und $b \in B$.

„(iii)$\Rightarrow$(i)" Es sei A eine nichtleere nach oben beschränkte Teilmenge von X. Wir setzen $B := \{ b \in X \; ; \; b \geq a \; \forall a \in A \}$. Dann ist B nicht leer und es gilt $a \leq b$

für alle $a \in A$ und alle $b \in B$. Somit gibt es ein $c \in X$ mit $a \leq c \leq b$ für alle $a \in A$ und $b \in B$. Nun schließen wir, daß gilt $c = \min(B)$, d.h., $c = \sup(A)$. ∎

10.2 Korollar   *Eine total geordnete Menge ist genau dann ordnungsvollständig, wenn jede nichtleere beschränkte Teilmenge ein Supremum und ein Infimum besitzt.*

Aussage (iii) von Satz 10.1 wird als **Dedekindsche Stetigkeitseigenschaft** bezeichnet. Sie bedeutet anschaulich, daß man die Existenz eines „Grenzelementes" für je zwei „sich berührende" Mengen fordert.

Das folgende Beispiel zeigt, daß angeordnete Körper i. allg. nicht ordnungsvollständig sind.

10.3 Beispiel $\mathbb{Q}$ ist nicht ordnungsvollständig.

Beweis   Wir betrachten die Mengen

$$A := \left\{ x \in \mathbb{Q} \; ; \; x > 0 \text{ und } x^2 < 2 \right\}, \quad B := \left\{ x \in \mathbb{Q} \; ; \; x > 0 \text{ und } x^2 > 2 \right\}.$$

Offensichtlich sind $1 \in A$ und $2 \in B$. Aus $b - a = (b^2 - a^2)/(b+a) > 0$ für $(a,b) \in A \times B$ folgt $a < b$ für $(a,b) \in A \times B$. Es sei nun $c \in \mathbb{Q}$ mit

$$a \leq c \leq b, \quad (a,b) \in A \times B. \tag{10.1}$$

Dann gelten für $\xi := (2c+2)/(c+2)$ die Aussagen

$$\xi > 0, \quad \xi = c - \frac{c^2 - 2}{c+2}, \quad \xi^2 - 2 = \frac{2(c^2-2)}{(c+2)^2}. \tag{10.2}$$

Gemäß Korollar 9.7 und Bemerkung 4.3(b) gilt entweder $c^2 < 2$ oder $c^2 > 2$. Im ersten Fall folgt aus (10.2), daß $\xi > c$ und $\xi^2 < 2$ gelten, also $\xi > c$ und $\xi \in A$, was (10.1) widerspricht. Ist hingegen $c \in B$, also $c^2 > 2$, so impliziert (10.2) die Ungleichungen $\xi < c$ und $\xi^2 > 2$, was wiederum mit (10.1) unverträglich ist. Also gibt es kein $c \in \mathbb{Q}$, welches (10.1) erfüllt, und die Behauptung folgt aus Satz 10.1. ∎

Die Dedekindsche Konstruktion der reellen Zahlen

Das folgende Theorem zeigt, daß es im wesentlichen nur einen ordnungsvollständigen Körper gibt. Es bildet die Grundlage der gesamten Analysis und liefert das solide Fundament für alle „unendlichen Grenzprozesse", welche das Wesen analytischer Untersuchungen ausmachen.

10.4 Theorem   *Es gibt bis auf Isomorphie genau einen ordnungsvollständigen Erweiterungskörper $\mathbb{R}$ von $\mathbb{Q}$, den **Körper der reellen Zahlen**. Er induziert auf $\mathbb{Q}$ die ursprüngliche Ordnung.*

Beweis Für dieses fundamentale Theorem gibt es mehrere Beweise. Wie schon früher wollen wir hier nur kurz die wesentlichen Ideen des auf R. Dedekind zurückgehenden Beweises mittels **Dedekindscher Schnitte** skizzieren. Für die (langweiligen) technischen Einzelheiten sei einmal mehr auf [Lan30] verwiesen. Einen anderen, auf G. Cantor zurückgehenden Beweis werden wir in Paragraph II.6 vorstellen.

Die grundlegende Beweisidee besteht darin, das „fehlende Grenzelement" zwischen zwei sich „berührenden" Teilmengen A und B von $\mathbb{Q}$ durch das geordnete Paar (A, B) zu ersetzen. Dann müssen auf der Menge solcher Paare die Struktur eines angeordneten Körpers definiert und gezeigt werden, daß dieser Körper ordnungsvollständig ist und (ein geeignetes „Modell" von) $\mathbb{Q}$ enthält.

Es genügt dabei, solche Paare (A, B) mit $a \leq b$ für $(a, b) \in A \times B$ zu betrachten, für die $A \cup B = \mathbb{Q}$ gilt. Ein derartiges Paar ist bereits durch eine der beiden Mengen A oder B, also z.B. durch die „Obermenge" B, bestimmt. Dies führt zur folgenden formalen Definition: Wir bezeichnen mit $\mathbb{R} \subset \mathfrak{P}(\mathbb{Q})$ die Menge aller $R \subset \mathbb{Q}$ mit den folgenden Eigenschaften:

(D$_1$) $R \neq \emptyset$, $R^c = \mathbb{Q} \setminus R \neq \emptyset$.

(D$_2$) $R^c = \{ x \in \mathbb{Q} \, ; \, x < r \; \forall r \in R \}$.

(D$_3$) R besitzt kein Minimum.

Die Abbildung

$$\mathbb{Q} \to \mathbb{R} \, , \quad r \mapsto \{ x \in \mathbb{Q} \, ; \, x > r \} \tag{10.3}$$

ist injektiv. Der Beweis von Beispiel 10.3 zeigt, daß die Menge

$$R := \{ x \in \mathbb{Q} \, ; \, x > 0 \text{ und } x^2 > 2 \}$$

zu $\mathbb{R}$, aber nicht zum Bild von $\mathbb{Q}$ unter der Abbildung (10.3) gehört. Vermöge (10.3) identifizieren wir $\mathbb{Q}$ mit seinem Bild, d.h., wir fassen $\mathbb{Q}$ als (echte) Teilmenge von $\mathbb{R}$ auf.

Für $R, R' \in \mathbb{R}$ setzen wir

$$R \leq R' :\Longleftrightarrow R \supset R' \, . \tag{10.4}$$

Die Beispiele 4.4(a) und (b) implizieren, daß $\leq$ eine Ordnung ist auf $\mathbb{R}$. Sind R und R' verschieden, so gibt es ein $r \in R$ mit $r \in (R')^c$ oder ein $r' \in R'$ mit $r' \in R^c$. Im ersten Fall ist $r < r'$ für jedes $r' \in R'$, also $r' \in R$ für $r' \in R'$. Folglich gilt $R' \subset R$, d.h. $R' \geq R$. Im zweiten Fall finden wir analog $R' \leq R$. Somit ist $\mathbb{R}$ total geordnet.

Es sei $\mathcal{R}$ eine nichtleere nach unten beschränkte Teilmenge von $\mathbb{R}$. Dann ist $S := \bigcup \mathcal{R}$ nicht leer. Ist A eine untere Schranke für $\mathcal{R}$, so gilt $A \neq \mathbb{Q}$ und es gibt ein $b \in A^c$. Dies hat $b < a$ für jedes $a \in A$, also auch $b < r$ für $r \in R$ und $R \in \mathcal{R}$ zur Folge (wegen $R \subset A$ für $R \in \mathcal{R}$). Somit gehört b zu S^c, was zeigt, daß S die Bedingung (D$_1$) erfüllt. Es ist klar, daß S auch (D$_2$) und (D$_3$) genügt. Also gehört S zu $\mathbb{R}$. Nach Beispiel 4.6(a) ist $S = \inf(\mathcal{R})$. Somit folgt aus Satz 10.1, daß $\mathbb{R}$ ordnungsvollständig ist.

Auf $\mathbb{R}$ wird eine Addition durch

$$\mathbb{R} \times \mathbb{R} \to \mathbb{R} \, , \quad (R, S) \mapsto R + S = \{ r + s \, ; \, r \in R, \, s \in S \}$$

definiert. Es ist leicht zu verifizieren, daß diese Verknüpfung wohldefiniert, assoziativ und kommutativ ist, und $O := \{ x \in \mathbb{Q} \, ; \, x > 0 \}$ als neutrales Element besitzt. Ferner ist

$-R := \{x \in \mathbb{Q} \ ; \ x + r > 0 \ \forall r \in R\}$ das additive Inverse von $R \in \mathbb{R}$. Also ist $(\mathbb{R}, +)$ eine abelsche Gruppe, und es gilt $R > O \Longleftrightarrow -R < O$.

Auf $\mathbb{R}$ wird eine Multiplikation erklärt durch

$$R \cdot R' := \{rr' \in \mathbb{Q} \ ; \ r \in R, \ r' \in R'\} \qquad \text{für } R, R' \geq O$$

und

$$R \cdot R' := \begin{cases} -((-R) \cdot R') , & R < O , \ R' \geq O , \\ -(R \cdot (-R')) , & R \geq O , \ R' < O , \\ (-R) \cdot (-R') , & R < O , \ R' < O . \end{cases}$$

Dann zeigt man, daß $\mathbb{R} := (\mathbb{R}, +, \cdot, \leq)$ ein angeordneter Körper ist, welcher als Unterkörper $\mathbb{Q}$ enthält und auf ihm die ursprüngliche Ordnung induziert.

Es sei nun $\mathbb{S}$ irgendein ordnungsvollständiger Körper. Dann wird durch

$$\mathbb{S} \to \mathbb{R} , \qquad r \mapsto \{x \in \mathbb{Q} \ ; \ x > r\}$$

eine Abbildung definiert, von der man nachweist, daß sie ein ordnungserhaltender (d.h. wachsender) Isomorphismus ist. Also ist $\mathbb{R}$ bis auf Isomorphie eindeutig. ∎

Die natürliche Ordnung von $\mathbb{R}$

Die Elemente von $\mathbb{R}$ heißen **reelle Zahlen** und die Ordnung von $\mathbb{R}$ ist die **natürliche Ordnung** der reellen Zahlen. Sie induziert auf jeder Teilmenge ebenfalls die „natürliche Ordnung", insbesondere auf

$$\mathbb{N} \subsetneqq \mathbb{Z} \subsetneqq \mathbb{Q} \subsetneqq \mathbb{R} .$$

Eine reelle Zahl x heißt **positiv** bzw. **negativ**, wenn $x > 0$ bzw. $x < 0$ gilt. Also ist

$$\mathbb{R}^+ := \{x \in \mathbb{R} \ ; \ x \geq 0\}$$

die Menge der **nichtnegativen reellen Zahlen**.

Da $\mathbb{R}$ total geordnet ist, können wir uns die reellen Zahlen als „Punkte" auf der **Zahlengeraden**[1] aufgetragen denken. Hierbei vereinbaren wir, daß x „links von y liegt", wenn $x < y$ gilt. Außerdem seien die ganzen Zahlen $\mathbb{Z}$ „gleichabständig" aufgetragen. Die Pfeilspitze gibt die „Orientierung" der Zahlengeraden an, d.h. die Richtung, in der „die Zahlen größer werden".

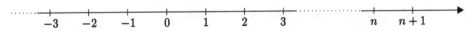

Diesem Bild von $\mathbb{R}$ liegt die intuitive Vorstellung zugrunde, daß die reellen Zahlen in „beiden Richtungen unbeschränkt" sind und daß sie ein Kontinuum bilden, d.h., daß die Zahlengerade „keine Löcher" hat. Letzteres ist gerade die Aussage der Dedekindschen Stetigkeitseigenschaft. Ersteres werden wir in Satz 10.6 rechtfertigen.

---

[1]Wir verwenden hier natürlich die üblichen intuitiven Vorstellungen von Punkten, Geraden und Abstand. Für eine saubere axiomatische Fundierung dieser Begriffe sei auf das (nicht zuletzt wegen der interessanten historischen Anmerkungen) sehr lesenswerte Buch von P. Gabriel [Gab96] verwiesen. Eine axiomatische Einführung des „Abstandes" werden auch wir in Paragraph II.1 geben.

Die erweiterte Zahlengerade

In Erweiterung unseres bisherigen Gebrauchs der Symbole $\pm\infty$ wollen wir die reellen Zahlen durch Hinzufügen dieser beiden Symbole zu $\bar{\mathbb{R}} := \mathbb{R} \cup \{\pm\infty\}$, der **erweiterten Zahlengeraden**, ergänzen. Hierbei vereinbaren wir, daß gelte:

$$-\infty < x < \infty , \quad x \in \mathbb{R} ,$$

halten aber ausdrücklich fest, daß es sich bei $\pm\infty$ *nicht* um reelle Zahlen handelt.

Die erweiterte Zahlengerade $\bar{\mathbb{R}}$ ist mit dieser Vereinbarung offensichtlich eine total geordnete Menge. Neben der Ordnungsstruktur wollen wir auch die Körperoperationen $\cdot$ und $+$ von $\mathbb{R}$ teilweise auf $\bar{\mathbb{R}}$ erweitern. Dazu setzen wir für $x \in \bar{\mathbb{R}}$:

$$x + \infty := \infty \quad \text{für } x > -\infty , \qquad x - \infty := -\infty \quad \text{für } x < \infty ,$$

und

$$x \cdot \infty := \left\{ \begin{array}{ll} \infty , & x > 0 , \\ -\infty , & x < 0 , \end{array} \right. \qquad x \cdot (-\infty) := \left\{ \begin{array}{ll} -\infty , & x > 0 , \\ \infty , & x < 0 , \end{array} \right.$$

sowie, für $x \in \mathbb{R}$,

$$\frac{x}{\infty} := \frac{x}{-\infty} := 0 , \quad \frac{x}{0} := \left\{ \begin{array}{ll} \infty , & x > 0 , \\ -\infty , & x < 0 , \end{array} \right.$$

und vereinbaren, daß die so definierten Operationen kommutativ seien.[2] Insbesondere ergeben sich die Identitäten

$$\infty + \infty = \infty , \quad -\infty - \infty = -\infty , \quad \infty \cdot \infty = \infty ,$$

$$(-\infty) \cdot \infty = \infty \cdot (-\infty) = -\infty , \quad (-\infty) \cdot (-\infty) = \infty .$$

Wir weisen darauf hin, daß hingegen die Ausdrücke

$$\infty - \infty , \quad 0 \cdot (\pm\infty) , \quad \frac{\pm\infty}{+\infty} , \quad \frac{\pm\infty}{-\infty} , \quad \frac{0}{0} , \quad \frac{\pm\infty}{0}$$

nicht definiert sind und daß $\bar{\mathbb{R}}$ *kein* Körper ist. (Warum?)

Eine Charakterisierung von Supremum und Infimum

Ist schließlich M eine nichtleere Teilmenge von $\mathbb{R}$, so setzen wir

$$\sup(M) := \infty \quad [\text{bzw. } \inf(M) := -\infty] ,$$

falls M in $\mathbb{R}$ nicht nach oben [bzw. nicht nach unten] beschränkt ist. Mit diesen Vereinbarungen beweisen wir die folgende fundamentale Charakterisierung des Supremums und des Infimums von Mengen reeller Zahlen (wobei an $\sup(\emptyset) = -\infty$ und $\inf(\emptyset) = \infty$ erinnert sei).

---

[2]Man vergleiche dazu die Fußnote auf Seite 50.

10.5 Satz

(i) *Für $A \subset \mathbb{R}$ und $x \in \mathbb{R}$ gelten:*

    (α) *$x < \sup(A) \Leftrightarrow \exists\, a \in A$ mit $x < a$.*

    (β) *$x > \inf(A) \Leftrightarrow \exists\, a \in A$ mit $x > a$.*

(ii) *Jede Teilmenge A von $\mathbb{R}$ hat in $\overline{\mathbb{R}}$ ein Supremum und ein Infimum.*

Beweis (i) Für $A = \emptyset$ ist nichts zu beweisen. Wir zeigen (α). Die Aussage (β) wird analog bewiesen.

„$\Rightarrow$" Es seien $A \neq \emptyset$ und $x < \sup(A)$, und es gelte $a \leq x$ für $a \in A$. Dann ist x eine obere Schranke von A, was nach Definition von $\sup(A)$ nicht möglich ist.

„$\Leftarrow$" Es sei $a \in A$ mit $x < a$. Dann gilt offensichtlich $x < a \leq \sup(A)$.

(ii) Ist A eine nichtleere nach oben beschränkte Teilmenge von $\mathbb{R}$, so garantiert Theorem 10.4 die Existenz von $\sup(A)$ in $\mathbb{R}$, also auch in $\overline{\mathbb{R}}$.

Gilt hingegen $A = \emptyset$ oder ist A nicht nach oben beschränkt, so ist gemäß Definition $\sup(A) = -\infty$ bzw. $\sup(A) = \infty$. Die Aussage für das Infimum ergibt sich analog. ∎

Der Satz von Archimedes

10.6 Satz (von Archimedes) $\mathbb{N}$ *ist in $\mathbb{R}$ nicht nach oben beschränkt, d.h., zu jedem $x \in \mathbb{R}$ gibt es ein $n \in \mathbb{N}$ mit $n > x$.*

Beweis Es sei $x \in \mathbb{R}$. Für $x < 0$ ist die Aussage richtig. Es gelte also $x \geq 0$. Dann ist die Menge $A := \{\, n \in \mathbb{N} \;;\; n \leq x \,\}$ nicht leer und durch x nach oben beschränkt. Somit existiert $s := \sup(A)$ in $\mathbb{R}$. Wegen Satz 10.5 gibt es ein $a \in A$ mit $s - 1/2 < a$. Setzen wir nun $n := a + 1$, so gilt $n > s$. Also gehört n nicht zu A und wir finden $n > x$. ∎

10.7 Korollar

(i) *Es sei $a \in \mathbb{R}$. Gilt $0 \leq a \leq 1/n$ für alle $n \in \mathbb{N}^{\times}$, so folgt $a = 0$.*

(ii) *Zu jedem $a \in \mathbb{R}$ mit $a > 0$ gibt es ein $n \in \mathbb{N}^{\times}$ mit $1/n < a$.*

Beweis Wäre $0 < a \leq 1/n$ für alle $n \in \mathbb{N}^{\times}$, dann folgte $n \leq 1/a$ für alle $n \in \mathbb{N}^{\times}$. Somit wäre $\mathbb{N}$ in $\mathbb{R}$ beschränkt, was nach Satz 10.6 nicht möglich ist.

(ii) ist eine äquivalente Umformulierung von (i). ∎

Die Dichtheit der rationalen Zahlen in $\mathbb{R}$

Der nächste Satz zeigt, daß „$\mathbb{Q}$ dicht in $\mathbb{R}$" ist, d.h., daß jede reelle Zahl beliebig genau durch rationale Zahlen „approximiert" werden kann. Wir werden diesen Sachverhalt im nächsten Kapitel wieder aufgreifen und in einen größeren Zusammenhang stellen. Insbesondere werden wir sehen, daß die reellen Zahlen durch diese Approximationseigenschaft der rationalen Zahlen eindeutig charakterisiert werden können.

10.8 Satz *Zu $a, b \in \mathbb{R}$ mit $a < b$ gibt es ein $r \in \mathbb{Q}$ mit $a < r < b$.*

Beweis (a) Gemäß Voraussetzung gilt $b - a > 0$. Also gibt es nach Satz 10.6 ein $n \in \mathbb{N}$ mit $n > 1/(b-a) > 0$. Somit gilt $nb > na + 1$.

(b) Ebenfalls aus Satz 10.6 folgt die Existenz von $m_1, m_2 \in \mathbb{N}$ mit $m_1 > na$ und $m_2 > -na$, d.h., wir haben $-m_2 < na < m_1$. Somit gibt es ein $m \in \mathbb{Z}$ mit $m - 1 \leq na < m$. Nun folgt zusammen mit (a):

$$na < m \leq 1 + na < nb \ .$$

Setzen wir schließlich $r := m/n \in \mathbb{Q}$, so erhalten wir die Behauptung. $\blacksquare$

n-te Wurzeln

Zu Beginn dieses Paragraphen haben wir die Konstruktion von $\mathbb{R}$ durch den Wunsch motiviert, aus beliebigen positiven rationalen Zahlen die „Quadratwurzel ziehen" zu können, d.h. die Existenz von $\sqrt{a}$ für $a > 0$ zu garantieren. Der folgende Satz zeigt, daß wir dieses Ziel — und sogar wesentlich mehr — erreicht haben.

10.9 Satz *Zu $a \in \mathbb{R}^+$ und $n \in \mathbb{N}^\times$ gibt es genau ein $x \in \mathbb{R}^+$ mit $x^n = a$.*

Beweis (a) Wir beweisen zuerst die Eindeutigkeitsaussage. Dazu genügt es nachzuweisen, daß $x^n < y^n$ für $0 < x < y$ und $n \geq 2$ gilt. Dies folgt aus

$$y^n - x^n = (y - x) \sum_{j=0}^{n-1} y^j x^{n-j} > 0 \tag{10.5}$$

(vgl. Aufgabe 8.1).

(b) Um den Nachweis der Existenz einer Lösung zu erbringen, können wir ohne Einschränkung den Fall $n \geq 2$ und $a \notin \{0, 1\}$ betrachten. Ferner nehmen wir an, es gelte $a \in \mathbb{R}^+$ mit $a > 1$. Dann folgt aus Satz 8.9(iii):

$$x^n > a^n > a > 0 \qquad \text{für } x > a \ . \tag{10.6}$$

Setzen wir nun $A := \{ x \in \mathbb{R}^+ \ ; \ x^n \leq a \}$, so gilt $0 \in A$ und, wegen (10.6), $x \leq a$ für $x \in A$. Somit ist $s := \sup(A)$ eine wohldefinierte reelle Zahl mit $s \geq 0$. Wir werden $s^n = a$ nachweisen, indem wir die Aussage $s^n \neq a$ zu einem Widerspruch führen.

Nehmen wir zuerst an, es gelte $s^n < a$. Dann ist $a - s^n > 0$. Da auch

$$b := \sum_{k=0}^{n-1} \binom{n}{k} s^k > 0$$

gilt, gibt es nach Korollar 10.7 und Satz 10.8 ein $\varepsilon \in \mathbb{R}$ mit $0 < \varepsilon < (a - s^n)/b$. Durch Verkleinern von ε können wir ferner annehmen: $\varepsilon \leq 1$. Dann gilt $\varepsilon^k \leq \varepsilon$ für alle $k \in \mathbb{N}^\times$, und wir finden mit Hilfe der binomischen Formel:

$$(s + \varepsilon)^n = s^n + \sum_{k=0}^{n-1} \binom{n}{k} s^k \varepsilon^{n-k} \leq s^n + \Big(\sum_{k=0}^{n-1} \binom{n}{k} s^k \Big) \varepsilon < a \ .$$

Dies zeigt $s + \varepsilon \in A$, was wegen $\sup(A) = s < s + \varepsilon$ nicht möglich ist. Deshalb kann $s^n < a$ nicht wahr sein.

Nehmen wir nun an, es gelte $s^n > a$. Dann ist insbesondere $s > 0$ und somit auch $b := \sum^* \binom{n}{2j-1} s^{2j-1} > 0$, wobei $\sum^*$ Summation über alle $j \in \mathbb{N}^\times$ mit $2j \leq n$ bedeutet. Wiederum finden wir gemäß Satz 10.8 ein $\varepsilon \in \mathbb{R}$ mit $0 < \varepsilon < (s^n - a)/b$ und $\varepsilon \leq 1 \wedge s$. Somit ergibt sich

$$\begin{aligned}
(s - \varepsilon)^n &= s^n + \sum_{k=0}^{n-1} (-1)^{n-k} \binom{n}{k} s^k \varepsilon^{n-k} \\
&\geq s^n - \sum^* \binom{n}{2j-1} s^{2j-1} \varepsilon^{n-2j+1} \geq s^n - \varepsilon \sum^* \binom{n}{2j-1} s^{2j-1} \qquad (10.7) \\
&> a \ .
\end{aligned}$$

Es sei nun $x \in \mathbb{R}^+$ mit $x \geq s - \varepsilon$. Dann folgt aus (10.7): $x^n \geq (s - \varepsilon)^n > a$, d.h. $x \notin A$. Dies zeigt, daß $s - \varepsilon$ eine obere Schranke von A ist, was wegen $s - \varepsilon < s$ und $s = \sup(A)$ nicht möglich ist. Also muß auch die Annahme $s^n > a$ verworfen werden. Wegen der Totalordnung von $\mathbb{R}$ gilt also $s^n = a$.

Schließlich müssen wir noch den Fall $a \in \mathbb{R}^+$ mit $0 < a < 1$ betrachten. Dazu setzen wir $b := 1/a > 1$ und finden deshalb ein eindeutig bestimmtes $y > 0$ mit $y^n = b$. Also ist $x := 1/y$ die eindeutig bestimmte Lösung von $x^n = a$. $\blacksquare$

10.10 Bemerkungen (a) Ist $n \in \mathbb{N}^\times$ ungerade, so besitzt die Gleichung $x^n = a$ für jedes $a \in \mathbb{R}$ genau eine Lösung $x \in \mathbb{R}$.

Beweis In der Tat, ist $a \geq 0$, so folgt die Behauptung aus Satz 10.9 und der Tatsache, daß aus $y < 0$ stets $y^n < 0$ für $n \in 2\mathbb{N} + 1$ folgt. Ist $a < 0$, so finden wir nach dem eben Gezeigten ein eindeutig bestimmtes $y \in \mathbb{R}^+$ mit $y^n = -a$. Setzen wir $x := -y \in \mathbb{R}$, so folgt

$$x^n = (-y)^n = (-1)^n y^n = (-1)^n (-a) = (-1)^{n+1} a = a \ ,$$

da $n + 1$ gerade ist. $\blacksquare$

(b) Es seien entweder $n \in \mathbb{N}$ ungerade und $a \in \mathbb{R}$, oder $n \in \mathbb{N}$ gerade und $a \in \mathbb{R}^+$. Dann bezeichnen wir mit $\sqrt[n]{a}$ die eindeutig bestimmte Lösung in $\mathbb{R}$ (falls n ungerade) bzw. in $\mathbb{R}^+$ (falls n gerade) der Gleichung $x^n = a$. Wir nennen $\sqrt[n]{a}$ die n-te **Wurzel** von a.

Sind n gerade und $a > 0$, so besitzt die Gleichung $x^n = a$ neben $\sqrt[n]{a}$ noch die weitere Lösung $-\sqrt[n]{a}$ in $\mathbb{R}$, die „negative n-te Wurzel von a".

Beweis Da n gerade ist, gilt $(-1)^n = 1$. Somit beweist

$$\left(-\sqrt[n]{a}\right)^n = (-1)^n \left(\sqrt[n]{a}\right)^n = a$$

die Behauptung. ∎

(c) Die Abbildungen

$$\mathbb{R}^+ \to \mathbb{R}^+ , \quad x \mapsto \sqrt[n]{x} , \qquad n \in 2\mathbb{N} ,$$

und

$$\mathbb{R} \to \mathbb{R} , \quad x \mapsto \sqrt[n]{x} , \qquad n \in 2\mathbb{N} + 1 ,$$

sind strikt wachsend.

Beweis Für $0 < x < y$ lesen wir aus (10.5) ab, daß $0 < \sqrt[n]{x} < \sqrt[n]{y}$ gilt. Sind $x < y < 0$ und $n \in 2\mathbb{N} + 1$, so folgt $\sqrt[n]{x} < \sqrt[n]{y}$ aus der Definition in (b) und dem bereits bewiesenen Resultat. Die restlichen Fälle sind trivial. ∎

(d) Es seien $a \in \mathbb{R}^+$ und $r \in \mathbb{Q}$, und $r = p/q$ sei die teilerfremde Darstellung von r. Dann definieren wir die r-te **Potenz** von a durch

$$a^r := \left(\sqrt[q]{a}\right)^p .$$

Man beachte, daß a^r aufgrund der Eindeutigkeit der teilerfremden Darstellung von r wohldefiniert ist.

(e) Korollar 9.7 und Satz 10.9 zeigen insbesondere, daß $\sqrt{2} \in \mathbb{R} \setminus \mathbb{Q}$ gilt, d.h., $\sqrt{2}$ ist eine reelle Zahl, die nicht rational ist. Die Elemente von $\mathbb{R} \setminus \mathbb{Q}$ heißen **irrationale Zahlen**. ∎

Die Dichtheit der irrationalen Zahlen in $\mathbb{R}$

In Satz 10.8 haben wir gesehen, daß die rationalen Zahlen $\mathbb{Q}$ in $\mathbb{R}$ dicht liegen. Der nächste Satz zeigt, daß die irrationalen Zahlen $\mathbb{R} \setminus \mathbb{Q}$ dieselbe Eigenschaft besitzen.

10.11 Satz *Zu $a, b \in \mathbb{R}$ mit $a < b$ gibt es ein $\xi \in \mathbb{R} \setminus \mathbb{Q}$ mit $a < \xi < b$.*

Beweis Es seien $a, b \in \mathbb{R}$ mit $a < b$. Nach Satz 10.8 gibt es rationale Zahlen $r_1, r_2 \in \mathbb{Q}$ mit $a < r_1 < b$ und $r_1 < r_2 < b$. Mit $\xi := r_1 + (r_2 - r_1)/\sqrt{2}$ folgen $r_1 < \xi$ sowie

$$r_2 - \xi = (r_2 - r_1)\left(1 - 1/\sqrt{2}\right) > 0 ,$$

und somit $\xi < r_2$. Insgesamt gilt $r_1 < \xi < r_2$, also erst recht $a < \xi < b$. Schließlich kann ξ keine rationale Zahl sein, da sonst auch $\sqrt{2} = (r_2 - r_1)/(\xi - r_1)$ rational wäre. ∎

Aus Korollar 9.7 folgt, daß es „sehr viele" irrationale Zahlen gibt. In der Tat, in Paragraph II.7 werden wir zeigen, daß $\mathbb{R}$ überabzählbar ist. Zusammen mit der Abzählbarkeit von $\mathbb{Q}$ und Satz 6.8 folgt dann, daß es überabzählbar viele irrationale Zahlen gibt.

Intervalle

Ein **Intervall** J ist eine Teilmenge von $\mathbb{R}$ mit folgender Eigenschaft:

$$(x, y \in J, \ x < y) \Rightarrow (z \in J \ \text{für} \ x < z < y) \ .$$

Offensichtlich sind $\emptyset$, $\mathbb{R}$, $\mathbb{R}^+$, $-\mathbb{R}^+$ Intervalle, während $\mathbb{R}^\times$ kein Intervall ist. Ist J ein nichtleeres Intervall, so heißen $\inf(J)$ **linker** und $\sup(J)$ **rechter Endpunkt** von J. Gehört $a := \inf(J)$ zu J, d.h. $a \in J$, so ist J **links abgeschlossen**, andernfalls **links offen**. Liegt $b := \sup(J)$ in J, so heißt J **rechts abgeschlossen**, sonst **rechts offen**. Das Intervall J heißt **offen**, wenn es leer oder links und rechts offen ist. Im letzten Fall schreiben wir (a, b) für J, d.h.,

$$(a, b) = \left\{ x \in \mathbb{R} \ ; \ a < x < b \right\} \ , \qquad -\infty \leq a \leq b \leq \infty \ ,$$

mit der Vereinbarung, daß $(a, a) := \emptyset$. Ist J links und rechts abgeschlossen, so heißt das Intervall J **abgeschlossen**, und wir bezeichnen es mit

$$[a, b] = \left\{ x \in \mathbb{R} \ ; \ a \leq x \leq b \right\} \ , \qquad -\infty < a \leq b < \infty \ .$$

Ferner schreiben wir $(a, b]$ bzw. $[a, b)$, wenn J links offen und rechts abgeschlossen bzw. links abgeschlossen und rechts offen ist. Jede einpunktige Teilmenge $\{a\}$ von $\mathbb{R}$ ist ein abgeschlossenes Intervall, und $\emptyset$ ist ein offenes und abgeschlossenes Intervall (vgl. Bemerkung 2.1(a)). Ein Intervall heißt **perfekt**, wenn es mindestens zwei Punkte enthält. Es ist **beschränkt**, wenn beide Endpunkte endlich sind, sonst **unbeschränkt**. Jedes von $\mathbb{R}$ verschiedene unbeschränkte Intervall ist somit von einer der Formen $[a, \infty)$, (a, ∞), $(-\infty, a]$ oder $(-\infty, a)$ mit $a \in \mathbb{R}$. Ist J ein beschränktes Intervall, so heißt die nichtnegative Zahl $|J| := \sup(J) - \inf(J)$ **Länge** von J.

Aufgaben

1   Man bestimme folgende Teilmengen von $\mathbb{R}^2$:

$$A := \left\{ (x, y) \in \mathbb{R}^2 \ ; \ |x - 1| + |y + 1| \leq 1 \right\} \ ,$$

$$B := \left\{ (x, y) \in \mathbb{R}^2 \ ; \ 2x^2 + y^2 > 1, \ |x| \leq |y| \right\} \ ,$$

$$C := \left\{ (x, y) \in \mathbb{R}^2 \ ; \ x^2 - y^2 > 1, \ x - 2y < 1, \ y - 2x < 1 \right\} \ .$$

2   (a) Man verifiziere, daß

$$\mathbb{Q}(\sqrt{2}) := \left\{ a + b\sqrt{2} \ ; \ a, b \in \mathbb{Q} \right\}$$

ein Unterkörper von $\mathbb{R}$ ist, der $\mathbb{Q}$ enthält und nicht ordnungsvollständig ist. Gehört $\sqrt{3}$ zu $\mathbb{Q}(\sqrt{2})$?

(b) Man beweise, daß $\mathbb{Q}$ der kleinste Unterkörper von $\mathbb{R}$ ist.

3   Für $a, b \in \mathbb{R}^+$ und $r, s \in \mathbb{Q}$ zeige man:
(a) $a^{r+s} = a^r a^s$, (b) $(a^r)^s = a^{rs}$, (c) $a^r b^r = (ab)^r$.

4   Es seien $m, n \in \mathbb{N}^\times$ und $a, b \in \mathbb{R}^+$. Man verifiziere, daß gelten:
(a) $a^{1/m} < a^{1/n}$, falls $m < n$ und $0 < a < 1$,
(b) $a^{1/m} > a^{1/n}$, falls $m < n$ und $a > 1$.

5 Es sei $f : \mathbb{R} \to \mathbb{R}$ wachsend und es seien $a, b \in \mathbb{R}$ mit $a < b$. Ferner gelten $f(a) > a$ und $f(b) < b$. Man beweise, daß f mindestens einen **Fixpunkt** besitzt, d.h., es gibt ein $x \in \mathbb{R}$ mit $f(x) = x$. (Hinweis: Man betrachte $z := \sup\{ y \in \mathbb{R} \; ; \; a \le y \le b, \; y \le f(y) \}$ und $f(z)$.)

6 Man beweise die *Bernoullische Ungleichung*: Für $x \in \mathbb{R}$ mit $x > -1$ und $n \in \mathbb{N}$ gilt

$$(1 + x)^n \ge 1 + nx .$$

7 Es sei $M \subset \mathbb{R}$ nicht leer mit $\inf(M) > 0$. Man zeige, daß $M' := \{ 1/x \; ; \; x \in M \}$ nach oben beschränkt ist und daß gilt: $\sup(M') = 1/\inf(M)$.

8 Für nichtleere Teilmengen A, B von $\mathbb{R}$ gelten die Relationen

$$\sup(A + B) = \sup(A) + \sup(B) , \quad \inf(A + B) = \inf(A) + \inf(B) .$$

9 (a) Es seien A und B nichtleere Teilmengen von $(0, \infty)$. Man beweise die Beziehungen

$$\sup(A \cdot B) = \sup(A) \cdot \sup(B) , \quad \inf(A \cdot B) = \inf(A) \cdot \inf(B) .$$

(b) Man gebe nichtleere Teilmengen A und B von $\mathbb{R}$ an, für die

$$\sup(A) \cdot \sup(B) < \sup(A \cdot B) \quad \text{bzw.} \quad \inf(A) \cdot \inf(B) > \inf(A \cdot B)$$

gilt.

10 Es seien $n \in \mathbb{N}^\times$ und $x = (x_1, \dots, x_n) \in [\mathbb{R}^+]^n$. Dann heißt $g(x) := \sqrt[n]{\prod_{j=1}^n x_j}$ bzw. $a(x) := (1/n) \sum_{j=1}^n x_j$ **geometrisches** bzw. **arithmetisches Mittel** der $x_1, \dots, x_n$. Zu beweisen ist $g(x) \le a(x)$ (*Ungleichung zwischen dem geometrischen und dem arithmetischen Mittel*).

11 Für $x = (x_1, \dots, x_n)$ und $y = (y_1, \dots, y_n)$ in $\mathbb{R}^n$, $n \in \mathbb{N}^\times$, sei $x \cdot y := \sum_{j=1}^n x_j y_j$. Man beweise die folgende *Ungleichung zwischen dem* **gewichteten** *geometrischen und dem* **gewichteten** *arithmetischen Mittel*:

$$\sqrt[|\alpha|]{x^\alpha} \le (x \cdot \alpha)/|\alpha| , \quad x \in [\mathbb{R}^+]^n , \quad \alpha \in \mathbb{N}^n .$$

12 Man verifiziere, daß $\mathbb{R}$ ein archimedisch angeordneter Körper ist.

13 Es sei $(K, \le)$ ein angeordneter Oberkörper von $(\mathbb{Q}, \le)$ mit der Eigenschaft, daß es zu jedem $a \in K$ mit $a > 0$ ein $r \in \mathbb{Q}$ gibt mit $0 < r < a$. Man zeige, daß K archimedisch angeordnet ist.

14 Man beweise, daß ein angeordneter Körper K genau dann archimedisch ist, wenn $\{ n \cdot 1 \; ; \; n \in \mathbb{N} \}$ in K nicht nach oben beschränkt ist.

15 Es bezeichne K den Körper der rationalen Funktionen mit Koeffizienten in $\mathbb{R}$ (vgl. Bemerkung 9.3(c)). Dann gibt es zu jedem $f \in K$ eindeutig bestimmte teilerfremde Polynome $p = \sum_{k=0}^n p_k X^k$ und $q = \sum_{k=0}^m q_k X^k$ mit $f = p/q$ und $q_m = 1$. Mit diesen Bezeichnungen sei

$$\mathcal{P} := \{ f \in K \; ; \; p_n \ge 1 \} .$$

Schließlich setze man

$$f \prec g :\Longleftrightarrow g - f \in \mathcal{P} .$$

Man zeige, daß $(K, \prec)$ angeordnet, aber nicht archimedisch angeordnet ist.

16 Für jedes $n \in \mathbb{N}$ sei I_n ein nichtleeres abgeschlossenes Intervall in $\mathbb{R}$. Die Familie $\{ I_n ; n \in \mathbb{N} \}$ heißt **Intervallschachtelung**, falls folgende Eigenschaften erfüllt sind:

  (i) $I_{n+1} \subset I_n$ für $n \in \mathbb{N}$.

  (ii) Zu jedem $\varepsilon > 0$ gibt es ein $n \in \mathbb{N}$ mit $|I_n| < \varepsilon$.

Man beweise: (a) Zu jeder Intervallschachtelung $\{ I_n ; n \in \mathbb{N} \}$ gibt es genau ein $x \in \mathbb{R}$ mit $x \in \bigcap_n I_n$.

(b) Zu jedem $x \in \mathbb{R}$ gibt es eine Intervallschachtelung $\{ I_n ; n \in \mathbb{N} \}$ mit rationalen Endpunkten und $\{x\} = \bigcap_n I_n$.

11   Die komplexen Zahlen

In Paragraph 9 haben wir gesehen, daß in einem angeordneten Körper K alle Quadrate nicht negativ sind, d.h., es gilt $x^2 \geq 0$ für $x \in K$. Insbesondere ist somit die Gleichung $x^2 = -1$ im Körper der reellen Zahlen *nicht* lösbar. Wir werden deshalb im folgenden einen Erweiterungskörper von $\mathbb{R}$, den Körper der komplexen Zahlen $\mathbb{C}$, konstruieren, in welchem alle quadratischen Gleichungen (wie wir später sehen werden, sogar alle algebraischen Gleichungen) mindestens eine Lösung besitzen. Erstaunlicherweise ist, im Gegensatz zur Körpererweiterung von $\mathbb{Q}$ nach $\mathbb{R}$, bei welcher wir auf die Konstruktion mittels Dedekindscher Schnitte zurückgreifen mußten, die Erweiterung von $\mathbb{R}$ nach $\mathbb{C}$ bedeutend einfacher.

Eine Konstruktion der komplexen Zahlen

Wie bei den Erweiterungen von $\mathbb{N}$ nach $\mathbb{Z}$ und von $\mathbb{Z}$ nach $\mathbb{Q}$ nehmen wir zuerst an, es gebe einen Oberkörper K von $\mathbb{R}$ und ein $i \in K$ mit $i^2 = -1$. Wir wollen aus dieser Annahme Eigenschaften von K herleiten, welche dann eine explizite Konstruktion von K nahelegen.

Als erstes halten wir fest, $i \notin \mathbb{R}$. Sind $x, y \in \mathbb{R}$ gegeben, so ist $z := x + iy$ ein Element von K, da K ein Körper ist. Darüber hinaus ist die Darstellung $z = x + iy$ in K eindeutig, d.h., wir behaupten: Gilt $z = a + ib$ für $a, b \in \mathbb{R}$, so folgen bereits $x = a$ und $y = b$. Um dies zu beweisen, nehmen wir an, es gelten $y \neq b$ und $x + iy = a + ib$. Dann folgt $i = (x - a)/(b - y) \in \mathbb{R}$, was nicht möglich ist. Motiviert durch diese Beobachtung setzen wir $C := \{\, x + iy \in K \;;\; x, y \in \mathbb{R} \,\}$. Für $z = x + iy$ und $w = a + ib$ in C erhalten wir (in K)

$$
\begin{aligned}
z + w &= x + a + i(y + b) \in C \,, \\
-z &= -x + i(-y) \in C \,, \\
zw &= xa + ixb + iya + i^2 yb = xa - yb + i(xb + ya) \in C \,,
\end{aligned}
\tag{11.1}
$$

wobei wir $i^2 = -1$ verwendet haben. Schließlich sei $z = x + iy \neq 0$, also $x \in \mathbb{R}^{\times}$ oder $y \in \mathbb{R}^{\times}$. Dann gilt (in K)

$$
\frac{1}{z} = \frac{1}{x + iy} = \frac{x - iy}{(x + iy)(x - iy)} = \frac{x}{x^2 + y^2} + i\,\frac{-y}{x^2 + y^2} \in C \,.
\tag{11.2}
$$

Folglich ist C ein Unterkörper von K und ein Erweiterungskörper von $\mathbb{R}$.

Diese Überlegungen zeigen, daß C der kleinste Erweiterungskörper von $\mathbb{R}$ ist, in dem die Gleichung $x^2 = -1$ lösbar ist, falls es überhaupt einen solchen Erweiterungskörper gibt. Diese verbleibende Existenzfrage wollen wir wieder konstruktiv klären.

11.1 Theorem *Es gibt einen kleinsten Erweiterungskörper* $\mathbb{C}$ *von* $\mathbb{R}$, *den* **Körper der komplexen Zahlen**, *in dem die Gleichung* $z^2 = -1$ *lösbar ist. Er ist bis auf Isomorphie eindeutig bestimmt.*

Beweis Wie bei den Konstruktionen von $\mathbb{Z}$ aus $\mathbb{N}$ und $\mathbb{Q}$ aus $\mathbb{Z}$ legen die obigen Überlegungen nahe, Zahlenpaare $(x, y) \in \mathbb{R}^2$ zu betrachten und auf $\mathbb{R}^2$ Verknüpfungen so zu definieren, daß die Analoga zu (11.1) und (11.2) gelten. Wir definieren also auf $\mathbb{R}^2$ eine Addition bzw. eine Multiplikation durch

$$\mathbb{R}^2 \times \mathbb{R}^2 \to \mathbb{R}^2 \,, \quad \big((x,y),(a,b)\big) \mapsto (x+a, y+b)$$

bzw.

$$\mathbb{R}^2 \times \mathbb{R}^2 \to \mathbb{R}^2 \,, \quad \big((x,y),(a,b)\big) \mapsto (xa - yb, xb + ya)$$

und setzen $\mathbb{C} := (\mathbb{R}^2, +, \cdot)$. Man prüft leicht nach, daß $\mathbb{C}$ ein Körper ist, wobei das Nullelement durch $(0,0)$, das additive Inverse von (x,y) durch $(-x,-y)$, das Einselement durch $(1,0)$, und das multiplikative Inverse von $(x,y) \neq (0,0)$ durch $\big(x/(x^2 + y^2), -y/(x^2 + y^2)\big)$ gegeben sind.

Es ist leicht zu verifizieren, daß

$$\mathbb{R} \to \mathbb{C} \,, \quad x \mapsto (x, 0) \tag{11.3}$$

ein injektiver Körperhomomorphismus ist. Folglich können wir $\mathbb{R}$ mit seinem Bild identifizieren und $\mathbb{R}$ als Unterkörper von $\mathbb{C}$ auffassen.

Schließlich zeigt $(0,1)^2 = (0,1)(0,1) = (-1,0) = -(1,0)$, daß $(0,1) \in \mathbb{C}$ die Gleichung $z^2 = -1_\mathbb{C}$ löst.

Die einleitenden Betrachtungen implizieren, daß $\mathbb{C}$ bis auf Isomorphie der kleinste Oberkörper von $\mathbb{R}$ ist, in dem die Gleichung $z^2 = -1$ lösbar ist. ∎

Elementare Eigenschaften

Die Elemente von $\mathbb{C}$ sind die **komplexen Zahlen**. Wegen $(0,1)(y,0) = (0,y)$ für $y \in \mathbb{R}$ gilt

$$(x,y) = (x,0) + (0,1)(y,0) \,, \qquad (x,y) \in \mathbb{R}^2 \,.$$

Setzen wir $i := (0,1) \in \mathbb{C}$, so können wir folglich aufgrund der Identifikation (11.3) jedes $z = (x,y) \in \mathbb{C}$ eindeutig in der Form

$$z = x + iy \,, \qquad x, y \in \mathbb{R} \,, \tag{11.4}$$

darstellen, wobei $i^2 = -1$ gilt. Dann heißen $x =: \operatorname{Re} z$ **Realteil** und $y =: \operatorname{Im} z$ **Imaginärteil** von z, und i ist die **imaginäre Einheit**. Schließlich ist jedes $z \in \mathbb{C}^\times$ mit $\operatorname{Re} z = 0$ **(rein) imaginär**.

Für beliebige $x, y \in \mathbb{C}$ ist natürlich $z = x + iy \in \mathbb{C}$. Wollen wir zum Ausdruck bringen, daß es sich bei der Darstellung $z = x + iy$ um die „**Zerlegung in Real- und Imaginärteil**" handelt, d.h., daß $x = \mathrm{Re}\, z$ und $y = \mathrm{Im}\, z$ gelten, werden wir der Kürze halber oft

$$z = x + iy \in \mathbb{R} + i\mathbb{R}$$

schreiben.

11.2 Bemerkungen (a) Für $z = x + iy$ und $w = a + ib$ aus $\mathbb{R} + i\mathbb{R}$ sind $z + w$, $-z$ und zw durch (11.1) gegeben. Ist $z \neq 0$, so hat $z^{-1} = 1/z$ die Form (11.2).

(b) Die Abbildungen $\mathbb{C} \to \mathbb{R}$, $z \mapsto \mathrm{Re}\, z$ und $\mathbb{C} \to \mathbb{R}$, $z \mapsto \mathrm{Im}\, z$ sind wohldefiniert und surjektiv. Ferner gilt $z = \mathrm{Re}\, z + i\, \mathrm{Im}\, z$, und

$$\overline{z} := \mathrm{Re}\, z - i\, \mathrm{Im}\, z$$

ist die zu z **konjugiert komplexe Zahl**.

(c) Es seien X eine Menge und $f: X \to \mathbb{C}$ eine „komplexwertige Funktion". Dann werden durch

$$\mathrm{Re}\, f: X \to \mathbb{R}\,, \quad x \mapsto \mathrm{Re}\big(f(x)\big)$$

und

$$\mathrm{Im}\, f: X \to \mathbb{R}\,, \quad x \mapsto \mathrm{Im}\big(f(x)\big)$$

zwei „reellwertige Funktionen", der **Realteil** $\mathrm{Re}\, f$ und der **Imaginärteil** $\mathrm{Im}\, f$, definiert. Offensichtlich gilt

$$f = \mathrm{Re}\, f + i\, \mathrm{Im}\, f\,.$$

(d) Nach Konstruktion stimmt $(\mathbb{C}, +)$ mit der additiven Gruppe $(\mathbb{R}^2, +)$ überein (vgl. Beispiel 7.2(d)). Folglich können wir $\mathbb{C}$ mit $(\mathbb{R}^2, +)$ identifizieren, zumindest solange wir nur von der additiven Struktur von $\mathbb{C}$ Gebrauch machen. Dies bedeutet, daß wir die komplexen Zahlen als Vektoren in einem rechtwinkligen Koordinatensystem[1] darstellen können, in der **Gaußschen (Zahlen-)Ebene**. Die Addition komplexer Zahlen wird dann durch die übliche Vektoraddition („Parallelogramm-regel") veranschaulicht. Wie üblich identifizieren wir den Ortsvektor z mit seiner Spitze und fassen z als „Punkt" der Menge $\mathbb{R}^2$ auf, wenn wir von „Punkten" oder „Punktmengen" in $\mathbb{C}$ sprechen und diese graphisch darstellen.

---

[1]Wir verweisen wieder auf [Gab96] für eine axiomatische Fundierung dieser von der Schule her bekannten Begriffe (vgl. auch Paragraph 12).

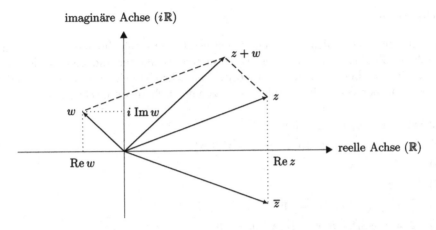

In Paragraph III.6 werden wir sehen, daß auch die Multiplikation in $\mathbb{C}$ eine einfache Interpretation in der Gaußschen Ebene besitzt.

(e) Wegen $(-i)^2 = (-1)^2 i^2 = -1$ besitzt die Gleichung $z^2 = -1$ die beiden Lösungen $z = \pm i$. Nach Korollar 8.18 gibt es keine weiteren.

(f) Für $d \in \mathbb{R}^+$ gelten

$$X^2 - d = \left(X + \sqrt{d}\right)\left(X - \sqrt{d}\right) \quad \text{und} \quad X^2 + d = \left(X + i\sqrt{d}\right)\left(X - i\sqrt{d}\right) .$$

Durch „quadratisches Ergänzen" folgt für $aX^2 + bX + c \in \mathbb{R}[X]$ mit $a \neq 0$

$$aX^2 + bX + c = a\left[\left(X + \frac{b}{2a}\right)^2 - \frac{D}{4a^2}\right]$$

in $\mathbb{C}[X]$, wobei

$$D := b^2 - 4ac$$

die **Diskriminante** bezeichnet. Dies impliziert, daß die **quadratische Gleichung** $az^2 + bz + c = 0$ in $\mathbb{C}$ genau die Lösungen

$$z_{1/2} = \begin{cases} \dfrac{-b \pm \sqrt{D}}{2a} \in \mathbb{R} , & D \geq 0 , \\[2mm] \dfrac{-b \pm i\sqrt{-D}}{2a} \in \mathbb{C}\backslash\mathbb{R} , & D < 0 , \end{cases}$$

besitzt. Außerdem gilt der *Satz von Vieta*:

$$z_1 + z_2 = -b/a , \quad z_1 z_2 = c/a$$

(vgl. Aufgabe 8.7(g)). Im Fall $D < 0$ gilt $z_2 = \overline{z}_1$.

(g) Der Körper $\mathbb{C}$ kann wegen $i^2 = -1 < 0$ nicht angeordnet werden. ∎

Rechenregeln

Im nächsten Satz stellen wir einige wichtige Rechenregeln für den Umgang mit komplexen Zahlen zusammen. Die Beweise sind elementar und bleiben dem Leser als Übung überlassen. Es ist überdies sehr lehrreich, sich die untenstehenden Aussagen in der Gaußschen Zahlenebene geometrisch zu veranschaulichen.

11.3 Satz   *Für $z, w \in \mathbb{C}$ gelten:*

(i) $\operatorname{Re}(z) = (z + \overline{z})/2$, $\operatorname{Im}(z) = (z - \overline{z})/(2i)$;

(ii) $z \in \mathbb{R} \Longleftrightarrow z = \overline{z}$;

(iii) $\overline{\overline{z}} = z$;

(iv) $\overline{z + w} = \overline{z} + \overline{w}$, $\overline{zw} = \overline{z}\,\overline{w}$;

(v) $z\overline{z} = x^2 + y^2$ *mit* $x := \operatorname{Re} z$, $y := \operatorname{Im} z$.

Wie wir bereits festgestellt haben, kann $\mathbb{C}$ nicht angeordnet werden. Trotzdem kann auf $\mathbb{C}$ eine nichtnegative Funktion $|\cdot|$ so eingeführt werden, daß sie auf $\mathbb{R}$ mit dem durch die Ordnung von $\mathbb{R}$ induzierten Betrag übereinstimmt.[2] Sie heißt **(Absolut-)Betrag** und wird definiert durch

$$|\cdot| : \mathbb{C} \to \mathbb{R}^+ , \quad z \mapsto |z| := \sqrt{z\,\overline{z}} .$$

Für $z = x + iy \in \mathbb{R} + i\mathbb{R}$ gilt $|z| = \sqrt{x^2 + y^2}$. Nach dem Satz des Pythagoras gibt somit $|z|$ die Länge des Vektors z in der Gaußschen Zahlenebene an.

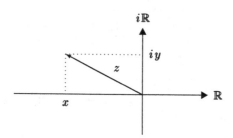

Wir wollen auch für den Absolutbetrag einige Rechenregeln zusammenstellen.

11.4 Satz   *Für $z, w \in \mathbb{C}$ gelten:*

(i) $|zw| = |z|\,|w|$;

(ii) $|z|_{\mathbb{C}} = |z|_{\mathbb{R}}$ *für* $z \in \mathbb{R}$;

(iii) $|\operatorname{Re}(z)| \le |z|$, $|\operatorname{Im}(z)| \le |z|$, $|z| = |\overline{z}|$;

---

[2]Diese Tatsache rechtfertigt den Gebrauch des Symbols $|\cdot|$ für den Betrag. Sind trotzdem zwei Symbole notwendig, so schreiben wir $|\cdot|_{\mathbb{C}}$ für den Betrag in $\mathbb{C}$ und $|\cdot|_{\mathbb{R}}$ für den Betrag in $\mathbb{R}$, vgl. z.B. Satz 11.4(ii).

(iv) $|z| = 0 \Leftrightarrow z = 0$;

(v) $|z + w| \le |z| + |w|$ (Dreiecksungleichung);

(vi) $z^{-1} = 1/z = \overline{z}/|z|^2$ für $z \in \mathbb{C}^\times$.

Beweis Es seien $z, w \in \mathbb{C}$ und $z = x + iy \in \mathbb{R} + i\mathbb{R}$.

(i) Aus Satz 11.3(iv) und Bemerkung 9.9(a) folgt

$$|zw| = \sqrt{zw \cdot \overline{zw}} = \sqrt{z\overline{z} \cdot w\overline{w}} = \sqrt{z\overline{z}} \cdot \sqrt{w\overline{w}} = |z|\,|w| \ .$$

(ii) Für $z \in \mathbb{R}$ gilt $\overline{z} = z$. Also ergibt sich aus Bemerkung 9.9(b)

$$|z|_\mathbb{C} = \sqrt{z\overline{z}} = \sqrt{z^2} = |z|_\mathbb{R} \ .$$

(iii) Aus Bemerkung 10.10(c) folgt $|\operatorname{Re}(z)| = |x| = \sqrt{x^2} \le \sqrt{x^2 + y^2} = |z|$. Analog finden wir $|\operatorname{Im}(z)| \le |z|$. Ferner erhalten wir $|z| = \sqrt{z\overline{z}} = \sqrt{\overline{z}\overline{\overline{z}}} = |\overline{z}|$ aus der Gleichheit $\overline{\overline{z}} = z$.

(iv) Beachten wir Satz 8.10, so ergibt sich

$$|z| = 0 \Leftrightarrow |z|^2 = |x|^2 + |y|^2 = 0 \Leftrightarrow |x| = |y| = 0 \Leftrightarrow x = y = 0 \ .$$

(v) Es gilt

$$\begin{aligned}
|z + w|^2 &= (z + w)\overline{(z + w)} = (z + w)(\overline{z} + \overline{w}) \\
&= z\overline{z} + z\overline{w} + w\overline{z} + w\overline{w} = |z|^2 + z\overline{w} + \overline{z\overline{w}} + |w|^2 \\
&= |z|^2 + 2\operatorname{Re}(z\overline{w}) + |w|^2 \le |z|^2 + 2\,|z\overline{w}| + |w|^2 \\
&= |z|^2 + 2\,|z|\,|w| + |w|^2 = (|z| + |w|)^2 \ ,
\end{aligned}$$

wobei wir (iii) und Satz 11.3 verwendet haben.

(vi) Ist $z \in \mathbb{C}^\times$, so gilt $1/z = \overline{z}/(z\overline{z}) = \overline{z}/|z|^2$. ∎

11.5 Korollar (Umgekehrte Dreiecksungleichung) *Für $z, w \in \mathbb{C}$ gilt:*

$$|z - w| \ge \big|\,|z| - |w|\,\big| \ .$$

Beweis Dies folgt analog zum Beweis von Korollar 8.11 aus der Dreiecksungleichung in $\mathbb{C}$. ∎

Die Erfahrung zeigt, daß, im Gegensatz zu anderen Disziplinen der Mathematik, in der Analysis nur die beiden Körper $\mathbb{R}$ und $\mathbb{C}$ von Bedeutung sind. Zudem gelten viele Aussagen sowohl für die reellen, als auch für die komplexen Zahlen. Wir treffen deshalb die

Vereinbarung $\mathbb{K}$ *bezeichnet entweder den Körper $\mathbb{R}$ oder den Körper $\mathbb{C}$.*

Bälle in $\mathbb{K}$

Als Vorbereitung auf das nächste Kapitel wollen wir einige Begriffe einführen. Für $a \in \mathbb{K}$ und $r > 0$ nennen wir

$$\mathbb{B}(a, r) := \mathbb{B}_{\mathbb{K}}(a, r) := \{\, x \in \mathbb{K} \; ; \; |x - a| < r \,\}$$

offenen Ball in $\mathbb{K}$ um a mit Radius r. Im Fall $\mathbb{K} = \mathbb{C}$ entspricht $\mathbb{B}_{\mathbb{C}}(a, r)$ somit der „offenen Kreisscheibe" in der Gaußschen Zahlenebene mit Mittelpunkt a und Radius r. Steht $\mathbb{K}$ für den Körper $\mathbb{R}$, so ist $\mathbb{B}_{\mathbb{R}}(a, r)$ das offene symmetrische Intervall $(a - r, a + r)$ der Länge $2r$ um a in $\mathbb{R}$.

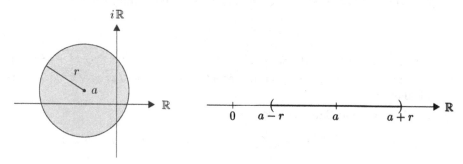

Den **abgeschlossenen Ball** mit Radius r um a in $\mathbb{K}$ definieren wir durch

$$\bar{\mathbb{B}}(a, r) := \bar{\mathbb{B}}_{\mathbb{K}}(a, r) := \{\, x \in \mathbb{K} \; ; \; |x - a| \leq r \,\} \,.$$

Also stimmt $\bar{\mathbb{B}}_{\mathbb{R}}(a, r)$ mit dem abgeschlossenen Intervall $[a - r, a + r]$ überein. Statt $\mathbb{B}_{\mathbb{C}}(a, r)$ [bzw. $\bar{\mathbb{B}}_{\mathbb{C}}(a, r)$] werden wir oft $\mathbb{D}(a, r)$ [bzw. $\bar{\mathbb{D}}(a, r)$] schreiben, und $\mathbb{D} := \mathbb{D}(0, 1)$ [bzw. $\bar{\mathbb{D}} := \bar{\mathbb{D}}(0, 1)$] ist die **Einheitskreisscheibe** in $\mathbb{C}$.

Aufgaben

1 (a) Es ist zu zeigen, daß es zu jedem $z \in \mathbb{C} \backslash (-\infty, 0]$ genau ein $w \in \mathbb{C}$ gibt mit $w^2 = z$ und $\operatorname{Re}(w) > 0$. Man nennt w **Hauptteil der Wurzel(funktion)** von z und schreibt $\sqrt{z}$.
(b) Für $z \in \mathbb{C} \backslash (-\infty, 0]$ gilt

$$\sqrt{z} = \sqrt{(|z| + \operatorname{Re} z)/2} + i \operatorname{sign}(\operatorname{Im} z) \sqrt{(|z| - \operatorname{Re} z)/2} \,.$$

(c) Man finde eine Darstellung von $\sqrt{i}$.
Welche weiteren Lösungen besitzt die Gleichung $w^2 = i$?

2 Man berechne $\bar{z}$, $|z|$, $\operatorname{Re} z$, $\operatorname{Im} z$, $\operatorname{Re}(1/z)$ und $\operatorname{Im}(1/z)$ für $z \in \left\{ \frac{12 + 5i}{2 + 3i}, \sqrt{i} \right\}$.

3 Man skizziere in der Gaußschen Zahlenebene folgende Punktmengen:

$$A := \{\, z \in \mathbb{C} \; ; \; |z - 1| \leq |z + 1| \,\} \,,$$
$$B := \{\, z \in \mathbb{C} \; ; \; |z + 1| \leq |z - i| \leq |z - 1| \,\} \,,$$
$$C := \{\, z \in \mathbb{C} \; ; \; 3 z \bar{z} - 6 z - 6 \bar{z} + 9 = 0 \,\} \,.$$

4 Man bestimme alle Lösungen der Gleichungen $z^4 = 1$ und $z^3 = 1$ in $\mathbb{C}$.

5 Man gebe einen Beweis von Satz 11.3.

6 Es seien $m \in \mathbb{N}^\times$ und $U_j \subset \mathbb{C}$ für $0 \leq j \leq m$. Ferner gebe es ein $a \in \mathbb{C}$ und zu jedem j ein $r_j > 0$ mit $\mathbb{B}(a, r_j) \subset U_j$. Man zeige, daß es ein $r > 0$ gibt mit $\mathbb{B}(a, r) \subset \bigcap_{j=0}^{m} U_j$.

7 Für $a \in \mathbb{K}$ und $r > 0$ beschreibe man $\bar{\mathbb{B}}_{\mathbb{K}}(a, r) \backslash \mathbb{B}_{\mathbb{K}}(a, r)$.

8 Man zeige, daß es außer der Identität und $z \mapsto \bar{z}$ keinen Körperautomorphismus von $\mathbb{C}$ gibt, der die Elemente von $\mathbb{R}$ fest läßt. (Hinweis: Man bestimme $\varphi(i)$ für einen Automorphismus φ.)

9 Man zeige, daß $S^1 := \{ z \in \mathbb{C} \, ; \, |z| = 1 \}$ eine Untergruppe der multiplikativen Gruppe $(\mathbb{C}^\times, \cdot)$ von $\mathbb{C}$ ist, die **Kreisgruppe**.

10 Wir bezeichnen mit $\mathbb{R}^{2 \times 2}$ den nichtkommutativen Ring der reellen (2×2)-Matrizen. Man zeige, daß die Menge C aller (2×2)-Matrizen der Form

$$\begin{bmatrix} a & -b \\ b & a \end{bmatrix}$$

ein Unterkörper von $\mathbb{R}^{2 \times 2}$ ist und daß die Abbildung

$$\mathbb{R} + i\mathbb{R} \to \mathbb{R}^{2 \times 2} \, , \quad a + ib \mapsto \begin{bmatrix} a & -b \\ b & a \end{bmatrix}$$

ein Körperisomorphismus von $\mathbb{C}$ auf C ist. (Die benötigten Eigenschaften über Matrizen werden in Vorlesungen oder Büchern über Lineare Algebra zur Verfügung gestellt.)

11 Für $p = X^n + a_{n-1}X^{n-1} + \cdots + a_1 X + a_0 \in \mathbb{C}[X]$ setze man $R := 1 + \sum_{k=0}^{n-1} |a_k|$. Dann gilt $|p(z)| > R$ für $z \in \mathbb{C}$ mit $|z| > R$.

12 Man beweise die **Parallelogrammidentität** in $\mathbb{C}$:

$$|z + w|^2 + |z - w|^2 = 2(|z|^2 + |w|^2) \, , \quad z, w \in \mathbb{C} \, .$$

13 Man beschreibe die Abbildung $\mathbb{C}^\times \to \mathbb{C}^\times$, $z \mapsto 1/z$ geometrisch.

14 Man bestimme alle Nullstellen des Polynoms $X^4 - 2X^3 - X^2 + 2X + 1 \in \mathbb{C}[X]$. (Hinweis: Man multipliziere das Polynom mit $1/X^2$ und substituiere $Y = X - 1/X$.)

15 **Kubische Gleichungen** Es sei k ein kubisches Polynom in $\mathbb{C}$ mit führendem Koeffizienten 1, d.h.

$$k = X^3 + aX^2 + bX + c \, .$$

Wir interessieren uns für die Nullstellen von k. Dazu substituieren wir $Y = X + a/3$ und finden so die Normalform

$$Y^3 + pY + q \in \mathbb{C}[X] \, .$$

Es sind die Koeffizienten p und q zu bestimmen! Ferner nehmen wir an,[3] es existieren $u, v \in \mathbb{C}$ mit

$$u^3 = -\frac{q}{2} + \sqrt{\left(\frac{q}{2}\right)^2 + \left(\frac{p}{3}\right)^3} \, , \quad v^3 = -\frac{q}{2} - \sqrt{\left(\frac{q}{2}\right)^2 + \left(\frac{p}{3}\right)^3} \, . \tag{11.5}$$

---

[3]Die Resultate von Paragraph III.6 werden zeigen, daß diese Voraussetzung tatsächlich stets erfüllt ist, d.h., wir werden nachweisen, daß es zu jedem $w \in \mathbb{C}$ mindestens ein $z \in \mathbb{C}$ gibt mit $z^3 = w$.

Man zeige: Es gibt eine dritte Einheitswurzel ξ (d.h., es gilt $\xi^3 = 1$ (vgl. Aufgabe 4)), so daß $uv = -\xi p/3$. Dann sind

$$y_1 := u + v , \quad y_2 := u + \xi^2 v , \quad y_3 := \xi^2 u + v$$

Lösungen der Gleichung

$$y^3 + py + q = 0 . \tag{11.6}$$

Wie erhält man im Fall $\xi = 1$ drei verschiedene Lösungen von (11.6)?

12   Vektorräume, affine Räume und Algebren

Die *linearen Strukturen* gehören zweifellos zu den tragfähigsten mathematischen Konzeptionen und dienen innerhalb der gesamten Mathematik als Grundlage vieler weiterführender Betrachtungen. Wir werden deshalb in diesem Paragraphen die ersten wichtigen Begriffe einführen und diese durch eine Reihe von Beispielen veranschaulichen. Wieder geht es uns in erster Linie darum, einfache Strukturen zu erkennen und Sprechweisen zu finden, die mit wenigen Worten Eigenschaften zusammenfassen, welche wir in den folgenden Kapiteln in den verschiedensten Einkleidungen immer wieder antreffen werden. Eine tiefergehende Analyse wird in Vorlesungen über Lineare Algebra durchgeführt und ist in der umfangreichen Literatur zu jenem Gebiet ausführlich dargestellt (z.B. in [Art93], [Gab96], [Koe83], [Wal82] oder [Wal85]).

Im folgenden bezeichnet K stets einen Körper.

Vektorräume

Ein **Vektorraum über dem Körper** K, ein K**-Vektorraum**, ist ein Tripel $(V, +, \cdot)$, bestehend aus einer nichtleeren Menge V, einer „inneren" Verknüpfung $+$, der **Addition**, und einer „äußeren" Verknüpfung

$$K \times V \to V \,, \quad (\lambda, v) \mapsto \lambda \cdot v \,,$$

der **Multiplikation mit Skalaren**, welches folgenden Axiomen genügt:

(VR$_1$) $(V, +)$ ist eine abelsche Gruppe.

(VR$_2$) Es gelten die Distributivgesetze:

$$\lambda \cdot (v + w) = \lambda \cdot v + \lambda \cdot w \,, \quad (\lambda + \mu) \cdot v = \lambda \cdot v + \mu \cdot v \,, \qquad \lambda, \mu \in K \,, \quad v, w \in V \,.$$

(VR$_3$) $\lambda \cdot (\mu v) = (\lambda \mu) \cdot v \,, \quad 1 \cdot v = v \,, \qquad \lambda, \mu \in K \,, \quad v \in V \,.$

Ein Vektorraum heißt **reell** bzw. **komplex**, wenn $K = \mathbb{R}$ bzw. $K = \mathbb{C}$ gilt. Ist es aus dem Zusammenhang klar, von welchen Verknüpfungen die Rede ist, so schreiben wir kurz V für $(V, +, \cdot)$.

12.1 Bemerkungen   (a) Die Elemente von V werden als **Vektoren** und die von K als **Skalare** bezeichnet. Das Wort „Vektor" ist also nichts anderes als eine abkürzende Sprechweise für „Element eines Vektorraumes". Auf mögliche geometrische Interpretationen werden wir später eingehen.

Wie bei Ringen vereinbaren wir, daß die Multiplikation stärker binde als die Addition, und wir schreiben einfach λv für $\lambda \cdot v$.

(b) Das neutrale Element von $(V, +)$ heißt **Nullvektor** und wird, wie auch die Null von K, mit 0 bezeichnet. Für das additive Inverse von $v \in V$ schreiben wir wieder $-v$, und $v - w := v + (-w)$. Dies, ebenso wie die Verwendung derselben

Symbole „ + " und „ · " für die Verknüpfungen in K und in V, kann nicht zu Mißverständnissen führen, da zusätzlich zu (VR$_1$) und (VR$_3$) die Beziehungen

$$0v = 0 , \quad (-\lambda)v = \lambda(-v) = -(\lambda v) =: -\lambda v , \qquad \lambda \in K , \quad v \in V ,$$

gelten. Außerdem ist die Kürzungsregel

$$\lambda v = 0 \Rightarrow (\lambda = 0 \text{ oder } v = 0)$$

erfüllt. Es ist klar, daß in der letzten Formelzeile links der Nullvektor und rechts zuerst die Null von K und dann die Null von V gemeint sind.

Beweis Aus dem Distributivgesetz und den Rechenregeln in K folgt

$$0 \cdot v = (0 + 0) \cdot v = 0 \cdot v + 0 \cdot v .$$

Da der Nullvektor das neutrale Element von $(V, +)$ ist, gilt auch $0 \cdot v = 0 \cdot v + 0$. Nun erhalten wir $0 \cdot v = 0$ aus Bemerkung 7.1(c). Die Beweise der restlichen Aussagen stellen wir als Aufgabe. ■

(c) Axiom (VR$_3$) besagt, daß die multiplikative Gruppe $K^\times$ (von links) auf V operiert (vgl. Aufgabe 7.6). Insgesamt kann man (VR$_2$) und (VR$_3$) dadurch ausdrücken, daß man sagt, der Körper K **operiere** (von links) auf V. Oft wird es bequem sein, K von rechts auf V operieren zu lassen und nicht zwischen diesen beiden Operationen zu unterscheiden, d.h., wir setzen $v\lambda := \lambda v$ für $(\lambda, v) \in K \times V$. ■

Lineare Abbildungen

Es seien V und W Vektorräume über K. Dann heißt eine Abbildung $T : V \to W$ (K-)**linear** oder **linearer Operator**, wenn gilt:

$$T(\lambda v + \mu w) = \lambda T(v) + \mu T(w) , \qquad \lambda, \mu \in K , \quad v, w \in V .$$

Eine lineare Abbildung ist also nichts anderes als eine mit den Vektorraumverknüpfungen, den **linearen Strukturen**, verträgliche Funktion, also ein (**Vektorraum-**)**Homomorphismus**. Die Menge aller linearen Abbildungen von V nach W bezeichnen wir mit $\mathrm{Hom}(V, W)$ oder $\mathrm{Hom}_K(V, W)$, und $\mathrm{End}(V) := \mathrm{Hom}(V, V)$ ist die Menge aller (**Vektorraum-**)**Endomorphismen**. Ein bijektiver Homomorphismus $T \in \mathrm{Hom}(V, W)$ [bzw. Endomorphismus $T \in \mathrm{End}(V)$] ist ein (**Vektorraum-**)**Isomorphismus** [bzw. (**Vektorraum-**)**Automorphismus**]. Gibt es einen Isomorphismus von V auf W, so sind V und W **isomorph**, und wir schreiben wieder $V \cong W$. Offensichtlich ist $\cong$ eine Äquivalenzrelation in jeder Menge von K-Vektorräumen.

> **Vereinbarung** Die Aussage „V und W sind Vektorräume und $T : V \to W$ ist eine lineare Abbildung" soll immer beinhalten, daß V und W Vektorräume über *demselben* Körper sind.

12.2 Bemerkungen (a) Es ist bequem und üblich, bei einer linearen Abbildung
$T: V \to W$ kurz Tv statt $T(v)$ für $v \in V$ zu schreiben, falls keine Mißverständnisse
zu befürchten sind.

(b) Jeder Vektorraumhomomorphismus $T: V \to W$ ist insbesondere ein Gruppen-
homomorphismus $T: (V, +) \to (W, +)$. Also gelten $T0 = 0$ und $T(-v) = -Tv$ für
$v \in V$. Unter dem **Kern** (oder **Nullraum**) von T versteht man den Kern dieses
Gruppenhomomorphismus:

$$\ker(T) = \{ v \in V \; ; \; Tv = 0 \} = T^{-1}0 \; .$$

Also ist T genau dann injektiv, wenn sein Kern trivial ist, d.h., wenn $\ker(T) = \{0\}$
gilt (vgl. Bemerkungen 7.6(a) und (d)).

(c) Es seien U, V und W Vektorräume über K. Dann ist $T \circ S \in \mathrm{Hom}(U, W)$ für
$S \in \mathrm{Hom}(U, V)$ und $T \in \mathrm{Hom}(V, W)$.

(d) Die Menge $\mathrm{Aut}(V)$ der Automorphismen von V, d.h. die Menge der bijektiven
linearen Abbildungen von V auf sich, ist eine Untergruppe der Permutationsgruppe
von V. Sie heißt **Automorphismengruppe** von V. ∎

12.3 Beispiele Es seien V und W Vektorräume über K.

(a) Ein **Null(vektor)raum** besteht nur aus einem Element 0 und wird oft einfach
mit 0 bezeichnet. Jeder andere Vektorraum ist **nichttrivial**.

(b) Eine nichtleere Teilmenge U von V heißt **Untervektorraum**, wenn gilt:
(UVR$_1$) U ist eine Untergruppe von $(V, +)$.
(UVR$_2$) U ist abgeschlossen unter der Multiplikation mit Skalaren: $K \cdot U \subset U$.
Man verifiziert leicht, daß U genau dann ein Untervektorraum von V ist, wenn U
unter den beiden Verknüpfungen von V abgeschlossen ist, also wenn gelten:

$$U + U \subset U \; , \quad K \cdot U \subset U \; .$$

(c) Der Kern und das Bild einer linearen Abbildung $T: V \to W$ sind Untervektorräume von V bzw. W. Ist T injektiv, so ist $T^{-1} \in \mathrm{Hom}\big(\mathrm{im}(T), V\big)$.

(d) K ist ein Vektorraum über sich selbst, wenn die Körperverknüpfungen *auch*
als Vektorraumverknüpfungen interpretiert werden.

(e) Es sei X eine Menge. Dann ist V^X ein K-Vektorraum mit den **punktweisen
Verknüpfungen** (vgl. Beispiel 4.12)

$$(f+g)(x) := f(x)+g(x) \; , \quad (\lambda f)(x) := \lambda f(x) \; , \qquad x \in X \; , \quad \lambda \in K \; , \quad f, g \in V^X \; .$$

Insbesondere ist für $m \in \mathbb{N}^X$ das m-fache Produkt von K mit sich selbst, K^m, ein
K-Vektorraum mit den punktweisen (oder **komponentenweise definierten**) Verknüpfungen

$$x + y = (x_1 + y_1, \ldots, x_m + y_m) \; , \quad \lambda x = (\lambda x_1, \ldots, \lambda x_m)$$

für $\lambda \in K$, und $x = (x_1, \ldots, x_m)$ und $y = (y_1, \ldots, y_m)$ in K^m. Offensichtlich stimmt K^1 mit K (als K-Vektorraum!) überein.

(f) Die vorangehende Definition legt unmittelbar die folgende Verallgemeinerung nahe. Es seien $V_1, \ldots, V_m$ Vektorräume über K. Dann ist $V := V_1 \times \cdots \times V_m$ ein Vektorraum, der **Produktvektorraum** von $V_1, \ldots, V_m$, mit der durch

$$v + w := (v_1 + w_1, \ldots, v_m + w_m), \quad \lambda v := (\lambda v_1, \ldots, \lambda v_m)$$

für $v = (v_1, \ldots, v_m) \in V$, $w = (w_1, \ldots, w_m) \in V$ und $\lambda \in K$ definierten linearen Struktur.

(g) Auf dem Ring der formalen Potenzreihen $K[\![X_1, \ldots, X_m]\!]$ in $m \in \mathbb{N}^\times$ Unbestimmten über K definieren wir eine äußere Multiplikation

$$K \times K[\![X_1, \ldots, X_m]\!] \to K[\![X_1, \ldots, X_m]\!], \quad (\lambda, p) \mapsto \lambda p$$

durch

$$\lambda\Big(\sum_\alpha p_\alpha X^\alpha\Big) := \sum_\alpha (\lambda p_\alpha) X^\alpha .$$

Mit dieser Verknüpfung als Multiplikation mit Skalaren und der bereits bekannten additiven Verknüpfung ist $K[\![X_1, \ldots, X_m]\!]$ ein K-Vektorraum, der **Vektorraum der formalen Potenzreihen** in m Unbestimmten. Offensichtlich ist $K[X_1, \ldots, X_m]$ ein Untervektorraum von $K[\![X_1, \ldots, X_m]\!]$, der **Vektorraum der Polynome** in m Unbestimmten.

(h) $\mathrm{Hom}(V, W)$ ist ein Untervektorraum von W^V.

(i) Es sei U ein Untervektorraum von V. Dann ist $(V, +)/U$ nach Satz 7.4 und Bemerkung 7.5(b) eine abelsche Gruppe. Man prüft leicht nach, daß

$$K \times (V, +)/U \to (V, +)/U, \quad (\lambda, x + U) \mapsto \lambda x + U$$

eine wohldefinierte Abbildung ist, welche den Axiomen (VR$_2$) und (VR$_3$) genügt. Also ist $(V, +)/U$ ein K-Vektorraum, den wir mit V/U bezeichnen, der **Faktorraum** oder **Quotientenraum von V modulo U**. Schließlich ist die **kanonische Projektion**

$$\pi : V \to V/U, \quad x \mapsto [x] := x + U$$

eine lineare Abbildung.

(j) Zu $T \in \mathrm{Hom}(V, W)$ gibt es genau eine lineare Abbildung $\widehat{T} : V/\ker(T) \to W$, für welche das Diagramm

$$
\begin{array}{ccc}
V & \xrightarrow{\quad T \quad} & W \\
& \pi \searrow \quad \nearrow \widehat{T} & \\
& V/\ker(T) &
\end{array}
$$

kommutativ ist, und $\widehat{T}$ ist injektiv mit $\mathrm{im}(\widehat{T}) = \mathrm{im}(T)$.

Beweis Dies folgt unmittelbar aus (c), (i) und Beispiel 4.2(c). ∎

(k) Es seien U_α, $\alpha \in A$, Untervektorräume von V. Dann ist $\bigcap_{\alpha \in A} U_\alpha$ ein Untervektorraum (UVR) von V. Ist M eine Teilmenge von V, so ist

$$\mathrm{span}(M) := \bigcap \{ U \; ; \; U \text{ ist UVR von } V \text{ mit } U \supset M \}$$

der kleinste Untervektorraum von V, der M enthält, die **lineare Hülle** oder der **Spann** von M.

(l) Sind U_1 und U_2 Untervektorräume von V, so ist das Bild von $U_1 \times U_2$ unter der Addition in V ein Untervektorraum von V, die **Summe** $U_1 + U_2$ von U_1 und U_2. Die Summe $U_1 + U_2$ ist **direkt**, wenn $U_1 \cap U_2 = \{0\}$ gilt. In diesem Fall bezeichnet man sie mit $U_1 \oplus U_2$.

(m) Sind U ein Untervektorraum von V und $T \in \mathrm{Hom}(V, W)$, so ist $T|U$ eine lineare Abbildung von U nach W. Im Fall $V = W$ heißt U **invariant** unter T, wenn $T(U) \subset U$ gilt. Wenn keine Verwechslungen zu befürchten sind, schreiben wir meistens wieder T für $T|U$. ∎

Vektorraumbasen

Es sei V ein nichttrivialer K-Vektorraum. Ein Ausdruck der Form $\sum_{j=1}^{m} \lambda_j v_j$ mit $\lambda_1, \ldots, \lambda_m \in K$ und $v_1, \ldots, v_m \in V$ heißt (endliche) **Linearkombination** der Vektoren $v_1, \ldots, v_m$ (über K). Die Vektoren $v_1, \ldots, v_m$ sind **linear abhängig**, wenn es $\lambda_1, \ldots, \lambda_m \in K$ gibt, die nicht alle Null sind, mit $\lambda_1 v_1 + \cdots + \lambda_m v_m = 0$. Existieren solche Skalare nicht, d.h. gilt

$$\lambda_1 v_1 + \cdots + \lambda_m v_m = 0 \Rightarrow \lambda_1 = \cdots = \lambda_m = 0 \ ,$$

so sind die Vektoren $v_1, \ldots, v_m$ **linear unabhängig**. Eine Teilmenge A von V ist **linear unabhängig**, wenn je endlich viele verschiedene Elemente von A linear unabhängig sind. Die leere Menge heißt ebenfalls linear unabhängig. Eine linear unabhängige Teilmenge B von V mit $\mathrm{span}(B) = V$ heißt **Basis** von V. In der Linearen Algebra wird gezeigt, daß gilt: Besitzt V eine endliche Basis aus m Vektoren, so besteht jede Basis aus genau m Vektoren. Dann nennt man m die **Dimension**, $\dim(V)$, des Vektorraumes V und sagt, V sei m-**dimensional**. Besitzt V keine endliche Basis, so ist V **unendlich-dimensional**. Schließlich wird $\dim(0) = 0$ gesetzt.

12.4 Beispiele **(a)** Es sei $m \in \mathbb{N}^\times$. Wir bezeichnen mit

$$e_j := (0, \ldots, 0, \underset{(j)}{1}, 0, \ldots, 0) \in K^m$$

für $j = 1, \ldots, m$ den Vektor in K^m, der an der j-ten Stelle eine 1 und sonst überall 0 stehen hat. Dann ist $\{e_1, \ldots, e_m\}$ eine Basis von K^m, die **Standardbasis** oder

kanonische Basis von K^m. Also ist K^m ein m-dimensionaler Vektorraum über K, der m-**dimensionale Standardraum über** K.

(b) Es sei X eine endliche Menge. Für $x \in X$ definieren wir $e_x \in K^X$ durch

$$e_x(y) := \begin{cases} 1, & y = x, \\ 0, & y \neq x. \end{cases} \tag{12.1}$$

Dann ist $\{ e_x \;;\; x \in X \}$ eine Basis von K^X, die **Standardbasis**. Also gilt die Gleichung $\dim(K^X) = \mathrm{Anz}(X)$.

(c) Für $n \in \mathbb{N}$ und $m \in \mathbb{N}^\times$ sei

$$K_n[X_1, \ldots, X_m] := \{ p \in K[X_1, \ldots, X_m] \;;\; \mathrm{Grad}(p) \leq n \} \,.$$

Dann ist $K_n[X_1, \ldots, X_m]$ ein Untervektorraum von $K[X_1, \ldots, X_m]$, also des Vektorraumes $K^{(K^m)}$, und die Monome $\{ X^\alpha \;;\; |\alpha| \leq n \}$ bilden eine Basis. Folglich gilt

$$\dim\bigl(K_n[X_1, \ldots, X_m]\bigr) = \binom{m+n}{n} \,,$$

und $K[X_1, \ldots, X_m]$ ist ein unendlich-dimensionaler Untervektorraum von $K^{(K^m)}$.

Beweis Da die Elemente von $K_n[X_1, \ldots, X_m]$ Abbildungen einer endlichen Teilmenge von $\mathbb{N}^m$ in K sind, folgt aus (b), daß die Monome $\{ X^\alpha \;;\; |\alpha| \leq n \}$ eine Basis bilden. Gemäß Aufgabe 8.8 gibt es $\binom{m+n}{n}$ solcher Monome. Wäre $k := \dim\bigl(K[X_1, \ldots, X_m]\bigr)$ endlich, dann wäre k eine obere Schranke für die Dimension eines jeden Untervektorraumes. Die Unterräume $K_n[X_1, \ldots, X_m]$ können aber beliebig große Dimensionen haben. ∎

(d) Für $m, n \in \mathbb{N}^\times$ ist

$$K_{n,\mathrm{hom}}[X_1, \ldots, X_m] := \Bigl\{ \textstyle\sum_{|\alpha|=n} a_\alpha X^\alpha \;;\; a_\alpha \in K, \ \alpha \in \mathbb{N}^m, \ |\alpha| = n \Bigr\}$$

ein Untervektorraum von $K_n[X_1, \ldots, X_m]$, also von $K^{(K^m)}$, der **Vektorraum der homogenen Polynome vom Grad** n **in** m **Unbestimmten**. Er besitzt die Dimension $\binom{m+n-1}{n}$.

Beweis Aus dem vorangehenden Beweis lesen wir ab, daß die Monome vom Grad n eine Basis bilden. Nun folgt die Behauptung aus Aufgabe 8.8. ∎

12.5 Bemerkung Es sei V ein m-dimensionaler K-Vektorraum für ein $m \in \mathbb{N}^\times$, und $\{b_1, \ldots, b_m\}$ sei eine Basis von V. Dann gibt es zu jedem $v \in V$ genau ein m-Tupel $(x_1, \ldots, x_m) \in K^m$ mit

$$v = \sum_{j=1}^{m} x_j b_j \,. \tag{12.2}$$

Umgekehrt definiert ein solches m-Tupel gemäß (12.2) einen Vektor v in V. Folglich ist die Abbildung

$$K^m \to V \ , \quad (x_1, \ldots, x_m) \mapsto \sum_{j=1}^{m} x_j b_j$$

bijektiv. Da sie offensichtlich linear ist, stellt sie einen Isomorphismus von K^m auf V dar. Also ist jeder m-dimensionale K-Vektorraum isomorph zum m-dimensionalen Standardraum K^m über K, was den Namen „Standardraum" erklärt. ∎

Affine Räume

Der abstrakte Begriff des Vektorraumes, der in der heutigen Mathematik, und insbesondere in der modernen Analysis, eine so grundlegende Rolle spielt, ist aus der elementargeometrischen anschaulichen „Vektorrechnung" mit gerichteten Pfeilen in unserem „Anschauungsraum" entwickelt worden. Eine geometrisch anschauliche Interpretation von Begriffen, die mit Vektorräumen zusammenhängen, ist auch in abstrakten Situationen oft sehr aufschlußreich und nützlich, wie wir bereits im letzten Paragraphen bei der Identifikation von $\mathbb{C}$ mit der Gaußschen Zahlenebene gesehen haben. Zum Zweck solcher Interpretationen werden wir die Elemente eines Vektorraumes oft als „Punkte" bezeichnen und Mengen von Vektoren mit „Punktmengen" identifizieren. Um diesen verschiedenen Interpretationen ein und derselben Sache eine solide Basis zu geben und um Verwirrungen zu vermeiden, wollen wir kurz auf ihre mathematisch exakten Formulierungen eingehen. Dies wird es uns erlauben, später ohne weitere Kommentare die Sprechweise zu verwenden, welche für den gegebenen Sachverhalt am günstigsten ist.

Es sei V ein K-Vektorraum, und E sei eine nichtleere Menge, deren Elemente wir **Punkte** nennen. Dann heißt E **affiner Raum** über V, wenn eine Abbildung

$$V \times E \to E \ , \quad (v, P) \mapsto P + v$$

gegeben ist mit folgenden Eigenschaften:
(AR$_1$) $P + 0 = P$, $P \in E$.
(AR$_2$) $P + (v + w) = (P + v) + w$, $P \in E$, $v, w \in V$.
(AR$_3$) Zu $P, Q \in E$ gibt es genau ein $v \in V$ mit $Q = P + v$.

Der nach (AR$_3$) eindeutig bestimmte Vektor v wird mit $\overrightarrow{PQ}$ bezeichnet. Er ist durch

$$Q = P + \overrightarrow{PQ}$$

definiert. Aus (AR$_1$) folgt $\overrightarrow{PP} = 0$. Außerdem ergibt sich aus (AR$_2$), daß die Abbildung

$$E \times E \to V \ , \quad (P, Q) \mapsto \overrightarrow{PQ}$$

die Relation

$$\overrightarrow{PQ} + \overrightarrow{QR} = \overrightarrow{PR} \ , \qquad P, Q, R \in E \ ,$$

erfüllt. Wegen $\overrightarrow{PP} = 0$ impliziert dies

$$\overrightarrow{PQ} = -\overrightarrow{QP} , \qquad P, Q \in E .$$

Ferner gibt es nach (AR₃) zu jedem $P \in E$ und $v \in V$ genau ein $Q \in E$ mit $\overrightarrow{PQ} = v$, nämlich $Q := P + v$. Deshalb heißt V auch **Richtungsraum** des affinen Raumes E.

12.6 Bemerkungen (a) Die Axiome (AR₁) und (AR₂) besagen, daß die additive Gruppe $(V, +)$ (von rechts) auf der Menge E operiert (vgl. Aufgabe 7.6). Aus Axiom (AR₃) folgt, daß diese Operation nur einen einzigen Orbit besitzt. Man sagt, die Gruppe **operiere transitiv** auf E.

(b) Für jedes $v \in V$ ist

$$\tau_v : E \to E , \quad P \mapsto P + v$$

die **Translation** von E um den Vektor v. Aus (AR₁) und (AR₂) folgt, daß die Translationen eine Untergruppe der Permutationsgruppe von E bilden. ∎

Es sei E ein affiner Raum über V. Wir wählen einen festen Punkt O aus E, den **Ursprung**. Dann ist die Abbildung $V \to E$, $v \mapsto O + v$ bijektiv, und ihre Umkehrabbildung ist $E \to V$, $P \mapsto \overrightarrow{OP}$. Der Vektor $\overrightarrow{OP}$ heißt **Ortsvektor** von P (bezüglich O).

Ist $\{b_1, \ldots, b_m\}$ eine Basis von V, so gibt es genau ein m-Tupel $(x_1, \ldots, x_m) \in K^m$ mit

$$\overrightarrow{OP} = \sum_{j=1}^{m} x_j b_j .$$

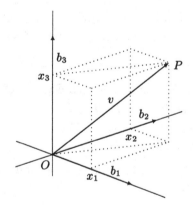

In diesem Zusammenhang nennt man die Zahlen $x_1, \ldots, x_m$ (affine) **Koordinaten** des Punktes P bezüglich des (affinen) **Koordinatensystems** $(O; b_1, \ldots, b_m)$, und die bijektive Abbildung

$$E \to K^m , \quad P \mapsto (x_1, \ldots, x_m) , \quad (12.3)$$

die jedem Punkt $P \in E$ seine Koordinaten zuordnet, ist die **Koordinatendarstellung** von E bezügl. $(O; b_1, \ldots, b_m)$.

Die **Dimension** eines affinen Raumes ist definitionsgemäß die Dimension seines Richtungsraumes. Ein nulldimensionaler Raum enthält nur einen Punkt, ein eindimensionaler Raum ist eine (affine) **Gerade**, und ein zweidimensionaler affiner

Raum heißt (affine) **Ebene**. Ein **affiner Unterraum** von E ist eine Menge der Gestalt $P + W = \{ P + w \; ; \; w \in W \}$, wobei $P \in E$ und W ein Untervektorraum des Richtungsraumes V sind.

12.7 Beispiel Jeder K-Vektorraum V kann als affiner Raum über sich selbst aufgefaßt werden. Die Operation von $(V, +)$ auf V ist einfach die Addition in V. In diesem Fall gilt $\overrightarrow{vw} = w - v$ für $v, w \in V$ (wobei v als Punkt und w auf der linken Seite des Gleichheitszeichens als Punkt und rechts davon als Vektor zu interpretieren sind!). Hier wählen wir natürlich den Nullpunkt (= Nullvektor) als Ursprung. Ist $\dim(V) = m \in \mathbb{N}^{\times}$ und ist $\{b_1, \ldots, b_m\}$ eine Basis von V, so können wir V mittels der Koordinatendarstellung (12.3) mit dem **Standardraum** K^m (über dem Körper K) identifizieren. Durch (12.3) wird die Basis $(b_1, \ldots, b_m)$ auf die Standardbasis $e_1, \ldots, e_m$ von K^m abgebildet. Die punktweisen Verknüpfungen in K^m führen dann (im Fall $m = 2$ und $K = \mathbb{R}$) zu der von der Schule her vertrauten „Vektorrechnung", in der sich z.B. die Vektoraddition mittels der „Parallelogrammregel" durchführen läßt.

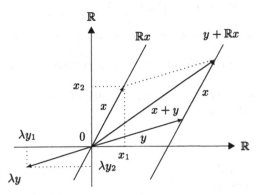

Bei solchen graphischen Veranschaulichungen ist es bequem, neben den Ortsvektoren, den **gebundenen Vektoren**, auch **freie Vektoren** zu verwenden. Dabei werden freie Vektoren als gleich betrachtet, wenn sie durch Parallelverschiebung auseinander hervorgehen. Mit anderen Worten: Ein freier Vektor ist eine Äquivalenzklasse von Punktpaaren (P, Q), wobei $(P, Q) \sim (P', Q')$ genau dann gilt, wenn es ein $v \in V$ gibt mit $P = Q + v$ und $P' = Q' + v$. In der obenstehenden Abbildung wird z.B. x auch als freier Vektor betrachtet, der an der Spitze von y angesetzt ist, um den Summenvektor $x + y$ zu erzeugen. Die affine Gerade durch den Punkt y in der Richtung von $x \neq 0$ ist durch $y + Kx = \{ y + tx \; ; \; t \in K \}$ gegeben. Sie ist parallel zum eindimensionalen, von x aufgespannten Untervektorraum Kx. ∎

Vereinbarung Falls nicht ausdrücklich etwas anderes gesagt wird, fassen wir jeden K-Vektorraum V als affinen Raum über sich selbst auf und wählen den Nullpunkt als Ursprung. Außerdem fassen wir stets K als Vektorraum über sich selbst auf, wenn wir im Zusammenhang mit K Vektorraumbegriffe verwenden.

Aufgrund dieser Vereinbarung können wir wahlweise von Vektoren oder von Punkten eines (Vektor-)Raumes V sprechen und die geometrischen Begriffe „Gerade", „Ebene" und „affiner Unterraum" besitzen in jedem Vektorraum einen Sinn.

Affine Abbildungen

Es seien V und W Vektorräume über K. Eine **Abbildung** $\alpha : V \to W$ heißt **affin**, wenn es eine lineare Abbildung $A : V \to W$ gibt mit

$$\alpha(v_1) - \alpha(v_2) = A(v_1 - v_2) , \qquad v_1, v_2 \in V . \tag{12.4}$$

Wenn es ein solches A gibt, ist es durch α eindeutig bestimmt. Denn erfüllt $A' \in \mathrm{Hom}(V, W)$ ebenfalls (12.4), folgt $(A - A')(v_1 - v_2) = 0$ für $v_1, v_2 \in V$. Wegen (AR_3) (und unserer Vereinbarung) erhalten wir somit $(A - A')v = 0$ für jedes $v \in V$, was $A - A' = 0$, das heißt $A = A'$, bedeutet. Umgekehrt ist α durch $A \in \mathrm{Hom}(V, W)$ eindeutig bestimmt, wenn $\alpha(v_0)$ für ein $v_0 \in V$ bekannt ist. Denn für $v_1 := v$ und $v_2 := v_0$ folgt aus (12.4)

$$\alpha(v) = \alpha(v_0) + A(v - v_0) = \alpha(v_0) - Av_0 + Av , \qquad v \in V . \tag{12.5}$$

Damit haben wir die eine Richtung des folgenden Satzes gezeigt.

12.8 Satz   *Es seien V und W Vektorräume über K. Dann ist $\alpha : V \to W$ genau dann affin, wenn es die Form*

$$\alpha(v) = w + Av , \qquad v \in V , \tag{12.6}$$

besitzt mit $w \in W$ und $A \in \mathrm{Hom}(V, W)$. Ferner sind A durch α, sowie α durch A und $\alpha(0)$ eindeutig bestimmt.

Beweis   Da eine Abbildung der Form (12.6) trivialerweise affin ist, folgt die Behauptung aus (12.5). ∎

Durch die Interpretation eines Vektorraumes als affinen Raum haben wir die Möglichkeit erhalten, gewisse abstrakte Objekte geometrisch zu veranschaulichen. Im Augenblick ist dies nicht viel mehr als eine Sprechweise, die wir aus unserer dreidimensionalen Anschauungswelt übertragen. In späteren Kapiteln wird die geometrische Betrachtungsweise mehr und mehr an Bedeutung gewinnen und auch im Umgang mit unendlichdimensionalen Vektorräumen nützliche Interpretationen und mögliche Beweisstrategien nahelegen. Unendlichdimensionale Vektorräume werden uns in erster Linie in Form von Funktionenräumen, d.h. Untervektorräumen von K^X, auf Schritt und Tritt begegnen. Ein vertieftes Studium dieser Räume, unerläßlich für ein gutes Verständnis der Analysis, ist allerdings im Rahmen dieses Buches nicht möglich. Es ist Gegenstand der „höheren" Analysis, insbesondere der Funktionalanalysis.

Die Interpretation *endlichdimensionaler* Vektorräume als affine Räume hat aber auch einen äußerst wichtigen rechnerischen Aspekt. Die Einführung von Koordinatensystemen führt nämlich zu konkreten Beschreibungen geometrischer Größen in Form von Gleichungen und Ungleichungen (für die Koordinaten). Da ein Koordinatensystem durch die Wahl eines Ursprungs und einer Basis bestimmt ist, ist es wesentlich, in einer gegebenen Situation diese Wahl möglichst geschickt zu treffen, um eine einfache analytische Beschreibung, d.h. einfache konkrete Beziehungen zwischen den Koordinaten, zu bekommen. Eine gute Wahl des Koordinatensystems kann entscheidend zur erfolgreichen Lösung eines gegebenen Problems beitragen.

Polynominterpolation

Zur Illustration des eben beschriebenen Sachverhaltes wollen wir — als Ergänzung — zeigen, wie Interpolationsaufgaben für Polynome mittels geschickter Wahl von Basen in $K_m[X]$ einfach gelöst werden können.

Bei dem **Interpolationsproblem für Polynome** handelt es sich um folgende Aufgabenstellung:

Zu gegebenem $m \in \mathbb{N}^\times$, paarweise verschiedenen „Stützstellen" $x_0, \ldots, x_m$ in $\mathbb{K}$ und einer Funktion $f: \{x_0, \ldots, x_m\} \to \mathbb{K}$ ist ein Polynom $p \in \mathbb{K}_m[X]$ so zu bestimmen, daß

$$p(x_j) = f(x_j) , \qquad 0 \le j \le m , \tag{12.7}$$

gilt.

Der folgende Satz zeigt, daß dieses Problem „wohlgestellt" ist, d.h. eine eindeutig bestimmte Lösung besitzt.

12.9 Satz *Es gibt genau ein* $p := p_m[f; x_0, \ldots, x_m] \in \mathbb{K}_m[X]$, *welches das Interpolationsproblem löst. Es heißt* **Interpolationspolynom vom Grad** $\le m$ **zu** f **und den Stützstellen** $x_0, \ldots, x_m$.

Beweis Die **Lagrangeschen Polynome** $\ell_j[x_0, \ldots, x_m] \in \mathbb{K}_m[X]$ werden durch

$$\ell_j[x_0, \ldots, x_m] := \prod_{\substack{k=0 \\ k \ne j}}^{m} \frac{X - x_k}{x_j - x_k} , \qquad 0 \le j \le m ,$$

definiert. Dann gilt offensichtlich

$$\ell_j[x_0, \ldots, x_m](x_k) = \delta_{jk} , \qquad 0 \le j, k \le m ,$$

wobei

$$\delta_{jk} := \begin{cases} 1 , & j = k , \\ 0 , & j \ne k , \end{cases} \qquad j, k \in \mathbb{Z} ,$$

das **Kroneckersymbol** bezeichnet. Dann löst das durch

$$L_m[f; x_0, \ldots, x_m] := \sum_{j=0}^{m} f(x_j) \ell_j [x_0, \ldots, x_m] \in \mathbb{K}_m[X] \qquad (12.8)$$

definierte **Lagrangesche Interpolationspolynom** offensichtlich die gestellte Aufgabe. Ist $p \in \mathbb{K}_m[X]$ ein zweites Polynom, das (12.7) erfüllt, so besitzt das Polynom

$$p - L_m[f; x_0, \ldots, x_m] \in \mathbb{K}_m[X]$$

die $m + 1$ verschiedenen Nullstellen $x_0, \ldots, x_m$. Also folgt $p = L_m[f; x_0, \ldots, x_m]$ aus Korollar 8.18. Dies beweist die Eindeutigkeitsaussage. ∎

12.10 Bemerkungen (a) Die obige einfache explizite Lösung des Interpolationsproblems verdanken wir der Tatsache, daß wir in $\mathbb{K}_m[X]$ die Basis der Lagrangeschen Polynome vom Grad m gewählt haben. Hätten wir die „kanonische" Basis $\{ X^j \; ; \; 0 \leq j \leq m \}$ zugrunde gelegt, so hätten wir das System

$$\sum_{k=0}^{m} p_k x_j^k = f(x_j) , \qquad 0 \leq j \leq m , \qquad (12.9)$$

von $m + 1$ linearen Gleichungen in den $m + 1$ Unbekannten $p_0, \ldots, p_m$, den Koeffizienten des gesuchten Polynoms, zu lösen. Die Lineare Algebra lehrt, daß das System (12.9) genau dann für jede Wahl der rechten Seite eindeutig lösbar ist, wenn die Determinante der Koeffizientenmatrix

$$\begin{bmatrix} 1 & x_0 & x_0^2 & \cdots & x_0^m \\ 1 & x_1 & x_1^2 & \cdots & x_1^m \\ \vdots & \vdots & \vdots & \vdots & \vdots \\ 1 & x_m & x_m^2 & \cdots & x_m^m \end{bmatrix} \qquad (12.10)$$

von Null verschieden ist. (12.10) ist eine **Vandermonde Matrix**, deren Determinante den Wert

$$\prod_{0 \leq j < k \leq m} (x_k - x_j)$$

hat (vgl. z.B. [Gab96]). Da diese Zahl von Null verschieden ist, erhalten wir auch so die Existenz- und Eindeutigkeitsaussage von Satz 12.9. Während der Beweis von Satz 12.9 unmittelbar eine explizite Form für $p := p_m[f; x_0, \ldots, x_m]$ liefert, müssen zur Lösung von (12.9) Methoden der Linearen Algebra herangezogen werden, die dann (z.B. mittels des **Gaußschen Algorithmus**) einen Ausdruck für p liefern, der i. allg. weit weniger handlich ist als die Form (12.8).

(b) Erhöht man die Anzahl der Stützstellen und Funktionswerte um jeweils eins, so müssen alle Lagrangeschen Polynome neu berechnet werden. Aus diesem Grund ist es oft zweckmäßiger, für $p_m[f; x_0, \ldots, x_m]$ den „Ansatz"

$$p_m[f; x_0, \ldots, x_m] = \sum_{j=0}^{m} a_j \omega_j [x_0, \ldots, x_{j-1}]$$

mit $\omega_0 := 1$ und den **Newtonschen Polynomen**

$$\omega_j [x_0, \ldots, x_{j-1}] = (X - x_0)(X - x_1) \cdots (X - x_{j-1}) \in \mathbb{K}_j[X] , \qquad 1 \leq j \leq m ,$$

zu wählen. Dann führt (12.7) zu dem linearen Gleichungssystem in Dreiecksgestalt

$$a_0 = f(x_0)$$
$$a_0 + a_1\omega_1[x_0](x_1) = f(x_1)$$
$$\dots\dots\dots\dots\dots\dots\dots\dots\dots\dots\dots\dots\dots\dots\dots\dots$$
$$a_0 + a_1\omega_1[x_0](x_m) + \cdots + a_m\omega_m[x_0,\dots,x_{m-1}](x_m) = f(x_m) \ ,$$

welches durch „sukzessives Einsetzen von oben" einfach zu lösen ist. Die hieraus resultierende Form von $p_m[f; x_0,\dots,x_m]$ ist als **Newtonsches Interpolationspolynom** bekannt. In diesem Fall führt also die Basis $\big\{ \omega_j[x_0,\dots,x_{j-1}] \ ; \ 0 \le j \le m \big\}$ von $\mathbb{K}_m[X]$ zu einer einfachen Lösung. ∎

Algebren

Es sei X eine nichtleere Menge. Dann haben wir K^X, der Menge aller Abbildungen von X in K, in Beispiel 8.2(b) eine Ringstruktur und in Beispiel 12.3(e) eine Vektorraumstruktur aufgeprägt. Augenscheinlich sind die Ringmultiplikation, die „innere" Multiplikation, und die „äußere" Multiplikation mit Skalaren miteinander verträglich in dem Sinne, daß

$$(\lambda f) \cdot (\mu g) = (\lambda\mu)fg \ , \qquad \lambda, \mu \in K \ , \quad f, g \in K^X \ ,$$

gilt. Derartige Situationen kommen häufig vor, so daß es sich lohnt, sie mit einem eigenen Namen zu belegen.

Ein K-Vektorraum $\mathcal{A}$ zusammen mit einer **inneren Multiplikation**

$$\mathcal{A} \times \mathcal{A} \to \mathcal{A} \ , \quad (a, b) \mapsto a \odot b \ ,$$

heißt **Algebra** über K, wenn die folgenden Bedingungen erfüllt sind:

(A$_1$) $(\mathcal{A}, +, \odot)$ ist ein Ring.

(A$_2$) Es gelten die Distributivgesetze:

$$(\lambda a + \mu b) \odot c = \lambda(a \odot c) + \mu(b \odot c)$$
$$a \odot (\lambda b + \mu c) = \lambda(a \odot b) + \mu(a \odot c)$$

für $a, b, c \in \mathcal{A}$ und $\lambda, \mu \in K$.

Für die innere Multiplikation $\odot$, die **Ringmultiplikation in** $\mathcal{A}$, schreiben wir in der Regel einfach wieder ab statt $a \odot b$. Dies führt zu keinen Verwechslungen, da es stets aus dem Zusammenhang klar sein wird, ob wir Elemente von $\mathcal{A}$ miteinander multiplizieren, oder die äußere Multiplikation, oder das Produkt in K meinen. Außerdem ist diese Abkürzung durch die verschiedenen Distributivgesetze, die für $\mathcal{A}$ gelten, gerechtfertigt.

Im allgemeinen wird die Algebra (d.h. der Ring $(\mathcal{A}, \odot)$) weder kommutativ sein noch ein Einselement besitzen.

12.11 Beispiele (a) Es sei X eine nichtleere Menge. Dann ist K^X eine kommutative K-Algebra mit Eins bezügl. der punktweisen Verknüpfungen.

(b) Für $m \in \mathbb{N}^\times$ ist $K[\![X_1, \ldots, X_m]\!]$ eine kommutative K-Algebra mit Eins und $K[X_1, \ldots, X_m]$ ist eine Unteralgebra mit Eins.

(c) Es sei V ein K-Vektorraum. Dann ist $\mathrm{End}(V)$ bezügl. der Komposition von Abbildungen als Ringmultiplikation eine K-Algebra. Also gilt

$$ABx = A(Bx) , \qquad x \in V , \quad A, B \in \mathrm{End}(V) ,$$

und $I := \mathrm{id}_V$ ist das Einselement von $\mathrm{End}(V)$. Im allgemeinen ist $\mathrm{End}(V)$, die **Endomorphismenalgebra** von V, nicht kommutativ. ∎

12.12 Bemerkung Es sei V ein K-Vektorraum. Dann ist

$$K[X] \times \mathrm{End}(V) \to \mathrm{End}(V) , \quad (p, A) \mapsto p(A)$$

mit

$$p(A) := \sum_k p_k A^k , \qquad p = \sum_k p_k X^k , \tag{12.11}$$

eine wohldefinierte Abbildung. Also ist das **Operatorpolynom** $p(A)$ durch (12.11) für $A \in \mathrm{End}(V)$ wohldefiniert. Es ist klar, daß für $A \in \mathrm{End}(V)$ die Abbildung

$$K[X] \to \mathrm{End}(V) , \quad p \mapsto p(A)$$

ein **Algebrenhomomorphismus** (d.h. mit allen Verknüpfungen der beteiligten Algebren verträglich) ist. ∎

Differenzenoperatoren und Summenformeln

Zum Abschluß dieses Paragraphen wollen wir die Bedeutung der oben eingeführten allgemeinen Begriffe anhand erster einfacher Anwendungen illustrieren.

Es sei E ein Vektorraum über $\mathbb{K}$. Auf $E^{\mathbb{N}}$ definieren wir den (vorwärtigen) **Differenzenoperator** $\triangle$ durch

$$\triangle f_n := f_{n+1} - f_n , \qquad n \in \mathbb{N} , \quad f := (n \mapsto f_n) \in E^{\mathbb{N}} .$$

Offensichtlich ist $\triangle \in \mathrm{End}(E^{\mathbb{N}})$. Bezeichnet I das Einselement von $\mathrm{End}(V)$, so gilt

$$(I + \triangle) f_n = f_{n+1} , \qquad n \in \mathbb{N} , \quad f \in E^{\mathbb{N}} ,$$

d.h., $I + \triangle$ ist der **linke Verschiebungsoperator**. Stellen wir nämlich f als „Folge" dar, d.h. $f = (f_0, f_1, f_2, \ldots)$, so finden wir $(I + \triangle) f = (f_1, f_2, f_3, \ldots)$ und, durch Induktion,

$$(I + \triangle)^k f_n = f_{n+k} , \qquad n \in \mathbb{N} , \quad f \in E^{\mathbb{N}} , \tag{12.12}$$

also $(I + \triangle)^k f = (f_k, f_{k+1}, f_{k+2}, \ldots)$.

Für die (vorwärtigen) **Differenzen k-ter Ordnung**, $\triangle^k$, erhalten wir aus dem binomischen Satz 8.4 (angewendet auf den Ring $\text{End}(E^{\mathbb{N}})$)

$$\triangle^k = (-I + (I + \triangle))^k = \sum_{j=0}^{k} (-1)^{k-j} \binom{k}{j} (I + \triangle)^j , \qquad k \in \mathbb{N} ,$$

und somit, wegen (12.12),

$$\triangle^k f_n = \sum_{j=0}^{k} (-1)^{k-j} \binom{k}{j} f_{n+j} , \qquad k, n \in \mathbb{N} , \quad f \in E^{\mathbb{N}} .$$

Der binomische Satz liefert auch

$$(I + \triangle)^k = \sum_{j=0}^{k} \binom{k}{j} \triangle^j ,$$

folglich

$$f_{n+k} = \sum_{j=0}^{k} \binom{k}{j} \triangle^j f_n , \qquad n \in \mathbb{N} , \quad f \in E^{\mathbb{N}} . \tag{12.13}$$

Aus der letzten Formel erhalten wir schließlich

$$\sum_{k=0}^{m} f_k = \sum_{k=0}^{m} \sum_{j=0}^{k} \binom{k}{j} \triangle^j f_0 = \sum_{j=0}^{m} \sum_{k=j}^{m} \binom{k}{j} \triangle^j f_0 = \sum_{j=0}^{m} \binom{m+1}{j+1} \triangle^j f_0$$

für $m \in \mathbb{N}$, wobei wir im letzten Schritt Aufgabe 5.5 benutzt und im vorletzten (wie im Beweis von Satz 8.12) „umsummiert" haben. Also haben wir die **allgemeine Summenformel**

$$\sum_{k=0}^{m-1} f_k = \sum_{j=1}^{m} \binom{m}{j} \triangle^{j-1} f_0 , \qquad m \in \mathbb{N}^{\times} , \quad f \in E^{\mathbb{N}} , \tag{12.14}$$

bewiesen.

Newtonsche Interpolationspolynome

Es seien $h \in \mathbb{K}^{\times}$ und $x_0 \in \mathbb{K}$. Zu jedem $m \in \mathbb{N}^{\times}$ und $f \in \mathbb{K}^{\mathbb{K}}$ gibt es nach Satz 12.9 ein eindeutig bestimmtes **Interpolationspolynom** $p := N_m[f; x_0; h]$ vom Grad $\leq m$, welches

$$p(x_0 + jh) = f(x_0 + jh) , \qquad j = 0, \ldots, m ,$$

erfüllt, also f an den gleichabständigen Stützstellen $x_0, x_0 + h, \ldots, x_0 + mh$ interpoliert. Somit gilt

$$N_m[f; x_0; h] = N_m[f; x_0, x_0 + h, \ldots, x_0 + mh] .$$

Gemäß Bemerkung 12.10(b) können wir $N_m[f; x_0; h]$ in der Newtonschen Form

$$N_m[f; x_0; h] = \sum_{j=0}^{m} a_j \prod_{k=0}^{j-1} (X - x_k)$$

darstellen.[1] Der folgende Satz zeigt, daß sich in diesem Fall die Koeffizienten a_j auf einfache Weise durch die Differenzen $\triangle^j$ ausdrücken lassen. Dazu definieren wir die vorwärtige **dividierte Differenz, $\triangle_h$, zur Schrittlänge h** durch

$$\triangle_h f(x) := \frac{f(x+h) - f(x)}{h} , \qquad x \in \mathbb{K} , \quad f \in \mathbb{K}^{\mathbb{K}} .$$

Offensichtlich gilt $\triangle_h \in \mathrm{End}(\mathbb{K}^{\mathbb{K}})$, und wir setzen $\triangle_h^j := (\triangle_h)^j$ für $j \in \mathbb{N}$.

12.13 Satz *Das* **Newtonsche Interpolationspolynom** *für f hat bei gleichabständigen Stützstellen $x_j := x_0 + jh$, $0 \leq j \leq m$, die Gestalt*

$$N_m[f; x_0; h] = \sum_{j=0}^{m} \frac{\triangle_h^j f(x_0)}{j!} \prod_{k=0}^{j-1} (X - x_k) . \tag{12.15}$$

Beweis Mit den Notationen von Bemerkung 12.10 müssen wir zeigen, daß $j! \, a_j = \triangle_h^j f(x_0)$ für $j = 0, \ldots, m$ erfüllt ist. Da die Relationen

$$\omega_j[x_0, \ldots, x_{j-1}](x_k) = \prod_{\ell=0}^{j-1} (x_k - x_\ell) = k(k-1) \cdots (k-j+1) h^j = j! \binom{k}{j} h^j$$

für $0 \leq j < k \leq m$ gelten, hat das Gleichungssystem aus Bemerkung 12.10(b) die Gestalt

$$
\begin{aligned}
&a_0 = f(x_0) \\
&a_0 + h a_1 = f(x_1) \\
&\cdots\cdots\cdots\cdots\cdots\cdots\cdots\cdots\cdots\cdots\cdots\cdots \\
&a_0 + 1! \binom{m}{1} h a_1 + \cdots + m! \binom{m}{m} h^m a_m = f(x_m) .
\end{aligned}
\tag{12.16}
$$

Nun beweisen wir die Behauptung durch Induktion. Für $m = 0$ ist sie richtig. Nehmen wir an, es gelte $a_j = \triangle_h^j f(x_0)/j!$ für $0 \leq j \leq n$. Dann folgt aus (12.16) für $m = n+1$

$$
\begin{aligned}
f(x_{n+1}) &= \sum_{j=0}^{n} j! \binom{n+1}{j} h^j \frac{\triangle_h^j f(x_0)}{j!} + (n+1)! \, h^{n+1} a_{n+1} \\
&= \sum_{j=0}^{n} \binom{n+1}{j} \triangle^j f_0 + (n+1)! \, h^{n+1} a_{n+1} ,
\end{aligned}
\tag{12.17}
$$

wobei wir $f_0 \in \mathbb{K}^{\mathbb{N}}$ durch $f_0(n) := f(x_0 + nh)$ für $n \in \mathbb{N}$ definieren. Nach (12.13) gilt

$$\sum_{j=0}^{n} \binom{n+1}{j} \triangle^j f_0 = \sum_{j=0}^{n+1} \binom{n+1}{j} \triangle^j f_0 - \triangle^{n+1} f_0 = f_{n+1} - \triangle^{n+1} f_0 .$$

Somit lesen wir wegen $f(x_{n+1}) = f_{n+1}$ aus (12.17) ab, daß

$$\triangle^{n+1} f_0 = (n+1)! \, h^{n+1} a_{n+1} ,$$

also $(n+1)! \, a_{n+1} = \triangle_h^{n+1} f(x_0)$, gilt. Daher ist die Behauptung für jedes $m \in \mathbb{N}$ richtig. ∎

---

[1]Wir vereinbaren, daß das „leere Produkt" $\prod_{k=0}^{-1}$ stets den Wert 1 habe.

12.14 Bemerkungen (a) Für $f \in \mathbb{K}^{\mathbb{K}}$ gilt

$$f = N_m[f; x_0; h] + r_m[f; x_0; h]$$

mit dem „Fehler"

$$r_m[f; x_0; h] := f - N_m[f; x_0; h] \ .$$

Mit anderen Worten: Die Funktion $f : \mathbb{K} \to \mathbb{K}$ wird durch das Interpolationspolynom $N_m[f; x_0; h]$ „approximiert" und der Fehler verschwindet an den Stützstellen $x_0 + jh$, $0 \le j \le m$. In Paragraph IV.3 werden wir sehen, wie der Fehler für große Klassen von Funktionen kontrolliert werden kann. Außerdem werden wir in Paragraph V.4 zeigen, daß sich recht allgemeine Funktionen in einem geeignet zu präzisierenden Sinn „beliebig genau" durch Polynome approximieren lassen.

(b) Offensichtlich ist (12.15) für beliebige $f \in E^{\mathbb{N}}$ sinnvoll, und es gilt

$$N_m[f; x_0; h](x_j) = f(x_j) \ , \qquad 0 \le j \le m \ .$$

(c) Eine Funktion $f \in E^{\mathbb{K}}$ heißt **arithmetische Folge der Ordnung** $k \in \mathbb{N}^{\times}$, wenn $\triangle^k f$ konstant ist, d.h., wenn $\triangle^{k+1} f = 0$ gilt. Aus der Darstellung (12.15) und dem Identitätssatz für Polynome (Bemerkung 8.19(c)) folgt, daß für jedes Polynom $p \in \mathbb{K}_k[X]$, jedes $h \in \mathbb{K}^{\times}$ und jedes $x_0 \in \mathbb{K}$ die Funktion $\mathbb{N} \to \mathbb{K}$, $n \mapsto p(x_0 + hn)$ eine arithmetische Folge der Ordnung k ist. Insbesondere ist für jedes $k \in \mathbb{N}$ die „Potenzfolge" $\mathbb{N} \to \mathbb{N}$, $n \mapsto n^k$ eine arithmetische Folge der Ordnung k.

Für arithmetische Folgen der Ordnung k nimmt die Summenformel (12.14) eine einfache Form an:

$$\sum_{j=0}^{n} f_j = \sum_{i=0}^{k} \binom{n+1}{i+1} \triangle^i f_0 \ , \qquad n \in \mathbb{N} \ .$$

Insbesondere finden wir für die „**Potenzsummen**"

$$\sum_{j=0}^{n} j = \binom{n+1}{2} = \frac{n(n+1)}{2} \ ,$$

$$\sum_{j=0}^{n} j^2 = \binom{n+1}{2} + 2\binom{n+1}{3} = \frac{n(n+1)(2n+1)}{6} \ ,$$

$$\sum_{j=0}^{n} j^3 = \binom{n+1}{2} + 6\binom{n+1}{3} + 6\binom{n+1}{4} = \frac{n^2(n+1)^2}{4} = \left(\sum_{j=0}^{n} j\right)^2 \ ,$$

wie man leicht nachrechnet. ∎

Aufgaben

Im folgenden bezeichnen K einen Körper und E, E_j sowie F, F_j, $1 \le j \le m$, Vektorräume über K.

1 (a) Man bestimme alle Untervektorräume von K.

(b) Welche Dimension hat $\mathbb{C}$ über $\mathbb{R}$?

2 (a) Man zeige, daß die Projektionen $\mathrm{pr}_k : E_1 \times \cdots \times E_m \to E_k$ und die **kanonischen Injektionen**

$$i_k : E_k \to E_1 \times \cdots \times E_m , \quad x \mapsto (0, \ldots, 0, \underset{(k)}{x}, 0, \ldots, 0)$$

linear sind und bestimme die jeweiligen Kerne und Bilder.

(b) $E_k \cong \mathrm{im}(i_k), \ 1 \le k \le m$.

3 Man verifiziere, daß $T : \mathbb{R}^2 \to \mathbb{R}^2$, $(x, y) \mapsto (x - y, y - x)$ linear ist. Ferner bestimme man $\ker(T)$ und $\mathrm{im}(T)$.

4 Das Diagramm

sei kommutativ, und T, P und Q seien linear. Ist P surjektiv, so ist auch S linear.

5 Es seien X eine nichtleere Menge und $x_0 \in X$. Man zeige, daß die durch

$$\delta_{x_0}(f) := f(x_0) , \qquad f \in E^X ,$$

definierte Abbildung $\delta_{x_0} : E^X \to E$ linear ist.

6 Es seien E und F endlichdimensional. Dann gilt: $\dim(E \times F) = \dim(E)\dim(F)$.

7 Für $T \in \mathrm{Hom}(E, F)$ gilt: $E/\ker(T) \cong \mathrm{im}(T)$.

8 Es seien $x_0, \ldots, x_m \in \mathbb{K}$ paarweise verschieden. Dann gelten für die Lagrange Polynome $\ell_j := \ell_j[x_0, \ldots, x_m] \in \mathbb{K}_m[X]$ die folgenden **Cauchyschen Relationen**

(a) $\sum_{j=0}^m \ell_j = 1 \ (= X^0)$.

(b) $(X - y)^k = \sum_{j=0}^m (x_j - y)^k \ell_j, \ y \in \mathbb{K}, \ 1 \le k \le m$.

9 Man zeige, daß bei paarweise verschiedenen $x_0, \ldots, x_m \in \mathbb{K}$ die Lagrange Polynome ℓ_j, $0 \le j \le m$, und die Newton Polynome ω_j, $0 \le j \le m$, Basen von $\mathbb{K}_m[X]$ bilden.

10 Es seien $x_0, \ldots, x_m \in \mathbb{K}$ paarweise verschieden und $f \in \mathbb{K}^{\mathbb{K}}$. Man beweise:

(a) Für die Koeffizienten a_j des Newtonschen Polynoms aus Bemerkung 12.10(b) gilt

$$a_n = \sum_{j=0}^n \frac{f(x_j)}{\prod_{\substack{k=0 \\ k \ne j}}^n (x_j - x_k)} =: f[x_0, \ldots, x_n] , \qquad 0 \le n \le m .$$

(b) $f[x_0, \ldots, x_n] = f[x_{\sigma(0)}, \ldots, x_{\sigma(n)}]$ für jede Permutation σ von $\{0, 1, \ldots, n\}$ und für $0 \le n \le m$, d.h., die Koeffizienten $f[x_0, \ldots, x_n]$ sind symmetrisch in ihren Argumenten.

(c) $f[x_0, \ldots, x_n] = \dfrac{f[x_0, \ldots, x_{n-1}] - f[x_1, \ldots, x_n]}{x_0 - x_n}, \ 1 \le n \le m$.

Bemerkung Wegen (c) heißen die Zahlen $f[x_0, \ldots, x_n]$ **dividierte Differenzen**. Sie sind offensichtlich leicht rekursiv zu berechnen.

(Hinweise: (a) $p_n[f, x_0, \ldots, x_n] = L_n[f, x_0, \ldots, x_n]$, $0 \le n \le m$.
(c) $p_n[f, x_0, \ldots, x_n] = b_0 + b_1(X - x_n) + \cdots + b_n(X - x_n)(X - x_{n-1}) \cdots (X - x_1)$, wobei $a_n = b_n$ für $1 \le n \le m$ gilt. Hieraus leite man $b_n = f[x_n, x_{n-1}, \ldots, x_1]$ sowie $(x_n - x_0)a_n + a_{n-1} - b_{n-1} = 0$ ab.)

11 Für $f \in E^{\mathbb{N}}$ gilt $f_n = \sum_{j=0}^{k}(-1)^j \binom{k}{j}\Delta^j f_{n+k-j}$, $n \in \mathbb{N}$. (Hinweis: $I = (I + \Delta) - \Delta$.)

12 Für $h \in \mathbb{K}^{\times}$ und $k, m \in \mathbb{N}$ gilt: $\Delta_h^k \in \mathrm{Hom}\big(\mathbb{K}_m[X], \mathbb{K}_{m-k}[X]\big)$ mit $\mathbb{K}_j[X] := 0$, falls j negativ ist.
Wie lauten die führenden Koeffizienten von $\Delta_h^k X^m$?

13 Man verifiziere die Identität $\sum_{j=0}^{n} j^4 = n(n+1)(2n+1)(3n^2 + 3n - 1)/30$ für $n \in \mathbb{N}$.

14 Man zeige, daß $\mathbb{Q}(\sqrt{2}) := \{ a + b\sqrt{2} \; ; \; a, b \in \mathbb{Q} \}$ (vgl. Aufgabe 10.2) ein Vektorraum über $\mathbb{Q}$ ist. Wie groß ist seine Dimension?

15 $\mathbb{R}$ kann als Vektorraum über dem Körper $\mathbb{Q}(\sqrt{2})$ betrachtet werden. Sind 1 und $\sqrt{3}$ über $\mathbb{Q}(\sqrt{2})$ linear unabhängig?

16 Für $m \in \mathbb{N}$ und eine $(m+1)$-elementige Teilmenge $\{x_0, \ldots, x_m\}$ von $\mathbb{K}$ betrachte man

$$e: \mathbb{K}_m[X] \to \mathbb{K}^{m+1} \;, \quad p \mapsto (p(x_0), \ldots, p(x_m)) \;.$$

Man zeige, daß e ein Isomorphismus von $\mathbb{K}_m[X]$ auf $\mathbb{K}^{m+1}$ ist. Was ist e^{-1}?

17 Es sei $T: K \to E$ linear. Man beweise, daß es genau ein $m \in E$ gibt mit $T(x) = xm$ für $x \in K$.

Kapitel II

Konvergenz

Mit diesem Kapitel treten wir ein in die eigentliche Welt der Analysis, die zu einem wesentlichen Teil auf dem Begriff der Konvergenz aufgebaut ist. Dieser erlaubt uns in gewissem Sinne, unendlich viele (Rechen-)Operationen durchzuführen, was die Analysis von der Algebra unterscheidet.

Der Versuch, die naiv-anschaulichen Vorstellungen von Häufungspunkten und konvergenten (Zahlen-)Folgen zu präzisieren, führt in natürlicher Weise zu den Begriffen des Abstandes, der Umgebungen eines Punktes und des metrischen Raumes. Im Spezialfall der Zahlenfolgen können wir die Vektorraumstruktur von $\mathbb{K}$ ausnutzen, um Rechenregeln für den Umgang mit konvergenten Zahlenfolgen aufzustellen.

Eine Analyse der Beweise der Rechenregeln zeigt, daß die meisten dieser Regeln auf Folgen von Vektoren eines Vektorraumes übertragen werden können, falls ein Analogon des Absolutbetrages zur Verfügung steht. So werden wir zwangsläufig zu den normierten Vektorräumen, als einer besonders wichtigen Klasse metrischer Räume, geführt.

Unter den normierten Vektorräumen zeichnen sich die Innenprodukträume durch ihre reichhaltige Struktur aus, sowie durch die Tatsache, daß ihre Geometrie der von der Schule her bekannten euklidischen Anschauung entspricht. Als für die (elementare) Analysis wichtigste Klasse von Innenprodukträumen erkennen wir den m-dimensionalen euklidischen Raum $\mathbb{R}^m$ sowie den $\mathbb{C}^m$.

In den Paragraphen 4 und 5 kehren wir zur einfachsten Situation, nämlich der Konvergenz in $\mathbb{R}$, zurück. Unter Ausnutzen der Ordnungsstruktur, und insbesondere der Ordnungsvollständigkeit von $\mathbb{R}$, gelangen wir zu den ersten konkreten Konvergenzkriterien. Diese erlauben uns, eine Reihe wichtiger Grenzwerte explizit zu berechnen. Außerdem können wir aus der Ordnungsvollständigkeit von $\mathbb{R}$ ein fundamentales Existenzprinzip, den Satz von Bolzano-Weierstraß, ableiten.

Paragraph 6 ist der Vollständigkeit gewidmet. Da dieser Begriff in natürlicher Weise mittels Metriken formuliert wird, gelangen wir durch Spezialisieren auf normierte Vektorräume zu der Definition eines Banachraumes. Als erstes Beispiel erkennen wir den $\mathbb{K}^m$ als Banachraum. Hierauf aufbauend ist es leicht nachzuweisen, daß Räume beschränkter Funktionen Banachräume sind.

Der Begriff des Banachraumes spielt in unserem Aufbau der Analysis eine zentrale Rolle. Einerseits ist diese Struktur einfach genug, um dem Neuling nicht mehr Mühe zu bereiten, als er für das Verständnis des Vollständigkeitsbegriffes im Bereich der reellen Zahlen sowieso aufwenden muß. Andererseits sind Banachräume allgegenwärtig in der Analysis, wie auch in anderen Gebieten der Mathematik, und die frühzeitige Einführung dieser Räume zahlt sich in späteren Kapiteln durch die Möglichkeit, kurze und elegante Beweise zu führen, mehr als aus.

Als eine Ergänzung und zur (mathematischen) Allgemeinbildung des Lesers führen wir in Paragraph 6 den Cantorschen Beweis der Existenz eines ordnungsvollständigen angeordneten Körpers durch Vervollständigung von $\mathbb{Q}$ vor.

Die restlichen Paragraphen dieses Kapitels sind der Theorie der Reihen gewidmet. In Paragraph 7 lernen wir die Grundtatsachen über Reihen sowie erste wichtige Beispiele kennen. Im Besitz dieser Theorie können wir dann auf die Dual-, Dezimal- und, allgemein, die g-al-Darstellung der reellen Zahlen eingehen. Dies wird es uns ermöglichen zu zeigen, daß die reellen Zahlen eine überabzählbare Menge bilden.

Unter den konvergenten Reihen spielen diejenigen, welche absolut konvergieren, eine besonders wichtige Rolle. Einerseits sind sie relativ leicht zu handhaben und oft einfachen Konvergenzkriterien zugänglich. Andererseits sind viele Reihen, die in der Praxis von Bedeutung sind, absolut konvergent. Dies trifft insbesondere auf Potenzreihen zu, welche wir im letzten Paragraphen dieses Kapitels einführen und studieren. Als wichtigste Potenzreihe lernen wir die Exponentialreihe kennen, die eng mit einer Funktionalgleichung verknüpft ist, deren Bedeutung wir in den folgenden Kapiteln erfassen werden.

1 Konvergenz von Folgen

In diesem Kapitel beschäftigen wir uns durchwegs mit Funktionen, die auf den natürlichen Zahlen definiert sind, also nur abzählbar viele Werte annehmen können. Hierbei interessieren wir uns insbesondere für das Verhalten solcher Abbildungen „für große $n \in \mathbb{N}$", d.h. „im Unendlichen", da wir — zumindest im Prinzip — die Funktionswerte auf endlichen Abschnitten $\{ n \in \mathbb{N} \; ; \; n \leq N \}$ explizit auflisten können. Weil wir nur endlich viele Operationen durchführen können, also „nie nach ∞ kommen", müssen wir Methoden entwickeln, die es uns erlauben, Aussagen über unendlich viele Funktionswerte „in der Nähe von Unendlich" herzuleiten. Die Grundlage solcher Methoden bildet die Theorie der konvergenten Folgen, die wir nun entwickeln werden.

Folgen

Es sei X eine Menge. Die Abbildungen von $\mathbb{N}$ in X werden wir von nun an meistens als **Folgen** (in X) bezeichnen. Ist $\varphi : \mathbb{N} \to X$ eine Folge, so schreiben wir auch

$$(x_n), \quad (x_n)_{n \in \mathbb{N}} \quad \text{oder} \quad (x_0, x_1, x_2, \ldots)$$

für φ, wobei $x_n := \varphi(n)$ das n-te **Glied** der Folge $\varphi = (x_0, x_1, x_2, \ldots)$ ist.

Die Folgen in $\mathbb{K}$ heißen **Zahlenfolgen**, und der $\mathbb{K}$-**Vektorraum** $\mathbb{K}^{\mathbb{N}}$ **aller Zahlenfolgen** wird mit s oder $s(\mathbb{K})$ bezeichnet (vgl. Beispiel I.12.3(e)). Genauer sagt man, (x_n) sei eine **reelle** bzw. **komplexe Folge**, wenn $\mathbb{K} = \mathbb{R}$ bzw. $\mathbb{K} = \mathbb{C}$ gilt.

1.1 Bemerkungen (a) Es ist unbedingt zu unterscheiden zwischen einer Folge (x_n) und ihrem Bild $\{ x_n \; ; \; n \in \mathbb{N} \}$. Gilt beispielsweise $x_n = x \in X$ für alle n, d.h., ist (x_n) die konstante Folge, so ist $(x_n) = (x, x, x, \ldots) \in X^{\mathbb{N}}$, während $\{ x_n \; ; \; n \in \mathbb{N} \}$ die einpunktige Menge $\{x\}$ ist.

(b) Es sei (x_n) eine Folge in X, und E sei eine Eigenschaft. Dann sagen wir, daß E für **fast alle** Folgenglieder von (x_n) gilt, wenn es ein $m \in \mathbb{N}$ gibt, so daß $E(x_n)$ für alle $n \geq m$ wahr ist, d.h., wenn E für alle bis auf endlich viele der x_n richtig ist. Natürlich kann $E(x_n)$ auch für einige (oder alle) n mit $n < m$ wahr sein. Gibt es ein $N \subset \mathbb{N}$ mit $\text{Anz}(N) = \infty$ und gilt $E(x_n)$ für jedes $n \in N$, so ist E für **unendlich viele** Folgenglieder wahr. Zum Beispiel hat die reelle Folge

$$\left(-5, 4, -3, 2, -1, 0, -\frac{1}{2}, \frac{1}{3}, -\frac{1}{4}, \frac{1}{5}, \ldots, -\frac{1}{2n}, \frac{1}{2n+1}, \ldots \right)$$

die Eigenschaft, daß unendlich viele Folgenglieder positiv, unendlich viele negativ, und fast alle dem Betrag nach kleiner als 1 sind.

(c) Für $m \in \mathbb{N}^{\times}$ heißt auch jede Abbildung $\psi : m + \mathbb{N} \to X$ Folge in X. Mit anderen Worten: $(x_j)_{j \geq m} = (x_m, x_{m+1}, x_{m+2}, \ldots)$ ist eine Folge in X, auch wenn „der Index nicht bei 0 anfängt". Diese Sprechweise ist gerechtfertigt, da wir mittels der

„Indexverschiebung" $\mathbb{N} \to m + \mathbb{N}$, $n \mapsto m + n$ die „verschobene Folge" $(x_j)_{j \geq m}$ mit der (üblichen) Folge $(x_{m+k})_{k \in \mathbb{N}} \in X^{\mathbb{N}}$ identifizieren können. ∎

Stellt man die ersten paar Glieder der komplexen Folge $(z_n)_{n \geq 1}$ mit dem „Bildungsgesetz" $z_n := (1 - 1/n)(1 + i)$ in der Gaußschen Ebene dar, so beobachtet man, daß die Punkte z_n bei wachsendem Index der komplexen Zahl $z := 1 + i$ „beliebig nahe kommen", d.h., der Abstand von z_n zu z wird mit wachsenden n „beliebig klein". Im folgenden wollen wir diese, von der Intuition und der geometrischen Anschauung abgeleiteten, aber eigentlich doch recht ungenauen Begriffe präzisieren und axiomatisieren.

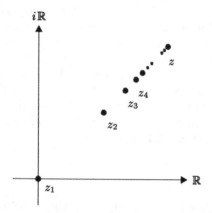

Zuerst halten wir fest, daß der Begriff des Abstandes für dieses Unterfangen offensichtlich von zentraler Bedeutung ist. In $\mathbb{K}$ können wir mit Hilfe des Absolutbetrages den Abstand zwischen zwei Punkten bestimmen. Um aber die Konvergenz nicht nur von Zahlenfolgen, sondern auch von Folgen in einer allgemeinen Menge X studieren zu können, müssen wir also zuerst die Menge X mit einer Struktur versehen, welche es erlaubt, den „Abstand" zwischen zwei Elementen in X zu „messen".

Metrische Räume

Es sei X eine Menge. Eine Abbildung $d \colon X \times X \to \mathbb{R}^+$ heißt **Metrik** auf X, falls folgende Eigenschaften erfüllt sind:

(M$_1$) $d(x, y) = 0 \Leftrightarrow x = y$.

(M$_2$) $d(x, y) = d(y, x)$, $x, y \in X$ (Symmetrie).

(M$_3$) $d(x, y) \leq d(x, z) + d(z, y)$, $x, y, z \in X$ (Dreiecksungleichung).

Ist d eine Metrik auf X, so heißt (X, d) **metrischer Raum**. Falls es aus dem Zusammenhang klar ist, auf welche Metrik wir uns beziehen, so werden wir einfach X für (X, d) schreiben. Schließlich nennen wir $d(x, y)$ **Abstand** der **Punkte** x und y im metrischen Raum X.

Offensichtlich handelt es sich bei den Axiomen (M$_1$)–(M$_3$) um natürliche Forderungen an einen Abstand. So besagt z.B. (M$_3$), daß „der Umweg über den Punkt z nicht kürzer ist als die direkte Verbindung von x nach y".

In dem metrischen Raum (X, d) nennen wir für $a \in X$ und $r > 0$ die Menge

$$\mathbb{B}(a, r) := \mathbb{B}_X(a, r) := \big\{\, x \in X \; ; \; d(a, x) < r \,\big\}$$

offenen Ball um a mit Radius r, während

$$\bar{\mathbb{B}}(a,r) := \bar{\mathbb{B}}_X(a,r) := \{ x \in X \ ; \ d(a,x) \leq r \}$$

abgeschlossener Ball um a mit Radius r heißt.[1] Man sagt auch, a sei der **Mittelpunkt** des entsprechenden Balles.

1.2 Beispiele (a) $\mathbb{K}$ ist ein metrischer Raum mit der **natürlichen Metrik**

$$\mathbb{K} \times \mathbb{K} \to \mathbb{R}^+ , \quad (x,y) \mapsto |x - y| .$$

Falls nicht ausdrücklich etwas anderes gesagt wird, werden wir auf $\mathbb{K}$ stets die natürliche Metrik verwenden.

Beweis Die Gültigkeit von (M_1)–(M_3) folgt unmittelbar aus Satz I.11.4. ∎

(b) Es seien (X,d) ein metrischer Raum und Y eine nichtleere Teilmenge von X. Dann ist $d_Y := d|Y \times Y$ eine Metrik auf Y, die von d **induzierte Metrik**, und (Y,d_Y) ist ein metrischer Raum, ein **metrischer Unterraum** von X. Sind keine Mißverständnisse zu befürchten, so schreiben wir wieder d für d_Y.

(c) Jede nichtleere Teilmenge von $\mathbb{C}$ ist ein metrischer Raum mit der induzierten natürlichen Metrik. Die von $\mathbb{C}$ auf $\mathbb{R}$ induzierte natürliche Metrik ist die in (a) definierte natürliche Metrik.

(d) Es sei X eine nichtleere Menge. Dann wird durch $d(x,y) := 1$ für $x \neq y$ und $d(x,x) := 0$ eine Metrik, die **diskrete Metrik**, auf X definiert.

(e) Es seien (X_j,d_j), $1 \leq j \leq m$, metrische Räume und $X := X_1 \times \cdots \times X_m$. Dann wird durch

$$d(x,y) := \max_{1 \leq j \leq m} d_j(x_j,y_j)$$

für $x := (x_1,\ldots,x_m) \in X$ und $y := (y_1,\ldots,y_m) \in X$ eine Metrik auf X definiert, die **Produktmetrik**. Falls nicht ausdrücklich etwas anderes vereinbart ist, werden wir X stets mit der Produktmetrik versehen, so daß $X := (X,d)$ ein metrischer Raum ist, das **Produkt der metrischen Räume** (X_j,d_j). Es gelten

$$\mathbb{B}_X(a,r) = \prod_{j=1}^{m} \mathbb{B}_{X_j}(a_j,r) , \quad \bar{\mathbb{B}}_X(a,r) = \prod_{j=1}^{m} \bar{\mathbb{B}}_{X_j}(a_j,r)$$

für $a := (a_1,\ldots,a_m) \in X$ und $r > 0$. ∎

Eine wichtige Konsequenz aus den Axiomen eines metrischen Raumes ist die umgekehrte Dreiecksungleichung (vgl. Korollar I.11.5).

---

[1] Wir weisen darauf hin, daß im Fall $X = \mathbb{K}$ die beiden Definitionen mit denen von Paragraph I.11 übereinstimmen.

1.3 Satz   *Es sei (X, d) ein metrischer Raum. Dann gilt*

$$d(x, y) \geq |d(x, z) - d(z, y)| , \qquad x, y, z \in X .$$

Beweis   Für $x, y, z \in X$ folgt aus (M₃) die Beziehung $d(x, y) \geq d(x, z) - d(y, z)$. Durch Vertauschen der Rollen von x und y ergibt sich hieraus

$$d(x, y) = d(y, x) \geq d(y, z) - d(x, z) = -\big(d(x, z) - d(y, z)\big) ,$$

und damit die Behauptung. ∎

Eine Teilmenge U eines metrischen Raumes X heißt **Umgebung** von $a \in X$, wenn es ein $r > 0$ gibt mit $\mathbb{B}(a, r) \subset U$. Die **Menge aller Umgebungen des Punktes** a bezeichnen wir mit $\mathfrak{U}(a)$, d.h.,

$$\mathfrak{U}(a) := \mathfrak{U}_X(a) := \{ U \subset X ; U \text{ ist Umgebung von } a \} \subset \mathfrak{P}(X) .$$

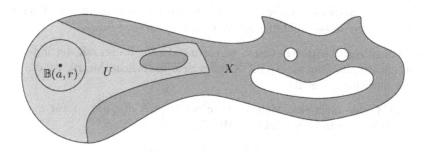

1.4 Beispiele   Es seien X ein metrischer Raum und $a \in X$.

(a) Für jedes $\varepsilon > 0$ sind $\mathbb{B}(a, \varepsilon)$ und $\bar{\mathbb{B}}(a, \varepsilon)$ Umgebungen von a, die **offene** und die **abgeschlossene ε-Umgebung** von a.

(b) Selbstverständlich gehört X zu $\mathfrak{U}(a)$. Ferner folgt aus $U_1, U_2 \in \mathfrak{U}(a)$, daß auch $U_1 \cap U_2$ und $U_1 \cup U_2$ zu $\mathfrak{U}(a)$ gehören. Schließlich ist mit U auch jede Obermenge von U eine Umgebung von $a \in X$.

Beweis   Nach Voraussetzung gibt es $r_j > 0$ mit $\mathbb{B}(a, r_j) \subset U_j$ für $j = 1, 2$. Definieren wir $r > 0$ durch $r := \min\{r_1, r_2\}$, so folgt $\mathbb{B}(a, r) \subset U_1 \cap U_2 \subset U_1 \cup U_2$. Die anderen Aussagen sind offensichtlich. ∎

(c) Für $X := [0, 1]$ ist $[1/2, 1]$ eine Umgebung von 1, nicht jedoch von $1/2$. ∎

Für den Rest dieses Paragraphen bezeichnen $X := (X, d)$ einen metrischen Raum und (x_n) eine Folge in X.

Häufungspunkte

Wir nennen $a \in X$ **Häufungspunkt** von (x_n), falls in jeder Umgebung von a unendlich viele Folgenglieder liegen.

Bevor wir uns einigen Beispielen zuwenden, ist es nützlich, folgende Charakterisierung von Häufungspunkten festzuhalten:

1.5 Satz *Es sind äquivalent:*

(i) *a ist Häufungspunkt von (x_n).*

(ii) *Zu jedem $U \in \mathfrak{U}(a)$ und jedem $m \in \mathbb{N}$ gibt es ein $n \geq m$ mit $x_n \in U$.*

(iii) *Zu jedem $\varepsilon > 0$ und jedem m gibt es ein $n \geq m$ mit $x_n \in \mathbb{B}(a, \varepsilon)$.*

Beweis Dies folgt unmittelbar aus den entsprechenden Definitionen. ∎

1.6 Beispiele **(a)** Die reelle Zahlenfolge $\big((-1)^n\big)_{n \in \mathbb{N}}$ besitzt genau zwei Häufungspunkte, nämlich 1 und -1.

(b) Die komplexe Folge $(i^n)_{n \in \mathbb{N}}$ hat vier Häufungspunkte, nämlich ± 1 und $\pm i$.

(c) Die konstante Folge $(x, x, x, \ldots)$ besitzt x als einzigen Häufungspunkt.

(d) Die Folge der natürlichen Zahlen, $(n)_{n \in \mathbb{N}}$, hat keine Häufungspunkte.

(e) Es sei (x_n) eine Abzählung von $\mathbb{Q}$, d.h., φ sei eine, nach Satz I.9.4 existierende, Bijektion von $\mathbb{N}$ auf $\mathbb{Q}$, und $x_n := \varphi(n)$. Dann ist jede reelle Zahl $a \in \mathbb{R}$ ein Häufungspunkt von (x_n).

Beweis Nehmen wir an, es gäbe ein $a \in \mathbb{R}$, so daß a kein Häufungspunkt von (x_n) wäre. Wegen Satz 1.5 gäbe es dann ein $\varepsilon > 0$ und ein $m \in \mathbb{N}$ mit

$$x_n \notin \mathbb{B}(a, \varepsilon) = (a - \varepsilon, a + \varepsilon) , \qquad n \geq m .$$

D.h., fast alle rationalen Zahlen lägen außerhalb von $(a - \varepsilon, a + \varepsilon)$. Wegen Satz I.10.8 ist dies nicht möglich. ∎

Konvergenz

Die Folge (x_n) heißt **konvergent** mit **Grenzwert** (oder **Limes**) a, falls jede Umgebung von a fast alle Folgenglieder enthält. In diesem Fall schreiben wir[2]

$$\lim_{n \to \infty} x_n = a \qquad \text{oder} \qquad x_n \to a \ (n \to \infty) .$$

Ist (x_n) eine konvergente Folge mit Grenzwert a, so sagen wir auch, daß (x_n) **gegen a konvergiere** („für n gegen ∞"). Eine Folge (x_n), die nicht konvergiert, heißt **divergent**, bzw. wir sagen, daß (x_n) **divergiere**.

---

[2]Sind keine Mißverständnisse zu befürchten, so schreiben wir auch: $\lim_n x_n = a$, $\lim x_n = a$ oder $x_n \to a$.

Das Wesentliche bei der Definition einer konvergenten Folge ist die Forderung, daß *jede* Umgebung des Grenzwertes fast alle Folgenglieder enthalte. Diese Forderung entspricht im Fall $X = \mathbb{K}$ der geometrischen Anschauung, wonach der Abstand von x_n zu a „beliebig klein wird". Ist a ein Häufungspunkt von (x_n), so liegen in jeder Umgebung U zwar unendlich viele Folgenglieder, es können aber auch unendlich viele Glieder außerhalb von U liegen.

Der nächste Satz ist wiederum nur eine Umformulierung der entsprechenden Definitionen.

1.7 Satz   *Die folgenden Aussagen sind äquivalent:*

(i) $\lim x_n = a$.

(ii) *Zu jedem $U \in \mathfrak{U}(a)$ gibt es ein[3] $N := N(U)$ mit $x_n \in U$ für $n \geq N$.*

(iii) *Zu jedem $\varepsilon > 0$ gibt es ein[3] $N := N(\varepsilon)$ mit $x_n \in \mathbb{B}(a, \varepsilon)$ für $n \geq N$.*

Wenden wir uns nun ersten sehr einfachen Beispielen zu. Um anspruchsvollere Probleme adäquat behandeln zu können, müssen wir zuerst weitere Hilfsmittel bereitstellen. Wir verweisen jedoch bereits jetzt auf Paragraph 4.

1.8 Beispiele   **(a)** Für die reelle Zahlenfolge $(1/n)_{n \in \mathbb{N}^\times}$ gilt $\lim(1/n) = 0$.

Beweis   Es sei $\varepsilon > 0$. Nach Korollar I.10.7 gibt es ein $N \in \mathbb{N}^\times$ mit $1/N < \varepsilon$. Somit gilt $1/n \leq 1/N < \varepsilon$ für $n \geq N$, also $1/n \in (0, \varepsilon) \subset \mathbb{B}(0, \varepsilon)$ für $n \geq N$. ∎

(b) Für die komplexe Folge (z_n) mit

$$z_n := \frac{n+2}{n+1} + i\,\frac{2n}{n+2}$$

gilt: $\lim z_n = 1 + 2i$.

Beweis   Nach Korollar I.10.7 gibt es zu gegebenem $\varepsilon > 0$ ein $N \in \mathbb{N}$ mit $1/N < \varepsilon/8$. Dann gelten für $n \geq N$:

$$\frac{n+2}{n+1} - 1 = \frac{1}{n+1} < \frac{1}{N} < \frac{\varepsilon}{8} < \frac{\varepsilon}{2}$$

und

$$2 - \frac{2n}{n+2} = \frac{4}{n+2} < \frac{4}{N} < \frac{\varepsilon}{2}\;.$$

Dies zeigt

$$|z_n - (1+2i)|^2 = \left|\frac{n+2}{n+1} - 1\right|^2 + \left|\frac{2n}{n+2} - 2\right|^2 < \frac{\varepsilon^2}{4} + \frac{\varepsilon^2}{4} < \varepsilon^2\;, \qquad n \geq N\;.$$

Also ist $z_n \in \mathbb{B}_{\mathbb{C}}\big((1+2i), \varepsilon\big)$ für $n \geq N$. ∎

----

[3]Diese Notation verwenden wir, um anzudeuten, daß die Zahl N im allgemeinen von U bzw. von ε abhängt.

(c) Die konstante Folge $(a, a, a, \ldots)$ konvergiert gegen a.

(d) Die reelle Zahlenfolge $\left((-1)^n\right)_{n \in \mathbb{N}}$ ist divergent.

(e) Es sei X das Produkt der metrischen Räume (X_j, d_j), $1 \leq j \leq m$. Dann konvergiert die Folge[5] $(x_n) = \left((x_n^1, \ldots, x_n^m)\right)_{n \in \mathbb{N}}$ genau dann in X gegen den Punkt $a := (a^1, \ldots, a^m)$, wenn für jedes $j \in \{1, \ldots, m\}$ die Folge $(x_n^j)_{n \in \mathbb{N}}$ in X_j gegen $a^j \in X_j$ konvergiert.

Beweis Zu gegebenem $\varepsilon > 0$ liegen fast alle x_n in $\mathbb{B}_X(a, \varepsilon) = \prod_{j=1}^m \mathbb{B}_{X_j}(a^j, \varepsilon)$, wenn für jedes $j = 1, \ldots, m$ fast alle x_n^j in $\mathbb{B}_{X_j}(a^j, \varepsilon)$ liegen (vgl. Beispiel 1.2(e)). ∎

Beschränkte Mengen

Eine Teilmenge $Y \subset X$ heißt **d-beschränkt** oder **beschränkt in X** (bezügl. der Metrik d), falls es ein $M > 0$ gibt mit $d(x, y) \leq M$ für alle $x, y \in Y$. Dann ist

$$\operatorname{diam}(Y) := \sup_{x,y \in Y} d(x, y) \, ,$$

der **Durchmesser** von Y, endlich. Wir sagen, die Folge (x_n) sei **beschränkt**, falls ihr Bild $\{ x_n \; ; \; n \in \mathbb{N} \}$ beschränkt ist.

1.9 Beispiele **(a)** Für jedes $a \in X$ und jedes $r > 0$ sind $\mathbb{B}(a, r)$ und $\bar{\mathbb{B}}(a, r)$ beschränkt in X.

(b) Jede Teilmenge einer beschränkten Menge ist beschränkt. Endliche Vereinigungen beschränkter Mengen sind beschränkt.

(c) Eine Teilmenge Y von X ist genau dann beschränkt in X, wenn es ein $x_0 \in X$ und ein $r > 0$ gibt mit $Y \subset \mathbb{B}_X(x_0, r)$. Ist $Y \neq \emptyset$, so gibt es ein $x_0 \in Y$ mit dieser Eigenschaft.

(d) Beschränkte Intervalle sind beschränkt.

(e) Eine Teilmenge Y von $\mathbb{K}$ ist genau dann beschränkt, wenn es ein $M > 0$ gibt mit $|y| \leq M$ für alle $y \in Y$. ∎

1.10 Satz *Jede konvergente Folge ist beschränkt.*

Beweis Es gelte $x_n \to a$. Dann gibt es ein N mit $x_n \in \mathbb{B}(a, 1)$ für $n \geq N$. Also folgt aus der Dreiecksungleichung:

$$d(x_n, x_m) \leq d(x_n, a) + d(a, x_m) \leq 2 \, , \qquad m, n \geq N \, .$$

---

[5]Im folgenden werden wir oft $x^j := \operatorname{pr}_j(x)$ für $x \in X$ und $1 \leq j \leq m$ schreiben. Auch im Fall $X_j = \mathbb{K}$ wird es aus dem Zusammenhang stets klar sein, ob es sich um die Komponenten eines Punktes in einem Produktraum oder um Potenzen handelt, so daß Mißverständnisse beim aufmerksamen Studium ausgeschlossen sind.

Weiter gibt es ein $M \geq 0$ mit $d(x_j, x_k) \leq M$ für $j, k \leq N$. Insgesamt erhalten wir $d(x_n, x_m) \leq M + 2$ für $m, n \in \mathbb{N}$. ∎

Eindeutigkeitsaussagen

1.11 Satz   *Es sei (x_n) konvergent mit Grenzwert a. Dann ist a der einzige Häufungspunkt von (x_n).*

Beweis Es ist klar, daß a ein Häufungspunkt von (x_n) ist. Um nachzuweisen, daß es keinen weiteren Häufungspunkt von (x_n) gibt, betrachten wir ein von a verschiedenes b. Wegen (M_1) ist dann $\varepsilon := d(b, a)/2$ positiv. Ferner folgt aus $a = \lim x_n$, daß es ein N gibt mit $d(a, x_n) < \varepsilon$ für $n \geq N$. Mit Satz 1.3 schließen wir nun:

$$d(b, x_n) \geq |d(b, a) - d(a, x_n)| \geq d(b, a) - d(a, x_n) > 2\varepsilon - \varepsilon = \varepsilon , \qquad n \geq N .$$

Somit liegen fast alle Folgenglieder von (x_n) außerhalb von $\mathbb{B}(b, \varepsilon)$. Deshalb kann b kein Häufungspunkt von (x_n) sein. ∎

1.12 Bemerkung Die Umkehrung von Satz 1.11 ist falsch, d.h., es gibt divergente Folgen mit genau einem Häufungspunkt, wie die Folge $\left(\frac{1}{2}, 2, \frac{1}{3}, 3, \frac{1}{4}, 4, \ldots\right)$ zeigt. ∎

Als unmittelbare Konsequenz aus Satz 1.11 erhalten wir:

1.13 Korollar   *Grenzwerte konvergenter Folgen sind eindeutig bestimmt.*

Teilfolgen

Es sei $\varphi = (x_n)$ eine Folge in X, und $\psi : \mathbb{N} \to \mathbb{N}$ sei strikt wachsend. Dann heißt $\varphi \circ \psi \in X^{\mathbb{N}}$ **Teilfolge** von φ. Analog zur oben eingeführten Notation $(x_n)_{n \in \mathbb{N}}$ für die Folge φ schreiben wir für die Teilfolge $\varphi \circ \psi$ auch $(x_{n_k})_{k \in \mathbb{N}}$, wobei wir $n_k := \psi(k)$ gesetzt haben. Da ψ strikt wachsend ist, gilt $n_0 < n_1 < n_2 < \cdots$.

1.14 Beispiel Die Folge $\left((-1)^n\right)_{n \in \mathbb{N}}$ besitzt z.B. die beiden konstanten Teilfolgen $\left((-1)^{2k}\right)_{k \in \mathbb{N}} = (1, 1, 1, \ldots)$ und $\left((-1)^{2k+1}\right)_{k \in \mathbb{N}} = (-1, -1, -1, \ldots)$. ∎

1.15 Satz   *Es sei (x_n) konvergent mit Grenzwert a. Dann ist auch jede Teilfolge $(x_{n_k})_{k \in \mathbb{N}}$ von (x_n) konvergent, und es gilt $\lim_{k \to \infty} x_{n_k} = a$.*

Beweis Es seien $(x_{n_k})_{k \in \mathbb{N}}$ eine Teilfolge von (x_n) und U eine Umgebung von a. Wegen $a = \lim x_n$ gibt es ein N mit $x_n \in U$ für $n \geq N$. Aufgrund der Definition einer Teilfolge gilt $n_k \geq k$ für $k \in \mathbb{N}$. Also ist $n_k \geq N$ für $k \geq N$, und wir finden $x_{n_k} \in U$ für $k \geq N$. Dies zeigt, daß (x_{n_k}) für $k \to \infty$ gegen a konvergiert. ∎

1.16 Beispiel Es sei $m \in \mathbb{N}$ mit $m \geq 2$. Dann gelten

$$\frac{1}{k^m} \to 0 \ (k \to \infty) \quad \text{und} \quad \frac{1}{m^k} \to 0 \ (k \to \infty) \ .$$

Beweis Wir setzen $\psi_1(k) := k^m$ und $\psi_2(k) := m^k$ für $k \in \mathbb{N}^\times$. Dann sind die Abbildungen $\psi_i : \mathbb{N}^\times \to \mathbb{N}^\times$, $i = 1, 2$, offensichtlich strikt wachsend. Somit sind $(k^{-m})_{k \in \mathbb{N}^\times}$ und $(m^{-k})_{k \in \mathbb{N}^\times}$ Teilfolgen von $(1/n)_{n \in \mathbb{N}^\times}$. Nun folgt die Behauptung aus Satz 1.15 und Beispiel 1.8(a). ∎

Der nächste Satz gibt eine weitere Charakterisierung der Häufungspunkte einer Folge.

1.17 Satz *Die Folge (x_n) besitzt genau dann a als Häufungspunkt, wenn es eine Teilfolge $(x_{n_k})_{k \in \mathbb{N}}$ von (x_n) gibt, die gegen a konvergiert.*

Beweis Es sei a ein Häufungspunkt von (x_n). Wir definieren rekursiv eine Folge natürlicher Zahlen $(n_k)_{k \in \mathbb{N}}$ durch die Vorschrift

$$n_0 := 0 \ , \quad n_k := \min\{ m \in \mathbb{N} \ ; \ m > n_{k-1}, \ x_m \in \mathbb{B}(a, 1/k) \} \ , \qquad k \in \mathbb{N}^\times \ .$$

Da a ein Häufungspunkt von (x_n) ist, sind die Mengen

$$\{ m \in \mathbb{N} \ ; \ m > n_{k-1}, \ x_m \in \mathbb{B}(a, 1/k) \} \ , \qquad k \in \mathbb{N}^\times \ ,$$

alle nicht leer. Nun schließen wir aus dem Wohlordnungsprinzip, daß n_k für jedes $k \in \mathbb{N}^\times$ wohldefiniert ist. Somit ist $\psi : \mathbb{N} \to \mathbb{N}$, $k \mapsto n_k$ wohldefiniert und strikt wachsend. Als nächstes zeigen wir, daß die Teilfolge $(x_{n_k})_{k \in \mathbb{N}}$ gegen a konvergiert. Dazu sei $\varepsilon > 0$. Nach Korollar I.10.7 finden wir ein $K := K(\varepsilon) \in \mathbb{N}^\times$ mit $1/k < \varepsilon$ für $k \geq K$. Gemäß der Definition von n_k ergibt sich

$$x_{n_k} \in \mathbb{B}(a, 1/k) \subset \mathbb{B}(a, \varepsilon) \ , \qquad k \geq K \ .$$

Deshalb gilt $a = \lim_{k \to \infty} x_{n_k}$.

Gibt es, umgekehrt, eine Teilfolge $(x_{n_k})_{k \in \mathbb{N}}$ von (x_n) mit $a = \lim_{k \to \infty} x_{n_k}$, so ist a nach Satz 1.11 ein Häufungspunkt von $(x_{n_k})_{k \in \mathbb{N}}$, also auch von (x_n). ∎

Aufgaben

1 Es seien d die diskrete Metrik auf $\mathbb{K}$ und $X := (\mathbb{K}, d)$.

(a) Man gebe $\mathbb{B}_X(a, r)$ sowie $\bar{\mathbb{B}}_X(a, r)$ für $a \in X$ und $r > 0$ explizit an.

(b) Man finde alle Häufungspunkte einer beliebigen Folge in X.

(c) Für $a \in X$ bestimme man alle Folgen in X mit $x_n \to a$.

2 Man beweise die Aussagen von Beispiel 1.2(e).

3 Es ist zu beweisen, daß die Folge $(z_n)_{n\geq 1}$ des nach den Bemerkungen 1.1 angeführten motivierenden Beispiels tatsächlich gegen $1 + i$ konvergiert.

4 Man beweise die in den Beispielen 1.9 enthaltenen Aussagen.

5 Es sind *alle* Häufungspunkte der komplexen Folgen (z_n) zu bestimmen mit

(a) $z_n := \big((1+i)/\sqrt{2}\big)^n$;

(b) $z_n := \big(1+(-1)^n\big)(n+1)n^{-1} + (-1)^n$;

(c) $z_n := (-1)^n n/(n+1)$.

6 Für $n \in \mathbb{N}$ sei

$$a_n := n + \frac{1}{k} - \frac{k^2 + k - 2}{2} \,,$$

falls es ein $k \in \mathbb{N}^\times$ gibt mit

$$k^2 + k - 2 \leq 2n \leq k^2 + 3k - 2 \,.$$

Man zeige, daß (a_n) eine wohldefinierte Folge ist, und man bestimme alle Häufungspunkte von (a_n) (Hinweis: Man berechne die ersten Glieder der Folge explizit, um das Bildungsgesetz zu verstehen).

7 Für $m, n \in \mathbb{N}^\times$ sei

$$d(m,n) := \begin{cases} (m+n)/mn \,, & m \neq n \,, \\ 0 \,, & m = n \,. \end{cases}$$

Man zeige: $(\mathbb{N}^\times, d)$ ist ein metrischer Raum. Ferner beschreibe man $A_n := \bar{\mathbb{B}}(n, 1 + 1/n)$ für $n \in \mathbb{N}^\times$.

8 Es sei $X := \{ z \in \mathbb{C} \; ; \; |z| \leq 3 \}$ versehen mit der natürlichen Metrik. Man bestimme $\bar{\mathbb{B}}_X(0,3)$ und $\bar{\mathbb{B}}_X(2,4)$ und verifiziere $\bar{\mathbb{B}}_X(2,4) \subsetneq \bar{\mathbb{B}}_X(0,3)$.

9 Zwei Metriken d_1 und d_2 auf einer Menge X heißen **äquivalent**, wenn es zu jedem $x \in X$ und jedem $\varepsilon > 0$ positive Zahlen r_1 und r_2 gibt mit

$$\mathbb{B}_1(x, r_1) \subset \mathbb{B}_2(x, \varepsilon) \,, \qquad \mathbb{B}_2(x, r_2) \subset \mathbb{B}_1(x, \varepsilon) \,.$$

Hierbei bezeichnet $\mathbb{B}_j$ den Ball in (X, d_j), $j = 1, 2$. Es seien nun (X, d) ein metrischer Raum und

$$\delta(x,y) := \frac{d(x,y)}{1 + d(x,y)} \,, \qquad x, y \in X \,.$$

Man verifiziere, daß d und δ äquivalente Metriken auf X sind. (Hinweis: Die Funktion $t \mapsto t/(1+t)$ ist wachsend.)

10 Es sei $X := (0,1)$. Man beweise:

(a) $d(x,y) := |(1/x) - (1/y)|$ ist eine Metrik auf X.

(b) Die natürliche Metrik und d sind äquivalent.

(c) Es gibt keine zur natürlichen Metrik äquivalente Metrik auf $\mathbb{R}$, welche d auf X induziert.

11 Es seien (X_j, d_j), $j = 1, \ldots, n$, metrische Räume, und d bezeichne die Produktmetrik auf $X := X_1 \times \cdots \times X_n$. Man verifiziere, daß durch

$$\delta(x, y) := \sum_{j=1}^{n} d_j(x_j, y_j) , \qquad x := (x_1, \ldots, x_n) \in X , \quad y := (y_1, \ldots, y_n) \in X ,$$

auf X eine zu d äquivalente Metrik erklärt ist.

12 Für $z, w \in \mathbb{C}$ setze man

$$\delta(z, w) := \begin{cases} |z - w| , & \text{falls } z = \lambda w \text{ für ein } \lambda > 0 , \\ |z| + |w| & \text{sonst .} \end{cases}$$

Man zeige, daß δ auf $\mathbb{C}$ eine Metrik definiert, die **SNCF-Metrik**.[6]

13 Es sei (x_n) eine Folge in $\mathbb{C}$ mit $\operatorname{Re} x_n = 0$ [bzw. $\operatorname{Im} x_n = 0$]. Konvergiert (x_n) gegen x, so gilt $\operatorname{Re} x = 0$ [bzw. $\operatorname{Im} x = 0$].

---

[6]Benutzern der französischen Staatsbahnen (SNCF) ist zweifellos aufgefallen, daß die schnellste Verbindung zwischen zwei Städten (z.B. zwischen Bordeaux und Lyon) oft über Paris führt.

2 Das Rechnen mit Zahlenfolgen

In diesem Paragraphen beschreiben wir die wichtigsten Regeln für das Rechnen mit konvergenten Zahlenfolgen. Interpretieren wir Zahlenfolgen als Vektoren im Vektorraum $s = s(\mathbb{K}) = \mathbb{K}^{\mathbb{N}}$, so zeigen diese Rechenregeln, daß die konvergenten Folgen einen Untervektorraum von s bilden. Neben dieser linearen Struktur steht uns im Fall *reeller* Zahlenfolgen zusätzlich die Ordnung von $\mathbb{R}$ zur Verfügung. Hieraus werden wir einen Vergleichssatz ableiten — ein wichtiges Hilfsmittel für Konvergenzuntersuchungen in $s(\mathbb{R})$.

Nullfolgen

Eine Folge (x_n) in $\mathbb{K}$ heißt **Nullfolge**, wenn sie gegen Null konvergiert, d.h., falls es zu jedem $\varepsilon > 0$ ein $N \in \mathbb{N}$ gibt mit $|x_n| < \varepsilon$ für alle $n \geq N$. Die Gesamtheit aller Nullfolgen in $\mathbb{K}$ bezeichnen wir mit c_0, also

$$c_0 := c_0(\mathbb{K}) := \big\{ (x_n) \in s \; ; \; (x_n) \text{ ist konvergent mit } \lim x_n = 0 \big\} \, .$$

2.1 Bemerkungen Es seien (x_n) eine Folge in $\mathbb{K}$ und $a \in \mathbb{K}$.

(a) (x_n) ist genau dann eine Nullfolge, wenn $(|x_n|)$, die Folge der Beträge, eine Nullfolge in $\mathbb{R}$ ist.

Beweis Dies ergibt sich unmittelbar aus der Definition. ∎

(b) (x_n) konvergiert genau dann gegen a, wenn die „um a verschobene Folge" $(x_n - a)$ eine Nullfolge ist.

Beweis Aus Satz 1.7 wissen wir, daß (x_n) genau dann gegen a konvergiert, wenn es zu jedem $\varepsilon > 0$ ein N gibt mit $|x_n - a| < \varepsilon$ für $n \geq N$. Somit folgt die Behauptung aus (a). ∎

(c) Gibt es eine reelle Nullfolge (r_n) mit $|x_n| \leq r_n$ für fast alle $n \in \mathbb{N}$, so ist (x_n) eine Nullfolge.

Beweis Es sei $\varepsilon > 0$. Gemäß unserer Voraussetzung gibt es $M, N \in \mathbb{N}$ mit $|x_n| \leq r_n$ für $n \geq M$ und $r_n < \varepsilon$ für $n \geq N$. Folglich gilt $|x_n| < \varepsilon$ für $n \geq M \vee N$. ∎

Elementare Rechenregeln

2.2 Satz *Es seien (x_n) und (y_n) konvergente Folgen in $\mathbb{K}$ mit $\lim x_n = a$ und $\lim y_n = b$. Ferner sei $\alpha \in \mathbb{K}$.*

(i) *Die Folge $(x_n + y_n)$ ist konvergent mit $\lim(x_n + y_n) = a + b$.*

(ii) *Die Folge (αx_n) ist konvergent mit $\lim(\alpha x_n) = \alpha a$.*

Beweis Es sei $\varepsilon > 0$.

(i) Wegen $x_n \to a$ und $y_n \to b$ gibt es $M, N \in \mathbb{N}$ mit $|x_n - a| < \varepsilon/2$ für $n \geq M$, und $|y_n - b| < \varepsilon/2$ für $n \geq N$. Also gilt

$$|x_n + y_n - (a + b)| \leq |x_n - a| + |y_n - b| < \frac{\varepsilon}{2} + \frac{\varepsilon}{2} = \varepsilon , \qquad n \geq M \vee N .$$

Dies zeigt, daß $(x_n + y_n)$ gegen $a + b$ konvergiert.

(ii) Wir können uns auf den Fall $\alpha \neq 0$ beschränken, da die Aussage für $\alpha = 0$ klar ist. Nach Voraussetzung ist (x_n) konvergent mit Grenzwert a. Also gibt es ein N mit $|x_n - a| < \varepsilon/|\alpha|$ für $n \geq N$. Somit folgt

$$|\alpha x_n - \alpha a| = |\alpha|\,|x_n - a| \leq |\alpha|\,\frac{\varepsilon}{|\alpha|} = \varepsilon , \qquad n \geq N ,$$

was die Behauptung beweist. ∎

2.3 Bemerkung Wir bezeichnen mit

$$c := c(\mathbb{K}) := \big\{ (x_n) \in s \; ; \; (x_n) \text{ ist konvergent} \big\}$$

die Menge aller konvergenten Zahlenfolgen in $\mathbb{K}$. Dann kann Satz 2.2 auf folgende Weise formuliert werden:

c ist ein Untervektorraum von s, und die Abbildung

$$\lim : c \to \mathbb{K} , \quad (x_n) \mapsto \lim x_n$$

ist linear.

Offensichtlich ist $\ker(\lim) = c_0$. Also ist c_0 gemäß Beispiel I.12.3(c) ein Untervektorraum von c. ∎

Wir wollen weitere Eigenschaften konvergenter Folgen zusammenstellen. Der nächste Satz zeigt insbesondere, daß konvergente Folgen gliedweise multipliziert werden können.

2.4 Satz *Es seien (x_n) und (y_n) zwei Folgen in $\mathbb{K}$.*

(i) *Sind (x_n) eine Nullfolge und (y_n) eine beschränkte Folge, so ist $(x_n y_n)$ eine Nullfolge.*

(ii) *Aus $\lim x_n = a$ und $\lim y_n = b$ folgt $\lim(x_n y_n) = ab$.*

Beweis (i) Da (y_n) beschränkt ist, zeigt Beispiel 1.9(e), daß es ein $M > 0$ gibt mit $|y_n| \leq M$ für alle $n \in \mathbb{N}$. Da (x_n) eine Nullfolge ist, gibt es zu jedem $\varepsilon > 0$ ein $N \in \mathbb{N}$ mit $|x_n| < \varepsilon/M$ für $n \geq N$. Nun folgt

$$|x_n y_n| = |x_n|\,|y_n| < \frac{\varepsilon}{M} M = \varepsilon , \qquad n \geq N .$$

Also ist $(x_n y_n)$ eine Nullfolge.

(ii) Wegen $x_n \to a$ ist $(x_n - a)$ eine Nullfolge, und wegen $y_n \to b$ ist (y_n) nach Satz 1.10 beschränkt. Aufgrund von (i) ist $\big((x_n - a)y_n\big)_{n \in \mathbb{N}}$ deshalb eine Nullfolge. Da auch $\big(a(y_n - b)\big)_{n \in \mathbb{N}}$ eine Nullfolge ist, schließen wir nach Satz 2.2, daß

$$x_n y_n - ab = (x_n - a)y_n + a(y_n - b) \to 0 \quad (n \to \infty)$$

gilt. Also ist die Folge $(x_n y_n)$ konvergent und besitzt ab als Grenzwert. ∎

2.5 Bemerkungen **(a)** Auf die Voraussetzung der Beschränktheit der Folge (y_n) kann in Teil (i) von Satz 2.4 nicht verzichtet werden.

Beweis Es seien $x_n := 1/n$ und $y_n := n^2$ für $n \in \mathbb{N}^\times$. Dann ist (x_n) eine Nullfolge, aber die Folge $(x_n y_n) = (n)_{n \in \mathbb{N}}$ ist divergent. ∎

(b) Aus Beispiel I.12.11(a) wissen wir, daß $s = s(\mathbb{K}) = \mathbb{K}^{\mathbb{N}}$ eine Algebra (über $\mathbb{K}$) ist. Der zweite Teil von Satz 2.4 hat deshalb und wegen Bemerkung 2.3 die äquivalente Formulierung:

> c ist eine Unteralgebra von s und die Abbildung
>
> $\lim : c \to \mathbb{K}$ ist ein Algebrenhomomorphismus .

Schließlich folgt aus Satz 1.10 und dem ersten Teil von Satz 2.4, daß c_0 ein eigentliches Ideal in c ist. ∎

Der nächste Satz zeigt, zusammen mit Bemerkung 2.5(b), daß bei Zahlenfolgen, deren Glieder als Quotienten dargestellt sind, Grenzwerte dadurch berechnet werden können, daß man die Zähler- und Nennergrenzwerte getrennt berechnet und anschließend den Quotienten bildet, falls letzterer definiert ist.

2.6 Satz *Es sei (x_n) eine konvergente Folge in $\mathbb{K}$ mit Grenzwert $a \in \mathbb{K}^\times$. Dann sind fast alle Glieder von (x_n) von Null verschieden, und $1/x_n \to 1/a$ $(n \to \infty)$.*

Beweis Wegen $a \neq 0$ ist $|a| > 0$, und wir finden ein $N \in \mathbb{N}$ mit $|x_n - a| < |a|/2$ für $n \geq N$. Somit gilt nach der umgekehrten Dreiecksungleichung

$$|a| - |x_n| \leq |x_n - a| \leq \frac{|a|}{2} , \qquad n \geq N ,$$

d.h., $|x_n| \geq |a|/2 > 0$ für fast alle n. Dies beweist die erste Aussage. Ferner folgt aus $|x_n| \geq |a|/2$ auch

$$\left| \frac{1}{x_n} - \frac{1}{a} \right| = \frac{|x_n - a|}{|x_n|\,|a|} \leq \frac{2}{|a|^2} |x_n - a| , \qquad n \geq N . \tag{2.1}$$

Gemäß Voraussetzung ist $(|x_n - a|)$ eine Nullfolge. Also ist nach Satz 2.2 auch $\big(2|x_n - a|/|a|^2\big)$ eine Nullfolge. Nun folgt die Behauptung aus (2.1) und den Bemerkungen 2.1(b) und (c). ∎

Vergleichssätze

Unsere nächsten Betrachtungen sind reellen Zahlenfolgen gewidmet. Dabei wollen wir insbesondere untersuchen, inwieweit die Grenzwertbildung bei konvergenten Folgen mit der Ordnungsstruktur von $\mathbb{R}$ verträglich ist. Als einfaches, aber sehr nützliches Hilfsmittel zur Bestimmung von Grenzwerten werden wir in diesem Zusammenhang den Vergleichssatz 2.9 beweisen.

2.7 Satz *Es seien* (x_n), (y_n) *konvergente Folgen in* $\mathbb{R}$. *Ferner gelte* $x_n \leq y_n$ *für unendlich viele* $n \in \mathbb{N}$. *Dann folgt:*

$$\lim x_n \leq \lim y_n .$$

Beweis Wir setzen $a := \lim x_n$ und $b := \lim y_n$ und nehmen an, es gelte $a > b$. Dann ist $\varepsilon := a - b$ positiv und wir finden, gemäß Voraussetzung, ein $n \in \mathbb{N}$ mit

$$a - \varepsilon/4 < x_n \leq y_n < b + \varepsilon/4 ,$$

also $\varepsilon = a - b < \varepsilon/2$, was nicht möglich ist. ∎

2.8 Bemerkung Satz 2.7 ist für „echte Ungleichheitszeichen" nicht richtig, d.h., aus $x_n < y_n$ folgt *nicht* $\lim x_n < \lim y_n$.

Beweis Es seien $x_n := -1/n$ und $y_n := 1/n$ für $n \in \mathbb{N}^\times$. Dann gilt zwar $x_n < y_n$ für alle $n \in \mathbb{N}^\times$, aber $\lim x_n = \lim y_n = 0$. ∎

2.9 Satz *Es seien* (x_n), (y_n) *und* (z_n) *reelle Zahlenfolgen mit* $x_n \leq y_n \leq z_n$ *für fast alle* $n \in \mathbb{N}$, *und es gelte* $\lim x_n = \lim z_n =: a$. *Dann konvergiert auch* (y_n) *gegen* a.

Beweis Es sei $\varepsilon > 0$. Dann gibt es m_1, m_2 mit

$$x_n > a - \varepsilon , \quad n \geq m_1 \quad \text{und} \quad z_n < a + \varepsilon , \quad n \geq m_2 .$$

Außerdem gibt es ein m_0, so daß $x_n \leq y_n \leq z_n$ für alle $n \geq m_0$ richtig ist. Setzen wir $N := \max\{m_0, m_1, m_2\}$, so gilt

$$a - \varepsilon < x_n \leq y_n \leq z_n < a + \varepsilon , \qquad n \geq N .$$

Also liegen fast alle Glieder von (y_n) in der ε-Umgebung $\mathbb{B}(a, \varepsilon)$ von a. ∎

Folgen komplexer Zahlen

Es sei (x_n) eine konvergente Folge in $\mathbb{R}$ mit $\lim x_n = a$. Dann gilt $\lim |x_n| = |a|$. In der Tat: Ist (x_n) eine Nullfolge, so ist nichts zu beweisen. Gilt $a > 0$, so sind fast alle Glieder von (x_n) positiv (vgl. Aufgabe 3). Also folgt $\lim |x_n| = \lim x_n = a = |a|$. Ist schließlich $a < 0$, so sind fast alle Folgenglieder von (x_n) negativ, und wir finden

$$\lim |x_n| = \lim(-x_n) = -\lim x_n = -a = |a| .$$

Der nächste Satz zeigt, daß dieser Sachverhalt auch für komplexe Zahlenfolgen richtig ist.

2.10 Satz *Es sei (x_n) eine konvergente Folge in $\mathbb{K}$ mit $\lim x_n = a$. Dann konvergiert auch $(|x_n|)$, und es gilt $\lim |x_n| = |a|$.*

Beweis Es sei $\varepsilon > 0$. Dann gibt es ein N mit $|x_n - a| < \varepsilon$ für $n \geq N$. Somit gilt aufgrund der umgekehrten Dreiecksungleichung:

$$\big||x_n| - |a|\big| \leq |x_n - a| < \varepsilon \,, \qquad n \geq N \,.$$

Dies bedeutet: $|x_n| \in \mathbb{B}_\mathbb{R}(|a|, \varepsilon)$ für $n \geq N$. Also konvergiert $(|x_n|)$ gegen $|a|$. ∎

Konvergente Folgen in $\mathbb{C}$ können auf natürliche Weise durch die Konvergenz der zugehörigen Real- und Imaginärteilfolgen charakterisiert werden.

2.11 Satz *Für eine Folge (x_n) in $\mathbb{C}$ sind die beiden folgenden Aussagen äquivalent:*

(i) *(x_n) ist konvergent.*

(ii) *$\big(\mathrm{Re}(x_n)\big)$ und $\big(\mathrm{Im}(x_n)\big)$ sind konvergent.*

In diesem Fall gilt

$$\lim x_n = \lim \mathrm{Re}(x_n) + i \lim \mathrm{Im}(x_n) \,.$$

Beweis „(i)$\Rightarrow$(ii)" Es sei (x_n) konvergent mit $x = \lim x_n$. Dann ist $(|x_n - x|)$ nach den Bemerkungen 2.1 eine Nullfolge. Andererseits gilt wegen Satz I.11.4

$$|\mathrm{Re}(x_n) - \mathrm{Re}(x)| \leq |x_n - x| \,.$$

Somit ist nach Bemerkung 2.1(c) auch $\big(\mathrm{Re}(x_n) - \mathrm{Re}(x)\big)$ eine Nullfolge, d.h., $\big(\mathrm{Re}(x_n)\big)$ konvergiert gegen $\mathrm{Re}(x)$. Analog schließen wir, daß $\big(\mathrm{Im}(x_n)\big)$ gegen $\mathrm{Im}(x)$ konvergiert.

„(ii)$\Rightarrow$(i)" Es seien $\big(\mathrm{Re}(x_n)\big)$ und $\big(\mathrm{Im}(x_n)\big)$ konvergent mit $a := \lim \mathrm{Re}(x_n)$ und $b := \lim \mathrm{Im}(x_n)$. Setzen wir $x := a + ib$, so gilt

$$|x_n - x| = \sqrt{|\mathrm{Re}(x_n) - a|^2 + |\mathrm{Im}(x_n) - b|^2} \leq |\mathrm{Re}(x_n) - a| + |\mathrm{Im}(x_n) - b| \,.$$

Aus dieser Abschätzung folgt nun leicht, daß (x_n) in $\mathbb{C}$ gegen x konvergiert. ∎

Wir wollen zum Schluß dieses Paragraphen die oben gewonnenen Sätze an Beispielen illustrieren.

2.12 Beispiele (a) $\lim_{n\to\infty} \frac{n+1}{n+2} = 1$.

Beweis Wir schreiben $(n+1)/(n+2)$ in der Form $(1 + 1/n)/(1 + 2/n)$. Wegen

$$\lim(1 + 1/n) = \lim(1 + 2/n) = 1$$

(warum?) folgt die Behauptung aus den Sätzen 2.4 und 2.6. ∎

(b) $\lim_{n\to\infty} \left(\frac{3n}{(2n+1)^2} + i\frac{2n^2}{n^2+1} \right) = 2i$.

Beweis Es sei

$$x_n := \frac{3n}{(2n+1)^2} + i\frac{2n^2}{n^2+1}, \qquad n \in \mathbb{N}.$$

Für den Realteil von x_n können wir dann schreiben

$$\frac{3n}{(2n+1)^2} = \frac{3/n}{(2+1/n)^2}.$$

Nun ist $\lim(2 + 1/n) = 2$. Also folgt aus Satz 2.4, daß $\lim(2 + 1/n)^2 = 4$ gilt. Da andererseits $(3/n)$ eine Nullfolge ist, finden wir aufgrund der Sätze 2.4 und 2.6:

$$\text{Re}(x_n) = \frac{3n}{(2n+1)^2} \to 0 \quad (n \to \infty).$$

Die Folge der Imaginärteile von x_n erfüllt wegen Beispiel 1.8(a) und Satz 2.6 die Relation

$$\frac{2n^2}{n^2+1} = \frac{2}{1 + 1/n^2} \to 2 \quad (n \to \infty).$$

Jetzt folgt die Behauptung aus Satz 2.11. ∎

(c) $\left(i^n/(1 + in) \right)$ ist eine Nullfolge in $\mathbb{C}$.

Beweis Wiederum schreiben wir zuerst:

$$\frac{i^n}{1 + in} = \frac{1}{n} \frac{i^n}{i + 1/n}, \qquad n \in \mathbb{N}^\times.$$

Gemäß Satz 2.4 genügt es somit zu zeigen, daß die Folge $\left(i^n/(i + 1/n) \right)_{n \in \mathbb{N}^\times}$ beschränkt ist. Dazu bemerken wir zuerst, daß gilt:

$$\left| i + \frac{1}{n} \right| = \sqrt{1 + \frac{1}{n^2}} \geq 1, \qquad n \in \mathbb{N}^\times.$$

Dann können wir abschätzen:

$$\left| \frac{i^n}{i + 1/n} \right| = \frac{|i^n|}{|i + 1/n|} = \frac{1}{|i + 1/n|} \leq 1, \qquad n \in \mathbb{N}^\times,$$

was die Beschränktheit zeigt. ∎

Aufgaben

1 Man untersuche die Konvergenz der Folgen (x_n) in $\mathbb{R}$ und bestimme gegebenenfalls die Grenzwerte für

(a) $x_n := \sqrt{n+1} - \sqrt{n}$.

(b) $x_n := (-1)^n \sqrt{n}\left(\sqrt{n+1} - \sqrt{n}\right)$.

(c) $x_n := \dfrac{1 + 2 + 3 + \cdots + n}{n + 2} - \dfrac{n}{2}$.

(d) $x_n := \dfrac{(2 - 1/\sqrt{n})^{10} - (1 + 1/n^2)^{10}}{1 - 1/n^2 - 1/\sqrt{n}}$.

(e) $x_n := (100 + 1/n)^2$.

2 Man beweise mittels der binomischen Entwicklung von $(1 + 1)^n$, daß $(n^3/2^n)$ eine Nullfolge ist.

3 Es sei (x_n) eine konvergente reelle Folge mit positivem Grenzwert. Man verifiziere, daß fast alle Folgenglieder von (x_n) positiv sind.

4 Es sei (x_j) eine konvergente Folge in $\mathbb{K}$ mit Grenzwert a. Man beweise:

$$\lim_{n \to \infty} \frac{1}{n} \sum_{j=1}^{n} x_j = a \;.$$

5 Für $m \in \mathbb{N}^\times$ seien

$$s(\mathbb{K}^m) := \mathrm{Abb}(\mathbb{N}, \mathbb{K}^m) = (\mathbb{K}^m)^{\mathbb{N}}$$

und

$$c(\mathbb{K}^m) := \left\{ (x_n) \in s(\mathbb{K}^m) \;;\; (x_n) \text{ ist konvergent} \right\} .$$

Man zeige:

(a) $c(\mathbb{K}^m)$ ist ein Untervektorraum von $s(\mathbb{K}^m)$.

(b) Die Abbildung

$$\lim : c(\mathbb{K}^m) \to \mathbb{K}^m \;, \qquad (x_n) \mapsto \lim_{n \to \infty} (x_n)$$

ist definiert und linear.

(c) Für $(\lambda_n) \in c(\mathbb{K})$ und $(x_n) \in c(\mathbb{K}^m)$ mit $\lambda_n \to \alpha$ und $x_n \to a$ gilt $\lambda_n x_n \to \alpha a$ in $\mathbb{K}^m$ (Hinweis: Beispiel 1.8(e)).

6 Es sei (x_n) eine konvergente Folge in $\mathbb{K}$ mit Grenzwert a. Ferner seien $p, q \in \mathbb{K}[X]$ mit $q(a) \neq 0$. Man beweise: Für die rationale Funktion $r := p/q$ gilt:

$$r(x_n) \to r(a) \quad (n \to \infty) \;.$$

Insbesondere gilt für jedes Polynom p, daß die Folge $\big(p(x_n)\big)_{n \in \mathbb{N}}$ für $n \to \infty$ gegen $p(a)$ konvergiert.

7 Es sei (x_n) eine konvergente Folge in $(0, \infty)$ mit Grenzwert $x \in (0, \infty)$. Man beweise für jedes $r \in \mathbb{Q}$ die Beziehung

$$(x_n)^r \to x^r \quad (n \to \infty) \;.$$

(Hinweis: Für $r = 1/q$ seien $y_n := (x_n)^r$ und $y := x^r$. Dann folgt die Relation

$$x_n - x = (y_n - y) \sum_{k=0}^{q-1} y_n^k y^{q-1-k}$$

aus Aufgabe I.8.1.)

8   Es sei (x_n) eine Folge in $(0, \infty)$. Man zeige, daß $(1/x_n)$ genau dann eine Nullfolge ist, wenn es zu jedem $K > 0$ ein N gibt mit $x_n > K$ für $n \geq N$.

9   Es seien (a_n) eine Folge in $(0, \infty)$ und

$$x_n := \sum_{k=0}^{n} (a_k + 1/a_k) \,, \qquad n \in \mathbb{N} \,.$$

Dann ist $(1/x_n)$ eine Nullfolge. (Hinweis: Für $a > 0$ gilt $a + 1/a \geq 2$ (vgl. Aufgabe I.8.10). Ferner beachte man Aufgabe 8.)

3 Normierte Vektorräume

Wir wollen in diesem Paragraphen das Problem der Abstandsmessung noch einmal aufnehmen und diese Fragestellung in Vektorräumen studieren. Es ist naheliegend, in Vektorräumen Metriken zu verwenden, welche der linearen Struktur
angepaßt sind. Lassen wir uns von einfachen
geometrischen Überlegungen leiten und be-
zeichnen wir mit $\|x\|$ die Länge eines Vek-
tors x in $\mathbb{R}^2$, so führt die Addition, $x + y$,
zweier Vektoren x und y zur *Dreiecksunglei-
chung* $\|x + y\| \leq \|x\| + \|y\|$.

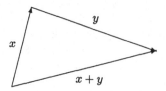

Weiter können wir für $x \in \mathbb{R}^2$ und $\alpha > 0$ die Multiplikation αx als Streckung
oder Stauchung des Vektors x um den Faktor α betrachten. Ist $\alpha < 0$, so wird
der Vektor x um den Faktor $-\alpha$ gestreckt oder gestaucht und zusätzlich seine
Richtung umgekehrt.

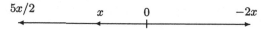

Für die Länge des Vektors αx gilt dann offenbar $\|\alpha x\| = \alpha \|x\|$ falls $\alpha > 0$, und
$\|\alpha x\| = -\alpha \|x\|$ falls $\alpha < 0$, also insgesamt $\|\alpha x\| = |\alpha| \|x\|$.

Schließlich ist die Länge jedes Vektors in $\mathbb{R}^2$ nichtnegativ, d.h., $\|x\| \geq 0$ für
$x \in \mathbb{R}^2$, und der einzige Vektor der Länge 0 ist der Nullvektor.

Normen

Bei den oben angestellten Betrachtungen haben wir nur die lineare Struktur von $\mathbb{R}^2$
verwendet und diese elementargeometrisch interpretiert. Somit lassen sich diese
Überlegungen ohne weiteres auf beliebige Vektorräume übertragen. Dies führt uns
zum Begriff der Norm bzw. des normierten Vektorraumes.

Es sei E ein Vektorraum über $\mathbb{K}$. Eine Abbildung $\|\cdot\| : E \to \mathbb{R}^+$ heißt **Norm**,
falls folgende Eigenschaften erfüllt sind:

(N_1) $\|x\| = 0 \Longleftrightarrow x = 0$.

(N_2) $\|\lambda x\| = |\lambda| \|x\|$, $x \in E$, $\lambda \in \mathbb{K}$ (positive Homogenität).

(N_3) $\|x + y\| \leq \|x\| + \|y\|$, $x, y \in E$ (Dreiecksungleichung).

Das Paar $(E, \|\cdot\|)$, bestehend aus dem Vektorraum E und der Norm $\|\cdot\|$, heißt
normierter Vektorraum.[1] Ist aus dem Zusammenhang unmißverständlich klar, mit
welcher Norm E versehen ist, so bezeichnen wir $(E, \|\cdot\|)$ einfach wieder mit E.

---

[1] Falls nicht ausdrücklich etwas anderes gesagt wird, verstehen wir von nun an unter einem
Vektorraum stets einen $\mathbb{K}$-Vektorraum.

3.1 Bemerkungen   Es sei $E := (E, \|\cdot\|)$ ein normierter Vektorraum.

(a) Durch
$$d : E \times E \to \mathbb{R}^+ , \qquad (x, y) \mapsto \|x - y\|$$
wird auf E eine Metrik, die **von der Norm induzierte Metrik**, definiert. *Jeder normierte Vektorraum ist also ein metrischer Raum.*

(b) Es gilt die **umgekehrte Dreiecksungleichung**:
$$\|x - y\| \geq \big| \|x\| - \|y\| \big| , \qquad x, y \in E .$$

Beweis Für die von der Norm $\|\cdot\|$ induzierte Metrik gilt nach Satz 1.3 die umgekehrte Dreiecksungleichung. Also folgt
$$\|x - y\| = d(x, y) \geq |d(x, 0) - d(0, y)| = \big| \|x\| - \|y\| \big| .$$
für $x, y \in E$. ∎

(c) Aufgrund von (a) gelten alle Aussagen, die in Paragraph 1 für metrische Räume gemacht wurden, auch für E. Insbesondere sind also die Begriffe „Umgebung", „Häufungspunkt" und „Konvergenz" in E wohldefiniert.

Zur Illustration wollen wir die Definition der Konvergenz einer Folge in E mit Grenzwert x explizit formulieren:
$$x_n \to x \text{ in } E \iff \forall \varepsilon > 0 \; \exists N \in \mathbb{N} : \|x_n - x\| < \varepsilon \; \forall n \geq N .$$

Ferner ergibt eine genaue Überprüfung der Beweise von Paragraph 2, daß alle Aussagen, bei denen *nicht* von der Körperstruktur von $\mathbb{K}$ oder der Ordnungsstruktur von $\mathbb{R}$ Gebrauch gemacht wurde, ohne weiteres auf Folgen in E übertragen werden können.

Insbesondere gelten die Bemerkungen 2.1 und die Sätze 2.2 und 2.10 in jedem normierten Vektorraum. ∎

Bälle

Für $a \in E$ und $r > 0$ bezeichnen wir mit
$$\mathbb{B}_E(a, r) := \mathbb{B}(a, r) := \{ x \in E \; ; \; \|x - a\| < r \}$$
den **offenen** und mit
$$\bar{\mathbb{B}}_E(a, r) := \bar{\mathbb{B}}(a, r) := \{ x \in E \; ; \; \|x - a\| \leq r \}$$
den **abgeschlossenen Ball** um a mit Radius r. Man beachte, daß die offenen bzw. abgeschlossenen Bälle bezügl. $(E, \|\cdot\|)$ mit den entsprechenden offenen bzw. abgeschlossenen Bällen bezügl. (E, d) übereinstimmen, falls d die von $\|\cdot\|$ induzierte

Metrik ist. Weiter schreiben wir

$$\mathbb{B} := \mathbb{B}(0,1) = \{\, x \in E \;;\; \|x\| < 1 \,\} \quad \text{bzw.} \quad \bar{\mathbb{B}} := \bar{\mathbb{B}}(0,1) = \{\, x \in E \;;\; \|x\| \leq 1 \,\}$$

für den **offenen** bzw. den **geschlossenen Einheitsball** in E. Gemäß den für beliebige Verknüpfungen (vgl. (I.4.1)) vereinbarten Notationen gelten die Relationen

$$r\mathbb{B} = \mathbb{B}(0,r) \;, \quad r\bar{\mathbb{B}} = \bar{\mathbb{B}}(0,r) \;, \quad a + r\mathbb{B} = \mathbb{B}(a,r) \;, \quad a + r\bar{\mathbb{B}} = \bar{\mathbb{B}}(a,r) \;.$$

Beschränkte Mengen

Eine Teilmenge X von E heißt **beschränkt in E** (oder **normbeschränkt**), wenn sie in dem von der Norm induzierten metrischen Raum beschränkt ist.

3.2 Bemerkungen Es sei $E := (E, \|\cdot\|)$ ein normierter Vektorraum.

(a) $X \subset E$ ist genau dann beschränkt, wenn es ein $r > 0$ gibt mit $X \subset r\mathbb{B}$. Letzteres ist genau dann der Fall, wenn $\|x\| < r$ für jedes $x \in X$ gilt.

(b) Sind X und Y nicht leer und beschränkt in E, so gilt dies auch für $X \cup Y$, $X + Y$, und λX mit $\lambda \in \mathbb{K}$.

(c) Beispiel 1.2(d) zeigt, daß es auf jedem von 0 verschiedenen Vektorraum V eine Metrik gibt, bezüglich derer V beschränkt ist. Hingegen folgt aus (N_2), daß es auf V keine Norm geben kann, bezüglich derer V normbeschränkt ist. ∎

Beispiele

Nach diesen Überlegungen wollen wir die Beispiele der Vektorräume aus Paragraph I.12 wieder aufgreifen und einige dieser Räume mit geeigneten Normen ausstatten.

3.3 Beispiele **(a)** Offenbar ist der Betrag $|\cdot|$ eine Norm, die **Betragsnorm**, auf dem Vektorraum $\mathbb{K}$.

> **Vereinbarung** Wird nicht ausdrücklich etwas anderes gesagt, so ist $\mathbb{K}$ stets mit der Betragsnorm versehen, d.h. $\mathbb{K} := (\mathbb{K}, |\cdot|)$, wenn $\mathbb{K}$ als normierter Vektorraum angesehen wird.

(b) Es sei F ein Untervektorraum eines normierten Vektorraumes $E := (E, \|\cdot\|)$. Dann definiert die Restriktion $\|\cdot\|_F := \|\cdot\| \,\big|\, F$ von $\|\cdot\|$ auf F eine Norm auf F. Also ist $F := (F, \|\cdot\|_F)$ ein normierter Vektorraum mit dieser **induzierten Norm**. Sind keine Mißverständnisse zu befürchten, so verwenden wir für die auf F induzierte Norm ebenfalls das Symbol $\|\cdot\|$.

(c) Es seien $(E_j, \|\cdot\|_j)$, $1 \leq j \leq m$, normierte Räume über $\mathbb{K}$. Dann wird durch

$$\|x\|_\infty := \max_{1\leq j\leq m} \|x_j\|_j \,, \qquad x = (x_1, \ldots, x_m) \in E := E_1 \times \cdots \times E_m \,, \qquad (3.1)$$

eine Norm auf dem Produktvektorraum E definiert, die **Produktnorm**. Die von dieser Norm induzierte Metrik stimmt mit der Produktmetrik aus Beispiel 1.2(e) überein, wenn d_j die von $\|\cdot\|_j$ auf E_j induzierte Metrik bezeichnet.

Beweis Es ist klar, daß (N$_1$) erfüllt ist. Außerdem ergibt sich aus der positiven Homogenität der $\|\cdot\|_j$ für $\lambda \in \mathbb{K}$ und $x \in E$:

$$\|\lambda x\|_\infty = \max_{1\leq j\leq m} \|\lambda x_j\|_j = \max_{1\leq j\leq m} |\lambda| \, \|x_j\|_j = |\lambda| \max_{1\leq j\leq m} \|x_j\|_j = |\lambda| \, \|x\|_\infty \,,$$

also (N$_2$). Schließlich folgt aus $x + y = (x_1 + y_1, \ldots, x_m + y_m)$ und der Dreiecksungleichung für die Normen $\|\cdot\|_j$

$$\|x + y\|_\infty = \max_{1\leq j\leq m} \|x_j + y_j\|_j \leq \max_{1\leq j\leq m} (\|x_j\|_j + \|y_j\|_j) \leq \|x\|_\infty + \|y\|_\infty$$

für $x, y \in E$, somit (N$_3$). Folglich wird durch (3.1) tatsächlich eine Norm auf dem Produktvektorraum E definiert. Die letzte Behauptung ist klar. ∎

(d) Für $m \in \mathbb{N}^\times$ ist $\mathbb{K}^m$ ein normierter Vektorraum mit der **Maximumsnorm**

$$|x|_\infty := \max_{1\leq j\leq m} |x_j| \,, \qquad x = (x_1, \ldots, x_m) \in \mathbb{K}^m \,.$$

Im Fall $m = 1$ ist $(\mathbb{K}^1, |\cdot|_\infty) = (\mathbb{K}, |\cdot|) = \mathbb{K}$.

Beweis Dies ist ein Spezialfall von (c). ∎

Räume beschränkter Abbildungen

Es seien X eine nichtleere Menge und $(E, \|\cdot\|)$ ein normierter Vektorraum. Eine Abbildung $u \in E^X$ heißt **beschränkt**, wenn das Bild von u in E beschränkt ist. Für $u \in E^X$ setzen wir

$$\|u\|_\infty := \|u\|_{\infty,X} := \sup_{x\in X} \|u(x)\| \in \mathbb{R}^+ \cup \{\infty\} \,. \qquad (3.2)$$

3.4 Bemerkungen (a) Für $u \in E^X$ sind die folgenden Aussagen äquivalent:

(i) u ist beschränkt;

(ii) $u(X)$ ist beschränkt in E;

(iii) $\exists\, r > 0 : \|u(x)\| \leq r$, $x \in X$;

(iv) $\|u\|_\infty < \infty$.

(b) Offensichtlich ist $\mathrm{id} \in \mathbb{K}^\mathbb{K}$ *nicht* beschränkt, d.h., es gilt $\|\mathrm{id}\|_\infty = \infty$. ∎

Das Beispiel der letzten Bemerkung zeigt, daß $\|\cdot\|_\infty$ auf dem Vektorraum E^X keine Norm definiert, wenn E nicht trivial ist. Wir setzen deshalb

$$B(X, E) := \big\{ u \in E^X \; ; \; u \text{ ist beschränkt} \big\} \,,$$

und nennen $B(X, E)$ **Raum der beschränkten Abbildungen** von X in E.

3.5 Satz $B(X, E)$ *ist ein Untervektorraum von* E^X *und* $\|\cdot\|_\infty$ *ist eine Norm auf* $B(X, E)$, *die* **Supremumsnorm**.

Beweis   Die erste Aussage folgt aus Bemerkung 3.2(b). Zum Nachweis der Gültigkeit der Normaxiome für $\|\cdot\|_\infty$ halten wir zuerst fest, daß wegen Bemerkung 3.4(a) die Abbildung $\|\cdot\|_\infty : B(X, E) \to \mathbb{R}^+$ wohldefiniert ist. Um Axiom (N_1) für $\|\cdot\|_\infty$ zu verifizieren, schließen wir wie folgt:

$$\|u\|_\infty = 0 \Longleftrightarrow \big(\|u(x)\| = 0 \,, \; x \in X\big) \Longleftrightarrow \big(u(x) = 0 \,, \; x \in X\big) \Longleftrightarrow \big(u = 0 \text{ in } E^X\big) \,.$$

Dabei haben wir natürlich verwendet, daß $\|\cdot\|$ eine Norm auf E ist. Weiter gilt für $u \in B(X, E)$ und $\alpha \in \mathbb{K}$:

$$\|\alpha u\|_\infty = \sup\big\{ \|\alpha u(x)\| \; ; \; x \in X \big\} = \sup\big\{ |\alpha|\, \|u(x)\| \; ; \; x \in X \big\} = |\alpha|\, \|u\|_\infty \,.$$

Somit erfüllt $\|\cdot\|_\infty$ auch (N_2).

Schließlich gelten für $u, v \in B(X, E)$ und $x \in X$ die beiden Abschätzungen $\|u(x)\| \le \|u\|_\infty$ und $\|v(x)\| \le \|v\|_\infty$. Deshalb finden wir:

$$\begin{aligned} \|u + v\|_\infty &= \sup\big\{ \|u(x) + v(x)\| \; ; \; x \in X \big\} \\ &\le \sup\big\{ \|u(x)\| + \|v(x)\| \; ; \; x \in X \big\} \le \|u\|_\infty + \|v\|_\infty \,. \end{aligned}$$

Also erfüllt $\|\cdot\|_\infty$ auch das Axiom (N_3). ∎

Vereinbarung $B(X, E)$ wird stets mit der Supremumsnorm $\|\cdot\|_\infty$ versehen, d.h.

$$B(X, E) := \big(B(X, E), \|\cdot\|_\infty\big) \,. \tag{3.3}$$

3.6 Bemerkungen   (a) Ist $X := \mathbb{N}$, so ist $B(X, E)$ der normierte Vektorraum der beschränkten Folgen in E. Im Spezialfall $E := \mathbb{K}$ bezeichnet man $B(\mathbb{N}, \mathbb{K})$ mit ℓ_∞, d.h.,

$$\ell_\infty := \ell_\infty(\mathbb{K}) := B(\mathbb{N}, \mathbb{K})$$

ist der normierte **Vektorraum der beschränkten Zahlenfolgen**, versehen mit der Supremumsnorm

$$\|(x_n)\|_\infty = \sup_{n \in \mathbb{N}} |x_n| \,, \qquad (x_n) \in \ell_\infty \,.$$

(b) Da nach Satz 1.10 jede konvergente Folge beschränkt ist, folgt aus Bemerkung 2.3, daß c_0 und c Untervektorräume von ℓ_∞ sind. Also gilt: c_0 *und* c *sind* *normierte Vektorräume bezüglich der Supremumsnorm, und $c_0 \subset c \subset \ell_\infty$ als Vektorräume.*

(c) Ist $X = \{1, \ldots, m\}$ für ein $m \in \mathbb{N}^\times$, so gilt

$$B(X, E) = (E^m, \|\cdot\|_\infty) \,,$$

wobei $\|\cdot\|_\infty$ die Produktnorm von Beispiel 3.3(c) ist (und offensichtliche Identifikationen verwendet wurden). Also sind die Notationen konsistent. ∎

Innenprodukträume

Wir betrachten nun den normierten Vektorraum $E := (\mathbb{R}^2, |\cdot|_\infty)$. Gemäß unseren oben eingeführten Bezeichnungen ist der Einheitsball von E die Menge

$$\mathbb{B}_E = \{ x \in \mathbb{R}^2 \; ; \; |x|_\infty \leq 1 \} = \{ (x_1, x_2) \in \mathbb{R}^2 \; ; \; -1 \leq x_1, x_2 \leq 1 \} \,.$$

Also ist $\mathbb{B}_E$, geometrisch gesehen, ein Quadrat in der Ebene mit Seitenlänge 2 und Mittelpunkt 0. In jedem normierten Vektorraum $(F, \|\cdot\|)$ bezeichnet man die Menge $\{ x \in F \; ; \; \|x\| = 1 \}$, d.h. den „Rand" des Einheitsballes, als **Einheitssphäre** in $(F, \|\cdot\|)$. Für unseren Raum E wird sie durch die Randlinie des Quadrates der nebenstehenden Abbildung beschrieben, also durch alle Punkte der Ebene, die vom Nullpunkt den Abstand 1 besitzen. Dieser Abstand wird natürlich in der von $|\cdot|_\infty$ induzierten Metrik gemessen! Die geometrischen Erscheinungsformen dieses „Balles" und dieser „Sphäre" laufen sicherlich unseren elementargeometrischen Vorstellungen von Bällen und Sphären (d.h. Kreisen im ebenen Fall) zuwider. Es ist uns von der Schule her geläufig, daß

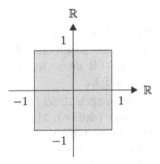

wir „runde" Kreise bekommen, wenn wir vom Ursprung aus alle Vektoren einer konstanten Länge auftragen, falls wir die Länge wie üblich nach dem Satz des Pythagoras als die Wurzel aus der Quadratsumme der Komponentenlängen bestimmen (vgl. auch Paragraph I.11 für $\mathbb{B}_\mathbb{C}$). Diese „Längenmessung" wollen wir nun auch auf $\mathbb{K}^m$ übertragen, und diesen Vektorraum mit einer aus historischen und praktischen Gründen äußerst wichtigen Norm versehen. Dazu benötigen wir einige Vorbereitungen.

Es sei E ein Vektorraum über dem Körper $\mathbb{K}$. Eine Abbildung

$$(\cdot | \cdot) : E \times E \to \mathbb{K} \,, \quad (x, y) \mapsto (x | y) \tag{3.4}$$

heißt **Skalarprodukt** oder **inneres Produkt** auf E, falls sie die folgenden Eigenschaften besitzt:[2]

---

[2] Ist $\mathbb{K} = \mathbb{R}$, so setzen wir $\overline{\alpha} := \alpha$ und $\operatorname{Re} \alpha := \alpha$ für $\alpha \in \mathbb{R}$ in Übereinstimmung mit Satz I.11.3. In diesem Fall können also das „Konjugiertkomplexzeichen" und das Symbol Re ignoriert werden.

(SP$_1$) $(x\,|\,y) = \overline{(y\,|\,x)}$, $\ x, y \in E$.

(SP$_2$) $(\lambda x + \mu y\,|\,z) = \lambda(x\,|\,z) + \mu(y\,|\,z)$, $\ x, y, z \in E$, $\ \lambda, \mu \in \mathbb{K}$.

(SP$_3$) $(x\,|\,x) \geq 0$, $\ x \in E$, und $(x\,|\,x) = 0 \Leftrightarrow x = 0$.

Ein Vektorraum E, versehen mit einem Skalarprodukt $(\cdot\,|\,\cdot)$, heißt **Innenprodukt-raum** und wird mit $\big(E, (\cdot\,|\,\cdot)\big)$ bezeichnet. Ist aus dem Zusammenhang klar, von welchem Skalarprodukt die Rede ist, so schreiben wir oft einfach E für $\big(E, (\cdot\,|\,\cdot)\big)$.

3.7 Bemerkungen (a) Im reellen Fall $\mathbb{K} = \mathbb{R}$ lautet (SP$_1$):

$$(x\,|\,y) = (y\,|\,x)\,, \qquad x, y \in E\,.$$

Mit anderen Worten: Die Abbildung (3.4) ist **symmetrisch**, wenn E ein reeller Vektorraum ist. Im Fall $\mathbb{K} = \mathbb{C}$ drückt man (SP$_1$) dadurch aus, daß man sagt, die Abbildung (3.4) sei **hermitesch**.

(b) Aus (SP$_1$) und (SP$_2$) folgt

$$(x\,|\,\lambda y + \mu z) = \overline{\lambda}(x\,|\,y) + \overline{\mu}(x\,|\,z)\,, \qquad x, y, z \in E\,, \quad \lambda, \mu \in \mathbb{K}\,, \qquad (3.5)$$

d.h., für jedes feste $x \in E$ ist die Abbildung $(x\,|\,\cdot): E \to \mathbb{K}$ **konjugiert linear**. Da (SP$_1$) bedeutet, daß $(\cdot\,|\,x): E \to \mathbb{K}$ für jedes feste $x \in E$ linear ist, sagt man, (3.4) sei eine **Sesquilinearform**. Im reellen Fall $\mathbb{K} = \mathbb{R}$ bedeutet (3.5) einfach, daß $(x\,|\,\cdot): E \to \mathbb{R}$ linear ist für $x \in E$. In diesem Fall sagt man, (3.4) sei eine **Bilinearform** auf E.

Schließlich drückt man (SP$_3$) dadurch aus, daß man sagt, die Form (3.4) sei **positiv** (**definit**). Mit diesen Bezeichnungen können wir sagen: *Ein Skalarprodukt ist eine positive hermitesche Sesquilinearform auf E, falls E ein komplexer Vektorraum ist; bzw. eine positive symmetrische Bilinearform, falls E ein reeller Vektorraum ist.*

(c) Für $x, y \in E$ gilt:[3] $(x \pm y\,|\,x \pm y) = (x\,|\,x) \pm 2\,\mathrm{Re}(x\,|\,y) + (y\,|\,y)$.

(d) $(x\,|\,0) = 0$ für $x \in E$. $\blacksquare$

Für $m \in \mathbb{N}^\times$ und $x = (x_1, \ldots, x_m)$ und $y = (y_1, \ldots, y_m)$ in $\mathbb{K}^m$ setzen wir

$$(x\,|\,y) := \sum_{j=1}^{m} x_j \overline{y}_j\,.$$

Es ist nicht schwierig nachzuprüfen, daß hierdurch ein Skalarprodukt auf $\mathbb{K}^m$ definiert wird, das **euklidische innere Produkt** auf $\mathbb{K}^m$.

---

[3]Es handelt sich hier um zwei Aussagen. Die erste (bzw. zweite) erhält man, wenn man überall das Vorzeichen $+$ (bzw. $-$) einsetzt. Diese Konvention wollen wir im weiteren immer verwenden: Treten in Formeln die Zeichen $\pm$ und $\mp$ auf, so ist entweder *überall* das obere oder *überall* das untere Vorzeichen zu lesen.

Die Cauchy-Schwarzsche Ungleichung

Nach diesen Vorbereitungen beweisen wir die Cauchy-Schwarzsche Ungleichung, ein wichtiges Resultat, welches in jedem Innenproduktraum gültig ist.

3.8 Theorem (Cauchy-Schwarzsche Ungleichung) *Es sei $(E, (\cdot\,|\,\cdot))$ ein Innenproduktraum. Dann gilt*

$$|(x\,|\,y)|^2 \le (x\,|\,x)(y\,|\,y)\,, \qquad x,y \in E\,, \tag{3.6}$$

und in (3.6) steht genau dann das Gleichheitszeichen, wenn x und y linear abhängig sind.

Beweis (a) Für $y = 0$ folgt die Behauptung aus Bemerkung 3.7(d). Es sei also $y \ne 0$. Für $\alpha \in \mathbb{K}$ gilt dann:

$$\begin{aligned}
0 \le (x - \alpha y\,|\,x - \alpha y) &= (x\,|\,x) - 2\operatorname{Re}(x\,|\,\alpha y) + (\alpha y\,|\,\alpha y)\\
&= (x\,|\,x) - 2\operatorname{Re}\big(\overline{\alpha}(x\,|\,y)\big) + |\alpha|^2\,(y\,|\,y)\,.
\end{aligned} \tag{3.7}$$

Wählen wir speziell $\alpha := (x\,|\,y)/(y\,|\,y)$, so folgt

$$0 \le (x\,|\,x) - 2\operatorname{Re}\Big(\frac{\overline{(x\,|\,y)}}{(y\,|\,y)}(x\,|\,y)\Big) + \frac{|(x\,|\,y)|^2}{(y\,|\,y)^2}(y\,|\,y) = (x\,|\,x) - \frac{|(x\,|\,y)|^2}{(y\,|\,y)}\,,$$

also (3.6). Gilt $x \ne \alpha y$, so lesen wir aus (3.7) ab, daß in (3.6) ein echtes Ungleichheitszeichen steht.

    (b) Schließlich seien x und y linear abhängige Vektoren in E. Dann gibt es $(\alpha, \beta) \in \mathbb{K}^2 \setminus \big\{(0,0)\big\}$ mit $\alpha x + \beta y = 0$. Ist $\alpha \ne 0$, so folgt $x = -(\beta/\alpha)y$, und wir finden

$$|(x\,|\,y)|^2 = \Big|\frac{\beta}{\alpha}\Big|^2 |(y\,|\,y)|^2 = \Big(-\frac{\beta}{\alpha}y\,\Big|-\frac{\beta}{\alpha}y\Big)(y\,|\,y) = (x\,|\,x)(y\,|\,y)\,.$$

Ist andererseits $\beta \ne 0$, so gilt $y = -(\alpha/\beta)x$, und eine analoge Rechnung ergibt wieder $|(x\,|\,y)|^2 = (x\,|\,x)(y\,|\,y)$. $\blacksquare$

3.9 Korollar (Klassische Cauchy-Schwarzsche Ungleichung) *Es seien $\xi_1, \dots, \xi_m$ und $\eta_1, \dots, \eta_m$ Elemente von $\mathbb{K}$. Dann gilt*

$$\Big|\sum_{j=1}^m \xi_j \overline{\eta}_j\Big|^2 \le \Big(\sum_{j=1}^m |\xi_j|^2\Big)\Big(\sum_{j=1}^m |\eta_j|^2\Big) \tag{3.8}$$

und Gleichheit tritt genau dann ein, wenn es $\alpha, \beta \in \mathbb{K}$ gibt mit $(\alpha, \beta) \ne (0,0)$ und $\alpha\xi_j + \beta\eta_j = 0$, $j = 1, \dots, m$.

Beweis Dies folgt durch Anwenden von Theorem 3.8 auf $\mathbb{K}^m$, versehen mit dem euklidischen inneren Produkt. $\blacksquare$

Es sei $\big(E,(\cdot\,|\,\cdot)\big)$ ein beliebiger Innenproduktraum. Dann folgt aus $(x\,|\,x)\geq 0$, daß $\|x\|:=\sqrt{(x\,|\,x)}\geq 0$ für alle $x\in E$ wohldefiniert ist. Ferner gilt:

$$\|x\|=0\iff\|x\|^2=0\iff(x\,|\,x)=0\iff x=0\ .$$

Somit erfüllt $\|\cdot\|$ das Normaxiom (N_1). Auch der Nachweis von (N_2) für $\|\cdot\|$ ist nicht schwierig. Für $\alpha\in\mathbb{K}$ und $x\in E$ gilt nämlich

$$\|\alpha x\|=\sqrt{(\alpha x\,|\,\alpha x)}=\sqrt{|\alpha|^2\,(x\,|\,x)}=|\alpha|\,\|x\|\ .$$

Der nächste Satz zeigt, daß die Abbildung $\|\cdot\|\colon E\to\mathbb{R}^+$ auf E in der Tat eine Norm definiert. Beim Beweis der Dreiecksungleichung für $\|\cdot\|$ werden wir dabei auf die Cauchy-Schwarzsche Ungleichung zurückgreifen.

3.10 Theorem   *Es seien $\big(E,(\cdot\,|\,\cdot)\big)$ ein Innenproduktraum und*

$$\|x\|:=\sqrt{(x\,|\,x)}\ ,\qquad x\in E\ .$$

Dann ist $\|\cdot\|$ eine Norm auf E, die **vom Skalarprodukt $(\cdot\,|\,\cdot)$ induzierte Norm.**

Beweis Nach den obigen Betrachtungen genügt es, die Dreiecksungleichung für $\|\cdot\|$ nachzuweisen. Die Cauchy-Schwarzsche Ungleichung ergibt

$$|(x\,|\,y)|\leq\sqrt{(x\,|\,x)(y\,|\,y)}=\sqrt{\|x\|^2\,\|y\|^2}=\|x\|\,\|y\|\ .$$

Deshalb folgt:

$$\begin{aligned}
\|x+y\|^2&=(x+y\,|\,x+y)=(x\,|\,x)+2\,\mathrm{Re}(x\,|\,y)+(y\,|\,y)\\
&\leq\|x\|^2+2\,|(x\,|\,y)|+\|y\|^2\leq\|x\|^2+2\,\|x\|\,\|y\|+\|y\|^2\\
&=(\|x\|+\|y\|)^2\ ,
\end{aligned}$$

d.h., wir haben $\|x+y\|\leq\|x\|+\|y\|$ gezeigt. ∎

Aufgrund von Theorem 3.10 treffen wir folgende

   Vereinbarung Jeder Innenproduktraum $\big(E,(\cdot\,|\,\cdot)\big)$ wird stets als normierter Vektorraum mit der von $(\cdot\,|\,\cdot)$ induzierten Norm aufgefaßt.

Eine von einem Skalarprodukt induzierte Norm nennt man auch **Hilbertnorm**.

   Zusammenfassend erhalten wir aus den Theoremen 3.8 und 3.10:

3.11 Korollar   *Jeder Innenproduktraum ist ein normierter Vektorraum, und es gilt die Cauchy-Schwarzsche Ungleichung*

$$|(x\,|\,y)|\leq\|x\|\,\|y\|\ ,\qquad x,y\in E\ .$$

Euklidische Räume

Ein besonders wichtiges Beispiel stellt das euklidische innere Produkt auf $\mathbb{K}^m$ dar. Da wir sehr oft mit dieser Struktur arbeiten werden, ist es bequem, die folgende Absprache zu treffen:

> **Vereinbarung** Wird nicht ausdrücklich etwas anderes gesagt, so versehen wir $\mathbb{K}^m$ mit dem euklidischen inneren Produkt $(\cdot\,|\,\cdot)$ und der induzierten Norm[4]
>
> $$|x| := \sqrt{(x\,|\,x)} = \sqrt{\sum_{j=1}^{m} |x_j|^2}\;, \qquad x = (x_1, \ldots, x_m) \in \mathbb{K}^m\;,$$
>
> der **euklidischen Norm**. Im reellen Fall schreiben wir auch $x \cdot y$ für $(x\,|\,y)$.

Wir haben also bis jetzt auf dem Vektorraum $\mathbb{K}^m$ zwei Normen, nämlich die Maximumnorm

$$|x|_\infty = \max_{1 \leq j \leq m} |x_j|\;, \qquad x = (x_1, \ldots, x_m) \in \mathbb{K}^m\;,$$

und die euklidische Norm $|\cdot|$, eingeführt. Wir wollen nun durch

$$|x|_1 := \sum_{j=1}^{m} |x_j|\;, \qquad x = (x_1, \ldots, x_m) \in \mathbb{K}^m\;,$$

eine weitere Norm erklären. Daß es sich dabei wirklich um eine Norm handelt, ist nicht schwierig nachzuprüfen und bleibt dem Leser als Übungsaufgabe überlassen. Der nächste Satz zeigt, als weitere Anwendung der Cauchy-Schwarzschen Ungleichung, wie die euklidische Norm mit den Normen $|\cdot|_1$ und $|\cdot|_\infty$ verglichen werden kann.

3.12 Satz *Es sei $m \in \mathbb{N}^\times$. Dann gelten die Abschätzungen*

$$|x|_\infty \leq |x| \leq \sqrt{m}\,|x|_\infty\;, \qquad \frac{1}{\sqrt{m}}\,|x|_1 \leq |x| \leq |x|_1\;, \qquad x \in \mathbb{K}^m\;.$$

Beweis Aus der offensichtlichen Beziehung $|x_k|^2 \leq \sum_{j=1}^{m} |x_j|^2$ für $k = 1, \ldots, m$ folgt sofort $|x|_\infty \leq |x|$. Weiter gelten trivialerweise die Ungleichungen

$$\sum_{j=1}^{m} |x_j|^2 \leq \left(\sum_{j=1}^{m} |x_j| \right)^2 \quad \text{und} \quad \sum_{j=1}^{m} |x_j|^2 \leq m \max_{1 \leq j \leq m} |x_j|^2 = m \left(\max_{1 \leq j \leq m} |x_j| \right)^2\;.$$

---

[4]Diese Notation ist im Fall $m = 1$ konsistent mit der Bezeichnung $|\cdot|$ für den Absolutbetrag in $\mathbb{K}$ wegen $(x\,|\,y) = x\overline{y}$ für $x, y \in \mathbb{K}^1 = \mathbb{K}$. Sie ist *nicht* konsistent mit der Bezeichnung $|\alpha|$ für die Länge eines Multiindexes $\alpha \in \mathbb{N}^m$. Aus dem Zusammenhang wird aber stets klar sein, welche Interpretation die richtige ist.

Somit haben wir $|x| \leq |x|_1$ und $|x| \leq \sqrt{m}\,|x|_\infty$ gezeigt. Aus Korollar 3.9 folgt

$$|x|_1 = \sum_{j=1}^{m} 1 \cdot |x_j| \leq \Big(\sum_{j=1}^{m} 1^2\Big)^{1/2} \Big(\sum_{j=1}^{m} |x_j|^2\Big)^{1/2} = \sqrt{m}\,|x| \ ,$$

was die Behauptung zeigt. ∎

Äquivalente Normen

Es sei E ein Vektorraum. Wir nennen zwei Normen $\|\cdot\|_1$ und $\|\cdot\|_2$ auf E **äquivalent**, falls es ein $K \geq 1$ gibt mit

$$\frac{1}{K}\|x\|_1 \leq \|x\|_2 \leq K\|x\|_1 \ , \qquad x \in E \ . \tag{3.9}$$

In diesem Fall schreiben wir $\|\cdot\|_1 \sim \|\cdot\|_2$.

3.13 Bemerkungen (a) Es ist nicht schwierig nachzuprüfen, daß die Relation $\sim$ eine Äquivalenzrelation auf der Menge aller Normen eines festen Vektorraumes ist.

(b) Die qualitative Aussage von Satz 3.12 können wir in der Form

$$|\cdot|_1 \sim |\cdot| \sim |\cdot|_\infty \quad \text{auf } \mathbb{K}^m$$

darstellen.

(c) Um auch die quantitativen Aussagen von Satz 3.12 zu verdeutlichen, bezeichne $\mathbb{B}^m$ den **reellen offenen euklidischen Einheitsball**, d.h.

$$\mathbb{B}^m := \mathbb{B}_{\mathbb{R}^m} \ ,$$

und $\mathbb{B}_1^m$ bzw. $\mathbb{B}_\infty^m$ den Einheitsball in $(\mathbb{R}^m, |\cdot|_1)$ bzw. in $(\mathbb{R}^m, |\cdot|_\infty)$. Dann folgt aus Satz 3.12

$$\mathbb{B}^m \subset \mathbb{B}_\infty^m \subset \sqrt{m}\,\mathbb{B}^m \ , \qquad \mathbb{B}_1^m \subset \mathbb{B}^m \subset \sqrt{m}\,\mathbb{B}_1^m \ .$$

Im Fall $m = 2$ sind diese Inklusionen in den nachstehenden Skizzen graphisch veranschaulicht:

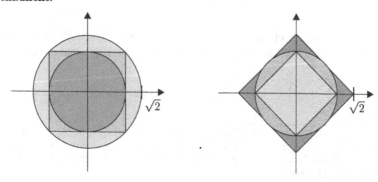

Man beachte:
$$\mathbb{B}_\infty^m = \underbrace{\mathbb{B}_\infty^1 \times \cdots \times \mathbb{B}_\infty^1}_{m} = (-1,1)^m \ . \tag{3.10}$$

Für $\mathbb{B}^m$ oder $\mathbb{B}_1^m$ gibt es keine analoge Darstellung.

(d) Es seien $E = (E, \|\cdot\|)$ ein normierter Vektorraum und $\|\cdot\|_1$ eine zu $\|\cdot\|$ äquivalente Norm auf E. Setzen wir $E_1 := (E, \|\cdot\|_1)$, so gilt

$$\mathfrak{U}_E(a) = \mathfrak{U}_{E_1}(a) \ , \qquad a \in E \ ,$$

d.h., *der Umgebungsbegriff hängt nur von der Äquivalenzklasse der Norm ab; äquivalente Normen liefern dieselben Umgebungen.*

Beweis (i) Gemäß Bemerkung 3.1(a) sind die Mengen $\mathfrak{U}_E(a)$ und $\mathfrak{U}_{E_1}(a)$ für jedes $a \in E$ wohldefiniert.

(ii) Aus (3.9) folgt $K^{-1}\mathbb{B}_{E_1} \subset \mathbb{B}_E \subset K\mathbb{B}_{E_1}$. Somit gilt für $a \in E$ und $r > 0$:

$$\mathbb{B}_{E_1}(a, K^{-1}r) \subset \mathbb{B}_E(a,r) \subset \mathbb{B}_{E_1}(a, Kr) \ . \tag{3.11}$$

(iii) Zu $U \in \mathfrak{U}_E(a)$ existiert ein $r > 0$ mit $\mathbb{B}_E(a,r) \subset U$. Wegen (3.11) folgt dann $\mathbb{B}_{E_1}(a, K^{-1}r) \subset U$, d.h., es gilt $U \in \mathfrak{U}_{E_1}(a)$. Dies zeigt $\mathfrak{U}_E(a) \subset \mathfrak{U}_{E_1}(a)$.

Ist umgekehrt $U \in \mathfrak{U}_{E_1}(a)$, so gibt es ein $\delta > 0$ mit $\mathbb{B}_{E_1}(a,\delta) \subset U$. Setzen wir $r := \delta/K > 0$, dann folgt aus (3.11), daß $\mathbb{B}_E(a,r) \subset U$. Also gilt $U \in \mathfrak{U}_E(a)$, d.h., wir haben auch $\mathfrak{U}_{E_1}(a) \subset \mathfrak{U}_E(a)$ gezeigt. ∎

(e) Die komplexen Zahlen $\mathbb{C} := \mathbb{R} + i\mathbb{R}$ können als *Menge* (sogar als additive abelsche Gruppe) vermöge

$$\mathbb{C} \ni z = x + iy \longleftrightarrow (x,y) \in \mathbb{R}^2$$

mit der Menge $\mathbb{R}^2$ (bzw. $(\mathbb{R}^2, +)$) identifiziert werden, wie Bemerkung I.11.2(c) zeigt. Allgemeiner können für $m \in \mathbb{N}^\times$ die Mengen $\mathbb{C}^m$ und $\mathbb{R}^{2m}$ vermöge

$$\mathbb{C}^m \ni (z_1, \ldots, z_m) = (x_1 + iy_1, \ldots, x_m + iy_m) \longleftrightarrow (x_1, y_1, \ldots, x_m, y_m) \in \mathbb{R}^{2m}$$

identifiziert werden.[5] Bezüglich dieser **kanonischen Identifikation** gilt

$$\mathbb{B}_{\mathbb{C}^m} = \mathbb{B}^{2m} = \mathbb{B}_{\mathbb{R}^{2m}}$$

und folglich

$$\mathfrak{U}_{\mathbb{C}^m} = \mathfrak{U}_{\mathbb{R}^{2m}} \ .$$

Somit können bei **topologischen Fragen**, d.h. bei Untersuchungen, in welchen Aussagen über Umgebungen von Punkten gemacht werden, die Mengen $\mathbb{C}^m$ und $\mathbb{R}^{2m}$ miteinander identifiziert werden.

(f) Die Begriffe „Häufungspunkt" und „Konvergenz" sind **topologische Konzeptionen**, d.h., sie verwenden nur den Umgebungsbegriff und sind somit invariant unter Übergang zu äquivalenten Normen. ∎

---

[5]Wir weisen darauf hin, daß der komplexe Vektorraum $\mathbb{C}^m$ *nicht* mit dem reellen Vektorraum $\mathbb{R}^{2m}$ identifiziert werden kann (warum nicht?)!

Konvergenz in Produkträumen

Als Konsequenz der obigen und früherer Überlegungen wollen wir noch eine einfache, aber sehr nützliche Beschreibung konvergenter Folgen in $\mathbb{K}^m$ angeben.

3.14 Satz   Es seien $m \in \mathbb{N}^{\times}$ und $x_n = (x_n^1, \ldots, x_n^m) \in \mathbb{K}^m$ für $n \in \mathbb{N}$. Dann sind äquivalent:

(i) Die Folge $(x_n)_{n \in \mathbb{N}}$ konvergiert in $\mathbb{K}^m$ gegen $x = (x^1, \ldots, x^m)$.

(ii) Für jedes $k \in \{1, \ldots, m\}$ konvergiert die Folge $(x_n^k)_{n \in \mathbb{N}}$ in $\mathbb{K}$ gegen x^k.

Beweis   Dies folgt unmittelbar aus Beispiel 1.8(e) und den Bemerkungen 3.13(c) und (d). ∎

Die Aussage (ii) von Satz 3.14 wird oft als *komponentenweise Konvergenz* der Folge (x_n) bezeichnet. Etwas unpräzise, dafür aber sehr einprägsam, kann Satz 3.14 somit wie folgt formuliert werden: *Eine Folge in $\mathbb{K}^m$ konvergiert genau dann, wenn sie komponentenweise konvergiert.* Also genügt es im Prinzip, die Konvergenz von Zahlenfolgen — und wegen Bemerkung 3.13(e) sogar von reellen Zahlenfolgen — zu studieren. Aus vielerlei Gründen, die beim weiteren Studium dem Leser von selbst klarwerden sollten, ist eine solche „Vereinfachung" jedoch meistens nicht angebracht.

Aufgaben

1   Es sei $\|\cdot\|$ eine Norm auf dem $\mathbb{K}$-Vektorraum E. Dann wird durch $\|x\|_T := \|Tx\|$, $x \in E$, für jedes $T \in \mathrm{Aut}(E)$ eine Norm $\|\cdot\|_T$ auf E definiert. Insbesondere ist für jedes $\alpha \in \mathbb{K}^{\times}$ die Abbildung $E \to \mathbb{R}^+$, $x \mapsto \|\alpha x\|$ eine Norm auf E.

2   Die Folge (x_n) konvergiere im normierten Vektorraum $E = (E, \|\cdot\|)$ gegen x. Man beweise, daß die Folge $(\|x_n\|)$ in $[0, \infty)$ gegen $\|x\|$ konvergiert.

3   Man verifiziere die Aussagen von Bemerkung 3.4(a).

4   Man beweise, daß in jedem Innenproduktraum $(E, (\cdot|\cdot))$ folgende **Parallelogrammidentität** gilt:
$$2(\|x\|^2 + \|y\|^2) = \|x + y\|^2 + \|x - y\|^2 , \qquad x, y \in E .$$

5   Für welche $\lambda := (\lambda_1, \ldots, \lambda_m) \in \mathbb{K}^m$ definiert die Abbildung
$$(\cdot|\cdot)_\lambda : \mathbb{K}^m \times \mathbb{K}^m \to \mathbb{K} , \quad (x, y) \mapsto \sum_{k=1}^{m} \lambda_k x_k \overline{y}_k$$
ein Skalarprodukt auf $\mathbb{K}^m$?

6   Es sei $(E, (\cdot|\cdot))$ ein reeller Innenproduktraum. Man beweise die Ungleichungen
$$(\|x\| + \|y\|) \frac{(x|y)}{\|x\| \|y\|} \leq \|x + y\| \leq \|x\| + \|y\| , \qquad x, y \in E \setminus \{0\} .$$

Wann gilt Gleichheit? (Hinweis: Man quadriere die erste Ungleichung.)

7 Es sei X ein metrischer Raum. Eine Teilmenge Y von X heißt **abgeschlossen**, wenn für jede Folge (y_n) in Y, die in X konvergiert, gilt: $\lim y_n \in Y$.

Man zeige, daß c_0 ein abgeschlossener Untervektorraum von ℓ_∞ ist.

8 Es seien $\|\cdot\|_1$ und $\|\cdot\|_2$ äquivalente Normen auf dem Vektorraum E. Ferner sei

$$d_j(x,y) := \|x - y\|_j \,, \qquad x,y \in E \,, \quad j = 1,2 \,.$$

Man zeige, daß d_1 und d_2 äquivalente Metriken auf E sind.

9 Es seien (X_j, d_j), $1 \le j \le n$, metrische Räume. Man zeige, daß

$$(x,y) \mapsto \left(\sum_{j=1}^n d_j(x_j, y_j)^2 \right)^{1/2}$$

mit $x = (x_1, \ldots, x_n)$, $y = (y_1, \ldots, y_n)$ und $x,y \in X := X_1 \times \cdots \times X_n$ zur Produktmetrik von X äquivalent ist.

10 Es sei $\big(E, (\cdot\,|\,\cdot)\big)$ ein Innenproduktraum. Zwei Elemente $x,y \in E$ heißen **orthogonal**, wenn $(x\,|\,y) = 0$ gilt. Wir verwenden in diesem Fall die Notation $x \perp y$. Eine Teilmenge $M \subset E$ heißt **Orthogonalsystem**, wenn $x \perp y$ für alle $x,y \in M$ mit $x \ne y$ gilt. Schließlich heißt M **Orthonormalsystem**, falls M ein Orthogonalsystem ist mit $\|x\| = 1$ für $x \in M$.

Es sei $\{x_0, \ldots, x_m\} \subset E$ ein Orthogonalsystem mit $x_j \ne 0$ für $0 \le j \le m$. Man beweise:

(a) $\{x_0, \ldots, x_m\}$ ist linear unabhängig.

(b) $\left\| \sum_{k=0}^m x_k \right\|^2 = \sum_{k=0}^m \|x_k\|^2$ (Satz des Pythagoras).

11 Es sei F ein Untervektorraum eines Innenproduktraumes E. Man beweise, daß das **orthogonale Komplement** von F, d.h.

$$F^\perp := \big\{ x \in E \,;\, x \perp y, \ y \in F \big\} \,,$$

ein abgeschlossener Untervektorraum von E ist.

12 Es seien $B = \{u_0, \ldots, u_m\}$ ein Orthonormalsystem im Innenproduktraum $\big(E, (\cdot\,|\,\cdot)\big)$ und $F := \operatorname{span}(B)$. Ferner sei

$$p_F : E \to F \,, \qquad x \mapsto \sum_{k=0}^m (x\,|\,u_k) u_k \,.$$

Man beweise:

(a) $x - p_F(x) \in F^\perp$, $x \in E$.

(b) $\|x - p_F(x)\| = \inf_{y \in F} \|x - y\|$, $x \in E$.

(c) $\|x - p_F(x)\|^2 = \|x\|^2 - \sum_{k=0}^m |(x\,|\,u_k)|^2$, $x \in E$.

(d) $p_F \in \operatorname{Hom}(E,F)$ mit $p_F^2 = p_F$.

(e) $\operatorname{im}(p_F) = F$, $\ker(p_F) = F^\perp$ und $E = F \oplus F^\perp$.

(Hinweis: (b) Für jedes $y \in F$ gilt wegen Aufgabe 10 und (a) die Beziehung $\|x - y\|^2 = \|x - p_F(x)\|^2 + \|p_F(x) - y\|^2$.)

13 Mit den Bezeichnungen von Aufgabe 12 verifiziere man:

(a) Für $x \in E$ gilt $\sum_{k=0}^{m} |(x\,|\,u_k)|^2 \leq \|x\|^2$.

(b) Für $x \in F$ gelten

$$x = \sum_{k=0}^{m} (x\,|\,u_k)u_k \quad \text{und} \quad \|x\|^2 = \sum_{k=0}^{m} |(x\,|\,u_k)|^2 \; .$$

(Hinweis: Um (a) zu beweisen, kann die Cauchy-Schwarzsche Ungleichung verwendet werden.)

14 Für $m, n \in \mathbb{N}^\times$ bezeichnet $\mathbb{K}^{m \times n}$ die Menge aller $(m \times n)$-Matrizen mit Einträgen aus $\mathbb{K}$. Wir können $\mathbb{K}^{m \times n}$ als die Menge aller Abbildungen von $\{1, \dots, m\} \times \{1, \dots, n\}$ in $\mathbb{K}$ auffassen. Dann ist $\mathbb{K}^{m \times n}$ gemäß Beispiel I.12.3(e) mit den punktweisen Verknüpfungen ein Vektorraum. Hierbei sind αA und $A + B$ für $\alpha \in \mathbb{K}$ und $A, B \in \mathbb{K}^{m \times n}$ die aus der Linearen Algebra bekannten Operationen der Multiplikation einer Matrix mit einem Skalar und der Addition zweier Matrizen. Man zeige:

(a) Durch

$$|A| := \Big(\sum_{j=1}^{m} \sum_{k=1}^{n} |a_{jk}|^2 \Big)^{1/2} , \qquad A = [a_{jk}] \in \mathbb{K}^{m \times n} ,$$

wird auf $\mathbb{K}^{m \times n}$ eine Norm definiert.

(b) Die folgenden Abbildungen definieren äquivalente Normen:

(α) $[a_{jk}] \mapsto \sum_{j=1}^{m} \sum_{k=1}^{n} |a_{jk}|$;

(β) $[a_{jk}] \mapsto \max_{1 \leq j \leq m} \sum_{k=1}^{n} |a_{jk}|$;

(γ) $[a_{jk}] \mapsto \max_{1 \leq k \leq n} \sum_{j=1}^{m} |a_{jk}|$;

(δ) $[a_{jk}] \mapsto \max_{\substack{1 \leq j \leq m \\ 1 \leq k \leq n}} |a_{jk}|$.

15 Es seien E und F normierte Vektorräume. Man zeige:

$$B(E, F) \cap \operatorname{Hom}(E, F) = \{0\} \; .$$

4 Monotone Folgen

In diesem Paragraphen werden wir uns vorwiegend mit reellen Zahlenfolgen be-
fassen. Jede Folge in $\mathbb{R}$, also jedes Element von $s(\mathbb{R}) = \mathbb{R}^{\mathbb{N}}$, ist eine Abbildung
zwischen geordneten Mengen. Somit ist der Begriff einer **monotonen Folge** wohl-
definiert (man vergleiche dazu die Definitionen vor Beispiel I.4.7). Eine Folge (x_n)
ist demnach **wachsend**[1] [bzw. **fallend**], wenn $x_n \leq x_{n+1}$ [bzw. $x_n \geq x_{n+1}$] für alle
$n \in \mathbb{N}$ gilt.

Beschränkte monotone Folgen

Neben der Ordnung des Körpers $\mathbb{R}$ steht uns auch dessen Ordnungsvollständigkeit
zur Verfügung. Es zeigt sich, daß aus der Ordnungsvollständigkeit von $\mathbb{R}$ bereits
folgt, daß jede beschränkte monotone Folge konvergiert:

4.1 Theorem *Jede wachsende [bzw. fallende] beschränkte Folge (x_n) in $\mathbb{R}$ konvergiert, und es gilt*

$$x_n \uparrow \sup\{\, x_n \;;\; n \in \mathbb{N} \,\} \quad \big[\textit{bzw. } x_n \downarrow \inf\{\, x_n \;;\; n \in \mathbb{N} \,\}\big] \ .$$

Beweis (i) Es sei (x_n) eine wachsende und beschränkte Folge. Dann ist die Teil-
menge $X := \{\, x_n \;;\; n \in \mathbb{N} \,\}$ von $\mathbb{R}$ beschränkt und nicht leer. Somit ist $x := \sup(X)$
eine wohldefinierte reelle Zahl, da $\mathbb{R}$ ordnungsvollständig ist.

(ii) Es sei $\varepsilon > 0$. Nach Satz I.10.5 gibt es ein N mit $x_N > x - \varepsilon$. Da (x_n) wachsend ist, finden wir $x_n \geq x_N > x - \varepsilon$ für alle $n \geq N$. Zusammen mit $x_n \leq x$ folgt

$$x_n \in (x - \varepsilon, x + \varepsilon) = \mathbb{B}_{\mathbb{R}}(x, \varepsilon) \ , \qquad n \geq N \ .$$

Also konvergiert x_n in $\mathbb{R}$ gegen x.

(iii) Ist schließlich (x_n) eine fallende und beschränkte Folge, so setzen wir
$x := \inf\{\, x_n \;;\; n \in \mathbb{N} \,\}$. Dann ist $(y_n) := (-x_n)$ wachsend und beschränkt, und es
gilt $-x = \sup\{\, y_n \;;\; n \in \mathbb{N} \,\}$. Deshalb folgt aus (ii), daß $-x_n = y_n \to -x$ $(n \to \infty)$,
und wir schließen mit Satz 2.2: $x_n = -y_n \to x$. ∎

In Satz 1.10 haben wir gesehen, daß die Beschränktheit eine notwendige Bedingung für die Konvergenz einer Folge ist. Theorem 4.1 zeigt, daß die Beschränktheit auch hinreichend ist für die Konvergenz *monotoner* Folgen. Andererseits ist
die Monotonie einer beschränkten Folge keineswegs notwendig für ihre Konvergenz,
wie das Beispiel der Nullfolge $(-1)^n / n$ zeigt.

---

[1]Für eine wachsende [bzw. fallende] Folge (x_n) verwenden wir oft das einprägsame Sym-
bol $(x_n) \uparrow$ [bzw. $(x_n) \downarrow$]. Ist (x_n) zusätzlich konvergent mit Grenzwert x, so schreiben wir auch
$x_n \uparrow x$ [bzw. $x_n \downarrow x$] anstelle von $x_n \to x$.

Einige wichtige Grenzwerte

4.2 Beispiele   (a) Es sei $a \in \mathbb{C}$. Dann gelten:

$$a^n \to 0 \ , \qquad\qquad \text{falls } |a| < 1 \ ,$$
$$a^n \to 1 \ , \qquad\qquad \text{falls } a = 1 \ ,$$
$$(a^n)_{n \in \mathbb{N}} \text{ divergiert} \ , \qquad \text{falls } |a| \geq 1 \ , \quad a \neq 1 \ .$$

Beweis   (i) Nehmen wir zuerst an, die Folge $(a^n)_{n \in \mathbb{N}}$ konvergiere. Mit Hilfe von Satz 2.2 schließen wir dann

$$\lim_{n \to \infty} a^n = \lim_{n \to \infty} a^{n+1} = a \lim_{n \to \infty} a^n \ .$$

Somit gilt entweder $\lim_{n \to \infty} a^n = 0$ oder $a = 1$.

(ii) Betrachten wir den Fall $|a| < 1$. Dann ist die Folge $(|a|^n) = (|a^n|)$ fallend und beschränkt. Wegen Theorem 4.1 und aufgrund von (i) ist $(|a^n|)$ eine Nullfolge, d.h. $a^n \to 0 \ (n \to \infty)$.

(iii) Gilt $a = 1$, so ist $a^n = 1$ für $n \in \mathbb{N}$. Also folgt $a^n \to 1 \ (n \to \infty)$.

(iv) Es sei nun $|a| = 1$ und $a \neq 1$. Würde (a^n) konvergieren, so wäre $(|a^n|)_{n \in \mathbb{N}}$ nach (i) eine Nullfolge, was wegen $|a^n| = |a|^n = 1$ nicht möglich ist.

(v) Es gelte schließlich $|a| > 1$. Dann ist $1/|a| < 1$, und deshalb folgt aus (ii), daß $(1/|a^n|)$ eine Nullfolge ist. Somit gibt es ein N mit $1/|a^n| < 1$ für $n \geq N$, d.h., es gilt $|a^n| > 1$ für $n \geq N$. Nun folgt wiederum aus (i), daß (a^n) divergiert. ∎

(b) Es seien $k \in \mathbb{N}$ und $a \in \mathbb{C}$ mit $|a| > 1$. Dann gilt

$$\lim_{n \to \infty} \frac{n^k}{a^n} = 0 \ ,$$

d.h., *für $|a| > 1$ wächst die Funktion $n \mapsto a^n$ schneller als jede Potenz $n \mapsto n^k$.*
Beweis   Für $\alpha := 1/|a| \in (0,1)$ und $x_n := n^k \alpha^n$ gilt

$$\frac{x_{n+1}}{x_n} = \left(\frac{n+1}{n}\right)^k \alpha = \left(1 + \frac{1}{n}\right)^k \alpha \ , \qquad n \in \mathbb{N}^{\times} \ ,$$

und somit $x_{n+1}/x_n \downarrow \alpha$ für $n \to \infty$. Es sei $\beta \in (\alpha, 1)$. Dann gibt es ein N mit $x_{n+1}/x_n < \beta$ für $n \geq N$. Folglich gelten

$$x_{N+1} < \beta x_N \ , \quad x_{N+2} < \beta x_{N+1} < \beta^2 x_N \ , \quad \dots$$

Ein einfaches Induktionsargument liefert $x_n < \beta^{n-N} x_N$ für $n \geq N$, und wir erhalten

$$\left| \frac{n^k}{a^n} \right| = x_n < \beta^{n-N} x_N = \frac{x_N}{\beta^N} \beta^n \ , \qquad n \geq N \ .$$

Nun folgt die Behauptung aus Bemerkung 2.1(c), da $(\beta^n)_{n \in \mathbb{N}}$ gemäß (a) eine Nullfolge ist. ∎

(c) Für $a \in \mathbb{C}$ gilt

$$\lim_{n \to \infty} \frac{a^n}{n!} = 0 \,.$$

Die Fakultät $n \mapsto n!$ wächst also schneller als jede der Funktionen[2] $n \mapsto a^n$.

Beweis Für $n > N > |a|$ folgt

$$\left| \frac{a^n}{n!} \right| = \frac{|a|^N}{N!} \prod_{k=N+1}^{n} \frac{|a|}{k} \leq \frac{|a|^N}{N!} \left(\frac{|a|}{N+1} \right)^{n-N} < \frac{N^N}{N!} \left(\frac{|a|}{N} \right)^n \,.$$

Aus Beispiel (a) und Bemerkung 2.1(c) ergibt sich nun die Behauptung. ∎

(d) $\lim_{n \to \infty} \sqrt[n]{n} = 1$.

Beweis Es sei $\varepsilon > 0$. Dann ist nach (b) die Folge $(n(1+\varepsilon)^{-n})$ eine Nullfolge. Also gibt es ein N mit

$$\frac{n}{(1+\varepsilon)^n} < 1 \,, \qquad n \geq N \,,$$

d.h.,

$$1 \leq n \leq (1+\varepsilon)^n \,, \qquad n \geq N \,.$$

Da nach Bemerkung I.10.10(c) die n-te Wurzel wachsend ist, folgt

$$1 \leq \sqrt[n]{n} \leq 1 + \varepsilon \,, \qquad n \geq N \,,$$

was die Behauptung ergibt. ∎

(e) Für $a > 0$ ist $\lim_{n \to \infty} \sqrt[n]{a} = 1$.

Beweis Aus dem Satz von Archimedes folgt, daß es ein N gibt mit $1/n < a < n$ für $n \geq N$. Deshalb gilt

$$\frac{1}{\sqrt[n]{n}} = \sqrt[n]{\frac{1}{n}} \leq \sqrt[n]{a} \leq \sqrt[n]{n} \,, \qquad n \geq N \,.$$

Setzen wir $x_n := 1/\sqrt[n]{n}$ und $y_n := \sqrt[n]{n}$ für $n \in \mathbb{N}^\times$, so folgt $\lim x_n = \lim y_n = 1$ aus (d) und Satz 2.6. Nun liefert der Vergleichssatz 2.9 die Behauptung. ∎

(f) Die Folge $\big((1+1/n)^n\big)$ konvergiert. Für ihren Grenzwert

$$e := \lim_{n \to \infty} \left(1 + \frac{1}{n} \right)^n \,,$$

die **Eulersche Zahl**, gilt $2 < e \leq 3$.

Beweis Für $n \in \mathbb{N}^\times$ setzen wir $e_n := (1+1/n)^n$.

    (i) In einem ersten Schritt beweisen wir, daß die Folge (e_n) wachsend ist. Dazu betrachten wir

$$\begin{aligned}
\frac{e_{n+1}}{e_n} &= \left(\frac{n+2}{n+1} \right)^{n+1} \cdot \left(\frac{n}{n+1} \right)^n \\
&= \left(\frac{n^2+2n}{(n+1)^2} \right)^{n+1} \cdot \frac{n+1}{n} = \left(1 - \frac{1}{(n+1)^2} \right)^{n+1} \cdot \frac{n+1}{n} \,.
\end{aligned} \tag{4.1}$$

---

[2]Wir werden in Paragraph 8 einen weiteren, sehr kurzen Beweis dieser Tatsache geben.

Den ersten Faktor nach dem letzten Gleichheitszeichen in (4.1) schätzen wir mit Hilfe der Bernoullischen Ungleichung (vgl. Aufgabe I.10.6) wie folgt ab:

$$\left(1 - \frac{1}{(n+1)^2}\right)^{n+1} \geq 1 - \frac{1}{n+1} = \frac{n}{n+1} .$$

Somit ergibt sich aus (4.1) die gewünschte Ungleichung $e_n \leq e_{n+1}$.

(ii) Wir zeigen, daß $2 < e_n < 3$ gilt. In der Tat liefert der binomische Satz

$$e_n = \left(1 + \frac{1}{n}\right)^n = \sum_{k=0}^{n} \binom{n}{k} \frac{1}{n^k} = 1 + \sum_{k=1}^{n} \binom{n}{k} \frac{1}{n^k} . \qquad (4.2)$$

Ferner gilt für $1 \leq k \leq n$:

$$\binom{n}{k} \frac{1}{n^k} = \frac{1}{k!} \frac{n \cdot (n-1) \cdot \dots \cdot (n-k+1)}{n \cdot n \cdot \dots \cdot n} \leq \frac{1}{k!} \leq \frac{1}{2^{k-1}} .$$

Deshalb folgt aus (4.2) (vgl. Aufgabe I.8.1)

$$e_n \leq 1 + \sum_{k=1}^{n} \left(\frac{1}{2}\right)^{k-1} = 1 + \frac{1 - (\frac{1}{2})^n}{1 - \frac{1}{2}} < 1 + \frac{1}{\frac{1}{2}} = 3 .$$

Schließlich[3] ist $2 = e_1 < e_n$ für $n \geq 2$. Die Überlegungen in (i) und (ii) erlauben es nun, Theorem 4.1 anzuwenden, um die Behauptung zu erhalten. ∎

Die Eulersche Zahl e spielt in der Analysis eine wichtige Rolle. Ihr Wert kann theoretisch mit der Folge (e_n) bestimmt werden. Es zeigt sich aber, daß die Folge (e_n) nicht sehr schnell konvergiert. In der Tat lautet der numerische Wert von e (wenn nur die ersten Dezimalziffern[4] explizit angegeben werden)

$$2,71828\ 18284\ 59045\ 23536\ \dots$$

Vergleicht man diesen Wert mit den numerischen Werten einiger Glieder von (e_n),

$$e_1 = 2 , \quad e_{10} = 2,59374\dots , \quad e_{100} = 2,70481\dots , \quad e_{1000} = 2,71692\dots ,$$

so erkennt man, daß für $n = 1000$ der Fehler $e - e_n$ noch $0,0014\dots$ beträgt (vgl. dazu das nächste Beispiel).

(g) In diesem Beispiel stellen wir die Eulersche Zahl e als Grenzwert einer deutlich schneller konvergierenden Folge dar:

$$e = \lim_{n \to \infty} \sum_{k=0}^{n} \frac{1}{k!} .$$

Beweis (i) Wir setzen $x_n := \sum_{k=0}^{n} 1/k!$. Offensichtlich ist die Folge (x_n) wachsend. Ferner zeigt der Beweis von (f), daß gilt: $e_n \leq x_n < 3$ für $n \in \mathbb{N}^{\times}$. Somit konvergiert nach Theorem 4.1 die Folge (x_n), und für ihren Grenzwert e' gilt $e \leq e' \leq 3$.

---

[3]Hier und bei ähnlichen Aussagen bleibt es dem Leser überlassen, die Gültigkeit des echten Ungleichheitszeichens nachzuprüfen.

[4]An dieser Stelle greifen wir etwas vor und verwenden die aus dem täglichen Leben bekannten „Dezimalbrüche". Eine vollständige Diskussion dieser Darstellung der Zahlen werden wir in Paragraph 7 geben.

(ii) In einem nächsten Schritt verifizieren wir die Ungleichung $e' \leq e$, woraus dann die Behauptung folgt. Dazu fixieren wir $m \in \mathbb{N}^\times$. Für $n \geq m$ gilt

$$e_n = \left(1 + \frac{1}{n}\right)^n = \sum_{k=0}^{n} \binom{n}{k} \frac{1}{n^k} \geq \sum_{k=0}^{m} \binom{n}{k} \frac{1}{n^k}$$

$$= 1 + \sum_{k=1}^{m} \frac{1}{k!} \frac{n \cdot (n-1) \cdot \cdots \cdot (n-k+1)}{n \cdot n \cdot \cdots \cdot n}$$

$$= 1 + \sum_{k=1}^{m} \frac{1}{k!} 1 \cdot \left(1 - \frac{1}{n}\right) \cdot \cdots \cdot \left(1 - \frac{k-1}{n}\right).$$

Setzen wir

$$x'_{m,n} := 1 + \sum_{k=1}^{m} \frac{1}{k!} \left(1 - \frac{1}{n}\right) \cdot \cdots \cdot \left(1 - \frac{k-1}{n}\right), \qquad n \geq m,$$

so gelten $x'_{m,n} \uparrow x_m$ für $n \to \infty$ und $x'_{m,n} \leq e_n$ für $n \geq m$. Wegen $e_n \uparrow e$ folgt aus Satz 2.7, daß $x_m \leq e$ gilt. Diese Überlegungen sind für jedes $m \in \mathbb{N}^\times$ richtig. Also ist e eine obere Schranke für $X := \{ x_m \; ; \; m \in \mathbb{N} \}$. Andererseits wissen wir aus Theorem 4.1, daß $e' = \lim x_n = \sup X$ gilt, und wir finden deshalb $e' \leq e$. ∎

Wie wir bereits erwähnt haben, konvergiert die Folge (x_n) deutlich schneller gegen e als die Folge (e_n). Tatsächlich kann man folgende *Fehlerabschätzung* beweisen (vgl. Aufgabe 7):

$$0 < e - x_n \leq \frac{1}{nn!}, \qquad n \in \mathbb{N}^\times.$$

Für $n = 6$ erhalten wir wegen $1/(6!\, 6) = 0{,}00023...$ bereits einen kleineren Fehler als in Beispiel 4.2(f) für $n = 1000$.

Aufgaben

1 Es seien $a_1, \ldots, a_k \in \mathbb{R}^+$. Man beweise:

$$\lim_{n \to \infty} \sqrt[n]{a_1^n + \cdots + a_k^n} = \max\{a_1, \ldots, a_k\}.$$

2 Man verifiziere

$$(1 - 1/n)^n \to 1/e \quad (n \to \infty).$$

(Hinweis: Man beachte $\lim \left(1 - 1/n^2\right)^n = 1$ und Satz 2.6.)

3 Für jedes $r \in \mathbb{Q}$ gilt

$$(1 + r/n)^n \to e^r \quad (n \to \infty).$$

(Hinweis: Man unterscheide die Fälle $r > 0$ und $r < 0$ und verwende die Aufgaben 2 und 2.7.)

4 Für $a \in (0, \infty)$ definiere man die reelle Folge (x_n) rekursiv durch $x_0 \geq a$ und

$$x_{n+1} := (x_n + a/x_n)/2 , \qquad n \in \mathbb{N} .$$

Man beweise, daß (x_n) monoton fallend gegen $\sqrt{a}$ konvergiert.[5]

5 Es seien $a, x_0 \in (0, \infty)$ und

$$x_{n+1} := a/(1 + x_n) , \qquad n \in \mathbb{N} .$$

Man zeige, daß die Folge (x_n) konvergiert und bestimme ihren Grenzwert.

6 Man zeige die Konvergenz der Folge

$$x_0 > 0 , \quad x_1 > 0 , \quad x_{n+2} := \sqrt{x_{n+1} x_n} , \qquad n \in \mathbb{N} .$$

7 (a) Für $n \in \mathbb{N}^\times$ beweise man folgende Fehlerabschätzung:

$$0 < e - \sum_{k=0}^{n} \frac{1}{k!} < \frac{1}{nn!} .$$

(b) Man verwende obige Abschätzung zum Nachweis, daß die Eulersche Zahl e irrational ist.

(Hinweise: (a) Für $n \in \mathbb{N}^\times$ sei $y_m := \sum_{k=n+1}^{n+m} 1/k!$. Man zeige $y_m \to e - \sum_{k=0}^{n} 1/k!$ und beachte $(m+n)! \, y_m < \sum_{k=1}^{m} (n+1)^{1-k}$.   (b) Man führe einen Widerspruchsbeweis.)

8 Es sei (x_n) rekursiv gegeben durch

$$x_0 := 1 , \quad x_{n+1} := 1 + 1/x_n , \qquad n \in \mathbb{N} .$$

Man zeige, daß die Folge (x_n) konvergiert und bestimme ihren Grenzwert.

9 Die **Fibonacci-Zahlen** f_n sind rekursiv definiert durch

$$f_0 := 0 , \quad f_1 := 1 , \quad f_{n+1} := f_n + f_{n-1} , \qquad n \in \mathbb{N}^\times .$$

Man beweise, daß $\lim(f_{n+1}/f_n) = g$ ist, wobei g den Grenzwert von Aufgabe 8 bezeichnet.

10 Es seien

$$x_0 := 5 , \quad x_1 := 1 , \quad x_{n+1} := \frac{2}{3} x_n + \frac{1}{3} x_{n-1} , \qquad n \in \mathbb{N}^\times .$$

Man verifiziere, daß (x_n) konvergiert und bestimme $\lim x_n$. (Hinweis: Man leite einen Ausdruck für $x_n - x_{n+1}$ her.)

---

[5]Dieses Näherungsverfahren zur Bestimmung von $\sqrt{a}$ heißt **babylonisches Wurzelziehen** oder **Verfahren von Heron**. Die Folge (x_n) konvergiert sehr rasch gegen $\sqrt{a}$, wie folgendes Beispiel für $x_0 = a = 4$ belegt:

$$x_1 = 2,5 , \qquad x_2 = 2,05 , \qquad x_3 = 2,006\,09\ldots , \qquad x_4 = 2,000\,000\,093\ldots$$

Außerdem beachte man, daß alle x_n rational sind, falls a und der „Startwert" x_0 rational sind. In Paragraph IV.4 werden wir das Heronsche Verfahren geometrisch interpretieren und die Konvergenzgeschwindigkeit abschätzen.

5   Uneigentliche Konvergenz

Die Ordnung der erweiterten Zahlengeraden $\overline{\mathbb{R}}$ erlaubt es, gewissen in $\mathbb{R}$ divergenten Folgen die Werte $\pm\infty$ als Häufungspunkte bzw. als Grenzwerte zuzuordnen. Um diese topologischen Begriffe von $\mathbb{R}$ auf $\overline{\mathbb{R}}$ auszudehnen, müssen wir uns jedoch zuerst geeignete Umgebungen der Elemente $\pm\infty$ in $\overline{\mathbb{R}}$ beschaffen.

Die Konvergenz gegen $\pm\infty$

Weil uns auf $\overline{\mathbb{R}}$ keine geeignete Metrik zur Verfügung steht,[1] ergänzen wir das System aller Umgebungen in $\mathbb{R}$ ad hoc durch folgende Festlegung: Eine Teilmenge $U \subset \overline{\mathbb{R}}$ heißt **Umgebung von** ∞ [bzw. **von** $-\infty$], falls es ein $K > 0$ gibt mit $(K, \infty) \subset U$ [bzw. mit $(-\infty, -K) \subset U$]. Die Menge aller Umgebungen von $\pm\infty$ bezeichnen wir mit $\mathfrak{U}(\pm\infty)$, d.h.,

$$\mathfrak{U}(\pm\infty) := \{\, U \subset \overline{\mathbb{R}} \;;\; U \text{ ist Umgebung von } \pm\infty \,\} \,.$$

Es sei nun (x_n) eine Folge in $\mathbb{R}$. Dann heißt $\pm\infty$ **Häufungspunkt** bzw. **Grenzwert** von (x_n), falls jede Umgebung U von $\pm\infty$ unendlich viele bzw. fast alle Glieder von (x_n) enthält. Ist $\pm\infty$ der Grenzwert von (x_n), so schreiben wir wie üblich

$$\lim_{n\to\infty} x_n = \pm\infty \qquad \text{oder} \qquad x_n \to \pm\infty \;\; (n \to \infty) \,.$$

Die Folge (x_n) **konvergiert** in $\overline{\mathbb{R}}$, falls es ein $x \in \overline{\mathbb{R}}$ gibt mit $\lim_{n\to\infty} x_n = x$, wobei der Grenzwert in $\mathbb{R}$ zu bilden ist, falls x zu $\mathbb{R}$ gehört. Die Folge (x_n) heißt **divergent** in $\overline{\mathbb{R}}$, falls sie in $\overline{\mathbb{R}}$ nicht konvergiert. Mit diesen Festlegungen konvergiert jede in $\mathbb{R}$ konvergente Folge auch in $\overline{\mathbb{R}}$, und jede in $\overline{\mathbb{R}}$ divergente Folge, die in $\mathbb{R}$ liegt, divergiert in $\mathbb{R}$. Hingegen gibt es in $\mathbb{R}$ divergente Folgen, die in $\overline{\mathbb{R}}$ (gegen $\pm\infty$) konvergieren. In diesem Fall spricht man von **uneigentlicher Konvergenz**. Diese sprachliche Trennung soll insbesondere darauf hinweisen, daß wir unsere bisherigen Erkenntnisse über konvergente Folgen in metrischen Räumen nicht auf uneigentliche konvergente Folgen anwenden können, und letztere daher einer gesonderten Untersuchung bedürfen.

5.1 Beispiele   (a) Es sei (x_n) eine Folge in $\mathbb{R}$. Dann gilt

$$x_n \to \infty \iff \forall K > 0 \;\exists N_K \in \mathbb{N} : x_n > K \;\forall n \geq N_K \,.$$

(b) Es gelten

$$\lim_{n\to\infty} (n^2 - n) = \infty \quad \text{und} \quad \lim_{n\to\infty} (-2^n) = -\infty \,.$$

(c) Die Folge $\big((-n)^n\big)_{n\in\mathbb{N}}$ hat die Häufungspunkte ∞ und $-\infty$, und divergiert somit in $\overline{\mathbb{R}}$. ∎

---

[1]Selbstverständlich können auf $\overline{\mathbb{R}}$ verschiedene Metriken eingeführt werden. Die uns bis jetzt bekannten sind für unsere Zwecke aber nicht geeignet (vgl. auch Aufgabe 5).

5.2 Satz   *Es sei* (x_n) *eine Folge in* $\mathbb{R}^{\times}$. *Dann gelten:*

(i) $1/x_n \to 0$,   *falls* $x_n \to \infty$ *oder* $x_n \to -\infty$.

(ii) $1/x_n \to \infty$,   *falls* $x_n \to 0$ *und* $x_n > 0$ *für fast alle* $n \in \mathbb{N}$.

(iii) $1/x_n \to -\infty$, *falls* $x_n \to 0$ *und* $x_n < 0$ *für fast alle* $n \in \mathbb{N}$.

Beweis   (i) Es sei $\varepsilon > 0$. Dann gibt es ein N mit $|x_n| > 1/\varepsilon$ für $n \geq N$, und wir finden die Abschätzung

$$|1/x_n| = 1/|x_n| < \varepsilon \,, \qquad n \geq N \,.$$

Also konvergiert $(1/x_n)$ gegen 0.

(ii) Es sei $K > 0$. Dann gibt es ein N mit $0 < x_n < 1/K$ für $n \geq N$. Somit ergibt sich

$$1/x_n > K \,, \qquad n \geq N \,,$$

und die Behauptung folgt aus Beispiel 5.1(a).

Die Aussage (iii) kann analog verifiziert werden. ∎

5.3 Satz   *Jede in* $\mathbb{R}$ *monotone Folge* (x_n) *konvergiert in* $\overline{\mathbb{R}}$, *und es gilt*

$$\lim x_n = \begin{cases} \sup\{\, x_n \,;\ n \in \mathbb{N} \,\} \,, & \text{\textit{falls} } (x_n) \textit{ monoton wächst} \,, \\ \inf\{\, x_n \,;\ n \in \mathbb{N} \,\} \,, & \text{\textit{falls} } (x_n) \textit{ monoton fällt} \,. \end{cases}$$

Beweis   Wir betrachten eine monoton wachsende Folge (x_n). Ist $\{\, x_n \,;\ n \in \mathbb{N} \,\}$ nach oben beschränkt, so konvergiert gemäß Theorem 4.1 die Folge (x_n) in $\mathbb{R}$ gegen $\sup\{\, x_n \,;\ n \in \mathbb{N} \,\}$. Ist hingegen $\{\, x_n \,;\ n \in \mathbb{N} \,\}$ nicht nach oben beschränkt, dann gibt es zu jedem $K > 0$ ein m mit $x_m > K$. Da (x_n) monoton wächst, gilt somit $x_n > K$ für $n \geq m$, d.h., (x_n) konvergiert gegen ∞. Der Fall einer monoton fallenden Folge wird analog behandelt. ∎

Limes superior und Limes inferior

5.4 Folgerung und Definition   Es sei (x_n) eine Folge in $\mathbb{R}$. Für jedes $n \in \mathbb{N}$ setzen wir

$$y_n := \sup_{k \geq n} x_k := \sup\{\, x_k \,;\ k \geq n \,\} \,,$$

$$z_n := \inf_{k \geq n} x_k := \inf\{\, x_k \,;\ k \geq n \,\} \,,$$

und erhalten so zwei neue Folgen (y_n) und (z_n). Offensichtlich sind (y_n) eine monoton *fallende* und (z_n) eine monoton *wachsende* Folge in $\overline{\mathbb{R}}$. Gemäß Satz 5.3 existieren deshalb die Grenzwerte

$$\limsup_{n \to \infty} x_n := \overline{\lim_{n \to \infty}} \, x_n := \lim_{n \to \infty} \Bigl(\sup_{k \geq n} x_k\Bigr) \,,$$

der **Limes superior**, und

$$\liminf_{n\to\infty} x_n := \varliminf_{n\to\infty} x_n := \lim_{n\to\infty} \left(\inf_{k\geq n} x_k \right) ,$$

der **Limes inferior**, der Folge (x_n) in $\bar{\mathbb{R}}$. Außerdem gelten

$$\limsup x_n = \inf_{n\in\mathbb{N}} \left(\sup_{k\geq n} x_k \right) \quad \text{und} \quad \liminf x_n = \sup_{n\in\mathbb{N}} \left(\inf_{k\geq n} x_k \right) ,$$

wie wir ebenfalls aus Satz 5.3 ersehen. ∎

Die beiden Werte Limes superior und Limes inferior einer Folge lassen sich wie folgt charakterisieren:

5.5 Theorem *Eine Folge (x_n) in $\mathbb{R}$ besitzt einen kleinsten Häufungspunkt x_* und einen größten Häufungspunkt x^* in $\bar{\mathbb{R}}$. Zudem gelten die Gleichheiten*

$$\liminf x_n = x_* \quad \text{und} \quad \limsup x_n = x^* .$$

Beweis Wir setzen $x^* := \limsup x_n$ und $y_n := \sup_{k\geq n} x_k$ für $n \in \mathbb{N}$. Dann ist (y_n) eine monoton fallende Folge mit

$$x^* = \inf_{n\in\mathbb{N}} y_n . \tag{5.1}$$

Wir unterscheiden drei Fälle:

(i) Es sei $x^* = -\infty$. Dann gibt es zu jedem $K > 0$ ein n mit

$$-K > y_n = \sup_{k\geq n} x_k ,$$

da sonst $x^* \geq -K_0$ für ein geeignetes $K_0 \geq 0$ gelten würde. Also ist $x_k \in (-\infty, -K)$ für $k \geq n$, d.h., $x^* = -\infty$ ist der einzige Häufungspunkt von (x_n).

(ii) Es sei $x^* \in \mathbb{R}$. Wegen Satz I.10.5 und (5.1) finden wir zu jedem $\xi > x^*$ ein n mit $\xi > y_n \geq x_k$ für $k \geq n$. Folglich ist kein Häufungspunkt von (x_n) größer als x^*. Es genügt deshalb nachzuweisen, daß x^* selbst ein Häufungspunkt von (x_n) ist. Dazu sei $\varepsilon > 0$. Wegen

$$\sup_{k\geq n} x_k = y_n \geq x^* , \qquad n \in \mathbb{N} ,$$

finden wir, wiederum aufgrund von Satz I.10.5, zu n ein $k \geq n$ mit $x_k > x^* - \varepsilon$. Da wir bereits wissen, daß kein Häufungspunkt von (x_n) größer als x^* ist, muß das Intervall $(x^* - \varepsilon, x^* + \varepsilon)$ unendlich viele Folgenglieder von (x_n) enthalten, d.h., x^* ist ein Häufungspunkt von (x_n).

(iii) Schließlich betrachten wir den Fall $x^* = \infty$. Wegen (5.1) gilt dann $y_n = \infty$ für alle $n \in \mathbb{N}$. Folglich gibt es zu jedem $K > 0$ und n ein $k \geq n$ mit $x_k > K$. Also ist $x^* = \infty$ ein Häufungspunkt von (x_n), und offensichtlich der größte.

Der Nachweis, daß $x_* := \liminf x_n$ der kleinste Häufungspunkt von (x_n) ist, kann durch analoge Argumente erbracht werden. ∎

5.6 Beispiele

(a) $\overline{\lim} \frac{(-1)^n n}{n+1} = 1$ und $\underline{\lim} \frac{(-1)^n n}{n+1} = -1$.

(b) $\overline{\lim} n^{(-1)^n} = \infty$ und $\underline{\lim} n^{(-1)^n} = 0$. ∎

5.7 Theorem *Es sei (x_n) eine Folge in $\mathbb{R}$. Dann gilt*

$$x_n \to x \text{ in } \overline{\mathbb{R}} \iff \overline{\lim} x_n \leq \underline{\lim} x_n .$$

Der Grenzwert x ist in diesem Fall bestimmt durch

$$x = \lim x_n = \underline{\lim} x_n = \overline{\lim} x_n .$$

Beweis „⇒" Konvergiert (x_n) in $\overline{\mathbb{R}}$ gegen x, so ist x der einzige Häufungspunkt von (x_n), und die Behauptung ergibt sich aus Theorem 5.5.

„⇐" Es gelte $\overline{\lim} x_n \leq \underline{\lim} x_n$. Dann ist, wiederum wegen Theorem 5.5, der einzige Häufungspunkt von (x_n) durch

$$x := \overline{\lim} x_n = \underline{\lim} x_n$$

gegeben. Im Fall $x = -\infty$ [bzw. $x = \infty$] gibt es daher zu jedem $K > 0$ ein k mit $x_n < -K$ [bzw. $x_n > K$] für $n \geq k$. Also ist $\lim x_n = -\infty$ [bzw. $\lim x_n = \infty$].

Ist hingegen x aus $\mathbb{R}$, so sei $\varepsilon > 0$. Aus Theorem 5.5 und Satz I.10.5 folgt dann, daß es höchstens endlich viele $j \in \mathbb{N}$ und endlich viele $k \in \mathbb{N}$ gibt mit $x_j < x - \varepsilon$ und $x_k > x + \varepsilon$. Also enthält jede Umgebung U von x fast alle Folgenglieder von (x_n), d.h. $\lim x_n = x$. ∎

Der Satz von Bolzano-Weierstraß

Wenden wir Theorem 5.5 auf eine beschränkte Folge an, so ergibt sich der *Satz von Bolzano-Weierstraß*, den wir nun in etwas allgemeinerer Form beweisen.

5.8 Theorem (Bolzano-Weierstraß) *Jede beschränkte Folge in $\mathbb{K}^m$ besitzt eine konvergente Teilfolge bzw. einen Häufungspunkt.*

Beweis Wir betrachten zuerst den Fall $\mathbb{K} = \mathbb{R}$ und führen einen Induktionsbeweis nach m. Der Induktionsanfang ergibt sich für $m = 1$ aus Theorem 5.5 und Satz 1.17. Um den Induktionsschritt $m \to m + 1$ zu vollziehen, sei (z_n) eine in $\mathbb{R}^{m+1}$ beschränkte Folge. Also existiert $M := \sup\{ |z_n| ; n \in \mathbb{N} \}$ in $[0, \infty)$. Ferner schreiben wir jedes $z \in \mathbb{R}^{m+1}$ gemäß $\mathbb{R}^{m+1} = \mathbb{R}^m \times \mathbb{R}$ in der Form $z = (x, y)$ mit $x \in \mathbb{R}^m$ und $y \in \mathbb{R}$. Somit erhalten wir aus $z_n = (x_n, y_n)$ eine Folge (x_n) in $\mathbb{R}^m$ und eine Folge (y_n) in $\mathbb{R}$. Wegen

$$\max\{|x_n|, |y_n|\} \leq |z_n| = \sqrt{|x_n|^2 + |y_n|^2} \leq M , \qquad n \in \mathbb{N} ,$$

erkennen wir, daß (x_n) in $\mathbb{R}^m$ und (y_n) in $\mathbb{R}$ beschränkt sind. Verwenden wir nun unsere Induktionsvoraussetzung, so finden wir eine Teilfolge (x_{n_k}) von (x_n) und ein $x \in \mathbb{R}^m$ mit $x_{n_k} \to x$ für $k \to \infty$. Da mit (y_n) auch die Teilfolge (y_{n_k}) beschränkt ist, folgt, ebenfalls aus der Induktionsvoraussetzung, daß es eine Teilfolge $(y_{n_{k_j}})$ von (y_{n_k}) und ein $y \in \mathbb{R}$ gibt mit $y_{n_{k_j}} \to y$ für $j \to \infty$. Setzen wir schließlich $z := (x, y) \in \mathbb{R}^{m+1}$, so folgt aus den Sätzen 1.15 und 3.14, daß die Teilfolge $(x_{n_{k_j}}, y_{n_{k_j}})$ von (z_n) für $j \to \infty$ gegen z konvergiert. Dies beschließt den Beweis des Falles $\mathbb{K} = \mathbb{R}$.

Der verbleibende Fall $\mathbb{K} = \mathbb{C}$ ergibt sich aus dem eben Bewiesenen durch Identifikation von $\mathbb{C}^m$ mit $\mathbb{R}^{2m}$. ∎

Aufgaben

1 Es sei (x_n) eine Folge in $\mathbb{R}$, und es seien $x_* := \underline{\lim}\, x_n$ und $x^* := \overline{\lim}\, x_n$. Man beweise, daß es zu jedem $\varepsilon > 0$ ein N gibt mit

$$x_* - \varepsilon < x_n < x^* + \varepsilon\,, \qquad n \geq N\,,$$

falls x_* und x^* endlich sind. Wie ist die Aussage in den Fällen $x_* = -\infty$ und $x^* = \infty$ zu modifizieren?

2 Es seien (x_n) und (y_n) Folgen in $\mathbb{R}$ und

$$x_* := \underline{\lim}\, x_n\,, \quad x^* := \overline{\lim}\, x_n\,, \quad y_* := \underline{\lim}\, y_n\,, \quad y^* := \overline{\lim}\, y_n\,.$$

Man verifiziere folgende Aussagen:

(a) $\overline{\lim}(-x_n) = -x_*$.

(b) $\overline{\lim}(x_n + y_n) \leq x^* + y^*$, $\underline{\lim}(x_n + y_n) \geq x_* + y_*$, falls (x^*, y^*) und (x_*, y_*) verschieden sind von $(\infty, -\infty)$ und $(-\infty, \infty)$.

(c) Aus $x_n \geq 0$ und $y_n \geq 0$ für $n \in \mathbb{N}$ folgt

$$0 \leq x_* y_* \leq \underline{\lim}(x_n y_n) \leq x_* y^* \leq \overline{\lim}(x_n y_n) \leq x^* y^*\,,$$

falls $(x_*, y_*) \notin \{(0, \infty), (\infty, 0)\}$, $(x_*, y^*) \neq (\infty, 0)$ und $(x^*, y^*) \neq (0, \infty)$ gelten.

(d) Konvergiert (y_n) in $\mathbb{R}$ gegen y, so folgen

$$\overline{\lim}(x_n + y_n) = x^* + y\,, \quad \underline{\lim}(x_n + y_n) = x_* + y\,,$$

und

$$\overline{\lim}(x_n y_n) = y x^*\,, \qquad y > 0\,,$$
$$\overline{\lim}(x_n y_n) = y x_*\,, \qquad y < 0\,.$$

(e) Aus $x_n \leq y_n$ für $n \in \mathbb{N}$ folgen $\underline{\lim}\, x_n \leq \underline{\lim}\, y_n$ und $\overline{\lim}\, x_n \leq \overline{\lim}\, y_n$.

3 Für $n \in \mathbb{N}$ sei $x_n := 2^n\big(1 + (-1)^n\big) + 1$. Man bestimme

$$\underline{\lim}\, x_n, \quad \overline{\lim}\, x_n, \quad \underline{\lim}(x_{n+1}/x_n), \quad \overline{\lim}(x_{n+1}/x_n), \quad \underline{\lim}\, \sqrt[n]{x_n}, \quad \overline{\lim}\, \sqrt[n]{x_n}\,.$$

4 Es sei (x_n) eine Folge in $\mathbb{R}$ mit $x_n > 0$ für $n \in \mathbb{N}$. Man beweise die Beziehungen

$$\varliminf \frac{x_{n+1}}{x_n} \leq \varliminf \sqrt[n]{x_n} \leq \varlimsup \sqrt[n]{x_n} \leq \varlimsup \frac{x_{n+1}}{x_n} \; .$$

(Hinweis: Für $q < \varliminf(x_{n+1}/x_n)$ gilt $x_{n+1}/x_n \geq q$ für $n \geq n(q)$.)

5 (a) Man verifiziere, daß die Abbildung

$$\varphi : \bar{\mathbb{R}} \to [-1,1] \; , \quad \varphi(x) := \begin{cases} -1 \; , & x = -\infty \; , \\ x/(1+|x|) \; , & x \in \mathbb{R} \; , \\ 1 \; , & x = \infty \; , \end{cases}$$

strikt monoton wachsend und bijektiv ist.

(b) Man zeige, daß die Abbildung

$$d : \bar{\mathbb{R}} \times \bar{\mathbb{R}} \to \mathbb{R}^+ \; , \quad (x,y) \mapsto |\varphi(x) - \varphi(y)|$$

eine Metrik für $\bar{\mathbb{R}}$ ist.

6 Für die Folgen

$$(x_n) := (0,1,2,1,0,1,2,1,0,1,2,1,\ldots) \quad \text{und} \quad (y_n) := (2,1,1,0,2,1,1,0,2,1,1,0,\ldots)$$

bestimme man

$$\varlimsup x_n + \varlimsup y_n \; , \quad \varlimsup(x_n + y_n) \; ,$$
$$\varliminf x_n + \varliminf y_n \; , \quad \varliminf(x_n + y_n) \; , \quad \varliminf x_n + \varlimsup y_n \; .$$

6   Vollständigkeit

Ausgehend vom Begriff der Umgebung haben wir in Paragraph 1 konvergente Folgen eingeführt. Bei deren Definition treten — gleichsam als Zentren der Umgebungen — Grenzwerte solcher Folgen explizit auf. In diesem Paragraphen werden wir Cauchyfolgen einführen, welche es ermöglichen, die Konvergenz nachzuweisen, ohne die Grenzwerte zu kennen. Es liegt also im Wesen dieses Begriffes, daß er zur Bestimmung von Grenzwerten konkreter Folgen i. allg. nicht geeignet ist. Vielmehr stellen Cauchyfolgen ein wichtiges Hilfsmittel bei Strukturuntersuchungen dar. Außerdem bilden sie die Grundlage der in Paragraph I.10 angekündigten Cantorschen Konstruktion der reellen Zahlen.

Cauchyfolgen

Im folgenden bezeichnet $X = (X, d)$ stets einen metrischen Raum.

Eine Folge (x_n) in X heißt **Cauchyfolge**, falls es zu jedem $\varepsilon > 0$ ein $N \in \mathbb{N}$ gibt mit $d(x_n, x_m) < \varepsilon$ für $m, n \geq N$.

Ist (x_n) eine Folge in einem normierten Vektorraum $E = (E, \|\cdot\|)$, so ist (x_n) offensichtlich genau dann eine Cauchyfolge, wenn es zu jedem $\varepsilon > 0$ ein N gibt mit $\|x_n - x_m\| < \varepsilon$ für $m, n \geq N$. Insbesondere erkennen wir, daß Cauchyfolgen in E „translationsinvariant" sind, d.h., sind (x_n) eine Cauchyfolge und a ein beliebiger Vektor in E, so ist auch die „um a verschobene" Folge $(x_n + a)$ eine Cauchyfolge. Dies zeigt insbesondere, daß Cauchyfolgen *nicht* mit Umgebungen beschrieben werden können.

6.1 Satz   *Jede konvergente Folge ist eine Cauchyfolge.*

Beweis   Es sei (x_n) eine konvergente Folge in X mit Grenzwert x. Dann gibt es zu $\varepsilon > 0$ ein N mit $d(x_n, x) < \varepsilon/2$ für $n \geq N$. Aus der Dreiecksungleichung folgt die Abschätzung

$$d(x_n, x_m) \leq d(x_n, x) + d(x, x_m) < \frac{\varepsilon}{2} + \frac{\varepsilon}{2} = \varepsilon \,, \qquad m, n \geq N \,.$$

Also ist (x_n) eine Cauchyfolge. ∎

Die Umkehrung von Satz 6.1 ist nicht richtig, d.h., es gibt metrische Räume, in denen nicht jede Cauchyfolge konvergiert. Dazu betrachten wir folgendes

6.2 Beispiel   Wir definieren die rationale Folge (x_n) rekursiv durch $x_0 := 2$ und $x_{n+1} := \frac{1}{2}(x_n + 2/x_n)$ für $n \in \mathbb{N}$. Dann ist (x_n) eine Cauchyfolge in $\mathbb{Q}$, die in $\mathbb{Q}$ nicht konvergiert.

Beweis Offensichtlich gilt $x_n \in \mathbb{Q}$ für $n \in \mathbb{N}$. Weiter wissen wir aus Aufgabe 4.4, daß (x_n) in $\mathbb{R}$ gegen $\sqrt{2}$ konvergiert. Somit ist (x_n) nach Satz 6.1 eine Cauchyfolge in $\mathbb{R}$, also auch in $\mathbb{Q}$.

Andererseits kann (x_n) in $\mathbb{Q}$ nicht konvergieren. Gäbe es nämlich ein $a \in \mathbb{Q}$ mit $x_n \to a$ in $\mathbb{Q}$, so folgte auch $x_n \to a$ in $\mathbb{R}$, und somit, wegen der Eindeutigkeit des Grenzwertes, $a = \sqrt{2} \in \mathbb{R}\backslash\mathbb{Q}$. Dies ist wegen $a \in \mathbb{Q}$ nicht möglich. ∎

In den nächsten zwei Sätzen werden wir weitere Eigenschaften von Cauchyfolgen kennenlernen.

6.3 Satz   *Jede Cauchyfolge ist beschränkt.*

Beweis Es sei (x_n) eine Cauchyfolge. Dann gibt es ein $N \in \mathbb{N}$ mit $d(x_n, x_m) < 1$ für $m, n \geq N$. Gemäß der umgekehrten Dreiecksungleichung gilt somit

$$d(x_n, x_0) - d(x_0, x_N) \leq d(x_n, x_N) < 1 \,, \qquad n \geq N \,.$$

Also finden wir für $n \geq N$ die Abschätzung $d(x_n, x_0) \leq 1 + d(x_0, x_N)$, d.h., (x_n) ist beschränkt in X. ∎

6.4 Satz   *Besitzt eine Cauchyfolge eine konvergente Teilfolge, so ist sie selbst konvergent.*

Beweis Es seien (x_n) eine Cauchyfolge und $(x_{n_k})_{k\in\mathbb{N}}$ eine konvergente Teilfolge mit Grenzwert x. Ferner sei $\varepsilon > 0$. Dann gibt es ein N mit $d(x_n, x_m) < \varepsilon/2$ für $m, n \geq N$. Weiter gibt es ein K mit $d(x_{n_k}, x) < \varepsilon/2$ für $k \geq K$. Setzen wir $M := K \vee N$, so folgt

$$d(x_n, x) \leq d(x_n, x_{n_M}) + d(x_{n_M}, x) < \frac{\varepsilon}{2} + \frac{\varepsilon}{2} = \varepsilon \,, \qquad n \geq M \,,$$

d.h., (x_n) konvergiert gegen x. ∎

Banachräume

Ein metrischer Raum X heißt **vollständig**, wenn jede Cauchyfolge in X konvergiert. Ein vollständiger normierter Vektorraum heißt **Banachraum**.

Mittels des Satzes von Bolzano-Weierstraß können wir die Existenz vollständiger metrischer Räume sicherstellen.

6.5 Theorem $\mathbb{K}^m$ *ist ein Banachraum.*

Beweis Wir wissen bereits aus Paragraph 3, daß $\mathbb{K}^m$ ein normierter Vektorraum ist. Also genügt es, die Vollständigkeit zu zeigen. Dazu sei (x_n) eine Cauchyfolge in $\mathbb{K}^m$. Dann ist (x_n) nach Satz 6.3 beschränkt. Der Satz von Bolzano-Weierstraß sichert also die Existenz einer konvergenten Teilfolge. Wegen Satz 6.4 ist (x_n) somit konvergent. ∎

6.6 Theorem *Es seien X eine nichtleere Menge und $E = (E, \|\cdot\|)$ ein Banachraum. Dann ist auch $B(X, E)$ ein Banachraum.*

Beweis Es sei (u_n) eine Cauchyfolge im normierten Vektorraum $B(X, E)$ (vgl. Satz 3.5). Ferner sei $\varepsilon > 0$. Dann gibt es ein $N := N(\varepsilon)$ mit $\|u_n - u_m\|_\infty \le \varepsilon$ für $m, n \ge N$. Insbesondere gilt deshalb:

$$\|u_n(x) - u_m(x)\|_E \le \|u_n - u_m\|_\infty \le \varepsilon , \qquad m, n \ge N , \quad x \in X . \tag{6.1}$$

Dies zeigt, daß für jedes $x \in X$ die Folge $\big(u_n(x)\big)$ eine Cauchyfolge in E ist. Somit folgt aus der Vollständigkeit von E, daß es zu jedem $x \in X$ einen Vektor $a_x \in E$ gibt mit $u_n(x) \to a_x$ für $n \to \infty$. Gemäß Korollar 1.13 ist a_x in E eindeutig bestimmt. Also ist $u \in E^X$ durch $u(x) := a_x$ für $x \in X$ wohldefiniert.

Unser Ziel ist es nachzuweisen, daß die Cauchyfolge (u_n) in $B(X, E)$ gegen u konvergiert. Dazu zeigen wir zuerst, daß $u \in E^X$ beschränkt ist. In der Tat: Für $m \to \infty$ folgt aus (6.1)

$$\|u_n(x) - u(x)\|_E \le \varepsilon , \qquad n \ge N , \quad x \in X , \tag{6.2}$$

(vgl. Satz 2.10 und Bemerkung 3.1(c)), und wir finden

$$\|u(x)\|_E \le \varepsilon + \|u_N(x)\|_E \le \varepsilon + \|u_N\|_\infty , \qquad x \in X .$$

Dies zeigt, daß die Abbildung $u \colon X \to E$ beschränkt ist, also zu $B(X, E)$ gehört. Schließlich folgt nach Supremumsbildung in (6.2), daß $\|u_n - u\|_\infty \le \varepsilon$ für $n \ge N$ gilt, d.h., (u_n) konvergiert in $B(X, E)$ gegen u. ∎

Als unmittelbare Konsequenz der letzten beiden Theoreme können wir festhalten: *Für jede nichtleere Menge X sind*

$$B(X, \mathbb{R}) , \quad B(X, \mathbb{C}) , \quad B(X, \mathbb{K}^m)$$

Banachräume.

6.7 Bemerkungen (a) Die Vollständigkeit eines normierten Vektorraumes E ist invariant unter Übergang zu äquivalenten Normen, d.h., sind $\|\cdot\|_1$ und $\|\cdot\|_2$ äquivalente Normen auf E, so ist $(E, \|\cdot\|_1)$ genau dann vollständig, wenn $(E, \|\cdot\|_2)$ vollständig ist.

(b) Der Vektorraum $\mathbb{K}^m$, versehen mit der Norm $|\cdot|_1$ oder mit der Norm $|\cdot|_\infty$, ist vollständig.

(c) Ein vollständiger Innenproduktraum (vgl. Theorem 3.10) heißt **Hilbertraum**. Insbesondere zeigt Theorem 6.5, daß $\mathbb{K}^m$ ein Hilbertraum ist. ∎

Die letzte Bemerkung werden wir in Paragraph III.3 erheblich verschärfen, indem wir beweisen, daß auf $\mathbb{K}^m$ *alle* Normen äquivalent sind.

Die Cantorsche Konstruktion der reellen Zahlen

Wir schließen diesen Paragraphen mit der Konstruktion eines weiteren Modells der reellen Zahlen $\mathbb{R}$. Die nachfolgenden Ausführungen können beim ersten Lesen übergangen werden, da im weiteren von dieser Konstruktion kein Gebrauch gemacht werden wird.

Zuerst bemerken wir, daß alle Aussagen dieses Kapitels über Folgen richtig bleiben, wenn wir in Satz 1.7(iii), in den Definitionen von Nullfolgen und Cauchyfolgen sowie in den Beweisen jeweils „zu jedem $\varepsilon > 0$" ersetzen durch „für $\varepsilon = 1/N$ mit $N \in \mathbb{N}^{\times}$". Dies ist eine Konsequenz von Korollar I.10.7.

Nun stellen wir uns auf den Standpunkt, wir seien lediglich im Besitz der rationalen Zahlen. Gemäß Theorem I.9.5 ist $\mathbb{Q} = (\mathbb{Q}, \leq)$ ein angeordneter Körper. Folglich impliziert Satz I.8.10, daß $\mathbb{Q}$ mit der vom Betrag $|\cdot|$ induzierten Metrik ein metrischer Raum ist. Aufgrund der vorangehenden Feststellungen sind somit

$$\mathcal{R} := \{\, r \in \mathbb{Q}^{\mathbb{N}} \;;\; r \text{ ist Cauchyfolge} \,\}$$

und

$$\mathfrak{c}_0 := \{\, r \in \mathbb{Q}^{\mathbb{N}} \;;\; r \text{ ist Nullfolge} \,\}$$

wohldefinierte Mengen. Aus Satz 6.1 folgt $\mathfrak{c}_0 \subset \mathcal{R}$.

Durch Beispiel I.8.2(b) wissen wir, daß $\mathbb{Q}^{\mathbb{N}}$ ein kommutativer Ring mit Eins ist. Wir bezeichnen mit $\overline{a}$ die konstante Folge $(a, a, \dots)$ in $\mathbb{Q}^{\mathbb{N}}$. Dann ist $\overline{1}$ das Einselement des Ringes $\mathbb{Q}^{\mathbb{N}}$. Gemäß Beispiel I.4.4(c) ist $\mathbb{Q}^{\mathbb{N}}$ mit der punktweisen Ordnung auch eine geordnete Menge. Da diese Ordnung nicht total ist, ist $\mathbb{Q}^{\mathbb{N}}$ aber kein angeordneter Ring.

6.8 Lemma $\mathcal{R}$ *ist ein Unterring von* $\mathbb{Q}^{\mathbb{N}}$, *der die Eins* $\overline{1}$ *enthält, und* $\mathfrak{c}_0$ *ist ein eigentliches Ideal in* $\mathcal{R}$.

Beweis Es seien $r = (r_n)$ und $s = (s_n)$ Elemente von $\mathcal{R}$, und $N \in \mathbb{N}^{\times}$. Da jede Cauchyfolge beschränkt ist, gibt es ein $B \in \mathbb{N}^{\times}$ mit

$$|r_n| \leq B\,, \quad |s_n| \leq B\,, \qquad n \in \mathbb{N}\,.$$

Setzen wir $M := 2BN \in \mathbb{N}^{\times}$, so existiert gemäß Voraussetzung ein $n_0 \in \mathbb{N}$ mit

$$|r_n - r_m| < 1/M\,, \quad |s_n - s_m| < 1/M\,, \qquad m, n \geq n_0\,.$$

Hiermit erhalten wir die Abschätzungen

$$|r_n + s_n - (r_m + s_m)| \leq |r_n - r_m| + |s_n - s_m| < 2/M \leq 1/N$$

und

$$|r_n s_n - r_m s_m| \leq |r_n|\,|s_n - s_m| + |r_n - r_m|\,|s_m| < 2B/M = 1/N$$

für $m, n \geq n_0$. Also gehören $r + s$ und $r \cdot s$ zu $\mathcal{R}$, was zeigt, daß $\mathcal{R}$ ein Unterring von $\mathbb{Q}^{\mathbb{N}}$ ist. Es ist klar, daß $\mathcal{R}$ das Einselement $\overline{1}$ enthält. Aus den Sätzen 2.2 und 2.4 (mit $\mathbb{K}$

ersetzt durch $\mathbb{Q}$) und aus Satz 6.3 folgt, daß c_0 ein Ideal in $\mathcal{R}$ ist. Wegen

$$\left(\frac{1}{n+1}\right)_{n\in\mathbb{N}} \in c_0\backslash\{0\} \,, \qquad \overline{1} \in \mathcal{R}\backslash c_0$$

ist c_0 eigentlich. ∎

Aus Aufgabe I.8.6 wissen wir, daß $\mathcal{R}$ kein Körper sein kann. Wir bezeichnen mit R den Restklassenring von $\mathcal{R}$ nach dem Ideal c_0, d.h. $R = \mathcal{R}/c_0$ (vgl. Aufgabe I.8.6). Es ist offensichtlich, daß die Abbildung

$$\mathbb{Q} \to R \,, \quad a \mapsto [\overline{a}] = \overline{a} + c_0 \,, \tag{6.3}$$

welche jeder rationalen Zahl a die Restklasse $[\overline{a}]$ der konstanten Folge $\overline{a}$ in $\mathcal{R}$ zuordnet, ein injektiver Ringhomomorphismus ist. Somit können (und werden) wir $\mathbb{Q}$ als Unterring von R auffassen, indem wir $\mathbb{Q}$ mit seinem Bild unter der Abbildung (6.3) identifizieren.

Wir versehen nun R mit einer Ordnung. Dazu nennen wir $r = (r_n) \in \mathcal{R}$ strikt positiv, wenn es $N \in \mathbb{N}^\times$ und $n_0 \in \mathbb{N}$ gibt mit $r_n > 1/N$ für $n \geq n_0$. Dann setzen wir $\mathcal{P} := \{\, r \in \mathcal{R} \,;\, r \text{ ist strikt positiv}\,\}$ und definieren eine Relation $\leq$ auf R durch die Festlegung

$$[r] \leq [s] :\Longleftrightarrow s - r \in \mathcal{P} \cup c_0 \,. \tag{6.4}$$

6.9 Lemma $(R, \leq)$ *ist ein angeordneter Ring, der auf $\mathbb{Q}$ die natürliche Ordnung induziert.*

Beweis Es ist leicht zu sehen, daß durch (6.4) eine Relation auf R definiert wird, d.h., daß jene Definition unabhängig ist von den speziellen Repräsentanten. Ferner ist klar, daß die Relation $\leq$ reflexiv ist, und man prüft auch die Transitivität leicht nach. Um die Antisymmetrie zu zeigen, seien $[r] \leq [s]$ und $[s] \leq [r]$. Dann muß $r - s$ zu c_0 gehören, da sonst $r - s$ und $s - r$ strikt positiv sein müßten, was nicht möglich ist. Daher stimmen $[r]$ und $[s]$ überein. Also ist $\leq$ eine Ordnung auf R.

Es seien $r, s \in \mathcal{R}$, und weder $r - s$ noch $s - r$ sei strikt positiv. Dann gibt es zu jedem $N \in \mathbb{N}^\times$ ein $n \geq N$ mit $|r_n - s_n| < 1/N$. Also besitzt $r - s$ eine Teilfolge, die in $\mathbb{Q}$ gegen 0 konvergiert. Folglich ist $r - s$ gemäß Satz 6.4 selbst eine Nullfolge, d.h. $r - s \in c_0$. Dies impliziert, daß R vermöge $\leq$ total geordnet ist.

Wir überlassen dem Leser den einfachen Nachweis, daß $\leq$ mit der Ringstruktur von R verträglich ist.

Schließlich seien $p, q \in \mathbb{Q}$ mit $[\overline{p}] \leq [\overline{q}]$. Dann gilt entweder $p < q$, oder $\overline{q - p}$ ist eine Nullfolge, was $p = q$ impliziert. Somit induziert die Ordnung von R die natürliche Ordnung von $\mathbb{Q}$. ∎

6.10 Satz *R ist ein Körper.*

Beweis Es sei $[r] \in R^\times$. Es bleibt zu zeigen, daß $[r]$ invertierbar ist. Wir können annehmen (warum?), daß r zu $\mathcal{P}$ gehört. Also gibt es $n_0 \in \mathbb{N}$ und $M \in \mathbb{N}^\times$ mit $r_n \geq 1/M$ für $n \geq n_0$. Folglich ist $s := (s_n)$ mit

$$s_n := \begin{cases} 0 \,, & n < n_0 \,, \\ 1/r_n \,, & n \geq n_0 \,, \end{cases}$$

ein Element von $\mathbb{Q}^{\mathbb{N}}$. Da r eine Cauchyfolge ist, finden wir zu $N \in \mathbb{N}^\times$ ein $n_1 \geq n_0$ mit $|r_n - r_m| < 1/(NM^2)$ für $m, n \geq n_1$. Hieraus folgt

$$|s_n - s_m| = \left| \frac{r_n - r_m}{r_n r_m} \right| \leq M^2 |r_n - r_m| < 1/N , \qquad m, n \geq n_1 .$$

Also gehört s zu $\mathcal{R}$. Da offensichtlich die Beziehung $[r][s] = [rs] = \overline{1}$ gilt, folgt, daß $[r]$ invertierbar ist mit $[r]^{-1} = [s]$. ∎

Wir wollen nun zeigen, daß R ordnungsvollständig ist. Dazu beweisen wir als Vorbereitung zwei weitere Hilfssätze.

6.11 Lemma *Jede wachsende und nach oben beschränkte [bzw. fallende und nach unten beschränkte] Folge in $\mathbb{Q}$ ist eine Cauchyfolge.*

Beweis Es sei $r = (r_n)$ eine wachsende Folge in $\mathbb{Q}$, und es gebe ein $M \in \mathbb{N}^\times$ mit $r_n < M$ für $n \in \mathbb{N}$. Wir können annehmen, daß $r_0 = 0$ gilt (warum?).

Es sei $N \in \mathbb{N}^\times$. Dann sind nicht alle der Mengen

$$I_k := \{ n \in \mathbb{N} ; (k-1)/N \leq r_n < k/N \} , \qquad k = 1, \dots, MN ,$$

leer. Also ist

$$K := \max\{ k \in \{1, \dots, MN\} ; I_k \neq \emptyset \}$$

wohldefiniert, und es gelten die Aussagen:

$$r_n < K/N , \quad n \in \mathbb{N} , \qquad \exists n_0 \in \mathbb{N} : r_{n_0} \geq (K-1)/N .$$

Somit erhalten wir aus der Monotonie der Folge (r_n) die Abschätzung

$$0 \leq r_n - r_m < \frac{K}{N} - \frac{K-1}{N} = \frac{1}{N} , \qquad n > m \geq n_0 ,$$

was beweist, daß r zu $\mathcal{R}$ gehört. Der Nachweis für fallende Folgen wird analog geführt. ∎

6.12 Lemma *Für jede wachsende und nach oben beschränkte [bzw. fallende und nach unten beschränkte] Folge (ρ_k) in R existiert $\sup\{ \rho_k ; k \in \mathbb{N} \}$ [bzw. $\inf\{ \rho_k ; k \in \mathbb{N} \}$].*

Beweis Es genügt, den Fall wachsender Folgen zu betrachten. Gibt es ein $m \in \mathbb{N}$ mit $\rho_k = \rho_m$ für $k \geq m$, so ist $\sup\{ \rho_k ; k \in \mathbb{N} \} = \rho_m$. Andernfalls finden wir rekursiv eine Teilfolge $(\rho_{k_j})_{j \in \mathbb{N}}$ von (ρ_k) mit $\rho_{k_j} < \rho_{k_{j+1}}$ für $j \in \mathbb{N}$. Aufgrund der Monotonie der Folge (ρ_k) genügt es, die Existenz von $\sup\{ \rho_{k_j} ; j \in \mathbb{N} \}$ nachzuweisen. Folglich können wir annehmen, daß $\rho_k < \rho_{k+1}$ für $k \in \mathbb{N}$ gilt.

Jedes ρ_k hat die Form $[r^k]$ mit $r^k = (r^k_n)_{n \in \mathbb{N}} \in \mathcal{R}$. Zu $k \in \mathbb{N}$ finden wir $n_k \in \mathbb{N}$ und $N_k \in \mathbb{N}^\times$ mit $r^{k+1}_n - r^k_n \geq 1/N_k$ für $n \geq n_k$, wobei die Folge $(n_k)_{k \in \mathbb{N}}$ wachsend gewählt werden kann. Da es sich bei r^k und r^{k+1} um Cauchyfolgen handelt, finden wir $m_k \geq n_k$ mit

$$r^k_n - r^k_{m_k} < \frac{1}{4N_k} , \quad r^{k+1}_{m_k} - r^{k+1}_n < \frac{1}{4N_k} , \qquad n \geq m_k .$$

Für $s_k := r^k_{m_k} + 1/(2N_k)$ gilt deshalb

$$r^{k+1}_n - s_k > \frac{1}{4N_k} , \quad s_k - r^k_n > \frac{1}{4N_k} , \qquad n \geq m_k .$$

Folglich sind die Relationen

$$\rho_k = [r^k] < [\overline{s_k}] = s_k[\overline{1}] < [r^{k+1}] = \rho_{k+1} , \qquad k \in \mathbb{N} , \qquad (6.5)$$

erfüllt. Wir setzen $s := (s_k)$. Nach Konstruktion ist s eine wachsende Folge in $\mathbb{Q}$. Da die Folge (ρ_k) nach oben beschränkt ist, gilt dies wegen (6.5) auch für s. Also gehört s gemäß Lemma 6.11 zu $\mathcal{R}$, und (6.5) zeigt, daß die Abschätzung $\rho_k \leq [s]$ für $k \in \mathbb{N}$ richtig ist.

Schließlich sei $\rho \in R$ mit $\rho_k \leq \rho < [s]$ für $k \in \mathbb{N}$. Dann folgt aus (6.5)

$$s_k[\overline{1}] < \rho_{k+1} \leq \rho < [s] , \qquad k \in \mathbb{N} ,$$

was unmöglich ist. Also gilt $[s] = \sup\{\, \rho_k \; ; \; k \in \mathbb{N} \,\}$. ∎

Nach diesen Vorbereitungen können wir leicht das folgende Resultat beweisen, welches aufgrund der Eindeutigkeitsaussage von Theorem I.10.4 erneut die Existenz der reellen Zahlen garantiert.

6.13 Theorem *R ist ein ordnungsvollständiger angeordneter Erweiterungskörper von $\mathbb{Q}$.*

Beweis Aufgrund von Lemma 6.9 und Satz 6.10 müssen wir nur noch die Ordnungsvollständigkeit von R zeigen.

Es sei also A eine nichtleere nach oben beschränkte Teilmenge von R, und $\gamma \in R$ sei eine obere Schranke von A. Mit Hilfe des „Verfahrens der Intervallhalbierung" konstruieren wir rekursiv eine wachsende Folge (α_j) und eine fallende Folge (β_j) wie folgt: Wir wählen $\alpha_0 \in A$ und setzen $\beta_0 := \gamma$ sowie $\gamma_0 := (\alpha_0 + \beta_0)/2$. Gibt es ein $a \in A$ mit $a \geq \gamma_0$, so setzen wir $\alpha_1 := \gamma_0$ und $\beta_1 := \beta_0$, andernfalls $\alpha_1 := \alpha_0$ und $\beta_1 := \gamma_0$. Im nächsten Schritt wenden wir dieses „Halbierungsverfahren" auf das Intervall zwischen α_1 und β_1 an, etc. Dann haben die Folgen (α_j) und (β_j) die gewünschten Eigenschaften. Außerdem gilt:

$$0 < \beta_j - \alpha_j \leq (\beta_0 - \alpha_0)/2^j , \qquad j \in \mathbb{N} . \qquad (6.6)$$

Da (α_j) nach oben durch γ und (β_j) nach unten durch α_0 beschränkt sind, existieren $\alpha := \sup\{\, \alpha_j \; ; \; j \in \mathbb{N} \,\}$ und $\beta := \inf\{\, \beta_j \; ; \; j \in \mathbb{N} \,\}$ aufgrund von Lemma 6.12. Ferner folgt aus (6.6) durch Übergang zum Infimum

$$0 \leq \beta - \alpha \leq \inf\{\, (\beta_0 - \alpha_0)/2^j \; ; \; j \in \mathbb{N} \,\} = 0 .$$

Also ist $\alpha = \beta$.

Schließlich gilt gemäß Konstruktion $a \leq \beta_j$ für alle $a \in A$ und $j \in \mathbb{N}$. Hieraus folgt

$$a \leq \inf\{\, \beta_j \; ; \; j \in \mathbb{N} \,\} = \beta = \alpha = \sup\{\, \alpha_j \; ; \; j \in \mathbb{N} \,\} \leq \gamma , \qquad a \in A .$$

Da dies für jede obere Schranke γ von A gilt, folgt $\alpha = \sup(A)$. ∎

Aufgaben

1   Es sei $(\alpha, \beta) \in \mathbb{R}^2$. Für $k \in \mathbb{N}$ setze man

$$x_k := \begin{cases} (\alpha, \beta) , & k \text{ gerade} , \\ (\beta, \alpha) , & k \text{ ungerade} , \end{cases}$$

und $s_n := \sum_{k=1}^n k^{-2} x_k$ für $n \in \mathbb{N}^\times$. Man zeige, daß (s_n) konvergiert.

2 Es seien $X := (X, d)$ ein vollständiger metrischer Raum und (x_n) eine Folge in X mit der Eigenschaft, daß es ein $\alpha \in (0, 1)$ gibt mit

$$d(x_{n+1}, x_n) \leq \alpha d(x_n, x_{n-1}) \ , \qquad n \in \mathbb{N}^\times \ .$$

Man beweise, daß (x_n) konvergiert.

3 Man zeige, daß jede Folge in $\mathbb{R}$ eine monotone Teilfolge besitzt.

4 Man beweise (vgl. Aufgabe 3.7):

(a) Jede abgeschlossene Teilmenge eines vollständigen metrischen Raumes ist ein vollständiger metrischer Raum (mit der induzierten Metrik).

(b) Jeder abgeschlossene Untervektorraum eines Banachraumes ist selbst ein Banachraum (mit der induzierten Norm).

(c) ℓ_∞, c und c_0 sind Banachräume.

(d) Es sei M ein vollständiger metrischer Raum, und $D \subset M$ sei (bezügl. der induzierten Metrik) vollständig. Dann ist D abgeschlossen in M.

5 Man verifiziere, daß die Ordnung $\leq$ auf $R = \mathcal{R}/c_0$ transitiv und mit der Ringstruktur von R verträglich ist.

6 Für $n \in \mathbb{N}^\times$ sei $x_n := \sum_{k=1}^n k^{-1}$. Man beweise:

(a) Die Folge (x_n) ist keine Cauchyfolge in $\mathbb{R}$.

(b) Für jedes $m \in \mathbb{N}^\times$ gilt $\lim_n (x_{n+m} - x_n) = 0$.

(Hinweis: (a) Man weise nach, daß (x_n) nicht beschränkt ist.)

7 Es sei $x_n := \sum_{k=1}^n k^{-2}$ für $n \in \mathbb{N}^\times$. Man beweise oder widerlege: (x_n) ist eine Cauchyfolge in $\mathbb{Q}$.

7 Reihen

Es sei (x_n) eine Folge im Banachraum[1] $(E, |\cdot|)$. In der Regel gibt es zwei Möglichkeiten, die Konvergenz von (x_n) nachzuweisen. Entweder hat man eine Vermutung über den Grenzwert x und weist direkt nach, daß $|x - x_n|$ gegen Null konvergiert, oder man verifiziert, daß (x_n) eine Cauchyfolge ist, und zieht dann die Vollständigkeit von E heran.

Wir wollen diese beiden Möglichkeiten in den folgenden zwei Paragraphen zur Untersuchung spezieller Folgen, der *Reihen*, verwenden. Dabei werden wir sehen, daß die einfache rekursive Struktur der Reihen zu sehr handlichen Konvergenzkriterien führt. Wir erwähnen das Wurzelkriterium und das Quotientenkriterium in beliebigen Banachräumen, sowie das Kriterium von Leibniz für alternierende reelle Reihen.

Konvergenz von Reihen

Es sei (x_k) eine Folge in E. Dann definieren wir eine neue Folge (s_n) in E durch

$$s_n := \sum_{k=0}^{n} x_k , \qquad n \in \mathbb{N} .$$

Die Folge (s_n) heißt **Reihe** in E, und sie wird mit $\sum x_k$ oder $\sum_k x_k$ bezeichnet. Dann sind s_n die n-te **Partialsumme** und x_k der k-te **Summand** der Reihe $\sum x_k$. Eine Reihe ist also nichts anderes als eine Folge spezieller „Bauart", deren Glieder rekursiv durch

$$s_0 := x_0 , \qquad s_{n+1} = s_n + x_{n+1} , \qquad n \in \mathbb{N} ,$$

definiert sind. Eine Reihe ist die Folge ihrer Partialsummen.

Die Reihe $\sum x_k$ heißt **konvergent**, wenn die Folge (s_n) ihrer Partialsummen konvergiert. Dann heißt der eindeutig bestimmte Grenzwert von (s_n) **Wert der Reihe** $\sum x_k$ und wird oft mit $\sum_{k=0}^{\infty} x_k$ bezeichnet.[2] Schließlich ist die Reihe $\sum x_k$ **divergent**, wenn die Folge (s_n) ihrer Partialsummen in E divergiert.

7.1 Beispiele (a) Die Reihe $\sum 1/k!$ konvergiert in $\mathbb{R}$. Gemäß Beispiel 4.2(g) hat sie den Wert e, d.h. $e = \sum_{k=0}^{\infty} 1/k!$.

(b) Die Reihe $\sum 1/k^2$ konvergiert in $\mathbb{R}$.

---

[1] Im folgenden werden wir die Norm in einem Banachraum E oft mit $|\cdot|$ statt mit $\|\cdot\|$ bezeichnen. Bei aufmerksamem Lesen und unter Berücksichtigung des Kontextes sind Verwechslungen mit der euklidischen Norm ausgeschlossen.

[2] Gelegentlich ist es nützlich, die ersten m Glieder der Reihe $\sum_k x_k$ wegzulassen. Für diese neue Reihe schreiben wir dann $\sum_{k \geq m} x_k$ oder $(s_n)_{n \geq m}$. Häufig wird es vorkommen, daß x_0 nicht definiert ist (zum Beispiel, wenn $x_k = 1/k$ gilt). Dann verstehen wir unter $\sum x_k$ die Reihe $\sum_{k \geq 1} x_k$.

Beweis Offensichtlich ist die Folge (s_n) der Partialsummen monoton wachsend. Da für jedes $n \in \mathbb{N}^\times$

$$s_n = \sum_{k=1}^{n} \frac{1}{k^2} \leq 1 + \sum_{k=2}^{n} \frac{1}{k(k-1)} = 1 + \sum_{k=2}^{n} \left(\frac{1}{(k-1)} - \frac{1}{k} \right) = 1 + 1 - \frac{1}{n} < 2$$

gilt, ist die Folge (s_n) beschränkt. Somit ergibt sich die Behauptung aus Theorem 4.1. ∎

Es ist anschaulich klar, daß eine Reihe nur dann konvergieren kann, wenn die zugrunde liegende Folge eine Nullfolge ist. Dieses *notwendige* Kriterium wollen wir im folgenden Satz festhalten.

7.2 Satz *Konvergiert die Reihe $\sum x_k$, so ist (x_k) eine Nullfolge.*

Beweis Es sei $\sum x_k$ konvergent. Nach Satz 6.1 ist dann die Folge (s_n) der Partialsummen eine Cauchyfolge. Somit gibt es zu $\varepsilon > 0$ ein $N \in \mathbb{N}$ mit $|s_n - s_m| < \varepsilon$ für $m, n \geq N$. Insbesondere gilt

$$|s_{n+1} - s_n| = \left| \sum_{k=0}^{n+1} x_k - \sum_{k=0}^{n} x_k \right| = |x_{n+1}| < \varepsilon, \qquad n \geq N,$$

d.h., (x_n) ist eine Nullfolge. ∎

Die harmonische und die geometrische Reihe

Die Umkehrung von Satz 7.2 ist falsch, wie das folgende Beispiel zeigt.

7.3 Beispiel Die **harmonische Reihe** $\sum 1/k$ divergiert in $\mathbb{R}$.

Beweis Aus der Abschätzung für die Partialsummen

$$|s_{2n} - s_n| = \sum_{k=n+1}^{2n} \frac{1}{k} \geq \frac{n}{2n} = \frac{1}{2}, \qquad n \in \mathbb{N}^\times,$$

folgt, daß (s_n) keine Cauchyfolge ist. Also divergiert, wieder wegen Satz 6.1, die Folge (s_n), d.h. die harmonische Reihe. ∎

Als einfache Anwendung des Satzes 7.2 erhalten wir eine vollständige Beschreibung des Konvergenzverhaltens der **geometrischen Reihe** $\sum a^k$, $a \in \mathbb{K}$.

7.4 Beispiel Es sei $a \in \mathbb{K}$. Dann gilt:

$$\sum_{k=0}^{\infty} a^k = \frac{1}{1-a}, \qquad |a| < 1.$$

Für $|a| \geq 1$ ist die geometrische Reihe divergent.

Beweis Aus Aufgabe I.8.1 kennen wir die Identitäten

$$s_n = \sum_{k=0}^{n} a^k = \frac{1 - a^{n+1}}{1 - a} \, , \qquad n \in \mathbb{N} \, .$$

Gilt $|a| < 1$, so folgt aus Beispiel 4.2(a), daß (s_n) für $n \to \infty$ gegen $1/(1 - a)$ konvergiert.

Gilt andererseits $|a| \geq 1$, so ist auch $|a^k| = |a|^k \geq 1$, und die Reihe $\sum_k a^k$ divergiert gemäß Satz 7.2. ∎

Rechenregeln

Reihen sind spezielle Folgen. Somit gelten alle Rechenregeln, die wir für konvergente Folgen hergeleitet haben, auch für Reihen. Insbesondere überträgt sich die Linearität der Abbildung lim (vgl. Paragraph 2 und Bemerkung 3.1(c)).

7.5 Satz *Es seien $\sum a_k$ und $\sum b_k$ konvergente Reihen und $\alpha \in \mathbb{K}$.*

(i) *Die Reihe $\sum(a_k + b_k)$ konvergiert. Für ihren Wert gilt*

$$\sum_{k=0}^{\infty}(a_k + b_k) = \sum_{k=0}^{\infty} a_k + \sum_{k=0}^{\infty} b_k \, .$$

(ii) *Die Reihe $\sum(\alpha a_k)$ konvergiert. Für ihren Wert gilt*

$$\sum_{k=0}^{\infty}(\alpha a_k) = \alpha \sum_{k=0}^{\infty} a_k \, .$$

Beweis Wir setzen $s_n := \sum_{k=0}^{n} a_k$ und $t_n := \sum_{k=0}^{n} b_k$ für $n \in \mathbb{N}$. Nach Voraussetzung gibt es $s, t \in E$ mit $s_n \to s$ und $t_n \to t$. Betrachten wir die beiden Identitäten

$$s_n + t_n = \sum_{k=0}^{n}(a_k + b_k) \, , \quad \alpha s_n = \sum_{k=0}^{n}(\alpha a_k) \, ,$$

so folgen beide Aussagen aus Satz 2.2 und Bemerkung 3.1(c). ∎

Konvergenzkriterien

So, wie wir die Rechenregeln für konvergente Folgen auf Reihen übertragen haben, können wir auch die wichtigsten Konvergenzkriterien für Folgen auf Reihen anwenden.

7.6 Theorem (Cauchy-Kriterium)   *Die folgenden zwei Aussagen sind äquivalent:*

(i) $\sum x_k$ *ist konvergent.*

(ii) *Zu jedem $\varepsilon > 0$ gibt es ein $N \in \mathbb{N}$ mit*

$$\left| \sum_{k=n+1}^{m} x_k \right| < \varepsilon, \qquad m > n \geq N.$$

Beweis   Offensichtlich gilt $s_m - s_n = \sum_{k=n+1}^{m} x_k$ für $m > n$. Somit ist (s_n) genau dann eine Cauchyfolge in E, wenn Aussage (ii) wahr ist. Die Behauptung ergibt sich nun aus der Vollständigkeit von E. ∎

Für reelle Reihen mit nichtnegativen Summanden gilt das folgende einfache Konvergenzkriterium.

7.7 Theorem   *Es sei $\sum x_k$ eine Reihe in $\mathbb{R}$ mit $x_k \geq 0$ für $k \in \mathbb{N}$. Dann ist $\sum x_k$ genau dann konvergent, wenn (s_n) beschränkt ist. In diesem Fall hat die Reihe den Wert $\sup_{n \in \mathbb{N}} s_n$.*

Beweis   Da die Summanden der Reihe nicht negativ sind, ist die Folge (s_n) der Partialsummen wachsend. Somit konvergiert (s_n) gemäß Theorem 4.1 genau dann, wenn (s_n) beschränkt ist. Die letzte Aussage erhalten wir aus demselben Theorem. ∎

Ist $\sum x_k$ eine Reihe in $\mathbb{R}$ mit nichtnegativen Summanden, so schreiben wir $\sum x_k < \infty$, falls die Folge der Partialsummen beschränkt ist. Mit dieser Schreibweise lautet die erste Aussage von Theorem 7.7:

$$\sum x_k < \infty \quad \Longleftrightarrow \quad \sum x_k \text{ konvergiert}.$$

Alternierende Reihen

Eine Reihe $\sum y_k$ in $\mathbb{R}$ heißt **alternierend**, falls y_k und y_{k+1} entgegengesetzte Vorzeichen haben. Eine alternierende Reihe kann immer in der Form $\pm \sum (-1)^k x_k$ mit $x_k \geq 0$ geschrieben werden.

7.8 Theorem (Leibnizsches-Kriterium)   *Es sei (x_k) eine fallende Nullfolge mit nichtnegativen Gliedern. Dann konvergiert die alternierende Reihe $\sum (-1)^k x_k$ in $\mathbb{R}$.*

Beweis   Die Folge der Partialsummen mit geraden Indizes $(s_{2n})_{n \in \mathbb{N}}$ ist wegen

$$s_{2n+2} - s_{2n} = -x_{2n+1} + x_{2n+2} \leq 0, \qquad n \in \mathbb{N},$$

fallend. Analog gilt

$$s_{2n+3} - s_{2n+1} = x_{2n+2} - x_{2n+3} \geq 0 \ , \qquad n \in \mathbb{N} \ .$$

Also ist $(s_{2n+1})_{n \in \mathbb{N}}$ wachsend. Ferner gilt $s_{2n+1} \leq s_{2n}$, und wir schließen:

$$s_{2n+1} \leq s_0 \quad \text{und} \quad s_{2n} \geq 0 \ , \qquad n \in \mathbb{N} \ .$$

Gemäß Theorem 4.1 gibt es also reelle Zahlen s und t mit $s_{2n} \to s$ und $s_{2n+1} \to t$ für $n \to \infty$. Unser Ziel ist es nachzuweisen, daß die Folge (s_n) der Partialsummen konvergiert. Dazu beachten wir zuerst

$$t - s = \lim_{n \to \infty} (s_{2n+1} - s_{2n}) = \lim_{n \to \infty} x_{2n+1} = 0 \ .$$

Also gibt es zu $\varepsilon > 0$ Zahlen $N_1, N_2 \in \mathbb{N}$ mit

$$|s_{2n} - s| < \varepsilon \ , \quad 2n \geq N_1 \ , \qquad \text{und} \qquad |s_{2n+1} - s| < \varepsilon \ , \quad 2n+1 \geq N_2 \ .$$

Somit gilt $|s_n - s| < \varepsilon$ für $n \geq N_1 \vee N_2$, was die Behauptung beweist. ∎

7.9 Korollar *Unter den Voraussetzungen von Theorem 7.8 gilt die Fehlerabschätzung* $|s - s_n| \leq x_{n+1}$, $n \in \mathbb{N}$.

Beweis Im Beweis von Theorem 7.8 haben wir

$$\inf_{n \in \mathbb{N}} s_{2n} = s = \sup_{n \in \mathbb{N}} s_{2n+1}$$

gezeigt. Hieraus folgen die Ungleichungen

$$0 \leq s_{2n} - s \leq s_{2n} - s_{2n+1} = x_{2n+1} \ , \qquad n \in \mathbb{N} \ , \tag{7.1}$$

sowie

$$0 \leq s - s_{2n-1} \leq s_{2n} - s_{2n-1} = x_{2n} \ , \qquad n \in \mathbb{N}^{\times} \ . \tag{7.2}$$

Fassen wir (7.1) und (7.2) zusammen, erhalten wir die Behauptung. ∎

Korollar 7.9 zeigt, daß der Fehler, der entsteht, wenn der Wert einer alternierenden Reihe durch die n-te Partialsumme ersetzt wird, höchstens gleich dem Absolutbetrag des „ersten vernachlässigten Summanden" der Reihe ist. Genauer zeigen (7.1) und (7.2), daß der Wert durch die n-te Partialsumme mit fortschreitendem n abwechselnd über- und unterschätzt wird.

7.10 Beispiele Die alternierenden Reihen

(a) $\sum (-1)^{k+1}/k = 1 - \frac{1}{2} + \frac{1}{3} - \frac{1}{4} + - \cdots$ (**alternierende harmonische Reihe**)

(b) $\sum (-1)^k/(2k+1) = 1 - \frac{1}{3} + \frac{1}{5} - \frac{1}{7} + - \cdots$

konvergieren gemäß dem Leibnizkriterium. Für ihre Werte gilt:

$$\sum_{k=1}^{\infty} \frac{(-1)^{k+1}}{k} = \log 2 \ , \qquad \sum_{k=0}^{\infty} \frac{(-1)^k}{2k+1} = \frac{\pi}{4}$$

(vgl. Anwendung IV.3.9(d) und Aufgabe V.3.11). ∎

g-al-Entwicklungen

Unsere Kenntnisse über Reihen erlauben eine Darstellung der reellen Zahlen als Dezimalbruchentwicklungen, oder allgemeiner, als g-al-Entwicklungen. Dabei soll folgendes Vorgehen formalisiert werden: Die rationale Zahl

$$24 + \frac{1}{10^1} + \frac{3}{10^2} + \frac{0}{10^3} + \frac{7}{10^4} + \frac{1}{10^5}$$

können wir in eindeutiger Weise als *Dezimalbruch* darstellen:

$$24,13071 := 2 \cdot 10^1 + 4 \cdot 10^0 + \frac{1}{10^1} + \frac{3}{10^2} + \frac{0}{10^3} + \frac{7}{10^4} + \frac{1}{10^5} \ .$$

Formal können wir auch „unendliche Dezimalbrüche" wie

$$7,52341043\ldots$$

zulassen, falls ein Algorithmus zur Bestimmung weiterer „Stellen" bekannt ist. Ein solches Vorgehen bedarf jedoch einer weiteren Präzisierung, wie folgendes Beispiel belegt:

$$3,999\ldots = 3 + \sum_{k=1}^{\infty} \frac{9}{10^k} = 3 + \frac{9}{10} \sum_{k=0}^{\infty} 10^{-k} = 3 + \frac{9}{10} \cdot \frac{1}{1 - \frac{1}{10}} = 4 \ .$$

Schließlich sei angemerkt, daß die Zahl 10 als „Basis" der obigen Entwicklungen höchstens aufgrund historischer, kultureller oder praktischer Gründe, aber keineswegs aufgrund mathematischer Überlegungen ausgezeichnet ist. So können wir z.B. auch *Dualbruchentwicklungen* wie

$$101,10010\ldots = 1 \cdot 2^2 + 0 \cdot 2^1 + 1 \cdot 2^0 + 1 \cdot 2^{-1} + 0 \cdot 2^{-2} + 0 \cdot 2^{-3} + 1 \cdot 2^{-4} + 0 \cdot 2^{-5} + \cdots$$

betrachten.

Im folgenden sollen diese einleitenden Überlegungen präzisiert werden. Für jede reelle Zahl $x \in \mathbb{R}$ bezeichnet $[x] := \max\{ k \in \mathbb{Z} \ ; \ k \leq x \}$ die größte ganze Zahl, welche x nicht übersteigt. Es ist eine einfache Konsequenz des Wohlordnungssatzes I.5.5, daß die Abbildung

$$[\cdot] \colon \mathbb{R} \to \mathbb{Z} \ , \quad x \mapsto [x] \ ,$$

die **Gaußklammer**, wohldefiniert ist.

Es sei nun $g \in \mathbb{N}$ mit $g \geq 2$ fest gewählt. Dann nennen wir die g Elemente der Menge $\{0, 1, \ldots, g - 1\}$ g-al-**Ziffern**. Für jede Folge $(x_k)_{k \in \mathbb{N}^\times}$ von g-al-Ziffern, d.h., für $x_k \in \{0, 1, \ldots, g - 1\}$, $k \in \mathbb{N}^\times$, gilt offensichtlich folgende Abschätzung:

$$0 \leq \sum_{k=1}^{n} x_k g^{-k} \leq (g - 1) \sum_{k=1}^{\infty} g^{-k} = 1 \ , \qquad n \in \mathbb{N}^\times \ .$$

Somit konvergiert nach Theorem 7.7 die Reihe $\sum x_k g^{-k}$, und für ihren Wert x gilt $0 \leq x \leq 1$. Diese Reihe heißt g-al-**Entwicklung** der reellen Zahl $x \in [0, 1]$. Ist speziell

$g = 10$ bzw. $g = 2$ gewählt, so spricht man von einer **Dezimal(bruch)entwicklung** bzw. einer **Dual(bruch)entwicklung** von x.

Es ist üblich, für g-al-Entwicklungen der Zahl $x \in [0,1]$ die Schreibweise

$$0, x_1 x_2 x_3 x_4 \ldots := \sum_{k=1}^{\infty} x_k g^{-k}$$

zu verwenden, falls es klar ist, welche Wahl von g getroffen wurde. Ist $m \in \mathbb{N}$, so ist leicht zu sehen, daß es eine eindeutige Darstellung der Form

$$m = \sum_{j=0}^{\ell} y_j g^j \,, \qquad y_k \in \{0, 1, \ldots, g-1\} \,, \quad 0 \le k \le \ell \,, \tag{7.3}$$

gibt.[3] Dann ist

$$x = m + \sum_{k=1}^{\infty} x_k g^{-k} = \sum_{j=0}^{\ell} y_j g^j + \sum_{k=1}^{\infty} x_k g^{-k}$$

eine nichtnegative reelle Zahl, und die rechte Seite dieser Darstellung heißt wieder g-al-Entwicklung von x und wird in der Form

$$y_\ell y_{\ell-1} \ldots y_0, x_1 x_2 x_3 \ldots$$

geschrieben (falls g fest gewählt ist). Analog ist

$$-y_\ell y_{\ell-1} \ldots y_0, x_1 x_2 x_3 \ldots$$

die g-al-Entwicklung von $-x$. Schließlich heißt eine g-al-Entwicklung **periodisch**, falls es $\ell \in \mathbb{N}$ und $p \in \mathbb{N}^\times$ gibt mit $x_{k+p} = x_k$ für $k \ge \ell$.

7.11 Theorem *Es sei $g \in \mathbb{N}$ mit $g \ge 2$. Dann besitzt jede reelle Zahl x eine g-al-Entwicklung. Diese ist eindeutig, wenn Entwicklungen, welche $x_k = g - 1$ für fast alle $k \in \mathbb{N}$ erfüllen, ausgeschlossen werden. Ferner ist x genau dann eine rationale Zahl, wenn ihre g-al-Entwicklung periodisch ist.*

Beweis (a) Es genügt, den Fall $x \ge 0$ zu betrachten. Dann gibt es ein $r \in [0,1)$ mit $x = [x] + r$. Aufgrund der obigen Bemerkungen können wir also ohne Beschränkung der Allgemeinheit annehmen, daß x zum Intervall $[0,1)$ gehört.

(b) Um die Existenz einer g-al-Entwicklung von $x \in [0,1)$ zu beweisen, gehen wir von der rekursiven Definition

$$x_1 := [gx] \,, \qquad x_k := \left[g^k \left(x - \sum_{j=1}^{k-1} x_j g^{-j} \right) \right] \,, \qquad k \ge 2 \,, \tag{7.4}$$

---

[3]Vgl. Aufgabe I.5.11. Um Eindeutigkeit zu erhalten, müssen „führende Nullen" weggelassen werden. So werden z.B. $0 \cdot 3^3 + 0 \cdot 3^2 + 1 \cdot 3^1 + 2 \cdot 3^0$ und $1 \cdot 3^1 + 2 \cdot 3^0$ als identische Tertialdarstellungen von 5 angesehen.

aus, welche den (von der Schule her bekannten) „Divisionsalgorithmus" formalisiert. Mit obiger Setzung gilt offensichtlich $x_k \in \mathbb{N}$. Wir wollen nachweisen, daß durch (7.4) g-al-Ziffern definiert werden, d.h. wir behaupten:

$$x_k \in \{0, 1, \ldots, g-1\}, \qquad k \in \mathbb{N}^{\times}. \tag{7.5}$$

Um dies einzusehen, schreiben wir zuerst

$$
\begin{aligned}
g^k\Big(x - \sum_{j=1}^{k-1} x_j g^{-j}\Big) &= g^k x - x_1 g^{k-1} - x_2 g^{k-2} - \cdots - x_{k-2} g^2 - x_{k-1} g \\
&= g^{k-2}\big(g(gx - x_1) - x_2\big) - \cdots - x_{k-2} g^2 - x_{k-1} g \\
&= g\Big(\cdots g\big(g(gx - x_1) - x_2\big) - \cdots - x_{k-1}\Big)
\end{aligned}
\tag{7.6}
$$

(vgl. Bemerkung I.8.14(f)). Setzen wir $r_0 := x$ und $r_k := g r_{k-1} - x_k$ für $k \in \mathbb{N}^{\times}$, so folgen aus (7.6) die Identitäten

$$g^k\Big(x - \sum_{j=1}^{k-1} x_j g^{-j}\Big) = g r_{k-1}, \qquad k \in \mathbb{N}^{\times}. \tag{7.7}$$

Also finden wir $x_k = [g r_{k-1}]$ für $k \in \mathbb{N}^{\times}$. Dies beweist unsere Behauptung (7.5), denn es gilt ja

$$r_k = g r_{k-1} - x_k = g r_{k-1} - [g r_{k-1}] \in [0, 1), \qquad k \in \mathbb{N}.$$

Mit den eben gewonnenen g-al-Ziffern x_k bilden wir die Reihe $\sum x_k g^{-k}$. Unser Ziel ist es nachzuweisen, daß ihr Wert gleich x ist. In der Tat, aus $x_k = [g r_{k-1}]$ und (7.7) folgt

$$0 \le x_k \le g r_{k-1} = g^k\Big(x - \sum_{j=1}^{k-1} x_j g^{-j}\Big), \qquad k \in \mathbb{N}^{\times},$$

und wir schließen auf

$$x - \sum_{j=1}^{k-1} x_j g^{-j} \ge 0, \qquad k \ge 2. \tag{7.8}$$

Andererseits gilt auch $r_k = g^k\big(x - \sum_{j=1}^{k-1} x_j g^{-j}\big) - x_k < 1$, also

$$x - \sum_{j=1}^{k-1} x_j g^{-j} < g^{-k}(1 + x_k), \qquad k \ge 2. \tag{7.9}$$

Fassen wir (7.8) und (7.9) zusammen, so ergibt sich

$$0 \leq x - \sum_{j=1}^{k-1} x_j g^{-j} < g^{-k+1} , \qquad k \geq 2 .$$

Wegen $\lim_{k \to \infty} g^{-k+1} = 0$ haben wir also $x = \sum_{k=1}^{\infty} x_k g^{-k}$, d.h. die gewünschte g-al-Entwicklung, erhalten.[4]

(c) Um die Eindeutigkeit zu verifizieren, nehmen wir an, es gäbe g-al-Ziffern $x_k, y_k \in \{0, 1, \ldots, g-1\}$, $k \in \mathbb{N}^{\times}$, und ein $k_0 \in \mathbb{N}^{\times}$ mit

$$\sum_{k=1}^{\infty} x_k g^{-k} = \sum_{k=1}^{\infty} y_k g^{-k} ,$$

sowie $x_{k_0} \neq y_{k_0}$ und $x_k = y_k$ für $1 \leq k \leq k_0 - 1$. Dies impliziert

$$(x_{k_0} - y_{k_0}) g^{-k_0} = \sum_{k=k_0+1}^{\infty} (y_k - x_k) g^{-k} . \tag{7.10}$$

Wir können ohne Beschränkung der Allgemeinheit annehmen, daß $x_{k_0} > y_{k_0}$, also $1 \leq x_{k_0} - y_{k_0}$, gilt. Ferner erfüllen alle g-al-Ziffern x_k und y_k die Abschätzung $y_k - x_k \leq g - 1$, und es gibt ein $k_1 > k_0$ mit $y_{k_1} - x_{k_1} < g - 1$, da wir den Fall, daß fast alle g-al-Ziffern gleich $g - 1$ sind, ausschließen. Somit folgt aus (7.10) die Abschätzung

$$g^{-k_0} \leq (x_{k_0} - y_{k_0}) g^{-k_0} < (g-1) \sum_{k=k_0+1}^{\infty} g^{-k} = g^{-k_0} ,$$

welche offensichtlich nicht richtig sein kann. Damit ist die Eindeutigkeit bewiesen.

(d) Es sei $\sum_{k=1}^{\infty} x_k g^{-k}$ eine periodische g-al-Entwicklung von $x \in [0, 1)$. Dann gibt es $\ell \in \mathbb{N}$ und $p \in \mathbb{N}^{\times}$ mit $x_{k+p} = x_k$ für $k \geq \ell$. Es genügt nachzuweisen, daß $x' := \sum_{k=\ell}^{\infty} x_k g^{-k}$ eine rationale Zahl ist. Setzen wir

$$x_0 := \sum_{k=\ell}^{\ell+p-1} x_k g^{-k} \in \mathbb{Q} ,$$

so finden wir aufgrund der Voraussetzung $x_{k+p} = x_k$ für $k \geq \ell$ folgende Identität:

$$g^p x' - x' = g^p x_0 + \sum_{k=\ell+p}^{\infty} x_k g^{-k+p} - \sum_{k=\ell}^{\infty} x_k g^{-k}$$

$$= g^p x_0 + \sum_{k=\ell}^{\infty} x_{k+p} g^{-k} - \sum_{k=\ell}^{\infty} x_k g^{-k} = g^p x_0 .$$

Also ist $x' = g^p x_0 (g^p - 1)^{-1}$ rational.

---

[4]Man überlege sich, daß dieser Algorithmus den Fall, daß $x_k = g - 1$ für fast alle k gilt, nicht ergeben kann,

Nun nehmen wir an, p und q seien positive natürliche Zahlen mit $p < q$ und $x = p/q$. Dann setzen wir $s_0 := p$ und behaupten:

$$\text{Es gibt } s_k \in \{0, 1, \ldots, q-1\} \text{ mit } r_k = s_k/q \,, \qquad k \in \mathbb{N} \,. \tag{7.11}$$

In der Tat, für $k = 0$ ist die Aussage richtig. Es seien also $k \in \mathbb{N}$ und $r_k = s_k/q$ mit $0 \leq s_k \leq q-1$. Wegen $x_{k+1} = [gr_k] = [gs_k/q]$ gibt es ein $s_{k+1} \in \{0, 1, \ldots, q-1\}$ mit $gs_k = qx_{k+1} + s_{k+1}$, und wir erhalten

$$r_{k+1} = gr_k - x_{k+1} = \frac{gs_k}{q} - x_{k+1} = \frac{s_{k+1}}{q} \,.$$

Folglich ist (7.11) richtig. Da für s_k nur die q Werte $0, 1, \ldots, q-1$ zur Verfügung stehen, gibt es $k_0 \in \{1, \ldots, q-1\}$ und $j_0 \in \{k_0, k_0 + 1, \ldots, k_0 + q\}$ mit $s_{j_0} = s_{k_0}$. Also gilt $r_{j_0+1} = r_{k_0}$, was $r_{j_0+i} = r_{k_0+i}$ für $1 \leq i \leq j_0 - k_0$ nach sich zieht. Somit folgt aus $x_{k+1} = [gr_k]$ für $k \in \mathbb{N}^\times$, daß die g-al-Entwicklung von x periodisch ist. ∎

Die Überabzählbarkeit von $\mathbb{R}$

Mit Hilfe von Theorem 7.11 können wir nun leicht nachweisen, daß $\mathbb{R}$ nicht abzählbar ist.

7.12 Theorem   *Die Menge der reellen Zahlen $\mathbb{R}$ ist überabzählbar.*

Beweis   Nehmen wir an, $\mathbb{R}$ sei abzählbar. Wegen Beispiel I.6.1(a), Satz I.6.7 und $\{1/n \; ; \; n \geq 2\} \subset (0,1)$ ist dann das Intervall $(0,1)$ eine abzählbar unendliche Menge, d.h. $(0,1) = \{x_n \; ; \; n \in \mathbb{N}\}$. Außerdem können wir gemäß Theorem 7.11 jedes $x_n \in (0,1)$ in eindeutiger Weise als Tertialbruch $x_n = 0, x_{n,1}x_{n,2} \ldots$ darstellen, wobei für unendlich viele $k \in \mathbb{N}^\times$ die Tertialziffern $x_{n,k} \in \{0, 1, 2\}$ von 2 verschieden sind. Wiederum aufgrund von Satz I.6.7 ist dann insbesondere die Menge

$$X := \{0, x_{n,1}x_{n,2} \ldots \; ; \; x_{n,k} \neq 2, \; n \in \mathbb{N}, \; k \in \mathbb{N}^\times\}$$

abzählbar. Da X offensichtlich gleichmächtig wie $\{0,1\}^\mathbb{N}$ ist, schließen wir, daß $\{0,1\}^\mathbb{N}$ abzählbar ist. Dies widerspricht Satz I.6.11. ∎

Aufgaben

1   Man bestimme die Werte folgender Reihen:

$$\text{(a) } \sum \frac{(-1)^k}{2^k} \,, \quad \text{(b) } \sum \frac{1}{4k^2 - 1} \,.$$

2   Man untersuche das Konvergenzverhalten folgender Reihen:

$$\text{(a) } \sum \frac{\sqrt{k+1} - \sqrt{k}}{\sqrt{k}} \,, \quad \text{(b) } \sum (-1)^k (\sqrt{k+1} - \sqrt{k}) \,, \quad \text{(c) } \sum \frac{k!}{k^k} \,, \quad \text{(d) } \sum \frac{(k+1)^{k-1}}{(-k)^k} \,.$$

3   Eine punktförmige Schnecke kriecht auf einem 1m langen Gummiband mit einer konstanten Geschwindigkeit von 5cm/h. Am Ende der ersten und jeder weiteren Stunde wird das Band homogen um jeweils einen Meter gedehnt. Wird die Schnecke in endlicher Zeit das rechte Ende erreichen, wenn sie zu Beginn der ersten Stunde am linken Ende startete?

4 Es sei $\sum a_k$ eine im Banachraum E konvergente Reihe. Man zeige, daß die Folge (r_n) der **Reihenreste** $r_n := \sum_{k=n}^{\infty} a_k$ eine Nullfolge ist.

5 Es sei (x_k) eine monoton fallende Folge, und $\sum x_k$ konvergiere. Man weise nach, daß (kx_k) eine Nullfolge ist.

6 Es sei (x_k) eine Folge in $[0, \infty)$. Man beweise die Äquivalenz

$$\sum x_k < \infty \Leftrightarrow \sum \frac{x_k}{1 + x_k} < \infty \ .$$

7 Es sei (d_k) eine Folge in $[0, \infty)$ mit $\sum_{k=0}^{\infty} d_k = \infty$.

(a) Was läßt sich über das Konvergenzverhalten folgender Reihen aussagen?

$$\text{(i)} \ \sum \frac{d_k}{1 + d_k} \ , \quad \text{(ii)} \ \sum \frac{d_k}{1 + k^2 d_k} \ .$$

Ist die Voraussetzung an die Folge (d_k) in jedem Fall notwendig?

(b) Man zeige anhand von Beispielen, daß die Reihen

$$\text{(i)} \ \sum \frac{d_k}{1 + k d_k} \ , \quad \text{(ii)} \ \sum \frac{d_k}{1 + d_k^2}$$

sowohl konvergieren als auch divergieren können.

(Hinweis: (a) Man unterscheide die Fälle $\overline{\lim}\, d_k < \infty$ und $\overline{\lim}\, d_k = \infty$.)

8 Es sei $s := \sum_{k=1}^{\infty} k^{-2}$. Man zeige:

$$1 - \frac{1}{2^2} - \frac{1}{4^2} + \frac{1}{5^2} + \frac{1}{7^2} - \frac{1}{8^2} - \frac{1}{10^2} + + - - \cdots = \frac{4}{9} s \ .$$

9 Für $(j, k) \in \mathbb{N} \times \mathbb{N}$ sei

$$x_{jk} := \begin{cases} 1/(j^2 - k^2) \ , & j \neq k \ , \\ 0 \ , & j = k \ . \end{cases}$$

Man bestimme für jedes $j \in \mathbb{N}^{\times}$ den Wert der Reihe $\sum_{k=0}^{\infty} x_{jk}$. (Hinweis: Man zerlege x_{jk} geeignet.)

10 Die Reihe $\sum c_k/k!$ heißt **Cantorreihe**, falls die Koeffizienten c_k ganzzahlig sind und $0 \leq c_{k+1} \leq k$ für $k \in \mathbb{N}^{\times}$ erfüllen.

Man beweise:

(a) Jede nichtnegative reelle Zahl x kann als Wert einer Cantorreihe dargestellt werden, d.h., es gibt eine Cantorreihe mit $x = \sum_{k=1}^{\infty} c_k/k!$. Diese Darstellung ist eindeutig, falls fast alle c_k von $k - 1$ verschieden sind.

(b) Für die Reihenreste der Cantorreihe mit $c_k = k - 1$ gilt

$$\sum_{k=n+1}^{\infty} \frac{k-1}{k!} = \frac{1}{n!} \, , \qquad n \in \mathbb{N} \, .$$

(c) Es sei $x \in [0,1)$ gemäß (a) dargestellt durch die Cantorreihe $\sum c_k/k!$. Dann[5] ist x genau dann rational, wenn es ein $k_0 \in \mathbb{N}^{\times}$ gibt mit $c_k = 0$ für $k \geq k_0$.

11 Man beweise den **Cauchyschen Verdichtungssatz**: Ist (x_k) eine monoton fallende Folge in $[0,\infty)$, so konvergiert $\sum x_k$ genau dann, wenn die Reihe $\sum 2^k x_{2^k}$ konvergiert.

12 Es sei $s \geq 0$ rational. Man zeige, daß die Reihe $\sum_k k^{-s}$ genau dann konvergiert, wenn $s > 1$ gilt. (Hinweis: Cauchyscher Verdichtungssatz und Beispiel 7.4.)

13 Man beweise die Aussage (7.3).

14 Es sei

$$x_n := \left\{ \begin{array}{ll} n^{-1} \, , & n \text{ ungerade} \, , \\ -n^{-2} \, , & n \text{ gerade} \, . \end{array} \right.$$

Man zeige, daß $\sum x_n$ divergiert. Warum läßt sich das Leibnizkriterium nicht auf diese Reihe anwenden?

15 Es sei (z_n) eine Folge in $(0,\infty)$ mit $\underline{\lim} z_n = 0$. Man zeige, daß es Nullfolgen (x_n) und (y_n) in $(0,\infty)$ gibt mit

(a) $\sum x_n < \infty$ und $\overline{\lim} x_n/z_n = \infty$.

(b) $\sum y_n = \infty$ und $\underline{\lim} y_n/z_n = 0$.

Insbesondere gibt es zu jeder noch so langsam [bzw. schnell] konvergierenden Nullfolge (z_n) eine Nullfolge (x_n) [bzw. (y_n)], die genügend schnell [bzw. langsam] gegen Null konvergiert, so daß $\sum x_n < \infty$ [bzw. $\sum y_n = \infty$] gilt, und die trotzdem eine Teilfolge (x_{n_k}) [bzw. (y_{n_k})] besitzt, die langsamer [bzw. schneller] gegen Null konvergiert als die entsprechende Teilfolge (z_{n_k}) von (z_n).

(Hinweise: Es sei (z_n) eine Folge in $(0,\infty)$ mit $\underline{\lim} z_n = 0$.   (a) Für $k \in \mathbb{N}^{\times}$ wähle man $n_k \in \mathbb{N}$ mit $z_{n_k} < k^{-3}$. Man setze nun $x_{n_k} = k^{-2}$ für $k \in \mathbb{N}$, und $x_n = n^{-2}$ sonst.
(b) Man wähle eine Teilfolge (z_{n_k}) mit $\lim_k z_{n_k} = 0$, und setze $y_{n_k} = z_{n_k}^2$ für $k \in \mathbb{N}$, und $y_n = 1/n$ sonst.)

---

[5]Man vergleiche hierzu Aufgabe 4.7(b).

8 Absolute Konvergenz

Da Reihen spezielle Folgen sind, gelten die Rechenregeln, die wir für allgemeine Folgen gefunden haben, natürlich auch für Reihen. Und weil die Summanden einer Reihe dem zugrunde liegenden normierten Vektorraum angehören, können wir mit Reihen solche zusätzlichen Operationen ausführen, welche von dieser Tatsache Gebrauch machen. Beispielsweise können wir der Reihe $\sum x_n$ die Reihe $\sum |x_n|$ zuordnen. Während aus der Konvergenz der Folge (y_n) auch diejenige der Folge ihrer Normen, $(|y_n|)$, folgt, zieht die Konvergenz der Reihe $\sum x_n$ diejenige von $\sum |x_n|$ im allgemeinen nicht nach sich. Dies wird z.B. durch das unterschiedliche Konvergenzverhalten der alternierenden harmonischen Reihe, $\sum (-1)^{k+1}/k$, und der harmonischen Reihe, $\sum 1/k$, belegt. Außerdem ist bei „unendlich vielen" Operationen nicht zu erwarten, daß das Assoziativgesetz der Addition richtig bleibt:

$$1 = 1 + (-1+1) + (-1+1) + \cdots = (1-1) + (1-1) + (1-1) + \cdots = 0 .$$

Die Situation verbessert sich erheblich, wenn wir konvergente Reihen in $\mathbb{R}$ mit positiven Summanden betrachten, oder allgemeiner: Reihen mit der Eigenschaft, daß die Reihen der Absolutbeträge (Normen) ihrer Summanden konvergieren.

Wird nicht ausdrücklich etwas anderes vorausgesetzt, bezeichnet $\sum x_k$ eine Reihe in E, wobei im folgenden

$$E := (E, |\cdot|) \text{ ein Banachraum ist.}$$

Die Reihe $\sum x_k$ heißt **absolut konvergent**, falls $\sum |x_k|$ in $\mathbb{R}$ konvergiert, also falls gilt: $\sum |x_k| < \infty$.

Zuerst wollen wir diese Bezeichnungsweise rechtfertigen. Als unmittelbare Konsequenz des Cauchy-Kriteriums gilt nämlich:

8.1 Satz *Jede absolut konvergente Reihe konvergiert.*

Beweis Es sei $\sum x_k$ eine absolut konvergente Reihe in E. Dann konvergiert $\sum |x_k|$ in $\mathbb{R}$. Also erfüllt $\sum |x_k|$ nach Theorem 7.6 das Cauchy-Kriterium, d.h., zu $\varepsilon > 0$ gibt es ein N mit

$$\sum_{k=n+1}^{m} |x_k| < \varepsilon , \qquad m > n \geq N .$$

Somit erfüllt auch die Reihe $\sum x_k$ das Cauchy-Kriterium, denn es gilt ja

$$\Big| \sum_{k=n+1}^{m} x_k \Big| \leq \sum_{k=n+1}^{m} |x_k| < \varepsilon , \qquad m > n \geq N . \tag{8.1}$$

Nun folgt wiederum aus Theorem 7.6, daß $\sum x_k$ in E konvergiert. ∎

8.2 Bemerkungen (a) Die Umkehrung von Satz 8.1 ist falsch, wie das Beispiel der alternierenden harmonischen Reihe $\sum(-1)^{k+1}/k$ zeigt. Diese Reihe konvergiert, wie wir in Beispiel 7.10(a) festgehalten haben. Hingegen divergiert die zugehörige Reihe der Absolutbeträge, d.h. die harmonische Reihe $\sum k^{-1}$ (vgl. Beispiel 7.3).

(b) Die Reihe $\sum x_k$ heißt **bedingt konvergent**, falls $\sum x_k$ konvergiert, aber $\sum |x_k|$ nicht konvergiert. Die alternierende harmonische Reihe ist somit eine bedingt konvergente Reihe.

(c) Für jede absolut konvergente Reihe $\sum x_k$ gilt die „verallgemeinerte Dreiecksungleichung"

$$\left|\sum_{k=0}^{\infty} x_k\right| \leq \sum_{k=0}^{\infty} |x_k| \ .$$

Beweis Die Dreiecksungleichung impliziert

$$\left|\sum_{k=0}^{n} x_k\right| \leq \sum_{k=0}^{n} |x_k| \ , \qquad n \in \mathbb{N} \ .$$

Nun folgt die Behauptung unmittelbar aus den Sätzen 2.7, 2.10 und 5.3 (vgl. auch Bemerkung 3.1(c)).

Majoranten-, Wurzel- und Quotientenkriterium

In der Theorie der Reihen spielen die absolut konvergenten eine besonders wichtige Rolle, wie wir im folgenden sehen werden. Aus diesem Grund ist das nachstehende *Majorantenkriterium* von herausragender Bedeutung, da es uns ein bequemes und flexibles Mittel zur Verfügung stellt, um die absolute Konvergenz einer Reihe zu zeigen.

Es seien $\sum x_k$ eine Reihe in E und $\sum a_k$ eine Reihe in $\mathbb{R}^+$. Dann heißt die Reihe $\sum a_k$ **Majorante** bzw. **Minorante**[1] für $\sum x_k$, falls es ein $K \in \mathbb{N}$ gibt mit $|x_k| \leq a_k$ bzw. $a_k \leq |x_k|$ für alle $k \geq K$.

8.3 Theorem (Majorantenkriterium) *Besitzt eine Reihe in einem Banachraum eine konvergente Majorante, so konvergiert sie absolut.*

Beweis Es sei $\sum x_k$ eine Reihe in E und $\sum a_k$ sei eine konvergente Majorante. Dann gibt es ein K mit $|x_k| \leq a_k$ für $k \geq K$. Nach Theorem 7.6 gibt es zu $\varepsilon > 0$ ein $N \geq K$ mit $\sum_{k=n+1}^{m} a_k < \varepsilon$ für $m > n \geq N$. Da $\sum a_k$ eine Majorante für $\sum x_k$ ist, finden wir

$$\sum_{k=n+1}^{m} |x_k| \leq \sum_{k=n+1}^{m} a_k < \varepsilon \ , \qquad m > n \geq N \ .$$

---

[1]Man beachte, daß gemäß unserer Definition eine Minorante stets nichtnegative Glieder besitzt.

Wenden wir nun das Cauchy-Kriterium auf die Reihe $\sum |x_k|$ an, so erkennen wir, daß $\sum |x_k|$ konvergiert. Also ist die Reihe $\sum x_k$ absolut konvergent. ∎

8.4 Beispiele (a) Für $m \geq 2$ konvergiert $\sum_k k^{-m}$ in $\mathbb{R}$.

Beweis Wegen $m \geq 2$ gilt $k^{-m} \leq k^{-2}$ für $k \in \mathbb{N}^\times$. Gemäß Beispiel 7.1(b) ist dann $\sum k^{-2}$ eine konvergente Majorante für $\sum k^{-m}$. ∎

(b) Für jedes $z \in \mathbb{C}$ mit $|z| < 1$ konvergiert die Reihe $\sum z^k$ absolut.

Beweis Es gilt $|z^k| = |z|^k$ für $k \in \mathbb{N}$. Wegen $|z| < 1$ und Beispiel 7.4 ist die geometrische Reihe $\sum |z|^k$ eine konvergente Majorante für $\sum z^k$. ∎

Aus dem Majorantenkriterium ergeben sich weitere wichtige Hilfsmittel zur Konvergenzuntersuchung von Reihen. Wir beginnen mit dem *Wurzelkriterium*, einem hinreichenden Kriterium für die absolute Konvergenz von Reihen in *beliebigen* Banachräumen.

8.5 Theorem (Wurzelkriterium) *Es seien $\sum x_k$ eine Reihe in E und*

$$\alpha := \overline{\lim} \sqrt[k]{|x_k|} \,.$$

Dann gelten folgende Aussagen:

$\sum x_k$ konvergiert absolut, falls $\alpha < 1$.

$\sum x_k$ divergiert, falls $\alpha > 1$.

Für $\alpha = 1$ kann $\sum x_k$ konvergieren oder divergieren.

Beweis (a) Es gelte $\alpha < 1$. Dann ist das Intervall $(\alpha, 1)$ nicht leer und wir können ein $q \in (\alpha, 1)$ wählen. Gemäß Theorem 5.5 ist α der größte Häufungspunkt der Folge $\big(\sqrt[k]{|x_k|} \big)$. Also finden wir ein K mit $\sqrt[k]{|x_k|} < q$ für $k \geq K$, d.h., für $k \geq K$ gilt $|x_k| < q^k$. Deshalb ist die geometrische Reihe $\sum q^k$ eine konvergente Majorante für $\sum x_k$, und die Behauptung ergibt sich aus Theorem 8.3.

(b) Es gelte $\alpha > 1$. Wir ziehen wiederum Theorem 5.5 heran, um unendlich viele $k \in \mathbb{N}$ mit $\sqrt[k]{|x_k|} \geq 1$ zu finden. Somit gilt auch $|x_k| \geq 1$ für unendlich viele $k \in \mathbb{N}$. Insbesondere ist dann (x_k) keine Nullfolge, und die Reihe $\sum x_k$ divergiert gemäß Satz 7.2.

(c) Um die Aussagen für den Fall $\alpha = 1$ zu beweisen, genügt es, eine bedingt konvergente Reihe in $E = \mathbb{R}$ mit $\alpha = 1$ anzugeben. Dies leistet die alternierende harmonische Reihe, denn mit $x_k := (-1)^{k+1}/k$ gilt nach Beispiel 4.2(d):

$$\sqrt[k]{|x_k|} = \sqrt[k]{\frac{1}{k}} = \frac{1}{\sqrt[k]{k}} \to 1 \quad (k \to \infty) \,.$$

Somit folgt $\alpha = \overline{\lim} \sqrt[k]{|x_k|} = 1$ aus Theorem 5.7. ∎

Der wesentliche Punkt im eben geführten Konvergenzbeweis ist das Verwenden einer geometrischen Reihe als konvergente Majorante. Diese Idee führt zu einem weiteren nützlichen Konvergenzkriterium, dem *Quotientenkriterium*.

8.6 Theorem (Quotientenkriterium)   *Es sei $\sum x_k$ eine Reihe in E und es gebe ein K_0 mit $x_k \neq 0$ für $k \geq K_0$. Dann gelten:*

(i) *Gibt es ein $q \in (0,1)$ und ein $K \geq K_0$ mit*

$$\frac{|x_{k+1}|}{|x_k|} \leq q , \qquad k \geq K ,$$

so konvergiert die Reihe $\sum x_k$ absolut.

(ii) *Gibt es ein $K \geq K_0$ mit*

$$\frac{|x_{k+1}|}{|x_k|} \geq 1 , \qquad k \geq K ,$$

so divergiert die Reihe $\sum x_k$.

Beweis (i) Gemäß Voraussetzung gilt $|x_{k+1}| \leq q\,|x_k|$ für $k \geq K$. Ein einfaches Induktionsargument ergibt die Abschätzung

$$|x_k| \leq q^{k-K}\,|x_K| = \frac{|x_K|}{q^K} q^k , \qquad k > K .$$

Setzen wir $c := |x_K|/q^K$, so erkennen wir $c\sum q^k$ als konvergente Majorante für die Reihe $\sum x_k$, und die Behauptung folgt aus Theorem 8.3.

(ii) Die Voraussetzung impliziert, daß (x_k) keine Nullfolge ist. Daher kann die Reihe $\sum x_k$ nicht konvergieren, wie wir in Satz 7.2 festgestellt haben. ∎

8.7 Beispiele (a) $\sum k^2 2^{-k} < \infty$, denn mit $x_k := k^2 2^{-k}$ folgt

$$\frac{|x_{k+1}|}{|x_k|} = \frac{(k+1)^2}{2^{k+1}} \cdot \frac{2^k}{k^2} = \frac{1}{2}\Big(1 + \frac{1}{k}\Big)^2 \to \frac{1}{2} \ (k \to \infty) .$$

Also gibt es ein K mit $|x_{k+1}|/|x_k| \leq 3/4$ für $k \geq K$. Aus dem Quotientenkriterium folgt nun die behauptete Konvergenz.

(b) Wir betrachten die Reihe

$$\sum \Big(\frac{1}{2}\Big)^{k+(-1)^k} = \frac{1}{2} + 1 + \frac{1}{8} + \frac{1}{4} + \frac{1}{32} + \frac{1}{16} + \cdots$$

mit dem allgemeinen Glied $x_k := \big(\frac{1}{2}\big)^{k+(-1)^k}$ für $k \in \mathbb{N}$. Dann gilt

$$\frac{|x_{k+1}|}{|x_k|} = \begin{cases} 2 , & k \text{ gerade} , \\ 1/8 , & k \text{ ungerade} , \end{cases}$$

und wir erkennen, daß die Voraussetzungen von Satz 8.6 nicht erfüllt sind.[2] Trotzdem konvergiert die Reihe, denn es gilt

$$\overline{\lim} \sqrt[k]{|x_k|} = \overline{\lim} \sqrt[k]{\left(\tfrac{1}{2}\right)^{k+(-1)^k}} = \frac{1}{2} \overline{\lim} \sqrt[k]{\left(\tfrac{1}{2}\right)^{(-1)^k}} = \frac{1}{2} ,$$

wie Beispiel 4.2(e) zeigt.

(c) Für jedes $z \in \mathbb{C}$ konvergiert die Reihe $\sum z^k/k!$ absolut.[3]

Beweis Es sei $z \in \mathbb{C}^\times$. Mit $x_k := z^k/k!$ für $k \in \mathbb{N}$ finden wir

$$\frac{|x_{k+1}|}{|x_k|} = \frac{|z|}{k+1} \leq \frac{1}{2} , \qquad k \geq 2\,|z| ,$$

und die Behauptung folgt aus Theorem 8.6. ∎

Die Exponentialfunktion

Aufgrund des letzten Beispiels kann jeder komplexen Zahl $z \in \mathbb{C}$ der Wert der Reihe $\sum z^k/k!$ an der Stelle z zugeordnet werden. Die so definierte *Funktion* heißt **Exponentialfunktion** und wird mit exp bezeichnet, d.h.,

$$\exp \colon \mathbb{C} \to \mathbb{C} , \quad z \mapsto \sum_{k=0}^{\infty} \frac{z^k}{k!} .$$

Die Reihe $\sum z^k/k!$ heißt **Exponentialreihe**. Die Exponentialfunktion ist in der gesamten Mathematik von großer Bedeutung. Wir werden sie und ihre Eigenschaften im folgenden ausführlich studieren. Bereits hier können wir festhalten, daß die Exponentialfunktion für reelle Argumente reellwertig ist, d.h. es gilt $\exp(\mathbb{R}) \subset \mathbb{R}$. Für die auf $\mathbb{R}$ eingeschränkte Exponentialfunktion $\exp|\mathbb{R}$ verwenden wir ebenfalls das Symbol exp.

Umordnungen von Reihen

Es sei $\sigma \colon \mathbb{N} \to \mathbb{N}$ eine Permutation. Dann heißt die Reihe $\sum_k x_{\sigma(k)}$ **Umordnung** von $\sum x_k$. Die Summanden der Umordnung $\sum_k x_{\sigma(k)}$ stimmen also mit denen der ursprünglichen Reihe überein, können aber in einer anderen Reihenfolge auftreten. Ist σ eine Permutation von $\mathbb{N}$ mit $\sigma(k) = k$ für fast alle $k \in \mathbb{N}$, so haben $\sum x_k$ und $\sum_k x_{\sigma(k)}$ das gleiche Konvergenzverhalten, und ihre Werte stimmen überein, falls die Reihen konvergieren. Für Permutationen $\sigma \colon \mathbb{N} \to \mathbb{N}$ mit $\sigma(k) \neq k$ für unendlich viele $k \in \mathbb{N}$ ist dieser Sachverhalt im allgemeinen nicht richtig. Wir belegen dies mit folgendem

---

[2]Aus praktischen Gründen ist es angebracht, bei Konvergenzuntersuchungen mit dem Quotientenkriterium zu beginnen. Falls dieses versagt, kann das Wurzelkriterium immer noch zum Ziel führen (vgl. Aufgabe 5.4).

[3]Hieraus folgt, zusammen mit Satz 7.2, ein weiterer Beweis der Aussage von Beispiel 4.2(c).

8.8 Beispiel Es sei $x_k := (-1)^{k+1}/k$, und $\sigma : \mathbb{N}^\times \to \mathbb{N}^\times$ erfülle $\sigma(1) := 1$, $\sigma(2) := 2$
und

$$\sigma(k) := \begin{cases} k + k/3 , & \text{falls } 3\,|\,k , \\ k - (k-1)/3 , & \text{falls } 3\,|\,(k-1) , \\ k + (k-2)/3 , & \text{falls } 3\,|\,(k-2) , \end{cases}$$

für $k \geq 3$. Man prüft leicht nach, daß σ eine Permutation von $\mathbb{N}^\times$ ist. Wir erhalten
also mit

$$\sum x_{\sigma(k)} = 1 - \frac{1}{2} - \frac{1}{4} + \frac{1}{3} - \frac{1}{6} - \frac{1}{8} + \frac{1}{5} - \frac{1}{10} - \frac{1}{12} + - - \cdots$$

eine Umordnung der alternierenden harmonischen Reihe

$$\sum x_k = 1 - \frac{1}{2} + \frac{1}{3} - \frac{1}{4} + - \cdots .$$

Wir wollen nachweisen, daß diese Umordnung konvergiert. Dazu bezeichnen wir
mit s_n bzw. t_n die n-te Partialsumme von $\sum x_k$ bzw. $\sum_k x_{\sigma(k)}$, und mit $s = \lim s_n$
den Wert von $\sum x_k$. Wegen

$$\sigma(3n) = 4n , \quad \sigma(3n-1) = 4n-2 , \quad \sigma(3n-2) = 2n-1 , \qquad n \in \mathbb{N}^\times ,$$

finden wir dann

$$\begin{aligned}
t_{3n} &= 1 - \frac{1}{2} - \frac{1}{4} + \frac{1}{3} - \frac{1}{6} - \frac{1}{8} + - - \cdots + \frac{1}{2n-1} - \frac{1}{4n-2} - \frac{1}{4n} \\
&= \left(1 - \frac{1}{2} - \frac{1}{4}\right) + \left(\frac{1}{3} - \frac{1}{6} - \frac{1}{8}\right) + \cdots + \left(\frac{1}{2n-1} - \frac{1}{4n-2} - \frac{1}{4n}\right) \\
&= \left(\frac{1}{2} - \frac{1}{4}\right) + \left(\frac{1}{6} - \frac{1}{8}\right) + \cdots + \left(\frac{1}{4n-2} - \frac{1}{4n}\right) \\
&= \frac{1}{2}\left(1 - \frac{1}{2} + \frac{1}{3} - \frac{1}{4} + - \cdots + \frac{1}{2n-1} - \frac{1}{2n}\right) \\
&= \frac{1}{2} s_n .
\end{aligned}$$

Also konvergiert die Teilfolge $(t_{3n})_{n \in \mathbb{N}^\times}$ von $(t_m)_{m \in \mathbb{N}^\times}$ gegen den Wert $s/2$. Ferner
gilt offensichtlich

$$\lim_{n \to \infty} |t_{3n+1} - t_{3n}| = \lim_{n \to \infty} |t_{3n+2} - t_{3n}| = 0 .$$

Hieraus folgt, daß (t_m) eine Cauchyfolge ist. Gemäß den Sätzen 6.4 und 1.15
konvergiert deshalb die Folge (t_m) gegen $s/2$, d.h.

$$\sum_{k=1}^{\infty} x_{\sigma(k)} = 1 - \frac{1}{2} - \frac{1}{4} + \frac{1}{3} - \frac{1}{6} - \frac{1}{8} + \frac{1}{5} - \frac{1}{10} - \frac{1}{12} + - - \cdots = \frac{s}{2} .$$

Schließlich wollen wir uns davon überzeugen, daß s von Null verschieden ist. In
der Tat, aus Korollar 7.9 ergibt sich $|s - 1| = |s - s_1| \leq -x_2 = \frac{1}{2}$. ■

Dieses Beispiel zeigt, daß das Kommutativgesetz der Addition für „unendlich viele Summanden" im allgemeinen nicht gilt, d.h., eine konvergente Reihe kann nicht beliebig umgeordnet werden, ohne ihren Wert zu verändern.[4] Der nächste Satz zeigt, daß die Werte absolut konvergenter Reihen unter Umordnungen invariant sind.

8.9 Theorem (Umordnungssatz) *Jede Umordnung einer absolut konvergenten Reihe $\sum x_k$ ist absolut konvergent und besitzt denselben Wert wie $\sum x_k$.*

Beweis Zu $\varepsilon > 0$ gibt es nach Theorem 7.6 ein $N \in \mathbb{N}$ mit

$$\sum_{k=N+1}^{m} |x_k| < \varepsilon , \qquad m > N .$$

Für $m \to \infty$ ergibt sich deshalb die Abschätzung $\sum_{k=N+1}^{\infty} |x_k| \le \varepsilon$.

Es sei nun σ eine Permutation von $\mathbb{N}$. Für $M := \max\{\sigma^{-1}(0), \ldots, \sigma^{-1}(N)\}$ gilt $\{\sigma(0), \ldots, \sigma(M)\} \supset \{0, \ldots, N\}$. Somit gilt für jedes $m \ge M$

$$\left| \sum_{k=0}^{m} x_{\sigma(k)} - \sum_{k=0}^{N} x_k \right| \le \sum_{k=N+1}^{\infty} |x_k| \le \varepsilon \tag{8.2}$$

und auch

$$\left| \sum_{k=0}^{m} |x_{\sigma(k)}| - \sum_{k=0}^{N} |x_k| \right| \le \varepsilon . \tag{8.3}$$

Aus (8.3) folgt die absolute Konvergenz von $\sum x_{\sigma(k)}$. Aus (8.2) erhalten wir, wegen Satz 2.10 (und Bemerkung 3.1(c)), für $m \to \infty$

$$\left| \sum_{k=0}^{\infty} x_{\sigma(k)} - \sum_{k=0}^{N} x_k \right| \le \varepsilon .$$

Folglich stimmen die Werte der Reihen überein. ∎

Doppelreihen

Als erste Anwendung des Umordnungssatzes wollen wir *Doppelreihen* $\sum x_{jk}$ im Banachraum E betrachten. Dazu gehen wir von einer Abbildung $x : \mathbb{N} \times \mathbb{N} \to E$ aus und schreiben, wie in Paragraph 1, kurz x_{jk} für $x(j, k)$. Die Abbildung x kann

---

[4]Vgl. Aufgabe 4.

im doppelt-unendlichen Schema

$$
\begin{array}{llll}
x_{00} & x_{01} & x_{02} & x_{03} & \cdots \\
x_{10} & x_{11} & x_{12} & x_{13} & \cdots \\
x_{20} & x_{21} & x_{22} & x_{23} & \cdots \\
x_{30} & x_{31} & x_{32} & x_{33} & \cdots \\
\vdots & \vdots & \vdots & \vdots & \vdots
\end{array}
\tag{8.4}
$$

dargestellt werden. Es gibt offensichtlich verschiedene Möglichkeiten, ein solches Schema „aufzusummieren", d.h. dem Schema (8.4) eine Reihe zuzuordnen, und es ist keineswegs klar, unter welchen Voraussetzungen solche Reihen konvergieren und die Grenzwerte von der Summationsreihenfolge unabhängig sind.

Gemäß Satz I.6.9 ist die Menge $\mathbb{N} \times \mathbb{N}$ abzählbar, d.h., es gibt eine Bijektion $\alpha \colon \mathbb{N} \to \mathbb{N} \times \mathbb{N}$, eine **Abzählung** von $\mathbb{N} \times \mathbb{N}$. Ist α eine solche Abzählung, so nennen wir die Reihe $\sum_n x_{\alpha(n)}$ **Anordnung** der Doppelreihe $\sum x_{jk}$. Fixieren wir $j \in \mathbb{N}$ bzw. $k \in \mathbb{N}$, so heißen die Reihen $\sum_k x_{jk}$ bzw. $\sum_j x_{jk}$ j-te **Zeilenreihe** bzw. k-te **Spaltenreihe** von $\sum x_{jk}$. Konvergiert jede Zeilen- bzw. jede Spaltenreihe, so können wir die **Reihe der Zeilensummen** $\sum_j \left(\sum_{k=0}^\infty x_{jk} \right)$ bzw. die **Reihe der Spaltensummen**[5] $\sum_k \left(\sum_{j=0}^\infty x_{jk} \right)$ betrachten. Schließlich nennen wir die Doppelreihe $\sum x_{jk}$ **summierbar**, wenn

$$
\sup_{n \in \mathbb{N}} \sum_{j,k=0}^n |x_{jk}| < \infty
$$

gilt.

8.10 Theorem (Doppelreihensatz) *Es sei $\sum x_{jk}$ eine summierbare Doppelreihe. Dann gelten folgende Aussagen:*

(i) *Jede Anordnung $\sum_n x_{\alpha(n)}$ von $\sum x_{jk}$ konvergiert absolut gegen einen von der Abzählung α unabhängigen Wert $s \in E$.*

(ii) *Die Reihe der Zeilensummen $\sum_j \left(\sum_{k=0}^\infty x_{jk} \right)$ und die Reihe der Spaltensummen $\sum_k \left(\sum_{j=0}^\infty x_{jk} \right)$ konvergieren absolut, und es gilt*

$$
\sum_{j=0}^\infty \left(\sum_{k=0}^\infty x_{jk} \right) = \sum_{k=0}^\infty \left(\sum_{j=0}^\infty x_{jk} \right) = s \,.
$$

---

[5]Mit diesen Definitionen sind nur der Begriff der Konvergenz für die Reihe der Zeilen- bzw. Spaltensummen und die Konvergenz einer beliebigen Anordnung einer Doppelreihe erklärt. Für die Doppelreihe $\sum x_{jk}$ haben wir *keinen* Konvergenzbegriff im engeren Sinne eingeführt. Es ist zu beachten, daß die Konvergenz jeder Zeilen- bzw. Spaltenreihe gewährleistet sein muß, um von der Reihe der Zeilen- bzw. Spaltensummen sprechen zu können.

Beweis (i) Es seien $\alpha : \mathbb{N} \to \mathbb{N} \times \mathbb{N}$ eine Abzählung von $\mathbb{N} \times \mathbb{N}$ und $N \in \mathbb{N}$. Dann gibt es ein $K \in \mathbb{N}$ mit

$$\{\alpha(0), \ldots, \alpha(N)\} \subset \{(0,0), (1,0), \ldots, (K,0), \ldots, (0,K), \ldots, (K,K)\} . \qquad (8.5)$$

Zusammen mit der Summierbarkeit von $\sum x_{jk}$ erhalten wir

$$\sum_{n=0}^{N} |x_{\alpha(n)}| \le \sum_{j,k=0}^{K} |x_{jk}| \le M$$

mit einer geeigneten von N unabhängigen Konstanten M. Somit ist nach Theorem 7.7 die Anordnung $\sum_n x_{\alpha(n)}$ absolut konvergent.

Es sei nun $\beta : \mathbb{N} \to \mathbb{N} \times \mathbb{N}$ eine weitere Abzählung von $\mathbb{N} \times \mathbb{N}$. Dann ist offenbar $\sigma := \alpha^{-1} \circ \beta$ eine Permutation von $\mathbb{N}$. Setzen wir $y_m := x_{\alpha(m)}$ für $m \in \mathbb{N}$, so gilt

$$y_{\sigma(n)} = x_{\alpha(\sigma(n))} = x_{\beta(n)} , \qquad n \in \mathbb{N} ,$$

d.h., die Anordnung $\sum_n x_{\beta(n)}$ von $\sum x_{jk}$ ist eine Umordnung von $\sum_n x_{\alpha(n)}$. Da wir bereits wissen, daß die Anordnung $\sum_n x_{\alpha(n)}$ absolut konvergiert, folgt die verbleibende Aussage aus dem Umordnungssatz 8.9.

(ii) Zuerst halten wir fest, daß sowohl jede Zeilenreihe $\sum_{k=0}^{\infty} x_{jk}$, $j \in \mathbb{N}$, als auch jede Spaltenreihe $\sum_{j=0}^{\infty} x_{jk}$, $k \in \mathbb{N}$, absolut konvergiert. Dies folgt wiederum aus der Summierbarkeit von $\sum x_{jk}$ und aus Theorem 7.7. Somit sind die Reihe der Zeilensummen $\sum_j \left(\sum_{k=0}^{\infty} x_{jk} \right)$ und die Reihe der Spaltensummen $\sum_k \left(\sum_{j=0}^{\infty} x_{jk} \right)$ wohldefiniert.

Wir wollen nachweisen, daß diese Reihen absolut konvergieren. Dazu betrachten wir die Abschätzungen

$$\sum_{j=0}^{\ell} \left| \sum_{k=0}^{m} x_{jk} \right| \le \sum_{j=0}^{\ell} \sum_{k=0}^{m} |x_{jk}| \le \sum_{j,k=0}^{m} |x_{jk}| \le M , \qquad \ell \le m .$$

Für $m \to \infty$ erhalten wir also $\sum_{j=0}^{\ell} \left| \sum_{k=0}^{\infty} x_{jk} \right| \le M$, $\ell \in \mathbb{N}$, was die absolute Konvergenz der Reihe der Zeilensummen $\sum_j \left(\sum_{k=0}^{\infty} x_{jk} \right)$ beweist. Ein analoges Argument zeigt die absolute Konvergenz der Reihe der Spaltensummen.

Es seien nun $\alpha : \mathbb{N} \to \mathbb{N} \times \mathbb{N}$ eine Abzählung von $\mathbb{N} \times \mathbb{N}$ und $s := \sum_{n=0}^{\infty} x_{\alpha(n)}$. Schließlich sei $\varepsilon > 0$. Dann gibt es ein $N \in \mathbb{N}$ mit $\sum_{n=N+1}^{\infty} |x_{\alpha(n)}| < \varepsilon/2$. Ferner finden wir ein $K \in \mathbb{N}$, so daß (8.5) gilt. Hiermit schließen wir auf

$$\left| \sum_{j=0}^{\ell} \sum_{k=0}^{m} x_{jk} - \sum_{n=0}^{N} x_{\alpha(n)} \right| \le \sum_{n=N+1}^{\infty} |x_{\alpha(n)}| < \varepsilon/2 , \qquad \ell, m \ge K .$$

Nach den Grenzübergängen $m \to \infty$ und $\ell \to \infty$ erhalten wir

$$\left| \sum_{j=0}^{\infty} \left(\sum_{k=0}^{\infty} x_{jk} \right) - \sum_{n=0}^{N} x_{\alpha(n)} \right| \le \varepsilon/2 .$$

Beachten wir schließlich noch

$$\left| s - \sum_{n=0}^{N} x_{\alpha(n)} \right| \leq \sum_{n=N+1}^{\infty} |x_{\alpha(n)}| < \varepsilon/2 \, ,$$

so finden wir mit der Dreiecksungleichung

$$\left| \sum_{j=0}^{\infty} \left(\sum_{k=0}^{\infty} x_{jk} \right) - s \right| \leq \varepsilon \, .$$

Da dies für jedes $\varepsilon > 0$ gilt, hat die Reihe der Zeilensummen den Wert s. Eine analoge Argumentation zeigt, daß auch der Wert von $\sum_{k} \left(\sum_{j=0}^{\infty} x_{jk} \right)$ mit s übereinstimmt. Damit ist der Umordnungssatz vollständig bewiesen. ∎

Cauchyprodukte

Doppelreihen treten in natürliche Weise bei der Produktbildung von Reihen im Körper $\mathbb{K}$ auf. Sind nämlich $\sum x_j$ und $\sum y_k$ zwei Reihen in $\mathbb{K}$, so erhalten wir durch Multiplikation der Summanden der Reihe $\sum y_k$ mit jedem x_j, $j \in \mathbb{N}$, folgendes Schema:

$$
\begin{array}{ccccc}
x_0 y_0 & x_0 y_1 & x_0 y_2 & x_0 y_3 & \cdots \\
x_1 y_0 & x_1 y_1 & x_1 y_2 & x_1 y_3 & \cdots \\
x_2 y_0 & x_2 y_1 & x_2 y_2 & x_2 y_3 & \cdots \\
x_3 y_0 & x_3 y_1 & x_3 y_2 & x_3 y_3 & \cdots \\
\vdots & \vdots & \vdots & \vdots & \vdots\vdots\vdots
\end{array}
\tag{8.6}
$$

Konvergieren beide Reihen $\sum x_j$ und $\sum y_k$, so sind die Reihe der Zeilensummen durch $\sum_j x_j \cdot \sum_{k=0}^{\infty} y_k$ und die Reihe der Spaltensummen durch $\sum_k y_k \cdot \sum_{j=0}^{\infty} x_j$ gegeben. Setzen wir schließlich $x_{jk} := x_j y_k$ für $(j,k) \in \mathbb{N} \times \mathbb{N}$, so finden wir gemäß dem in (I.6.3) angegebenen Verfahren eine Abzählung $\delta \colon \mathbb{N} \to \mathbb{N} \times \mathbb{N}$, so daß mit den n-ten Diagonalsummen

$$z_n := \sum_{k=0}^{n} x_k y_{n-k} \, , \qquad n \in \mathbb{N} \, , \tag{8.7}$$

gilt

$$\sum_j x_{\delta(j)} = \sum_n z_n = \sum_n \left(\sum_{k=0}^{n} x_k y_{n-k} \right) \, .$$

Diese spezielle Anordnung $\sum_n x_{\delta(n)}$ der zu Schema (8.6) gehörenden Doppelreihe heißt **Cauchy-** oder **Faltungsprodukt** der Reihen $\sum x_j$ und $\sum y_k$ (vgl. (8.8) in Paragraph I.8).

Um den Doppelreihensatz auf das Cauchyprodukt von $\sum x_j$ und $\sum y_k$ anwenden zu können, müssen wir sicherstellen, daß die Doppelreihe $\sum x_j y_k$ summierbar ist. Ein einfaches hinreichendes Kriterium hierfür ist die absolute Konvergenz von $\sum x_j$ und $\sum y_k$.

8.11 Theorem (Cauchyprodukte von Reihen)   *Die Reihen $\sum x_j$ und $\sum y_k$ seien absolut konvergent in $\mathbb{K}$. Dann konvergiert das Cauchyprodukt $\sum_n \sum_{k=0}^n x_k y_{n-k}$ von $\sum x_j$ und $\sum y_k$ absolut, und es gilt*

$$\Big(\sum_{j=0}^\infty x_j\Big)\Big(\sum_{k=0}^\infty y_k\Big) = \sum_{n=0}^\infty \sum_{k=0}^n x_k y_{n-k} \ .$$

Beweis   Mit $x_{jk} := x_j y_k$ für $(j,k) \in \mathbb{N} \times \mathbb{N}$ gilt

$$\sum_{j,k=0}^n |x_{jk}| = \sum_{j=0}^n |x_j| \cdot \sum_{k=0}^n |y_k| \le \sum_{j=0}^\infty |x_j| \cdot \sum_{k=0}^\infty |y_k| \ , \qquad n \in \mathbb{N} \ .$$

Also ist aufgrund der absoluten Konvergenz von $\sum x_j$ und $\sum y_k$ die Doppelreihe $\sum x_{jk}$ summierbar. Die Behauptungen ergeben sich nun aus dem Doppelreihensatz 8.10. ∎

8.12 Beispiele   **(a)** Es gilt die **Funktionalgleichung der Exponentialfunktion:**

$$\exp(x) \cdot \exp(y) = \exp(x + y) \ , \qquad x, y \in \mathbb{C} \ . \tag{8.8}$$

Beweis   Gemäß Beispiel 8.7(c) sind die Reihen $\sum x^j/j!$ und $\sum y^k/k!$ absolut konvergent. Also folgt aus Theorem 8.11 die Identität

$$\exp(x) \cdot \exp(y) = \Big(\sum_{j=0}^\infty \frac{x^j}{j!}\Big)\Big(\sum_{k=0}^\infty \frac{y^k}{k!}\Big) = \sum_{n=0}^\infty \Big(\sum_{k=0}^n \frac{x^k}{k!} \frac{y^{n-k}}{(n-k)!}\Big) \ . \tag{8.9}$$

Aus der binomischen Formel erhalten wir

$$\sum_{k=0}^n \frac{x^k}{k!} \frac{y^{n-k}}{(n-k)!} = \frac{1}{n!} \sum_{k=0}^n \frac{n!}{k!\,(n-k)!} x^k y^{n-k} = \frac{1}{n!} \sum_{k=0}^n \binom{n}{k} x^k y^{n-k} = \frac{1}{n!}(x+y)^n \ .$$

Somit ergibt (8.9)

$$\exp(x) \cdot \exp(y) = \sum_{n=0}^\infty \frac{(x+y)^n}{n!} = \exp(x+y) \ ,$$

also die Behauptung. ∎

(b) Als eine erste Anwendung der Funktionalgleichung der Exponentialfunktion können wir die Werte der Exponentialfunktion für rationale Argumente bestimmen.[6] Es gilt nämlich

$$\exp(r) = e^r \,, \qquad r \in \mathbb{Q} \,,$$

d.h., für eine rationale Zahl r ist $\exp(r)$ gleich der r-ten Potenz der Eulerschen Zahl e.

Beweis (i) Gemäß Beispiel 7.1(a) gilt $\exp(1) = \sum_{k=0}^{\infty} 1/k! = e$. Also folgt aus der Funktionalgleichung (8.8):

$$\exp(2) = \exp(1 + 1) = \exp(1) \cdot \exp(1) = \big[\exp(1)\big]^2 = e^2 \,.$$

Ein einfaches Induktionsargument liefert nun

$$\exp(k) = e^k \,, \qquad k \in \mathbb{N} \,.$$

(ii) Offensichtlich gilt $\exp(0) = 1$. Für $k \in \mathbb{N}$ impliziert die Funktionalgleichung: $\exp(-k) \cdot \exp(k) = \exp(0)$. Hiermit schließen wir auf

$$\exp(-k) = \big[\exp(k)\big]^{-1} \,, \qquad k \in \mathbb{N} \,.$$

Wegen (i) ergibt sich daher (vgl. Aufgabe I.9.1)

$$\exp(-k) = \frac{1}{\exp(k)} = \frac{1}{e^k} = (e^{-1})^k = e^{-k} \,, \qquad k \in \mathbb{N} \,,$$

d.h., es gilt $\exp(k) = e^k$ für $k \in \mathbb{Z}$.

(iii) Für $q \in \mathbb{N}^{\times}$ schreiben wir (unter Verwendung der Funktionalgleichung)

$$e = \exp(1) = \exp\Big(q \cdot \frac{1}{q}\Big) = \exp\Big(\underbrace{\frac{1}{q} + \cdots + \frac{1}{q}}_{q\text{-mal}}\Big) = \Big[\exp\Big(\frac{1}{q}\Big)\Big]^q$$

und finden $\exp(1/q) = e^{1/q}$. Schließlich seien $p \in \mathbb{N}$ und $q \in \mathbb{N}^{\times}$. Dann gilt, mit Bemerkung I.10.10(b), die Beziehung:

$$\exp\Big(\frac{p}{q}\Big) = \exp\Big(\underbrace{\frac{1}{q} + \cdots + \frac{1}{q}}_{p\text{-mal}}\Big) = \Big[\exp\Big(\frac{1}{q}\Big)\Big]^p = [e^{1/q}]^p = e^{p/q}$$

(vgl. Aufgabe I.10.3). Aus der Funktionalgleichung und $\exp(0) = 1$ folgt auch

$$\exp\Big(-\frac{p}{q}\Big) = \Big[\exp\Big(\frac{p}{q}\Big)\Big]^{-1} \,.$$

Mit dem bereits Bewiesenen und Aufgabe I.10.3 finden wir schließlich

$$\exp\Big(-\frac{p}{q}\Big) = \Big[\exp\Big(\frac{p}{q}\Big)\Big]^{-1} = [e^{p/q}]^{-1} = e^{-p/q} \,.$$

Damit ist alles bewiesen. ∎

---

[6]In Paragraph III.6 werden wir eine Verallgemeinerung dieser Aussage beweisen.

(c) Theorem 8.11 ist für bedingt konvergente Reihen i. allg. falsch.

Beweis Für das Cauchyprodukt der bedingt konvergenten Reihen $\sum x_k$ und $\sum y_k$ mit $x_k := y_k := (-1)^k/\sqrt{k+1}$ für $k \in \mathbb{N}$ gilt

$$z_n := \sum_{k=0}^{n} \frac{(-1)^k (-1)^{n-k}}{\sqrt{k+1}\,\sqrt{n-k+1}} = (-1)^n \sum_{k=0}^{n} \frac{1}{\sqrt{k(n-k)}}\ , \qquad n \in \mathbb{N}^\times\ .$$

Beachten wir die Abschätzung

$$(k+1)(n-k+1) \le (n+1)^2$$

für $0 \le k \le n$, so finden wir

$$|z_n| = \sum_{k=0}^{n} \frac{1}{\sqrt{(k+1)(n-k+1)}} \ge \frac{n+1}{n+1} = 1\ .$$

Also kann nach Satz 7.2 die Reihe $\sum_{k=1}^{\infty} z_n$ nicht konvergieren. ∎

(d) Man betrachte die Doppelreihe $\sum x_{jk}$ mit

$$x_{jk} := \begin{cases} 1\,, & j-k = 1\,, \\ -1\,, & j-k = -1\,, \\ 0 & \text{sonst}\,. \end{cases}$$

Sie ist nicht summierbar und es gelten

$$\sum_{j} \Big(\sum_{k=0}^{\infty} x_{jk} \Big) = -1\,, \qquad \sum_{k} \Big(\sum_{j=0}^{\infty} x_{jk} \Big) = 1\,.$$

Die Reihe $\sum_n x_{\delta(n)}$, wobei $\delta : \mathbb{N} \to \mathbb{N} \times \mathbb{N}$ die „Diagonalabzählung" aus (I.6.3) bezeichnet, ist divergent.[7]

$$\begin{bmatrix} 0 & -1 & & & & & & & \\ 1 & 0 & -1 & & & & & \mathbf{0} & \\ & 1 & 0 & -1 & & & & & \\ & & 1 & 0 & -1 & & & & \\ & & & 1 & 0 & -1 & & & \\ & & & & 1 & 0 & -1 & & \\ & & \mathbf{0} & & & 1 & 0 & -1 & \\ & & & & & & 1 & 0 & \ddots \\ & & & & & & & 1 & \ddots \\ & & & & & & & & \ddots \end{bmatrix}$$

---

[7]In der nachstehenden unendlichen „Matrix" deuten die großen Nullen an, daß alle nicht aufgeführten Einträge 0 sind.

Aufgaben

1 Man untersuche das Konvergenzverhalten folgender Reihen:

(a) $\sum \dfrac{k^4}{3^k}$,   (b) $\sum \dfrac{k}{(\sqrt[3]{k}+1)^k}$,   (c) $\sum \left(1-\tfrac{1}{k}\right)^{k^2}$,

(d) $\sum \dbinom{2k}{k}^{-1}$,   (e) $\sum \dbinom{2k}{k} 2^{-k}$,   (f) $\sum \dbinom{2k}{k} 5^{-k}$.

2 Für welche $a \in \mathbb{R}$ konvergieren die Reihen

$$\sum \frac{a^{2k}}{(1+a^2)^{k-1}} \quad \text{und} \quad \sum \frac{1-a^{2k}}{1+a^{2k}} \ ?$$

3 Es sei $\sum x_k$ eine bedingt konvergente Reihe in $\mathbb{R}$. Man zeige, daß die Reihen[8] $\sum x_k^+$ und $\sum x_k^-$ divergieren.

4 Man beweise den **Umordnungssatz von Riemann**: Ist $\sum x_k$ eine bedingt konvergente Reihe in $\mathbb{R}$, so gibt es zu jeder Zahl $s \in \mathbb{R}$ eine Permutation σ von $\mathbb{N}$ mit $\sum_k x_{\sigma(k)} = s$. Ferner gibt es eine Permutation τ von $\mathbb{N}$, so daß $\sum_k x_{\tau(k)}$ divergiert. (Hinweis: Man verwende Aufgabe 3 und approximiere $s \in \mathbb{R}$ von oben und von unten durch geeignete Kombinationen von Partialsummen der Reihen $\sum x_k^+$ und $-\sum x_k^-$.)

5 Für $(j,k) \in \mathbb{N} \times \mathbb{N}$ sei

$$x_{jk} := \begin{cases} (j^2 - k^2)^{-1} , & j \neq k , \\ 0 , & j = k . \end{cases}$$

Man zeige, daß die Doppelreihe $\sum x_{jk}$ nicht summierbar ist. (Hinweis: Man bestimme die Werte der Reihen der Zeilen- und der Spaltensummen (vgl. auch Aufgabe 7.9).)

6 Es sei

$$\ell_1 := \ell_1(\mathbb{K}) := \left(\left\{ (x_k) \in s \ ; \ \sum x_k \text{ ist absolut konvergent} \right\}, \ \|\cdot\|_1 \right)$$

mit

$$\|(x_k)\|_1 := \sum_{k=0}^{\infty} |x_k| \ .$$

Man beweise:

(a) ℓ_1 ist ein Banachraum.

(b) ℓ_1 ist ein echter Untervektorraum von ℓ_∞ mit $\|\cdot\|_\infty \le \|\cdot\|_1$.

(c) Die von ℓ_∞ auf ℓ_1 induzierte Norm ist zu der ℓ_1-Norm nicht äquivalent. (Hinweis: Man betrachte die Folge (ξ_j) mit $\xi_j := (x_{j,k})_{k \in \mathbb{N}}$, wobei $x_{j,k} = 1$ für $k \le j$, und $x_{j,k} = 0$ für $k > j$ gilt.)

7 Es seien $\sum x_n$, $\sum y_n$ und $\sum z_n$ Reihen in $(0,\infty)$ mit $\sum y_n < \infty$ und $\sum z_n = \infty$. Man beweise:

---

[8] Wir setzen $x^+ := \max\{x,0\}$ und $x^- := \max\{-x,0\}$ für $x \in \mathbb{R}$.

(a) Gibt es ein N mit

$$\frac{x_{n+1}}{x_n} \leq \frac{y_{n+1}}{y_n} \, , \qquad n \geq N \, ,$$

so konvergiert $\sum x_n$.

(b) Gibt es ein N mit

$$\frac{x_{n+1}}{x_n} \geq \frac{z_{n+1}}{z_n} \, , \qquad n \geq N \, ,$$

so divergiert $\sum x_n$.

8 Man untersuche das Konvergenzverhalten der Reihen

$$\sum \frac{(-1)^{n+1}}{3n + (-1)^n n} \, , \quad \sum \frac{(-1)^{n+1}}{3n + 6(-1)^n} \, .$$

9 Es seien $a, b > 0$ mit $a - b = 1$. Man verifiziere, daß das Cauchyprodukt der Reihen[9]

$$a + \sum_{n \geq 1} a^n \quad \text{und} \quad -b + \sum_{n \geq 1} b^n$$

absolut konvergiert. Insbesondere konvergieren die Cauchyprodukte von

$$2 + 2 + 2^2 + 2^3 + \cdots \quad \text{und} \quad -1 + 1 + 1 + \cdots$$

absolut.

10 Man beweise folgende Abbildungseigenschaften der Exponentialfunktion:

(a) $\exp(x) > 0$, $x \in \mathbb{R}$.

(b) $\exp : \mathbb{R} \to \mathbb{R}$ ist strikt wachsend.

(c) Zu jedem $\varepsilon > 0$ gibt es $x < 0$ und $y > 0$ mit

$$\exp(x) < \varepsilon \quad \text{und} \quad \exp(y) > 1/\varepsilon \, .$$

(Hinweis: Man beachte die Beispiele 8.12(a) und (b).)

---

[9]Man beachte, daß die Reihe $a + \sum a^n$ divergiert.

9 Potenzreihen

Wir untersuchen als nächstes die Frage, unter welchen Bedingungen formalen Potenzreihen wohldefinierte Funktionen zugeordnet werden können. Wie wir bereits in Bemerkung I.8.14(e) festgehalten haben, bedarf die Lösung dieser Aufgabe im allgemeinen Fall, d.h. für Potenzreihen, die *keine* Polynome sind, präziser Konvergenzuntersuchungen.

Es sei

$$a := \sum a_k X^k := \sum_k a_k X^k \tag{9.1}$$

eine (formale) Potenzreihe in einer Unbestimmten mit Koeffizienten in $\mathbb{K}$. Dann ist $\sum a_k x^k$ für jedes $x \in \mathbb{K}$ eine Reihe in $\mathbb{K}$. Wir setzen

$$\operatorname{dom}(\underline{a}) := \left\{ x \in \mathbb{K} \ ; \ \sum a_k x^k \text{ konvergiert in } \mathbb{K} \right\}$$

und bezeichnen für $x \in \operatorname{dom}(\underline{a})$ mit $\underline{a}(x)$ den **Wert der** (formalen) **Potenzreihe** (9.1) **im Punkt** x, d.h.

$$\underline{a}(x) := \sum_{k=0}^{\infty} a_k x^k \ , \qquad x \in \operatorname{dom}(\underline{a}) \ . \tag{9.2}$$

Dann ist $\underline{a} : \operatorname{dom}(\underline{a}) \to \mathbb{K}$ eine wohldefinierte Abbildung, **die durch die** (formale) **Potenzreihe** (9.1) **dargestellte Funktion**.

Man beachte, daß für jedes $a \in \mathbb{K}[\![X]\!]$ stets 0 zu $\operatorname{dom}(\underline{a})$ gehört. Die folgenden Beispiele belegen, daß jeder der Fälle

$$\operatorname{dom}(\underline{a}) = \mathbb{K} \ , \quad \{0\} \subsetneq \operatorname{dom}(\underline{a}) \subsetneq \mathbb{K} \ , \quad \operatorname{dom}(\underline{a}) = \{0\}$$

auftreten kann.

9.1 Beispiele (a) Es sei $a \in \mathbb{K}[X] \subset \mathbb{K}[\![X]\!]$, d.h., es gelte $a_k = 0$ für fast alle $k \in \mathbb{N}$. Dann gilt $\operatorname{dom}(\underline{a}) = \mathbb{K}$, und $\underline{a}$ stimmt mit der in Paragraph I.8 eingeführten polynomialen Funktion überein.

(b) Die Exponentialreihe $\sum x^k / k!$ konvergiert für jedes $x \in \mathbb{C}$ absolut. Für die Potenzreihe

$$a := \sum \frac{1}{k!} X^k \in \mathbb{C}[\![X]\!]$$

gelten somit $\operatorname{dom}(\underline{a}) = \mathbb{C}$ und $\underline{a} = \exp$.

(c) Nach Beispiel 7.4 konvergiert die geometrische Reihe $\sum_k x^k$ für jedes $x \in \mathbb{B}_\mathbb{K}$ absolut gegen den Wert $1/(1-x)$, und sie divergiert, falls x nicht zu $\mathbb{B}_\mathbb{K}$ gehört. Also gelten für die durch die geometrische Reihe

$$a := \sum X^k \in \mathbb{K}[\![X]\!]$$

dargestellte Funktion $\underline{a}$ die Beziehungen: $\operatorname{dom}(\underline{a}) = \mathbb{B}_\mathbb{K}$ und $\underline{a}(x) = 1/(1-x)$ für $x \in \operatorname{dom}(\underline{a})$.

(d) Die Reihe $\sum_k k!\, x^k$ divergiert für jedes $x \in \mathbb{K}^\times$. Folglich besteht der Definitionsbereich der durch die Potenzreihe $a := \sum k!\, X^k$ dargestellten Funktion $\underline{a}$ aus der einpunktigen Menge $\{0\}$, und $\underline{a}(0) = 1$.

Beweis Für $x \in \mathbb{K}^\times$ und $k \in \mathbb{N}$ sei $x_k := k!\, x^k$. Dann gilt

$$\frac{|x_{k+1}|}{|x_k|} = (k+1)\,|x| \to \infty \quad (k \to \infty)\ .$$

Also divergiert die Reihe $\sum x_k = \sum k!\, x^k$ nach dem Quotientenkriterium. ∎

Der Konvergenzradius

Die spezielle Bauart von Potenzreihen erlaubt es, die Konvergenzkriterien des letzten Paragraphen besonders gewinnbringend einzusetzen.

9.2 Theorem *Zu jeder Potenzreihe $a = \sum a_k X^k$ mit Koeffizienten in $\mathbb{K}$ gibt es genau ein $\rho := \rho_a \in [0, \infty]$ mit folgenden Eigenschaften:*

(i) *Die Reihe $\sum a_k x^k$ konvergiert absolut für $x \in \mathbb{K}$ mit $|x| < \rho$ und divergiert für $|x| > \rho$.*

(ii) *Es gilt die* **Hadamardsche Formel:**

$$\rho_a = \frac{1}{\varlimsup\limits_{k \to \infty} \sqrt[k]{|a_k|}}\ . \tag{9.3}$$

Die Zahl[1] $\rho_a \in [0, \infty]$ heißt **Konvergenzradius** *von a, und*

$$\rho_a \mathbb{B}_\mathbb{K} = \{\, x \in \mathbb{K}\ ;\ |x| < \rho_a \,\}$$

ist der **Konvergenzkreis** *von a.*

Beweis Wir definieren ρ_a durch (9.3). Dann gehört ρ_a zu $[0, \infty]$, und

$$\varlimsup_{k \to \infty} \sqrt[k]{|a_k x^k|} = |x|\, \varlimsup_{k \to \infty} \sqrt[k]{|a_k|} = |x|/\rho_a\ .$$

Nun folgen alle Behauptungen aus dem Wurzelkriterium. ∎

9.3 Korollar *Für $a = \sum a_k X^k \in \mathbb{K}[\![X]\!]$ gilt $\rho_a \mathbb{B}_\mathbb{K} \subset \mathrm{dom}(\underline{a}) \subset \rho_a \bar{\mathbb{B}}_\mathbb{K}$. Insbesondere stellt die Potenzreihe a in ihrem Konvergenzkreis die Funktion $\underline{a}$ dar.[2]*

Neben dem Wurzelkriterium steht uns auch das Quotientenkriterium zur Verfügung, um die Konvergenz von Potenzreihen sicherzustellen. Dies führt zu folgendem

---

[1] Selbstverständlich verwenden wir in Formel (9.3) die in Paragraph I.10 festgelegten Rechenregeln für die erweiterte Zahlengerade $\bar{\mathbb{R}}$.

[2] Wir werden in Bemerkung 9.6 sehen, daß $\rho_a \mathbb{B}_\mathbb{K}$ i. allg. eine echte Teilmenge von $\mathrm{dom}(\underline{a})$ ist.

9.4 Satz *Es sei* $a = \sum a_k X^k$ *eine Potenzreihe, und es existiere* $\lim |a_k/a_{k+1}|$ *in* $\bar{\mathbb{R}}$. *Dann kann der Konvergenzradius von* a *durch die Formel*

$$\rho_a = \lim_{k \to \infty} \left| \frac{a_k}{a_{k+1}} \right|$$

berechnet werden.

Beweis Da $\alpha := \lim |a_k/a_{k+1}|$ in $\bar{\mathbb{R}}$ existiert, gilt

$$\left| \frac{a_{k+1} x^{k+1}}{a_k x^k} \right| = \left| \frac{a_{k+1}}{a_k} \right| |x| \to \frac{|x|}{\alpha} \quad (k \to \infty) . \tag{9.4}$$

Es seien nun $x, y \in \mathbb{K}$ mit $|x| < \alpha$ und $|y| > \alpha$. Dann implizieren (9.4) und das Quotientenkriterium, daß die Reihe $\sum a_k x^k$ absolut konvergiert, die Reihe $\sum a_k y^k$ aber divergiert. Gemäß Theorem 9.2 gilt somit $\alpha = \rho_a$. ∎

9.5 Beispiele (a) Der Konvergenzradius der Exponentialreihe $\sum (1/k!) X^k$ ist ∞.

Beweis Wegen

$$\left| \frac{a_k}{a_{k+1}} \right| = \left| \frac{1/k!}{1/(k+1)!} \right| = k+1 \to \infty \quad (k \to \infty)$$

impliziert Satz 9.4 die Behauptung. ∎

(b) Es sei $m \in \mathbb{Q}$. Dann hat[3] $\sum k^m X^k \in \mathbb{K}[\![X]\!]$ den Konvergenzradius 1.

Beweis Aus den Sätzen 2.4 und 2.6 folgt leicht:

$$\left| \frac{a_k}{a_{k+1}} \right| = \left(\frac{k}{k+1} \right)^m \to 1 \quad (k \to \infty) .$$

Somit erhalten wir die Behauptung aus Satz 9.4. ∎

(c) Es sei $a \in \mathbb{K}[\![X]\!]$ durch

$$a = \sum \frac{1}{k!} X^{k^2} = 1 + X + \frac{1}{2!} X^4 + \frac{1}{3!} X^9 + \cdots$$

definiert. Dann gilt $\rho_a = 1$.

Beweis[4] Die Koeffizienten a_k von a erfüllen:

$$a_k = \begin{cases} 1/j! , & k = j^2 , \ j \in \mathbb{N} , \\ 0 & \text{sonst} . \end{cases}$$

Aus $1 \leq j! \leq j^j$, Bemerkung I.10.10(c) und Aufgabe I.10.3 folgt die Abschätzung

$$1 \leq \sqrt[j^2]{j!} \leq \sqrt[j^2]{j^j} = (j^j)^{1/j^2} = j^{1/j} = \sqrt[j]{j} .$$

Wegen $\lim_j \sqrt[j]{j} = 1$ (vgl. Beispiel 4.2(d)) finden wir also $\rho_a = \overline{\lim}_k \sqrt[k]{|a_k|} = 1$. ∎

----

[3]Hier (und in analogen Fällen) *vereinbaren* wir, daß der nullte Koeffizient a_0 der Potenzreihe a den Wert 0 hat, falls der angegebene Ausdruck a_0 (in $\mathbb{K}$) nicht definiert ist.

[4]Man beachte, daß Satz 9.4 hier nicht angewendet werden kann. Warum?

9.6 Bemerkung Über das Konvergenzverhalten einer Potenzreihe auf dem „Rand" $\{\, x \in \mathbb{K} \; ; \; |x| = \rho \,\}$ des Konvergenzkreises kann keine allgemeine Aussage gemacht werden. Wir belegen dies wie folgt: Setzen wir in Beispiel 9.5(b) der Reihe nach $m = 0, -1, -2$, so erhalten wir die Potenzreihen

$$(\text{i}) \quad \sum X^k\,, \qquad (\text{ii}) \quad \sum \frac{1}{k} X^k\,, \qquad (\text{iii}) \quad \sum \frac{1}{k^2} X^k\,,$$

welche alle den Konvergenzradius $\rho = 1$ besitzen. Auf dem Rand des Konvergenzkreises gilt hingegen:

(i) Die geometrische Reihe $\sum x^k$ divergiert gemäß Beispiel 7.4 für jedes $x \in \mathbb{K}$ mit $|x| = 1$. Damit ist in diesem Fall $\operatorname{dom}(\underline{a}) = \mathbb{B}_{\mathbb{K}}$.

(ii) Nach dem Leibnizkriterium von Theorem 7.8 konvergiert die Reihe $\sum (-1)^k/k$ bedingt in $\mathbb{R}$. In Beispiel 7.3 haben wir andererseits gesehen, daß die harmonische Reihe $\sum 1/k$ divergiert. Also gelten: $-1 \in \operatorname{dom}(\underline{a})$ und $1 \notin \operatorname{dom}(\underline{a})$.

(iii) Es sei $x \in \mathbb{K}$ mit $|x| = 1$. Dann sichern das Majorantenkriterium von Theorem 8.3 und Beispiel 7.1(b) die absolute Konvergenz von $\sum k^{-2} x^k$. Folglich ist $\operatorname{dom}(a) = \bar{\mathbb{B}}_{\mathbb{K}}$. ∎

Rechenregeln

Aus Paragraph I.8 wissen wir, daß $\mathbb{K}[\![X]\!]$ ein Ring ist, wobei die Summe durch die „gliedweise Addition" und die Multiplikation durch das Faltungsprodukt definiert sind. Der nachfolgende Satz zeigt, daß diese Operationen mit der punktweisen Addition und Multiplikation der durch sie dargestellten Funktionen verträglich sind.

9.7 Satz (Rechenregeln für konvergente Potenzreihen) *Es seien* $a = \sum a_k X^k$ *und* $b = \sum b_k X^k$ *Potenzreihen mit den Konvergenzradien* ρ_a *und* ρ_b. *Dann gelten für* $x \in \mathbb{K}$ *mit* $|x| < \rho := \min(\rho_a, \rho_b)$ *folgende Formeln:*

$$\sum_{k=0}^{\infty} a_k x^k + \sum_{k=0}^{\infty} b_k x^k = \sum_{k=0}^{\infty} (a_k + b_k) x^k\,,$$

$$\Big[\sum_{k=0}^{\infty} a_k x^k\Big]\Big[\sum_{k=0}^{\infty} b_k x^k\Big] = \sum_{k=0}^{\infty} \Big(\sum_{j=0}^{k} a_j b_{k-j}\Big) x^k\,.$$

Außerdem ist für den Konvergenzradius ρ_{a+b} *bzw.* $\rho_{a\cdot b}$ *der Potenzreihe* $a+b$ *bzw.* $a \cdot b$ *die Abschätzung* $\rho_{a+b} \geq \rho$ *bzw.* $\rho_{a\cdot b} \geq \rho$ *richtig.*

Beweis Aufgrund von Theorem 9.2 folgen alle Aussagen unmittelbar aus Satz 7.5 und Theorem 8.11. ∎

Der Identitätssatz für Potenzreihen

Es sei $p \in \mathbb{K}[X]$. Der Identitätssatz für Polynome (Bemerkung I.8.19(c)) besagt, daß p das Nullpolynom ist, falls p an mindestens $\mathrm{Grad}(p) + 1$ Stellen verschwindet. Das folgende Theorem dehnt dieses Resultat auf die Klasse der Potenzreihen aus.

9.8 Theorem (Verschwindungssatz für Potenzreihen) *Es sei $\sum a_k X^k$ eine Potenzreihe mit positivem Konvergenzradius ρ_a, und es gebe eine Nullfolge (y_j) mit $0 < |y_j| < \rho_a$ und*

$$\underline{a}(y_j) = \sum_{k=0}^{\infty} a_k y_j^k = 0 \,, \qquad j \in \mathbb{N} \,. \tag{9.5}$$

Dann gilt $a_k = 0$ für alle $k \in \mathbb{N}$, d.h., $a = 0 \in \mathbb{K}[\![X]\!]$.

Beweis (i) Für beliebiges $n \in \mathbb{N}$ beweisen wir zuerst eine Abschätzung für die durch den „Reihenrest" $\sum_{k \geq n} a_k X^k$ von a dargestellte Funktion. Dazu wählen wir $r \in (0, \rho_a)$ und $x \in r\bar{\mathbb{B}}_{\mathbb{K}}$. Die absolute Konvergenz von a auf $\rho_a \bar{\mathbb{B}}_{\mathbb{K}}$ liefert dann

$$\left| \sum_{k=n}^{\infty} a_k x^k \right| \leq \sum_{k=n}^{\infty} |a_k| \, |x|^k = |x|^n \sum_{k=n}^{\infty} |a_k| \, |x|^{k-n} \leq |x|^n \sum_{j=0}^{\infty} |a_{j+n}| \, r^j \,.$$

Somit gibt es zu jedem $r \in (0, \rho_a)$ und $n \in \mathbb{N}$ ein

$$C := C(r, n) := \sum_{j=0}^{\infty} |a_{j+n}| \, r^j \in [0, \infty)$$

mit

$$\left| \sum_{k=n}^{\infty} a_k x^k \right| \leq C \, |x|^n \,, \qquad x \in \bar{\mathbb{B}}_{\mathbb{K}}(0, r) \,. \tag{9.6}$$

(ii) Da (y_j) eine Nullfolge ist, gibt es ein $r \in (0, \rho_a)$, so daß alle y_j in $r\bar{\mathbb{B}}_{\mathbb{K}}$ liegen. Nehmen wir an, es gäbe ein $n \in \mathbb{N}$ mit $a_n \neq 0$. Nach dem Wohlordnungsprinzip gibt es dann ein kleinstes $n_0 \in \mathbb{N}$ mit $a_{n_0} \neq 0$. Aus (9.6) folgt deshalb die Abschätzung

$$|\underline{a}(x) - a_{n_0} x^{n_0}| \leq C \, |x|^{n_0+1} \,, \qquad x \in \bar{\mathbb{B}}_{\mathbb{K}}(0, r) \,.$$

Nun erhalten wir aus (9.5), daß $|a_{n_0}| \leq C \, |y_j|$ für $j \in \mathbb{N}$ gilt, und wir finden wegen $y_j \to 0$ und Korollar I.10.7 den Widerspruch: $a_{n_0} = 0$. ∎

9.9 Korollar (Identitätssatz für Potenzreihen) *Es seien*

$$a = \sum a_k X^k \quad \text{und} \quad b = \sum b_k X^k$$

Potenzreihen mit positiven Konvergenzradien ρ_a und ρ_b, und es gebe eine Null-folge (y_j) mit $0 < |y_j| < \min(\rho_a, \rho_b)$ und $\underline{a}(y_j) = \underline{b}(y_j)$ für $j \in \mathbb{N}$. Dann gilt $a = b$ in $\mathbb{K}[\![X]\!]$, d.h., $a_k = b_k$ für alle $k \in \mathbb{N}$.

Beweis Dies folgt unmittelbar aus Satz 9.7 und Theorem 9.8. ∎

9.10 Bemerkungen (a) Hat die Potenzreihe $a = \sum a_k X^k$ einen positiven Konvergenzradius, so sind nach dem Identitätssatz die Koeffizienten a_k von a durch die im Konvergenzkreis dargestellte Funktion $\underline{a}$ eindeutig bestimmt. Mit anderen Worten: Wird eine Funktion $f : \mathrm{dom}(f) \subset \mathbb{K} \to \mathbb{K}$ in einem Kreis um den Nullpunkt überhaupt durch eine Potenzreihe dargestellt, so ist letztere eindeutig bestimmt.

(b) Die durch $a = \sum a_k X^k$ in $\rho_a \mathbb{B}_{\mathbb{K}}$ dargestellte Funktion $\underline{a}$ ist auf jedem abgeschlossenen Ball $r\bar{\mathbb{B}}_{\mathbb{K}}$ mit $r \in (0, \rho_a)$ beschränkt. Genauer gilt

$$\sup_{|x| \le r} |\underline{a}(x)| \le \sum_{k=0}^{\infty} |a_k| \, r^k \ .$$

Beweis Dies ergibt sich aus der Abschätzung (9.6) mit $n = 0$. ∎

(c) Wir werden in Paragraph III.6 Potenzreihen kennenlernen, die unendlich viele, sich nicht häufende Nullstellen besitzen und trotzdem nicht identisch verschwinden. Somit kann auf die Voraussetzung der Konvergenz der Nullstellen in Theorem 9.8 nicht verzichtet werden.

(d) Es sei $a = \sum a_k X^k$ eine *reelle* Potenzreihe, d.h. ein Element von $\mathbb{R}[\![X]\!]$. Wegen $\mathbb{R}[\![X]\!] \subset \mathbb{C}[\![X]\!]$ kann a auch als *komplexe* Potenzreihe aufgefaßt werden. Bezeichnen wir die von $a \in \mathbb{C}[\![X]\!]$ dargestellte Funktion mit $a_{\mathbb{C}}$, so gilt offensichtlich $a_{\mathbb{C}} \supset \underline{a}$, d.h., $a_{\mathbb{C}}$ ist eine Erweiterung von $\underline{a}$. Gemäß Theorem 9.2 ist der Konvergenzradius ρ_a unabhängig davon, ob a als reelle oder komplexe Potenzreihe aufgefaßt wird. Also gilt:

$$(-\rho_a, \rho_a) = \mathrm{dom}(\underline{a}) \cap \rho_a \mathbb{B}_{\mathbb{C}} \subset \rho_a \mathbb{B}_{\mathbb{C}} \subset \mathrm{dom}(a_{\mathbb{C}}) \ .$$

Somit können wir uns gänzlich auf die Betrachtung von komplexen Potenzreihen beschränken. Dann folgt: *Besitzt eine Konvergenzreihe reelle Koeffizienten, so nimmt die durch sie dargestellte Funktion an reellen Stellen reelle Werte an.* ∎

Aufgaben

1 Es sei a_k für $k \in \mathbb{N}^{\times}$ gegeben durch

(a) $\dfrac{\sqrt{k2^k}}{(k+1)^6}$, (b) $(-1)^k \dfrac{k!}{k^k}$, (c) $\dfrac{1}{\sqrt{1+k^2}}$, (d) $\dfrac{1}{\sqrt{k!}}$, (e) $\dfrac{1}{k^k}$, (f) $\left(1 + \dfrac{1}{k^2}\right)^k$.

Man bestimme jeweils den Konvergenzradius der Potenzreihe $\sum a_k X^k$.

2 Man verifiziere, daß die Potenzreihe $a = \sum (1+k) X^k$ den Konvergenzradius 1 besitzt und daß für die durch a dargestellte Funktion gilt: $\underline{a}(z) = (1-z)^{-2}$ für $|z| < 1$.

3 Die Potenzreihe $\sum a_k X^k$ besitze den Konvergenzradius $\rho > 0$. Man zeige, daß die Reihe $\sum (k+1)a_{k+1}X^k$ ebenfalls den Konvergenzradius ρ besitzt.

4 Es sei $\sum a_k$ eine divergente Reihe in $(0, \infty)$, und $\sum a_k X^k$ besitze den Konvergenzradius 1. Ferner sei

$$f_n := \sum_{k=0}^{\infty} a_k \left(1 - \frac{1}{n}\right)^k , \qquad n \in \mathbb{N}^\times .$$

Man beweise, daß die Folge (f_n) gegen ∞ konvergiert. (Hinweis: Man benutze die Bernoullische Ungleichung, um Terme der Form $1 - (1 - 1/n)^m$ nach oben abzuschätzen.)

5 Für die Folge (a_k) in $\mathbb{K}$ gelte die Beziehung

$$0 < \underline{\lim} |a_k| \leq \overline{\lim} |a_k| < \infty .$$

Man bestimme den Konvergenzradius von $\sum a_k X^k$.

6 Man zeige, daß der Konvergenzradius ρ einer Potenzreihe $\sum a_k X^k$ mit $a_k \neq 0$ für $k \in \mathbb{N}$ stets folgende Ungleichung erfüllt:

$$\underline{\lim} \left| \frac{a_k}{a_{k+1}} \right| \leq \rho \leq \overline{\lim} \left| \frac{a_k}{a_{k+1}} \right| .$$

7 Eine Teilmenge D eines Vektorraumes heißt **symmetrisch** bezügl. 0, wenn aus $x \in D$ stets $-x \in D$ folgt. Ist D symmetrisch, und ist $f : D \to E$ eine Abbildung in einen Vektorraum E, so heißt f **gerade** [bzw. **ungerade**], wenn $f(x) = f(-x)$ [bzw. $f(x) = -f(-x)$] für alle $x \in D$ gilt. Man charakterisiere die geraden und die ungeraden $\mathbb{K}$-wertigen Funktionen, die sich in geeigneten Kreisen um $0 \in \mathbb{K}$ durch eine Potenzreihe darstellen lassen, durch Bedingungen an die Koeffizienten dieser Potenzreihe.

8 Es seien a und b Potenzreihen mit Konvergenzradien ρ_a und ρ_b. Man belege anhand von Beispielen, daß $\rho_{a+b} > \max(\rho_a, \rho_b)$ und $\rho_{ab} > \max(\rho_a, \rho_b)$ gelten können.

9 Es sei $a = \sum a_k X^k \in \mathbb{C}[\![X]\!]$ mit $a_0 = 1$.

(a) Man zeige, daß es ein $b = \sum b_k X^k \in \mathbb{C}[\![X]\!]$ gibt mit $ab = 1 \in \mathbb{C}[\![X]\!]$. Man gebe einen Algorithmus zur sukzessiven Berechnung der Koeffizienten b_k an.

(b) Es ist zu verifizieren, daß der Konvergenzradius ρ_b von b positiv ist, falls derjenige von a nicht Null ist.

10 Es sei $b = \sum b_k X^k \in \mathbb{C}[\![X]\!]$ mit $(1 - X - X^2)b = 1 \in \mathbb{C}[\![X]\!]$.

(a) Man verifiziere, daß die Koeffizienten b_k die Rekursionsvorschrift

$$b_0 = 1 , \quad b_1 = 1 , \quad b_{k+1} = b_k + b_{k-1} , \qquad k \in \mathbb{N}^\times ,$$

erfüllen, d.h., (b_k) ist die Folge der Fibonacci-Zahlen (vgl. Aufgabe 4.9).

(b) Wie groß ist der Konvergenzradius von b?

Kapitel III

Stetige Funktionen

In diesem Kapitel behandeln wir die topologischen Grundlagen der Analysis und geben erste Anwendungen. Wir beschränken uns auf die Topologie der metrischen Räume, auf die wir im vorigen Kapitel in natürlicher Weise gestoßen sind. Einerseits bilden die metrischen Räume einen umfassenden Rahmen für die meisten Untersuchungen analytischer Natur. Andererseits ist ihre Theorie einfach und anschaulich genug, um auch Anfänger vor keine größeren Verständnisprobleme zu stellen.

Da bei tieferem Eindringen in die Mathematik der Begriff des metrischen Raumes nicht immer ausreichend ist, haben wir uns bemüht, alle Beweise, bei denen dies ohne erheblichen Mehraufwand möglich ist, so zu führen, daß sie auch in allgemeinen topologischen Räumen gültig sind. Am Ende der jeweiligen Paragraphen, welche topologischen Fragestellungen gewidmet sind, zeigen wir auf, inwieweit die für metrische Räume formulierten Sätze allgemeine Gültigkeit besitzen. Durch das Studium dieser Ergänzungen, die beim ersten Durcharbeiten dieses Buches ausgelassen werden können, erwirbt der Leser Kenntnisse der mengentheoretischen Topologie, die in der Regel für die weitere Beschäftigung mit der Mathematik ausreichen, bzw. gegebenenfalls leicht ergänzt werden können.

Im ersten Paragraphen behandeln wir die Grundbegriffe der Stetigkeit von Abbildungen zwischen topologischen Räumen. Insbesondere stellen wir mit dem Folgenkriterium die Beziehung zum vorangehenden Kapitel her, so daß wir die dort gewonnenen Kenntnisse über konvergente Folgen zur Untersuchung von Funktionen verwenden können.

Paragraph 2 ist dem zentralen topologischen Begriff der Offenheit und den damit zusammenhängenden Konzeptionen gewidmet. Als eines der Hauptresultate beweisen wir die Charakterisierung stetiger Abbildungen durch die Aussage, daß Urbilder offener Mengen offen sind.

Der nächste Paragraph handelt von kompakten metrischen Räumen. Insbesondere charakterisieren wir die Kompaktheit durch die Folgenkompaktheit. Die große Bedeutung der Kompaktheit kommt bereits hier in den Anwendungen, die wir geben, zum Vorschein. Als Konsequenz des Satzes vom Minimum und Maximum stetiger reellwertiger Funktionen auf kompakten Mengen zeigen wir, daß auf $\mathbb{K}^n$ alle Normen äquivalent sind und geben einen Beweis des Fundamentalsatzes der Algebra.

In Paragraph 4 untersuchen wir zusammenhängende und wegzusammenhängende Räume. Insbesondere zeigen wir, daß diese beiden Begriffe im Fall offener Teilmengen normierter Vektorräume übereinstimmen. Als (zu diesem Zeitpunkt) wichtigste Anwendung des Zusammenhangsbegriffes beweisen wir den allgemeinen Zwischenwertsatz.

Nach diesem Exkurs in die mengentheoretische Topologie, mit dem wir die Grundlage für viele analytische Untersuchungen in den folgenden Kapiteln legen, wenden wir uns in den beiden verbleibenden Paragraphen dieses Kapitels der Untersuchung von Funktionen zu. Im kurzen fünften Paragraphen diskutieren wir das Abbildungsverhalten monotoner Funktionen einer reellen Variablen und beweisen insbesondere den wichtigen Umkehrsatz für stetige monotone Funktionen.

Während wir in den ersten fünf Paragraphen relativ abstrakte Untersuchungen durchführen und nur wenige konkrete Beispiele behandeln, wenden wir uns im letzten, vergleichsweise langen Paragraphen dem Studium konkreter Funktionen zu. Ausführlich behandeln wir die Exponentialfunktion und ihre Verwandten: den Logarithmus, die allgemeine Potenz und die trigonometrischen Funktionen. Neben einer Fülle wichtiger Einzelresultate werden in diesem Paragraphen praktisch alle zuvor bereitgestellten Hilfsmittel eingesetzt, um eine genaue Beschreibung des Abbildungsverhaltens der komplexen Exponentialfunktion zu gewinnen, was u.a. auch den Reiz dieses Paragraphen ausmacht.

1 Stetigkeit

Die Erfahrung zeigt, daß es im allgemeinen äußerst schwierig ist, das Bild $f(X)$ einer Abbildung $f \colon X \to Y$ explizit zu beschreiben. Deshalb ist es sinnvoll, qualitative Eigenschaften von Abbildungen zu studieren. Diesem Grundgedanken folgend, ist es naheliegend zu untersuchen, ob „Änderungen" im Bild $f(X) \subset Y$ durch entsprechende „Änderungen" im Definitionsbereich X kontrolliert werden können. Dabei ist klar, daß die Mengen X und Y zu diesem Zweck mit einer zusätzlichen Struktur versehen werden müssen, welche eine Präzisierung des Begriffes „Änderung" zulassen. Hierzu eignet sich die Abstandsmessung in metrischen Räumen ausgezeichnet.

Elementare Eigenschaften und Beispiele

Es sei $f \colon X \to Y$ eine Abbildung zwischen den metrischen Räumen[1] (X, d_X) und (Y, d_Y). Dann heißt f **stetig in** $x_0 \in X$, wenn es zu *jeder* Umgebung V von $f(x_0)$ in Y eine Umgebung U von x_0 in X gibt mit $f(U) \subset V$.

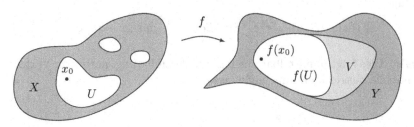

Um die Stetigkeit von f in x_0 zu verifizieren, wird also zuerst eine *beliebige* Umgebung V des Bildpunktes $f(x_0)$ vorgegeben. Danach muß eine Umgebung U von x_0 gefunden werden, so daß $f(U) \subset V$, d.h. $f(x) \in V$ für alle $x \in U$, gilt.

Die Abbildung $f \colon X \to Y$ heißt **stetig**, falls sie in jedem Punkt von X stetig ist. Wir sagen, f sei **unstetig in** x_0, wenn f in x_0 nicht stetig ist. Schließlich ist f **unstetig**, wenn es in mindestens einem Punkt unstetig ist, d.h., wenn f nicht stetig ist. Die Menge aller stetigen Abbildungen von X nach Y bezeichnen wir mit

$$C(X, Y) \, .$$

Offensichtlich ist $C(X, Y)$ eine Teilmenge von Y^X.

Die eben gegebene Definition der Stetigkeit basiert auf dem Umgebungsbegriff und ist deshalb sehr einfach und anschaulich. In konkreten Situationen hingegen ist die folgende äquivalente Formulierung sehr nützlich.

---

[1]Sind keine Mißverständnisse zu befürchten, so schreiben wir oft nur kurz d für die Metrik d_X in X bzw. die Metrik d_Y in Y.

1.1 Satz *Die Funktion $f : X \to Y$ ist genau dann in $x_0 \in X$ stetig, wenn es zu jedem $\varepsilon > 0$ ein*[2] *$\delta := \delta(x_0, \varepsilon) > 0$ gibt mit:*

$$d\big(f(x_0), f(x)\big) < \varepsilon \quad \text{für alle } x \in X \text{ mit } d(x_0, x) < \delta \,. \tag{1.1}$$

Beweis „$\Rightarrow$" Es seien f stetig in x_0 und $\varepsilon > 0$. Zu $V := \mathbb{B}_Y\big(f(x_0), \varepsilon\big) \in \mathfrak{U}_Y\big(f(x_0)\big)$ gibt es ein $U \in \mathfrak{U}_X(x_0)$ mit $f(U) \subset V$. Gemäß der Definition einer Umgebung gibt es ein $\delta := \delta(x_0, \varepsilon) > 0$ mit $\mathbb{B}_X(x_0, \delta) \subset U$. Somit finden wir

$$f\big(\mathbb{B}_X(x_0, \delta)\big) \subset f(U) \subset V = \mathbb{B}_Y\big(f(x_0), \varepsilon\big) \,.$$

Ausgeschrieben ergeben diese Inklusionen gerade die Aussage (1.1).

„$\Leftarrow$" Es gelte (1.1), und es sei $V \in \mathfrak{U}_Y\big(f(x_0)\big)$. Dann gibt es ein $\varepsilon > 0$ mit $\mathbb{B}_Y\big(f(x_0), \varepsilon\big) \subset V$. Wegen (1.1) finden wir ein $\delta > 0$, so daß $U := \mathbb{B}_X(x_0, \delta)$ unter f in $\mathbb{B}_Y\big(f(x_0), \varepsilon\big)$, also auch in V, abgebildet wird. Folglich ist f stetig in x_0. $\blacksquare$

1.2 Korollar *Es seien E und F normierte Vektorräume und $X \subset E$. Dann ist $f : X \to F$ genau dann stetig in $x_0 \in X$, wenn es zu jedem $\varepsilon > 0$ ein $\delta := \delta(x_0, \varepsilon) > 0$ gibt mit:*

$$\|f(x) - f(x_0)\|_F < \varepsilon \quad \text{für alle } x \in X \text{ mit } \|x - x_0\|_E < \delta \,.$$

Beweis Dies folgt unmittelbar aus unserer Vereinbarung, normierte Vektorräume als spezielle metrische Räume aufzufassen. $\blacksquare$

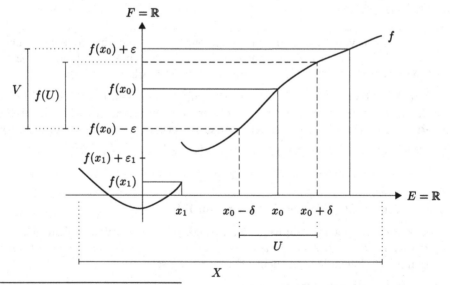

---

[2]Mit der folgenden Bezeichnung deuten wir an, daß die positive Zahl δ i. allg. von $x_0 \in X$ und von $\varepsilon > 0$ abhängt.

Es gelte $E := F := \mathbb{R}$, und die Funktion $f : X \to \mathbb{R}$ sei schematisch, wie in der vorstehenden Skizze, durch ihren Graphen dargestellt.[3] Dann ist f in x_0 stetig, denn zu jedem $\varepsilon > 0$ kann durch das angedeutete graphische Verfahren ein $\delta > 0$ bestimmt werden, so daß das Intervall $U := (x_0 - \delta, x_0 + \delta)$ unter f in das Intervall $V := \bigl(f(x_0) - \varepsilon, f(x_0) + \varepsilon\bigr)$ abgebildet wird.

Hingegen kann es kein $\delta > 0$ geben, so daß für $x \in (x_1, x_1 + \delta)$ die Beziehung $|f(x) - f(x_1)| < \varepsilon_1$ gilt, d.h., f ist unstetig in x_1.

1.3 Beispiele In den folgenden Beispielen bezeichnen X und Y stets metrische Räume.

(a) Die Wurzelfunktion $\mathbb{R}^+ \to \mathbb{R}^+$, $x \mapsto \sqrt{x}$ ist stetig.

Beweis Es seien $x_0 \in \mathbb{R}^+$ und $\varepsilon > 0$. Ist $x_0 = 0$, so setzen wir $\delta := \varepsilon^2 > 0$ und finden

$$\left|\sqrt{x} - \sqrt{x_0}\right| = \sqrt{x} < \varepsilon\,, \qquad x \in [0, \delta)\,.$$

Gilt hingegen $x_0 > 0$, so wählen wir $\delta := \delta(x_0, \varepsilon) := \min\{\varepsilon\sqrt{x_0}, x_0\}$ und erhalten

$$\left|\sqrt{x} - \sqrt{x_0}\right| = \left|\frac{x - x_0}{\sqrt{x} + \sqrt{x_0}}\right| < \frac{|x - x_0|}{\sqrt{x_0}} \leq \varepsilon$$

für $x \in (x_0 - \delta, x_0 + \delta)$. ∎

(b) Die Gaußklammer $[\cdot] : \mathbb{R} \to \mathbb{R}$, $x \mapsto [x]$ ist stetig in $x_0 \in \mathbb{R}\backslash\mathbb{Z}$ und unstetig in $x_0 \in \mathbb{Z}$.

Beweis Es gelte $x_0 \in \mathbb{R}\backslash\mathbb{Z}$. Dann gibt es genau ein $k \in \mathbb{Z}$ mit $x_0 \in (k, k+1)$. Wählen wir $\delta := \min\{x_0 - k, k + 1 - x_0\} > 0$, so gilt offensichtlich

$$\bigl|[x] - [x_0]\bigr| = 0\,, \qquad x \in (x_0 - \delta, x_0 + \delta)\,.$$

Also ist die Gaußklammer $[\cdot]$ stetig in x_0.

Andererseits gilt für $x_0 \in \mathbb{Z}$ die Abschätzung $\bigl|[x] - [x_0]\bigr| = [x_0] - [x] \geq 1$ für $x < x_0$. Somit kann es keine Umgebung U von x_0 geben mit $\bigl|[x] - [x_0]\bigr| < 1/2$ für $x \in U$. Also ist $[\cdot]$ unstetig in x_0. ∎

(c) Die **Dirichletfunktion** $f : \mathbb{R} \to \mathbb{R}$, definiert durch

$$f(x) := \begin{cases} 1\,, & x \in \mathbb{Q}\,, \\ 0\,, & x \in \mathbb{R}\backslash\mathbb{Q}\,, \end{cases}$$

ist nirgends stetig, d.h. in jedem Punkt unstetig.

Beweis Es sei $x_0 \in \mathbb{R}$. Da sowohl die rationalen Zahlen $\mathbb{Q}$ als auch die irrationalen Zahlen $\mathbb{R}\backslash\mathbb{Q}$ in $\mathbb{R}$ dicht liegen (vgl. die Sätze I.10.8 und I.10.11), gibt es in jeder Umgebung von x_0 ein x mit $|f(x) - f(x_0)| = 1$. Also ist f in x_0 unstetig. ∎

---

[3]Um die Darstellung zu vereinfachen, bezeichnen wir hier und in ähnlichen Situationen graph(f) einfach mit f, etc.

(d) Es sei $f: X \to \mathbb{R}$ stetig in $x_0 \in X$, und es gelte $f(x_0) > 0$. Dann gibt es eine Umgebung U von x_0 mit $f(x) > 0$ für $x \in U$.

Beweis Wir setzen $\varepsilon := f(x_0)/2 > 0$. Dann gibt es eine Umgebung U von x_0 mit

$$f(x_0) - f(x) \leq |f(x) - f(x_0)| < \varepsilon = \frac{f(x_0)}{2} , \qquad x \in U .$$

Somit finden wir die Abschätzung $f(x) > f(x_0)/2 > 0$ für $x \in U$. ∎

(e) Eine Abbildung $f: X \to Y$ heißt **Lipschitz-stetig**, wenn es ein $\alpha > 0$ gibt mit

$$d\big(f(x), f(y)\big) \leq \alpha d(x, y) , \qquad x, y \in X .$$

In diesem Fall ist α eine **Lipschitz-Konstante** von f. Jede Lipschitz-stetige Funktion ist stetig.[4]

Beweis Sind $x_0 \in X$ und $\varepsilon > 0$ gegeben, so wählen wir $\delta := \varepsilon/\alpha$. Nun folgt die Stetigkeit von f aus Satz 1.1. Man beachte, daß δ in diesem Fall von $x_0 \in X$ unabhängig ist. ∎

(f) Jede konstante Abbildung $X \to Y$, $x \mapsto y_0$ ist Lipschitz-stetig.

(g) Die Identität $\mathrm{id}: X \to X$, $x \mapsto x$ ist Lipschitz-stetig.

(h) Es seien $E_1, \ldots, E_m$ normierte Vektorräume. Dann ist $E := E_1 \times \cdots \times E_m$ bezüglich der Produktnorm $\|\cdot\|_\infty$ von Beispiel II.3.3(c) ein normierter Vektorraum. Jede der **kanonischen Projektionen**

$$\mathrm{pr}_k: E \to E_k , \quad x = (x_1, \ldots, x_m) \mapsto x_k , \qquad 1 \leq k \leq m ,$$

ist Lipschitz-stetig. Insbesondere sind die Projektionen $\mathrm{pr}_k: \mathbb{K}^m \to \mathbb{K}$ Lipschitz-stetig.

Beweis Für $x = (x_1, \ldots, x_m)$ und $y = (y_1, \ldots, y_m)$ gilt

$$\| \mathrm{pr}_k(x) - \mathrm{pr}_k(y) \|_{E_k} = \|x_k - y_k\|_{E_k} \leq \|x - y\|_\infty ,$$

was die Lipschitz-Stetigkeit von pr_k zeigt. Zum letzten Teil der Behauptung beachte man Satz II.3.12. ∎

(i) Jede der Abbildungen $z \mapsto \mathrm{Re}(z)$, $z \mapsto \mathrm{Im}(z)$ und $z \mapsto \bar{z}$ ist Lipschitz-stetig auf $\mathbb{C}$.

Beweis Dies folgt aus der Abschätzung

$$\max\{| \mathrm{Re}(z_1) - \mathrm{Re}(z_2)|, |\mathrm{Im}(z_1) - \mathrm{Im}(z_2)|\} \leq |z_1 - z_2| = |\bar{z}_1 - \bar{z}_2| , \qquad z_1, z_2 \in \mathbb{C} ,$$

die gemäß Satz I.11.4 gilt. ∎

(j) Es sei E ein normierter Vektorraum. Dann ist die Norm(funktion)

$$\|\cdot\|: E \to \mathbb{R} , \quad x \mapsto \|x\|$$

Lipschitz-stetig.

---

[4]Vgl. Aufgabe 18.

Beweis Die umgekehrte Dreiecksungleichung

$$\big|\, \|x\| - \|y\| \,\big| \leq \|x - y\| \,, \qquad x, y \in E \,,$$

beweist die Behauptung. ∎

(k) Es sei $A \subset X$, und $f \colon X \to Y$ sei stetig in $x_0 \in A$. Dann ist $f\,|\,A \colon A \to Y$ stetig in x_0. Dabei ist A mit der von X induzierten Metrik versehen.

Beweis Dies folgt unmittelbar aus der Stetigkeit und der induzierten Metrik. ∎

(l) Es sei $M \subset X$ eine nichtleere Teilmenge von X. Für jedes $x \in X$ heißt

$$d(x, M) := \inf_{m \in M} d(x, m)$$

Abstand von x zu M. Die **Abstandsfunktion**

$$d(\cdot, M) \colon X \to \mathbb{R} \,, \qquad x \mapsto d(x, M)$$

ist Lipschitz-stetig.

Beweis Es seien $x, y \in X$. Dann gilt die Ungleichung $d(x, m) \leq d(x, y) + d(y, m)$ für jedes $m \in M$. Wegen $d(x, M) \leq d(x, m)$ für $m \in M$ folgt deshalb

$$d(x, M) \leq d(x, y) + d(y, m) \,, \qquad m \in M \,,$$

und wir finden nach Infimumsbildung über M die Ungleichung

$$d(x, M) \leq d(x, y) + d(y, M) \,.$$

Vertauschen wir schließlich die Rollen von x und y, so ergibt sich

$$|d(x, M) - d(y, M)| \leq d(x, y) \,,$$

was die Lipschitz-Stetigkeit von $d(\cdot, M)$ beweist. ∎

(m) In jedem Innenproduktraum $(E, (\cdot\,|\,\cdot))$ ist das Skalarprodukt $(\cdot\,|\,\cdot) \colon E \times E \to \mathbb{K}$ stetig.

Beweis Es seien $(x, y), (x_0, y_0) \in E \times E$ und $\varepsilon \in (0, 1)$. Aus der Dreiecks- und der Cauchy-Schwarzschen Ungleichung erhalten wir

$$
\begin{aligned}
\big|(x\,|\,y) - (x_0\,|\,y_0)\big| &\leq \big|(x - x_0\,|\,y)\big| + \big|(x_0\,|\,y - y_0)\big| \\
&\leq \|x - x_0\|\,\|y\| + \|x_0\|\,\|y - y_0\| \\
&\leq d\big((x, y), (x_0, y_0)\big)\,\big(\|y\| + \|x_0\|\big) \\
&\leq d\big((x, y), (x_0, y_0)\big)\,\big(\|x_0\| + \|y_0\| + \|y - y_0\|\big) \,,
\end{aligned}
$$

wobei d die Produktmetrik von $E \times E$ bezeichnet. Wir setzen $M := 1 \vee \|x_0\| \vee \|y_0\|$ und $\delta := \varepsilon/(1 + 2M)$. Dann folgt für $(x, y) \in \mathbb{B}_{E \times E}\big((x_0, y_0), \delta\big)$ aus der obigen Abschätzung die Ungleichung

$$\big|(x\,|\,y) - (x_0\,|\,y_0)\big| < \delta(2M + \delta) < \varepsilon \,,$$

was die Stetigkeit des Skalarproduktes im Punkt (x_0, y_0) beweist. ∎

(n) Es seien E und F normierte Vektorräume und $X \subset E$. Dann ist die Stetigkeit von $f: X \to F$ in $x_0 \in X$ unabhängig von der Wahl äquivalenter Normen auf E und auf F.

Beweis Dies folgt leicht aus Korollar 1.2. ■

(o) Eine Abbildung f zwischen zwei metrischen Räumen X und Y heißt **isometrisch** (oder **Isometrie**), wenn $d\big(f(x), f(x')\big) = d(x, x')$ für $x, x' \in X$ gilt, wenn f also „die Abstände erhält". Offensichtlich ist jede Isometrie Lipschitz-stetig und bijektiv von X auf ihr Bild $f(X)$. Sind E und F normierte Vektorräume und ist $T: E \to F$ linear, so ist T genau dann eine Isometrie, wenn gilt

$$\|Tx\| = \|x\| , \qquad x \in E .$$

Ist T außerdem surjektiv, so ist T ein **isometrischer Isomorphismus** von E auf F. Offensichtlich ist in diesem Fall $T^{-1}: F \to E$ ebenfalls isometrisch. ■

Folgenstetigkeit

Der Umgebungsbegriff ist offensichtlich zentral für unsere Definition der Stetigkeit. Er erlaubt es, Änderungen der Argumente einer Funktion und ihrer Bildpunkte zu quantifizieren. Dieselbe Idee haben wir bereits bei der Konvergenz von Folgen benutzt. Es ist deshalb naheliegend, die Stetigkeit einer Funktion mit Hilfe von Folgen zu beschreiben: Eine Funktion $f: X \to Y$ zwischen metrischen Räumen X und Y heißt **folgenstetig** in $x \in X$, wenn für *jede* Folge (x_k) in X mit $\lim x_k = x$ gilt: $\lim f(x_k) = f(x)$.

1.4 Theorem (Folgenkriterium) *Es seien X, Y metrische Räume. Dann ist die Funktion $f: X \to Y$ genau dann in x stetig, wenn sie in x folgenstetig ist.*

Beweis „$\Rightarrow$" Es sei (x_k) eine Folge in X mit $x_k \to x$. Ferner sei V eine Umgebung von $f(x)$ in Y. Nach Voraussetzung gibt es eine Umgebung U von x in X mit $f(U) \subset V$. Wegen $x_k \to x$ finden wir ein $N \in \mathbb{N}$ mit $x_k \in U$ für $k \geq N$. Somit gilt $f(x_k) \in V$ für $k \geq N$, d.h., $f(x_k)$ konvergiert gegen $f(x)$.

„$\Leftarrow$" Wir führen einen Widerspruchsbeweis. Es sei also f folgenstetig, aber unstetig in x. Dann gibt es eine Umgebung V von $f(x)$ mit der Eigenschaft, daß $f(U)$ für keine Umgebung U von x in V enthalten ist. Insbesondere gilt deshalb

$$f\big(\mathbb{B}(x, 1/k)\big) \cap V^c \neq \emptyset , \qquad k \in \mathbb{N}^\times .$$

Somit gibt es zu jedem $k \in \mathbb{N}^\times$ ein $x_k \in X$ mit $d(x, x_k) < 1/k$ und $f(x_k) \notin V$. Also konvergiert die Folge (x_k) gegen x; die Bildfolge $\big(f(x_k)\big)$ konvergiert aber nicht gegen $f(x)$. Dies widerspricht der Folgenstetigkeit von f. ■

Es sei $f\colon X \to Y$ eine stetige Abbildung zwischen metrischen Räumen. Dann gilt für jede konvergente Folge (x_k) in X die Gleichung

$$\lim f(x_k) = f(\lim x_k) \ .$$

Für diese Tatsache sagt man auch, daß „stetige Funktionen mit Grenzwertbildungen verträglich sind".

Rechenregeln

Theorem 1.4 ermöglicht es, unsere Kenntnisse über konvergente Folgen, die wir im letzten Kapitel gewonnen haben, auf stetige Abbildungen zu übertragen. Um die entsprechenden Resultate geeignet formulieren zu können, ist es zweckmäßig, einige Definitionen einzuführen.

Es seien M eine beliebige Menge und F ein Vektorraum. Ferner seien f und g zwei Abbildungen mit $\mathrm{dom}(f), \mathrm{dom}(g) \subset M$ und Werten in F. Durch

$$f + g\colon \mathrm{dom}(f+g) := \mathrm{dom}(f) \cap \mathrm{dom}(g) \to F \ , \quad x \mapsto f(x) + g(x)$$

wird eine neue Abbildung, die **Summe** von f und g, definiert. In analoger Weise definieren wir für $\lambda \in \mathbb{K}$ das λ-**fache** von f durch

$$\lambda f\colon \mathrm{dom}(f) \to F \ , \quad x \mapsto \lambda f(x) \ .$$

Schließlich setzen wir im Spezialfall $F = \mathbb{K}$:

$$\mathrm{dom}(f \cdot g) := \mathrm{dom}(f) \cap \mathrm{dom}(g) \ ,$$
$$\mathrm{dom}(f/g) := \mathrm{dom}(f) \cap \left\{ \, x \in \mathrm{dom}(g) \ ; \ g(x) \neq 0 \, \right\} \ .$$

Dann heißt[5]

$$f \cdot g\colon \mathrm{dom}(f \cdot g) \to \mathbb{K} \ , \quad x \mapsto f(x) \cdot g(x)$$

bzw.

$$f/g\colon \mathrm{dom}(f/g) \to \mathbb{K} \ , \quad x \mapsto f(x)/g(x)$$

Produkt bzw. **Quotient** von f und g.

1.5 Satz *Es seien X ein metrischer Raum, F ein normierter Vektorraum, und*

$$f\colon \mathrm{dom}(f) \subset X \to F \ , \quad g\colon \mathrm{dom}(g) \subset X \to F$$

seien stetig in $x_0 \in \mathrm{dom}(f) \cap \mathrm{dom}(g)$. Dann gelten folgende Aussagen:

(i) *$f + g$ und λf sind stetig in x_0.*

(ii) *Gilt $F = \mathbb{K}$, so ist $f \cdot g$ stetig in x_0.*

(iii) *Gelten $F = \mathbb{K}$ und $g(x_0) \neq 0$, so ist f/g stetig in x_0.*

---

[5]Die Abbildungen $f + g$ und λf, bzw. $f \cdot g$ und f/g, sind natürlich aufgrund der linearen Struktur von F bzw. der Körperstruktur von $\mathbb{K}$ wohldefiniert. Ferner stimmen die Definitionen von $f + g$ und λf mit denen von Beispiel I.12.3(e) überein, falls f und g auf ganz M definiert sind.

Beweis Alle Aussagen ergeben sich aus dem Folgenkriterium von Theorem 1.4, Satz II.2.2 und Bemerkung II.3.1(c), sowie den Sätzen II.2.4(ii) und II.2.6, wobei Beispiel 1.3(d) zu beachten ist. ∎

1.6 Korollar
   (i) *Rationale Funktionen sind stetig.*
   (ii) *Polynome in n Variablen sind stetig (auf $\mathbb{K}^n$).*
   (iii) *$C(X, F)$ ist ein Untervektorraum von F^X, der* **Vektorraum der stetigen Ab-bildungen**[6] *von X nach F.*

Beweis (i) und (iii) sind unmittelbare Folgerungen aus Satz 1.5. Für (ii) ist neben Satz 1.5 auch Beispiel 1.3(h) zu benutzen. ∎

1.7 Satz *Es sei $a = \sum a_k X^k$ eine Potenzreihe mit positivem Konvergenzradius ρ_a. Dann ist die durch a dargestellte Funktion auf $\rho_a \mathbb{B}$ stetig.*

Beweis Es seien $x_0 \in \rho_a \mathbb{B}_{\mathbb{C}}$ und $\varepsilon > 0$. Ferner sei $|x_0| < r < \rho_a$. Da gemäß Theorem II.9.2 die Reihe $\sum |a_k| r^k$ konvergiert, gibt es ein $K \in \mathbb{N}$ mit

$$\sum_{k=K+1}^{\infty} |a_k| r^k < \varepsilon/4 \ . \tag{1.2}$$

Also gilt für $|x| \leq r$ die Abschätzung

$$|\underline{a}(x) - \underline{a}(x_0)| \leq \left| \sum_{k=0}^{K} a_k x^k - \sum_{k=0}^{K} a_k x_0^k \right| + \sum_{k=K+1}^{\infty} |a_k| \, |x|^k + \sum_{k=K+1}^{\infty} |a_k| \, |x_0|^k$$

$$\leq |p(x) - p(x_0)| + 2 \sum_{k=K+1}^{\infty} |a_k| r^k \ , \tag{1.3}$$

wobei wir

$$p := \sum_{k=0}^{K} a_k X^k \in \mathbb{C}[X]$$

gesetzt haben. Wegen Korollar 1.6 finden wir ein $\delta \in (0, r - |x_0|)$ mit

$$|p(x) - p(x_0)| < \varepsilon/2 \ , \qquad |x - x_0| < \delta \ .$$

Zusammen mit (1.2) folgt somit $|\underline{a}(x) - \underline{a}(x_0)| < \varepsilon$ für $|x - x_0| < \delta$ aus (1.3), was wegen $\mathbb{B}(x_0, \delta) \subset \rho_a \mathbb{B}_{\mathbb{C}}$ die Behauptung beweist. ∎

Das folgende wichtige Theorem kann oft verwendet werden, um auf einfache Weise die Stetigkeit von Funktionen zu beweisen. Dies wird durch die nachfolgenden Beispiele illustriert.

---

[6] Statt $C(X, \mathbb{K})$ schreiben wir oft $C(X)$, falls keine Mißverständnisse zu befürchten sind.

1.8 Theorem (Stetigkeit von Kompositionen) *Es seien X, Y und Z metrische Räume. Ferner sei $f: X \to Y$ stetig in $x \in X$, und $g: Y \to Z$ sei stetig in $f(x) \in Y$. Dann ist die Komposition $g \circ f: X \to Z$ stetig in x.*

Beweis Es sei W eine Umgebung von $g \circ f(x) = g(f(x))$ in Z. Wegen der Stetigkeit von g im Punkt $f(x)$ gibt es eine Umgebung V von $f(x)$ in Y mit $g(V) \subset W$. Da f in x stetig ist, finden wir eine Umgebung U von x in X mit $f(U) \subset V$. Insgesamt gilt

$$g \circ f(U) = g(f(U)) \subset g(V) \subset W ,$$

woraus die Behauptung folgt. ∎

1.9 Beispiele Es bezeichnen X einen metrischen Raum und E einen normierten Vektorraum.

(a) Es sei $f: X \to E$ stetig in x_0. Dann ist die **Norm von f**,

$$\|f\|: X \to \mathbb{R} , \quad x \mapsto \|f(x)\| ,$$

stetig in x_0.

Beweis Nach Beispiel 1.3(j) ist $\|\cdot\|: E \to \mathbb{R}$ Lipschitz-stetig. Wegen $\|f\| = \|\cdot\| \circ f$ folgt die Behauptung aus Theorem 1.8. ∎

(b) Es sei $g: \mathbb{R} \to X$ stetig. Dann ist die Abbildung $\widehat{g}: E \to X$, $x \mapsto g(\|x\|)$ stetig.

Beweis Man beachte, daß $\widehat{g} = g \circ \|\cdot\|$ gilt. ∎

(c) Die Umkehrung von Theorem 1.8 ist falsch, d.h., aus der Stetigkeit von $g \circ f$ folgt i. allg. *nicht*, daß f oder g stetig ist.

Beweis Wir setzen $Z := [-3/2, -1/2] \cup (1/2, 3/2]$ und definieren $f: Z \to \mathbb{R}$ durch

$$f(x) := \begin{cases} x + 1/2 , & x \in [-3/2, -1/2] , \\ x - 1/2 , & x \in (1/2, 3/2] . \end{cases}$$

Ferner betrachten wir $I := [-1, 1]$ und $g: I \to \mathbb{R}$ mit

$$g(y) := \begin{cases} y - 1/2 , & y \in [-1, 0] , \\ y + 1/2 , & y \in (0, 1] . \end{cases}$$

Es ist nicht schwierig zu überprüfen, daß $f: Z \to \mathbb{R}$ stetig und $g: I \to \mathbb{R}$ in 0 unstetig sind. Trotzdem sind die Kompositionen $f \circ g = \mathrm{id}_I$ und $g \circ f = \mathrm{id}_Z$ stetig. Wir überlassen es dem Leser, ein einfaches Beispiel anzugeben, in dem auch f unstetig ist. ∎

(d) Die Funktion $f: \mathbb{R} \to \mathbb{R}$, $x \mapsto 1/\sqrt{1 + x^2}$ ist stetig.

Beweis Wegen $1/\sqrt{1 + x^2} = \sqrt{1/(1 + x^2)}$ für $x \in \mathbb{R}$ folgt die Behauptung aus Korollar 1.6.(i), Satz 1.5.(iii), Theorem 1.8 und Beispiel 1.3(a). ∎

(e) Die Exponentialfunktion $\exp: \mathbb{C} \to \mathbb{C}$ ist stetig.

Beweis Dies folgt aus Satz 1.7 und Beispiel II.9.5(a). ∎

1.10 Satz *Es seien X ein metrischer Raum und $m \in \mathbb{N}^\times$. Dann ist die Abbildung $f = (f_1, \ldots, f_m) \colon X \to \mathbb{K}^m$ genau dann in x stetig, wenn jede Komponentenabbildung $f_k \colon X \to \mathbb{K}$ in x stetig ist. Insbesondere ist $f \colon X \to \mathbb{C}$ in x stetig, wenn $\operatorname{Re} f$ und $\operatorname{Im} f$ in x stetig sind.*

Beweis Es sei (x_n) eine Folge in X mit $x_n \to x$. Gemäß Satz II.3.14 gilt dann

$$f(x_n) \to f(x) \iff f_k(x_n) \xrightarrow[n \to \infty]{} f_k(x) \ , \ k = 1, \ldots, m \ .$$

Nun folgt die Behauptung aus dem Folgenkriterium. ∎

Einseitige Stetigkeit

Es seien X eine Teilmenge von $\mathbb{R}$ und $x_0 \in X$. Die Ordnungsstruktur von $\mathbb{R}$ erlaubt es, *einseitige* Umgebungen von x_0 zu betrachten. Genauer nennen wir für $\delta > 0$ die Menge $X \cap (x_0 - \delta, x_0]$ [bzw. $X \cap [x_0, x_0 + \delta)$] **linksseitige** [bzw. **rechtsseitige**] δ-**Umgebung** von x_0. Es sei nun Y ein metrischer Raum. Dann heißt $f \colon X \to Y$ **einseitig stetig**, genauer **linksseitig** [bzw. **rechtsseitig**] **stetig** in x_0, wenn es zu jeder Umgebung V von $f(x_0)$ in Y ein $\delta > 0$ gibt mit $f\big(X \cap (x_0 - \delta, x_0]\big) \subset V$ [bzw. $f\big(X \cap [x_0, x_0 + \delta)\big) \subset V$].

Wie in Satz 1.1 genügt es, ε-Umgebungen von $f(x_0)$ in Y zu betrachten, d.h., $f \colon X \to Y$ ist genau dann linksseitig [bzw. rechtsseitig] stetig in x_0, wenn es zu jedem $\varepsilon > 0$ ein $\delta > 0$ gibt mit $d\big(f(x_0), f(x)\big) < \varepsilon$ für alle x in der linksseitigen [bzw. rechtsseitigen] δ-Umgebung von x.

Es ist klar, daß stetige Abbildungen einseitig stetig sind. Hingegen ist zu beachten, daß zur Überprüfung der einseitigen Stetigkeit einer gegebenen Funktion f nur das Bild einer — im Vergleich zur Stetigkeit — kleineren Menge kontrolliert werden muß. Es ist deshalb nicht zu erwarten, daß einseitig stetige Abbildungen stetig sind.

1.11 Beispiele **(a)** Die Gaußklammer $\mathbb{R} \to \mathbb{R}$, $x \mapsto [x]$ ist stetig in $x \in \mathbb{R} \setminus \mathbb{Z}$ und rechtsseitig, aber nicht linksseitig stetig in $x \in \mathbb{Z}$.

(b) Die Abbildung

$$\operatorname{sign} \colon \mathbb{R} \to \mathbb{R} \ , \quad x \mapsto \begin{cases} -1 \ , & x < 0 \ , \\ 0 \ , & x = 0 \ , \\ 1 \ , & x > 0 \ , \end{cases}$$

ist in 0 weder linksseitig noch rechtsseitig stetig. ∎

Im nächsten Satz verallgemeinern wir das sehr nützliche Folgenkriterium von Theorem 1.4 auf einseitig stetige Abbildungen.

1.12 Satz *Es seien $X \subset \mathbb{R}$, Y ein metrischer Raum und $f : X \to Y$. Dann sind die folgenden Aussagen äquivalent:*

(i) *f ist linksseitig [bzw. rechtsseitig] stetig in $x \in X$.*

(ii) *Für jede Folge (x_n) in X mit $x_n \to x$ und $x_n \leq x$ [bzw. $x_n \geq x$] konvergiert die Folge $\big(f(x_n)\big)$ gegen $f(x)$.*

Beweis Die Argumentation des Beweises von Theorem 1.4 läßt sich ohne weiteres übertragen. ∎

Mit Hilfe der einseitigen Stetigkeit läßt sich die Stetigkeit einer Abbildung charakterisieren. Es gilt nämlich:

1.13 Satz *Es seien $X \subset \mathbb{R}$ und Y ein metrischer Raum. Dann sind die folgenden Aussagen äquivalent:*

(i) *f ist stetig in x_0.*

(ii) *f ist linksseitig und rechtsseitig stetig in x_0.*

Beweis Die Implikation „$\Rightarrow$" ist klar.

„$\Leftarrow$" Es sei $\varepsilon > 0$. Die linksseitige bzw. rechtsseitige Stetigkeit von f in x_0 garantiert die Existenz einer positiven Zahl δ^- bzw. δ^+ mit $d\big(f(x), f(x_0)\big) < \varepsilon$ für $x \in X \cap (x_0 - \delta^-, x_0]$ bzw. $x \in X \cap [x_0, x_0 + \delta^+)$. Setzen wir $\delta := \min\{\delta^-, \delta^+\}$, so gilt $d\big(f(x), f(x_0)\big) < \varepsilon$ für alle $x \in X \cap (x_0 - \delta, x_0 + \delta)$. Also ist f stetig in x_0. ∎

Aufgaben

1 Die Funktion Zack : $\mathbb{R} \to \mathbb{R}$ sei definiert durch

$$\mathrm{Zack}(x) := \big|[x + 1/2] - x\big| , \qquad x \in \mathbb{R} ,$$

wobei $[\cdot]$ die Gaußklammer bezeichnet. Man skizziere den Graphen von Zack. Außerdem zeige man:

(a) $\mathrm{Zack}(x) = |x|$ für $|x| \leq 1/2$.

(b) $\mathrm{Zack}(x + n) = \mathrm{Zack}(x)$, $x \in \mathbb{R}$, $n \in \mathbb{Z}$.

(c) Zack ist stetig.

2 Es sei $q \in \mathbb{Q}$. Man beweise, daß die Funktion $(0, \infty) \to (0, \infty)$, $x \mapsto x^q$ stetig ist.[7] (Hinweis: Man beachte Aufgabe II.2.7.)

3 Es sei $\varphi : \mathbb{R} \to (-1, 1)$, $x \mapsto x/(1 + |x|)$. Man zeige, daß φ bijektiv ist, und daß φ und φ^{-1} stetig sind.

4 Man beweise oder widerlege: Die Funktion

$$f : \mathbb{Q} \to \mathbb{R} , \quad x \mapsto \begin{cases} 0 , & x < \sqrt{2} , \\ 1 , & x > \sqrt{2} , \end{cases}$$

ist stetig.

---

[7] In Paragraph 6 werden wir die Funktion $x \mapsto x^q$ in größerer Allgemeinheit untersuchen.

5 Es seien d_1 und d_2 Metriken auf X und $X_j := (X, d_j)$, $j = 1, 2$. Dann heißt d_1 **stärker** als d_2, wenn für jedes $x \in X$ gilt: $\mathfrak{U}_{X_1}(x) \supset \mathfrak{U}_{X_2}(x)$, d.h., wenn jeder Punkt mehr d_1-Umgebungen als d_2-Umgebungen besitzt. In diesem Fall sagt man auch, d_2 sei **schwächer** als d_1.

Man zeige:

(a) d_1 ist genau dann stärker als d_2, wenn die natürliche Injektion $i: X_1 \to X_2$, $x \mapsto x$ stetig ist.

(b) d_1 und d_2 sind genau dann äquivalent, wenn d_1 zugleich stärker und schwächer als d_2 ist, d.h., falls für jedes $x \in X$ gilt: $\mathfrak{U}_{X_1}(x) = \mathfrak{U}_{X_2}(x)$.

6 Es sei $f: \mathbb{R} \to \mathbb{R}$ ein stetiger Homomorphismus der additiven Gruppe $(\mathbb{R}, +)$. Man zeige[8], daß f linear ist, d.h., daß es ein $a \in \mathbb{R}$ gibt mit $f(x) = ax$, $x \in \mathbb{R}$. (Hinweis: Für $n \in \mathbb{N}$ gilt $f(n) = nf(1)$. Daraus schließe man, daß $f(q) = qf(1)$ für $q \in \mathbb{Q}$ gilt und beachte dann Satz I.10.8.)

7 Die Funktion $f: \mathbb{R} \to \mathbb{R}$ sei durch

$$f(x) := \begin{cases} -1, & x \geq 1, \\ 1/n, & 1/(n+1) \leq x < 1/n, \quad n \in \mathbb{N}^\times, \\ 0, & x \leq 0, \end{cases}$$

definiert. Wo ist f stetig, bzw. linksseitig oder rechtsseitig stetig?

8 Es sei X ein metrischer Raum, und $f, g \in \mathbb{R}^X$ seien stetig in x_0. Man beweise oder widerlege:

$$|f|, \quad f^+ := 0 \vee f, \quad f^- := 0 \vee (-f), \quad f \vee g, \quad f \wedge g \tag{1.4}$$

sind[9] stetig in x_0. (Hinweis: Beispiel 1.3(j) und Aufgabe I.8.11.)

9 Es seien $f: \mathbb{R} \to \mathbb{R}$ und $g: \mathbb{R} \to \mathbb{R}$ wie folgt definiert:

$$f(x) := \begin{cases} 1, & x \text{ rational}, \\ -1, & x \text{ irrational}, \end{cases} \qquad g(x) := \begin{cases} x, & x \text{ rational}, \\ -x, & x \text{ irrational}. \end{cases}$$

Wo sind die Funktionen f, g, $|f|$, $|g|$ und $f \cdot g$ stetig?

10 Es sei $f: \mathbb{R} \to \mathbb{R}$ gegeben durch

$$f(x) := \begin{cases} 1/n, & x \in \mathbb{Q} \text{ mit teilerfremder Darstellung } x = m/n, \\ 0, & x \in \mathbb{R} \backslash \mathbb{Q}. \end{cases}$$

Man zeige, daß f in jedem irrationalen Punkt stetig, aber in jedem rationalen Punkt unstetig ist.[10] (Hinweise: Für jedes $x \in \mathbb{Q}$ gibt es gemäß Satz I.10.11 eine Folge $x_n \in \mathbb{R} \backslash \mathbb{Q}$ mit $x_n \to x$. Also kann f in x nicht stetig sein.

---

[8] Man kann beweisen, daß es unstetige Homomorphismen von $(\mathbb{R}, +)$ gibt (vgl. Band III, Aufgabe IX.5.6).

[9] Vgl. Beispiel I.4.4(c).

[10] Man kann zeigen, daß es *keine* Funktion von $\mathbb{R}$ nach $\mathbb{R}$ gibt, die in jedem rationalen Punkt stetig und in jedem irrationalen Punkt unstetig ist (vgl. Aufgabe V.4.5).

Es seien $x \in \mathbb{R} \backslash \mathbb{Q}$ und $\varepsilon > 0$. Dann gibt es nur endlich viele $n \in \mathbb{N}$ mit $n \leq 1/\varepsilon$. Deshalb gibt es ein $\delta > 0$, so daß kein $q = m/n$ mit $n \leq 1/\varepsilon$ in $(x - \delta, x + \delta)$ liegt. D.h., für $y = m/n \in (x - \delta, x + \delta)$ gilt $f(y) = f(m/n) = 1/n < \varepsilon$.)

11 Man betrachte die Abbildung

$$f : \mathbb{R}^2 \to \mathbb{R} , \quad (x,y) \mapsto \begin{cases} xy/(x^2 + y^2) , & (x,y) \neq (0,0) , \\ 0 , & (x,y) = (0,0) , \end{cases}$$

und setze für ein festes $x_0 \in \mathbb{R}$:

$$f_1 : \mathbb{R} \to \mathbb{R} , \quad x \mapsto f(x, x_0) , \qquad f_2 : \mathbb{R} \to \mathbb{R} , \quad x \mapsto f(x_0, x) .$$

Dann gelten:

(a) f_1 und f_2 sind stetig.

(b) f ist stetig in $\mathbb{R}^2 \backslash \{(0,0)\}$ und unstetig in $(0,0)$. (Hinweis: Für eine Nullfolge (x_n) betrachte man $f(x_n, x_n)$.)

12 Man zeige, daß jede lineare Abbildung von $\mathbb{K}^n$ nach $\mathbb{K}^m$ Lipschitz-stetig ist. (Hinweis: Man beachte Satz II.3.12 und verwende geeignete Normen.)

13 Es seien V und W normierte Vektorräume, und $f : V \to W$ sei ein stetiger Gruppenhomomorphismus von $(V, +)$ nach $(W, +)$. Man beweise, daß f linear ist. (Hinweis: Es seien $\mathbb{K} = \mathbb{R}$, $x \in V$ und $q \in \mathbb{Q}$. Dann gilt $f(qx) = qf(x)$.)

14 Es seien $(E, (\cdot | \cdot))$ ein Innenproduktraum und $x_0 \in E$. Dann sind die Abbildungen

$$E \to \mathbb{K} , \quad x \mapsto (x | x_0) , \qquad E \to \mathbb{K} , \quad x \mapsto (x_0 | x)$$

stetig.

15 Es sei $A \in \mathrm{End}(\mathbb{K}^n)$. Man beweise, daß die Abbildung

$$\mathbb{K}^n \to \mathbb{K} , \quad x \mapsto (Ax | x)$$

stetig ist. (Hinweise: Aufgabe 12 und die Ungleichung von Cauchy-Schwarz.)

16 Es sei $n \in \mathbb{N}^{\times}$. In der Linearen Algebra wird gezeigt, daß für $A = [a_{jk}] \in \mathbb{K}^{n \times n}$ die **Determinante**, $\det A$, von A durch

$$\det A = \sum_{\sigma \in S_n} (\mathrm{sign}\, \sigma) a_{1\sigma(1)} \cdot \cdots \cdot a_{n\sigma(n)}$$

gegeben ist (vgl. Aufgabe I.9.6). Man zeige, daß die Abbildung

$$\mathbb{K}^{n \times n} \to \mathbb{K} , \quad A \mapsto \det A$$

stetig ist (vgl. Aufgabe II.3.14). (Hinweis: Durch die Bijektion

$$\mathbb{K}^{m \times n} \to \mathbb{K}^{mn} , \quad \begin{bmatrix} a_{11}, & \cdots, & a_{1n} \\ \vdots & & \vdots \\ a_{m1}, & \cdots, & a_{mn} \end{bmatrix} \mapsto (a_{11}, \ldots, a_{1n}, a_{21}, \ldots, a_{mn})$$

wird $\mathbb{K}^{m \times n}$ mit der natürlichen Topologie versehen.)

17 Es seien X und Y metrische Räume und $f : X \to Y$. Dann heißt die Funktion

$$\omega_f(x, \cdot) : (0, \infty) \to \mathbb{R} , \quad \varepsilon \mapsto \sup_{y, z \in \mathbb{B}(x, \varepsilon)} d\big(f(y), f(z)\big)$$

Stetigkeitsmodul von f in $x \in X$. Wir setzen

$$\omega_f(x) := \inf_{\varepsilon > 0} \omega_f(x, \varepsilon) .$$

Man zeige, daß f genau dann in x stetig ist, wenn $\omega_f(x) = 0$ gilt.

18 Die Wurzelfunktion $w : \mathbb{R}^+ \to \mathbb{R}, \quad x \mapsto \sqrt{x}$ ist stetig, aber nicht Lipschitz-stetig. Jedoch ist $w \,|\, [a, \infty)$ für jedes $a > 0$ Lipschitz-stetig.

2 Topologische Grundbegriffe

In diesem Paragraphen führen wir das grundlegende Instrumentarium der mengentheoretischen Topologie ein und vertiefen unser Wissen über stetige Abbildungen. Als Hauptresultat erhalten wir in Theorem 2.20 eine weitere Charakterisierung stetiger Funktionen als strukturerhaltende Abbildungen zwischen topologischen Räumen.

Offene Mengen

Im folgenden bezeichnet $X := (X, d)$ stets einen metrischen Raum. Ein Element a einer Teilmenge A von X heißt **innerer Punkt** von A, falls es eine Umgebung U von a in X gibt mit $U \subset A$. Die Menge A heißt **offen**, falls jeder Punkt von A ein innerer Punkt ist.

2.1 Bemerkungen (a) Offensichtlich ist a genau dann innerer Punkt von A, wenn es ein $\varepsilon > 0$ gibt mit $\mathbb{B}(a, \varepsilon) \subset A$.

(b) A ist genau dann offen, wenn A Umgebung jedes seiner Punkte ist.

2.2 Beispiel Der offene Ball $\mathbb{B}(a, r)$ ist offen.

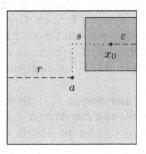

Beweis Für $x_0 \in \mathbb{B}(a, r)$ setzen wir $s := d(x_0, a)$. Dann ist $\varepsilon := r - s$ positiv. Da für $x \in \mathbb{B}(x_0, \varepsilon)$ die Abschätzung

$$d(x, a) \le d(x, x_0) + d(x_0, a) < \varepsilon + s = r$$

gilt, ist $\mathbb{B}(x_0, \varepsilon)$ in $\mathbb{B}(a, r)$ enthalten. Dies zeigt, daß x_0 ein innerer Punkt von $\mathbb{B}(a, r)$ ist. ∎

2.3 Bemerkungen (a) Die Begriffe „innerer Punkt" und „offene Menge" hängen vom umgebenden metrischen Raum X ab. Deshalb präzisieren wir manchmal diese Begriffe, indem wir sagen: „a ist innerer Punkt von A bezügl. X", bzw. „A ist offen in X", falls dies zum besseren Verständnis nötig ist. So ist z.B. $\mathbb{R}$ offen in $\mathbb{R}$, aber $\mathbb{R}$ ist nicht offen in $\mathbb{R}^2$.

(b) Es sei $X = (X, \|\cdot\|)$ ein normierter Vektorraum, und $\|\cdot\|_1$ sei eine zu $\|\cdot\|$ äquivalente Norm auf X. Dann gilt wegen Bemerkung II.3.13(d)

$$A \text{ ist offen in } (X, \|\cdot\|) \iff A \text{ ist offen in } (X, \|\cdot\|_1) \ .$$

Also ist A offen bezügl. jeder äquivalenten Norm auf X.

(c) Aus Beispiel 2.2 folgt, daß jeder Punkt in einem metrischen Raum eine *offene* Umgebung besitzt. ∎

2.4 Satz   *Für das Mengensystem* $\mathfrak{T} := \{ O \subset X \, ; \, O$ *ist offen* $\}$ *gelten folgende Aussagen:*

(i) $\emptyset, X \in \mathfrak{T}$.

(ii) *Aus* $O_\alpha \in \mathfrak{T}$ *für* $\alpha \in \mathsf{A}$ *folgt* $\bigcup_\alpha O_\alpha \in \mathfrak{T}$, *d.h., beliebige Vereinigungen offener Mengen sind offen.*

(iii) *Aus* $O_0, \dots, O_n \in \mathfrak{T}$ *folgt* $\bigcap_{k=0}^n O_k \in \mathfrak{T}$, *d.h., endliche Durchschnitte offener Mengen sind offen.*

Beweis   (i) Selbstverständlich gehört X zu $\mathfrak{T}$. Ferner folgt aus Bemerkung I.2.1(a), daß auch $\emptyset$ offen ist.

(ii) Es seien A eine beliebige Indexmenge, $O_\alpha \in \mathfrak{T}$ für $\alpha \in \mathsf{A}$, und x_0 ein Punkt von $\bigcup_\alpha O_\alpha$. Dann gibt es ein $\alpha_0 \in \mathsf{A}$ mit $x_0 \in O_{\alpha_0}$. Da O_{α_0} offen ist, finden wir eine Umgebung U von x_0 in X mit $U \subset O_{\alpha_0} \subset \bigcup_\alpha O_\alpha$. Somit ist $\bigcup_\alpha O_\alpha$ offen.

(iii) Es seien $O_0, \dots, O_n \in \mathfrak{T}$ und $x_0 \in \bigcap_{k=0}^n O_k$. Dann gibt es positive Zahlen ε_k mit $\mathbb{B}(x_0, \varepsilon_k) \subset O_k$ für $k = 0, \dots, n$. Mit $\varepsilon := \min\{\varepsilon_0, \dots, \varepsilon_n\} > 0$ liegt $\mathbb{B}(x_0, \varepsilon)$ in jedem O_k. Also gilt $\mathbb{B}(x_0, \varepsilon) \subset \bigcap_{k=0}^n O_k$. ∎

Die Eigenschaften (i)–(iii) von Satz 2.4 verwenden nur die Mengenoperationen $\bigcup$ and $\bigcap$. Somit können wir diese Eigenschaften axiomatisch für beliebige Mengensysteme fordern. Genauer sei M eine Menge, und $\mathfrak{T} \subset \mathfrak{P}(M)$ sei ein Mengensystem mit den Eigenschaften (i)–(iii). Dann heißt $\mathfrak{T}$ **Topologie** auf M, und die Elemente von $\mathfrak{T}$ werden als **offene Mengen** bezügl. $\mathfrak{T}$ bezeichnet. Schließlich heißt das Paar $(M, \mathfrak{T})$ **topologischer Raum**.

2.5 Bemerkungen   **(a)** Es sei $\mathfrak{T} \subset \mathfrak{P}(X)$ das Mengensystem von Satz 2.4. Dann ist $\mathfrak{T}$ **die von der Metrik** d **erzeugte Topologie** auf X. Ist X ein normierter Vektorraum und ist die Metrik von der Norm induziert, heißt $\mathfrak{T}$ **Normtopologie**.

(b) Es sei $(X, \|\cdot\|)$ ein normierter Vektorraum, und $\|\cdot\|_1$ sei eine zu $\|\cdot\|$ äquivalente Norm auf X. Ferner bezeichne $\mathfrak{T}_{\|\cdot\|}$ bzw. $\mathfrak{T}_{\|\cdot\|_1}$ die Normtopologie von $(X, \|\cdot\|)$ bzw. $(X, \|\cdot\|_1)$. Wegen Bemerkung 2.3(b) stimmen $\mathfrak{T}_{\|\cdot\|}$ und $\mathfrak{T}_{\|\cdot\|_1}$ überein, d.h., *äquivalente Normen erzeugen dieselbe Topologie auf* X. ∎

Abgeschlossene Mengen

Eine Teilmenge A des metrischen Raumes X heißt **abgeschlossen** in X, wenn A^c offen[1] ist in X.

2.6 Satz

(i) $\emptyset$ und X *sind abgeschlossen.*

---

[1]Man beachte, daß A nicht abgeschlossen zu sein braucht, wenn A nicht offen ist. Es seien nämlich $X := \mathbb{R}$ und $A := [0, 1)$. Dann ist A weder offen noch abgeschlossen in $\mathbb{R}$.

(ii) *Beliebige Durchschnitte abgeschlossener Mengen sind abgeschlossen.*

(iii) *Endliche Vereinigungen abgeschlossener Mengen sind abgeschlossen.*

Beweis Alle Aussagen ergeben sich unmittelbar aus Satz 2.4 und den Regeln von de Morgan aus Satz I.2.7(iii). ∎

2.7 Bemerkungen (a) Unendliche Durchschnitte offener Mengen brauchen nicht offen zu sein.

Beweis In $\mathbb{R}$ gilt z.B. $\bigcap_{n=1}^{\infty} \mathbb{B}(0, 1/n) = \{0\}$. ∎

(b) Unendliche Vereinigungen abgeschlossener Mengen brauchen nicht abgeschlossen zu sein.

Beweis Beispielsweise gilt $\bigcup_{n=1}^{\infty} \left[\mathbb{B}(0, 1/n) \right]^c = \mathbb{R}^\times$ in $\mathbb{R}$. ∎

Es seien $A \subset X$ und $x \in X$. Wir nennen x **Berührungspunkt** von A, falls jede Umgebung von x in X einen nichtleeren Durchschnitt mit A hat. Das Element $x \in X$ heißt **Häufungspunkt**[2] von A, wenn jede Umgebung von x in X einen von x verschiedenen Punkt von A enthält. Schließlich setzen wir

$$\overline{A} := \{ x \in X \ ; \ x \text{ ist Berührungspunkt von } A \} \, .$$

Offensichtlich ist jeder Häufungspunkt von A ein Berührungspunkt von A. Die Umkehrung gilt jedoch nicht: Ein Berührungspunkt von A, der kein Häufungspunkt ist, gehört zu A.

2.8 Satz *Für jede Teilmenge A von X gilt:*

(i) $A \subset \overline{A}$.

(ii) $A = \overline{A} \Longleftrightarrow A$ *ist abgeschlossen.*

Beweis (i) ist klar.

(ii) „⇒" Es sei $x \in A^c = (\overline{A})^c$. Da x kein Berührungspunkt von A ist, gibt es ein $U \in \mathfrak{U}(x)$ mit $U \cap A = \emptyset$. Somit gilt $U \subset A^c$, d.h., x ist innerer Punkt von A^c. Deshalb ist A^c offen, und A also abgeschlossen, in X.

„⇐" Es sei A abgeschlossen in X. Dann ist A^c offen in X. Wählen wir also $x \in A^c$, so finden wir ein $U \in \mathfrak{U}(x)$ mit $U \subset A^c$. Dies bedeutet, daß U und A disjunkt sind, und folglich ist x kein Berührungspunkt von A, d.h., es gilt $x \in (\overline{A})^c$. Somit haben wir die Inklusion $A^c \subset (\overline{A})^c$ bewiesen, welche zu $\overline{A} \subset A$ äquivalent ist. Mit (i) ergibt sich nun die Behauptung. ∎

---

[2]Es ist sorgfältig zu unterscheiden zwischen dem Begriff „Häufungspunkt einer Menge A" und dem Begriff „Häufungspunkt einer Folge (x_n)" von Paragraph II.1. Außerdem muß ein Häufungspunkt von A natürlich nicht in A liegen.

Die Häufungspunkte einer Menge A lassen sich mit Hilfe von Folgen in A beschreiben. Dadurch wird eine Beziehung zwischen Häufungspunkten von Folgen und von Mengen hergestellt.

2.9 Satz *Ein Element x von X ist genau dann ein Häufungspunkt von A, wenn es eine Folge (x_k) in $A \backslash \{x\}$ gibt, die gegen x konvergiert.*

Beweis Es sei x ein Häufungspunkt von A. Dann gibt es zu jedem $k \in \mathbb{N}^{\times}$ ein x_k in $\mathbb{B}(x, 1/k) \cap (A \backslash \{x\})$. Also ist (x_k) eine Folge in $A \backslash \{x\}$ mit $x_k \to x$. Es sei umgekehrt (x_k) eine Folge in $A \backslash \{x\}$ mit $x_k \to x$. Dann gibt es zu jeder Umgebung U von x ein $k \in \mathbb{N}$ mit $x_k \in U$. Also gilt $x_k \in U \cap (A \backslash \{x\})$, d.h., jede Umgebung von x enthält einen von x verschiedenen Punkt von A. ∎

2.10 Korollar *Ein Element x von X ist genau dann ein Berührungspunkt von A, wenn es eine Folge (x_k) in A gibt mit $x_k \to x$.*

Beweis Ist x ein Berührungspunkt, aber kein Häufungspunkt von A, so gibt es eine Umgebung U von x in X mit $U \cap A = \{x\}$. Also gehört x zu A, und die konstante Folge (x_k), mit $x_k = x$ für $k \in \mathbb{N}$, hat die gewünschte Eigenschaft. ∎

Als nächstes charakterisieren wir abgeschlossene Mengen mittels konvergenter Folgen.

2.11 Satz *Es sei $A \subset X$. Dann sind folgende Aussagen äquivalent:*

(i) *A ist abgeschlossen.*

(ii) *A enthält alle Häufungspunkte.*

(iii) *Jede Folge in A, die in X konvergiert, hat ihren Grenzwert in A.*

Beweis „(i)⇒(ii)" Wir bezeichnen mit A' die Menge aller Häufungspunkte von A. Dann gilt $\overline{A} = A \cup A'$. Andererseits folgt aus (i) und Satz 2.8 die Identität $A = \overline{A}$. Also gilt $A' \subset A$.

„(ii)⇒(iii)" Es sei (x_k) eine Folge in A mit $x_k \to x$ in X. Damit ist x gemäß Korollar 2.10 ein Berührungspunkt von A. Dies bedeutet: Entweder gehört x zu A, oder x ist ein Häufungspunkt von A. Nach Voraussetzung gehört damit x zu A.

„(iii)⇒(i)" Diese Implikation ergibt sich aus Satz 2.8 und Korollar 2.10. ∎

Die abgeschlossene Hülle

Der folgende Satz liefert eine wichtige Charakterisierung der Menge aller Berührungspunkte einer Teilmenge eines metrischen Raumes.

2.12 Satz *$\overline{A}$ ist die kleinste abgeschlossene Obermenge von A, d.h., $\overline{A} = \bigcap_{B \in M} B$, mit $M := \{ B \subset X \; ; \; B \supset A \text{ und } B \text{ ist abgeschlossen in } X \}$.*

Beweis Wir setzen[3] $\mathrm{cl}(A) := \bigcap_{B \in M} B$ mit

$$M := \{ B \subset X \; ; \; B \supset A \text{ und } B \text{ ist abgeschlossen in } X \} \, .$$

Gemäß Satz 2.6(ii) ist die Menge $\mathrm{cl}(A)$ abgeschlossen. Ferner ist $\mathrm{cl}(A)$ offensichtlich eine Obermenge von A.

(i) Wir beweisen die Inklusion $\overline{A} \subset \mathrm{cl}(A)$. Im Fall $\mathrm{cl}(A) = X$ ist die Aussage offensichtlich richtig. Es gelte also $\mathrm{cl}(A) \neq X$. Dann gibt es ein $x \in U := \left(\mathrm{cl}(A) \right)^c$. Da $\mathrm{cl}(A)$ abgeschlossen ist, ist U offen, also eine Umgebung von x. Weiter folgt aus $A \subset \mathrm{cl}(A)$, daß A und U disjunkt sind, d.h., x ist kein Berührungspunkt von A. Somit ergibt sich $\left(\mathrm{cl}(A) \right)^c \subset (\overline{A})^c$, also auch $\overline{A} \subset \mathrm{cl}(A)$.

(ii) Wir zeigen, daß auch $\mathrm{cl}(A) \subset \overline{A}$ gilt. Um dies zu beweisen, wählen wir $x \notin \overline{A}$, da wiederum nur der Fall $\overline{A} \neq X$ betrachtet werden muß. Dann gibt es eine offene Umgebung U von x mit $U \cap A = \emptyset$, d.h., U^c ist eine Obermenge von A. Da U^c auch abgeschlossen ist, muß $U^c \supset \mathrm{cl}(A)$ gelten. Dies impliziert $x \in U \subset \left(\mathrm{cl}(A) \right)^c$. Also haben wir $(\overline{A})^c \subset \left(\mathrm{cl}(A) \right)^c$, und somit auch $\mathrm{cl}(A) \subset \overline{A}$, bewiesen. ∎

Die kleinste abgeschlossene Obermenge von A, also die Menge

$$\mathrm{cl}(A) := \mathrm{cl}_X(A) := \bigcap_{B \in M} B$$

mit

$$M := \{ B \subset X \; ; \; B \supset A \text{ und } B \text{ ist abgeschlossen in } X \} \, ,$$

heißt **abgeschlossene Hülle von** A. Mit dieser Bezeichnung ergibt sich folgende prägnante Formulierung von Satz 2.12:

$$\overline{A} = \mathrm{cl}(A) \, .$$

2.13 Korollar *Für $A, B \subset X$ gelten folgende Aussagen:*

(i) $A \subset B \Rightarrow \overline{A} \subset \overline{B}$.

(ii) $\overline{(\overline{A})} = \overline{A}$.

(iii) $\overline{A \cup B} = \overline{A} \cup \overline{B}$.

Beweis Die Aussagen (i) und (ii) ergeben sich unmittelbar aus Satz 2.12.

Um (iii) zu beweisen, halten wir zuerst fest, daß $\overline{A} \cup \overline{B}$ aufgrund der Sätze 2.6(iii) und 2.12 abgeschlossen ist. Ferner ist $\overline{A} \cup \overline{B}$ eine Obermenge von $A \cup B$. Deshalb folgt aus Satz 2.12 die Inklusion $\overline{A \cup B} \subset \overline{A} \cup \overline{B}$. Andererseits ist auch die Menge $\overline{A \cup B}$ abgeschlossen. Da zudem $A \subset \overline{A \cup B}$ und $B \subset \overline{A \cup B}$ gelten, folgen aus (i) und (ii) die Inklusionen $\overline{A} \subset \overline{A \cup B}$ und $\overline{B} \subset \overline{A \cup B}$, welche zusammen $\overline{A} \cup \overline{B} \subset \overline{A \cup B}$ ergeben. ∎

---

[3] „cl" steht für „closure".

Der offene Kern

Nach dem obigen Korollar ist die „Hüllenbildung" $h: \mathfrak{P}(X) \to \mathfrak{P}(X)$, $A \mapsto \overline{A}$ eine wachsende und **idempotente** Abbildung, d.h., es gilt $h^2 = h$. Wir wollen nun eine weitere derartige Selbstabbildung von $\mathfrak{P}(X)$ definieren, die es erlauben wird, offene Mengen zu charakterisieren. Dazu setzen wir

$$\mathring{A} := \{\, a \in A \;;\; a \text{ ist innerer Punkt von } A \,\}$$

und nennen $\mathring{A}$ das **Innere von** A.

2.14 Satz $\mathring{A}$ *ist die größte offene Teilmenge von* A, *d.h.,*

$$\mathring{A} = \bigcup \{\, O \subset A \;;\; O \text{ ist offen in } X \,\}\,.$$

Beweis   Wir setzen[4]

$$\mathrm{int}(A) = \bigcup \{\, O \subset A \;;\; O \text{ ist offen in } X \,\}\,.$$

Offensichtlich ist $\mathrm{int}(A)$ eine Teilmenge von A. Ferner ist $\mathrm{int}(A)$ nach Satz 2.4(ii) auch offen.

(i) Zu jedem $a \in \mathring{A}$ gibt es eine offene Umgebung U von a mit $U \subset A$. Somit gilt $a \in U \subset \mathrm{int}(A)$. Damit haben wir die Gültigkeit von $\mathring{A} \subset \mathrm{int}(A)$ nachgewiesen.

(ii) Es sei nun umgekehrt $a \in \mathrm{int}(A)$. Dann gibt es eine offene Teilmenge O von A mit $a \in O$. Also ist O eine Umgebung von a, die in A enthalten ist, d.h., a ist innerer Punkt von A. Deshalb gilt auch die Inklusion $\mathrm{int}(A) \subset \mathring{A}$. ∎

Die größte offene Teilmenge von A, also die Menge

$$\mathrm{int}(A) := \mathrm{int}_X(A) := \bigcup \{\, O \subset A \;;\; O \text{ ist offen in } X \,\}\,,$$

heißt **offener Kern** von A. Nach Satz 2.14 stimmen das Innere und der offene Kern einer Menge A überein, d.h., es gilt

$$\mathring{A} = \mathrm{int}(A)\,.$$

Aus dem letzten Satz ergibt sich unmittelbar das

2.15 Korollar   *Es seien* A *und* B *zwei Teilmengen von* X. *Dann gelten folgende Aussagen:*

   (i) $A \subset B \Rightarrow \mathring{A} \subset \mathring{B}$.

   (ii) $\left(\mathring{A}\right)^{\circ} = \mathring{A}$.

(iii) A *ist offen* $\Leftrightarrow A = \mathring{A}$.

Offensichtlich ist die Abbildung $\mathfrak{P}(X) \to \mathfrak{P}(X)$, $A \mapsto \mathring{A}$ die oben angekündigte wachsende und idempotente Funktion.

---

[4]„int" steht für „interior".

Der Rand einer Menge

Für jede Teilmenge A von X heißt $\partial A := \overline{A} \backslash \mathring{A}$ (topologischer) **Rand von** A. Diese Definition ist eine präzise Fassung des anschaulichen Begriffes der „Begrenzung" einer Punktmenge im Anschauungsraum. Offensichtlich ist der Rand von X leer, d.h. $\partial X = \emptyset$.

2.16 Satz *Für jede Teilmenge $A \subset X$ gelten:*

(i) *∂A ist abgeschlossen.*

(ii) *x gehört genau dann zu ∂A, wenn jede Umgebung von x sowohl A als auch A^c trifft.*

Beweis Es gilt $\partial A = \overline{A} \cap (\mathring{A})^c$, woraus alles folgt. ∎

Die Hausdorffeigenschaft

Der folgende Satz zeigt, daß in metrischen Räumen je zwei verschiedene Punkte disjunkte Umgebungen besitzen. Dies impliziert die Beziehung

$$\bigcap \{\, U \; ; \; U \in \mathfrak{U}_X(x) \,\} = \{x\} \,, \qquad x \in X \,.$$

Also gibt es genügend viele Umgebungen, um zwischen den verschiedenen Punkten eines metrischen Raumes zu unterscheiden.

2.17 Satz *Es seien $x, y \in X$ mit $x \neq y$. Dann gibt es eine Umgebung U von x und eine Umgebung V von y mit $U \cap V = \emptyset$.*

Beweis Wegen $x \neq y$ ist $\varepsilon := d(x,y)/2$ positiv. Deshalb ist $U := \mathbb{B}(x,\varepsilon)$ eine Umgebung von x, und $V := \mathbb{B}(y,\varepsilon)$ ist eine Umgebung von y. Nehmen wir an, es gälte $U \cap V \neq \emptyset$. Dann könnten wir ein $z \in U \cap V$ wählen und fänden

$$2\varepsilon = d(x,y) \leq d(x,z) + d(z,y) < \varepsilon + \varepsilon = 2\varepsilon \,,$$

was nicht möglich ist. Also sind U und V disjunkt. ∎

Die Aussage von Satz 2.17 wird als HAUSDORFFSCHE TRENNUNGSEIGEN-SCHAFT bezeichnet. Bei ihrem Beweis haben wir wesentlich von der Existenz einer Metrik Gebrauch gemacht. Tatsächlich gibt es (nichtmetrische) topologische Räume, in denen Satz 2.17 nicht gilt. Der Leser findet ein einfaches Beispiel eines solchen topologischen Raumes in Aufgabe 10.

2.18 Korollar *Einpunktige Teilmengen metrischer Räume sind abgeschlossen.*

Beweis[5] Besteht X nur aus einem Punkt, so ist wegen Satz 2.6(i) nichts zu beweisen. Es gelte also $\mathrm{Anz}(X) > 1$. Dann wählen wir $x \in X$ und $y \in \{x\}^c$. Nach Satz 2.17 gibt es Umgebungen U von x und V von y mit $U \cap V = \emptyset$. Insbesondere gilt also $\{x\} \cap V \subset U \cap V = \emptyset$, was $V \subset \{x\}^c$ impliziert. Also ist $\{x\}^c$ offen. ∎

Beispiele

Wir wollen die gewonnenen Erkenntnisse anhand einiger Beispiele illustrieren, die insbesondere zeigen, daß die früher bereits eingeführten Namen „offenes" bzw. „abgeschlossenes" Intervall, „offener" bzw. „abgeschlossener" Ball, mit den entsprechenden topologischen Begriffen konsistent sind.

2.19 Beispiele (a) Offene Intervalle $(a, b) \subset \mathbb{R}$ sind offen in $\mathbb{R}$.

(b) Abgeschlossene Intervalle $[a, b] \subset \mathbb{R}$ sind abgeschlossen in $\mathbb{R}$.

(c) Es sei $I \subset \mathbb{R}$ ein Intervall, und es seien $a := \inf I$ und $b := \sup I$. Dann gilt

$$
\partial I = \begin{cases}
\emptyset , & I = \mathbb{R} \text{ oder } I = \emptyset , \\
\{a\} , & a \in \mathbb{R} \text{ und } b = \infty , \\
\{b\} , & b \in \mathbb{R} \text{ und } a = -\infty , \\
\{a, b\} , & -\infty < a < b < \infty , \\
\{a\} , & a = b \in \mathbb{R} .
\end{cases}
$$

(d) Der abgeschlossene Ball $\bar{\mathbb{B}}(x, r)$ ist abgeschlossen.

Beweis Im Fall $X = \bar{\mathbb{B}}(x, r)$ ist nichts zu zeigen. Es sei also $\bar{\mathbb{B}}(x, r) \neq X$ und y liege nicht in $\bar{\mathbb{B}}(x, r)$. Dann gilt $\varepsilon := d(x, y) - r > 0$. Für $z \in \mathbb{B}(y, \varepsilon)$ folgt aus der umgekehrten Dreiecksungleichung:

$$
d(x, z) \geq d(x, y) - d(y, z) > d(x, y) - \varepsilon = r .
$$

Also liegt der Ball $\mathbb{B}(y, \varepsilon)$ ganz in $\left(\bar{\mathbb{B}}(x, r)\right)^c$. Da dies für jedes $y \in \left(\bar{\mathbb{B}}(x, r)\right)^c$ gilt, ist $\left(\bar{\mathbb{B}}(x, r)\right)^c$ offen. ∎

(e) In jedem metrischen Raum gilt $\overline{\mathbb{B}(x, r)} \subset \bar{\mathbb{B}}(x, r)$ für $r \geq 0$. Sind X ein normierter Vektorraum[6] und $r > 0$, so gilt $\overline{\mathbb{B}(x, r)} = \bar{\mathbb{B}}(x, r)$.

Beweis Die erste Aussage ist eine Konsequenz von (d) und Satz 2.12.

Es seien also X ein normierter Vektorraum und $r > 0$. Es genügt, die Inklusion $\bar{\mathbb{B}}(x, r) \subset \overline{\mathbb{B}(x, r)}$ nachzuweisen. Wir führen einen Widerspruchsbeweis und nehmen an, es gelte $\overline{\mathbb{B}(x, r)} \subsetneq \bar{\mathbb{B}}(x, r)$. Dann wählen wir $y \in \bar{\mathbb{B}}(x, r) \backslash \overline{\mathbb{B}(x, r)}$ und bemerken, daß $d(y, x) = \|y - x\| = r > 0$, und somit $x \neq y$, gilt. Für $\varepsilon \in (0, 1)$ setzen wir

---

[5]Ein einfacher Beweis ergibt sich aus Satz 2.11(iii) (vgl. jedoch Bemerkung 2.29(d)).

[6]Es gibt metrische Räume, in denen $\overline{\mathbb{B}(x, r)}$ eine *echte* Teilmenge von $\bar{\mathbb{B}}(x, r)$ ist, wie Aufgabe 3 zeigt.

$x_\varepsilon := x + (1 - \varepsilon)(y - x) = \varepsilon x + (1 - \varepsilon)y$. Dann gelten $\|x - x_\varepsilon\| = (1 - \varepsilon)\|y - x\| = (1 - \varepsilon)r < r$ und $\|y - x_\varepsilon\| = \varepsilon\|x - y\| = \varepsilon r > 0$. Nun sei (ε_k) eine Nullfolge in $(0, 1)$ und $x_k := x_{\varepsilon_k}$ für $k \in \mathbb{N}$. Dann ist (x_k) eine Folge in $\mathbb{B}(x, r)\backslash\{y\}$ mit $x_k \to y$. Nach Satz 2.9 ist y somit ein Häufungspunkt von $\mathbb{B}(x, r)$, d.h. $y \in \overline{\mathbb{B}(x, r)}$. Mit unserer Wahl von y ist dies aber nicht möglich. ∎

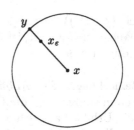

(f) In jedem normierten Vektorraum X gilt

$$\partial\mathbb{B}(x, r) = \partial\bar{\mathbb{B}}(x, r) = \{\, y \in X \;;\; \|x - y\| = r \,\} \,.$$

Beweis Dies folgt aus (e). ∎

(g) Die n-**Sphäre** $S^n := \{\, x \in \mathbb{R}^{n+1} \;;\; |x| = 1 \,\}$ ist abgeschlossen in $\mathbb{R}^{n+1}$.

Beweis Es gilt $S^n = \partial\mathbb{B}^{n+1}$. Somit folgt die Aussage aus Satz 2.16(i). ∎

Eine Charakterisierung stetiger Abbildungen

Wir kommen nun zum bereits angekündigten Hauptsatz dieses Paragraphen.

2.20 Theorem *Es sei $f : X \to Y$ eine Abbildung zwischen den metrischen Räumen X und Y. Dann sind folgende Aussagen äquivalent:*

(i) *f ist stetig.*

(ii) *$f^{-1}(O)$ ist offen in X für jede in Y offene Menge O.*

(iii) *$f^{-1}(A)$ ist abgeschlossen in X für jede in Y abgeschlossene Menge A.*

Beweis „(i)⇒(ii)" Es sei $O \subset Y$ offen. Im Fall $f^{-1}(O) = \emptyset$ ist wegen Satz 2.4(i) nichts zu zeigen. Es gelte also $f^{-1}(O) \neq \emptyset$. Zu jedem $x \in f^{-1}(O)$ gibt es dann aufgrund der Stetigkeit von f eine offene Umgebung U_x von x in X mit $f(U_x) \subset O$. Diese Inklusion impliziert

$$x \in U_x \subset f^{-1}(O) \,, \qquad x \in f^{-1}(O) \,,$$

woraus sich die Identität

$$\bigcup_{x \in f^{-1}(O)} U_x = f^{-1}(O)$$

ergibt. Nach Beispiel 2.2 und Satz 2.4(iii) ist $f^{-1}(O)$ also offen in X.

„(ii)⇒(iii)" Es sei $A \subset Y$ abgeschlossen. Dann ist A^c offen in Y. Wegen (ii) und der Aussage (iv') von Satz I.3.8 ist auch $f^{-1}(A^c) = \left(f^{-1}(A)\right)^c$ offen in X. Also ist $f^{-1}(A)$ abgeschlossen in X.

„(iii)⇒(i)" Es sei $x \in X$, und V sei eine offene Umgebung von $f(x)$ in Y. Dann ist V^c abgeschlossen in Y. Gemäß Voraussetzung und wegen Satz I.3.8(iv') ist auch $\left(f^{-1}(V)\right)^c = f^{-1}(V^c)$ abgeschlossen in X, d.h., $U := f^{-1}(V)$ ist offen in X. Weil x zu U gehört, ist folglich U eine Umgebung von x mit $f(U) \subset V$. Also ist f stetig in x. ∎

2.21 Bemerkung *Eine Abbildung ist nach den eben gewonnenen Erkenntnissen genau dann stetig, wenn die Urbilder offener Mengen offen sind,* also genau dann, wenn die Urbilder abgeschlossener Mengen abgeschlossen sind. Wir wollen diese wichtige Charakterisierung noch etwas umformulieren. Dazu bezeichne $\mathfrak{T}_X$ wieder die Topologie des metrischen Raumes X, also

$$\mathfrak{T}_X := \left\{ O \subset X \; ; \; O \text{ ist offen in } X \right\} .$$

Dann gilt

$$f : X \to Y \text{ ist stetig} \Longleftrightarrow f^{-1} : \mathfrak{T}_Y \to \mathfrak{T}_X ,$$

d.h., $f : X \to Y$ ist genau dann stetig, wenn das Bild von $\mathfrak{T}_Y$ unter der von f induzierten Mengenabbildung $f^{-1} : \mathfrak{P}(Y) \to \mathfrak{P}(X)$ in $\mathfrak{T}_X$ liegt. ∎

Die nachfolgenden Beispiele zeigen, wie man mit Hilfe von Theorem 2.20 die Offenheit bzw. Abgeschlossenheit von Mengen nachweisen kann.

2.22 Beispiele (a) Es seien X, Y metrische Räume, und $f : X \to Y$ sei stetig. Dann ist für jedes $y \in Y$ die Faser $f^{-1}(y)$ von f abgeschlossen in X, d.h., *Lösungsmengen von Gleichungen mit stetigen Funktionen sind abgeschlossen.*

Beweis Dies folgt aus Korollar 2.18 und Theorem 2.20. ∎

(b) Es seien $k, n \in \mathbb{N}^\times$ mit $k \le n$. Dann ist $\mathbb{K}^k$ abgeschlossen in $\mathbb{K}^n$.

Beweis Im Fall $k = n$ ist die Aussage klar. Für $k < n$ betrachten wir die Projektion

$$\mathrm{pr} : \mathbb{K}^n \to \mathbb{K}^{n-k} , \quad (x_1, \ldots, x_n) \mapsto (x_{k+1}, \ldots, x_n) .$$

Dann zeigt der Beweis von Beispiel 1.3(h), daß diese Abbildung stetig ist. Ferner gilt $\mathbb{K}^k = \mathrm{pr}^{-1}(0)$. Somit folgt die Behauptung aus (a). ∎

(c) *Lösungsmengen von Ungleichungen* Es seien $f : X \to \mathbb{R}$ stetig und $r \in \mathbb{R}$. Dann ist $\left\{ x \in X \; ; \; f(x) \le r \right\}$ abgeschlossen in X, und $\left\{ x \in X \; ; \; f(x) < r \right\}$ ist offen in X.

Beweis Offensichtlich gelten

$$\left\{ x \in X \; ; \; f(x) \le r \right\} = f^{-1}((-\infty, r]) \quad \text{und} \quad \left\{ x \in X \; ; \; f(x) < r \right\} = f^{-1}((-\infty, r)) .$$

Also folgen die Behauptungen aus den Beispielen 2.19(a), (b) und aus Theorem 2.20. ∎

(d) Der **abgeschlossene n-dimensionale Einheitswürfel**

$$I^n := \left\{ x \in \mathbb{R}^n \; ; \; 0 \le x_k \le 1, \; 1 \le k \le n \right\}$$

ist abgeschlossen in $\mathbb{R}^n$.

Beweis Bezeichnen wir mit $\mathrm{pr}_k : \mathbb{R}^n \to \mathbb{R}$, $(x_1, \ldots, x_n) \mapsto x_k$ die k-te Projektion, so gilt folgende Identität:

$$I^n = \bigcap_{k=1}^{n} \left(\{\, x \in \mathbb{R}^n \ ; \ \mathrm{pr}_k(x) \leq 1 \,\} \cap \{\, x \in \mathbb{R}^n \ ; \ \mathrm{pr}_k(x) \geq 0 \,\} \right) .$$

Nach (c) ist I^n ein endlicher Durchschnitt abgeschlossener Mengen; also gemäß Satz 2.6 selbst abgeschlossen. ∎

(e) Stetige Bilder abgeschlossener [bzw. offener] Mengen brauchen nicht abgeschlossen [bzw. offen] zu sein.

Beweis (i) Es seien $X := \mathbb{R}^2$ und $A := \{\, (x, y) \in \mathbb{R}^2 \ ; \ xy = 1 \,\}$. Dann ist gemäß (a) die Menge A in X abgeschlossen, da die Abbildung $\mathbb{R}^2 \to \mathbb{R}$, $(x, y) \mapsto xy$ stetig ist (vgl. Satz 1.5(ii)). Ferner ist die erste Projektion $\mathrm{pr}_1 : \mathbb{R}^2 \to \mathbb{R}$ stetig. Aber $\mathrm{pr}_1(A) = \mathbb{R}^\times$ ist nicht abgeschlossen in $\mathbb{R}$.

(ii) Um die zweite Aussage zu beweisen, wählen wir $X := Y := \mathbb{R}$, $O := (-1, 1)$ und $f : \mathbb{R} \to \mathbb{R}$, $x \mapsto x^2$. Dann ist O offen in $\mathbb{R}$, und f ist stetig. Aber $f(O) = [0, 1)$ ist nicht offen in $\mathbb{R}$. ∎

Stetige Ergänzungen

Es seien wieder X und Y metrische Räume. Ferner sei $D \subset X$, und $f : D \to Y$ sei stetig. Schließlich nehmen wir an, $a \in X$ sei ein Häufungspunkt von D. Ist D nicht abgeschlossen, so wird a i. allg. nicht zur Menge D gehören. Die Funktion f ist also i. allg. im Punkt a nicht definiert. Wir wollen im folgenden die Fragestellung untersuchen, ob es eine stetige Erweiterung von f auf $D \cup \{a\}$ gibt. Dazu führen wir für eine beliebige, nicht notwendigerweise stetige Funktion $f : D \to Y$ folgende Notation ein: Wir schreiben

$$\lim_{x \to a} f(x) = y , \tag{2.1}$$

falls es ein $y \in Y$ gibt mit der Eigenschaft, daß für *jede* Folge (x_n) in D mit $x_n \to a$ die Folge $\big(f(x_n)\big)$ in Y gegen y konvergiert.

2.23 Bemerkungen (a) Die folgenden Aussagen sind äquivalent:

(i) $\lim_{x \to a} f(x) = y$.

(ii) Für jede Umgebung V von y in Y gibt es eine Umgebung U von a in X mit $f(U \cap D) \subset V$.

Beweis „(i)⟹(ii)" Wir beweisen die Kontraposition. Dazu nehmen wir an, es gebe eine Umgebung V von y in Y mit $f(U \cap D) \not\subset V$ für jede Umgebung U von a in X. Insbesondere gilt dann

$$f\big(\mathbb{B}_X(a, 1/n) \cap D\big) \cap V^c \neq \emptyset , \qquad n \in \mathbb{N}^\times .$$

Somit finden wir eine Folge (x_n) in D mit $x_n \to a$ und $f(x_n) \notin V$, d.h., $\big(f(x_n)\big)$ konvergiert nicht gegen y.

„(ii)⇒(i)" Es sei (x_n) eine Folge in D mit $x_n \to a$ in X, und V sei eine Umgebung von y in Y. Nach Voraussetzung gibt es eine Umgebung U von a mit $f(U \cap D) \subset V$. Andererseits gibt es aufgrund der Konvergenz von (x_n) gegen a ein $N \in \mathbb{N}$ mit $x_n \in U$ für $n \geq N$. Somit liegt die Bildfolge $(f(x_n))$ in V für $n \geq N$. Also gilt $f(x_n) \to y$. ∎

(b) Für $a \in D$ gilt

$$\lim_{x \to a} f(x) = f(a) \Longleftrightarrow f \text{ ist stetig in } a \ .$$

Beweis Dies folgt aus (a). ∎

2.24 Satz *Es seien X und Y metrische Räume, $D \subset X$, und $f \colon D \to Y$ sei stetig. Ferner sei $a \in D^c$ ein Häufungspunkt von D, und es existiere ein $y \in Y$ mit $\lim_{x \to a} f(x) = y$. Dann ist*

$$\overline{f} \colon D \cup \{a\} \to Y \ , \quad x \mapsto \begin{cases} f(x) \ , & x \in D \ , \\ y \ , & x = a \ , \end{cases}$$

eine stetige Erweiterung von f auf $D \cup \{a\}$. Man sagt, daß f in a stetig ergänzt worden sei.

Beweis Wir müssen nur nachweisen, daß $\overline{f} \colon D \cup \{a\} \to Y$ stetig ist. Dies folgt aber unmittelbar aus den Bemerkungen 2.23. ∎

Es sei nun $X \subset \mathbb{R}$, und es gebe eine Folge (x_n) in D mit $x_n < a$ [bzw. $x_n > a$] für $n \in \mathbb{N}$. Dann definiert man[7] den **linksseitigen** [bzw. **rechtsseitigen**] **Grenzwert**

$$\lim_{x \to a-0} f(x) \quad [\text{bzw.} \quad \lim_{x \to a+0} f(x)]$$

analog zu $\lim_{x \to a} f(x)$, indem man nur Folgen mit $x_n < a$ [bzw. $x_n > a$] zuläßt. Außerdem wollen wir uneigentlich konvergente Folgen (x_n) betrachten, d.h., $a = \pm\infty$ sind ebenfalls statthaft.

2.25 Beispiele **(a)** Es seien $X := \mathbb{R}$, $D := \mathbb{R}\backslash\{1\}$, $n \in \mathbb{N}^{\times}$, und $f \colon D \to \mathbb{R}$ sei durch $f(x) := (x^n - 1)/(x - 1)$ definiert. Dann gilt

$$\lim_{x \to 1} f(x) = \lim_{x \to 1} \frac{x^n - 1}{x - 1} = n \ .$$

Beweis Gemäß Aufgabe I.8.1(b) gilt

$$\frac{x^n - 1}{x - 1} = 1 + x + x^2 + \cdots + x^{n-1} \ .$$

Zusammen mit der Stetigkeit von Polynomen auf $\mathbb{R}$ erhalten wir die Behauptung. ∎

---

[7]Sind keine Unklarheiten zu befürchten, so schreiben wir auch $f(a - 0) := \lim_{x \to a-0} f(x)$ und $f(a + 0) := \lim_{x \to a+0} f(x)$.

(b) Für $X := \mathbb{C}$ und $D := \mathbb{C}^{\times}$ gilt

$$\lim_{z \to 0} \frac{\exp(z) - 1}{z} = 1 .$$

Beweis Die Darstellung von $\exp(z)$ durch die Exponentialreihe $\sum z^k / k!$ liefert die Identität

$$\frac{\exp(z) - 1}{z} - 1 = \frac{z}{2}\Big[1 + \frac{z}{3} + \frac{z^2}{3 \cdot 4} + \frac{z^3}{3 \cdot 4 \cdot 5} + \cdots\Big] .$$

Für $z \in \mathbb{C}^{\times}$ mit $|z| < 1$ ergibt sich deshalb die Abschätzung

$$\Big|\frac{\exp(z) - 1}{z} - 1\Big| \leq \frac{|z|}{2}\big[1 + |z| + |z^2| + |z^3| + \cdots\big] = \frac{|z|}{2(1 - |z|)} .$$

Nun erhalten wir die Behauptung aus

$$\lim_{z \to 0}\Big(\frac{|z|}{2(1 - |z|)}\Big) = 0$$

(man beachte Bemerkung 2.23(b) und die Stetigkeit der in der Klammer stehenden Funktion im Punkt 0). ∎

(c) Es seien $X := D := Y := \mathbb{R}$ und $f(x) := x^n$ für $n \in \mathbb{N}$. Dann gelten

$$\lim_{x \to \infty} x^n = \begin{cases} 1 , & n = 0 , \\ \infty , & n \in \mathbb{N}^{\times} , \end{cases}$$

und

$$\lim_{x \to -\infty} x^n = \begin{cases} 1 , & n = 0 , \\ \infty , & n \in 2\mathbb{N}^{\times} , \\ -\infty , & n \in 2\mathbb{N} + 1 . \end{cases}$$

(d) Die Funktion $\mathbb{R}^{\times} \to \mathbb{R}$, $x \mapsto 1/x$ kann nicht stetig auf $\mathbb{R}$ erweitert werden, wie aus

$$\lim_{x \to 0-0} \frac{1}{x} = -\infty , \qquad \lim_{x \to 0+0} \frac{1}{x} = \infty$$

folgt. ∎

Relativtopologien

Es seien X ein metrischer Raum und Y eine Teilmenge von X. Oft ist es erforderlich, topologische Überlegungen nicht in X, sondern in Y durchzuführen (man vergleiche etwa Bemerkung 2.23(a)). Wir wollen deshalb die Begriffe „offen" und „abgeschlossen" von X auf Y übertragen.

Eine Teilmenge M von Y heißt **offen** [bzw. **abgeschlossen**] **in** Y, falls es eine in X offene Menge O [bzw. eine in X abgeschlossene Menge A] gibt mit $M = O \cap Y$ [bzw. $M = A \cap Y$]. Ist $M \subset Y$ offen [bzw. abgeschlossen] in Y, so sagen wir auch, M sei **relativ offen** [bzw. **relativ abgeschlossen**] **in** Y.

Mit den eben eingeführten Begriffen können wir die topologische Struktur von X auf Y übertragen. Andererseits ist Y in natürlicher Weise ein metrischer Raum bezüglich der von X auf Y induzierten Metrik $d_Y := d \mid Y \times Y$. Somit sind die Begriffe „offen in (Y, d_Y)" [bzw. „abgeschlossen in (Y, d_Y)"] wohldefiniert. Der nächste Satz zeigt, daß diese beiden Möglichkeiten zum selben Resultat führen.

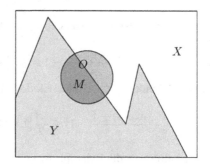

2.26 Satz *Es sei X ein metrischer Raum, und es gelte $M \subset Y \subset X$. Dann ist M genau dann offen [bzw. abgeschlossen] in Y, wenn M offen [bzw. abgeschlossen] in (Y, d_Y) ist.*

Beweis Wir können ohne Beschränkung der Allgemeinheit M als nicht leer voraussetzen.

(i) Es sei M offen in Y. Dann gibt es eine offene Menge O in X mit $M = O \cap Y$. Insbesondere finden wir also zu jedem $x \in M$ ein $r > 0$ mit $\mathbb{B}_X(x, r) \subset O$. Also gilt

$$\mathbb{B}_Y(x, r) = \mathbb{B}_X(x, r) \cap Y \subset O \cap Y = M \ ,$$

d.h., x ist innerer Punkt von M bezügl. (Y, d_Y). Folglich ist M offen in (Y, d_Y).

(ii) Es sei nun M offen in (Y, d_Y). Zu jedem $x \in M$ gibt es dann ein $r_x > 0$ mit $\mathbb{B}_Y(x, r_x) \subset M$. Setzen wir $O := \bigcup_{x \in M} \mathbb{B}_X(x, r_x)$, so ist O wegen Beispiel 2.2 und Satz 2.4(ii) eine offene Teilmenge von X. Ferner ergibt sich aus Satz I.2.7(ii)

$$O \cap Y = \left(\bigcup_{x \in M} \mathbb{B}_X(x, r_x) \right) \cap Y = \bigcup_{x \in M} \left(\mathbb{B}_X(x, r_x) \cap Y \right) = \bigcup_{x \in M} \mathbb{B}_Y(x, r_x) = M \ .$$

Also ist M offen in X.

(iii) Als nächstes nehmen wir an, daß M in Y abgeschlossen sei. Wir finden dann eine in X abgeschlossene Menge A mit $M = Y \cap A$. Wegen $Y \setminus M = Y \cap A^c$ folgt aus dem bereits Bewiesenen, daß $Y \setminus M$ in (Y, d_Y) offen ist. Also ist M abgeschlossen in (Y, d_Y).

(iv) Schließlich sei M abgeschlossen in (Y, d_Y). Dann ist $Y \setminus M$ offen in (Y, d_Y), also auch in Y, aufgrund der Überlegungen in (ii). Daher finden wir eine in X offene Menge O, für die $O \cap Y = Y \setminus M$ gilt. Diese Gleichung impliziert aber $M = Y \cap O^c$, was die Abgeschlossenheit von M in Y beweist. ■

2.27 Korollar *Für $M \subset Y \subset X$ gilt: M ist genau dann offen in Y, wenn $Y \backslash M$ in Y abgeschlossen ist.*

2.28 Beispiele (a) Wir betrachten $X := \mathbb{R}^2$, $Y := \mathbb{R}$ und $M := (0, 1)$. Dann ist M offen in Y, aber nicht in X.

(b) Wir setzen $X := \mathbb{R}$ und $Y := (0, 2]$. Dann ist $(1, 2]$ offen in Y, aber nicht in X, und $(0, 1]$ ist abgeschlossen in Y, aber nicht in X. ∎

Allgemeine topologische Räume

Obwohl metrische Räume einen natürlichen Rahmen für unsere Betrachtungen zu bilden scheinen, werden in späteren Kapiteln — ebenso wie in weiterführenden Vorlesungen und Büchern — allgemeinere topologische Räume von Bedeutung sein. Aus diesem Grund ist es sinnvoll, die Definitionen und Sätze dieses Paragraphen zu analysieren, um herauszufinden, welche von ihnen in allgemeineren Räumen gültig bleiben. Dies wollen wir in den folgenden Bemerkungen tun.

2.29 Bemerkungen Es sei $X = (X, \mathfrak{T})$ ein topologischer Raum.

(a) Wie oben heißt $A \subset X$ abgeschlossen, wenn A^c offen ist, also wenn gilt: $A^c \in \mathfrak{T}$. Ebenso bleiben die Definitionen von **Berührungspunkten**, **Häufungspunkten** und der Menge $\overline{A}$ unverändert. Dann ist klar, daß die Sätze 2.6 und 2.8 ihre Gültigkeit behalten.

(b) Eine Teilmenge $U \subset X$ heißt **Umgebung** einer Teilmenge A von X, wenn es eine offene Menge O gibt mit $A \subset O \subset U$. Ist A eine einpunktige Menge $\{x\}$, so heißt U **Umgebung von** x. Die Menge aller Umgebungen von x bezeichnen wir wieder mit $\mathfrak{U}(x)$, oder genauer, mit $\mathfrak{U}_X(x)$. Offensichtlich besitzt jeder Punkt eine offene Umgebung. Ferner heißt x **innerer Punkt** von $A \subset X$, wenn mit x eine ganze Umgebung von x in A enthalten ist. Es ist klar, daß diese Definitionen im Fall eines metrischen Raumes mit den früheren übereinstimmen.

Schließlich werden wieder das **Innere** $\mathring{A}$ und der **Rand** ∂A von $A \subset X$ wie oben definiert. Dann prüft man leicht nach, daß die Sätze 2.12 und 2.14, sowie die Korollare 2.13 und 2.15 richtig bleiben. Also gelten die Beziehungen $\overline{A} = \mathrm{cl}(A)$ und $\mathring{A} = \mathrm{int}(A)$.

(c) Die Sätze 2.9 und 2.11 sowie Korollar 2.10 sind in allgemeinen topologischen Räumen nicht gültig. Genauer gilt immer: Wenn A abgeschlossen ist, und wenn (x_k) eine Folge in A ist, für die ein $x \in X$ existiert mit $\lim x_k = x$, so gehört x zu A. Hierbei sind natürlich die **Konvergenz** einer Folge, ein **Grenzwert** einer konvergenten Folge, und **Häufungspunkte** einer Folge in X wie in Paragraph II.1 definiert. Eine Analyse des Beweises von Satz 2.9 zeigt, daß folgende Eigenschaft eines metrischen Raumes benutzt wurde:

$$\left. \begin{array}{l} \text{Zu jedem Punkt } x \in X \text{ gibt es eine solche Folge } (U_k) \text{ von Umgebungen,} \\ \text{daß zu jeder Umgebung } U \text{ von } x \text{ ein } k \in \mathbb{N} \text{ existiert mit } U_k \subset U. \end{array} \right\} \quad (2.2)$$

In der Tat genügt es, $U_k := \mathbb{B}(x, 1/k)$ zu setzen.

Von einem topologischen Raum, welcher die Eigenschaft (2.2) besitzt, sagt man, er erfülle das **erste Abzählbarkeitsaxiom**, oder jeder Punkt besitze eine **abzählbare Umge-**

bungsbasis. Folglich gelten die Sätze 2.9 und 2.11 sowie Korollar 2.10 in jedem topologischen Raum, der das erste Abzählbarkeitsaxiom erfüllt.

(d) Wie wir bereits bemerkt haben, ist Satz 2.17 in allgemeinen topologischen Räumen nicht richtig. Ein topologischer Raum, welcher die Hausdorffsche Trennungseigenschaft besitzt, heißt **Hausdorffraum** oder **hausdorffsch**. Insbesondere ist jeder metrische Raum hausdorffsch, wie Satz 2.17 zeigt.

In jedem Hausdorffraum ist jede einpunktige Menge abgeschlossen, d.h., Korollar 2.18 gilt mit wörtlich gleichem Beweis. Ferner hat eine konvergente Folge in einem Hausdorffraum einen eindeutig bestimmten Grenzwert.

(e) Die Stetigkeit einer Abbildung zwischen beliebigen topologischen Räumen wird genau wie in Paragraph 1 definiert. Dann bleibt offensichtlich Theorem 1.8 über die Stetigkeit von Kompositionen richtig. Ebenfalls gelten die Sätze 1.5 und 1.10, wenn X ein beliebiger topologischer Raum ist. Allerdings müssen die Beweise anders geführt werden, nämlich durch direkte Anwendung der Stetigkeitsdefinition (vgl. Aufgabe 19).

Schließlich ist das wichtige Theorem 2.20 in beliebigen topologischen Räumen richtig, wie der Beweis zeigt. Also ist eine Abbildung zwischen topologischen Räumen genau dann stetig, wenn die Urbilder offener [bzw. abgeschlossener] Mengen offen [bzw. abgeschlossen] sind. Somit gelten die Beispiele 2.22(a) und (c) auch, falls X ein topologischer Raum und Y ein Hausdorffraum (warum?) sind.

(f) Sind X und Y beliebige topologische Räume, so ist jede stetige Abbildung von X nach Y folgenstetig, wie der erste Teil des Beweises von Theorem 1.4 zeigt. Durch eine offensichtliche Modifikation des zweiten Teiles jenes Beweises sehen wir, daß jede folgenstetige Abbildung von X nach Y stetig ist, falls X das erste Abzählbarkeitsaxiom erfüllt.

(g) Es seien X und Y topologische Räume, und $a \in X$ sei ein Häufungspunkt von $D \subset X$. Dann kann für $f : D \to Y$ der Grenzwert

$$\lim_{x \to a} f(x) \tag{2.3}$$

nur dann wie in (2.1) definiert werden, wenn X das erste Abzählbarkeitsaxiom erfüllt (genauer, wenn a eine abzählbare Umgebungsbasis besitzt). In diesem Fall bleibt Bemerkung 2.23(a) richtig. Ist X ein beliebiger topologischer Raum, so wird (2.3) durch Aussage (ii) von Bemerkung 2.23(a) definiert. In jedem Fall gelten dann Bemerkung 2.23(b) und Satz 2.24.

(h) Ist Y eine Teilmenge des topologischen Raumes X, so werden die Begriffe **relativ offen** (d.h. **offen in** Y) und **relativ abgeschlossen** (d.h. **abgeschlossen in** Y) wie oben definiert. Dann ist

$$\mathfrak{T}_Y := \{\, B \subset Y \;;\; B \text{ ist offen in } Y \,\}$$

eine Topologie auf Y, die **Relativtopologie** von Y bezügl. X (oder die von X auf Y induzierte **Topologie**). Also ist $(Y, \mathfrak{T}_Y)$ ein topologischer Raum, ein **topologischer Unterraum** von X. Es ist nicht schwer zu sehen, daß $A \subset Y$ genau dann relativ abgeschlossen ist, wenn A in $(Y, \mathfrak{T}_Y)$ abgeschlossen ist, d.h., wenn gilt: $A^c \in \mathfrak{T}_Y$ (vgl. Korollar 2.27). Ferner ist $(Y, \mathfrak{T}_Y)$ hausdorffsch, falls X ein Hausdorffraum ist, und $(Y, \mathfrak{T}_Y)$ erfüllt das erste Abzählbarkeitsaxiom, wenn X diese Eigenschaft hat. Ist $i := i_Y : Y \to X$, $y \mapsto y$ die

Inklusion von Beispiel I.3.2(b), so gilt $i^{-1}(A) = A \cap Y$ für $A \subset X$. Also gilt: Ist Y ein topologischer Raum, so ist i genau dann stetig, wenn die Topologie von Y stärker als die Relativtopologie ist.

(i) Es seien X und Y topologische Räume, und $A \subset X$ trage die Relativtopologie. Ist $f : X \to Y$ stetig in $x_0 \in A$, so ist $f \,|\, A : A \to Y$ stetig in x_0 (vgl. Beispiel 1.3(k)).

Beweis Dies folgt aus $f \,|\, A = f \circ i_A$ und (h). ∎

Aufgaben

1 Es sei X ein metrischer Raum. Für $M \subset X$ bestimme man $\overline{M}$, $\mathring{M}$, ∂M und die Menge M' aller Häufungspunkte von M, falls gilt

(a) $M = (0, 1]$, $X = \mathbb{R}$.

(b) $M = (0, 1]$, $X = \mathbb{R}^2$.

(c) $M = \{ 1/n \; ; \; n \in \mathbb{N}^\times \}$, $X = \mathbb{R}$.

(d) $M = \mathbb{Q}$, $X = \mathbb{R}$.

(e) $M = \mathbb{R} \backslash \mathbb{Q}$, $X = \mathbb{R}$.

2 Es sei $S := \{ x \in \mathbb{Q} \; ; \; -\sqrt{2} < x < \sqrt{2} \}$, und $\mathbb{Q}$ trage die natürliche Topologie. Man beweise oder widerlege:

(a) S ist offen in $\mathbb{Q}$.

(b) S ist abgeschlossen in $\mathbb{Q}$.

3 Es sei X eine nichtleere Menge, und d bezeichne die diskrete Metrik auf X. Man zeige:

(a) Jede Teilmenge von X ist offen, d.h., $\mathfrak{P}(X)$ ist die Topologie von (X, d).

(b) Im allgemeinen gilt $\bar{\mathbb{B}}(x, r) = \overline{\mathbb{B}(x, r)}$ nicht.

4 Für $S := \{ (x, y) \in \mathbb{R}^2 \; ; \; x^2 + y^2 < 1 \} \backslash ([0, 1) \times \{0\})$ bestimme man $(\overline{S})^0$ und vergleiche diese Menge mit S.

5 Es seien X ein metrischer Raum und $A \subset X$. Man beweise, daß $\mathring{A} = X \backslash \overline{(X \backslash A)}$.

6 Es seien X_j, $j = 1, \dots, n$, metrische Räume und $X := X_1 \times \cdots \times X_n$. Man verifiziere:

(a) Sind die O_j offen in X_j, so ist $O_1 \times \cdots \times O_n$ offen in X.

(b) Sind die A_j abgeschlossen in X_j, so ist $A_1 \times \cdots \times A_n$ abgeschlossen in X.

7 Es sei $h : \mathfrak{P}(X) \to \mathfrak{P}(X)$ eine Abbildung mit den Eigenschaften:

  (i) $h(\emptyset) = \emptyset$;

  (ii) $h(A) \supset A$, $A \in \mathfrak{P}(X)$;

  (iii) $h(A \cup B) = h(A) \cup h(B)$, $A, B \in \mathfrak{P}(X)$;

  (iv) $h^2 = h$.

(a) Man setze $\mathfrak{T}_h := \{ A^c \in \mathfrak{P}(X) \; ; \; h(A) = A \}$ und beweise, daß $(X, \mathfrak{T}_h)$ ein topologischer Raum ist.

(b) Es sei $(X, \mathfrak{T})$ ein topologischer Raum. Man finde $h : \mathfrak{P}(X) \to \mathfrak{P}(X)$ mit $\mathfrak{T}_h = \mathfrak{T}$.

8 Es seien X ein metrischer Raum und $A, B \subset X$. Man beweise oder widerlege die Beziehungen $(A \cup B)^\circ = \mathring{A} \cup \mathring{B}$ und $(A \cap B)^\circ = \mathring{A} \cap \mathring{B}$.

9 Auf $\mathbb{R}$ betrachte man die durch $\delta(x,y) := |x-y|/(1+|x-y|)$ definierte Metrik (vgl. Aufgabe II.1.9). Man verifiziere: Die Mengen $A_n := [n,\infty)$, $n \in \mathbb{N}$, sind abgeschlossen und beschränkt in $(\mathbb{R}, \delta)$. Außerdem[8] gelten: $\bigcap_{n=0}^{k} A_n \neq \emptyset$ für jedes $k \in \mathbb{N}$ und $\bigcap A_n = \emptyset$.

10 Es seien $X := \{1,2,3,4,5\}$ und

$$\mathfrak{T} := \big\{ \emptyset, X, \{1\}, \{3,4\}, \{1,3,4\}, \{2,3,4,5\} \big\} \ .$$

Man zeige, daß $(X, \mathfrak{T})$ ein topologischer Raum ist, und man bestimme die abgeschlossene Hülle von $\{2,4,5\}$.

11 Es seien $\mathfrak{T}_1$ und $\mathfrak{T}_2$ Topologien auf einer Menge X. Man beweise oder widerlege: $\mathfrak{T}_1 \cup \mathfrak{T}_2$ bzw. $\mathfrak{T}_1 \cap \mathfrak{T}_2$ ist eine Topologie auf X.

12 Es seien X und Y metrische Räume. Man beweise:

$$f : X \to Y \text{ ist stetig} \Longleftrightarrow f(\overline{A}) \subset \overline{f(A)}, \ A \subset X \ .$$

13 Es seien A und B abgeschlossene Teilmengen eines metrischen Raumes X. Ferner seien Y ein metrischer Raum, $g : A \to Y$ und $h : B \to Y$ stetig, und es gelte

$$g\,|\,A \cap B = h\,|\,A \cap B \quad \text{falls} \quad A \cap B \neq \emptyset \ .$$

Man zeige, daß die Funktion

$$f : A \cup B \to Y, \quad x \mapsto \begin{cases} g(x), & x \in A, \\ h(x), & x \in B, \end{cases}$$

stetig ist.

14 Eine Abbildung $f : X \to Y$ zwischen zwei metrischen Räumen (X,d) und (Y,δ) heißt **offen**, wenn $f(\mathfrak{T}_d) \subset \mathfrak{T}_\delta$ gilt, d.h., wenn die Bilder offener Mengen offen sind. Man nennt f **abgeschlossen**, wenn $f(A)$ für jede abgeschlossene Menge A abgeschlossen ist. Es bezeichnen nun d die natürliche und δ die diskrete Metrik auf $\mathbb{R}$. Man zeige:

(a) $\mathrm{id} : (\mathbb{R}, d) \to (\mathbb{R}, \delta)$ ist offen und abgeschlossen, aber nicht stetig.

(b) $\mathrm{id} : (\mathbb{R}, \delta) \to (\mathbb{R}, d)$ ist stetig, aber weder offen noch abgeschlossen.

15 Es sei $f : \mathbb{R} \to \mathbb{R}$, $x \mapsto \exp(x)\,\mathrm{Zack}(x)$ (vgl. Aufgabe 1.1). Dann ist f stetig, aber weder offen noch abgeschlossen. (Hinweise: Man beachte Aufgabe II.8.10 und bestimme $f((-\infty,0))$ und $f(\{-(2n+1)/2 \ ; \ n \in \mathbb{N}\})$.)

16 Man beweise, daß die Funktion

$$f : [0,2] \to [0,2], \quad x \mapsto \begin{cases} 0, & x \in [0,1], \\ x-1, & x \in (1,2], \end{cases}$$

stetig und abgeschlossen, aber nicht offen ist.

---

[8]Man vergleiche dazu Aufgabe 3.5.

17 Es sei $S^1 := \left\{ (x,y) \in \mathbb{R}^2 \; ; \; x^2 + y^2 = 1 \right\}$ der Einheitskreis in $\mathbb{R}^2$, versehen mit der induzierten natürlichen Metrik. Man zeige, daß die Abbildung

$$f : S^1 \to [0,2) \,, \quad (x,y) \mapsto \begin{cases} 0 \,, & y \geq 0 \,, \\ 1 + x \,, & y \leq 0 \,, \end{cases}$$

abgeschlossen, aber weder stetig noch offen ist.

18 Es seien X und Y metrische Räume, und

$$p : X \times Y \to X \,, \quad (x,y) \mapsto x$$

bezeichne die kanonische Projektion auf X. Dann ist p stetig und offen, aber i. allg. nicht abgeschlossen.

19 Man beweise die Sätze 1.5 und 1.10 im Falle eines beliebigen topologischen Raumes X.

20 Es seien X und Y metrische Räume und $f : X \to Y$. Man verifiziere, daß

$$A_n := \left\{ x \in X \; ; \; \omega_f(x) \geq 1/n \right\}$$

für jedes $n \in \mathbb{N}^\times$ abgeschlossen ist (vgl. Aufgabe 1.17).

21 Es seien X ein metrischer Raum und $A \subset X$. Dann gilt:

(i) Ist A vollständig, so ist A abgeschlossen in X. Die Umkehrung ist i. allg. falsch.

(ii) Ist X vollständig, so ist A genau dann vollständig, wenn A in X abgeschlossen ist.

3 Kompaktheit

Wir haben gesehen, daß stetige Bilder offener Mengen nicht offen, und stetige Bilder abgeschlossener Mengen nicht abgeschlossen zu sein brauchen. In den nächsten zwei Paragraphen werden wir Eigenschaften topologischer Räume untersuchen, welche unter stetigen Abbildungen erhalten bleiben. Die dabei gewonnenen Erkenntnisse sind von weitreichender Bedeutung und werden uns insbesondere beim Studium reellwertiger Funktionen äußerst nützlich sein.

Die Überdeckungseigenschaft

Im folgenden bezeichnen wir mit $X := (X, d)$ stets einen metrischen Raum.

Ein Mengensystem $\{ A_\alpha \subset X \; ; \; \alpha \in \mathsf{A} \}$ heißt **Überdeckung** der Teilmenge $K \subset X$, falls es zu jedem $x \in K$ ein $\alpha \in \mathsf{A}$ gibt mit $x \in A_\alpha$, d.h., falls $K \subset \bigcup_\alpha A_\alpha$. Eine Überdeckung heißt **offen**, wenn jedes A_α offen ist in X. Schließlich heißt eine Teilmenge $K \subset X$ **kompakt**, falls *jede* offene Überdeckung von K eine *endliche* Teilüberdeckung besitzt.

3.1 Beispiele (a) Es sei (x_k) eine konvergente Folge in X mit Grenzwert a. Dann ist die Menge $K := \{a\} \cup \{x_k \; ; \; k \in \mathbb{N}\}$ kompakt.

Beweis Es sei $\{ O_\alpha \; ; \; \alpha \in \mathsf{A} \}$ eine offene Überdeckung von K. Dann gibt es Indizes α und $\alpha_k \in \mathsf{A}$ mit $a \in O_\alpha$ und $x_k \in O_{\alpha_k}$ für $k \in \mathbb{N}$. Ferner gibt es wegen $\lim x_k = a$ ein $N \in \mathbb{N}$ mit $x_k \in O_\alpha$ für $k > N$. Also ist $\{ O_{\alpha_k} \; ; \; 0 \le k \le N \} \cup \{O_\alpha\}$ eine endliche Teilüberdeckung der gegebenen Überdeckung von K. ∎

(b) Die Aussage von (a) ist i. allg. falsch, wenn der Grenzwert a aus K entfernt wird.

Beweis Es seien $X := \mathbb{R}$ und $A := \{ 1/k \; ; \; k \in \mathbb{N}^\times \}$. Ferner setzen wir $O_1 := (1/2, 2)$ und $O_k := \big(1/(k+1), 1/(k-1) \big)$ für $k \ge 2$. Dann ist $\{ O_k \; ; \; k \in \mathbb{N}^\times \}$ eine offene Überdeckung von A mit der Eigenschaft, daß jedes O_k genau ein Element von A enthält. Somit kann $\{ O_k \; ; \; k \in \mathbb{N} \}$ keine endliche Teilüberdeckung von A besitzen. ∎

(c) Die Menge der natürlichen Zahlen $\mathbb{N}$ ist nicht kompakt in $\mathbb{R}$.

Beweis Es genügt wieder, eine offene Überdeckung $\{ O_k \; ; \; k \in \mathbb{N} \}$ von $\mathbb{N}$ anzugeben, bei der jedes O_k genau eine natürliche Zahl enthält, z.B. $O_k := (k - 1/3, k + 1/3)$ für $k \in \mathbb{N}$. ∎

3.2 Satz *Jede kompakte Menge $K \subset X$ ist abgeschlossen und beschränkt in X.*

Beweis Es sei $K \subset X$ kompakt.

(i) Wir beweisen zuerst die Abgeschlossenheit von K in X. Offensichtlich genügt es, den Fall $K \ne X$ zu betrachten, da X abgeschlossen in X ist. Es sei also $x_0 \in K^c$. Wegen der Hausdorffeigenschaft gibt es zu jedem $y \in K$ offene Umgebungen $U_y \in \mathfrak{U}(y)$ und $V_y \in \mathfrak{U}(x_0)$ mit $U_y \cap V_y = \emptyset$. Da $\{ U_y \; ; \; y \in K \}$ eine offene Überdeckung von K ist, finden wir endlich viele Punkte $y_0, \dots, y_m$ in K mit $K \subset \bigcup_{j=0}^{m} U_{y_j} =: U$. Dann sind U und $V := \bigcap_{j=0}^{m} V_{y_j}$ wegen Satz 2.4 offen und disjunkt. Also ist V eine Umgebung von x_0 mit $V \subset K^c$, d.h., x_0 ist innerer Punkt von K^c. Da dies für jedes $x_0 \in K^c$ gilt, ist K^c offen. Also ist K abgeschlossen.

(ii) Um die Beschränktheit von K zu verifizieren, fixieren wir ein x_0 in X. Wegen $K \subset \bigcup_{k=1}^{\infty} \mathbb{B}(x_0, k) = X$, da $\mathbb{B}(x_0, k)$ gemäß Beispiel 2.2 offen ist, und wegen der Kompaktheit von K finden wir $k_0, \dots, k_m \in \mathbb{N}$ mit $K \subset \bigcup_{j=0}^{m} \mathbb{B}(x_0, k_j)$. Somit gilt $K \subset \mathbb{B}(x_0, N)$, wobei wir $N := \max\{k_0, \dots, k_m\}$ gesetzt haben. Also ist K beschränkt. ∎

Eine Charakterisierung kompakter Mengen

Die Umkehrung von Satz 3.2 ist in allgemeinen metrischen Räumen falsch.[1] Kompakte Mengen können i. allg. *nicht* als abgeschlossene und beschränkte Mengen charakterisiert werden. Hingegen gelingt in metrischen Räumen folgende Kennzeichnung kompakter Mengen, in deren Beweis wir die nachstehende Definition verwenden: Eine Teilmenge K von X heißt **totalbeschränkt**, wenn es zu jedem $r > 0$ ein $m \in \mathbb{N}$ und $x_0, \dots, x_m \in K$ gibt mit $K \subset \bigcup_{k=0}^{m} \mathbb{B}(x_k, r)$. Offensichtlich ist jede totalbeschränkte Menge beschränkt.

3.3 Theorem *Eine Teilmenge $K \subset X$ ist genau dann kompakt, wenn jede Folge in K einen Häufungspunkt in K besitzt.*

Beweis (i) Zuerst nehmen wir an, daß K kompakt sei, und daß es in K eine Folge gebe ohne Häufungspunkt in K. Zu jedem $x \in K$ finden wir dann eine offene Umgebung U_x von x mit der Eigenschaft, daß U_x höchstens endlich viele Folgenglieder enthält. Weil $\{ U_x \; ; \; x \in K \}$ natürlich eine offene Überdeckung von K ist, gibt es $x_0, \dots, x_m \in K$, so daß K von $\{ U_{x_k} \; ; \; k = 0, \dots, m \}$ überdeckt wird. Somit kann K nur endlich viele Folgenglieder enthalten, und folglich keinen Häufungspunkt besitzen. Dieser Widerspruch zeigt, daß jede Folge in K einen Häufungspunkt in K hat.

(ii) Den Beweis der umgekehrten Implikation führen wir in zwei Teilschritten.

(a) Es sei K eine Teilmenge von X mit der Eigenschaft, daß jede Folge in K einen Häufungspunkt in K besitzt. Wir behaupten: K ist totalbeschränkt.

Wir führen wieder einen Widerspruchsbeweis. Nehmen wir also an, daß K nicht totalbeschränkt sei. Dann gibt es ein $r > 0$ und ein $x_0 \in K$, so daß K nicht in $\mathbb{B}(x_0, r)$ enthalten ist. Insbesondere finden wir ein $x_1 \in K \backslash \mathbb{B}(x_0, r)$. Aus demselben Grund gibt es auch ein $x_2 \in K \backslash \big[\mathbb{B}(x_0, r) \cup \mathbb{B}(x_1, r) \big]$. Nach diesem Verfahren fortschreitend finden wir induktiv eine Folge (x_k) in K mit der Eigenschaft, daß x_{n+1} nicht zu $\bigcup_{k=0}^{n} \mathbb{B}(x_k, r)$ gehört. Denn andernfalls gäbe es ein $n_0 \in \mathbb{N}$, so daß

---

[1]Vgl. Aufgabe 15.

K in $\bigcup_{k=0}^{n_0} \mathbb{B}(x_k, r)$ enthalten wäre, was die Totalbeschränktheit von K bedeuten würde. Gemäß unserer Voraussetzung besitzt die Folge (x_k) einen Häufungspunkt x in K. Somit gibt es $m, N \in \mathbb{N}^\times$ mit $d(x_N, x) < r/2$ und $d(x_{N+m}, x) < r/2$. Aus der Dreiecksungleichung folgt dann $d(x_N, x_{N+m}) < r$, d.h., x_{N+m} gehört zu $\mathbb{B}(x_N, r)$, was nach Konstruktion der Folge (x_k) nicht möglich ist. Dies beweist, daß K totalbeschränkt ist.

(b) Es sei nun $\{ O_\alpha \; ; \; \alpha \in \mathsf{A} \}$ eine offene Überdeckung von K. Da K totalbeschränkt ist, gibt es zu jedem $k \in \mathbb{N}^\times$ endlich viele offene Bälle mit Radien $1/k$ und Mittelpunkten in K, welche K überdecken. Nehmen wir an, es gäbe keine endliche Teilüberdeckung von $\{ O_\alpha \; ; \; \alpha \in \mathsf{A} \}$ für K. Dann finden wir zu jedem $k \in \mathbb{N}^\times$ einen dieser endlich vielen offenen Bälle mit Radius $1/k$, er heiße B_k, so daß $K \cap B_k$ nicht durch endlich viele der O_α überdeckt wird. Bezeichnen wir mit x_k den Mittelpunkt von B_k für $k \in \mathbb{N}^\times$, so ist (x_k) eine Folge in K, die gemäß Voraussetzung einen Häufungspunkt $\overline{x}$ in K besitzt. Es sei nun $\overline{\alpha} \in \mathsf{A}$ ein Index mit $\overline{x} \in O_{\overline{\alpha}}$. Da $O_{\overline{\alpha}}$ offen ist, gibt es ein $\varepsilon > 0$ mit $\mathbb{B}(\overline{x}, \varepsilon) \subset O_{\overline{\alpha}}$. Andererseits finden wir ein $M > 2/\varepsilon$ mit $d(x_M, \overline{x}) < \varepsilon/2$, da $\overline{x}$ ein Häufungspunkt von der Folge (x_k) ist. Folglich gilt für jedes $x \in B_M$ die Abschätzung

$$d(x, \overline{x}) \leq d(x, x_M) + d(x_M, \overline{x}) < \frac{1}{M} + \frac{\varepsilon}{2} < \frac{\varepsilon}{2} + \frac{\varepsilon}{2} = \varepsilon \, ,$$

d.h., es gelten die Inklusionen $B_M \subset \mathbb{B}(\overline{x}, \varepsilon) \subset O_{\overline{\alpha}}$. Dies ist aber nach Konstruktion von B_M nicht möglich. Also besitzt $\{ O_\alpha \; ; \; \alpha \in \mathsf{A} \}$ eine endliche Teilüberdeckung. ∎

Folgenkompaktheit

Eine Teilmenge $A \subset X$ heißt **folgenkompakt**, wenn jede Folge in A eine *in* A konvergente Teilfolge besitzt. Die Charakterisierung von Häufungspunkten einer Folge durch konvergente Teilfolgen aus Satz II.1.17 und das eben bewiesene Theorem ergeben unmittelbar:

3.4 Theorem *Eine Teilmenge eines metrischen Raumes ist genau dann kompakt, wenn sie folgenkompakt ist.*

Als weitere wichtige Anwendung von Theorem 3.3 können wir kompakte Teilmengen der Räume $\mathbb{K}^n$ kennzeichnen.

3.5 Theorem (Heine-Borel) *Eine Teilmenge von $\mathbb{K}^n$ ist genau dann kompakt, wenn sie abgeschlossen und beschränkt ist.*

Insbesondere ist ein Intervall in $\mathbb{R}$ genau dann kompakt, wenn es abgeschlossen und beschränkt ist.

Beweis Gemäß Satz 3.2 ist jede kompakte Menge abgeschlossen und beschränkt. Die umgekehrte Aussage ergibt sich aus dem Satz von Bolzano-Weierstraß (vgl. Theorem II.5.8), Satz 2.11 und Theorem 3.4. ∎

Stetige Abbildungen auf kompakten Räumen

Das folgende Theorem zeigt, daß die Kompaktheit unter stetigen Abbildungen erhalten bleibt.

3.6 Theorem *Es seien X, Y metrische Räume, und $f: X \to Y$ sei stetig. Ist X kompakt, so ist auch $f(X)$ kompakt, d.h., stetige Bilder kompakter Mengen sind kompakt.*

Beweis Es sei $\{ O_\alpha \; ; \; \alpha \in \mathsf{A} \}$ eine offene Überdeckung von $f(X)$ in Y. Aufgrund von Theorem 2.20 ist dann $f^{-1}(O_\alpha)$ für jedes $\alpha \in \mathsf{A}$ eine offene Teilmenge von X. Somit ist $\{ f^{-1}(O_\alpha) \; ; \; \alpha \in \mathsf{A} \}$ eine offene Überdeckung des kompakten Raumes X. Deshalb finden wir endlich viele Indizes $\alpha_0, \ldots, \alpha_m \in \mathsf{A}$ mit $X = \bigcup_{k=0}^m f^{-1}(O_{\alpha_k})$. Folglich gilt $f(X) \subset \bigcup_{k=0}^m O_{\alpha_k}$, d.h., $\{ O_{\alpha_0}, \ldots, O_{\alpha_m} \}$ ist eine endliche Teilüberdeckung von $\{ O_\alpha \; ; \; \alpha \in \mathsf{A} \}$ für $f(X)$. Also ist $f(X)$ kompakt. ∎

3.7 Korollar *Es seien X, Y metrische Räume, und $f: X \to Y$ sei stetig. Ist X kompakt, so ist $f(X)$ beschränkt.*

Beweis Dies folgt sofort aus Theorem 3.6 und Satz 3.2. ∎

Der Satz vom Minimum und Maximum

Für reellwertige Funktionen ergibt sich aus Theorem 3.6 der überaus wichtige Satz, daß jede reellwertige stetige Funktion auf kompakten Mengen ihr Minimum und ihr Maximum annimmt.

3.8 Korollar (Satz vom Minimum und Maximum) *Es sei X ein kompakter metrischer Raum, und $f: X \to \mathbb{R}$ sei stetig. Dann nimmt die Funktion f in X ihr Minimum und ihr Maximum an, d.h., es gibt $x_0, x_1 \in X$ mit*

$$f(x_0) = \min_{x \in X} f(x) \quad \text{und} \quad f(x_1) = \max_{x \in X} f(x) \; .$$

Beweis Aus Theorem 3.6 und Satz 3.2 wissen wir, daß $f(X)$ abgeschlossen und beschränkt ist in $\mathbb{R}$. Deshalb existieren $m := \inf\bigl(f(X)\bigr)$ und $M := \sup\bigl(f(X)\bigr)$ in $\mathbb{R}$. Wegen Satz I.10.5 gibt es Folgen (y_n) und (z_n) in $f(X)$, die in $\mathbb{R}$ gegen m bzw. M konvergieren. Da $f(X)$ abgeschlossen ist, folgt aus Satz 2.11, daß m und M zu $f(X)$ gehören. Somit gibt es $x_0, x_1 \in X$ mit $f(x_0) = m$ und $f(x_1) = M$. ∎

Die Bedeutung das Satzes vom Minimum und Maximum wollen wir durch die nachstehenden wichtigen Anwendungen beleuchten.

3.9 Beispiele (a) *Auf $\mathbb{K}^n$ sind alle Normen äquivalent.*

Beweis (i) Es bezeichnen $|\cdot|$ die euklidische und $\|\cdot\|$ eine beliebige Norm auf $\mathbb{K}^n$. Dann genügt es, die Äquivalenz dieser zwei Normen, d.h. die Existenz einer positiven Konstanten C mit

$$C^{-1} |x| \leq \|x\| \leq C |x| \ , \qquad x \in \mathbb{K}^n \ , \tag{3.1}$$

nachzuweisen.

(ii) Wir setzen $S := \{ x \in \mathbb{K}^n \ ; \ |x| = 1 \}$. Aus Beispiel 1.3(j) wissen wir, daß die Funktion $|\cdot| : \mathbb{K}^n \to \mathbb{R}$ stetig ist. Somit folgt aus Beispiel 2.22(a), daß S in $\mathbb{K}^n$ abgeschlossen ist. Natürlich ist S auch beschränkt in $\mathbb{K}^n$. Wir können also den Satz von Heine-Borel anwenden und erkennen S als kompakte Teilmenge von $\mathbb{K}^n$.

(iii) Nun zeigen wir, daß $f : S \to \mathbb{R}$, $x \mapsto \|x\|$ stetig ist.[2] Dazu sei e_k, $1 \leq k \leq n$, die Standardbasis in $\mathbb{K}^n$. Für jedes $x = (x_1, \ldots, x_n) \in \mathbb{K}^n$ gilt dann $x = \sum_{k=1}^{n} x_k e_k$ (vgl. Beispiel I.12.4(a) und Bemerkung I.12.5). Somit folgt aus der Dreiecksungleichung für $\|\cdot\|$ die Abschätzung

$$\|x\| = \left\| \sum_{k=1}^{n} x_k e_k \right\| \leq \sum_{k=1}^{n} |x_k| \, \|e_k\| \leq C_0 |x| \ , \qquad x \in \mathbb{K}^n \ , \tag{3.2}$$

wobei wir $C_0 := \sum_{k=1}^{n} \|e_k\|$ gesetzt und die Ungleichungen $|x_k| \leq |x|$ verwendet haben. Dies beweist bereits das zweite Ungleichheitszeichen von (3.1). Ferner folgt aus (3.2) und der umgekehrten Dreiecksungleichung für $\|\cdot\|$ die Abschätzung

$$|f(x) - f(y)| = \big| \, \|x\| - \|y\| \, \big| \leq \|x - y\| \leq C_0 |x - y| \ , \qquad x, y \in S \ ,$$

was die Lipschitz-Stetigkeit von f zeigt.

(iv) Für jedes $x \in S$ gilt $f(x) > 0$. Deshalb folgt aus dem Satz vom Minimum, daß $m := \min f(S)$ positiv ist, d.h., wir erhalten die Abschätzung

$$0 < m = \min f(S) \leq f(x) = \|x\| \ , \qquad x \in S \ . \tag{3.3}$$

Schließlich sei $x \in \mathbb{K}^n \setminus \{0\}$. Dann gehört $x/|x|$ zu S, und aus (3.3) folgt somit $m \leq \big\| x/|x| \big\|$. Also gilt

$$m |x| \leq \|x\| \ , \qquad x \in \mathbb{K}^n \ . \tag{3.4}$$

Die Behauptung ergibt sich nun aus (3.2) und (3.4) mit $C := \max\{C_0, 1/m\}$. ∎

(b) **Fundamentalsatz der Algebra**[3] *Jedes nichtkonstante Polynom $p \in \mathbb{C}[X]$ besitzt eine Nullstelle in $\mathbb{C}$.*

Beweis (i) Es sei p ein solches Polynom. Wir schreiben p in der Form

$$p = X^n + a_{n-1} X^{n-1} + \cdots + a_1 X + a_0$$

---

[2]Der Leser mache sich klar, daß die Aussage von Beispiel 1.3(j) hier nicht anwendbar ist!

[3]Der Fundamentalsatz der Algebra gilt nicht über dem Körper der reellen Zahlen $\mathbb{R}$, wie das Beispiel $p = 1 + X^2$ zeigt.

mit $n \in \mathbb{N}^\times$ und $a_k \in \mathbb{C}$. Im Fall $n = 1$ ist die Aussage klar. Es gelte also $n \geq 2$. Dann setzen wir

$$R := 1 + \sum_{k=0}^{n-1} |a_k|$$

und finden für jedes $z \in \mathbb{C}$ mit $|z| > R \geq 1$ folgende Abschätzung:

$$\begin{aligned}
|p(z)| &\geq |z|^n - |a_{n-1}| \, |z|^{n-1} - \cdots - |a_1| \, |z| - |a_0| \\
&\geq |z|^n - \left(|a_{n-1}| + \cdots + |a_1| + |a_0| \right) |z|^{n-1} \\
&= |z|^{n-1} \left(|z| - (R-1) \right) \geq |z|^{n-1} > R^{n-1} \geq R \, .
\end{aligned}$$

Also ist der Wert von p außerhalb des Balles $\bar{\mathbb{B}}_\mathbb{C}(0, R)$ dem Betrage nach größer als R. Wegen $|p(0)| = |a_0| < R$ bedeutet dies, daß die Beziehung

$$\inf_{z \in \mathbb{C}} |p(z)| = \inf_{|z| \leq R} |p(z)|$$

richtig ist.

(ii) Als nächstes betrachten wir die Funktion

$$|p| : \bar{\mathbb{B}}_\mathbb{C}(0, R) \to \mathbb{R} \, , \quad z \mapsto |p(z)| \, ,$$

welche, als Einschränkung der Komposition der beiden stetigen Funktionen $|\cdot|$ und p, stetig ist. Man vergleiche dazu die Beispiele 1.3(k) und 1.9(a), sowie Korollar 1.6. Ferner ist der abgeschlossene Ball $\bar{\mathbb{B}}_\mathbb{C}(0, R)$ nach dem Satz von Heine-Borel und Beispiel 2.19(d) kompakt. Somit können wir den Satz vom Minimum auf $|p|$ anwenden und finden ein $z_0 \in \bar{\mathbb{B}}_\mathbb{C}(0, R)$, in welchem die Funktion $|p|$ ihr Minimum annimmt.

(iii) Nehmen wir an, p besitze in $\bar{\mathbb{B}}_\mathbb{C}(0, R)$ keine Nullstelle. Dann gilt insbesondere $p(z_0) \neq 0$. Somit wird durch $q := p(X + z_0) / p(z_0)$ ein Polynom vom Grad n definiert mit den Eigenschaften

$$|q(z)| \geq 1 \, , \quad z \in \mathbb{C} \, , \quad \text{und} \quad q(0) = 1 \, . \tag{3.5}$$

Also können wir q in der Form

$$q = 1 + \alpha X^k + X^{k+1} r$$

mit geeignet gewählten $\alpha \in \mathbb{C}^\times$, $k \in \{1, \ldots, n-1\}$ und $r \in \mathbb{C}[X]$ schreiben.

(iv) An dieser Stelle greifen wir etwas vor und machen von der Existenz komplexer Wurzeln Gebrauch. Dieses Resultat, welches wir erst in Paragraph 6 (und dort selbstverständlich unabhängig vom Fundamentalsatz der Algebra) beweisen werden, besagt insbesondere, daß ein $z_1 \in \mathbb{C}$ existiert[4] mit $z_1^k = -1/\alpha$. Hiermit ergibt sich

$$q(tz_1) = 1 - t^k + t^{k+1} z_1^{k+1} r(tz_1) \, , \quad t \in [0, 1] \, ,$$

und folglich

$$|q(tz_1)| \leq 1 - t^k + t^k \cdot t \, |z_1^{k+1} r(tz_1)| \, , \quad t \in [0, 1] \, . \tag{3.6}$$

---

[4]Man beachte, daß diese Aussage über dem Körper der reellen Zahlen $\mathbb{R}$ nicht richtig ist. In der Tat wird nur an dieser Stelle von Eigenschaften des Körpers $\mathbb{C}$ Gebrauch gemacht, d.h., alle anderen Argumente des obigen Beweises sind auch in $\mathbb{R}$ richtig!

(v) Schließlich betrachten wir die Funktion

$$h: [0,1] \to \mathbb{R} , \quad t \mapsto |z_1^{k+1} r(tz_1)| .$$

Es ist nicht schwierig einzusehen, daß h stetig ist. Man vergleiche etwa Satz 1.5(ii), Korollar 1.6, Theorem 1.8 und Beispiel 1.9(a). Aufgrund des Satzes von Heine-Borel können wir Korollar 3.7 anwenden und finden ein $M \geq 1$ mit

$$h(t) = |z_1^{k+1} r(tz_1)| \leq M , \quad t \in [0,1] .$$

Verwenden wir diese Schranke in der Abschätzung (3.6), so erhalten wir

$$|q(tz_1)| \leq 1 - t^k(1 - tM) \leq 1 - t^k/2 < 1 , \quad t \in \left(0, 1/(2M)\right) ,$$

was der ersten Aussage von (3.5) widerspricht. Also besitzt p in $\bar{\mathbb{B}}_{\mathbb{C}}(0, R)$ eine Nullstelle. ∎

Korollar *Es sei*

$$p = a_n X^n + a_{n-1} X^{n-1} + \cdots + a_1 X + a_0$$

mit $a_0, \ldots, a_n \in \mathbb{C},\ a_n \neq 0$ *und* $n \geq 1$. *Dann existieren* $z_1, \ldots, z_n \in \mathbb{C}$ *mit*

$$p = a_n \prod_{k=1}^{n} (X - z_k) .$$

Also besitzt jedes Polynom p über $\mathbb{C}$ genau Grad(p) (gemäß ihrer Vielfachheit gezählte) Nullstellen.

Beweis Der Fundamentalsatz der Algebra sichert die Existenz von $z_1 \in \mathbb{C}$ mit $p(z_1) = 0$. Somit gibt es nach Theorem I.8.17 ein eindeutig bestimmtes $p_1 \in \mathbb{C}[X]$ mit $p = (X - z_1)p_1$ und Grad(p_1) = Grad(p) − 1. Ein einfaches Induktionsargument beschließt den Beweis. ∎

(c) *Es seien* A *und* K *disjunkte Teilmengen eines metrischen Raumes. Ferner sei* K *kompakt und* A *sei abgeschlossen. Dann ist der* **Abstand**, $d(K, A)$, *von* K *zu* A *positiv, d.h.*

$$d(K, A) := \inf_{k \in K} d(k, A) > 0 .$$

Beweis Gemäß den Beispielen 1.3(k) und (l) ist die reellwertige Abbildung $d(\cdot, A)$ stetig auf K. Also gibt es nach dem Satz vom Minimum ein $k_0 \in K$ mit $d(k_0, A) = d(K, A)$. Nehmen wir an, es gelte

$$d(k_0, A) = \inf_{a \in A} d(k_0, a) = 0 .$$

Dann gibt es eine Folge (a_k) in A mit $d(k_0, a_k) \to 0$ für $k \to \infty$. Also konvergiert die Folge (a_k) gegen k_0. Weil A nach Voraussetzung abgeschlossen ist, gehört k_0 zu A, was wegen $A \cap K = \emptyset$ nicht möglich ist. Also gilt $d(k_0, A) = d(K, A) > 0$. ∎

(d) Auf die Kompaktheit von K kann in (c) nicht verzichtet werden.

Beweis Die Mengen $A := \mathbb{R} \times \{0\}$ und $B := \left\{ (x, y) \in \mathbb{R}^2 ;\ xy = 1 \right\}$ sind beide abgeschlossen, aber nicht kompakt in $\mathbb{R}^2$. Wegen $d\big((n, 0), (n, 1/n)\big) = 1/n$ für $n \in \mathbb{N}^\times$ gilt $d(A, B) = 0$. ∎

Totalbeschränktheit

Die obigen Theoreme und Beispiele zeigen bereits die große praktische Bedeutung kompakter Mengen. Deshalb ist es wichtig, möglichst viele Kriterien zu besitzen, welche es erlauben, eine gegebene Menge auf Kompaktheit zu testen. Aus diesem Grund fügen wir die folgende Charakterisierung kompakter Mengen an.

3.10 Theorem *Eine Teilmenge eines metrischen Raumes ist genau dann kompakt, wenn sie vollständig und totalbeschränkt ist.*

Beweis „$\Rightarrow$" Es sei $K \subset X$ kompakt, und (x_j) sei eine Cauchyfolge in K. Da K folgenkompakt ist, besitzt (x_j) eine in K konvergente Teilfolge. Also ist (gemäß Satz II.6.4) die Folge (x_j) in K konvergent. Somit ist K vollständig.

Für jedes $r > 0$ ist $\{\mathbb{B}(x,r) \; ; \; x \in K\}$ eine offene Überdeckung. Da K kompakt ist, gibt es eine endliche Teilüberdeckung. Also ist K totalbeschränkt.

„$\Leftarrow$" Es sei K vollständig und totalbeschränkt. Ferner sei (x_j) eine Folge in K. Da K totalbeschränkt ist, gibt es zu jedem $n \in \mathbb{N}^\times$ endlich viele offene Bälle mit Mittelpunkten in K und Radius $1/n$, die K überdecken. Daher gibt es eine Teilfolge $(x_{1,j})_{j \in \mathbb{N}}$ von (x_j), die ganz in einem Ball mit Radius 1 enthalten ist. Dann gibt es eine Teilfolge $(x_{2,j})_{j \in \mathbb{N}}$ von $(x_{1,j})_{j \in \mathbb{N}}$, die ganz in einem Ball mir Radius $1/2$ enthalten ist, etc. Also gibt es zu jedem $n \in \mathbb{N}^\times$ eine Teilfolge $(x_{n+1,j})_{j \in \mathbb{N}}$ von $(x_{n,j})_{j \in \mathbb{N}}$, die ganz in einem Ball mit Radius $1/(n+1)$ enthalten ist. Wir setzen $y_n := x_{n,n}$ für $n \in \mathbb{N}^\times$. Dann prüft man leicht nach, daß (y_n) eine Cauchyfolge in K ist (vgl. Bemerkung 3.11(a)). Also konvergiert (y_n) in K, da K vollständig ist. Somit besitzt die Folge (x_j) eine in K konvergente Teilfolge, nämlich (y_n), was zeigt, daß K folgenkompakt ist. Gemäß Theorem 3.4 ist K also kompakt. ∎

3.11 Bemerkungen **(a)** Im zweiten Teil des letzten Beweises haben wir ein Beweisprinzip verwendet, das auch in anderen Zusammenhängen von Nutzen ist, nämlich das **Diagonalfolgenprinzip**: Aus einer gegebenen Folge $(x_{0,j})_{j \in \mathbb{N}}$ wählt man, gemäß einer geeigneten Vorschrift, sukzessive Teilfolgen aus. Schließlich bildet man die **Diagonalfolge**, indem man von der n-ten Teilfolge das n-te Glied auswählt.

$$
\begin{array}{ccccc}
\boxed{x_{0,0}}, & x_{0,1}, & x_{0,2}, & x_{0,3}, & \cdots \\[2mm]
x_{1,0}, & \boxed{x_{1,1}}, & x_{1,2}, & x_{1,3}, & \cdots \\[2mm]
x_{2,0}, & x_{2,1}, & \boxed{x_{2,2}}, & x_{2,3}, & \cdots \\[2mm]
x_{3,0}, & x_{3,1}, & x_{3,2}, & \boxed{x_{3,3}}, & \cdots \\[2mm]
\vdots & \vdots & \vdots & \vdots & \vdots
\end{array}
$$

Hierbei ist $(x_{n+1,j})_{j\in\mathbb{N}}$ für jedes $n \in \mathbb{N}$ eine Teilfolge von $(x_{n,j})$. Die Diagonalfolge $(y_n) := (x_{n,n})_{n\in\mathbb{N}}$ hat dann offensichtlich die Eigenschaft, daß $(y_n)_{n\geq N}$ für jedes $N \in \mathbb{N}$ eine Teilfolge von $(x_{N,j})_{j\in\mathbb{N}}$ ist, also dieselben „infinitären Eigenschaften" wie jede der Teilfolgen $(x_{n,j})_{j\in\mathbb{N}}$ besitzt.

(b) Eine Teilmenge K eines metrischen Raumes X ist genau dann kompakt, wenn K mit der induzierten Metrik ein kompakter metrischer Raum ist.

Beweis Dies ist eine einfache Konsequenz aus der Definition der Relativtopologie und aus Satz 2.26. ∎

Aufgrund von Bemerkung 3.11(b) hätte es offensichtlich genügt, die Theoreme 3.3 und 3.4 für X, statt für eine Teilmenge K von X, zu formulieren. Da in den Anwendungen meistens der „umgebende" metrische Raum X a priori gegeben ist, z.B. wird X sehr oft ein Banachraum sein, und Teilmengen von X in natürlicher Weise auftreten, haben wir die obigen etwas umständlicheren, aber „realitätsnäheren" Formulierungen gewählt.

Gleichmäßige Stetigkeit

Es seien X und Y metrische Räume, und $f : X \to Y$ sei stetig. Dann gibt es gemäß Satz 1.1 zu jedem $x_0 \in X$ und jedem $\varepsilon > 0$ ein $\delta(x_0, \varepsilon) > 0$, so daß für jedes $x \in X$ mit $d(x, x_0) < \delta$ die Abschätzung $d(f(x_0), f(x)) < \varepsilon$ gilt. Wie wir bereits bei der Formulierung von Satz 1.1 bemerkt und in Beispiel 1.3(a) explizit gesehen haben, hängt die Zahl $\delta(x_0, \varepsilon)$ i. allg. von $x_0 \in X$ ab. Andererseits zeigt Beispiel 1.3(e), daß es stetige Abbildungen gibt, bei denen zu vorgegebenem $\varepsilon > 0$ die Zahl δ unabhängig von $x_0 \in X$ gewählt werden kann. Solche Abbildungen werden später von großer praktischer Bedeutung sein und heißen gleichmäßig stetig. Genauer nennen wir die Abbildung $f : X \to Y$ **gleichmäßig stetig**, falls es zu jedem $\varepsilon > 0$ ein $\delta(\varepsilon) > 0$ gibt mit

$$d(f(x), f(y)) < \varepsilon \quad \text{für alle } x, y \in X \text{ mit } d(x, y) < \delta(\varepsilon) .$$

3.12 Beispiele **(a)** Lipschitz-stetige Funktionen sind gleichmäßig stetig, wie wir in Beispiel 1.3(e) festgestellt haben.

(b) Die Funktion $r : (0, \infty) \to \mathbb{R}$, $x \mapsto 1/x$ ist stetig, aber nicht gleichmäßig stetig.

Beweis Als Einschränkung einer rationalen Funktion ist r zweifellos stetig. Es sei nun $\varepsilon > 0$. Nehmen wir an, es gäbe ein $\delta := \delta(\varepsilon) > 0$ mit $|r(x) - r(y)| < \varepsilon$ für alle $x, y \in (0, 1)$ mit $|x - y| < \delta$. Wählen wir dann $x := \delta/(1 + \delta\varepsilon)$ und $y := x/2$, so gelten $x, y \in (0, 1)$ und $|x - y| = \delta/[2(1 + \delta\varepsilon)] < \delta$ sowie $|r(x) - r(y)| = (1 + \delta\varepsilon)/\delta > \varepsilon$, was nicht möglich ist. ∎

Das folgende wichtige Theorem zeigt, daß in vielen Fällen aus der Stetigkeit automatisch die gleichmäßige Stetigkeit folgt.

3.13 Theorem　Es seien X, Y metrische Räume, $f: X \to Y$ sei stetig und X sei kompakt. Dann ist $f: X \to Y$ gleichmäßig stetig, d.h., stetige Abbildungen sind auf kompakten Mengen gleichmäßig stetig.

Beweis　Nehmen wir an, daß f stetig, aber nicht gleichmäßig stetig sei. Dann existiert ein $\varepsilon > 0$ mit der Eigenschaft, daß es zu jedem $\delta > 0$ Punkte $x, y \in X$ gibt mit $d(x, y) < \delta$, aber $d(f(x), f(y)) \geq \varepsilon$. Insbesondere finden wir zwei Folgen (x_n) und (y_n) in X mit

$$d(x_n, y_n) < 1/n \quad \text{und} \quad d(f(x_n), f(y_n)) \geq \varepsilon, \qquad n \in \mathbb{N}^\times.$$

Da X kompakt ist, gibt es nach Theorem 3.4 ein $\overline{x} \in X$ und eine Teilfolge $(x_{n_k})_{k \in \mathbb{N}}$ von (x_n) mit $\lim_{k \to \infty} x_{n_k} = \overline{x}$. Für die Teilfolge $(y_{n_k})_{k \in \mathbb{N}}$ von (y_n) ergibt sich nun:

$$d(\overline{x}, y_{n_k}) \leq d(\overline{x}, x_{n_k}) + d(x_{n_k}, y_{n_k}) \leq d(\overline{x}, x_{n_k}) + 1/n_k, \qquad k \in \mathbb{N}^\times.$$

Also konvergiert auch $(y_{n_k})_{k \in \mathbb{N}}$ gegen $\overline{x}$. Da f stetig ist, konvergieren deshalb die Bildfolgen gegen $f(\overline{x})$, d.h., es gibt ein $K \in \mathbb{N}$ mit

$$d(f(x_{n_K}), f(\overline{x})) < \varepsilon/2 \quad \text{und} \quad d(f(y_{n_K}), f(\overline{x})) < \varepsilon/2.$$

Dies führt aber zum Widerspruch

$$\varepsilon \leq d(f(x_{n_K}), f(y_{n_K})) \leq d(f(x_{n_K}), f(\overline{x})) + d(f(\overline{x}), f(y_{n_K})) < \varepsilon.$$

Daher ist f gleichmäßig stetig. ∎

Kompaktheit in allgemeinen topologischen Räumen

Wie am Ende des letzten Paragraphen wollen wir auch hier kurz auf den Fall allgemeiner topologischer Räume eingehen. Allerdings ist hier die Situation nicht mehr so einfach, so daß wir uns im wesentlichen auf die Beschreibung von Resultaten beschränken werden. Für Beweise und ein tieferes Eindringen in Fragen der (mengentheoretischen) Topologie sei z.B. auf das sehr empfehlenswerte Buch von Dugundji [Dug66] verwiesen.

3.14 Bemerkungen　(a) Es sei $X = (X, \mathfrak{T})$ ein topologischer Raum. Dann heißt X **kompakt**, wenn X hausdorffsch ist und wenn es zu jeder offenen Überdeckung eine endliche Teilüberdeckung gibt. Der Raum X ist **folgenkompakt**, wenn er hausdorffsch ist und jede Folge eine konvergente Teilfolge besitzt. Eine Teilmenge $Y \subset X$ heißt **kompakt** [bzw. **folgenkompakt**], wenn der topologische Unterraum $(Y, \mathfrak{T}_Y)$ kompakt [bzw. folgenkompakt] ist. Aufgrund der Sätze 2.17 und 2.26 sowie der Bemerkung 3.11(b) verallgemeinern diese Definitionen den Begriff der kompakten [bzw. folgenkompakten] Teilmenge eines metrischen Raumes.

(b) Jede kompakte Teilmenge K eines Hausdorffraumes X ist abgeschlossen. Zu jedem $x_0 \in K^c$ gibt es disjunkte offene Mengen U und V in X mit $U \supset K$ und $x_0 \in V$. Mit anderen Worten: Eine kompakte Teilmenge eines Hausdorffraumes und ein dazu disjunkter Punkt können durch offene Umgebungen getrennt werden.

Beweis　Dies folgt aus dem ersten Teil des Beweises von Satz 3.2 ∎

(c) Jede abgeschlossene Teilmenge eines kompakten Raumes ist kompakt.

Beweis Vgl. Aufgabe 2. ∎

(d) Es seien X kompakt und Y hausdorffsch. Dann ist das Bild einer stetigen Abbildung $f : X \to Y$ kompakt.

Beweis Der Beweis von Theorem 3.6 und die Definition der Relativtopologie zeigen, daß jede offene Überdeckung von $f(X)$ eine endliche Teilüberdeckung besitzt. Da jeder topologische Unterraum eines Hausdorffraumes trivialerweise hausdorffsch ist, folgt die Behauptung. ∎

(e) In allgemeinen topologischen Räumen sind Kompaktheit und Folgenkompaktheit verschiedene Begriffe. Mit anderen Worten: Ein kompakter Raum braucht nicht folgenkompakt zu sein, und ein folgenkompakter Raum ist nicht notwendigerweise kompakt.

(f) Der Begriff der gleichmäßigen Stetigkeit ergibt in allgemeinen topologischen Räumen keinen Sinn, da er nicht mittels Umgebungen (oder offener Mengen) formuliert werden kann. ∎

Aufgaben

1 Es seien X_j, $j = 1, \ldots, n$, metrische Räume. Dann ist $X_1 \times \cdots \times X_n$ genau dann kompakt, wenn jedes X_j kompakt ist.

2 Es seien X ein kompakter metrischer Raum und Y eine Teilmenge von X. Man beweise, daß Y genau dann kompakt ist, wenn Y abgeschlossen ist.

3 Es seien X und Y metrische Räume. Die Abbildung $f : X \to Y$ heißt **topologisch** oder **Homöomorphismus**, wenn f bijektiv, und f und f^{-1} stetig sind. Man beweise:

(a) Ist $f : X \to Y$ ein Homöomorphismus, so gilt $\mathfrak{U}(f(x)) = f(\mathfrak{U}(x))$ für $x \in X$, d.h., „f bildet Umgebungen auf Umgebungen ab".

(b) Sind X kompakt und $f : X \to Y$ stetig, so gelten:

(i) f ist abgeschlossen.

(ii) f ist topologisch, falls f bijektiv ist.

4 Ein System $\mathcal{M}$ von Teilmengen einer nichtleeren Menge besitzt die **endliche Durchschnittseigenschaft**, wenn jedes endliche Teilsystem von $\mathcal{M}$ einen nichtleeren Durchschnitt hat.
Man beweise, daß folgende Aussagen äquivalent sind:

(a) X ist ein kompakter metrischer Raum.

(b) Jedes System $\mathfrak{A}$ von abgeschlossenen Teilmengen von X, das die endliche Durchschnittseigenschaft besitzt, hat einen nichtleeren Durchschnitt, d.h. $\bigcap \mathfrak{A} \neq \emptyset$.

5 Es sei A_j eine Folge nichtleerer abgeschlossener Teilmengen von X mit $A_j \supset A_{j+1}$ für $j \in \mathbb{N}$. Dann gilt $\bigcap A_j \neq \emptyset$, falls A_0 kompakt ist.[5]

6 Es seien E und F endlich-dimensionale normierte Vektorräume, und $A : E \to F$ sei linear. Man beweise, daß A Lipschitz-stetig ist. (Hinweis: Beispiel 3.9(a).)

---

[5]Man vergleiche dazu Aufgabe 2.9.

7 Man verifiziere, daß die Menge $O(n)$ aller reellen orthogonalen Matrizen eine kompakte Teilmenge des $\mathbb{R}^{(n^2)}$ ist.

8 Es seien

$$C_0 := [0,1] \,, \quad C_1 := C_0 \backslash (1/3, 2/3) \,, \quad C_2 := C_1 \backslash \big((1/9, 2/9) \cup (7/9, 8/9)\big) \,, \quad \ldots$$

Allgemein entsteht C_{n+1} aus C_n durch Weglassen der offenen mittleren Drittel aller 2^n Intervalle, aus denen sich C_n zusammensetzt. Der Durchschnitt $C := \bigcap C_n$ heißt **Cantorsches Diskontinuum**. Man verifiziere:

(a) C ist kompakt und hat ein leeres Inneres.

(b) C besteht aus allen Zahlen in $[0,1]$, welche eine Tertialbruchentwicklung $\sum_{k=1}^\infty a_k 3^{-k}$ mit $a_k \in \{0, 2\}$ besitzen.

(c) Jeder Punkt von C ist ein Häufungspunkt von C, d.h., C ist perfekt.

(d) Wird $x \in C$ durch den Tertialbruch $\sum_{k=1}^\infty a_k 3^{-k}$ dargestellt, so setze man

$$\varphi(x) := \sum_{k=1}^\infty a_k 2^{-(k+1)} \,.$$

Dann ist $\varphi : C \to [0,1]$ wachsend, surjektiv und stetig.

(e) C ist überabzählbar.

(f) φ besitzt eine stetige Fortsetzung $f : [0,1] \to [0,1]$, die konstant ist auf den Intervallen, welche $[0,1] \backslash C$ bilden. Die Funktion f heißt **Cantorfunktion** von C.

9 Es sei X ein metrischer Raum. Eine Funktion $f : X \to \mathbb{R}$ heißt **unterhalbstetig in** $a \in X$, wenn für jede Folge (x_n) in X mit $\lim x_n = a$ gilt: $f(a) \le \underline{\lim} f(x_n)$. Sie heißt **oberhalbstetig in** a, wenn $-f$ in a unterhalbstetig ist. Schließlich heißt f **unterhalbstetig** [bzw. **oberhalbstetig**], wenn f in jedem Punkt von X unterhalbstetig [bzw. oberhalbstetig] ist.

(a) Man zeige die Äquivalenz der folgenden Aussagen:

  (i) f ist unterhalbstetig.

  (ii) Zu jedem $a \in X$ und jedem $\varepsilon > 0$ gibt es ein $U \in \mathfrak{U}(a)$ mit $f(x) > f(a) - \varepsilon$ für $x \in U$.

  (iii) Für jedes $\alpha \in \mathbb{R}$ ist $f^{-1}\big((\alpha, \infty)\big)$ offen.

  (iv) Für jedes $\alpha \in \mathbb{R}$ ist $f^{-1}\big((-\infty, \alpha]\big)$ abgeschlossen.

(b) f ist genau dann stetig, wenn f unterhalb- und oberhalbstetig ist.

(c) Ist χ_A die charakteristische Funktion von $A \subset X$, so gilt: A ist genau dann offen, wenn χ_A unterhalbstetig ist.

(d) Es seien X kompakt und $f : X \to \mathbb{R}$ unterhalbstetig. Dann nimmt f das Minimum an, d.h., es gibt ein $x \in X$ mit $f(x) \le f(y)$ für $y \in X$. (Hinweis: Man betrachte eine „Minimalfolge" (x_n) in X mit $f(x_n) \to \inf f(X)$.)

10 Es seien $f, g : [0,1] \to \mathbb{R}$ gegeben durch

$$f(x) := \begin{cases} 1/n \,, & x \in \mathbb{Q} \text{ mit teilerfremder Darstellung } x = m/n \,, \\ 0 \,, & x \notin \mathbb{Q} \,, \end{cases}$$

und

$$g(x) := \begin{cases} (-1)^n n/(n+1) \,, & x \in \mathbb{Q} \text{ mit teilerfremder Darstellung } x = m/n \,, \\ 0 \,, & x \notin \mathbb{Q} \,. \end{cases}$$

Man beweise oder widerlege:

(a) f ist oberhalbstetig.

(b) f ist unterhalbstetig.

(c) g ist oberhalbstetig.

(d) g ist unterhalbstetig.

11 Es sei X ein metrischer Raum, und $f : [0,1) \to X$ sei stetig. Man zeige, daß f gleichmäßig stetig ist, falls $\lim_{t \to 1} f(t)$ existiert.

12 Welche der Funktionen

$$f : (0,\infty) \to \mathbb{R} , \quad t \mapsto (1+t^2)^{-1} , \qquad g : (0,\infty) \to \mathbb{R} , \quad t \mapsto t^{-2}$$

ist gleichmäßig stetig?

13 Man beweise, daß jeder endlich-dimensionale Untervektorraum eines normierten Vektorraumes abgeschlossen ist.
(Hinweise: Es seien E ein normierter Vektorraum und F ein Untervektorraum von E endlicher Dimension. Ferner seien (v_n) eine Folge in F und $v \in E$ mit $\lim v_n = v$ in E. Wegen Bemerkung I.12.5, Satz 1.10 und wegen des Satzes von Bolzano-Weierstraß gibt es eine Teilfolge $(v_{n_k})_{k \in \mathbb{N}}$ von (v_n) und ein $w \in F$ mit $\lim_k v_{n_k} = w$ in F. Nun schließe man mit den Sätzen 2.11 und 2.17, daß $v = w \in F$.)

14 Es sei X ein metrischer Raum, und $f : X \to \mathbb{R}$ sei beschränkt. Man zeige, daß $\omega_f : X \to \mathbb{R}$ oberhalbstetig ist (vgl. Aufgabe 2.20).

15 Man zeige, daß der abgeschlossene Einheitsball in ℓ_∞ (vgl. Bemerkung II.3.6(a)) nicht kompakt ist. (Hinweis: Man betrachte die Folge (e_n) der „Einheitsvektoren" e_n mit $e_n(j) := \delta_{nj}$ für $j \in \mathbb{N}$.)

4 Zusammenhang

Wir wollen nun einen weiteren topologischen Begriff studieren, der in vielen Beweisen der Analysis eine wichtige Rolle spielt. Wir werden nämlich Regeln aufstellen, um den anschaulichen Begriff des Zusammenhanges einer Punktmenge zu präzisieren. Es ist zwar intuitiv klar, daß ein Intervall in $\mathbb{R}$ „zusammenhängend" ist, und daß es „in Teile zerfällt", wenn wir einzelne Punkte daraus entfernen. Wie aber sieht es in allgemeineren Situationen aus, die nicht so übersichtlich sind? Wir werden sehen, daß die offenen Mengen, also die Topologie eines Raumes, eine wesentliche Rolle bei der Beantwortung dieser Frage spielen.

Charakterisierung des Zusammenhanges

Ein metrischer Raum X heißt **zusammenhängend**, wenn X nicht als Vereinigung zweier offener, nichtleerer und disjunkter Teilmengen dargestellt werden kann. Damit ist X genau dann zusammenhängend, wenn gilt:

$$\nexists O_1, O_2 \subset X, \text{ offen, nicht leer, mit } O_1 \cap O_2 = \emptyset \text{ und } O_1 \cup O_2 = X \ .$$

Eine Teilmenge M von X heißt **zusammenhängend** in X, wenn M bezügl. der von X induzierten Metrik zusammenhängend ist.

4.1 Beispiele (a) Offensichtlich sind die leere Menge und jede einpunktige Menge zusammenhängend.

(b) Die Menge der natürlichen Zahlen $\mathbb{N}$ ist nicht zusammenhängend.

Beweis Für jedes $n \in \mathbb{N}$ ist $N_n := \{0, 1, \ldots, n\}$ offen und abgeschlossen in $\mathbb{N}$. Somit ist auch N_n^c offen und abgeschlossen in $\mathbb{N}$. ∎

(c) Die Menge der rationalen Zahlen $\mathbb{Q}$ ist nicht zusammenhängend in $\mathbb{R}$.

Beweis $O_1 := \{ x \in \mathbb{Q} \ ; \ x < \sqrt{2} \}$ und $O_2 := \{ x \in \mathbb{Q} \ ; \ x > \sqrt{2} \}$ sind zwei offene und nichtleere Teilmengen von $\mathbb{R}$, für die sowohl $O_1 \cap O_2 = \emptyset$ als auch $O_1 \cup O_2 = \mathbb{Q}$ gelten. ∎

Der Beweis von Beispiel 4.1(b) läßt sich verallgemeinern und führt zur folgenden Kennzeichnung zusammenhängender Mengen:

4.2 Satz *In einem metrischen Raum X sind folgende Aussagen äquivalent:*

(i) *X ist zusammenhängend.*

(ii) *X ist die einzige nichtleere, offene und abgeschlossene Teilmenge von X.*

Beweis „(i)$\Rightarrow$(ii)" Es sei O eine nichtleere, offene und abgeschlossene Teilmenge von X. Dann ist auch O^c offen und abgeschlossen in X. Überdies gelten natürlich $X = O \cup O^c$ und $O \cap O^c = \emptyset$. Da X zusammenhängend ist und O als nicht leer vorausgesetzt wurde, folgt, daß O^c leer ist. Also gilt $O = X$.

„(ii)$\Rightarrow$(i)" Es seien O_1 und O_2 zwei offene nichtleere Teilmengen von X mit $O_1 \cap O_2 = \emptyset$ und $O_1 \cup O_2 = X$. Dann ist $O_1 = O_2^c$ offen und abgeschlossen in X und nicht leer, und wir schließen gemäß Voraussetzung, daß $O_1 = O_2^c = X$ gilt. Dies ergibt den Widerspruch $O_2 = \emptyset$. ∎

4.3 Bemerkung Der eben bewiesene Satz beinhaltet folgendes wichtige **Beweisprinzip**: Es sei E eine Eigenschaft, und es soll gezeigt werden, daß $E(x)$ für alle $x \in X$ richtig ist. Dazu setzt man

$$O := \big\{ x \in X \;;\; E(x) \text{ ist wahr} \big\} \,.$$

Gelingt der Nachweis, daß die Menge O nicht leer, offen und abgeschlossen ist, so folgt aus Satz 4.2, daß $E(x)$ für alle $x \in X$ gilt, *falls* X zusammenhängend ist. ∎

Zusammenhang in $\mathbb{R}$

Der nächste Satz beschreibt alle zusammenhängenden Teilmengen von $\mathbb{R}$ und liefert zugleich erste konkrete, nichttriviale Beispiele zusammenhängender Mengen.

4.4 Theorem *Eine Teilmenge von $\mathbb{R}$ ist genau dann zusammenhängend, wenn sie ein Intervall ist.*

Beweis Aufgrund von Beispiel 4.1(a) können wir ohne Beschränkung der Allgemeinheit annehmen, daß die Menge mehr als ein Element besitzt.

„$\Rightarrow$" Es sei $X \subset \mathbb{R}$ zusammenhängend.

(i) Setzen wir $a := \inf(X) \in \bar{\mathbb{R}}$ und $b := \sup(X) \in \bar{\mathbb{R}}$, so ist das Intervall (a, b) nicht leer, da X nicht einpunktig ist. Außerdem gilt offenbar[1] $X \subset (a, b) \cup \{a, b\}$.

(ii) In diesem Schritt beweisen wir die Inklusion $(a, b) \subset X$. Dazu nehmen wir an, (a, b) sei nicht in X enthalten. Dann gibt es ein $c \in (a, b)$, welches nicht zu X gehört. Setzen wir $O_1 := X \cap (-\infty, c)$ und $O_2 := X \cap (c, \infty)$, so sind O_1 und O_2 nach Satz 2.26 offen in X. Selbstverständlich sind O_1 und O_2 disjunkt und ihre Vereinigung ist X. Gemäß der Definition von a und b und der Wahl von c gibt es Elemente $x, y \in X$ mit $x < c$ und $y > c$. Dies bedeutet, daß x zu O_1, und daß y zu O_2 gehören. Also sind O_1 und O_2 nicht leer. Somit ist X nicht zusammenhängend, im Widerspruch zur Annahme.

(iii) Insgesamt haben wir die Inklusionen $(a, b) \subset X \subset (a, b) \cup \{a, b\}$ nachgewiesen, welche zeigen, daß X ein Intervall ist.

„$\Leftarrow$" (i) Wir führen einen Widerspruchsbeweis. Dazu sei X ein Intervall und es gebe offene, nichtleere Teilmengen O_1 und O_2 von X mit $O_1 \cap O_2 = \emptyset$ und $O_1 \cup O_2 = X$. Wir wählen $x \in O_1$ und $y \in O_2$ und betrachten zuerst den Fall $x < y$. Aufgrund der Ordnungsvollständigkeit von $\mathbb{R}$ ist dann $z := \sup(O_1 \cap [x, y])$ eine wohldefinierte reelle Zahl.

---

[1]Sind a und b reelle Zahlen, so gilt selbstverständlich $(a, b) \cup \{a, b\} = [a, b]$.

(ii) Nehmen wir an, es gelte $z \in O_1$. Da O_1 offen ist in X, und weil X nach Voraussetzung ein Intervall ist, gibt es ein $\varepsilon > 0$ mit $[z, z + \varepsilon) \subset O_1 \cap [x, y]$, was der Supremumseigenschaft von z widerspricht. Das Element z kann auch nicht zu O_2 gehören, denn sonst würden wir wie eben ein $\varepsilon > 0$ finden mit

$$(z - \varepsilon, z] \subset O_2 \cap [x, y] ,$$

was wegen $O_1 \cap O_2 = \emptyset$ und der Definition von z nicht möglich ist. Also gilt $z \notin O_1 \cup O_2 = X$. Andererseits liegt $[x, y]$ ganz in X, da X ein Intervall ist. Dies ergibt den Widerspruch $z \in [x, y] \subset X$ und $z \notin X$. Der Fall $y < x$ wird in gleicher Weise behandelt. ∎

Der allgemeine Zwischenwertsatz

Zusammenhängende Mengen haben die Eigenschaft, daß ihre Bilder unter stetigen Abbildungen wieder zusammenhängend sind. Dieses wichtige Resultat können wir mit unseren in Paragraph 2 gewonnenen Kenntnissen sehr einfach beweisen.

4.5 Theorem *Es seien X, Y metrische Räume, und $f : X \to Y$ sei stetig. Ist X zusammenhängend, so ist auch $f(X)$ zusammenhängend, d.h., stetige Bilder zusammenhängender Mengen sind zusammenhängend.*

Beweis Wir argumentieren indirekt. Es sei $f(X)$ nicht zusammenhängend. Dann gibt es nichtleere Teilmengen V_1, V_2 von $f(X)$ mit der Eigenschaft, daß V_1 und V_2 in $f(X)$ offen sind und daß $V_1 \cap V_2 = \emptyset$ und $V_1 \cup V_2 = f(X)$ gelten. Wegen Satz 2.26 finden wir in Y offene Mengen O_j mit $V_j = O_j \cap f(X)$ für $j = 1, 2$. Setzen wir $U_j := f^{-1}(O_j)$, so ist U_j nach Theorem 2.20 offen in X für $j = 1, 2$. Außerdem gelten

$$U_1 \cup U_2 = X , \quad U_1 \cap U_2 = \emptyset \quad \text{und} \quad U_j \neq \emptyset , \quad j = 1, 2 ,$$

was für die zusammenhängende Menge X nicht möglich ist. ∎

4.6 Korollar *Stetige Bilder von Intervallen sind zusammenhängend.*

Die Theoreme 4.4 und 4.5 sind äußerst wirkungsvolle Instrumente zur Untersuchung reeller Funktionen, wie wir in den nächsten zwei Paragraphen belegen werden. Bereits hier notieren wir:

4.7 Theorem (Allgemeiner Zwischenwertsatz) *Es sei X ein zusammenhängender metrischer Raum, und $f : X \to \mathbb{R}$ sei stetig. Dann ist $f(X)$ ein Intervall. Also nimmt f jeden Wert an, der zwischen zwei Funktionswerten liegt.*

Beweis Dies ist eine unmittelbare Konsequenz aus den Theoremen 4.4 und 4.5. ∎

Wegzusammenhang

Es seien $\alpha, \beta \in \mathbb{R}$ mit $\alpha < \beta$. Jede stetige Abbildung $w : [\alpha, \beta] \to X$ heißt **stetiger Weg** im metrischen Raum X mit **Anfangspunkt** $w(\alpha)$ und **Endpunkt** $w(\beta)$. Das Bild $\mathrm{im}(w) = w([\alpha, \beta])$ von w nennen wir **Spur** des Weges w und schreiben dafür $\mathrm{spur}(w)$.

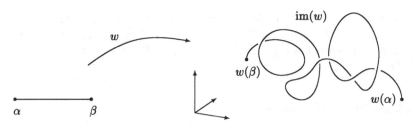

Ein metrischer Raum X heißt **wegzusammenhängend**, falls es zu jedem Paar $(x, y) \in X \times X$ einen stetigen Weg in X gibt mit Anfangspunkt x und Endpunkt y. Eine Teilmenge eines metrischen Raumes heißt **wegzusammenhängend**, wenn sie mit der induzierten Metrik ein wegzusammenhängender metrischer Raum ist.

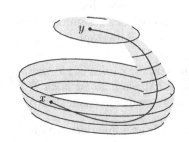

4.8 Satz *Jeder wegzusammenhängende Raum ist zusammenhängend.*

Beweis Wir führen einen Widerspruchsbeweis. Es bezeichne X einen metrischen Raum, der wegzusammenhängend, aber nicht zusammenhängend ist. Dann gibt es nichtleere offene Mengen O_1, O_2 in X mit $O_1 \cap O_2 = \emptyset$ und $X = O_1 \cup O_2$. Wir wählen $x \in O_1$ und $y \in O_2$ und finden dann nach Voraussetzung einen Weg $w : [\alpha, \beta] \to X$ mit $w(\alpha) = x$ und $w(\beta) = y$. Setzen wir $U_j := w^{-1}(O_j)$, so ist U_j nach Theorem 2.20 offen in $[\alpha, \beta]$. Außerdem liegen α in U_1 und β in U_2, und es gelten $U_1 \cap U_2 = \emptyset$ und $U_1 \cup U_2 = [\alpha, \beta]$. Also ist das Intervall $[\alpha, \beta]$ nicht zusammenhängend, was Theorem 4.4 widerspricht. ∎

Es seien E ein normierter Vektorraum und $a, b \in E$. Die lineare Struktur von E erlaubt es, spezielle „geradlinige" Wege in E zu betrachten:

$$v : [0, 1] \to E , \quad t \mapsto (1 - t)a + tb . \tag{4.1}$$

Die Spur des Weges v heißt **Verbindungsstrecke von a nach b** und wird mit $[\![a, b]\!]$ bezeichnet.

Eine Teilmenge X von E heißt **konvex**, falls für jedes Paar $(a, b) \in X \times X$ die Verbindungsstrecke $[\![a, b]\!]$ zu X gehört, d.h., falls $[\![a, b]\!] \subset X$ gilt.

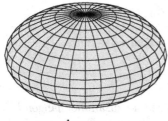 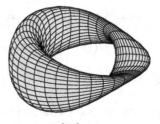

konvex   nicht konvex

4.9 Bemerkungen Es bezeichne E einen normierten Vektorraum.

(a) Jede konvexe Teilmenge von E ist wegzusammenhängend, also gemäß Satz 4.7 auch zusammenhängend.

Beweis Es seien X konvex und $a, b \in X$. Dann definiert (4.1) einen Weg in X mit Anfangspunkt a und Endpunkt b. ∎

(b) Für $a \in E$ und $r > 0$ sind die Bälle $\mathbb{B}_E(a, r)$ und $\bar{\mathbb{B}}_E(a, r)$ konvex.

Beweis Für $x, y \in \mathbb{B}_E(a, r)$ und $t \in [0, 1]$ gilt

$$\|(1 - t)x + ty - a\| = \|(1 - t)(x - a) + t(y - a)\|$$
$$\leq (1 - t)\|x - a\| + t\|y - a\| < (1 - t)r + tr = r .$$

Diese Abschätzung zeigt, daß $[x, y]$ in $\mathbb{B}_E(a, r)$ liegt. Die zweite Aussage wird analog bewiesen. ∎

(c) Eine Teilmenge von $\mathbb{R}$ ist genau dann konvex, wenn sie ein Intervall ist.

Beweis Es sei $X \subset \mathbb{R}$ konvex. Dann ist X gemäß (a) zusammenhängend, und die Behauptung folgt aus Theorem 4.4. Die Aussage, daß Intervalle konvex sind, ist klar. ∎

Nichtkonvexe Mengen können durchaus zusammenhängend sein, wie bereits einfache Beispiele in $\mathbb{R}^2$ zeigen. Offensichtlich legt die Anschauung nahe, daß es möglich sei, zwei beliebige Punkte einer zusammenhängenden ebenen Punktmenge durch einen „Streckenzug" zu verbinden, der aus endlich vielen geraden Teilstrecken besteht. Das folgende Theorem zeigt, daß dies in viel größerer Allgemeinheit richtig ist, falls die Menge offen ist.

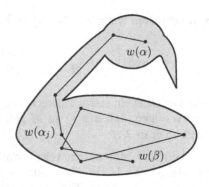

Es sei X eine Teilmenge eines normierten Vektorraumes. Eine Abbildung $w : [\alpha, \beta] \to X$ heißt **stetiger Streckenzug**[2] in X, falls es ein $n \in \mathbb{N}$ und reelle Zahlen

---

[2]Die Abbildung $w : [\alpha, \beta] \to X$ ist offenbar in jedem Punkt links- und rechtsseitig stetig, gemäß Satz 1.12 also stetig. Dies rechtfertigt den Namen „stetiger Streckenzug".

$\alpha_0, \ldots, \alpha_{n+1}$ gibt mit $\alpha = \alpha_0 < \alpha_1 < \cdots < \alpha_{n+1} = \beta$ und

$$w\big((1-t)\alpha_j + t\alpha_{j+1}\big) = (1-t)w(\alpha_j) + tw(\alpha_{j+1})$$

für $t \in [0,1]$ und $j = 0, \ldots, n$.

4.10 Theorem *Es sei X eine nichtleere, offene und zusammenhängende Teilmenge eines normierten Vektorraumes. Dann lassen sich je zwei Punkte von X durch einen stetigen Streckenzug in X verbinden.*

Beweis Es seien $a \in X$ und $M := \{\, x \in X \,;\, \text{es gibt einen stetigen Streckenzug}$ in X, der a mit x verbindet$\,\}$. Wir wollen das in Bemerkung 4.3 beschriebene Beweisprinzip auf die Menge M anwenden.

(i) Wegen $a \in M$ ist M nicht leer.

(ii) Wir beweisen die Offenheit von M in X. Dazu sei $x \in M$. Da X offen ist, finden wir ein $r > 0$ mit $\mathbb{B}(x, r) \subset X$. Gemäß Bemerkung 4.9(b) gehört mit jedem $y \in \mathbb{B}(x, r)$ die ganze Verbindungsstrecke von x nach y auch zu $\mathbb{B}(x, r)$. Außerdem gibt es einen stetigen Streckenzug $w \colon [\alpha, \beta] \to X$ mit $w(\alpha) = a$ und $w(\beta) = x$, da x zu M gehört.

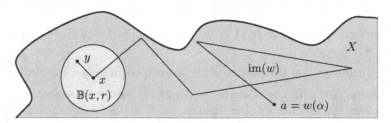

Nun definieren wir $\widetilde{w} \colon [\alpha, \beta + 1] \to X$ durch

$$\widetilde{w}(t) := \begin{cases} w(t)\,, & t \in [\alpha, \beta]\,, \\ (t - \beta)y + (\beta + 1 - t)x\,, & t \in (\beta, \beta + 1]\,. \end{cases}$$

Offenbar ist $\widetilde{w}$ ein stetiger Streckenzug in X, der a mit y verbindet. Diese Überlegungen zeigen, daß $\mathbb{B}(x, r)$ zu M gehört. Also ist x innerer Punkt von M und M somit offen in X.

(iii) Es bleibt nachzuweisen, daß M abgeschlossen ist. Dazu wählen wir irgendein $y \in X \backslash M$. Wieder finden wir aufgrund der Offenheit von X ein $r > 0$, so daß $\mathbb{B}(y, r)$ ganz in X liegt. Außerdem sind $\mathbb{B}(y, r)$ und M disjunkt, denn zu $x \in \mathbb{B}(y, r) \cap M$ gäbe es nach den Überlegungen in (ii) einen stetigen Streckenzug in X, der a mit y verbände. Dies würde aber bedeuten, daß y zu M gehörte, was nicht möglich ist. Also ist y innerer Punkt von $X \backslash M$. Da $y \in X \backslash M$ beliebig war, bedeutet dies die Abgeschlossenheit von M in X. ∎

4.11 Korollar   *Eine offene Teilmenge eines normierten Vektorraumes ist genau dann zusammenhängend, wenn sie wegzusammenhängend ist.*

Beweis   Dies folgt aus Satz 4.8 und Theorem 4.10. ∎

Zusammenhang in allgemeinen topologischen Räumen

Zum Abschluß dieses Paragraphen analysieren wir die obigen Beweise wieder auf ihre „metrische Abhängigkeit".

4.12 Bemerkungen   (a) Die Definitionen „zusammenhängend" und „wegzusammenhängend" machen offensichtlich nur von der Topologie und nicht von den Eigenschaften des Abstandes Gebrauch. Also sind sie in beliebigen topologischen Räumen gültig. Dies gilt auch für die Sätze 4.2 und 4.5, sowie 4.8. Insbesondere ist der allgemeine Zwischenwertsatz 4.7 richtig, wenn X ein beliebiger topologischer Raum ist.

(b) Es gibt Beispiele zusammenhängender Räume, die nicht wegzusammenhängend sind. Aus diesem Grund ist Theorem 4.10 von besonderem Interesse. ∎

Aufgaben

Im folgenden bezeichne X stets einen metrischen Raum.

1   Man beweise die Äquivalenz der folgenden Aussagen:

(a) X ist zusammenhängend.

(b) Es gibt keine stetige Surjektion $X \to \{0, 1\}$.

2   Es sei A eine beliebige Indexmenge, und $C_\alpha \subset X$ sei für jedes $\alpha \in$ A zusammenhängend. Man zeige, daß $\bigcup_\alpha C_\alpha$ zusammenhängend ist, falls $C_\alpha \cap C_\beta \neq \emptyset$ für $\alpha, \beta \in$ A gilt. D.h., *beliebige Vereinigungen zusammenhängender paarweise nicht disjunkter Mengen sind zusammenhängend.*
(Hinweis: Man führe mit Hilfe von Aufgabe 1 einen Widerspruchsbeweis.)

3   Man belege anhand von Beispielen, daß der Durchschnitt zusammenhängender Mengen i. allg. nicht zusammenhängend ist.

4   Es seien X_j, $j = 1, \ldots, n$, metrische Räume. Das Produkt $X_1 \times \cdots \times X_n$ ist genau dann zusammenhängend, wenn jedes X_j zusammenhängend ist. (Hinweis: Man zerlege $X \times Y$ in eine Vereinigung von Mengen der Form $\big(X \times \{y\}\big) \cup \big(\{x\} \times Y\big)$.)

5   Es ist zu zeigen, daß die abgeschlossene Hülle einer zusammenhängenden Menge wieder zusammenhängend ist. (Hinweis: Man betrachte eine stetige Funktion $f : \overline{A} \to \{0, 1\}$ und beachte $f(\overline{A}) \subset \overline{f(A)}$ (vgl. Aufgabe 2.12).)

6   Die größte zusammenhängende Teilmenge von X, die $x \in X$ enthält, also die Menge

$$K(x) := \bigcup_{Y \in M} Y \quad \text{mit} \quad M := \{\, Y \subset X \; ; \; Y \text{ ist zusammenhängend, } x \in Y \,\} \, ,$$

heißt **Zusammenhangskomponente** von x in X. Man zeige:

(a) $\{\, K(x) \;;\; x \in X \,\}$ ist eine Zerlegung von X, d.h., jedes $x \in X$ liegt in genau einer Zusammenhangskomponente von X.

(b) Jede Zusammenhangskomponente ist abgeschlossen.

7 Man bestimme alle Zusammenhangskomponenten von $\mathbb{Q}$ in $\mathbb{R}$.

8 Es sei $E = (E, \|\cdot\|)$ ein normierter Vektorraum mit $\dim(E) \geq 2$. Dann sind $E \backslash \{0\}$ und die Einheitssphäre $S := \{\, x \in E \;;\; \|x\| = 1 \,\}$ zusammenhängend.

9 Man beweise, daß die folgenden metrischen Räume X und Y nicht homöomorph sind:

(a) $X := S^1$, $Y := [0, 1]$.

(b) $X := \mathbb{R}$, $Y := \mathbb{R}^n$, $n \geq 2$.

(c) $X := (0, 1) \cup (2, 3)$, $Y := (0, 1) \cup (2, 3]$.

(Hinweis: Man entferne gegebenenfalls einen bzw. zwei Punkte aus X.)

10 Es ist zu zeigen, daß die Menge $O(n)$ aller reellen orthogonalen $(n \times n)$-Matrizen nicht zusammenhängend ist. (Hinweis: Die Abbildung $O(n) \to \{-1, 1\}$, $A \mapsto \det A$ ist stetig und surjektiv (vgl. Aufgabe 1.16).)

11 Für $b_{j,k} \in \mathbb{R}$, $1 \leq j, k \leq n$, betrachte man die Bilinearform

$$B : \mathbb{R}^n \times \mathbb{R}^n \to \mathbb{R} \,, \quad (x, y) \mapsto \sum_{j,k=1}^{n} b_{j,k} x_j y_k \;.$$

Gilt $B(x, x) > 0$ [bzw. $B(x, x) < 0$] für $x \in \mathbb{R}^n \backslash \{0\}$, so heißt B **positiv** [bzw. **negativ**] **definit**. Man zeige:

(a) Ist B weder positiv noch negativ definit, so gibt es ein $x \in S^{n-1}$ mit $B(x, x) = 0$.

(b) Ist B positiv definit, so gibt es ein $\beta > 0$ mit $B(x, x) \geq \beta \, |x|^2$, $x \in \mathbb{R}^n$.

(Hinweise: Für (a) beachte man den Zwischenwertsatz; für (b) den Satz vom Minimum.)

12 Es sei E ein Vektorraum. Für $x_1, \ldots, x_n \in E$ und $\alpha_1, \ldots, \alpha_n \in \mathbb{R}^+$ mit $\sum_{j=1}^{n} \alpha_j = 1$ heißt $\sum_{j=1}^{n} \alpha_j x_j$ **Konvexkombination** von $x_1, \ldots, x_n$.

Folgende Aussagen sind zu beweisen:

(a) Beliebige Durchschnitte konvexer Teilmengen von E sind konvex.

(b) Eine Teilmenge M von E ist genau dann konvex, wenn jede Konvexkombination endlich vieler Punkte von M zu M gehört.

(c) Sind E ein normierter Vektorraum und $M \subset E$ konvex, so sind auch $\overset{\circ}{M}$ und $\overline{M}$ konvex.

5   Funktionen in ℝ

Besonders gewinnbringend können wir unsere allgemeinen topologischen Erkenntnisse beim Studium reellwertiger Funktionen einer reellen Variablen einsetzen. Dies liegt selbstverständlich an der reichen Struktur von ℝ.

Der Zwischenwertsatz von Bolzano

Zuerst gewinnen wir aus dem allgemeinen Zwischenwertsatz 4.7 die auf Bolzano zurückgehende Version für reellwertige Funktionen auf Intervallen.

5.1 Theorem (Zwischenwertsatz von Bolzano)   *Es sei $I \subset \mathbb{R}$ ein Intervall, und $f: I \to \mathbb{R}$ sei stetig. Dann ist $f(I)$ ein Intervall, d.h., stetige Bilder in $\mathbb{R}$ von Intervallen sind Intervalle.*

Beweis   Dies folgt aus den Theoremen 4.4 und 4.7. ■

Im folgenden bezeichne I stets ein nichtleeres Intervall in $\mathbb{R}$.

5.2 Beispiele   (a)   Die Aussage des Zwischenwertsatzes von Bolzano ist falsch, wenn f nicht stetig oder nicht auf einem Intervall definiert ist. Dies zeigen die folgenden (schematisch dargestellten) Beispiele:

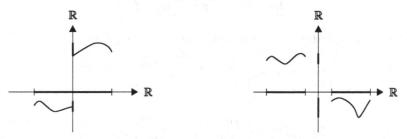

(b) (Nullstellensatz von Bolzano)   *Es sei $f: I \to \mathbb{R}$ stetig, und es gebe $a, b \in I$ mit $f(a) < 0 < f(b)$. Dann existiert ein $\xi \in (a \wedge b, a \vee b)$ mit $f(\xi) = 0$.*

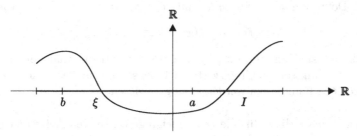

(c)   *Jedes Polynom $p \in \mathbb{R}[X]$ ungeraden Grades besitzt eine reelle Nullstelle.*

Beweis Wir können ohne Einschränkung der Allgemeinheit p in der Form

$$p = X^{2n+1} + a_{2n}X^{2n} + \cdots + a_0$$

schreiben mit $n \in \mathbb{N}$ und $a_k \in \mathbb{R}$. Dann gilt

$$p(x) = x^{2n+1}\left(1 + \frac{a_{2n}}{x} + \cdots + \frac{a_0}{x^{2n+1}}\right), \qquad x \in \mathbb{R}^\times .$$

Außerdem gibt es ein $R > 0$ mit

$$1 + \frac{a_{2n}}{R} + \cdots + \frac{a_0}{R^{2n+1}} \geq 1 - \frac{|a_{2n}|}{R} - \cdots - \frac{|a_0|}{R^{2n+1}} \geq \frac{1}{2} .$$

Somit folgen die Ungleichungen $p(R) \geq R^{2n+1}/2 > 0$ und $p(-R) \leq -R^{2n+1}/2 < 0$, und die Behauptung ergibt sich aus (b). ∎

Monotone Funktionen

Es zeigt sich, daß die Ordnungsvollständigkeit von $\mathbb{R}$ für monotone Funktionen von weitreichender Bedeutung ist. Als erstes Resultat beweisen wir, daß die links- und rechtsseitigen Grenzwerte einer monotonen, aber nicht notwendigerweise stetigen reellen Funktion auf I in den Intervallenden existieren.

5.3 Satz *Es sei $f : I \to \mathbb{R}$ monoton. Dann existieren*

$$\lim_{x\to\alpha+0} f(x) \quad und \quad \lim_{x\to\beta-0} f(x) ,$$

wobei $\alpha := \inf I$ und $\beta := \sup I$ gesetzt sind. Genauer gelten

$$\lim_{x\to\alpha+0} f(x) = \begin{cases} \inf f(I) , & falls\ f\ wächst , \\ \sup f(I) , & falls\ f\ fällt , \end{cases}$$

und

$$\lim_{x\to\beta-0} f(x) = \begin{cases} \sup f(I) , & falls\ f\ wächst , \\ \inf f(I) , & falls\ f\ fällt . \end{cases}$$

Beweis Es seien f wachsend und $b := \sup f(I) \in \bar{\mathbb{R}}$. Zu jedem $\beta < b$ gibt es aufgrund der Definition von b ein $x_\beta \in I$ mit $f(x_\beta) > \beta$. Somit erhalten wir

$$\beta < f(x_\beta) \leq f(x) \leq b , \qquad x \geq x_\beta ,$$

da f wachsend ist. Nun folgt $\lim_{x\to\beta-0} f(x) = b$ aus (dem Analogon von) Bemerkung 2.23 (für linksseitige Grenzwerte). Die Aussagen für das linke Intervallende und für fallende Funktionen werden analog bewiesen. ∎

Um geeignete Mittel für die Untersuchung von Unstetigkeitsstellen *und* stetigen Ergänzungen reeller Funktionen zu besitzen, benötigen wir das folgende Hilfsresultat.

5.4 Lemma *Es seien* $D \subset \mathbb{R}$ *und* $t \in \mathbb{R}$. *Ferner sei*

$$\overline{D}_t := \overline{D \cap (-\infty, t)} \cap \overline{D \cap (t, \infty)} \,.$$

Dann enthält $\overline{D}_t$ *höchstens einen Punkt. Ist* $\overline{D}_t$ *nicht leer, so gilt* $\overline{D}_t = \{t\}$, *und es gibt Folgen* (r_n), (s_n) *in* D *mit*

$$r_n < t \,, \ s_n > t \,, \quad n \in \mathbb{N} \,, \qquad \text{und} \qquad \lim r_n = \lim s_n = t \,.$$

Beweis Es seien $\overline{D}_t \neq \emptyset$ und $\tau \in \overline{D}_t$. Dann gibt es gemäß Satz 2.9 Folgen (r_n) und (s_n) in D mit
(i) $r_n < t$, $n \in \mathbb{N}$, und $\lim r_n = \tau$;   (ii) $s_n > t$, $n \in \mathbb{N}$, und $\lim s_n = \tau$.
Aus (i) bzw. (ii) und Satz II.2.7 folgt $\tau \leq t$ bzw. $\tau \geq t$. Somit stimmen t und τ überein, woraus sich sofort alle Behauptungen ergeben. ∎

5.5 Beispiele (a) Es sei D ein Intervall. Dann gilt

$$\overline{D}_t = \begin{cases} \{t\} \,, & t \in \mathring{D} \,, \\ \emptyset \,, & t \notin \mathring{D} \,. \end{cases}$$

(b) Für $D = \mathbb{R}^\times$ gilt $\overline{D}_t = \{t\}$ für jedes $t \in \mathbb{R}$. ∎

Wir betrachten nun $f \colon D \to X$, wobei $X = (X, d)$ ein metrischer Raum und D eine Teilmenge von $\mathbb{R}$ seien. Ferner sei $t_0 \in \mathbb{R}$ mit $\overline{D}_{t_0} \neq \emptyset$. Dann heißt t_0 **Sprungstelle** von f, falls die Grenzwerte $f(t_0 \pm 0) = \lim_{t \to t_0 \pm 0} f(t)$ in X existieren und verschieden sind, und $d\big(f(t_0 + 0), f(t_0 - 0)\big)$ ist die **Sprunghöhe** von f in t_0.

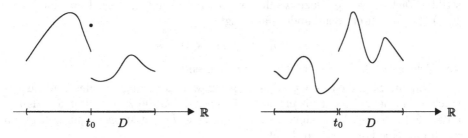

5.6 Satz *Ist* $f \colon I \to \mathbb{R}$ *monoton, so ist* f *bis auf abzählbar viele Sprungstellen stetig.*

Beweis Es genügt, den Fall einer wachsenden Funktion $f \colon I \to \mathbb{R}$ zu betrachten. Für $t_0 \in \mathring{I}$ können wir Satz 5.3 auf jede der Funktionen $f \,|\, I \cap (-\infty, t_0)$ und $f \,|\, I \cap (t_0, \infty)$ anwenden, und wir erkennen, daß die Grenzwerte $\lim_{t \to t_0 \pm 0} f(t)$ in $\overline{\mathbb{R}}$ existieren. Aufgrund der Sätze 1.12 und 1.13 genügt es nachzuweisen, daß

die Menge
$$M := \big\{ t_0 \in \mathring{I} \; ; \; f(t_0 - 0) \neq f(t_0 + 0) \big\}$$
abzählbar ist. Für jedes $t \in M$ gilt die Ungleichung $f(t - 0) < f(t + 0)$, da f wachsend ist. Also finden wir zu jedem $t \in M$ ein $r(t) \in \mathbb{Q} \cap \big(f(t - 0), f(t + 0)\big)$. Damit ist die Abbildung
$$r : M \to \mathbb{Q} , \quad t \mapsto r(t)$$
wohldefiniert. Überdies folgt aus der Monotonie von f, daß r injektiv ist. Somit ist M äquipotent zu einer Teilmenge von $\mathbb{Q}$, was nach den Sätzen I.6.7 und I.9.4 die Abzählbarkeit von M impliziert. ∎

Stetige monotone Funktionen

Der folgende wichtige Satz zeigt, daß strikt monotone stetige Funktionen injektiv sind und auf ihren Bildern stetige monotone Umkehrfunktionen besitzen.

5.7 Theorem (Umkehrsatz für monotone Funktionen) *Es sei $I \subset \mathbb{R}$ ein nichtleeres Intervall, und $f : I \to \mathbb{R}$ sei stetig und strikt wachsend [bzw. strikt fallend]. Dann gelten folgende Aussagen:*

   (i) *$J := f(I)$ ist ein Intervall.*

  (ii) *$f : I \to J$ ist bijektiv.*

 (iii) *$f^{-1} : J \to I$ ist stetig und strikt wachsend [bzw. strikt fallend].*

Beweis Die Aussage (i) folgt aus Theorem 5.1, und die Aussage (ii) ist eine unmittelbare Konsequenz der strikten Monotonie von f.

Um (iii) zu beweisen, nehmen wir zuerst an, daß f strikt wachsend sei. Ferner setzen wir $g := f^{-1} : J \to I$. In einem ersten Schritt verifizieren wir das strikte Wachsen von g. Dazu wählen wir $s_1, s_2 \in J$ mit $s_1 < s_2$. Dann muß aber $g(s_1) < g(s_2)$ gelten, denn andernfalls folgte
$$s_1 = f\big(g(s_1)\big) \geq f\big(g(s_2)\big) = s_2 ,$$
was nicht möglich ist. Somit ist g strikt wachsend.

Um die Stetigkeit von $g : J \to I$ nachzuweisen, genügt es, den Fall zu betrachten, in dem J mehr als einen Punkt besitzt, da die zu beweisende Aussage andernfalls klar ist. Wir nehmen an, g sei in $s_0 \in J$ nicht stetig. Dann gibt es ein $\varepsilon > 0$ und eine Folge (s_n) in J mit
$$|s_n - s_0| < 1/n \quad \text{und} \quad |g(s_n) - g(s_0)| \geq \varepsilon , \qquad n \in \mathbb{N}^{\times} . \tag{5.1}$$
Somit gilt $s_n \in [s_0 - 1, s_0 + 1]$ für $n \in \mathbb{N}^{\times}$, und da g wachsend ist, existieren $\alpha, \beta \in \mathbb{R}$ mit $\alpha < \beta$ und
$$t_n := g(s_n) \in [\alpha, \beta] .$$
Nach dem Satz von Bolzano-Weierstraß besitzt die Folge (t_n) eine konvergente Teilfolge $(t_{n_k})_{k \in \mathbb{N}}$. Bezeichnen wir ihren Grenzwert mit t_0, so folgt aus der Stetigkeit

von f die Konvergenz der Bildfolge: $f(t_{n_k}) \to f(t_0)$ für $k \to \infty$. Andererseits wissen wir wegen der ersten Aussage in (5.1), daß $f(t_{n_k}) = s_{n_k}$ für $k \to \infty$ gegen s_0 konvergiert. Somit gilt $s_0 = f(t_0)$, woraus wir auf

$$g(s_{n_k}) = t_{n_k} \to t_0 = g(s_0) \quad (k \to \infty)$$

schließen. Dies widerspricht aber der zweiten Aussage von (5.1) und beendet den Beweis. ∎

5.8 Beispiele (a) Für jedes $n \in \mathbb{N}^\times$ ist die Abbildung

$$\mathbb{R}^+ \to \mathbb{R}^+ , \quad x \mapsto \sqrt[n]{x}$$

stetig[1] und strikt wachsend. Außerdem gilt: $\lim_{x \to \infty} \sqrt[n]{x} = \infty$.

Beweis Für $n \in \mathbb{N}^\times$ sei $f : \mathbb{R}^+ \to \mathbb{R}^+$ durch $t \mapsto t^n$ definiert. Dann ist f als Restriktion eines Polynoms stetig. Überdies gilt für $0 \leq s < t$ die Abschätzung

$$f(t) - f(s) = t^n - s^n = t^n \left(1 - \left(\frac{s}{t} \right)^n \right) > 0 .$$

Somit ist f strikt wachsend. Schließlich gilt auch $\lim_{t \to \infty} f(t) = \infty$. Nun folgen alle Behauptungen aus Theorem 5.7. ∎

(b) Die Stetigkeitsaussage von Theorem 5.7(iii) ist falsch, wenn I kein Intervall ist.

Beweis Die Funktion $f : Z \to \mathbb{R}$ von Beispiel 1.9(c) ist stetig, strikt wachsend und bijektiv. Die Umkehrfunktion von f ist aber nicht stetig. ∎

Weitere wichtige Anwendungen des Umkehrsatzes für monotone Funktionen werden wir im folgenden Paragraphen kennenlernen.

Aufgaben

Im folgenden sei I ein nichttriviales kompaktes Intervall.

1 Es sei $f : I \to I$ stetig. Man zeige, daß f einen **Fixpunkt** besitzt; d.h., es gibt ein $\xi \in I$ mit $f(\xi) = \xi$.

2 Es sei $f : I \to \mathbb{R}$ stetig und injektiv. Dann ist f strikt monoton.

3 Es bezeichne D eine offene Teilmenge von $\mathbb{R}$, und $f : D \to \mathbb{R}$ sei stetig und injektiv. Man beweise, daß $f : D \to f(D)$ topologisch[2] ist.

4 Es sei α eine Abzählung von $\mathbb{Q}$, d.h., $\alpha : \mathbb{N} \to \mathbb{Q}$ sei bijektiv, und für $x \in \mathbb{R}$ bezeichne N_x die Menge $\{ k \in \mathbb{N} ; \alpha(k) \leq x \}$. Schließlich seien (y_n) eine Folge in $(0, \infty)$ mit $\sum y_n < \infty$ und

$$f : \mathbb{R} \to \mathbb{R} , \quad x \mapsto \sum_{k \in N_x} y_k .$$

---

[1] Man vergleiche dazu Aufgabe II.2.7.
[2] Siehe Aufgabe 3.3.

Man verifiziere:[3]

(a) f ist strikt monoton.

(b) f ist in jedem irrationalen Punkt stetig.

(c) Jede rationale Zahl q ist eine Sprungstelle mit der Sprunghöhe y_n mit $n = \alpha^{-1}(q)$.

5 Man betrachte die Funktion

$$f : [0,1] \to [0,1] , \quad x \mapsto \begin{cases} x , & x \text{ rational} , \\ 1 - x , & x \text{ irrational} , \end{cases}$$

und zeige:

(a) f ist bijektiv.

(b) f ist auf keinem Teilintervall von $[0,1]$ monoton.

(c) f ist nur im Punkt $1/2$ stetig.

6 Es seien $f_0 := \text{Zack}$ (vgl. Aufgabe 1.1) und

$$F(x) := \sum_{n=0}^{\infty} 4^{-n} f_0(4^n x) , \quad x \in \mathbb{R} .$$

Man beweise:

(a) F ist wohldefiniert.

(b) F ist auf keinem Intervall monoton.

(c) F ist stetig.

(Hinweise: (a) Man finde zu jedem $x \in \mathbb{R}$ eine konvergente Majorante für $\sum 4^{-n} f_0(4^n x)$.
(b) Es sei $f_n(x) := 4^{-n} f_0(4^n x)$ für $x \in \mathbb{R}$ und $n \in \mathbb{N}$. Ferner setze man $a := k \cdot 4^{-m}$ und $h := 4^{-2m-1}$ für $k \in \mathbb{Z}$ und $m \in \mathbb{N}^{\times}$. Dann gelten

$$f_n(a) = 0 , \quad n \geq m , \quad \text{und} \quad f_n(a \pm h) = 0 , \quad n \geq 2m + 1 ,$$

und es folgt $F(a \pm h) - F(a) \geq h$. Schließlich approximiere man ein beliebiges $x \in \mathbb{R}$ durch $k \cdot 4^{-m}$ mit $k \in \mathbb{Z}$ und $m \in \mathbb{N}^{\times}$.
(c) Für $x, y \in \mathbb{R}$ und $m \in \mathbb{N}^{\times}$ gilt $|F(x) - F(y)| \leq \sum_{k=0}^{m} |f_k(x) - f_k(y)| + 4^{-m}/3$.)

7 Es sei $f : I \to \mathbb{R}$ monoton. Dann gilt $\omega_f(x) = |f(x+0) - f(x-0)|$, wobei $\omega_f(x)$ in Aufgabe 1.17 definiert ist.

---

[3]Diese Aufgabe zeigt insbesondere, daß sich die Aussage von Satz 5.6 nicht verschärfen läßt.

6 Die Exponentialfunktion und Verwandte

In diesem (ziemlich langen) Paragraphen studieren wir ausführlich eine der wichtigsten Funktionen der Mathematik, die Exponentialfunktion. Deren Bedeutung zeigt sich u.a. in ihren Beziehungen zu den trigonometrischen Funktionen und dem Logarithmus, welche wir ebenfalls untersuchen werden.

Die Eulersche Formel

In Kapitel II haben wir die Exponentialfunktion durch die Werte der Exponentialreihe eingeführt:

$$\exp(z) := e^z := \sum_{n=0}^{\infty} \frac{z^n}{n!} = 1 + z + \frac{z^2}{2!} + \frac{z^3}{3!} + \cdots , \qquad z \in \mathbb{C} .$$

Mit ihr hängen eng zwei weitere Potenzreihen, die **Cosinusreihe**

$$\sum (-1)^n \frac{z^{2n}}{(2n)!} = 1 - \frac{z^2}{2!} + \frac{z^4}{4!} - + \cdots$$

und die **Sinusreihe**

$$\sum (-1)^n \frac{z^{2n+1}}{(2n+1)!} = z - \frac{z^3}{3!} + \frac{z^5}{5!} - + \cdots ,$$

zusammen. Es wird sich bald zeigen, daß — analog zur Exponentialreihe — auch die Cosinus- und die Sinusreihe überall absolut konvergieren. Die durch diese Reihen definierten Funktionen

$$\cos : \mathbb{C} \to \mathbb{C} , \quad z \mapsto \sum_{n=0}^{\infty} (-1)^n \frac{z^{2n}}{(2n)!}$$

und

$$\sin : \mathbb{C} \to \mathbb{C} , \quad z \mapsto \sum_{n=0}^{\infty} (-1)^n \frac{z^{2n+1}}{(2n+1)!}$$

heißen **Cosinus** und **Sinus**.[1]

6.1 Theorem

(i) *Die Exponential-, die Cosinus- und die Sinusreihe haben alle unendliche Konvergenzradien.*

(ii) *Die Funktionen* exp, cos, sin *nehmen für reelle Argumente reelle Werte an.*

---

[1]Wir werden später sehen, daß der Cosinus und der Sinus die dem Leser von der Schule her vertrauten Winkelfunktionenen verallgemeinern.

(iii) *Es gilt das* **Additionstheorem** *der Exponentialfunktion*:

$$e^{w+z} = e^w e^z \,, \qquad w, z \in \mathbb{C} \,.$$

(iv) *Es gilt die* **Eulersche Formel**:

$$e^{iz} = \cos z + i \sin z \,, \qquad z \in \mathbb{C} \,. \tag{6.1}$$

(v) *Die Funktionen* exp, cos, sin *sind stetig auf* $\mathbb{C}$.

Beweis (i) Wir haben bereits in Beispiel II.8.7(c) festgestellt, daß die Exponentialreihe den Konvergenzradius ∞ hat. Aus der Formel von Hadamard folgt deshalb

$$\infty = \frac{1}{\varlimsup_{n \to \infty} \sqrt[n]{1/n!}} = \lim_{n \to \infty} \sqrt[n]{n!} \,.$$

Wegen Theorem II.5.7 zeigt dies, daß die Folge $\left(\sqrt[n]{n!} \right)_{n \in \mathbb{N}}$, und somit auch jede ihrer Teilfolgen, gegen ∞ konvergiert. Also gelten

$$\frac{1}{\varlimsup_{n \to \infty} \sqrt[2n]{1/(2n)!}} = \lim_{n \to \infty} \sqrt[2n]{(2n)!} = \infty$$

sowie

$$\frac{1}{\varlimsup_{n \to \infty} \sqrt[2n+1]{1/(2n+1)!}} = \lim_{n \to \infty} \sqrt[2n+1]{(2n+1)!} = \infty \,,$$

so daß aufgrund der Hadamardschen Formel die Cosinus- und die Sinusreihe unendliche Konvergenzradien haben.

(ii) Weil $\mathbb{R}$ ein Körper ist, sind alle Partialsummen der obigen Reihen reell, falls z reell ist. Da $\mathbb{R}$ in $\mathbb{C}$ abgeschlossen ist, folgt die Behauptung.

(iii) Diese Aussage haben wir bereits in Beispiel II.8.12(a) bewiesen.

(iv) Für $n \in \mathbb{N}$ gelten

$$i^{2n} = (i^2)^n = (-1)^n \quad \text{und} \quad i^{2n+1} = i \cdot i^{2n} = i \cdot (-1)^n \,.$$

Somit folgt aus Satz II.7.5

$$e^{iz} = \sum_{n=0}^{\infty} \frac{(iz)^n}{n!} = \sum_{k=0}^{\infty} \frac{(iz)^{2k}}{(2k)!} + \sum_{k=0}^{\infty} \frac{(iz)^{2k+1}}{(2k+1)!} = \cos z + i \sin z$$

für jedes $z \in \mathbb{C}$.

(v) Dies ergibt sich aus Satz 1.7. ∎

6.2 Folgerungen (a) Der Cosinus ist eine gerade, der Sinus eine ungerade Funktion, d.h., es gelten[2]

$$\cos(z) = \cos(-z) \quad \text{und} \quad \sin(z) = -\sin(-z), \qquad z \in \mathbb{C}. \tag{6.2}$$

(b) Aus (a) und der Eulerschen Formel (6.1) erhalten wir die Identitäten

$$\cos(z) = \frac{e^{iz} + e^{-iz}}{2}, \quad \sin(z) = \frac{e^{iz} - e^{-iz}}{2i}, \qquad z \in \mathbb{C}. \tag{6.3}$$

(c) Für $w, z \in \mathbb{C}$ gelten die Formeln

$$e^z \neq 0, \quad e^{-z} = 1/e^z, \quad e^{z-w} = e^z/e^w, \quad \overline{e^z} = e^{\overline{z}}.$$

Beweis Das Additionstheorem liefert $e^z e^{-z} = e^{z-z} = e^0 = 1$, woraus die ersten drei Aussagen folgen.

Gemäß Beispiel 1.3(i) ist die Abbildung $\mathbb{C} \to \mathbb{C}$, $w \mapsto \overline{w}$ stetig. Das Folgenkriterium (Theorem 1.4) impliziert deshalb

$$\overline{e^z} = \overline{\lim_{n \to \infty} \sum_{k=0}^{n} \frac{z^k}{k!}} = \lim_{n \to \infty} \sum_{k=0}^{n} \frac{\overline{z}^k}{k!} = e^{\overline{z}}$$

für $z \in \mathbb{C}$. ∎

(d) Für $x \in \mathbb{R}$ gelten $\cos(x) = \mathrm{Re}(e^{ix})$ und $\sin(x) = \mathrm{Im}(e^{ix})$

Beweis Dies folgt aus der Eulerschen Formel und aus Theorem 6.1(ii). ∎

Im folgenden Satz verwenden wir die Namen „trigonometrische Funktion" und „Winkelfunktion" für Cosinus und Sinus, wofür wir erst nach Bemerkung 6.18 eine Rechtfertigung geben werden.

6.3 Satz (Additionstheoreme der Winkelfunktionen) *Für $z, w \in \mathbb{C}$ gelten die Formeln*[3]

(i) $\cos(z \pm w) = \cos z \cos w \mp \sin z \sin w$,
$\sin(z \pm w) = \sin z \cos w \pm \cos z \sin w$.

(ii) $\sin z - \sin w = 2 \cos \frac{z+w}{2} \sin \frac{z-w}{2}$,
$\cos z - \cos w = -2 \sin \frac{z+w}{2} \sin \frac{z-w}{2}$.

Beweis (i) Die Formeln in (6.3) und das Additionstheorem der Exponentialfunktion liefern

$$\cos z \cos w - \sin z \sin w = \frac{1}{4}\{(e^{iz} + e^{-iz})(e^{iw} + e^{-iw}) + (e^{iz} - e^{-iz})(e^{iw} - e^{-iw})\}$$

$$= \frac{1}{2}\{e^{i(z+w)} + e^{-i(z+w)}\} = \cos(z+w)$$

---

[2]Man vergleiche dazu auch Aufgabe II.9.7.
[3]Es ist üblich, kurz nur $\cos z$ bzw. $\sin z$ für $\cos(z)$ bzw. $\sin(z)$ zu schreiben, falls keine Mißverständnisse zu befürchten sind.

für $z, w \in \mathbb{C}$. Beachten wir noch (6.2), so finden wir mit dem eben Bewiesenen:

$$\cos(z - w) = \cos z \cos w + \sin z \sin w , \qquad z, w \in \mathbb{C} .$$

Die zweite Formel in (i) kann analog bewiesen werden.

(ii) Für $z, w \in \mathbb{C}$ setzen wir $u := (z + w)/2$ und $v := (z - w)/2$. Dann folgt aus (i), wegen $u + v = z$ und $u - v = w$,

$$\sin z - \sin w = \sin(u + v) - \sin(u - v) = 2 \cos u \sin v$$

$$= 2 \cos \frac{z + w}{2} \sin \frac{z - w}{2} .$$

Auch hier kann analog zum Beweis der zweiten Formel argumentiert werden. ∎

6.4 Korollar *Für $z \in \mathbb{C}$ gilt:* $\cos^2 z + \sin^2 z = 1$.

Beweis Aus Satz 6.3(i) folgt für $z = w$ die Relation

$$\cos^2 z + \sin^2 z = \cos(z - z) = \cos(0) = 1 ,$$

also die Behauptung. ∎

Schreiben wir $z \in \mathbb{C}$ in der Form $z = x + iy$ mit $x, y \in \mathbb{R}$, so gilt $e^z = e^x e^{iy}$. Diese einfache Beobachtung zeigt, daß die Exponentialfunktion exp durch die reelle Exponentialfunktion $\exp_{\mathbb{R}} := \exp |\mathbb{R}$ und durch die Einschränkung von exp auf $i\mathbb{R}$, d.h. durch $\exp_{i\mathbb{R}} := \exp | i\mathbb{R}$, vollständig bestimmt ist. Aus diesem Grund wollen wir nun diese beiden Funktionen getrennt studieren, um einen Überblick über das Abbildungsverhalten der „komplexen" Exponentialfunktion $\exp : \mathbb{C} \to \mathbb{C}$ zu bekommen.

Die reelle Exponentialfunktion

Die wichtigsten qualitativen Eigenschaften der Funktion $\exp_{\mathbb{R}}$ stellen wir im folgenden Satz zusammen.

6.5 Satz

(i) *Es bestehen die Ungleichungen*

$$0 < e^x < 1 , \quad x < 0 , \qquad \text{und} \qquad 1 < e^x < \infty , \quad x > 0 .$$

(ii) $\exp_{\mathbb{R}} : \mathbb{R} \to \mathbb{R}^+$ *ist strikt wachsend.*

(iii) *Für jedes $\alpha \in \mathbb{Q}$ gilt*

$$\lim_{x \to \infty} \frac{e^x}{x^\alpha} = \infty ,$$

d.h., die Exponentialfunktion wächst schneller als jede Potenz.

(iv) $\lim_{x \to -\infty} e^x = 0$.

Beweis (i) Aus der Darstellung

$$e^x = 1 + \sum_{n=1}^{\infty} \frac{x^n}{n!} , \qquad x \in \mathbb{R} ,$$

lesen wir $e^x > 1$ für $x > 0$ ab. Ist $x < 0$, folgt $e^x = e^{-(-x)} = 1/e^{-x} \in (0,1)$ aus der Ungleichung $e^{-x} > 1$.

(ii) Es seien $x, y \in \mathbb{R}$ mit $x < y$. Wegen $e^x > 0$ und $e^{y-x} > 1$ schließen wir auf $e^y = e^{x+(y-x)} = e^x e^{y-x} > e^x$.

(iii) Es genügt, den Fall $\alpha > 0$ zu betrachten. Dazu sei $n := [\alpha] + 1$. Für $x > 0$ folgt $e^x > x^{n+1}/(n+1)!$ aus der Exponentialreihe. Daher gilt

$$\frac{e^x}{x^\alpha} > \frac{e^x}{x^n} > \frac{x}{(n+1)!} , \qquad x > 0 ,$$

woraus sich die Behauptung ergibt.

(iv) Setzen wir in der eben bewiesenen Aussage $\alpha = 0$, so finden wir die Beziehung $\lim_{x\to\infty} e^x = \infty$. Deshalb gilt

$$\lim_{x\to-\infty} e^x = \lim_{y\to\infty} e^{-y} = \lim_{y\to\infty} \frac{1}{e^y} = 0 ,$$

und alle Behauptungen sind verifiziert. ∎

Der Logarithmus und die allgemeine Potenz

Aus Satz 6.5 folgt:

$\exp_\mathbb{R} : \mathbb{R} \to \mathbb{R}^+$ ist stetig und strikt wachsend mit $\exp(\mathbb{R}) = (0,\infty)$.

Gemäß Theorem 5.7 besitzt die reelle Exponentialfunktion also eine auf $(0,\infty)$ stetige und
strikt wachsende Umkehrfunktion, die (natürlicher) **Logarithmus** heißt, und die wir mit log
bezeichnen, d.h.

$$\log := (\exp_\mathbb{R})^{-1} : (0,\infty) \to \mathbb{R} .$$

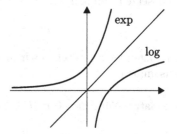

Insbesondere gelten $\log 1 = 0$ und $\log e = 1$.

6.6 Theorem (Additionstheorem des Logarithmus)   *Für* $x, y \in (0,\infty)$ *sind die Beziehungen*

$$\log(xy) = \log x + \log y \quad und \quad \log(x/y) = \log x - \log y$$

erfüllt.

Beweis Es seien $x, y \in (0, \infty)$. Für $a := \log x$ und $b := \log y$ gelten $x = e^a$ und $y = e^b$. Das Additionstheorem der Exponentialfunktion liefert deshalb die Relationen $xy = e^a e^b = e^{a+b}$ und $x/y = e^a/e^b = e^{a-b}$, woraus sich die Behauptungen ergeben. ∎

6.7 Folgerung Für $a > 0$ und $r \in \mathbb{Q}$ gilt:[4]

$$a^r = e^{r \log a} . \tag{6.4}$$

Beweis Gemäß Definition des Logarithmus gilt $a = e^{\log a}$. Somit folgt aus Theorem 6.1(iii) $a^n = (e^{\log a})^n = e^{n \log a}$ für $n \in \mathbb{N}$. Beachten wir noch Folgerung 6.2(c), so erhalten wir

$$a^{-n} = (e^{\log a})^{-n} = \frac{1}{(e^{\log a})^n} = \frac{1}{e^{n \log a}} = e^{-n \log a} , \qquad n \in \mathbb{N} .$$

Schließlich finden wir mit $x := e^{\frac{1}{n} \log a}$ die Beziehung $x^n = e^{n(\frac{1}{n} \log a)} = e^{\log a} = a$, woraus sich $e^{\frac{1}{n} \log a} = a^{\frac{1}{n}}$ für $n \in \mathbb{N}^\times$ wegen Satz I.10.9 ergibt.

Es sei nun $r \in \mathbb{Q}$. Dann gibt es $p \in \mathbb{Z}$ und $q \in \mathbb{N}^\times$ mit $r = p/q$. Die obigen Überlegungen implizieren somit

$$a^r = a^{\frac{p}{q}} = \left(a^{\frac{1}{q}} \right)^p = \left(e^{\frac{1}{q} \log a} \right)^p = e^{\frac{p}{q} \log a} = e^{r \log a} ,$$

und der Beweis von (6.4) ist vollständig. ∎

Es sei $a > 0$. Bis jetzt haben wir die r-te Potenz a^r von a nur für rationale Exponenten r definiert und diese in (6.4) als Wert der Exponentialfunktion wiedererkannt. Die rechte Seite von (6.4) ist jedoch auch für irrationale $r \in \mathbb{R} \backslash \mathbb{Q}$ erklärt. Somit bietet (6.4) eine Möglichkeit, (**allgemeine**) **Potenzen** einzuführen. Wir setzen nämlich

$$a^x := e^{x \log a} , \qquad x \in \mathbb{R} , \quad a > 0 .$$

Im folgenden Satz stellen wir die wichtigsten Rechenregeln für allgemeine Potenzen zusammen.

6.8 Satz *Für $a, b > 0$ und $x, y \in \mathbb{R}$ bestehen die Relationen*

$$a^x a^y = a^{x+y} , \quad \frac{a^x}{a^y} = a^{x-y} , \quad a^x b^x = (ab)^x , \quad \frac{a^x}{b^x} = \left(\frac{a}{b} \right)^x ,$$

$$\log(a^x) = x \log a , \quad (a^x)^y = a^{xy} .$$

---

[4]Zur Verdeutlichung sei angemerkt, daß auf der linken Seite von (6.4) die in Bemerkung I.10.10(d) definierte r-te Potenz der positiven Zahl a steht. Auf der rechten Seite hingegen steht der Wert der Exponentialfunktion an der Stelle $r \cdot \log a \in \mathbb{R}$. Außerdem beachte man, daß sich (6.4) im Fall $a = e$ auf das Beispiel II.8.12(b) reduziert.

Beweis Wir beweisen exemplarisch

$$a^x a^y = e^{x \log a} e^{y \log a} = e^{(x+y) \log a} = a^{x+y}$$

und

$$(a^x)^y = (e^{x \log a})^y = e^{xy \log a} = a^{xy} .$$

Die verbleibenden Aussagen erhält man analog. ∎

6.9 Satz *Für jedes* $\alpha > 0$ *gelten*

$$\lim_{x \to \infty} \frac{\log x}{x^\alpha} = 0 \quad und \quad \lim_{x \to 0+} x^\alpha \log x = 0 .$$

Insbesondere wächst der Logarithmus langsamer gegen ∞ als jede (noch so kleine) positive Potenz.

Beweis Da der Logarithmus wachsend ist, folgt nach Satz 6.5(iii)

$$\lim_{x \to \infty} \frac{\log x}{x^\alpha} = \lim_{x \to \infty} \frac{\log x}{e^{\alpha \log x}} = \lim_{y \to \infty} \frac{y}{e^{\alpha y}} = \frac{1}{\alpha} \lim_{t \to \infty} \frac{t}{e^t} = 0 .$$

Für den zweiten Grenzwert erhalten wir somit

$$\lim_{x \to 0+} x^\alpha \log x = \lim_{y \to \infty} \left(\frac{1}{y}\right)^\alpha \log \frac{1}{y} = - \lim_{y \to \infty} \frac{\log y}{y^\alpha} = 0 ,$$

was den Satz beweist. ∎

Es ist klar, daß die Aussage von Satz 6.5(iii) auch für $\alpha \in \mathbb{R}$ richtig ist.

Die Exponentialfunktion auf $i\mathbb{R}$

Im Vergleich zur reellen Exponentialfunktion $\exp_\mathbb{R}$ ist die Funktion $\exp_{i\mathbb{R}}$ von grundlegend anderer Natur. Während $\exp_\mathbb{R}$ strikt wächst, werden wir in diesem Abschnitt beweisen, daß $\exp_{i\mathbb{R}}$ eine *periodische Funktion* ist. Im Zusammenhang mit der Bestimmung ihrer Periode werden wir die Kreiszahl π einführen. Dieses Unterfangen bedarf einiger Hilfsmittel, welche wir in den folgenden drei Lemmata bereitstellen.

6.10 Lemma *Für* $t \in \mathbb{R}$ *gilt* $|e^{it}| = 1$.

Beweis Beachten wir die Beziehung $\overline{e^z} = e^{\bar{z}}$ für $z \in \mathbb{C}$, so folgt

$$|e^{it}|^2 = e^{it} \overline{(e^{it})} = e^{it} e^{-it} = e^0 = 1 , \qquad t \in \mathbb{R} ,$$

woraus sich die Behauptung ergibt. ∎

Es ist manchmal zweckmäßig, nicht $\exp_{i\mathbb{R}}$, sondern die Abbildung

$$\text{cis}: \mathbb{R} \to \mathbb{C}, \quad t \mapsto e^{it}$$

zu betrachten. Lemma 6.10 besagt dann, daß das Bild von cis im Einheitskreis $S^1 := \{ z \in \mathbb{C} ; |z| = 1 \}$ der komplexen Ebene enthalten ist. Im nächsten Lemma verschärfen wir dieses Resultat und beweisen, daß das Bild von cis mit S^1 übereinstimmt.

6.11 Lemma $\text{cis}(\mathbb{R}) = S^1$.

Beweis (i) In einem ersten Schritt bestimmen wir die Werte des Cosinus auf $\mathbb{R}$. Es gilt nämlich

$$\cos(\mathbb{R}) = \text{pr}_1\big[\text{cis}(\mathbb{R})\big] = [-1, 1] . \tag{6.5}$$

Der erste Teil der Identität (6.5) ist eine offensichtliche Konsequenz der Euler-schen Formel. Zum Beweis der zweiten Aussage setzen wir $I := \cos(\mathbb{R})$. Dann folgt aus dem Zwischenwertsatz von Bolzano (Theorem 5.1), daß I ein Intervall ist. Außerdem wissen wir aus Lemma 6.10, daß die Inklusion

$$I = \text{pr}_1\big(\text{cis}(\mathbb{R})\big) \subset [-1, 1]$$

gilt. Selbstverständlich gehört $1 = \cos(0)$ zu I. Zudem kann I nicht das einpunktige Intervall $\{1\}$ sein, da es nach dem Identitätssatz für Potenzreihen ein $t \in \mathbb{R}$ gibt mit $\cos(t) \neq 1$. Somit ist I von der Gestalt

$$I = [a, 1] \quad \text{oder} \quad I = (a, 1]$$

mit einem geeigneten $a \in [-1, 1)$.

Nehmen wir an, a sei von -1 verschieden. Weil $a_0 := (a + 1)/2$ gewiß zu I gehört, finden wir ein $t_0 \in \mathbb{R}$ mit $a_0 = \cos t_0$. Setzen wir

$$z_0 := \text{cis}(t_0) = \cos t_0 + i \sin t_0 ,$$

so erhalten wir mit Korollar 6.4:

$$\text{pr}_1(z_0^2) = \text{Re}\big((\cos t_0 + i \sin t_0)^2\big) = \cos^2 t_0 - \sin^2 t_0$$

$$= 2\cos^2 t_0 - 1 = 2a_0^2 - 1 = a - \frac{1 - a^2}{2} < a ,$$

da ja nach Annahme $a^2 < 1$ gilt. Die Ungleichung $\text{pr}_1(z_0^2) < a$ widerspricht aber der Tatsache, daß $\text{pr}_1(z_0^2) = \text{pr}_1(e^{2it_0})$ zu I gehört. Somit gilt $a = -1$.

Um den Beweis von (6.5) zu vervollständigen, bleibt nachzuweisen, daß -1 zu I gehört. Wir wissen, daß es ein $t_0 \in \mathbb{R}$ gibt mit $\cos t_0 = 0$. Damit leiten wir aus $\sin^2 t_0 = 1 - \cos^2 t_0 = 1$ die Beziehung $z_0 = e^{it_0} = i \sin t_0 = \pm i$ ab. Nun schließen wir auf

$$-1 = \text{pr}_1(-1) = \text{pr}_1(z_0^2) = \text{pr}_1(e^{2it_0}) \in I ,$$

was den Beweis von (i) beendet.

(ii) Es gilt $S^1 \subset \mathrm{cis}(\mathbb{R})$. Um dies einzusehen, wählen wir ein beliebiges $z \in S^1$. Wegen (i) gilt dann

$$\mathrm{Re}\, z \in [-1, 1] = \mathrm{pr}_1\big(\mathrm{cis}(\mathbb{R})\big) ,$$

und wir finden ein $t \in \mathbb{R}$ mit $\mathrm{Re}\, z = \mathrm{Re}\, e^{it}$. Ferner folgt aus $|z| = 1 = |e^{it}|$, daß entweder $z = e^{it}$ oder $\overline{z} = e^{it}$ gilt. Im ersten Fall folgt unmittelbar $z \in \mathrm{cis}(\mathbb{R})$. Ist andererseits $\overline{z} = e^{it}$, so erhalten wir aus $z = \overline{\overline{z}} = \overline{e^{it}} = e^{-it}$, daß z auch in diesem Fall zu $\mathrm{cis}(\mathbb{R})$ gehört. Somit ist (ii) bewiesen. Hieraus und aus Lemma 6.10 folgt die Behauptung. ∎

6.12 Lemma *Die Menge $M := \{\, t > 0 \;;\; e^{it} = 1 \,\}$ besitzt ein positives Minimum.*

Beweis (i) Zuerst stellen wir sicher, daß M nicht leer ist. Gemäß Lemma 6.11 finden wir ein $t \in \mathbb{R}^\times$ mit $e^{it} = -1$. Weil für dieses t auch

$$e^{-it} = \frac{1}{e^{it}} = \frac{1}{-1} = -1$$

gilt, können wir ohne Beschränkung der Allgemeinheit $t > 0$ annehmen. Wegen $e^{2it} = (e^{it})^2 = (-1)^2 = 1$ ist dann M nicht leer.

(ii) Die Menge M ist in $\mathbb{R}$ abgeschlossen. Um dies einzusehen, wählen wir eine Folge (t_n) in M, die in $\mathbb{R}$ konvergiert. Es bezeichne $t^* \in \mathbb{R}$ den Grenzwert. Da alle t_n positiv sind, gilt $t^* \geq 0$. Außerdem folgt aus der Stetigkeit von cis die Identität

$$e^{it^*} = \mathrm{cis}(t^*) = \mathrm{cis}(\lim t_n) = \lim \mathrm{cis}(t_n) = 1 .$$

Um die Abgeschlossenheit von M zu zeigen, genügt es also nachzuweisen, daß t^* positiv ist. Nehmen wir an, $t^* = 0$. Dann gibt es ein $m \in \mathbb{N}$ mit $t_m \in (0, 1)$. Außerdem gilt aufgrund der Eulerschen Formel $1 = e^{it_m} = \cos t_m + i \sin t_m$. Deshalb ist $\sin t_m = 0$.

Wenden wir die Fehlerabschätzung für alternierende Reihen (Korollar II.7.9) auf die Sinusreihe

$$\sin t = t - \frac{t^3}{6} + \frac{t^5}{5!} - + \cdots$$

an, so finden wir die Abschätzung

$$\sin t \geq t(1 - t^2/6) , \qquad 0 < t < 1 . \tag{6.6}$$

Für t_m erhalten wir somit $0 = \sin t_m \geq t_m(1 - t_m^2/6) > 5t_m/6$, was nicht möglich ist. Also ist M abgeschlossen.

(iii) M ist somit eine nichtleere, nach unten beschränkte und abgeschlossene Menge. Außerdem gehört 0 offenbar nicht zu M. Deshalb besitzt M ein positives Minimum. ∎

Die Definition von π und Folgerungen

Das eben bewiesene Lemma ist die Grundlage folgender Definition:

$$\pi := \frac{1}{2}\min\{t > 0 \; ; \; e^{it} = 1\}\,.$$

Wir werden in Paragraph VI.5 sehen, daß die so definierte reelle Zahl π mit der wohlbekannten Kreiszahl, welche den Flächeninhalt eines Kreises mit Radius 1 angibt, übereinstimmt. An dieser Stelle dient uns die Zahl π lediglich zur Bestimmung der Perioden von Exponentialfunktion, Cosinus und Sinus.

Wegen $1 = e^{2\pi i} = (e^{\pi i})^2$ folgt aus der Definition von π, daß $e^{\pi i} = -1$ gilt. Nun bestimmen wir alle $z \in \mathbb{C}$ mit $e^z = 1$ bzw. $e^z = -1$.

6.13 Satz

(i) $e^z = 1 \Longleftrightarrow z \in 2\pi i \mathbb{Z}$.

(ii) $e^z = -1 \Longleftrightarrow z \in i\pi + 2\pi i \mathbb{Z}$.

Beweis (i) „$\Longleftarrow$" Für jedes $k \in \mathbb{Z}$ gilt $e^{2\pi i k} = (e^{2\pi i})^k = 1$.

„$\Longrightarrow$" Es sei $z = x + iy$ mit $x, y \in \mathbb{R}$, und es gelte $e^z = 1$. Dann folgt

$$1 = |e^z| = |e^x| |e^{iy}| = e^x\,.$$

Somit gilt $x = 0$. Ferner gibt es ein $k \in \mathbb{Z}$ und ein $r \in [0, 2\pi)$ mit $y = 2\pi k + r$. Also finden wir

$$1 = e^{iy} = e^{2\pi k i} e^{ir} = e^{ir}\,.$$

Aus der Definition von π folgt nun $r = 0$, und somit $z = 2\pi i k$ mit $k \in \mathbb{Z}$.

(ii) Wegen $e^{-i\pi} = -1$ gilt $e^z = -1$ genau dann, wenn $e^{z-i\pi} = e^z e^{-i\pi} = 1$ erfüllt ist. Gemäß (i) ist $e^{z-i\pi} = 1$ genau dann richtig, wenn $z - i\pi = 2\pi i k$ für ein $k \in \mathbb{Z}$ gilt. ∎

Als unmittelbare Folgerung der ersten Aussage von Satz 6.13 erhalten wir

6.14 Korollar *Es gilt*

$$e^z = e^{z+2\pi i k}\,, \qquad z \in \mathbb{C}\,, \quad k \in \mathbb{Z}\,,$$

d.h., die Exponentialfunktion ist $2\pi i$-periodisch.[5]

Durch die Anwendung von Satz 6.13 können wir ebenfalls die Bijektivität der Funktion cis auf halboffenen Intervallen der Länge 2π beweisen.

---

[5]Sind E ein Vektorraum und M eine Menge, so heißt $f : E \to M$ **periodisch** mit der **Periode** $p \in E \backslash \{0\}$, falls gilt: $f(x + p) = f(x)$ für alle $x \in E$.

6.15 Satz *Für jedes $a \in \mathbb{R}$ sind die Abbildungen*

$$\operatorname{cis} \big| [a, a + 2\pi) : [a, a + 2\pi) \to S^1 \ ,$$
$$\operatorname{cis} \big| (a, a + 2\pi] : (a, a + 2\pi] \to S^1$$

bijektiv.

Beweis (i) Es gelte $\operatorname{cis} t = \operatorname{cis} s$ für $s, t \in \mathbb{R}$. Wegen $e^{i(t-s)} = 1$ finden wir gemäß Satz 6.13 ein $k \in \mathbb{Z}$ mit $t = s + 2\pi k$, woraus sich die Injektivität der angegebenen Abbildung ergibt.

(ii) Es sei $z \in S^1$. Nach Lemma 6.11 gibt es ein $t \in \mathbb{R}$ mit $\operatorname{cis} t = z$. Außerdem finden wir $k_1, k_2 \in \mathbb{Z}$, $r_1 \in [0, 2\pi)$ und $r_2 \in (0, 2\pi]$ mit

$$t = a + 2\pi k_1 + r_1 = a + 2\pi k_2 + r_2 \ .$$

Wegen Korollar 6.14 zeigt dies die Surjektivität der angegebenen Abbildungen. ∎

6.16 Theorem *Für die Funktionen* cos *und* sin *sind die folgenden Aussagen richtig:*

(i) $\cos z = \cos(z + 2k\pi)$, $\sin z = \sin(z + 2k\pi)$, $z \in \mathbb{C}$, $k \in \mathbb{Z}$,
   d.h., die Funktionen cos *und* sin *sind 2π-periodisch.*

(ii) *Für $z \in \mathbb{C}$ gelten*

$$\cos z = 0 \Longleftrightarrow z \in \pi/2 + \pi \mathbb{Z} \ ,$$
$$\sin z = 0 \Longleftrightarrow z \in \pi \mathbb{Z} \ .$$

(iii) *Die Abbildung* sin : $\mathbb{R} \to \mathbb{R}$ *nimmt auf $(0, \pi)$ positive Werte an und ist auf dem abgeschlossenen Intervall $[0, \pi/2]$ strikt wachsend.*

(iv) $\cos(z + \pi) = -\cos z$, $\sin(z + \pi) = -\sin z$, $z \in \mathbb{C}$.

(v) $\cos z = \sin(\pi/2 - z)$, $\sin z = \cos(\pi/2 - z)$, $z \in \mathbb{C}$.

(vi) $\cos(\mathbb{R}) = \sin(\mathbb{R}) = [-1, 1]$.

Beweis Behauptung (i) folgt aus (6.3) und Korollar 6.14.

(ii) Gemäß Satz 6.13 gilt

$$\cos z = 0 \Longleftrightarrow e^{iz} + e^{-iz} = 0 \Longleftrightarrow e^{2iz} = -1 \Longleftrightarrow z \in \pi/2 + \pi \mathbb{Z} \ .$$

Analog schließen wir

$$\sin z = 0 \Longleftrightarrow e^{iz} - e^{-iz} = 0 \Longleftrightarrow e^{2iz} = 1 \Longleftrightarrow z \in \pi \mathbb{Z} \ .$$

(iii) Nach dem eben Bewiesenen gilt $\sin x \neq 0$ für $x \in (0, \pi)$. Aus der Abschätzung (6.6) folgt außerdem, daß $\sin x$ für $x \in (0, \sqrt{6})$ positiv ist. Gemäß Zwischenwertsatz 5.1 gilt deshalb

$$\sin x > 0 \ , \qquad x \in (0, \pi) \ . \tag{6.7}$$

Dies beweist die erste Aussage von (iii). Für die zweite Aussage erinnern wir an die Formel

$$\sin y - \sin x = 2 \cos \frac{y+x}{2} \sin \frac{y-x}{2} \ , \qquad x, y \in \mathbb{R} \ , \tag{6.8}$$

aus Satz 6.3(ii). Es seien $0 \le x < y \le \pi/2$. Wegen (6.7) gilt $\sin\big((y-x)/2\big) > 0$. Somit zeigt (6.8), daß die Funktion sin auf $[0, \pi/2]$ strikt wächst, falls wir nachweisen können, daß $\cos\big((x+y)/2\big)$ positiv ist. Dazu beachten wir $\cos(0) = 1$ und $\cos t \ne 0$ für $t \in (-\pi/2, \pi/2)$. Dann folgt aus dem Zwischenwertsatz $\cos t > 0$ für alle t aus diesem Intervall. Wegen $(x+y)/2 \in (0, \pi/2)$ finden wir nun $\cos\big((x+y)/2\big) > 0$.

(iv) Aus der bereits bewiesenen Aussage (ii) folgt $\sin \pi = 0$. Nach Satz 6.13(ii) gilt daher

$$\cos \pi = \cos \pi + i \sin \pi = e^{i\pi} = -1 \ .$$

Es sei nun $z \in \mathbb{C}$. Aus Satz 6.3(i) ergeben sich dann

$$\cos(z + \pi) = \cos z \cos \pi - \sin z \sin \pi = -\cos z$$

sowie

$$\sin(z + \pi) = \sin z \cos \pi + \cos z \sin \pi = -\sin z \ .$$

(v) Die eben verwendeten Argumente führen auch hier zum Ziel. Aus (ii) folgt nämlich $\cos(\pi/2) = 0$, und wir schließen auf

$$0 < \sin(\pi/2) = |\sin(\pi/2)| = \sqrt{1 - \cos^2(\pi/2)} = 1 \ .$$

Gemäß Satz 6.3(i) können wir nun

$$\cos(\pi/2 - z) = \cos(\pi/2) \cos z + \sin(\pi/2) \sin z = \sin z$$

sowie

$$\sin(\pi/2 - z) = \sin(\pi/2) \cos z - \cos(\pi/2) \sin z = \cos z$$

schreiben.

(vi) In (6.5) haben wir nachgewiesen, daß $\cos(\mathbb{R}) = [-1, 1]$ gilt. Außerdem folgt aus (v) die Beziehung $\sin(\mathbb{R}) = \cos(\mathbb{R})$, womit alles bewiesen ist. ∎

6.17 Bemerkungen (a) Vermöge der Formeln

$$\sin(x + \pi) = -\sin x \ , \quad \cos x = \sin(\pi/2 - x) \ , \qquad x \in \mathbb{R} \ ,$$

und da der Sinus ungerade ist, sind der *reelle* Sinus und der *reelle* Cosinus durch die Werte von $\sin x$ auf $[0, \pi/2]$ vollständig bestimmt.

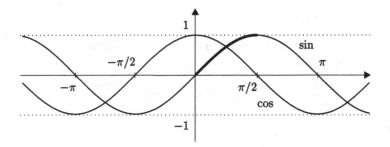

(b) $\pi/2$ *ist die kleinste positive Nullstelle des Cosinus.*
Im Prinzip läßt sich aus dieser Beobachtung die Zahl π mit Hilfe der Cosinusreihe
beliebig genau approximieren. Aufgrund der Fehlerabschätzung für alternierende
Reihen ergibt sich z.B.

$$1 - \frac{t^2}{2} < \cos t < 1 - \frac{t^2}{2} + \frac{t^4}{24} , \qquad t \in \mathbb{R}^\times ,$$

und wir finden $\cos 2 < -1/3$ sowie $\cos t > 0$ für $0 \le t < \sqrt{2}$, da $\cos 0 = 1$ gilt. Dem
Zwischenwertsatz entnehmen wir, daß $\pi/2$ im Intervall $[\sqrt{2}, 2)$ liegt. Insbesondere
gilt $2\sqrt{2} < \pi < 4$. Da zwei verschiedene Nullstellen des Cosinus mindestens den
Abstand π voneinander haben, ist $\pi/2$ die einzige Nullstelle im Intervall $(0, 2)$.
Nun kann durch Intervallhalbierung $\pi/2$ beliebig genau berechnet werden, wobei
die Vorzeichen der Halbierungspunkte stets mit Hilfe der Fehlerabschätzung der
alternierenden Cosinusreihe bestimmt werden. Unter *erheblichem* Rechenaufwand
erhält man[6]

$$\pi = 3,14159\ 26535\ 89793\ 23846\ 26433\ 83279 \dots$$

Wir werden später wesentlich effizientere Verfahren zur Berechnung von π kennenlernen.

(c) Eine komplexe Zahl heißt **algebraisch**, falls sie Nullstelle eines nichttrivialen
Polynoms mit ganzzahligen Koeffizienten ist. Komplexe Zahlen, die nicht algebraisch sind, werden **transzendente Zahlen** genannt. Insbesondere sind transzendente
Zahlen irrational. Im Jahre 1882 gelang F. Lindemann der Nachweis der Tran-
szendenz von π. Dieses Resultat liefert, zusammen mit klassischen Ergebnissen
der Algebra, einen mathematischen Beweis der Unmöglichkeit der Quadratur des
Kreises. D.h., es ist nicht möglich, allein mit Zirkel und Lineal zu einem vorgegebenen Kreis ein flächengleiches Quadrat zu konstruieren. ∎

---

[6]In Band I von [Ost45] findet man folgenden „Merkvers" für die ersten Ziffern von π:

GIB, O GOTT, O GUTER, FÄHIGKEIT ZU LERNEN
EINEM ACH ARMEN, GEJAGTEN, VERZAGTEN,
EXAMINA OCHSENDEN, GIB DU IHM VERSTAND,
AUCH TALENT ...

Die Anzahl der Buchstaben der einzelnen Wörter stimmt in der entsprechenden Reihenfolge mit
den ersten Dezimalziffern von π überein.

Tangens und Cotangens

Die trigonometrischen Funktionen **Tangens** und **Cotangens** werden mit Hilfe des Sinus und des Cosinus durch

$$\tan z := \frac{\sin z}{\cos z} \, , \quad z \in \mathbb{C} \backslash (\tfrac{\pi}{2} + \pi \mathbb{Z}) \, , \qquad \cot z := \frac{\cos z}{\sin z} \, , \quad z \in \mathbb{C} \backslash \pi \mathbb{Z} \, ,$$

definiert.

6.18 Bemerkungen (a) Die Abbildungen tan und cot sind stetig, π-periodisch und ungerade.

(b) Es gilt das **Additionstheorem des Tangens:**

$$\tan(z \pm w) = \frac{\tan z \pm \tan w}{1 \mp \tan z \tan w}$$

für $w, z \in \mathrm{dom}(\tan)$ mit $z \pm w \in \mathrm{dom}(\tan)$.

Beweis Dies ergibt sich leicht aus Satz 6.3(i). ∎

(c) Für $z \in \mathbb{C} \backslash \pi \mathbb{Z}$ gilt $\cot z = -\tan(z - \pi/2)$.

Beweis Dies folgt unmittelbar aus Theorem 6.16(iv). ∎

Im Reellen besitzen Tangens und Cotangens das in den nachstehenden Abbildungen angegebene qualitative Verhalten.

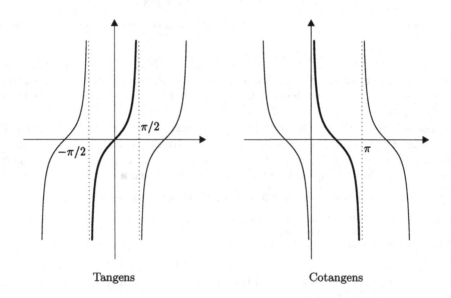

Tangens   Cotangens

Das Abbildungsverhalten der Exponentialfunktion

In den Sätzen 6.1(v) und 6.15 haben wir gesehen, daß die Abbildung

$$\text{cis}: [0, 2\pi) \to S^1 \,, \quad t \mapsto e^{it}$$

stetig und bijektiv ist. Also gibt es zu jedem $z \in S^1$ genau ein $\alpha \in [0, 2\pi)$ mit

$$z = e^{i\alpha} = \text{cis}(\alpha) = \cos\alpha + i\sin\alpha \,.$$

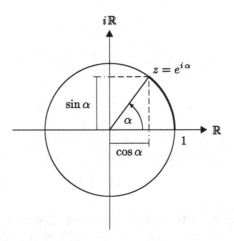

Die Zahl $\alpha \in [0, 2\pi)$ kann als Länge des Kreisbogens von 1 nach $z = e^{i\alpha}$ (im Gegenuhrzeigersinn gemessen) interpretiert werden (man vergleiche dazu Aufgabe 12) und hat somit die Bedeutung eines Winkels. Außerdem wissen wir aus Theorem 6.16, daß cis: $\mathbb{R} \to S^1$ eine 2π-periodische Abbildung ist. Folglich wird die reelle Achse durch diese Abbildung unendlich oft im Gegenuhrzeigersinn auf S^1 aufgewickelt.

Diese Überlegungen werden wir jetzt verallgemeinern.

6.19 Satz *Für $a \in \mathbb{R}$ sei I_a ein Intervall der Form $[a, a + 2\pi)$ oder $(a, a + 2\pi]$. Dann ist die Abbildung*

$$\exp(\mathbb{R} + iI_a): \mathbb{R} + iI_a \to \mathbb{C}^\times \,, \quad z \mapsto e^z \tag{6.9}$$

stetig und bijektiv.

Beweis Die Stetigkeit ist wegen Theorem 6.1(v) klar. Um die Injektivität zu verifizieren, nehmen wir an, es seien $w, z \in \mathbb{R} + iI_a$ mit $e^z = e^w$. Für $z = x + iy$ und $w = \xi + i\eta$ mit reellen x, y, ξ und η folgt aus Lemma 6.10

$$e^x = |e^x e^{iy}| = |e^\xi e^{i\eta}| = e^\xi \,. \tag{6.10}$$

Satz 6.5 impliziert deshalb $x = \xi$. Somit gilt

$$e^{i(y-\eta)} = e^{x+iy-(\xi+i\eta)} = e^z/e^w = 1 \,,$$

woraus wir wegen Satz 6.13 auf $y - \eta \in 2\pi\mathbb{Z}$ schließen. Da nach Voraussetzung $|y - \eta| < 2\pi$ gilt, ergibt sich $y = \eta$, d.h., die Abbildung in (6.9) ist injektiv.

Es sei $w \in \mathbb{C}^\times$. Für $x := \log|w| \in \mathbb{R}$ gilt dann $e^x = |w|$. Ferner gibt es nach Satz 6.15 genau ein $y \in I_a$ mit $e^{iy} = w/|w| \in S^1$. Setzen wir $z = x + iy \in \mathbb{R} + iI_a$, so finden wir $e^z = e^x e^{iy} = |w| (w/|w|) = w$. ∎

Die wesentlichsten Teile des letzten Satzes lassen sich auch graphisch darstellen.

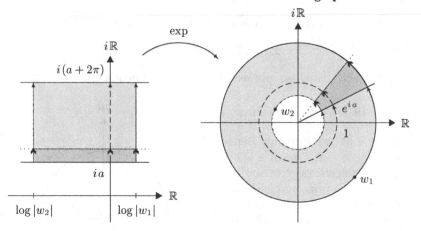

Schließlich beachten wir, daß

$$\mathbb{C} = \bigcup_{k \in \mathbb{Z}} \left\{ \mathbb{R} + i \left[a + 2k\pi, a + 2(k+1)\pi \right) \right\}$$

eine Partition der Gaußschen Ebene darstellt. Zusammen mit der Periodizität der Exponentialfunktion ergibt sich deshalb aus Satz 6.19, daß durch das Bild der Exponentialfunktion $\exp \colon \mathbb{C} \to \mathbb{C}^\times$ die punktierte Gaußsche Ebene $\mathbb{C}^\times$ unendlich oft überlagert wird, wobei die einzelnen „Blätter" längs der Halbgeraden $\{ te^{ia} \ ; \ t \geq 0 \}$ „verheftet" sind („unendliche Wendelfläche").

Ebene Polarkoordinaten

Die Abbildungseigenschaften der Exponentialfunktion erlauben es uns, eine weitere wichtige Darstellung der komplexen Zahlen herzuleiten. Mit ihrer Hilfe können wir die Multiplikation zweier komplexer Zahlen leicht geometrisch interpretieren.

6.20 Theorem (Polarkoordinatendarstellung der Gaußschen Ebene) *Zu jedem $z \in \mathbb{C}^\times$ gibt es genau ein $\alpha \in [0, 2\pi)$, so daß die Darstellung*

$$z = |z|\, e^{i\alpha}$$

richtig ist.

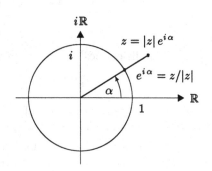

Beweis Dies folgt aus Satz 6.19. ∎

Für $z \in \mathbb{C}^\times$ und $\alpha \in [0, 2\pi)$ mit $z = |z|\, e^{i\alpha}$ heißt α **normalisiertes Argument von** z; wir bezeichnen es mit $\arg_N(z)$.

6.21 Folgerungen (a) (Produkte komplexer Zahlen) Für $w, z \in \mathbb{C}^{\times}$ seien $\alpha := \arg_N(z)$ und $\beta := \arg_N(w)$. Dann gilt $zw = |z| \, |w| \, e^{i(\alpha+\beta)}$, und wir erhalten aus Lemma 6.10 und Korollar 6.14

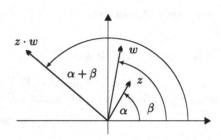

$$|zw| = |z| \, |w| \, ,$$
$$\arg_N(z \cdot w) \equiv \arg_N(z) + \arg_N(w)$$

modulo 2π.

(b) Für jedes $n \in \mathbb{N}^{\times}$ hat die Gleichung $z^n = 1$ genau n komplexe Lösungen, die n **Einheitswurzeln**

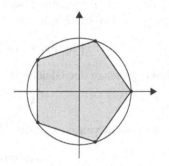

$$z_k := e^{2\pi i k/n} \, , \qquad k = 0, \ldots, n-1 \, .$$

Die Punkte z_k liegen auf der Einheitskreislinie und bilden die Eckpunkte des regulären n-Ecks, welches eine Ecke im Punkt 1 hat.

(c) Für $a \in \mathbb{C}$ und $k \in \mathbb{N}^{\times}$ ist die Gleichung $z^k = a$ in $\mathbb{C}$ lösbar.[7]

Beweis Im Fall $a = 0$ ist nichts zu beweisen. Für $a \neq 0$ schreiben wir $a = |a| \, e^{i\alpha}$ mit $\alpha := \arg_N(a) \in [0, 2\pi)$. Um eine Lösung von $z^k = a$ zu finden, machen wir den Ansatz $z := re^{i\varphi}$. Wir müssen also $r \in (0, \infty)$ und $\varphi \in [0, 2\pi)$ so bestimmen, daß

$$z^k = r^k e^{ik\varphi} = |a| \, e^{i\alpha} = a$$

gilt. Das mittlere Gleichheitszeichen impliziert nun, daß mit $r := \sqrt[k]{|a|}$ und $\varphi := \alpha/k$ durch $z := re^{i\varphi}$ eine Lösung von $z^k = a$ gegeben wird. ∎

(d) (Polarkoordinatendarstellung der Ebene) Zu jedem $(x, y) \in \mathbb{R}^2 \setminus \{(0, 0)\}$ gibt es eindeutig bestimmte reelle Zahlen $r > 0$ und $\alpha \in [0, 2\pi)$ mit

$$x = r \cos \alpha \quad \text{und} \quad y = r \sin \alpha \, .$$

Beweis Es seien $x, y \in \mathbb{R}$ mit $z := x + iy \in \mathbb{C}^{\times}$. Setzen wir

$$r := |z| = \sqrt{x^2 + y^2} > 0 \quad \text{und} \quad \alpha := \arg_N(z) \in [0, 2\pi) \, ,$$

so gilt gemäß Theorem 6.20 und der Eulerschen Formel die Darstellung

$$x + iy = z = re^{i\alpha} = r \cos \alpha + ir \sin \alpha \, ,$$

woraus sich die Behauptung ergibt. ∎

---

[7]Der Beweis dieser Behauptung schließt die noch offenstehende Lücke im Beweis des Fundamentalsatzes der Algebra von Beispiel 3.9(b). Außerdem erkennen wir, daß die Voraussetzung (I.11.5) in der Lösungsformel für kubische Gleichungen erfüllt ist.

(e) Für $z \in \mathbb{C}$ gilt $|e^z| = e^{\operatorname{Re} z}$.

Beweis Dies folgt aus $|e^z| = |e^{\operatorname{Re} z} e^{i \operatorname{Im} z}| = e^{\operatorname{Re} z} |e^{i \operatorname{Im} z}| = e^{\operatorname{Re} z}$. ∎

Der komplexe Logarithmus

Zu gegebenem $w \in \mathbb{C}^\times$ wollen wir *alle* Lösungen der Gleichung $e^z = w$ bestimmen. Aus Theorem 6.20 wissen wir bereits, daß diese Gleichung lösbar ist, denn es gilt ja

$$w = e^{\log|w| + i \arg_N(w)} .$$

Es sei nun $z \in \mathbb{C}$ irgendeine Lösung von $e^z = w$. Nach Korollar 6.14 und Satz 6.15 gibt es genau ein $k \in \mathbb{Z}$ mit $z = \log|w| + i \arg_N(w) + 2\pi k i$. Somit ist

$$\left\{ \log|w| + i \big(\arg_N(w) + 2\pi k \big) \in \mathbb{C} \ ; \ k \in \mathbb{Z} \right\}$$

die Lösungsmenge der Gleichung $e^z = w$. Die *Menge*

$$\operatorname{Arg}(w) := \arg_N(w) + 2\pi \mathbb{Z}$$

heißt **Argument von** w, und die *Menge*

$$\operatorname{Log}(w) := \log|w| + i \operatorname{Arg}(w)$$

ist der (komplexe) **Logarithmus von** w.

Jedem $w \in \mathbb{C}^\times$ ordnen wir jetzt sein Argument, $\operatorname{Arg}(w)$, und seinen Logarithmus, $\operatorname{Log}(w)$, zu und erhalten damit zwei *mengenwertige* Abbildungen

$$\operatorname{Arg} \colon \mathbb{C}^\times \to \mathfrak{P}(\mathbb{C}) \ , \quad w \mapsto \operatorname{Arg}(w) \ ,$$
$$\operatorname{Log} \colon \mathbb{C}^\times \to \mathfrak{P}(\mathbb{C}) \ , \quad w \mapsto \operatorname{Log}(w) \ ,$$

die wir **Argument** und **Logarithmus** nennen.

Da mengenwertige Funktionen i. allg. nicht sehr „handlich" sind, ist es zweckmäßig, den Abbildungen Arg und Log *komplexwertige* Funktionen zuzuordnen. Hierfür greifen wir auf Satz 6.19 zurück. Danach gibt es zu jedem $w \in \mathbb{C}^\times$ genau ein $\varphi =: \arg(w) \in (-\pi, \pi]$ mit $w = |w| e^{i\varphi}$. Die reellwertige Funktion

$$\arg \colon \mathbb{C}^\times \to (-\pi, \pi] \ , \quad w \mapsto \arg(w)$$

heißt **Hauptwert des Arguments**, d.h. der mengenwertigen Funktion Arg. Entsprechend heißt

$$\log \colon \mathbb{C}^\times \to \mathbb{R} + i(-\pi, \pi] \ , \quad w \mapsto \log|w| + i \arg(w)$$

Hauptwert des Logarithmus,[8] da diese Funktion mit dem Hauptwert des Arguments gebildet wird.

---

[8]Für $w \in (0, \infty)$ stimmt diese Definition mit der des reellen Logarithmus $(\exp|\mathbb{R})^{-1}$ überein.

Aus den Sätzen 6.5 und 6.15 folgen sofort die Bijektivität des Hauptwertes des Logarithmus sowie die Formeln

$$e^{\log w} = w\,, \qquad w \in \mathbb{C}^\times\,,$$
$$\log e^z = z\,, \qquad z \in \mathbb{R} + i\,(-\pi, \pi]\,. \tag{6.11}$$

Insbesondere ist $\log w$ für $w < 0$ definiert. In diesem Fall gilt $\log w = \log |w| + i\pi$.

Für den mengenwertigen komplexen Logarithmus gelten

$$e^{\operatorname{Log} w} = w\,, \quad w \in \mathbb{C}^\times\,, \qquad \operatorname{Log} e^z = z + 2\pi i \mathbb{Z}\,, \quad z \in \mathbb{C}\,.$$

Schließlich notieren wir Rechenregeln für den komplexen Logarithmus, die analog zum Beweis des Additionstheorems des natürlichen Logarithmus (Theorem 6.6) verifiziert werden: Es gelten[9]

$$\operatorname{Log}(zw) = \operatorname{Log} z + \operatorname{Log} w\,, \quad \operatorname{Log}(z/w) = \operatorname{Log} z - \operatorname{Log} w \tag{6.12}$$

für $w, z \in \mathbb{C}^\times$.

Komplexe Potenzen

Für $z \in \mathbb{C}^\times$ und $w \in \mathbb{C}$ heißt

$$z^w := e^{w \operatorname{Log} z}$$

(allgemeine) **Potenz** von z. Weil Log eine mengenwertige Abbildung ist, ist auch z^w eine Menge, und es gilt

$$z^w = \left\{ e^{w(\log|z| + i\,(\arg_N(z) + 2\pi k))}\ ;\ k \in \mathbb{Z} \right\}\,.$$

Der **Hauptwert der Potenz** z^w wird selbstverständlich mit Hilfe des Hauptwertes des Logarithmus durch

$$\mathbb{C}^\times \to \mathbb{C}\,, \qquad z \mapsto z^w := e^{w \log z}$$

definiert. Auch für den Hauptwert der Potenz lassen sich die Rechenregeln von Satz 6.8 verallgemeinern. Dabei ist allerdings Vorsicht geboten. So gelten zum Beispiel

$$z^a z^b = z^{a+b} \quad \text{und} \quad z^a \cdot w^a = (zw)^a \tag{6.13}$$

nicht für alle $w, z \in \mathbb{C}^\times$ und $a, b \in \mathbb{C}$. Beispielsweise finden wir

$$(-1)^i (-1)^i = e^{i^2 \pi} e^{i^2 \pi} = e^{-2\pi}\,, \quad \text{aber} \quad \left[(-1)(-1)\right]^i = 1^i = e^{i \cdot 0} = 1\,.$$

---

[9]Vgl. (I.4.1).

6.22 Bemerkungen (a) Die Funktionalgleichung der Exponentialfunktion besagt, daß

$$\exp : (\mathbb{C}, +) \to (\mathbb{C}^\times, \cdot) \tag{6.14}$$

einen Gruppenhomomorphismus zwischen den beiden abelschen Gruppen $(\mathbb{C}, +)$ und $(\mathbb{C}^\times, \cdot)$ darstellt. Aus den Sätzen 6.13 und 6.15 folgt sogar, daß (6.14) ein surjektiver Homomorphismus ist, dessen Kern durch $2\pi i \mathbb{Z}$ gegeben wird. Gemäß Beispiel I.7.8(c) ist also die Faktorgruppe $(\mathbb{C}, +)/(2\pi i \mathbb{Z})$ zu $(\mathbb{C}^\times, \cdot)$ isomorph.

(b) Durch die Multiplikation komplexer Zahlen wird $(S^1, \cdot)$ in natürlicher Weise zu einer abelschen Gruppe, der Kreisgruppe (vgl. Aufgabe I.11.9). Wiederum aus der Funktionalgleichung für exp und den Sätzen 6.13 und 6.15 folgt, daß

$$\operatorname{cis} : (\mathbb{R}, +) \to (S^1, \cdot)$$

ein surjektiver Gruppenhomomorphismus ist, dessen Kern durch $2\pi \mathbb{Z}$ gegeben wird. Deshalb sind die Gruppen $(\mathbb{R}, +)/(2\pi \mathbb{Z})$ und $(S^1, \cdot)$ isomorph.

(c) Die Abbildung

$$\exp_{\mathbb{R}} : (\mathbb{R}, +) \to ((0, \infty), \cdot)$$

ist ein Gruppenisomorphismus mit dem natürlichen Logarithmus $\log : (0, \infty) \to \mathbb{R}$ als Inverse. ∎

Eine weitere Darstellung der Exponentialfunktion

In Aufgabe II.4.3 haben wir gesehen, daß die Exponentialfunktion für rationale Argumente mit der Formel

$$e^r = \lim_{n \to \infty} \left(1 + \frac{r}{n}\right)^n$$

berechnet werden kann. Dieses Resultat läßt sich auf den Fall beliebiger komplexer Exponenten erweitern.

6.23 Theorem *Für $z \in \mathbb{C}$ gilt*

$$e^z = \lim_{n \to \infty} \left(1 + \frac{z}{n}\right)^n .$$

Beweis Es sei $z \in \mathbb{C}$. Das Additionstheorem der Exponentialfunktion impliziert dann $e^z = (e^{z/n})^n$ für jedes $n \in \mathbb{N}^\times$. Außerdem gilt

$$a^n - b^n = (a - b) \sum_{k=0}^{n-1} a^k b^{n-k-1} , \qquad a, b \in \mathbb{C} ,$$

wie Aufgabe I.8.1 zeigt. Somit ergibt sich die Identität

$$e^z - (1 + z/n)^n = (e^{z/n})^n - (1 + z/n)^n$$
$$= \left[e^{z/n} - (1 + z/n)\right] \sum_{k=0}^{n-1} (e^{z/n})^k (1 + z/n)^{n-1-k} \ . \tag{6.15}$$

Aus Beispiel 2.25(b) wissen wir, daß

$$r_n := \left[\frac{e^{z/n} - 1}{z/n} - 1\right] \to 0 \ , \qquad n \to \infty \ , \tag{6.16}$$

gilt. Um die Terme

$$L_n := \sum_{k=0}^{n-1} (e^{z/n})^k (1 + z/n)^{n-1-k} \ , \qquad n \in \mathbb{N}^\times \ , \tag{6.17}$$

abzuschätzen, beachten wir die Ungleichungen

$$|e^w| = e^{\operatorname{Re} w} \le e^{|w|} \ , \qquad |1 + w| \le 1 + |w| \le e^{|w|} \ ,$$

und erhalten

$$|L_n| \le \sum_{k=0}^{n-1} (e^{|z|/n})^k (e^{|z|/n})^{n-1-k} = n(e^{|z|/n})^{n-1} \le ne^{|z|} \ , \qquad n \in \mathbb{N}^\times \ . \tag{6.18}$$

Fassen wir (6.15), (6.17) und (6.18) zusammen, so finden wir

$$\left|e^z - \left(1 + \frac{z}{n}\right)^n\right| = \left|\frac{z}{n} r_n L_n\right| \le \left|\frac{z}{n}\right| |r_n| ne^{|z|} = |z| e^{|z|} |r_n| \ ,$$

woraus sich wegen (6.16) die Behauptung ergibt. ∎

Aufgaben

1 Man zeige, daß die Abbildungen cis : $\mathbb{R} \to \mathbb{C}$ und cos, sin : $\mathbb{R} \to \mathbb{R}$ Lipschitz-stetig sind mit der Lipschitz-Konstanten 1. (Hinweis: Man beachte Beispiel 2.25(b).)

2 Für $z \in \mathbb{C}$ und $m \in \mathbb{N}$ verifiziere man die **Formel von de Moivre**

$$(\cos z + i \sin z)^m = \cos(mz) + i \sin(mz) \ .$$

3 Man beweise die folgenden trigonometrischen Identitäten:
(a) $\cos^2(z/2) = (1 + \cos z)/2$, $\sin^2(z/2) = (1 - \cos z)/2$, $z \in \mathbb{C}$.
(b) $\tan(z/2) = (1 - \cos z)/\sin z = \sin z/(1 + \cos z)$, $z \in \mathbb{C} \setminus (\pi\mathbb{Z})$.

4 Der **hyperbolische Cosinus** (Cosinus hyperbolicus) bzw. der **hyperbolische Sinus** (Sinus hyperbolicus) wird definiert durch

$$\cosh(z) := \frac{e^z + e^{-z}}{2} \quad \text{bzw.} \quad \sinh(z) := \frac{e^z - e^{-z}}{2} \ , \qquad z \in \mathbb{C} \ .$$

Man verifiziere für $w, z \in \mathbb{C}$:

(a) $\cosh^2 z - \sinh^2 z = 1$.

(b) $\cosh(z + w) = \cosh z \cosh w + \sinh z \sinh w$.

(c) $\sinh(z + w) = \sinh z \cosh w + \cosh z \sinh w$.

(d) $\cosh z = \cos i z$, $\sinh z = -i \sin i z$.

(e) $\cosh z = \sum\limits_{k=0}^{\infty} \dfrac{z^{2k}}{(2k)!}$, $\quad \sinh z = \sum\limits_{k=0}^{\infty} \dfrac{z^{2k+1}}{(2k+1)!}$.

5 Der **hyperbolische Tangens** (Tangens hyperbolicus) bzw. der **hyperbolische Cotangens** (Cotangens hyperbolicus) wird durch

$$\tanh z := \frac{\sinh(z)}{\cosh(z)}, \quad z \in \mathbb{C}\backslash \pi i\, (\mathbb{Z}+1/2)\,, \qquad \text{bzw.} \qquad \coth z := \frac{\cosh(z)}{\sinh(z)}, \quad z \in \mathbb{C}\backslash \pi i\mathbb{Z}\,,$$

erklärt.

(a) Man zeige, daß die Funktionen

$$\cosh\,, \quad \sinh\,, \quad \tanh : \mathbb{C}\backslash \pi i\,(\mathbb{Z}+1/2) \to \mathbb{C}\,, \quad \coth : \mathbb{C}^{\times} \to \mathbb{C}\backslash \pi i\mathbb{Z}$$

stetig sind.

(b) Jede der Funktionen cosh, sinh, tanh und coth ist reellwertig für reelle Argumente. Man skizziere die Graphen dieser reellwertigen Funktionen.

(c) $\lim_{x \to \pm\infty} \tanh(x) = \pm 1$, $\lim_{x \to \pm 0} \coth(x) = \pm\infty$.

(d) $\cosh : [0, \infty) \to \mathbb{R}$ ist strikt wachsend mit $\cosh([0, \infty)) = [1, \infty)$.

(e) $\sinh : \mathbb{R} \to \mathbb{R}$ ist strikt wachsend und bijektiv.

(f) $\tanh : \mathbb{R} \to (-1, 1)$ ist strikt wachsend und bijektiv.

(g) $\coth : (0, \infty) \to \mathbb{R}$ ist strikt fallend mit $\coth((0, \infty)) = (1, \infty)$.

(h) $\tanh : \mathbb{R} \to (-1, 1)$ ist Lipschitz-stetig mit der Lipschitz-Konstanten 1.

6 Die folgenden Grenzwerte sind zu bestimmen:

$$\text{(a)} \ \lim_{x \to 0+} x^x\,, \quad \text{(b)} \ \lim_{x \to 0+} x^{1/x}\,, \quad \text{(c)} \ \lim_{z \to 0} \frac{\log(1 + z)}{z}\,.$$

(Hinweis: (c) Man beachte Beispiel 2.25(b).)

7 Für $x, y > 0$ verifiziere man die folgende Ungleichung:

$$\frac{\log x + \log y}{2} \leq \log\Big(\frac{x + y}{2}\Big)\,.$$

8 Man berechne:

$$\text{(a)} \ \lim_{z \to 0} \frac{\sin z}{z}\,, \quad \text{(b)} \ \lim_{z \to 0} \frac{a^z - 1}{z}\,, \quad a \in \mathbb{C}^{\times}\,.$$

9 Es ist zu zeigen, daß die Funktionen

$$\arg : \mathbb{C}\backslash(-\infty, 0] \to (-\pi, \pi)\,, \quad \log : \mathbb{C}\backslash(-\infty, 0] \to \mathbb{R} + i(-\pi, \pi)\,,$$

stetig sind. (Hinweise: (i) $\arg = \arg \circ \nu$ mit $\nu(z) := z/|z|$ für $z \in \mathbb{C}^{\times}$.
(ii) $\arg \,|\, (S^1 \setminus \{-1\}) = [\operatorname{cis}|(-\pi, \pi)]^{-1}$. (iii) Man verwende Aufgabe 3.3(b) für Intervalle der Form $[-a, a]$ mit $a \in (0, \pi)$.)

10 Man diskutiere die Gültigkeit der folgenden Rechenregeln für den Hauptwert der Potenz:
$$z^a z^b = z^{a+b} , \quad z^a w^a = (zw)^a , \qquad z, w \in \mathbb{C}^\times , \quad a, b \in \mathbb{C} .$$

11 Man berechne i^i und bestimme den Hauptwert.

12 Es seien $x \in \mathbb{R}$, $n \in \mathbb{N}^\times$ und $z_{n,k} := e^{ixk/n} \in S^1$ für $k = 0, 1, \ldots, n$. Ferner sei
$$L_n := \sum_{k=1}^{n} |z_{n,k} - z_{n,k-1}|$$
die Länge des Polygonzuges $z_{n,0}, z_{n,1}, \ldots, z_{n,n}$. Man zeige:
$$L_n = 2n \left| \sin\big(x/(2n)\big) \right| \quad \text{und} \quad \lim_{n \to \infty} L_n = |x| .$$

Bemerkung Für große $n \in \mathbb{N}$ und für $x \in [0, 2\pi]$ wird das Bild von $[0, x]$ unter der Abbildung cis durch den Polygonzug $z_{n,0}, z_{n,1}, \ldots, z_{n,n}$ approximiert. Also kann L_n als Näherungswert für die Länge des im Gegenuhrzeigersinn durchlaufenen Kreisbogens von 1 nach $\mathrm{cis}(x) = e^{ix}$ verstanden werden. Folglich zeigt diese Aufgabe, daß durch die Abbildung $\mathrm{cis} : \mathbb{R} \to S^1$ die Gerade $\mathbb{R}$ längentreu auf S^1 „aufgewickelt" wird.

13 Man studiere das Abbildungsverhalten der Funktion $\mathbb{C} \to \mathbb{C}$, $z \mapsto z^2$. Insbesondere betrachte man die Bilder der Hyperbelscharen $x^2 - y^2 = \mathrm{const}$, $xy = \mathrm{const}$, sowie der Geradenscharen $x = \mathrm{const}$, $y = \mathrm{const}$ für $z = x + iy$.

14 Es sind alle Lösungen folgender Gleichungen in $\mathbb{C}$ zu bestimmen:
(a) $z^4 = (\sqrt{2}/2)(1 + i)$.
(b) $z^5 = i$.
(c) $z^3 + 6z + 2 = 0$.
(d) $z^3 + (1 - 2i)z^2 - (1 + 2i)z - 1 = 0$.
(Hinweis: Für die kubischen Gleichungen in (c) und (d) verwende man Aufgabe I.11.15.)

15 Für $x \in \mathbb{R}$ und $n \in \mathbb{N}$ sei
$$f_n(x) := \lim_{k \to \infty} \big(\cos(n! \, \pi x)\big)^{2k} .$$

Man bestimme $\lim_{n \to \infty} f_n(x)$. (Hinweise: Man unterscheide die Fälle $x \in \mathbb{Q}$ und $x \in \mathbb{R} \backslash \mathbb{Q}$, und beachte, daß $|\cos(m\pi)| = 1$ genau für $m \in \mathbb{Z}$ gilt.)

16 Man beweise, daß $\cosh 1$ irrational ist. (Hinweis: Aufgabe II.7.10.)

Kapitel IV

Differentialrechnung in einer Variablen

In Kapitel II haben wir eine der wesentlichsten Ideen der Analysis kennengelernt, nämlich die des Grenzwertbegriffes. Wir haben einen Kalkül für den Umgang mit Grenzwerten entwickelt und viele wichtige Anwendungen dieser Idee vorgestellt. In Kapitel III haben wir uns ausführlich mit den topologischen Grundlagen der Analysis befaßt und den zentralen Begriff der Stetigkeit studiert. Dabei haben wir insbesondere gesehen, daß fundamentale Zusammenhänge zwischen der Stetigkeit und dem Grenzwertbegriff bestehen. Im letzten Paragraphen des voranstehenden Kapitels haben wir schließlich einige der wichtigsten Funktionen der gesamten Mathematik analysiert, wobei wir viele der zuvor erworbenen Kenntnisse einsetzen konnten — und auch mußten.

Obwohl wir anscheinend über die Exponentialfunktion und die aus ihr abgeleiteten Abbildungen, wie etwa den Cosinus und den Sinus, recht gut Bescheid wissen, sind unsere Kenntnisse doch noch sehr rudimentär und beziehen sich vorwiegend auf globale Aspekte. In diesem Kapitel wollen wir uns nun in erster Linie mit Fragen der lokalen Beschreibung von Abbildungen befassen. Dabei werden wir wieder der Hauptidee der Analysis begegnen, welche — vereinfacht ausgedrückt — darin besteht, komplizierte „kontinuierliche" Sachverhalte durch einfachere (oft diskrete) Strukturen zu approximieren. Dieser Approximationsgedanke ist ja auch die Grundlage des Grenzwertbegriffes, und er zieht sich wie ein roter Faden durch die gesamte („kontinuierliche") Mathematik.

Wir lassen uns von der Anschauung leiten und betrachten zunächst Graphen reellwertiger Funktionen einer reellen Variablen. Eine konzeptionell einfache Methode der lokalen Approximation eines kompliziert aussehenden Graphen besteht darin, ihn in der Nähe des zu betrachtenden Punktes so durch eine Gerade zu ersetzen, daß sich letztere möglichst gut „anschmiegt". Dann ist nahe beim Berührungspunkt (sozusagen durch ein beliebig starkes Mikroskop betrachtet) die

Funktion kaum von ihrer linearen Approximation durch die Gerade zu unterscheiden. Deshalb sollte es möglich sein, lokale Eigenschaften recht allgemeiner Funktionen durch derartige „Linearisierungen" zu beschreiben.

Diese Idee der Linearisierung ist ungemein fruchtbar und nicht an den anschaulichen eindimensionalen Fall gebunden, wie wir im weiteren erfahren werden. Sie bildet die Grundlage für praktisch alle lokalen Untersuchungen in der Analysis. Wir werden sehen, daß Linearisieren Differenzieren bedeutet. Die Differentialrechnung, welche in den ersten drei Paragraphen dieses Kapitels entwickelt wird, ist nichts anderes als ein äußerst effizienter Kalkül der Linearisierung. Die Fruchtbarkeit der Linearisierungsidee wird durch viele schöne und teilweise auch überraschende Anwendungen unter Beweis gestellt werden, nicht zuletzt im letzten Paragraphen dieses Kapitels.

Im ersten Paragraphen erläutern wir den Differenzierbarkeitsbegriff, also den Begriff der linearen Approximierbarkeit, und leiten die grundlegenden Rechenregeln her.

In Paragraph 2 kommt die geometrische Idee der Differentialrechnung voll zur Geltung, nämlich die oben angedeutete Idee, aus dem Verhalten der Tangente an einen Graphen auf das lokale Verhalten der zugehörigen Funktion zu schließen. Die Tragweite dieses Gedankens werden wir insbesondere beim Studium konvexer Funktionen erfahren. Als eine einfache Anwendung leiten wir einige der fundamentalen Ungleichungen der Analysis her.

Paragraph 3 ist der Approximierbarkeit höherer Ordnung gewidmet. Anstatt eine gegebene Funktion lokal durch eine lineare zu approximieren, kann man versuchen, dies durch Polynome höheren Grades zu tun. Natürlich wird man dadurch mehr lokale Information erhalten, was sich insbesondere im Zusammenhang mit Fragen nach der Natur von Extrema als nützlich erweist.

Im letzten Paragraphen gehen wir kurz auf die näherungsweise Berechnung von Nullstellen reeller Funktionen ein. Wir beweisen den wichtigen Banachschen Fixpunktsatz, der von nicht zu unterschätzender praktischer und theoretischer Bedeutung ist, und verwenden ihn zum Nachweis der Konvergenz des Newtonschen Verfahrens.

Im gesamten Kapitel beschränken wir uns auf das Studium von Funktionen einer reellen oder komplexen Variablen, wobei wir allerdings Werte in beliebigen Banachräumen zulassen. Die Differentialrechnung für Funktionen mehrerer Variablen wird in Kapitel VII entwickelt werden.

1 Differenzierbarkeit

Wie in der Einleitung zu diesem Kapitel angedeutet, ist eine der Motivationen für die Entwicklung der Differentialrechnung der Wunsch, das lokale Verhalten von Funktionen genauer zu beschreiben. Dies führt zum Tangentenproblem, d.h. der Aufgabe, in einem gegebenen Punkt des Graphen einer reellen Funktion einer

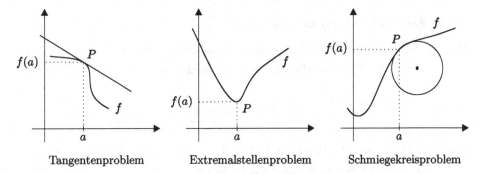

| Tangentenproblem | Extremalstellenproblem | Schmiegekreisproblem |

reellen Veränderlichen die Tangente zu bestimmen. Aber auch die Probleme, Extremalstellen aufzufinden oder in einem Punkt den Schmiegekreis, also den Kreis, der sich am besten an den Graphen anschmiegt, zu konstruieren, sind eng mit dem Tangentenproblem und damit mit der Differentialrechnung verwandt.

Im folgenden bezeichnet $X \subset \mathbb{K}$ eine Menge, und $a \in X$ ist stets ein Häufungspunkt von X. Ferner ist $E = (E, \|\cdot\|)$ ein normierter Vektorraum über $\mathbb{K}$.

Die Definition

Eine Abbildung $f: X \to E$ heißt **in a differenzierbar**, falls der Grenzwert

$$f'(a) := \lim_{x \to a} \frac{f(x) - f(a)}{x - a}$$

in E existiert. Dann ist $f'(a) \in E$ die **Ableitung von f in a**. Neben dem Symbol $f'(a)$ sind noch weitere Bezeichnungen gebräuchlich, nämlich:

$$\dot{f}(a) , \quad \partial f(a) , \quad Df(a) , \quad \frac{df}{dx}(a) .$$

Bevor wir die Eigenschaften von differenzierbaren Funktionen systematisch untersuchen, wollen wir nützliche Umformulierungen der obigen Definition geben.

1.1 Theorem *Für $f: X \to E$ sind die folgenden Aussagen äquivalent:*

(i) *f ist in a differenzierbar.*

(ii) *Es gibt ein $m_a \in E$ mit*

$$\lim_{x \to a} \frac{f(x) - f(a) - m_a(x-a)}{x-a} = 0 .$$

(iii) *Es gibt ein $m_a \in E$ und eine in a stetige Funktion $r: X \to E$ mit $r(a) = 0$ und*

$$f(x) = f(a) + m_a(x-a) + r(x)(x-a) , \qquad x \in X .$$

In den Fällen (ii) und (iii) gilt: $m_a = f'(a)$.

Beweis   Setzen wir $m_a := f'(a)$, so ist die Implikation „(i)⟹(ii)" klar.

„(ii)⟹(iii)" Hier führt die naheliegende Definition

$$r(x) := \begin{cases} 0 , & x = a , \\[2mm] \dfrac{f(x) - f(a) - m_a(x-a)}{x-a} , & x \neq a , \end{cases}$$

zum Ziel. Denn gemäß Bemerkung III.2.23(b) und wegen (ii) ist r in a stetig.

„(iii)⟹(i)" ist ebenfalls unmittelbar klar. ∎

1.2 Korollar   *Ist $f: X \to E$ in a differenzierbar, so ist f in a stetig.*

Beweis   Dies folgt sofort aus der Implikation „(i)⟹(iii)" von Theorem 1.1. ∎

Die Umkehrung von Korollar 1.2 ist falsch: Es gibt Funktionen, die zwar stetig, aber nicht differenzierbar sind (vgl. Beispiel 1.13(k)).

Lineare Approximierbarkeit

Es sei $f: X \to E$ in a differenzierbar. Dann ist die Abbildung

$$g: \mathbb{K} \to E , \quad x \mapsto f(a) + f'(a)(x-a)$$

affin, und es gilt $g(a) = f(a)$. Ferner folgt aus Theorem 1.1 die Beziehung

$$\lim_{x \to a} \frac{\|f(x) - g(x)\|}{|x-a|} = 0 .$$

Also stimmt f im Punkt a mit der affinen Funktion g überein, und der „absolute Fehler" $\|f(x) - g(x)\|$ geht schneller gegen Null als $|x-a|$ für $x \to a$. Diese Beobachtung dient uns als Modell für folgende Definition: Die Funktion $f: X \to E$ heißt in a **linear approximierbar**, wenn es eine affine Funktion $g: \mathbb{K} \to E$ gibt mit

$$f(a) = g(a) \quad \text{und} \quad \lim_{x \to a} \frac{\|f(x) - g(x)\|}{|x-a|} = 0 .$$

Das folgende Korollar zeigt, daß es sich bei der Differenzierbarkeit und der linearen Approximierbarkeit um dieselbe Eigenschaft einer Funktion handelt.

1.3 Korollar *Die Abbildung* $f : X \to E$ *ist genau dann in* a *differenzierbar, wenn sie in* a *linear approximierbar ist. In diesem Fall ist die approximierende affine Funktion* g *eindeutig bestimmt und durch*

$$g : \mathbb{K} \to E , \quad x \mapsto f(a) + f'(a)(x - a)$$

gegeben.

Beweis „$\Rightarrow$" Diese Aussage folgt unmittelbar aus Theorem 1.1.

„$\Leftarrow$" Es sei $g : \mathbb{K} \to E$ eine affine Abbildung, welche f in a linear approximiert. Gemäß Satz I.12.8 gibt es eindeutig bestimmte Elemente $b, m \in E$ mit $g(x) = b + mx$ für $x \in \mathbb{K}$. Wegen $g(a) = f(a)$ folgt dann $g(x) = f(a) + m(x - a)$ für $x \in \mathbb{K}$, und die Behauptung ergibt sich wieder aus Theorem 1.1. ∎

1.4 Bemerkungen (a) Die Abbildung $f : X \to E$ sei in a differenzierbar. Außerdem sei $g(x) := f(a) + f'(a)(x - a)$ für $x \in \mathbb{K}$. Dann ist das Bild von g eine affine Gerade durch $(a, f(a))$, welche den Graphen von f in der Nähe von $(a, f(a))$ approximiert. Deshalb heißt der Graph von g **Tangente** von f in $(a, f(a))$. Im Fall $\mathbb{K} = \mathbb{R}$ stimmt dieser Begriff der Tangente mit der elementargeometrischen Anschauung überein.

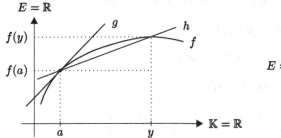 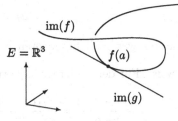

Der Ausdruck

$$\frac{f(y) - f(a)}{y - a} , \quad y \neq a ,$$

heißt **Differenzenquotient** von f in y bezügl. a. Der Graph der affinen Abbildung

$$h(x) := f(a) + \frac{f(y) - f(a)}{y - a}(x - a) , \quad x \in \mathbb{K} ,$$

wird als **Sehne** durch $(a, f(a))$ und $(y, f(y))$ bezeichnet. Im Fall $\mathbb{K} = \mathbb{R} = E$ bedeutet die Differenzierbarkeit von f in a also, daß die **Steigung** $(f(y) - f(a))/(y - a)$ der Sehne durch $(a, f(a))$ und $(y, f(y))$ für $y \to a$ gegen die Steigung $f'(a)$ der Tangente in $(a, f(a))$ konvergiert.

(b) Es seien $X = J \subset \mathbb{R}$ ein Intervall und $E = \mathbb{R}^3$. Dann können $t \in J$ als Zeit und $f(t)$ als die Position eines Punktes im Raum zur Zeit t interpretiert werden. In diesem Fall stellt $|f(t) - f(t_0)|/|t - t_0|$ die absolute „Änderung des Ortes mit der Zeit" dar, und $\dot{f}(t_0)$ ist die **momentane Geschwindigkeit** des Punktes zur Zeit t_0.

(c) (i) Es sei $\mathbb{K} = E = \mathbb{R}$, und $f: X \subset \mathbb{R} \to \mathbb{R}$ sei in a differenzierbar. Ferner fassen wir f als Funktion in $\mathbb{C}$ auf, d.h., wir setzen

$$f_{\mathbb{C}}: X \subset \mathbb{C} \to \mathbb{C}, \qquad f_{\mathbb{C}}(x) := f(x), \quad x \in X.$$

Dann ist auch $f_{\mathbb{C}}$ in a differenzierbar, und es gilt $f'_{\mathbb{C}}(a) = f'(a)$.

(ii) Es sei nun $\mathbb{K} = E = \mathbb{C}$, und $f: X \subset \mathbb{C} \to \mathbb{C}$ sei in $a \in Y := X \cap \mathbb{R}$ differenzierbar. Ferner sei a ein Häufungspunkt von Y, und es gelte $f(Y) \subset \mathbb{R}$. Dann ist die Abbildung $f|Y: Y \to \mathbb{R}$ in a differenzierbar, und $(f|Y)'(a) = f'(a) \in \mathbb{R}$.

Beweis Dies folgt unmittelbar aus der Definition der Differenzierbarkeit und der Abgeschlossenheit von $\mathbb{R}$ in $\mathbb{C}$. ∎

Rechenregeln

1.5 Satz *Es seien $E_1, \ldots, E_n$ normierte Vektorräume und $E := E_1 \times \cdots \times E_n$. Dann ist $f = (f_1, \ldots, f_n): X \to E$ genau dann in a differenzierbar, wenn jede Komponentenfunktion $f_j: X \to E_j$ in a differenzierbar ist. In diesem Fall gilt*

$$\partial f(a) = \big(\partial f_1(a), \ldots, \partial f_n(a)\big),$$

Vektoren werden komponentenweise differenziert.

Beweis Für den Differenzenquotienten gilt

$$\frac{f(x) - f(a)}{x - a} = \left(\frac{f_1(x) - f_1(a)}{x - a}, \ldots, \frac{f_n(x) - f_n(a)}{x - a}\right), \qquad x \neq a.$$

Also folgt die Behauptung aus Beispiel II.1.8(e). ∎

Wir stellen nun weitere Rechenregeln für differenzierbare Funktionen zusammen, welche die konkrete Berechnung von Ableitungen erheblich vereinfachen können.

1.6 Theorem

(i) (Linearität) *Es seien $f, g: X \to E$ in a differenzierbar, und $\alpha, \beta \in \mathbb{K}$. Dann ist auch $\alpha f + \beta g$ in a differenzierbar, und es gilt*

$$(\alpha f + \beta g)'(a) = \alpha f'(a) + \beta g'(a).$$

Mit anderen Worten: Die in a differenzierbaren Funktionen bilden einen Untervektorraum V von E^X, und die Abbildung $V \to E$, $f \mapsto f'(a)$ ist linear.

(ii) (Produktregel) *Es seien* $f, g : X \to \mathbb{K}$ *in* a *differenzierbar. Dann ist auch* $f \cdot g$ *in* a *differenzierbar, und es gilt*

$$(f \cdot g)'(a) = f'(a)g(a) + f(a)g'(a) \; .$$

Die in a differenzierbaren Funktionen bilden eine Unteralgebra von $\mathbb{K}^X$.

(iii) (Quotientenregel) *Es seien* $f, g : X \to \mathbb{K}$ *in* a *differenzierbar, und es gelte* $g(a) \neq 0$. *Dann ist auch* f/g *in* a *differenzierbar, und*

$$\left(\frac{f}{g}\right)'(a) = \frac{f'(a)g(a) - f(a)g'(a)}{[g(a)]^2} \; .$$

Beweis Im wesentlichen folgen alle Aussagen aus den Rechenregeln für konvergente Folgen, die wir in Paragraph II.2 bewiesen haben.

Für (i) ist dies unmittelbar klar. Zum Beweis der Produktregel (ii) schreiben wir den Differenzenquotienten von $f \cdot g$ in der Form

$$\frac{f(x)g(x) - f(a)g(a)}{x - a} = \frac{f(x) - f(a)}{x - a}g(x) + f(a)\frac{g(x) - g(a)}{x - a} \; , \qquad x \neq a \; .$$

Nach Korollar 1.2 ist g in a stetig. Also folgt die Behauptung aus den Sätzen II.2.2 und II.2.4 sowie aus Theorem III.1.4.

Im Fall (iii) gilt nach Voraussetzung $g(a) \neq 0$. Also sichert Beispiel III.1.3(d) die Existenz einer Umgebung U von a in X mit $g(x) \neq 0$ für $x \in U$. Für jedes $x \in U \backslash \{a\}$ gilt deshalb

$$\left(\frac{f(x)}{g(x)} - \frac{f(a)}{g(a)}\right)(x - a)^{-1} = \frac{1}{g(x)g(a)}\left[\frac{f(x) - f(a)}{x - a}g(a) - f(a)\frac{g(x) - g(a)}{x - a}\right] \; ,$$

woraus sich die Behauptung ergibt. ∎

Kettenregel

Oft gelingt es, eine zu differenzierende Abbildung als Komposition (einfacherer) Funktionen darzustellen. Die folgende Kettenregel beschreibt, wie derartige Kompositionen zu differenzieren sind.

1.7 Theorem (Kettenregel) *Es sei* $f : X \to \mathbb{K}$ *in* a *differenzierbar,* $f(X) \subset Y \subset \mathbb{K}$, *und* $f(a)$ *sei ein Häufungspunkt von* Y. *Ist* $g : Y \to E$ *in* $f(a)$ *differenzierbar, so ist auch* $g \circ f$ *in* a *differenzierbar, und es gilt*

$$(g \circ f)'(a) = g'(f(a))f'(a) \; .$$

Beweis Nach Voraussetzung und Theorem 1.1 gibt es eine in a stetige Funktion $r : X \to \mathbb{K}$ mit $r(a) = 0$ und

$$f(x) = f(a) + f'(a)(x - a) + r(x)(x - a) \; , \qquad x \in X \; . \tag{1.1}$$

Ebenso gibt es eine in $b := f(a)$ stetige Funktion $s : Y \to E$ mit $s(b) = 0$ und

$$g(y) = g(b) + g'(b)(y - b) + s(y)(y - b) , \qquad y \in Y . \qquad (1.2)$$

Es sei nun $x \in X$. Setzen wir $y := f(x)$ in (1.2), so folgt mit (1.1):

$$(g \circ f)(x) = g\big(f(a)\big) + g'\big(f(a)\big)\big(f(x) - f(a)\big) + s\big(f(x)\big)\big(f(x) - f(a)\big)$$
$$= (g \circ f)(a) + g'\big(f(a)\big)f'(a)(x - a) + t(x)(x - a) ,$$

wobei wir $t(x) := g'\big(f(a)\big)r(x) + s\big(f(x)\big)\big(f'(a) + r(x)\big)$ für $x \in X$ gesetzt haben. Gemäß Voraussetzung, Korollar 1.2 und Theorem III.1.8 ist $t : X \to E$ in a stetig. Ferner gilt

$$t(a) = g'\big(f(a)\big)r(a) + s(b)\big(f'(a) + r(a)\big) = 0 .$$

Somit ergibt sich die Behauptung wiederum aus Theorem 1.1. ∎

Umkehrfunktionen

Mit Hilfe der Kettenregel gelingt es, ein Kriterium für die Differenzierbarkeit der Umkehrfunktion einer bijektiven Abbildung herzuleiten und gegebenenfalls ihre Ableitung zu berechnen.

1.8 Theorem (Differenzierbarkeit der Umkehrfunktion) *Es sei $f : X \to \mathbb{K}$ injektiv und in a differenzierbar. Ferner sei $f^{-1} : f(X) \to X$ in $b := f(a)$ stetig. Dann ist f^{-1} genau dann in b differenzierbar, wenn $f'(a)$ von Null verschieden ist. In diesem Fall gilt:*

$$(f^{-1})'(b) = \frac{1}{f'(a)} , \qquad b = f(a) .$$

Beweis „$\Rightarrow$" Unsere Voraussetzungen implizieren die Identität $f^{-1} \circ f = \mathrm{id}_X$. Somit folgt $1 = (\mathrm{id}_X)'(a) = (f^{-1})'\big(f(a)\big)f'(a)$ aus der Kettenregel. Hieraus lesen wir die Behauptung ab.

„$\Leftarrow$" Zuerst vergewissern wir uns, daß b ein Häufungspunkt von $Y := f(X)$ ist. In der Tat, gemäß Voraussetzung ist a ein Häufungspunkt von X. Also finden wir mit Hilfe von Satz III.2.9 eine Folge (x_k) in $X \backslash \{a\}$ mit $\lim x_k = a$. Da f stetig ist, gilt $\lim f(x_k) = f(a)$. Außerdem ist f injektiv. Somit gilt $f(x_k) \neq f(a)$ für $k \in \mathbb{N}$, was zeigt, daß $b = f(a)$ ein Häufungspunkt von Y ist.

Es sei nun (y_k) eine Folge in Y mit $y_k \neq b$ für $k \in \mathbb{N}$ und $\lim y_k = b$. Setzen wir $x_k := f^{-1}(y_k)$, so gelten $x_k \neq a$ sowie $\lim x_k = a$, da f^{-1} in b stetig ist. Wegen

$$0 \neq f'(a) = \lim_k \frac{f(x_k) - f(a)}{x_k - a}$$

gibt es ein K mit

$$0 \neq \frac{f(x_k) - f(a)}{x_k - a} = \frac{y_k - b}{f^{-1}(y_k) - f^{-1}(b)} , \qquad k \geq K .$$

Also erhalten wir für den Differenzenquotienten von f^{-1} die Beziehung

$$\frac{f^{-1}(y_k) - f^{-1}(b)}{y_k - b} = \frac{x_k - a}{f(x_k) - f(a)} = 1 \Big/ \frac{f(x_k) - f(a)}{x_k - a} \,, \qquad k \geq K \,,$$

und die Behauptung ergibt sich durch Grenzübergang. ∎

1.9 Korollar *Es sei I ein perfektes Intervall, und $f : I \to \mathbb{R}$ sei strikt monoton und stetig. Ferner sei f differenzierbar in $a \in I$. Dann ist f^{-1} genau dann in $f(a)$ differenzierbar, wenn $f'(a)$ nicht Null ist. Dann gilt:* $(f^{-1})'\big(f(a)\big) = 1/f'(a)$.

Beweis Nach Theorem III.5.7 ist f injektiv, und f^{-1} ist stetig auf dem Intervall $J := f(I)$. Somit folgt die Behauptung aus Theorem 1.8. ∎

Differenzierbare Abbildungen

Bis jetzt lag stets folgende Situation vor: X war eine beliebige Teilmenge von $\mathbb{K}$, und $a \in X$ war ein Häufungspunkt von X. Unter diesen Voraussetzungen haben wir die Differenzierbarkeit von $f : X \to E$ in a studiert. Es ist nun natürlich, nach der Differenzierbarkeit von f in *jedem* Punkt von X zu fragen. Damit diese Fragestellung überhaupt sinnvoll ist, müssen wir sicherstellen, daß jeder Punkt in X ein Häufungspunkt von X ist.

Es sei M ein metrischer Raum. Eine Teilmenge $A \subset M$ heißt **perfekt**, wenn jedes $a \in A$ ein Häufungspunkt von A ist.[1]

1.10 Beispiele **(a)** Jede offene nichtleere Teilmenge eines normierten Vektorraumes ist perfekt.

(b) Eine konvexe Teilmenge eines normierten Vektorraumes (insbesondere ein Intervall in $\mathbb{R}$) ist genau dann perfekt, wenn sie mehr als einen Punkt enthält. ∎

Es sei $X \subset \mathbb{K}$ perfekt. Dann heißt $f : X \to E$ **differenzierbar** in X, falls f in jedem Punkt von X differenzierbar ist. Die Abbildung

$$f' : X \to E \,, \quad x \mapsto f'(x)$$

ist die **Ableitung** von f. Sie wird auch mit $\dot{f}$, ∂f, Df oder df/dx bezeichnet.

Höhere Ableitungen

Ist $f : X \to E$ differenzierbar, so stellt sich in natürlicher Weise die Frage, ob die Ableitung f' ihrerseits wieder differenzierbar ist. Trifft dies zu, so heißt f zwei-

---

[1]Diese Definition stimmt mit der von Paragraph I.10 überein, falls $M = \mathbb{R}$ und A ein Intervall sind (vgl. auch Beispiel 1.10(b)).

mal differenzierbar, und wir nennen $\partial^2 f := f'' := \partial(\partial f)$ zweite Ableitung von f. Induktiv gelangen wir damit zum Begriff der *höheren Ableitungen* von f. Dazu setzen wir

$$\partial^0 f := f^{(0)} := f \,, \quad \partial^1 f(a) := f^{(1)}(a) := f'(a) \,,$$

$$\partial^{n+1} f(a) := f^{(n+1)}(a) := \partial(\partial^n f)(a)$$

für $n \in \mathbb{N}$. Das Element $\partial^n f(a) \in E$ heißt n-**te Ableitung** von f in a. Die Abbildung f heißt n-**mal differenzierbar** in X, wenn die n-te Ableitung für jedes $a \in X$ existiert. Ist f n-mal differenzierbar, und ist die n-te Ableitung

$$\partial^n f : X \to E \,, \quad x \mapsto \partial^n f(x)$$

stetig, so ist f n-**mal stetig differenzierbar**.

Für $n \in \mathbb{N}$ bezeichnen wir mit $C^n(X, E)$ den **Raum der n-mal stetig differenzierbaren Abbildungen** von X nach E. Offensichtlich ist $C^0(X, E) = C(X, E)$ der bereits in Paragraph III.1 eingeführte Raum der stetigen E-wertigen Funktionen auf X. Schließlich ist

$$C^\infty(X, E) := \bigcap_{n \in \mathbb{N}} C^n(X, E)$$

der Raum der **unendlich oft differenzierbaren** oder **glatten** Funktionen von X nach E. Ferner setzen wir

$$C^n(X) := C^n(X, \mathbb{K}) \,, \qquad n \in \bar{\mathbb{N}} \,,$$

falls keine Mißverständnisse zu befürchten sind.

1.11 Bemerkungen Es sei $n \in \mathbb{N}$.

(a) Damit die $(n+1)$-te Ableitung im Punkt a definiert werden kann, muß a ein Häufungspunkt des Definitionsbereiches der n-ten Ableitung sein. Dies ist insbesondere dann der Fall, wenn die n-te Ableitung in einer Umgebung von a existiert.

(b) Die Funktion $f : X \to E$ sei $(n+1)$-mal differenzierbar in $a \in X$. Dann folgt aus Korollar 1.2, daß für jedes $j \in \{0, 1, \dots, n\}$ die j-te Ableitung von f in a stetig ist.

(c) Es ist nicht schwierig einzusehen, daß die Inklusionen

$$C^\infty(X, E) \subset C^{n+1}(X, E) \subset C^n(X, E) \subset C(X, E) \,, \qquad n \in \mathbb{N} \,,$$

richtig sind. ∎

Im Raum der n-mal stetig differenzierbaren Funktionen $C^n(X, E)$ gelten wichtige Rechenregeln, die wir im nächsten Theorem zusammenstellen.

1.12 Theorem *Es seien $X \subset \mathbb{K}$ perfekt, $k \in \mathbb{N}$ und $n \in \bar{\mathbb{N}}$.*

(i) *(Linearität) Für $f, g \in C^k(X, E)$ und $\alpha, \beta \in \mathbb{K}$ gelten*

$$\alpha f + \beta g \in C^k(X, E) \quad \text{und} \quad \partial^k(\alpha f + \beta g) = \alpha \partial^k f + \beta \partial^k g \ .$$

Also ist $C^n(X, E)$ ein Untervektorraum von $C(X, E)$, und der **Ableitungs-operator**

$$\partial \colon C^{n+1}(X, E) \to C^n(X, E) \ , \quad f \mapsto \partial f$$

ist linear.

(ii) *(Leibnizsche Regel) Es seien $f, g \in C^k(X)$. Dann gehört auch $f \cdot g$ zu $C^k(X)$, und*

$$\partial^k(fg) = \sum_{j=0}^{k} \binom{k}{j} (\partial^j f) \partial^{k-j} g \ . \tag{1.3}$$

Somit ist $C^n(X)$ eine Unteralgebra von $\mathbb{K}^X$.

Beweis (i) Die erste Aussage folgt aus Theorem 1.6 und Satz III.1.5.

(ii) Es genügt, wiederum wegen Theorem 1.6 und Satz III.1.5, die Leibniz-sche Regel (1.3) zu verifizieren. Dazu führen wir einen Induktionsbeweis nach k. Satz III.1.5 liefert den Induktionsanfang $k = 0$. Um den Induktionsschritt $k \to k+1$ zu vollziehen, beachten wir die Beziehung

$$\binom{k+1}{j} = \binom{k}{j-1} + \binom{k}{j} \ , \quad k \in \mathbb{N} \ , \quad 1 \le j \le k \ ,$$

aus Aufgabe I.5.5. Die Induktionsvoraussetzung, die Produktregel und Aussage (i) ergeben dann

$$\partial^{k+1}(fg) = \partial \Big(\sum_{j=0}^{k} \binom{k}{j} (\partial^j f) \partial^{k-j} g \Big)$$

$$= \sum_{j=0}^{k} \binom{k}{j} \big[(\partial^{j+1} f) \partial^{k-j} g + (\partial^j f) \partial^{k-j+1} g \big]$$

$$= (\partial^{k+1} f) g + f \partial^{k+1} g + \sum_{j=1}^{k} \Big[\binom{k}{j-1} + \binom{k}{j} \Big] (\partial^j f) \partial^{k-j+1} g$$

$$= \sum_{j=0}^{k+1} \binom{k+1}{j} (\partial^j f) \partial^{k+1-j} g \ .$$

Damit ist alles gezeigt. ∎

1.13 Beispiele (a) Es sei a sei ein Häufungspunkt von $X \subset \mathbb{R}$. Dann ist $f : X \to \mathbb{C}$ genau dann in a differenzierbar, wenn $\operatorname{Re} f$ und $\operatorname{Im} f$ in a differenzierbar sind. Dann gilt:

$$f'(a) = (\operatorname{Re} f)'(a) + i\,(\operatorname{Im} f)'(a) \ .$$

Beweis Dies folgt aus Satz 1.5. ∎

(b) Es sei $p = \sum_{k=0}^{n} a_k X^k$ ein Polynom.[2] Dann ist p glatt und

$$p'(x) = \sum_{k=1}^{n} k a_k x^{k-1} \ , \qquad x \in \mathbb{C} \ .$$

Beweis Es bezeichne $\mathbf{1} := 1X^0$ das Einselement in der Algebra $\mathbb{K}[X]$, das gemäß unserer Vereinbarung mit der durch $\mathbf{1}(x) = 1$ für $x \in \mathbb{K}$ definierten „konstanten Einsfunktion" identifiziert wird. Dann gilt offensichtlich

$$\mathbf{1} \in C^\infty(\mathbb{K}) \qquad \text{mit} \quad \partial\mathbf{1} = 0 \ . \tag{1.4}$$

Mittels Induktion zeigen wir nun, daß die Aussagen

$$X^n \in C^\infty(\mathbb{K}) \quad \text{und} \quad \partial(X^n) = nX^{n-1} \ , \qquad n \in \mathbb{N}^\times \ , \tag{1.5}$$

richtig sind. Der Induktionsanfang ($n = 1$) ist wegen der offensichtlichen Relation $\partial X = \mathbf{1}$ und wegen (1.4) klar. Für den Induktionsschritt $n \to n+1$ verwenden wir die Produktregel:

$$\partial(X^{n+1}) = \partial(X^n X) = \partial(X^n)X + X^n \partial X = nX^{n-1}X + X^n\mathbf{1} = (n+1)X^n \ .$$

Somit ist (1.5) bewiesen. Für allgemeine Polynome $\sum_{k=0}^{n} a_k X^k$ ergibt sich die Behauptung aus Theorem 1.12(i). ∎

(c) Rationale Funktionen sind unendlich oft stetig differenzierbar.

Beweis Dies folgt aus (b), Theorem 1.6 und Korollar III.1.6. ∎

(d) Die Exponentialfunktion gehört zu $C^\infty(\mathbb{K})$ und wird beim Differenzieren reproduziert: $\partial(\exp) = \exp$.

Beweis Es genügt, die Formel $\partial(\exp) = \exp$ zu beweisen. Dazu wählen wir ein $z \in \mathbb{C}$ und beachten, daß für den Differenzenquotienten die Beziehung

$$\frac{e^{z+h} - e^z}{h} = e^z \frac{e^h - 1}{h} \ , \qquad h \in \mathbb{C}^\times \ ,$$

gilt. Nun folgt die Behauptung aus Beispiel III.2.25(b). ∎

(e) Für den Logarithmus gilt

$$\log \in C^\infty\big(\mathbb{C}\backslash(-\infty, 0], \mathbb{C}\big) \ , \qquad (\log)'(z) = 1/z \ , \qquad z \in \mathbb{C}\backslash(-\infty, 0] \ .$$

---

[2]Es sei an die Vereinbarung am Schluß von Paragraph I.8 erinnert.

Beweis Gemäß (III.6.11) gilt $\log = \left[\exp \big| \mathbb{R} + i(-\pi, \pi]\right]^{-1}$. Außerdem ist der Logarithmus auf $\mathbb{R} + i(-\pi, \pi)$ stetig (vgl. Aufgabe III.6.9). Zu $z \in \mathbb{C}\backslash(-\infty, 0]$ gibt es genau ein x in dem Streifen $\mathbb{R} + i(-\pi, \pi)$ mit $z = e^x$. Aus Theorem 1.8 und (d) erhalten wir deshalb

$$(\log)'(z) = \frac{1}{(\exp)'(x)} = \frac{1}{\exp(x)} = \frac{1}{z} ,$$

und die Behauptung folgt aus (c). ∎

(f) Es sei $a \in \mathbb{C}\backslash(-\infty, 0]$. Dann gilt[3]

$$[z \mapsto a^z] \in C^\infty(\mathbb{C}) , \qquad (a^z)' = a^z \log a , \quad z \in \mathbb{C} .$$

Beweis Wegen $a^z = e^{z \log a}$ für $z \in \mathbb{C}$ folgt aus der Kettenregel und (d)

$$(a^z)' = (e^{z \log a})' = (\log a)e^{z \log a} = a^z \log a .$$

Da $[z \mapsto a^z] : \mathbb{C} \to \mathbb{C}$ stetig ist (warum?), ergibt Induktion $[z \mapsto a^z] \in C^\infty(\mathbb{C})$. ∎

(g) Es sei $a \in \mathbb{C}$. Dann gilt für die Potenzfunktion:

$$[z \mapsto z^a] \in C^\infty(\mathbb{C}\backslash(-\infty, 0], \mathbb{C}) , \qquad (z^a)' = az^{a-1} .$$

Beweis Wie in (f) gilt $z^a = e^{a \log z}$ für $z \in \mathbb{C}\backslash(-\infty, 0]$, und wir schließen aus der Kettenregel und (e) auf die Beziehung

$$(z^a)' = (e^{a \log z})' = \frac{a}{z} e^{a \log z} = \frac{a}{z} z^a = az^{a-1} ,$$

wobei wir im letzten Schritt die Rechenregeln (III.6.13) verwendet haben. ∎

(h) $\mathrm{cis} \in C^\infty(\mathbb{R}, \mathbb{C})$ mit $\mathrm{cis}'(t) = i\,\mathrm{cis}(t)$ für $t \in \mathbb{R}$.

Beweis Aus (d) und der Kettenregel folgt $\mathrm{cis}'(t) = (e^{it})' = ie^{it} = i\,\mathrm{cis}(t)$ für $t \in \mathbb{R}$. ∎

(i) cos und sin gehören zu $C^\infty(\mathbb{C})$, $\cos' = -\sin$, $\sin' = \cos$.

Beweis Gemäß (III.6.3) können cos und sin durch die Exponentialfunktion dargestellt werden:

$$\cos z = \frac{e^{iz} + e^{-iz}}{2} , \quad \sin z = \frac{e^{iz} - e^{-iz}}{2i} , \qquad z \in \mathbb{C} .$$

Also sehen wir mit (d) und der Kettenregel, daß cos und sin glatt sind und daß

$$\cos' z = i\frac{e^{iz} - e^{-iz}}{2} = -\sin z , \quad \sin' z = i\frac{e^{iz} + e^{-iz}}{2i} = \cos z$$

gelten. ∎

---

[3]Um für die Abbildung $z \mapsto a^z$ nicht ein neues Symbol einführen zu müssen, schreiben wir etwas unpräzise für $[z \mapsto a^z]'(z)$ kurz nur $(a^z)'$. Diese vereinfachte Notation werden wir auch in vergleichbaren Situationen verwenden, da sie kaum zu Mißverständnissen führen wird.

(j) Der Tangens und der Cotangens sind unendlich oft stetig differenzierbar, und

$$\tan' = \frac{1}{\cos^2} = 1 + \tan^2 \,, \quad \cot' = \frac{-1}{\sin^2} = -1 - \cot^2 \,.$$

Beweis Die Quotientenregel und (i) ergeben

$$\tan' z = \left(\frac{\sin}{\cos}\right)'(z) = \frac{\cos^2 z + \sin^2 z}{\cos^2 z} = \frac{1}{\cos^2 z} = 1 + \tan^2 z \,, \qquad z \in \mathbb{C}\backslash(\pi/2 + \pi\mathbb{Z}) \,.$$

Analog argumentiert man für den Cotangens. ∎

(k) Die Abbildung $f : \mathbb{R} \to \mathbb{R}, \; x \mapsto |x|$ ist stetig, aber in 0 nicht differenzierbar.

Beweis Wir setzen $h_n := (-1)^n/(n+1)$ für $n \in \mathbb{N}$. Dann ist (h_n) eine Nullfolge, und es gilt $\big(f(h_n) - f(0)\big)h_n^{-1} = (-1)^n$ für $n \in \mathbb{N}$. Deshalb kann f in 0 nicht differenzierbar sein. ∎

(l) Man betrachte die Funktion

$$f(x) := \begin{cases} x^2 \sin\frac{1}{x} \,, & x \in \mathbb{R}^\times \,, \\ 0 \,, & x = 0 \,. \end{cases}$$

Dann ist f auf ganz $\mathbb{R}$ differenzierbar, aber die Ableitung f' ist nicht stetig in 0, d.h. $f \notin C^1(\mathbb{R})$.

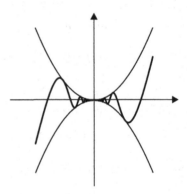

Beweis Für den Differenzenquotienten von f in 0 ergibt sich

$$\frac{f(x) - f(0)}{x} = x \sin\frac{1}{x} \,, \qquad x \neq 0 \,.$$

Aus Satz II.2.4 folgt $f'(0) = 0$. Für $x \in \mathbb{R}^\times$ gilt $f'(x) = 2x \sin x^{-1} - \cos x^{-1}$, und wir erhalten

$$f'\left(\frac{1}{2\pi n}\right) = \frac{1}{\pi n}\sin(2\pi n) - \cos(2\pi n) = -1 \,, \qquad n \in \mathbb{N}^\times \,.$$

Also ist f' in 0 nicht stetig. ∎

(m) Es gibt Funktionen, die auf ganz $\mathbb{R}$ stetig, aber nirgends differenzierbar sind.

Beweis Es bezeichne f_0 die Funktion Zack von Aufgabe III.1.1, und f_n werde durch $f_n(x) := 4^{-n}f_0(4^n x)$ für $x \in \mathbb{R}$ definiert. Aus Aufgabe III.5.6 wissen wir, daß die durch $\sum_{n=0}^{\infty} f_n$ definierte Funktion F stetig ist. Offensichtlich ist f_n stückweise affin mit der Steigung ± 1 und periodisch mit der Periode 4^{-n}.

Es sei $a \in \mathbb{R}$. Dann gibt es zu jedem $n \in \mathbb{N}$ ein $h_n \in \{\pm 4^{-(n+1)}\}$, so daß f_k für $k \leq n$ zwischen a und $a + h_n$ affin ist. Folglich gilt $\big[f_k(a + h_n) - f_k(a)\big]\big/h_n = \pm 1$ für $0 \leq k \leq n$. Für $k > n$ finden wir $f_k(a + h_n) = f_k(a)$, da f_k in diesem Fall h_n-periodisch ist. Hieraus folgt

$$\frac{F(a + h_n) - F(a)}{h_n} = \sum_{k=0}^{n} \frac{f_k(a + h_n) - f_k(a)}{h_n} = \sum_{k=0}^{n} \pm 1 \; ,$$

was impliziert, daß F im Punkt a nicht differenzierbar ist. ∎

(n) $C^{\infty}(X, E) \subsetneq C^{n+1}(X, E) \subsetneq C^{n}(X, E) \subsetneq C(X, E), \quad n \in \mathbb{N}^{\times}.$

Beweis Gemäß Bemerkung 1.11(c) genügt es nachzuweisen, daß diese Inklusionen echt sind. Dazu betrachten wir den Fall $X := \mathbb{R}$, $E := \mathbb{R}$ und überlassen dem Leser die Ausdehnung auf die allgemeine Situation. Wir definieren die Funktionen $f_n : \mathbb{R} \to \mathbb{R}$ für $n \in \mathbb{N}$ durch

$$f_n(x) := \left\{ \begin{array}{ll} x^{n+2} \sin(x^{-1}) \; , & x \neq 0 \; , \\ 0 \; , & x = 0 \; . \end{array} \right.$$

Dann zeigt ein einfaches Induktionsargument $f_n \in C^n(\mathbb{R}) \backslash C^{n+1}(\mathbb{R})$. ∎

1.14 Bemerkung Es ist zu beachten, daß die Aussage von Bemerkung 1.4(c.ii) insbesondere auf die Beispiele 1.13(b)–(g) und (i), (j) angewendet werden kann. Dies liefert dann die (von der Schule her bestens) bekannten Ableitungsformeln für die reellen Polynome und rationalen Funktionen, sowie für die reellen Potenz-, Exponential-, Logarithmus- und Winkelfunktionen. ∎

Einseitige Differenzierbarkeit

Es sei $X \subset \mathbb{R}$, und $a \in X$ sei ein Häufungspunkt von $X \cap [a, \infty)$. Dann heißt $f : X \to E$ in a **rechtsseitig differenzierbar**, falls

$$\partial_+ f(a) := \lim_{x \to a+0} \frac{f(x) - f(a)}{x - a}$$

in E existiert, und $\partial_+ f(a) \in E$ heißt **rechtsseitige Ableitung** von f in a.

Ist a ein Häufungspunkt von $(-\infty, a] \cap X$, und existiert

$$\partial_- f(a) := \lim_{x \to a-0} \frac{f(x) - f(a)}{x - a} \qquad \text{in } E \; ,$$

so ist f in a **linksseitig differenzierbar**, und $\partial_- f(a)$ ist die **linksseitige Ableitung** von f in a. Ist a ein Häufungspunkt sowohl von $(-\infty, a) \cap X$ als auch von $[a, \infty) \cap X$, und ist f in a differenzierbar, so gilt offensichtlich

$$\partial_+ f(a) = \partial_- f(a) = \partial f(a) \; .$$

1.15 Beispiele (a) Für $f : \mathbb{R} \to \mathbb{R}$, $x \mapsto |x|$ gelten

$$\partial_+ f(0) = 1 \ , \quad \partial_- f(0) = -1 \ , \qquad \partial_+ f(x) = \partial_- f(x) = \mathrm{sign}(x) \ , \quad x \neq 0 \ .$$

(b) Es seien $a < b$ und $f : [a, b] \to E$. Dann ist f genau dann in a [bzw. b] differenzierbar, wenn f in a [bzw. b] rechtsseitig [bzw. linksseitig] differenzierbar ist. ∎

Beispiel 1.15(a) zeigt, daß aus der Existenz der rechtsseitigen und der linksseitigen Ableitung einer Funktion $f : X \to E$ nicht auf ihre Differenzierbarkeit geschlossen werden kann. Gilt hingegen zusätzlich $\partial_+ f(a) = \partial_- f(a)$, so ist f in a differenzierbar.

1.16 Satz *Es sei $X \subset \mathbb{R}$, und $f : X \to E$ sei in $a \in X$ sowohl rechtsseitig als auch linksseitig differenzierbar mit $\partial_+ f(a) = \partial_- f(a)$. Dann ist f in a differenzierbar, und $\partial f(a) = \partial_+ f(a)$.*

Beweis Gemäß Voraussetzung gibt es in a stetige Abbildungen

$$r_+ : X \cap [a, \infty) \to E \quad \text{und} \quad r_- : (-\infty, a] \cap X \to E$$

mit $r_+(a) = r_-(a) = 0$ und

$$f(x) = f(a) + \partial_\pm f(a)(x - a) + r_\pm(x)(x - a) \ , \qquad x \in X \ , \quad x \gtrless a \ .$$

Setzen wir nun $\partial f(a) := \partial_+ f(a) = \partial_- f(a)$ und

$$r(x) := \begin{cases} r_+(x) \ , & x \in X \cap [a, \infty) \ , \\ r_-(x) \ , & x \in (-\infty, a] \cap X \ , \end{cases}$$

so ist $r : X \to E$ gemäß Satz III.1.12 in a stetig, und es gelten $r(a) = 0$ und

$$f(x) = f(a) + \partial f(a)(x - a) + r(x)(x - a) \ , \qquad x \in X \ .$$

Also liefert Satz 1.1(iii) die Behauptung. ∎

1.17 Beispiel Es sei

$$f(x) := \begin{cases} e^{-1/x} \ , & x > 0 \ , \\ 0 \ , & x \le 0 \ . \end{cases}$$

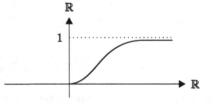

Dann ist f glatt, und in $x = 0$ verschwinden alle Ableitungen.

Beweis Wir zeigen zuerst, daß alle Ableitungen von f existieren und die Darstellungen

$$\partial^n f(x) = \begin{cases} p_{2n}(x^{-1}) e^{-x^{-1}} \ , & x > 0 \ , \\ 0 \ , & x \le 0 \ , \end{cases} \qquad (1.6)$$

besitzen. Dabei bezeichnet p_{2n} ein Polynom vom Grad $\le 2n$ mit reellen Koeffizienten.

Offensichtlich ist (1.6) für $x < 0$ richtig. Im Fall $x > 0$ gilt (1.6) gewiß für $n = 0$. Ist die angegebene Formel für ein $n \in \mathbb{N}$ erfüllt, so finden wir

$$
\begin{aligned}
\partial^{n+1} f(x) &= \partial\big(p_{2n}(x^{-1}) e^{-x^{-1}}\big) \\
&= -\partial p_{2n}(x^{-1})(x^{-2}) e^{-x^{-1}} + p_{2n}(x^{-1}) e^{-x^{-1}} x^{-2} \\
&= p_{2(n+1)}(x^{-1}) e^{-x^{-1}} ,
\end{aligned}
$$

mit $p_{2(n+1)}(X) := \big(p_{2n}(X) - \partial p_{2n}(X)\big)X^2$. Wegen $\mathrm{Grad}(p_{2n}) \le 2n$ ist der Grad von ∂p_{2n} höchstens gleich $2n - 1$, und Formel (I.8.20) ergibt $\mathrm{Grad}(p_{2(n+1)}) \le 2(n + 1)$. Somit ist (1.6) auch für $x > 0$ richtig.

Es bleibt der Fall $x = 0$ zu betrachten. Wiederum führen wir einen Induktionsbeweis, den wir bei $n = 0$ trivial verankern können. Um den Induktionsschritt $n \to n + 1$ zu vollziehen, berechnen wir

$$
\partial_+ (\partial^n f)(0) = \lim_{x \to 0+0} \frac{\partial^n f(x) - \partial^n f(0)}{x - 0} = \lim_{x \to 0+0} \big[x^{-1} p_{2n}(x^{-1}) e^{-x^{-1}} \big] ,
$$

wobei wir beim zweiten Gleichheitszeichen die Induktionsvoraussetzung und (1.6) verwendet haben. Weiterhin gilt aufgrund der Sätze III.6.5(iii) und II.5.2(i) die Beziehung

$$
\lim_{x \to 0+0} \big[q(x^{-1}) e^{-x^{-1}} \big] = \lim_{y \to \infty} \frac{q(y)}{e^y} = 0 \tag{1.7}
$$

für $q \in \mathbb{R}[X]$. Also ist $\partial^n f$ in 0 rechtsseitig differenzierbar, und $\partial_+ (\partial^n f)(0) = 0$. Da $\partial^n f$ in 0 offenbar auch linksseitig differenzierbar ist mit $\partial_-(\partial^n f)(0) = 0$, folgt aus Satz 1.16, daß $\partial^{n+1} f(0) = 0$ gilt. Dies beschließt den Beweis von (1.6). Die Behauptung folgt nun leicht aus (1.6) und (1.7). $\blacksquare$

Aufgaben

1 Man bestimme die Ableitung von $f : (0, \infty) \to \mathbb{R}$, falls f durch

$$
\text{(a) } (x^x)^x , \quad \text{(b) } x^{(x^x)} , \quad \text{(c) } x^{1/x} , \quad \text{(d) } \log\log(1 + x) ,
$$

$$
\text{(e) } x^{\sin x} , \quad \text{(f) } \sqrt[3]{x^{3/5} + \sin^3(1/x) - \tan^2(x)} , \quad \text{(g) } \frac{\cos x}{2 + \sin \log x}
$$

gegeben ist.

2 Für $m, n \in \mathbb{N}$ sei $f_{m,n} : \mathbb{R} \to \mathbb{R}$ durch

$$
f_{m,n}(x) := \begin{cases} x^n \sin(x^{-m}) , & x \ne 0 , \\ 0 , & x = 0 , \end{cases}
$$

bestimmt. Man diskutiere die [stetige] Differenzierbarkeit von $f_{m,n}$.

3 Die Funktionen $f, g : \mathbb{K} \to \mathbb{K}$ erfüllen $f' = f$, $f(x) \ne 0$ für $x \in \mathbb{K}$, und $g' = g$. Man zeige, daß f und g zu $C^\infty(\mathbb{K}, \mathbb{K})$ gehören, und daß es ein $c \in \mathbb{K}$ gibt mit $g = cf$.

4 Man zeige, daß $f : \mathbb{C} \to \mathbb{C}$, $z \mapsto \bar{z}$ in keinem Punkt differenzierbar ist.

5 In welchen Punkten ist $f : \mathbb{C} \to \mathbb{C}$, $z \mapsto z\bar{z}$ differenzierbar?

6 Es seien U eine Nullumgebung in $\mathbb{K}$, E ein normierter Vektorraum und $f : U \to E$. Man zeige:

(a) Gibt es Zahlen $K > 0$ und $\alpha > 1$ mit $|f(x)| \le K |x|^{\alpha}$ für $x \in U$, so ist f in 0 differenzierbar.

(b) Gilt $f(0) = 0$, und gibt es $K > 0$ und $\alpha \in (0,1)$ mit $|f(x)| \ge K |x|^{\alpha}$, $x \in U$, so ist f in 0 nicht differenzierbar.

(c) Man diskutiere den Fall $|f(x)| = K |x|$, $x \in U$.

7 Für $f : \mathbb{R} \to \mathbb{R}$, $x \mapsto [x] + \sqrt{x - [x]}$ bestimme man $\partial_{\pm} f(x)$. Wo ist f differenzierbar?

8 Es sei I ein perfektes Intervall, und $f, g : I \to \mathbb{R}$ seien differenzierbar. Man beweise oder widerlege:

Die Funktionen $|f|$, $f \vee g$ und $f \wedge g$ sind (a) differenzierbar; (b) einseitig differenzierbar.

9 Es seien U offen in $\mathbb{K}$, $a \in U$ und $f : U \to E$. Man beweise oder widerlege:

(a) Ist f in a differenzierbar, so gilt

$$f'(a) = \lim_{h \to 0} \frac{f(a + h) - f(a - h)}{2h} \ . \tag{1.8}$$

(b) Existiert $\lim_{h \to 0} \big[f(a + h) - f(a - h) \big] / 2h$, so ist f in a differenzierbar und es gilt (1.8).

10 Es seien $n \in \mathbb{N}^{\times}$ und $f \in C^{n}(\mathbb{K})$. Dann gilt

$$\partial^{n} \big(x f(x) \big) = x \partial^{n} f(x) + n \partial^{(n-1)} f(x) \ .$$

11 Für $n \in \mathbb{N}^{\times}$ verifiziere man

$$\partial^{n} (x^{n-1} e^{1/x}) = (-1)^{n} \frac{e^{1/x}}{x^{n+1}} \ , \qquad x > 0 \ .$$

12 Die **Legendreschen Polynome**, P_n, werden durch

$$P_n(x) := \frac{1}{2^n n!} \partial^n \big[(x^2 - 1)^n \big] \ , \qquad n \in \mathbb{N} \ ,$$

definiert.

(a) Man berechne $P_0, P_1, \ldots, P_5$.

(b) Man zeige, daß P_n ein Polynom vom Grad n ist und genau n Nullstellen in $(-1, 1)$ hat.

2 Mittelwertsätze und ihre Anwendungen

Es sei $f : \mathbb{R} \to \mathbb{R}$ differenzierbar. Wenn wir die Abbildungseigenschaften von f' geometrisch durch das Verhalten der Tangenten an den Graphen von f ausdrücken, dann ist es anschaulich unmittelbar klar, daß sowohl lokale wie auch globale Eigenschaften von f mit Hilfe von f' untersucht werden können. Hat z.B. f in a ein lokales Extremum, so muß offensichtlich die Tangente in $(a, f(a))$ waagrecht sein, d.h., es muß $f'(a) = 0$ gelten. Ist andererseits die Ableitung f' überall positiv, so besitzt f die globale Eigenschaft, wachsend zu sein.

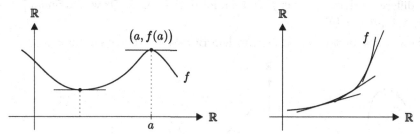

Im folgenden werden diese anschaulichen Überlegungen präzisiert und erweitert.

Extremalstellen

Es seien X ein metrischer Raum und f eine reellwertige Funktion auf X. Dann hat f in $x_0 \in X$ ein **lokales Minimum** [bzw. **lokales Maximum**], wenn es eine Umgebung U von x_0 gibt mit $f(x_0) \le f(x)$ [bzw. $f(x_0) \ge f(x)$] für alle $x \in U$. Die Funktion f hat in x_0 ein **globales Minimum** [bzw. **globales Maximum**], falls die Ungleichung $f(x_0) \le f(x)$ [bzw. $f(x_0) \ge f(x)$] für alle $x \in X$ gilt. Schließlich sagen wir, daß f in x_0 ein **lokales** [bzw. **globales**] **Extremum** besitze, falls f in x_0 ein lokales [bzw. globales] Minimum oder Maximum hat. Ferner nennen wir x_0 in diesem Fall **Extremalstelle** (genauer: Minimal- bzw. Maximalstelle) von f.

2.1 Theorem (Notwendige Bedingung für lokale Extrema) *Es sei $X \subset \mathbb{R}$, und $f : X \to \mathbb{R}$ besitze in $a \in \mathring{X}$ ein lokales Extremum. Ist f in a differenzierbar, so gilt $f'(a) = 0$.*

Beweis Nehmen wir an, f besitze in a ein lokales Minimum. Dann gibt es ein offenes Intervall I mit $a \in I \subset X$ und $f(x) \ge f(a)$ für $x \in I$. Hieraus erhalten wir die Beziehungen

$$\frac{f(x) - f(a)}{x - a} \begin{cases} \ge 0, & x \in I \cap (a, \infty), \\ \le 0, & x \in (-\infty, a) \cap I. \end{cases}$$

Für $x \to a$ folgt $0 \le \partial_+ f(a) = \partial_- f(a) \le 0$, also $f'(a) = 0$. Besitzt f in a ein lokales Maximum, so hat $-f$ in a ein lokales Minimum. Deshalb gilt $f'(a) = 0$ auch in diesem Fall. ∎

Ist $X \subset \mathbb{K}$, und ist $f : X \to E$ in $a \in X$ differenzierbar mit $f'(a) = 0$, so heißt a **kritischer Punkt** von f. Somit impliziert Theorem 2.1, daß *jede Extremalstelle einer reellwertigen Funktion einer reellen Variablen, die im Inneren des Definitionsbereiches liegt, ein kritischer Punkt ist.*

2.2 Bemerkungen Es sei $f : [a, b] \to \mathbb{R}$ mit $-\infty < a < b < \infty$.

(a) Ist f in a differenzierbar, und hat f in a ein lokales Minimum [bzw. Maximum], so gilt $f'(a) \geq 0$ [bzw. $f'(a) \leq 0$]. Analog gilt für das rechte Intervallende: Ist f in b differenzierbar, und hat f dort ein lokales Minimum [bzw. Maximum], so gilt $f'(b) \leq 0$ [bzw. $f'(b) \geq 0$].

Beweis Dies folgt unmittelbar aus dem Beweis von Theorem 2.1. ∎

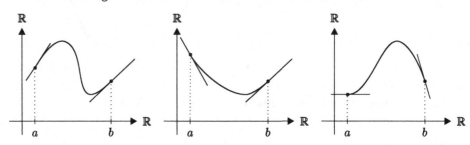

(b) Es sei f stetig in $[a, b]$ und differenzierbar in (a, b). Dann gilt

$$\max_{x \in [a,b]} f(x) = f(a) \vee f(b) \vee \max\{ f(x) \; ; \; x \in (a, b), \; f'(x) = 0 \} \, ,$$

d.h., *f nimmt sein Maximum entweder am Rand von $[a, b]$ oder in einem inneren kritischen Punkt an.* Analog gilt

$$\min_{x \in [a,b]} f(x) = f(a) \wedge f(b) \wedge \min\{ f(x) \; ; \; x \in (a, b), \; f'(x) = 0 \} \, .$$

Beweis Aufgrund des Satzes vom Maximum und Minimum (Korollar III.3.8) gibt es ein $x_0 \in [a, b]$ mit $f(x_0) \geq f(x)$ für $x \in [a, b]$. Liegt x_0 nicht auf dem Rand von $[a, b]$, so ist x_0 nach Theorem 2.1 ein kritischer Punkt von f. Die zweite Aussage wird analog bewiesen. ∎

(c) Ist $x_0 \in (a, b)$ ein kritischer Punkt von f, so folgt *nicht*, daß x_0 eine Extremalstelle für f ist.

Beweis Man betrachte das kubische Polynom X^3 in 0. ∎

Der erste Mittelwertsatz

In der Formulierung der nächsten zwei Theoreme bezeichnen a und b reelle Zahlen mit $a < b$.

2.3 Theorem (Satz von Rolle) *Die Funktion $f \in C([a,b],\mathbb{R})$ sei in (a,b) differenzierbar. Gilt $f(a) = f(b)$, so gibt es ein $\xi \in (a,b)$ mit $f'(\xi) = 0$.*

Beweis Ist f auf dem Intervall $[a,b]$ konstant, so ist die Behauptung klar, denn in diesem Fall gilt ja sogar $f' = 0$. Ist f nicht konstant auf $[a,b]$, so gibt es nach dem Satz vom Maximum und Minimum eine Extremalstelle in $[a,b]$, und die Behauptung folgt aus Bemerkung 2.2(b). ∎

2.4 Theorem (Mittelwertsatz) *Ist $f \in C([a,b],\mathbb{R})$ in (a,b) differenzierbar, so gibt es ein $\xi \in (a,b)$ mit*

$$f(b) = f(a) + f'(\xi)(b - a) \; .$$

Beweis Wir setzen

$$g(x) := f(x) - \frac{f(b) - f(a)}{b - a} x \; , \qquad x \in [a,b] \; .$$

Dann erfüllt $g \colon [a,b] \to \mathbb{R}$ die Voraussetzungen des Satzes von Rolle. Somit gibt es ein $\xi \in (a,b)$ mit

$$0 = g'(\xi) = f'(\xi) - \frac{f(b) - f(a)}{b - a} \; ,$$

was behauptet wurde. ∎

Geometrisch bedeutet die Aussage des Mittelwertsatzes, daß es (mindestens) ein $\xi \in (a,b)$ gibt, so daß die Tangente t durch $(\xi, f(\xi))$ an den Graphen von f zur Sehne s durch $(a, f(a))$ und $(b, f(b))$ parallel ist, d.h., die Steigungen dieser zwei Geraden stimmen überein:

$$f'(\xi) = \frac{f(b) - f(a)}{b - a} \; .$$

Satz von Rolle   Mittelwertsatz

Monotonie und Differenzierbarkeit

2.5 Theorem (Charakterisierung monotoner Funktionen) *Es sei I ein perfektes Intervall, und $f \in C(I, \mathbb{R})$ sei in $\mathring{I}$ differenzierbar.*

(i) f ist genau dann wachsend [bzw. fallend], wenn $f'(x) \geq 0$ [bzw. $f'(x) \leq 0$]
für $x \in \mathring{I}$ gilt.

(ii) Gilt $f'(x) > 0$ [bzw. $f'(x) < 0$] für $x \in \mathring{I}$, so ist f strikt wachsend [bzw. strikt
fallend].

Beweis (i) „$\Rightarrow$" Ist f wachsend, so gilt

$$\frac{f(y) - f(x)}{y - x} \geq 0 \,, \qquad x, y \in \mathring{I}\,, \quad x \neq y\,.$$

Durch den Grenzübergang $y \to x$ finden wir $f'(x) \geq 0$ für $x \in \mathring{I}$. Ist f fallend, so
ist $-f$ wachsend, und die Behauptung folgt aus dem eben Gezeigten.

„$\Leftarrow$" Es seien $x, y \in I$ mit $x < y$. Der Mittelwertsatz besagt, daß es ein
$\xi \in (x, y)$ gibt mit

$$f(y) = f(x) + f'(\xi)(y - x) \,. \tag{2.1}$$

Gilt $f'(z) \geq 0$ [bzw. $f'(z) \leq 0$] für alle $z \in \mathring{I}$, so folgt aus (2.1), daß f wachsend
[bzw. fallend] ist.

(ii) folgt ebenfalls unmittelbar aus (2.1). ∎

2.6 Bemerkungen (a) (Charakterisierung konstanter Funktionen) Unter den
Voraussetzungen von Theorem 2.5 ist f genau dann konstant, wenn f' überall
verschwindet.

Beweis Dies folgt aus Theorem 2.5(i). ∎

(b) Die Umkehrung von Theorem 2.5(ii) ist falsch. Das kubische Polynom X^3
ist strikt wachsend, seine Ableitung verschwindet aber in 0. Ferner ist es in (a)
wesentlich, daß der Definitionsbereich ein Intervall ist (warum?). ∎

Als eine weitere Anwendung des Satzes von Rolle beweisen wir ein einfaches
Kriterium, welches die Injektivität reeller differenzierbarer Funktionen sicherstellt.

2.7 Satz Es sei I ein perfektes Intervall, und $f \in C(I, \mathbb{R})$ sei differenzierbar in $\mathring{I}$.
Hat f' in $\mathring{I}$ keine Nullstelle, so ist f injektiv.

Beweis Ist f nicht injektiv, gibt es $x, y \in I$ mit $x < y$ und $f(x) = f(y)$. Nach dem
Satz von Rolle hat f' dann eine Nullstelle zwischen x und y. ∎

2.8 Theorem Es sei I ein perfektes Intervall, und $f \colon I \to \mathbb{R}$ sei differenzierbar
mit $f'(x) \neq 0$ für $x \in I$. Dann sind die folgenden Aussagen richtig:

(i) f ist strikt monoton.

(ii) $J := f(I)$ ist ein perfektes Intervall.

(iii) $f^{-1} \colon J \to \mathbb{R}$ ist differenzierbar mit $(f^{-1})'\big(f(x)\big) = 1/f'(x)$ für $x \in I$.

Beweis Zuerst verifizieren wir (ii). Gemäß Korollar 1.2 und Satz 2.7 ist f stetig und injektiv. Somit ergeben der Zwischenwertsatz und Beispiel 1.10(b), daß J ein perfektes Intervall ist.

Um (i) zu beweisen, nehmen wir an, f sei nicht strikt monoton. Da f nach Bemerkung 2.6(a) in keinem perfekten Teilintervall konstant ist, gibt es $x < y < z$ mit $f(x) > f(y) < f(z)$ oder $f(x) < f(y) > f(z)$. Nach dem Zwischenwertsatz und dem Satz vom Minimum und Maximum hat f eine Extremalstelle $\xi \in (x, z)$. Gemäß Theorem 2.1 gilt $f'(\xi) = 0$, was unserer Voraussetzung widerspricht. Schließlich folgt Aussage (iii) aus (i) und den Korollaren 1.2 und 1.9. ∎

2.9 Bemerkungen (a) Für die 2π-periodische, also gewiß nicht injektive Abbildung $\mathrm{cis} \colon \mathbb{R} \to \mathbb{C}$ gilt $\mathrm{cis}'(t) = i e^{it} \neq 0$ für $t \in \mathbb{R}$. Dies zeigt, daß die Aussage von Satz 2.7 für komplexwertige (allgemeiner: vektorwertige) Funktionen i. allg. falsch ist.

(b) Sind die Voraussetzungen von Theorem 2.8 erfüllt, folgt aus dessen Aussage (i) und Theorem 2.5

$$f'(x) > 0 \ , \quad x \in I \ , \qquad \text{oder} \qquad f'(x) < 0 \ , \quad x \in I \ . \tag{2.2}$$

Es ist zu beachten, daß (2.2) nicht aus der Voraussetzung $f'(x) \neq 0$ für $x \in I$ und dem Zwischenwertsatz abgeleitet werden kann, da f' i. allg. nicht stetig ist. ∎

2.10 Anwendung Für die trigonometrischen Funktionen gelten die Beziehungen

$$\begin{aligned} \cos' x &= -\sin x \neq 0 \ , & \cot' x &= -1/\sin^2 x \neq 0 \ , & x &\in (0, \pi) \ , \\ \sin' x &= \cos x \neq 0 \ , & \tan' x &= 1/\cos^2 x \neq 0 \ , & x &\in (-\pi/2, \pi/2) \ . \end{aligned}$$

Somit sind nach Theorem 2.8 die Restriktionen dieser Funktionen auf die angegebenen Intervalle injektiv und besitzen differenzierbare Umkehrfunktionen, die **zyklometrische Funktionen** oder **Arcusfunktionen** genannt werden. Hierfür sind folgende Bezeichnungen gebräuchlich:

$$\begin{aligned} \arcsin &:= \bigl(\sin \big|(-\pi/2, \pi/2)\bigr)^{-1} &&: (-1, 1) \to (-\pi/2, \pi/2) \ , \\ \arccos &:= \bigl(\cos \big|(0, \pi)\bigr)^{-1} &&: (-1, 1) \to (0, \pi) \ , \\ \arctan &:= \bigl(\tan \big|(-\pi/2, \pi/2)\bigr)^{-1} &&: \mathbb{R} \to (-\pi/2, \pi/2) \ , \\ \mathrm{arccot} &:= \bigl(\cot \big|(0, \pi)\bigr)^{-1} &&: \mathbb{R} \to (0, \pi) \ . \end{aligned}$$

Um die Ableitungen der zyklometrischen Funktionen zu berechnen, ziehen wir Aussage (iii) von Theorem 2.8 heran. Für den Arcussinus ergibt sich dann

$$\arcsin' x = \frac{1}{\sin' y} = \frac{1}{\cos y} = \frac{1}{\sqrt{1 - \sin^2 y}} = \frac{1}{\sqrt{1 - x^2}} \ , \qquad x \in (-1, 1) \ ,$$

wobei wir $y := \arcsin x$ gesetzt und die Beziehung $x = \sin y$ verwendet haben. Analog erhalten wir für den Arcustangens

$$\arctan' x = \frac{1}{\tan' y} = \frac{1}{1 + \tan^2 y} = \frac{1}{1 + x^2} \, , \qquad x \in \mathbb{R} \, ,$$

wobei $y \in (-\pi/2, \pi/2)$ durch $x = \tan y$ bestimmt ist. Die Ableitungen des Arcuscosinus und des Arcuscotangens können in ähnlicher Weise berechnet werden. Zusammenfassend erhalten wir die Formeln

$$\begin{aligned}
\arcsin' x &= \frac{1}{\sqrt{1 - x^2}} \, , & \arccos' x &= \frac{-1}{\sqrt{1 - x^2}} \, , & x &\in (-1, 1) \, , \\
\arctan' x &= \frac{1}{1 + x^2} \, , & \operatorname{arccot}' x &= \frac{-1}{1 + x^2} \, , & x &\in \mathbb{R} \, .
\end{aligned}$$

(2.3)

Insbesondere zeigt (2.3), daß die zyklometrischen Funktionen glatt sind.

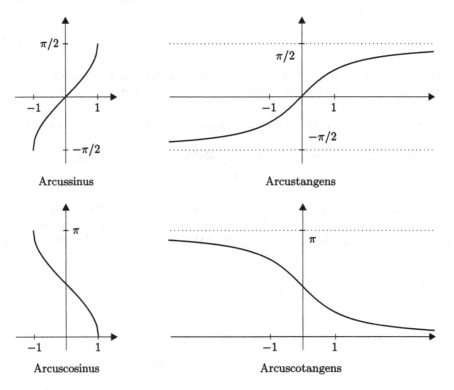

Arcussinus

Arcustangens

Arcuscosinus

Arcuscotangens

Konvexität und Differenzierbarkeit

Wir haben bereits mehrfach gesehen, daß die Monotonie ein sehr wirkungsvolles Hilfsmittel bei der Untersuchung von Abbildungseigenschaften reeller Funktionen ist. Es ist deshalb nicht sehr erstaunlich, daß differenzierbare Funktionen mit monotonen Ableitungen „besonders schöne" Eigenschaften besitzen. Zuerst wollen wir abklären, welche geometrischen Eigenschaften durch eine wachsende (oder fallende) Tangentensteigung beschrieben werden.

Es sei C eine konvexe Teilmenge eines Vektorraumes V. Dann heißt $f : C \to \mathbb{R}$ **konvex**, wenn

$$f\big((1-t)x + ty\big) \leq (1-t)f(x) + tf(y) , \qquad x, y \in C , \quad t \in (0,1) ,$$

gilt. Ist sogar die Aussage

$$f\big((1-t)x + ty\big) < (1-t)f(x) + tf(y) , \qquad x, y \in C , \quad x \neq y , \quad t \in (0,1) ,$$

richtig, so heißt f **strikt konvex**. Schließlich nennen wir f **konkav** [bzw. **strikt konkav**], wenn $-f$ konvex [bzw. strikt konvex] ist.

2.11 Bemerkungen (a) Offensichtlich ist f genau dann konkav, bzw. strikt konkav, wenn

$$f\big((1-t)x + ty\big) \geq (1-t)f(x) + tf(y) ,$$

bzw.

$$f\big((1-t)x + ty\big) > (1-t)f(x) + tf(y) ,$$

für $x, y \in C$ mit $x \neq y$ und für $t \in (0,1)$ gilt.

(b) Es seien $I \subset \mathbb{R}$ ein perfektes Intervall[1] und $f : I \to \mathbb{R}$. Dann sind äquivalent:

(i) f ist konvex.

(ii) Für $a, b \in I$ mit $a < b$ gilt

$$f(x) \leq f(a) + \frac{f(b) - f(a)}{b - a}(x - a) , \qquad a < x < b .$$

(iii) Für $a, b \in I$ mit $a < b$ gilt

$$\frac{f(x) - f(a)}{x - a} \leq \frac{f(b) - f(a)}{b - a} \leq \frac{f(b) - f(x)}{b - x} , \qquad a < x < b .$$

(iv) Für $a, b \in I$ mit $a < b$ gilt

$$\frac{f(x) - f(a)}{x - a} \leq \frac{f(b) - f(x)}{b - x} , \qquad a < x < b .$$

Werden in (ii)–(iv) die Ungleichheitszeichen $\leq$ überall durch $<$ ersetzt, so sind diese Aussagen äquivalent zur Aussage: f ist strikt konvex. Analoge Aussagen gelten für konkave [bzw. strikt konkave] Funktionen.

---

[1] Gemäß Bemerkung III.4.9(c) ist eine Teilmenge I von $\mathbb{R}$ genau dann konvex, wenn I ein Intervall ist.

Beweis „(i)$\Rightarrow$(ii)" Es seien $a, b \in I$ mit $a < b$ und $x \in (a, b)$. Mit $t := (x - a)/(b - a)$ gelten dann $t \in (0, 1)$ und $(1 - t)a + tb = x$. Also ergibt sich aus der Konvexität von f die Abschätzung

$$f(x) \leq \left(1 - \frac{x - a}{b - a}\right) f(a) + \frac{x - a}{b - a} f(b) = f(a) + \frac{f(b) - f(a)}{b - a}(x - a) \ .$$

„(ii)$\Rightarrow$(iii)" Das erste Ungleichheitszeichen in (iii) folgt unmittelbar aus (ii). Weiter erhalten wir aus (ii) die Ungleichung

$$f(b) - f(x) \geq f(b) - f(a) - \frac{f(b) - f(a)}{b - a}(x - a) = \frac{f(b) - f(a)}{b - a}(b - x) \ ,$$

welche zu

$$\frac{f(b) - f(a)}{b - a} \leq \frac{f(b) - f(x)}{b - x}$$

äquivalent ist.

„(iii)$\Rightarrow$(iv)" Diese Implikation ist klar.

„(iv)$\Rightarrow$(i)" Es seien $a, b \in I$ mit $a < b$ und $t \in (0, 1)$. Dann gehört $x := (1 - t)a + tb$ zu (a, b), und es gilt

$$\frac{f(x) - f(a)}{x - a} \leq \frac{f(b) - f(x)}{b - x} \ .$$

Aus dieser Ungleichung folgt

$$f\big((1 - t)a + tb\big) = f(x) \leq \frac{b - x}{b - a} f(a) + \frac{x - a}{b - a} f(b) = (1 - t)f(a) + tf(b) \ .$$

Also ist f konvex.

Die verbleibenden Aussagen werden analog bewiesen. ■

(c) Geometrisch bedeutet die zweite Aussage von (b), daß der Graph von $f|(a, b)$ unterhalb der Sehne durch $\big(a, f(a)\big)$ und $\big(b, f(b)\big)$ liegt.

Die Ungleichung (iii) von (b) besagt, daß die Steigung der Sehne durch $\big(a, f(a)\big)$ und $\big(x, f(x)\big)$ kleiner ist als die Steigung der Sehne durch $\big(a, f(a)\big)$ und $\big(b, f(b)\big)$, welche ihrerseits kleiner ist als die Steigung der Sehne durch $\big(x, f(x)\big)$ und $\big(b, f(b)\big)$.

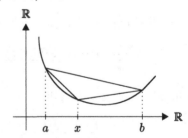

2.12 Theorem (Charakterisierung konvexer Funktionen)   *Es sei I ein perfektes Intervall, und $f : I \to \mathbb{R}$ sei differenzierbar. Dann ist f genau dann [strikt] konvex, wenn f' [strikt] wachsend ist.*

Beweis „$\Rightarrow$" Es seien f strikt konvex und $a, b \in I$ mit $a < b$. Dann können wir eine strikt fallende Folge (x_n) und eine strikt wachsende Folge (y_n) in (a, b) wählen mit $\lim x_n = a$ und $\lim y_n = b$ sowie $x_0 < y_0$. Aus Bemerkung 2.11(b) folgt

$$\frac{f(x_n) - f(a)}{x_n - a} < \frac{f(x_0) - f(a)}{x_0 - a} < \frac{f(y_0) - f(x_0)}{y_0 - x_0} < \frac{f(y_n) - f(y_0)}{y_n - y_0} < \frac{f(y_n) - f(b)}{y_n - b} \ .$$

Durch den Grenzübergang $n \to \infty$ finden wir

$$f'(a) \le \frac{f(x_0) - f(a)}{x_0 - a} < \frac{f(y_0) - f(x_0)}{y_0 - x_0} \le f'(b) \ .$$

Also ist f' strikt wachsend.

Ist f konvex, so zeigen die obigen Überlegungen, daß aus $a < b$ die Ungleichung $f'(a) \le f'(b)$ folgt. Also ist f' wachsend.

„$\Leftarrow$" Es seien $a, b, x \in I$ mit $a < x < b$. Aufgrund des Mittelwertsatzes gibt es dann ein $\xi \in (a, x)$ und ein $\eta \in (x, b)$ mit

$$\frac{f(x) - f(a)}{x - a} = f'(\xi) \quad \text{und} \quad \frac{f(b) - f(x)}{b - x} = f'(\eta) \ .$$

Die Behauptung folgt nun aus Bemerkung 2.11(b) und der [strikten] Monotonie von f'. ∎

2.13 Korollar *Es sei I ein perfektes Intervall, und $f : I \to \mathbb{R}$ sei zweimal differenzierbar. Dann gelten*

(i) *f ist genau dann konvex, wenn $f''(x) \ge 0$ für $x \in I$ gilt.*

(ii) *Ist $f''(x) > 0$ für $x \in I$, so ist f strikt konvex.*

Beweis Dies folgt unmittelbar aus den Theoremen 2.5 und 2.12. ∎

2.14 Beispiele (a) $\exp : \mathbb{R} \to \mathbb{R}$ ist strikt wachsend und strikt konvex.

(b) $\log : (0, \infty) \to \mathbb{R}$ ist strikt wachsend und strikt konkav.

(c) Für $\alpha \in \mathbb{R}$ bezeichne $f_\alpha : (0, \infty) \to \mathbb{R}$, $x \mapsto x^\alpha$ die Potenzfunktion. Dann ist f_α

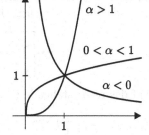

strikt wachsend und strikt konvex für $\qquad \alpha > 1$,
strikt wachsend und strikt konkav für $0 < \alpha < 1$,
strikt fallend und strikt konvex für $\qquad \alpha < 0$.

Beweis Alle Aussagen ergeben sich aus Theorem 2.5, Korollar 2.13 und den Beziehungen

(α) $\exp = \exp' = \exp'' > 0$.

(β) $\log'(x) = x^{-1} > 0$, $\log''(x) = -x^{-2} < 0$ für $x \in (0, \infty)$.

(γ) $f'_\alpha = \alpha f_{\alpha-1}$, $f''_\alpha = \alpha(\alpha - 1) f_{\alpha-2}$, $f_\beta(x) > 0$ für $x \in (0, \infty)$ und $\beta \in \mathbb{R}$. ∎

Die Ungleichungen von Young, Hölder und Minkowski

Die Konkavität des Logarithmus und die Monotonie der Exponentialfunktion ermöglichen einen eleganten Beweis einer der fundamentalen Ungleichungen der Analysis, der *Youngschen Ungleichung*. In diesem Zusammenhang ist es nützlich, folgende Notation einzuführen: Für $p \in (1, \infty)$ ist $p' := p/(p-1)$ der zu p **duale Exponent**. Er ist durch die Beziehung

$$\frac{1}{p} + \frac{1}{p'} = 1 \tag{2.4}$$

festgelegt.[2]

2.15 Theorem (Youngsche Ungleichung) *Für $p \in (1, \infty)$ gilt:*

$$\xi\eta \le \frac{1}{p}\xi^p + \frac{1}{p'}\eta^{p'} , \qquad \xi, \eta \in \mathbb{R}^+ .$$

Beweis Es genügt, den Fall $\xi, \eta \in (0, \infty)$ zu betrachten. Wegen (2.4) liefert die Konkavität des Logarithmus die Ungleichung

$$\log\Bigl(\frac{\xi^p}{p} + \frac{\eta^{p'}}{p'}\Bigr) \ge \frac{1}{p}\log\xi^p + \frac{1}{p'}\log\eta^{p'} = \log\xi + \log\eta = \log\xi\eta .$$

Da die Exponentialfunktion wachsend ist und $\exp\log x = x$ gilt, folgt die behauptete Ungleichung. ∎

2.16 Anwendungen **(a)** (Ungleichung zwischen dem geometrischen und dem arithmetischen Mittel[3]) *Für $n \in \mathbb{N}^\times$ und $x_j \in \mathbb{R}^+$, $1 \le j \le n$, gilt*

$$\sqrt[n]{\prod_{j=1}^{n} x_j} \le \frac{1}{n}\sum_{j=1}^{n} x_j . \tag{2.5}$$

Beweis Wir können annehmen, daß alle x_j positiv sind. Zudem ist (2.5) offensichtlich für $n = 1$ richtig. Es sei (2.5) für ein $n \in \mathbb{N}^\times$ richtig. Dann folgt

$$\sqrt[n+1]{\prod_{j=1}^{n+1} x_j} \le \Bigl(\frac{1}{n}\sum_{j=1}^{n} x_j\Bigr)^{n/(n+1)} (x_{n+1})^{1/(n+1)} .$$

Auf das rechtsstehende Produkt wenden wir die Youngsche Ungleichung mit

$$\xi := \Bigl(\frac{1}{n}\sum_{j=1}^{n} x_j\Bigr)^{n/(n+1)} , \quad \eta := (x_{n+1})^{1/(n+1)} , \quad p := 1 + \frac{1}{n} ,$$

---

[2] Aus (2.4) folgt insbesondere $(p')' = p$.
[3] Man vergleiche dazu Aufgabe I.10.10.

an. Dann folgt

$$\xi\eta \leq \frac{1}{p}\xi^p + \frac{1}{p'}\eta^{p'} = \frac{1}{n+1}\sum_{j=1}^{n} x_j + \frac{1}{n+1}x_{n+1} = \frac{1}{n+1}\sum_{j=1}^{n+1} x_j \, ,$$

was die Behauptung beweist. ∎

(b) (Höldersche Ungleichung) *Für $p \in (1,\infty)$ und $x = (x_1,\dots,x_n) \in \mathbb{K}^n$ sei*

$$|x|_p := \Big(\sum_{j=1}^{n} |x_j|^p\Big)^{1/p} \, .$$

Dann gilt[4]

$$\sum_{j=1}^{n} |x_j y_j| \leq |x|_p \, |y|_{p'} \, , \qquad x,y \in \mathbb{K}^n \, .$$

Beweis Es genügt, den Fall $x \neq 0$ und $y \neq 0$ zu betrachten. Aus der Youngschen Ungleichung folgt dann

$$\frac{|x_j|}{|x|_p} \frac{|y_j|}{|y|_{p'}} \leq \frac{1}{p}\frac{|x_j|^p}{|x|_p^p} + \frac{1}{p'}\frac{|y_j|^{p'}}{|y|_{p'}^{p'}} \, , \qquad 1 \leq j \leq n \, .$$

Die Summation aller n Ungleichungen ergibt

$$\frac{\sum_{j=1}^{n} |x_j y_j|}{|x|_p \, |y|_{p'}} \leq \frac{1}{p} + \frac{1}{p'} = 1 \, ,$$

also die Behauptung. ∎

(c) (Minkowskische Ungleichung) *Für $p \in (1,\infty)$ gilt*

$$|x + y|_p \leq |x|_p + |y|_p \, , \qquad x,y \in \mathbb{K}^n \, .$$

Beweis Die Dreiecksungleichung liefert

$$|x+y|_p^p = \sum_{j=1}^{n} |x_j + y_j|^{p-1}|x_j + y_j|$$

$$\leq \sum_{j=1}^{n} |x_j + y_j|^{p-1}|x_j| + \sum_{j=1}^{n} |x_j + y_j|^{p-1}|y_j| \, .$$

---

[4]Im Fall $p = p' = 2$ reduziert sich die Höldersche auf die Cauchy-Schwarzsche Ungleichung.

Also folgt aus der Hölderschen Ungleichung

$$|x+y|_p^p \le |x|_p \left(\sum_{j=1}^n |x_j + y_j|^p \right)^{1/p'} + |y|_p \left(\sum_{j=1}^n |x_j + y_j|^p \right)^{1/p'}$$

$$= (|x|_p + |y|_p) |x+y|_p^{p/p'} \ .$$

Gilt $x+y=0$, so ist die Aussage klar. Andernfalls liefert Division mit $|x+y|_p^{p/p'}$ wegen $p - p/p' = 1$ die Behauptung. ∎

2.17 Folgerung *Für jedes* $p \in [1, \infty]$ *ist* $|\cdot|_p$ *eine Norm auf* $\mathbb{K}^n$.

Beweis Wir haben bereits in Paragraph II.3 gesehen, daß $|\cdot|_1$ und $|\cdot|_\infty$ Normen auf $\mathbb{K}^n$ sind. Es sei also $p \in (1, \infty)$. Dann ist die Minkowskische Ungleichung gerade die Dreiecksungleichung für $|\cdot|_p$. Die Gültigkeit der verbleibenden Normaxiome ist klar. ∎

Der Mittelwertsatz für vektorwertige Funktionen

Für den Rest dieses Paragraphen bezeichnen a und b reelle Zahlen mit $a < b$.

Es sei $f : [a, b] \to \mathbb{R}$ differenzierbar. Dann gibt es nach dem Mittelwertsatz ein $\xi \in (a, b)$ mit

$$f(b) - f(a) = f'(\xi)(b - a) \ . \tag{2.6}$$

Obwohl die „Zwischenstelle" $\xi \in (a, b)$ i. allg. nicht bekannt ist, beschreibt (2.6) doch zumindest theoretisch den Zuwachs von f in $[a, b]$. Für differenzierbare Abbildungen von $[a, b]$ in einen normierten Vektorraum E ist Aussage (2.6) i. allg. nicht richtig, wie wir aus Bemerkung 2.9(a) wissen.

In Anwendungen wird oft nicht der genaue Zuwachs von f in $[a, b]$ benötigt, sondern es genügt, eine geeignete Schranke zu kennen. Für reellwertige Funktionen erhalten wir eine solche Abschätzung unmittelbar aus (2.6):

$$|f(b) - f(a)| \le \sup_{\xi \in (a,b)} |f'(\xi)| \, (b - a) \ .$$

Das nächste Theorem garantiert eine analoge Aussage für den vektorwertigen Fall.

2.18 Theorem (Mittelwertsatz für vektorwertige Funktionen) *Es sei* E *ein normierter Vektorraum, und* $f \in C([a, b], E)$ *sei in* (a, b) *differenzierbar. Dann gilt*

$$\|f(b) - f(a)\| \le \sup_{t \in (a,b)} \|f'(t)\| \, (b - a) \ .$$

Beweis Es genügt, den Fall zu betrachten, daß f' beschränkt ist. Dann gibt es ein $\alpha > 0$ mit $\alpha > \|f'(t)\|$ für $t \in (a, b)$. Wir fixieren $\varepsilon \in (0, b - a)$ und setzen

$$S := \left\{ \sigma \in [a + \varepsilon, b] \; ; \; \|f(\sigma) - f(a + \varepsilon)\| \le \alpha(\sigma - a - \varepsilon) \right\} \ .$$

Die Menge S ist nicht leer, da $a + \varepsilon$ zu S gehört. Ferner ist S aufgrund der Stetigkeit von f abgeschlossen (vgl. Beispiel III.2.22(c)) — nach dem Satz von Heine-Borel also auch kompakt. Somit ist $s := \max S$ eine wohldefinierte Zahl aus dem Intervall $[a + \varepsilon, b]$. Es sei $s < b$. Dann gilt für $t \in (s, b)$

$$\|f(t) - f(a + \varepsilon)\| \leq \|f(t) - f(s)\| + \alpha(s - a - \varepsilon) \, . \qquad (2.7)$$

Da f auf $[a + \varepsilon, b)$ differenzierbar ist, folgt

$$\frac{\|f(t) - f(s)\|}{t - s} \to \|f'(s)\| \quad (t \to s) \, .$$

Deshalb gibt es aufgrund der Definition von α ein $\delta \in (0, b - s)$ mit

$$\|f(t) - f(s)\| \leq \alpha(t - s) \, , \qquad 0 < t - s < \delta \, .$$

Zusammen mit (2.7) folgt die Abschätzung

$$\|f(t) - f(a + \varepsilon)\| \leq \alpha(t - a - \varepsilon) \, , \qquad s < t < s + \delta \, ,$$

welche der Maximalität von s widerspricht. Daher gilt $s = b$ und somit

$$\|f(b) - f(a + \varepsilon)\| \leq \alpha(b - a - \varepsilon)$$

für jede obere Schranke α von $\{\, \|f'(t)\| \, ; \, t \in (a, b) \,\}$, also

$$\|f(b) - f(a + \varepsilon)\| \leq \sup_{t \in (a,b)} \|f'(t)\| \, (b - a - \varepsilon) \, .$$

Da dies für jedes $\varepsilon \in (0, b - a)$ richtig ist, folgt die Behauptung durch den Grenzübergang $\varepsilon \to 0$ wegen der Stetigkeit von f . $\blacksquare$

2.19 Korollar *Es seien I ein kompaktes perfektes Intervall, E ein normierter Vektorraum, und $f \in C(I, E)$ sei differenzierbar in $\mathring{I}$. Ferner sei f' beschränkt in $\mathring{I}$. Dann ist f Lipschitz-stetig. Insbesondere ist jede Funktion aus $C^1(I, E)$ Lipschitz-stetig.*

Beweis Die erste Aussage folgt unmittelbar aus Theorem 2.18. Für $f \in C^1(I, E)$ ist gemäß Korollar III.3.7 die Ableitung f' beschränkt auf I. $\blacksquare$

Der zweite Mittelwertsatz

Die folgende Aussage wird oft als *zweiter Mittelwertsatz* bezeichnet.

2.20 Satz *Die Funktionen* $f, g \in C([a,b], \mathbb{R})$ *seien in* (a,b) *differenzierbar, und es gelte* $g'(x) \neq 0$ *für* $x \in (a,b)$. *Dann gibt es ein* ξ *in* (a,b) *mit*

$$\frac{f(b) - f(a)}{g(b) - g(a)} = \frac{f'(\xi)}{g'(\xi)} .$$

Beweis Der Satz von Rolle impliziert $g(a) \neq g(b)$. Somit ist

$$h(x) := f(x) - \frac{f(b) - f(a)}{g(b) - g(a)} \big(g(x) - g(a)\big)$$

für $x \in [a,b]$ wohldefiniert. Ferner ist h stetig auf $[a,b]$, differenzierbar in (a,b), und erfüllt $h(a) = h(b)$. Also gibt es nach dem Satz von Rolle ein $\xi \in (a,b)$ mit $h'(\xi) = 0$. Wegen

$$h'(x) = f'(x) - \frac{f(b) - f(a)}{g(b) - g(a)} g'(x) , \qquad x \in (a,b) ,$$

folgt die Behauptung. ∎

Die Regeln von de l'Hospital

Als erste Anwendung des zweiten Mittelwertsatzes leiten wir eine Beziehung her, die es oft erlaubt, Grenzwerte von Quotienten zu berechnen, welche die formale Gestalt $0/0$ oder ∞/∞ besitzen.

2.21 Satz *Es seien* $f, g : (a,b) \to \mathbb{R}$ *differenzierbar und* g *habe keine Nullstelle. Ferner sei entweder*

(i) $\displaystyle\lim_{x \to a} f(x) = \lim_{x \to a} g(x) = 0$

oder

(ii) $\displaystyle\lim_{x \to a} g(x) = \pm\infty.$

Dann gilt

$$\lim_{x \to a} \frac{f(x)}{g(x)} = \lim_{x \to a} \frac{f'(x)}{g'(x)} ,$$

falls der letzte Grenzwert in $\bar{\mathbb{R}}$ *existiert.*

Beweis Es sei $\alpha := \lim_{x \to a} f'(x)/g'(x) < \infty$. Zu α_0 und α_1 mit $\alpha < \alpha_1 < \alpha_0$ gibt es ein $x_1 \in (a,b)$ mit $f'(x)/g'(x) < \alpha_1$ für $a < x < x_1$. Zu $x, y \in (a, x_1)$ mit $x < y$ finden wir nach dem zweiten Mittelwertsatz ein $\xi \in (x, y)$ mit

$$\frac{f(y) - f(x)}{g(y) - g(x)} = \frac{f'(\xi)}{g'(\xi)} .$$

Wegen $\xi < y < x_1$ folgt

$$\frac{f(y) - f(x)}{g(y) - g(x)} < \alpha_1 < \alpha_0 , \qquad x, y \in (a, x_1) . \qquad (2.8)$$

Es sei (i) erfüllt. Dann folgt aus (2.8) durch den Grenzübergang $x \to a$

$$f(y)/g(y) \leq \alpha_1 < \alpha_0 , \qquad a < y < x_1 . \qquad (2.9)$$

Nun gelte $\lim_{x \to a} g(x) = \infty$. Dann gibt es zu $y \in (a, x_1)$ ein $x_2 \in (a, y)$, so daß die Abschätzung $g(x) > 1 \vee g(y)$ für $a < x < x_2$ richtig ist. Aus (2.8) folgt dann

$$\frac{f(x)}{g(x)} < \alpha_1 - \alpha_1 \frac{g(y)}{g(x)} + \frac{f(y)}{g(x)} , \qquad a < x < x_2 .$$

Für $x \to a$ konvergiert die rechte Seite dieser Ungleichung gegen α_1. Also gibt es ein $x_3 \in (a, x_2)$ mit $f(x)/g(x) < \alpha_0$ für $a < x < x_3$. Da α_0 beliebig nahe bei α gewählt werden kann, folgt aus dieser Abschätzung und aus (2.9), daß in jedem Fall

$$\overline{\lim_{x \to a}} \, f(x)/g(x) \leq \alpha$$

gilt. Ist $\alpha \in (-\infty, \infty]$, so finden wir durch eine analoge Betrachtung

$$\underline{\lim_{x \to a}} \, f(x)/g(x) \geq \alpha .$$

Also haben wir die Behauptung bewiesen, falls entweder (i) oder $\lim_{x \to a} g(x) = \infty$ gilt. Der Fall $\lim_{x \to a} g(x) = -\infty$ wird durch eine offensichtliche Modifikation dieses Beweises gezeigt, die wir dem Leser überlassen. ∎

2.22 Bemerkung Selbstverständlich gelten für linksseitige Grenzwerte $x \to b$ entsprechende Aussagen. Außerdem bleibt der Beweis von Satz 2.21 auch in den Fällen $a = -\infty$ oder $b = \infty$ richtig. ∎

2.23 Beispiele (a) Für $m, n \in \mathbb{N}^\times$ und $a \in \mathbb{R}$ gilt

$$\lim_{x \to a} \frac{x^n - a^n}{x^m - a^m} = \lim_{x \to a} \frac{nx^{n-1}}{mx^{m-1}} = \frac{n}{m} a^{n-m} .$$

(b) Es seien $n \geq 2$ und $a_k \in [0, \infty)$ für $1 \leq k \leq n$. Dann folgt aus Satz 2.21:

$$\lim_{x \to \infty} \left(\sqrt[n]{x^n + a_1 x^{n-1} + \cdots + a_n} - x \right) = \lim_{y \to 0+} \frac{\sqrt[n]{1 + a_1 y + \cdots + a_n y^n} - 1}{y}$$

$$= \lim_{y \to 0+} \frac{1}{n} \frac{a_1 + 2a_2 y + \cdots + n a_n y^{n-1}}{(1 + a_1 y + \cdots + a_n y^n)^{1 - 1/n}}$$

$$= \frac{a_1}{n} .$$

(c) Für $a \in \mathbb{R}^\times$ gilt

$$\lim_{x \to 0} \frac{1 - \cos(ax)}{1 - \cos x} = a^2 .$$

Beweis Zweimaliges Anwenden der Regel von de l'Hospital liefert

$$\lim_{x \to 0} \frac{1 - \cos(ax)}{1 - \cos x} = \lim_{x \to 0} \frac{a \sin(ax)}{\sin x} = \lim_{x \to 0} \frac{a^2 \cos(ax)}{\cos x} = a^2 ,$$

also die Aussage. ∎

Aufgaben

1 Es sei $f : \mathbb{R} \to \mathbb{R}$ durch

$$f(x) := \begin{cases} e^{-1/x^2} , & x \neq 0 , \\ 0 , & x = 0 , \end{cases}$$

erklärt. Man zeige, daß f zu $C^\infty(\mathbb{R})$ gehört, in $x = 0$ ein isoliertes[5] globales Minimum hat, und daß $f^{(k)}(0) = 0$ für $k \in \mathbb{N}$ gilt.

2 Es seien f die Funktion von Beispiel 1.17 und $F(x) := e^e f\big(f(1) - f(1 - x)\big)$, $x \in \mathbb{R}$. Dann gilt

$$F(x) = \begin{cases} 0 , & x \leq 0 , \\ 1 , & x \geq 1 , \end{cases}$$

und F ist auf $[0, 1]$ strikt wachsend.

3 Es sei $-\infty < a < b < \infty$, und $f \in C([a, b], \mathbb{R})$ sei in $(a, b]$ differenzierbar. Ferner existiere $\lim_{x \to a} f'(x)$. Dann gehört f zu $C^1([a, b], \mathbb{R})$, und es gilt $f'(a) = \lim_{x \to a} f'(x)$. (Hinweis: Man verwende den Mittelwertsatz.)

4 Es sei $a > 0$, und $f \in C^2([-a, a], \mathbb{R})$ sei gerade. Man zeige, daß ein $g \in C^1([0, a^2], \mathbb{R})$ existiert mit $f(x) = g(x^2)$ für $x \in [-a, a]$. Insbesondere gilt $f'(0) = 0$. (Hinweis: Aufgabe 3.)

5 Die Funktion

$$\operatorname{arcosh} := \cosh^{-1} : [1, \infty) \to \mathbb{R}^+ \quad \text{bzw.} \quad \operatorname{arsinh} := \sinh^{-1} : \mathbb{R} \to \mathbb{R}$$

heißt **Areacosinus hyperbolicus** bzw. **Areasinus hyperbolicus**.

(a) Man zeige, daß arcosh und arsinh wohldefiniert sind, und daß

$$\operatorname{arcosh}(x) = \log\big(x + \sqrt{x^2 - 1}\big) , \qquad x \geq 1 ,$$
$$\operatorname{arsinh}(x) = \log\big(x + \sqrt{x^2 + 1}\big) , \qquad x \in \mathbb{R} ,$$

gelten.

(b) Man berechne die ersten beiden Ableitungen dieser Funktionen.

---

[5]Eine Minimalstelle x_0 von f heißt **isoliert**, wenn es eine Umgebung U von x_0 gibt mit $f(x) > f(x_0)$ für $x \in U \setminus \{x_0\}$.

(c) Man diskutiere die Konvexität bzw. Konkavität von cosh, sinh, arcosh, arsinh und skizziere deren Graphen.

6 Es seien $n \in \mathbb{N}^\times$ und $f(x) := 1 + x + x^2/2! + \cdots + x^n/n!$ für $x \in \mathbb{R}$. Man zeige, daß die Gleichung $f(x) = 0$ genau dann eine [keine] reelle Lösung hat, wenn n ungerade [gerade] ist.

7 Es sei $-\infty \le a < b \le \infty$, und $f : (a,b) \to \mathbb{R}$ sei stetig. Ein Punkt $x_0 \in (a,b)$ heißt **Wendepunkt** von f, wenn es $a_0, b_0 \in [a,b]$ gibt mit $a_0 < x_0 < b_0$, so daß $f\,|\,(a_0, x_0)$ konvex und $f\,|\,(x_0, b_0)$ konkav, oder $f\,|\,(a_0, x_0)$ konkav und $f\,|\,(x_0, b_0)$ konvex sind.

(a) Es sei $f : \mathbb{R} \to \mathbb{R}$ durch

$$f(x) := \begin{cases} \sqrt{x}\,, & x \ge 0\,, \\ -\sqrt{-x}\,, & x < 0\,, \end{cases}$$

erklärt. Man zeige, daß f in 0 einen Wendepunkt besitzt.

(b) Es sei $f : (a,b) \to \mathbb{R}$ zweimal differenzierbar, und f besitze in x_0 einen Wendepunkt. Dann gilt $f''(x_0) = 0$.

(c) Die Funktion $f : \mathbb{R} \to \mathbb{R}$, $x \mapsto x^4$ besitzt keine Wendepunkte.

(d) Für $f \in C^3\big((a,b), \mathbb{R}\big)$ gelten $f''(x_0) = 0$ und $f'''(x_0) \ne 0$. Man zeige, daß f in x_0 einen Wendepunkt besitzt.

8 Man bestimme alle Wendepunkte von f, falls $f(x)$ durch

(a) $x^2 - 1/x$, $\ x > 0$,   (b) $\sin x + \cos x$, $\ x \in \mathbb{R}$,   (c) x^x, $\ x > 0$,

gegeben ist.

9 Man zeige, daß $f : (0, \infty) \to \mathbb{R}$, $x \mapsto (1 + 1/x)^x$ strikt wachsend ist.

10 Es sei $f \in C([a,b], \mathbb{R})$ auf (a,b) differenzierbar, und es gelten $f(a) \ge 0$ und $f'(x) \ge 0$, $x \in (a,b)$. Man schließe, daß $f(x) \ge 0$ für jedes $x \in [a,b]$ gilt.

11 Es ist zu zeigen, daß

$$1 - 1/x \le \log x \le x - 1\,, \qquad x > 0\,,$$

gilt.

12 Es sei I ein perfektes Intervall, und $f, g : I \to \mathbb{R}$ seien konvex. Man beweise oder widerlege:

(a) $f \vee g$ ist konvex.

(b) $\alpha f + \beta g$, $\ \alpha, \beta \in \mathbb{R}$, ist konvex.

(c) fg ist konvex.

13 Es sei I ein perfektes Intervall, und $f \in C(I, \mathbb{R})$ sei konvex. Ferner sei $g : f(I) \to \mathbb{R}$ konvex und wachsend. Dann ist auch $g \circ f : I \to \mathbb{R}$ konvex. Man formuliere zusätzliche Bedingungen an f und g, die die strikte Konvexität von $g \circ f$ sicherstellen.

14 Es sei $-\infty < a < b < \infty$, und $f : [a,b] \to \mathbb{R}$ sei konvex. Man beweise oder widerlege:

(a) Für jedes $x \in (a,b)$ existieren $\partial_\pm f(x)$, und es gilt $\partial_- f(x) \le \partial_+ f(x)$.

(b) $f|(a,b)$ ist stetig.

(c) f ist stetig.

15 Es seien $n \in \mathbb{N}$, I ein perfektes Intervall und $a \in I$. Für $\varphi, \psi \in C^n(I, \mathbb{R})$ gelte

$$\varphi^{(k)}(a) = \psi^{(k)}(a) = 0 , \qquad 0 \le k \le n ,$$

und es existieren $\varphi^{(n+1)}$ und $\psi^{(n+1)}$ in $\overset{\circ}{I}$ mit

$$\psi^{(k)}(x) \ne 0 , \qquad x \in \overset{\circ}{I}\backslash\{a\} , \quad 0 \le k \le n+1 .$$

Man zeige, daß es zu jedem $x \in I\backslash\{a\}$ ein $\xi \in (x \wedge a, x \vee a)$ gibt mit

$$\frac{\varphi(x)}{\psi(x)} = \frac{\varphi^{(n+1)}(\xi)}{\psi^{(n+1)}(\xi)} .$$

16 Es seien I ein Intervall, $f \in C^{n-1}(I, \mathbb{R})$, und $f^{(n)}$ existiere auf $\overset{\circ}{I}$ für ein $n \ge 2$. Ferner seien $x_0 < x_1 < \cdots < x_n$ Nullstellen von f. Dann gibt es ein $\xi \in (x_0, x_n)$ mit $f^{(n)}(\xi) = 0$ (Verallgemeinerter Satz von Rolle).

17 Man berechne folgende Grenzwerte:

(a) $\displaystyle\lim_{x \to \infty} (1+2x)^{1/3x}$, (b) $\displaystyle\lim_{x \to 1} \frac{1 + \cos \pi x}{x^2 - 2x + 1}$, (c) $\displaystyle\lim_{x \to 0} \frac{\log \cos 3x}{\log \cos 2x}$, (d) $\displaystyle\lim_{x \to 0} \left(\frac{1}{\sin^2 x} - \frac{1}{x^2} \right)$.

18 Es seien (x_k) und (y_k) Folgen in $\mathbb{K}^{\mathbb{N}}$, $1 < p < \infty$, und p' sei der zu p duale Exponent. Man beweise die **Höldersche Ungleichung für Reihen**,

$$\left| \sum_{k=0}^{\infty} x_k y_k \right| \le \sum_{k=0}^{\infty} |x_k y_k| \le \left(\sum_{k=0}^{\infty} |x_k|^p \right)^{1/p} \left(\sum_{k=0}^{\infty} |y_k|^{p'} \right)^{1/p'} ,$$

und die **Minkowskische Ungleichung für Reihen**,

$$\left(\sum_{k=0}^{\infty} |x_k + y_k|^p \right)^{1/p} \le \left(\sum_{k=0}^{\infty} |x_k|^p \right)^{1/p} + \left(\sum_{k=0}^{\infty} |y_k|^p \right)^{1/p} .$$

19 Für $x = (x_k) \in \mathbb{K}^{\mathbb{N}}$ sei

$$\|x\|_p := \begin{cases} \left(\sum_{k=0}^{\infty} |x_k|^p \right)^{1/p} , & 1 \le p < \infty , \\ \sup_{k \in \mathbb{N}} |x_k| , & p = \infty . \end{cases}$$

Ferner sei

$$\ell_p := \{ x \in \mathbb{K}^{\mathbb{N}} ; \|x\|_p < \infty \} , \qquad 1 \le p \le \infty .$$

Man verifiziere:

(a) $\ell_p := (\ell_p, \|\cdot\|_p)$ ist ein normierter Untervektorraum von $\mathbb{K}^{\mathbb{N}}$.

(b) $\ell_\infty = B(\mathbb{N}, \mathbb{K})$.

(c) Für $1 \leq p \leq q \leq \infty$ gelten $\ell_p \subset \ell_q$ und $\|x\|_q \leq \|x\|_p$, $x \in \ell_p$.

20 Es sei I ein perfektes Intervall, und $f : I \to \mathbb{R}$ sei konvex. Ferner seien $\lambda_1, \ldots, \lambda_n \in \mathbb{R}^+$ mit $\lambda_1 + \cdots + \lambda_n = 1$, und $x_1, \ldots, x_n \in I$. Dann gilt

$$f(\lambda_1 x_1 + \cdots \lambda_n x_n) \leq \lambda_1 f(x_1) + \cdots + \lambda_n f(x_n) \ .$$

21 Es sei I ein Intervall, und $f : I \to \mathbb{R}$ sei konvex. Dann gilt für $x \in I$ und $h > 0$ mit $x + 2h \in I$ die Ungleichung $\triangle_h^2 f(x) \geq 0$, wobei $\triangle_h$ die vorwärtige dividierte Differenz zur Schrittlänge h ist (vgl. § I.12). (Hinweis: geometrische Interpretation.)

3   Taylorsche Formeln

Wir haben in diesem Kapitel bereits gesehen, daß es sich bei der Differenzierbarkeit und der linearen Approximierbarkeit um dieselbe Eigenschaft einer Funktion f handelt. Außerdem konnten wir mit Hilfe der Mittelwertsätze einige lokale und globale Eigenschaften von f durch solche von f' beschreiben.

Es ist naheliegend, diese Überlegungen zu verallgemeinern und zu fragen: Kann eine glatte Funktion $f: D \to E$ in der Nähe von $a \in D$ durch Polynome approximiert werden? Falls eine solche Approximation gelingt, von welcher Güte ist sie? Welche Rückschlüsse auf f sind möglich, wenn wir genügend viele oder gar alle Ableitungen von f in a kennen?

Landausche Symbole

Es seien X und E normierte Vektorräume, D eine nichtleere Teilmenge von X und $f: D \to E$. Um das Verschwinden von f in einem Punkt $a \in \overline{D}$ qualitativ zu fassen, führen wir das **Landausche Symbol** o (Klein-o) ein. Ist $\alpha \geq 0$, so sagen wir: „f verschwindet in a von höherer als α-ter Ordnung" und schreiben

$$f(x) = o(\|x - a\|^{\alpha}) \quad (x \to a) \ ,$$

wenn gilt

$$\lim_{x \to a} \frac{f(x)}{\|x - a\|^{\alpha}} = 0 \ .$$

3.1 Bemerkungen (a) Die Abbildung f verschwindet in a genau dann von höherer als α-ter Ordnung, wenn es zu jedem $\varepsilon > 0$ eine Umgebung U von a in D gibt mit

$$\|f(x)\| \leq \varepsilon \|x - a\|^{\alpha} \ , \qquad x \in U \ .$$

Beweis Dies folgt aus Bemerkung III.2.23(a). ∎

(b) Es sei $X = \mathbb{K}$, und $r: D \to E$ sei stetig in $a \in D$. Dann verschwindet die Funktion

$$f: D \to E \ , \quad x \mapsto \big(r(x) - r(a)\big)(x - a)$$

in a von höherer als erster Ordnung: $f(x) = o(|x - a|) \ (x \to a)$.

(c) Es sei $X = \mathbb{K}$. Dann ist $f: D \to E$ genau dann in $a \in D$ differenzierbar, wenn es ein (eindeutig bestimmtes) $m_a \in E$ gibt mit

$$f(x) - f(a) - m_a(x - a) = o(|x - a|) \quad (x \to a) \ .$$

Beweis Dies ist eine Konsequenz von (b) und Theorem 1.1(iii) ∎

(d) Die Funktion $f\colon (0,\infty) \to \mathbb{R}$, $x \mapsto e^{-1/x}$ verschwindet in 0 von beliebig hoher Ordnung, d.h.

$$f(x) = o(|x|^\alpha) \ (x \to 0) , \qquad \alpha > 0 .$$

Beweis Es sei $\alpha > 0$. Dann wissen wir aus Satz III.6.5(iii), daß

$$\lim_{x \to 0} e^{-1/x}/x^\alpha = \lim_{y \to \infty} y^\alpha e^{-y} = 0$$

gilt. ∎

Die Funktion $g\colon D \to E$ **approximiert** die Funktion $f\colon D \to E$ in a **von höherer als α-ter Ordnung**, wenn gilt

$$f(x) = g(x) + o(\|x - a\|^\alpha) \ (x \to a) ,$$

d.h., wenn $f - g$ in a von höherer als α-ter Ordnung verschwindet.

Gelegentlich werden wir neben dem Symbol o auch das **Landausche Symbol** O (Groß-O) verwenden. Sind $a \in \overline{D}$ und $\alpha \geq 0$, so schreiben wir

$$f(x) = O(\|x - a\|^\alpha) \ (x \to a) ,$$

wenn es $r > 0$ und $K > 0$ gibt mit

$$\|f(x)\| \leq K \, \|x - a\|^\alpha , \ x \in \mathbb{B}(a,r) \cap D .$$

In diesem Fall sagen wir, daß „f in a höchstens von α-ter Ordnung wächst". Insbesondere bedeutet $f(x) = O(1) \ (x \to a)$, daß f in einer Umgebung von a beschränkt ist.

Im restlichen Teil dieses Paragraphen bezeichnen $E := (E, \|\cdot\|)$ einen Banachraum, D eine perfekte Teilmenge von $\mathbb{K}$ und f eine Abbildung von D in E.

Die Taylorsche Formel

Wir wollen zuerst untersuchen, unter welchen Voraussetzungen ein „Polynom" $p = \sum_{k=0}^n c_k X^k$ mit Koeffizienten[1] c_k in E so angegeben werden kann, daß p die Funktion f in der Nähe von $a \in D$ von höherer als n-ter Ordnung approximiert.

---

[1] Unter einem Polynom mit Koeffizienten in E verstehen wir einen formalen Ausdruck der Form $\sum_{k=0}^n c_k X^k$ mit $c_k \in E$. Hierbei ist X^k als „Marke" anzusehen, welche anzeigt, „wo der Koeffizient c_k steht". Wenn die „Unbestimmte" X durch ein Körperelement $x \in \mathbb{K}$ ersetzt wird, erhalten wir ein wohlbestimmtes Element $p(x) := \sum_{k=0}^n c_k x^k \in E$. Also ist die „polynomiale Funktion" $\mathbb{K} \to E$, $x \mapsto p(x)$ wohldefiniert. Die Polynome mit Koeffizienten in E bilden aber i. allg. keinen Ring! Man vergleiche dazu Paragraph I.8.

Dazu betrachten wir zuerst den Spezialfall, daß $f = \sum_{k=0}^{n} b_k X^k$ selbst ein Polynom mit Koeffizienten in E ist. Aus dem binomischen Lehrsatz erhalten wir dann

$$f(x) = \sum_{k=0}^{n} b_k (x - a + a)^k = \sum_{k=0}^{n} b_k \sum_{j=0}^{k} \binom{k}{j} (x - a)^j a^{k-j} , \qquad x \in \mathbb{K} .$$

Mit

$$c_k := \sum_{\ell=k}^{n} b_\ell \binom{\ell}{k} a^{\ell-k} , \qquad k = 0, \ldots, n ,$$

ergibt sich durch Ordnen nach Potenzen von $x - a$

$$f(x) = \sum_{k=0}^{n} c_k (x - a)^k , \qquad x \in \mathbb{K} .$$

Offensichtlich gelten

$$f(a) = \sum_{\ell=0}^{n} b_\ell a^\ell = c_0 , \qquad\qquad f'(a) = \sum_{\ell=1}^{n} b_\ell \ell a^{\ell-1} = c_1 ,$$

$$f''(a) = \sum_{\ell=2}^{n} b_\ell \ell(\ell - 1) a^{\ell-2} = 2c_2 , \quad f'''(a) = \sum_{\ell=3}^{n} b_\ell \ell(\ell - 1)(\ell - 2) a^{\ell-3} = 6c_3 .$$

Ein einfaches Induktionsargument zeigt $f^{(k)}(a) = k! \, c_k$ für $k = 0, \ldots, n$, und wir finden schließlich

$$f(x) = \sum_{k=0}^{n} \frac{f^{(k)}(a)}{k!} (x - a)^k , \qquad x \in \mathbb{K} . \tag{3.1}$$

Damit haben wir einfache Ausdrücke für die Koeffizienten des um die Stelle a „umentwickelten Polynoms" gefunden (vgl. Satz I.8.16).

Das folgende fundamentale Theorem zeigt, daß beliebige $f \in C^n(D, E)$ in jedem Punkt $a \in D$ durch derartige Polynome von höherer als n-ter Ordnung approximiert werden können.

3.2 Theorem (Taylorsche Formel mit Restgliedabschätzung) *Es sei $n \in \mathbb{N}^\times$, und D sei konvex. Dann gibt es zu jedem $f \in C^n(D, E)$ und jedem $a \in D$ ein $R_n(f, a) \in C(D, E)$ mit*

$$f(x) = \sum_{k=0}^{n} \frac{f^{(k)}(a)}{k!} (x - a)^k + R_n(f, a)(x) , \qquad x \in D .$$

*Das **Restglied** $R_n(f, a)$ genügt der Abschätzung*

$$\| R_n(f, a)(x) \| \le \frac{1}{(n-1)!} \sup_{0 < t < 1} \left\| f^{(n)}\big(a + t(x - a)\big) - f^{(n)}(a) \right\| \, |x - a|^n$$

für $x \in D$.

Beweis Für $f \in C^n(D, E)$ und $a \in D$ setzen wir

$$R_n(f, a)(x) := f(x) - \sum_{k=0}^{n} \frac{f^{(k)}(a)}{k!}(x - a)^k , \qquad x \in D .$$

Dann genügt es, die angegebene Fehlerabschätzung für $R_n(f, a)$ zu beweisen. Für $t \in [0, 1]$ und ein festes $x \in D$ sei

$$h(t) := f(x) - \sum_{k=0}^{n-1} \frac{f^{(k)}\big(a + t(x - a)\big)}{k!}(x - a)^k(1 - t)^k - \frac{f^{(n)}(a)}{n!}(x - a)^n(1 - t)^n .$$

Dann gelten $h(0) = R_n(f, a)(x)$ und $h(1) = 0$, sowie

$$h'(t) = \big[f^{(n)}(a) - f^{(n)}\big(a + t(x - a)\big)\big]\frac{(1 - t)^{n-1}}{(n - 1)!}(x - a)^n , \qquad t \in (0, 1) .$$

Somit folgt aus dem Mittelwertsatz für vektorwertige Funktionen (Theorem 2.18):

$$\|R_n(f, a)(x)\| = \|h(1) - h(0)\| \leq \sup_{0 < t < 1} \|h'(t)\|$$

$$\leq \sup_{0 < t < 1} \frac{\big\|f^{(n)}\big(a + t(x - a)\big) - f^{(n)}(a)\big\|}{(n - 1)!} |x - a|^n ,$$

also die behauptete Restgliedabschätzung. ∎

3.3 Korollar (Qualitative Form der Taylorschen Formel) *Unter den Voraussetzungen von Theorem 3.2 gilt*

$$f(x) = \sum_{k=0}^{n} \frac{f^{(k)}(a)}{k!}(x - a)^k + o(|x - a|^n) \quad (x \to a) .$$

Taylorpolynome, Taylorreihe und Restglied

Für jedes $n \in \mathbb{N}$, jedes $f \in C^n(D, E)$ und jedes $a \in D$ ist

$$\mathcal{T}_n(f, a) := \sum_{k=0}^{n} \frac{f^{(k)}(a)}{k!}(X - a)^k$$

ein Polynom[2] vom Grad $\leq n$ mit Koeffizienten in E, das **Taylorpolynom n-ten Grades von f mit Entwicklungspunkt a**, und

$$R_n(f, a) := f - \mathcal{T}_n(f, a)$$

ist das **Restglied n-ter Ordnung von f in a**. Korollar 3.3 zeigt, daß das Taylorpolynom $\mathcal{T}_n(f, a)$ die Funktion f an der Stelle a von höherer als n-ter Ordnung approximiert.

---

[2]Im Einklang mit unserer Vereinbarung in Paragraph I.8 identifizieren wir Polynome mit Koeffizienten in E mit den entsprechenden E-wertigen polynomialen Funktionen.

Es seien nun $E := \mathbb{K}$ und $f \in C^{\infty}(D) := C^{\infty}(D, \mathbb{K})$. Dann heißt der formale Ausdruck

$$T(f, a) := \sum_{k} \frac{f^{(k)}(a)}{k!}(X - a)^{k}$$

Taylorreihe von f mit Entwicklungspunkt a, und als **Konvergenzradius** von $T(f, a)$ bezeichnen wir den Konvergenzradius der Potenzreihe

$$\sum_{k=0}^{\infty} \frac{f^{(k)}(a)}{k!}X^{k} \; .$$

Hat $T(f, a)$ einen positiven Konvergenzradius ρ, so stellt

$$T(f, a) : \mathbb{B}(a, \rho) \to \mathbb{K}, \quad x \mapsto \sum_{k=0}^{\infty} \frac{f^{(k)}(a)}{k!}(x - a)^{k} \tag{3.2}$$

eine wohlbestimmte Funktion dar, die **Taylorentwicklung von f um** a.

In Analogie zur Situation bei Polynomen identifizieren wir die Taylorreihe $T(f, a)$ mit der Taylorentwicklung (3.2). Es ist aber zu beachten, daß diese Identifikation nur auf dem **Konvergenzkreis** $\mathbb{B}(a, \rho)$ von $T(f, a)$ sinnvoll ist. Mit anderen Worten: Die Polynome $f^{(k)}(a)(X - a)^{k}/k!$, welche die „Summanden" der Taylorreihe bilden, sind auf $\mathbb{B}(a, \rho)$ zu beschränken.

3.4 Bemerkungen Es seien D offen in $\mathbb{K}$ und $a \in D$.

(a) Das Taylorpolynom $T_{n}(f, a)$ stellt die n-te „Partialsumme" der Taylorreihe $T(f, a)$ dar. Wenn der Konvergenzradius der Taylorreihe positiv ist, dann wird f durch $T_{n}(f, a)$ in einer Umgebung von a von höherer als n-ter Ordnung approximiert, und dies gilt für jedes $n \in \mathbb{N}$. Es bedeutet aber nicht, daß f durch seine Taylorreihe in einer Umgebung U von a **dargestellt** wird, d.h., daß es eine Umgebung U von a in D gibt mit $f(x) = T(f, a)(x)$ für $x \in U$.

Beweis Die Funktion f aus Beispiel 1.17 ist glatt und erfüllt $f^{(k)}(0) = 0$ für $k \in \mathbb{N}$. Folglich gilt $T(f, 0) = 0 \neq f$. ∎

(b) Die Taylorreihe $T(f, a)$ habe einen positiven Konvergenzradius ρ. Dann wird die Funktion f genau dann in einer Umgebung $U \subset \mathbb{B}(a, \rho) \cap D$ von a durch ihre Taylorreihe dargestellt, wenn gilt: $\lim_{n \to \infty} R_{n}(f, a)(x) = 0$ für $x \in U$. ∎

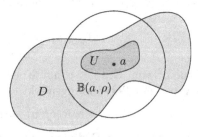

3.5 Beispiel (Reihenentwicklung des Logarithmus) Für $|z| < 1/2$ gilt:

$$\log(1 + z) = \sum_{k=1}^{\infty} \frac{(-1)^{k-1}}{k}z^{k} = z - \frac{z^{2}}{2} + \frac{z^{3}}{3} - \frac{z^{4}}{4} + - \cdots$$

Beweis Es sei $f(z) := \log(1+z)$ für $z \in \mathbb{C}\backslash\{-1\}$. Dann folgt induktiv

$$f^{(n)}(z) = (-1)^{n-1}\frac{(n-1)!}{(1+z)^n} , \qquad n \in \mathbb{N}^\times , \quad z \in \mathbb{C}\backslash(-\infty, -1] .$$

Also ergibt Theorem 3.2

$$\log(1+z) = \sum_{k=1}^n \frac{(-1)^{k-1}}{k}z^k + R_n(f,0)(z) , \qquad n \in \mathbb{N}^\times , \quad z \in \mathbb{C}\backslash(-\infty, -1] ,$$

wobei das Restglied $R_n(f,0)$ folgende Abschätzung erfüllt:

$$|R_n(f,0)(z)| \le \sup_{0<t<1}\left|\frac{1}{(1+tz)^n} - 1\right||z|^n , \qquad n \in \mathbb{N}^\times , \quad z \in \mathbb{C}\backslash(-\infty, -1] .$$

Für $|z| \le 1/2$ und $t \in [0,1]$ gilt die Ungleichung $|1+tz| \ge 1 - |z| \ge 1/2$, und folglich

$$\left|\frac{1}{(1+tz)^n} - 1\right| \le \frac{1}{(1-|z|)^n} + 1 \le 2^n + 1 \le 2^{n+1} , \qquad n \in \mathbb{N}^\times .$$

Insgesamt finden wir

$$|R_n(f,0)(z)| \le 2(2\,|z|)^n \to 0 \ (n \to \infty)$$

für $|z| < 1/2$, und damit die Behauptung. ∎

3.6 Bemerkung Für $a_k := (-1)^{k-1}/k$, $k \in \mathbb{N}^\times$, gilt

$$\lim_{k\to\infty} \frac{|a_{k+1}|}{|a_k|} = \lim_{k\to\infty} \frac{k}{k+1} = 1 .$$

Deshalb besitzt die Potenzreihe $\sum(-1)^{k-1}X^k/k$ den Konvergenzradius 1. Es stellt sich daher die Frage, ob sie die Funktion $z \mapsto \log(1+z)$ im ganzen Konvergenzkreis $\mathbb{B}_\mathbb{C}$ darstellt. Wir werden diese Frage erst in Paragraph V.3 beantworten können. Im reellen Fall läßt sich hingegen bereits jetzt die Antwort finden (vgl. Anwendung 3.9(d)). ∎

Restglieddarstellungen im reellen Fall und Anwendungen

Mit Hilfe des zweiten Mittelwertsatzes können wir im Fall $\mathbb{K} = \mathbb{R}$ und $E = \mathbb{R}$ eine weitere Form des Restgliedes $R_n(f,a)$ herleiten.

3.7 Theorem (Schlömilchsche Restglieddarstellung) *Es seien I ein perfektes Intervall, $a \in I$, $p > 0$ und $n \in \mathbb{N}$. Ferner sei $f \in C^n(I,\mathbb{R})$, und $f^{(n+1)}$ existiere in $\mathring{I}$. Dann gibt es zu jedem $x \in I\backslash\{a\}$ ein $\xi := \xi(x) \in (x \wedge a, x \vee a)$ mit*

$$R_n(f,a)(x) = \frac{f^{(n+1)}(\xi)}{pn!}\left(\frac{x-\xi}{x-a}\right)^{n-p+1}(x-a)^{n+1} .$$

Beweis Wir fixieren $x \in I$ und setzen $J := (x \wedge a, x \vee a)$. Außerdem seien

$$g(t) := \sum_{k=0}^{n} \frac{f^{(k)}(t)}{k!}(x-t)^k \, , \quad h(t) := (x-t)^p \, , \quad t \in J \, .$$

Offensichtlich gilt $g, h \in C(\overline{J}, \mathbb{R})$, und beide Funktionen sind auf J differenzierbar mit

$$g'(t) = f^{(n+1)}(t)\frac{(x-t)^n}{n!} \, , \quad h'(t) = -p(x-t)^{p-1} \, , \quad t \in J \, .$$

Aus dem zweiten Mittelwertsatz (Satz 2.20) folgt die Existenz einer Zahl ξ in J mit

$$g(x) - g(a) = \frac{g'(\xi)}{h'(\xi)}\big(h(x) - h(a)\big) \, .$$

Andererseits gelten $R_n(f,a)(x) = g(x) - g(a)$ und $h(x) - h(a) = -(x-a)^p$, woraus sich sofort die Behauptung ergibt. ∎

3.8 Korollar (Lagrangesche und Cauchysche Restglieddarstellung)   *Unter den Voraussetzungen von Theorem 3.7 gelten*

$$R_n(f,a)(x) = \frac{f^{(n+1)}(\xi)}{(n+1)!}(x-a)^{n+1} \qquad \text{(Lagrange)}$$

und

$$R_n(f,a)(x) = \frac{f^{(n+1)}(\xi)}{n!}\left(\frac{x-\xi}{x-a}\right)^n (x-a)^{n+1} \qquad \text{(Cauchy)} \, .$$

Beweis Beide Darstellungen folgen aus Theorem 3.7 mit $p = n+1$ bzw. $p = 1$. ∎

3.9 Anwendungen (a) (Hinreichende Bedingungen für lokale Extrema)   *Es seien I ein perfektes Intervall und $f \in C^n(I, \mathbb{R})$ für ein $n \geq 1$. Ferner gebe es ein $a \in \overset{\circ}{I}$ mit*

$$f'(a) = f''(a) = \cdots = f^{(n-1)}(a) = 0 \quad \text{und} \quad f^{(n)}(a) \neq 0 \, .$$

Dann gelten folgende Aussagen:

   (i) *Für ungerades n ist a keine Extremalstelle von f.*

   (ii) *Für gerades n ist a Extremalstelle von f. Genauer: a ist Minimalstelle, falls $f^{(n)}(a) > 0$, und a ist Maximalstelle, falls $f^{(n)}(a) < 0$ ist.*

Beweis Unsere Voraussetzungen und die qualitative Form des Taylorschen Satzes (Korollar 3.3) implizieren

$$f(x) = f(a) + \left[\frac{f^{(n)}(a)}{n!} + \frac{o(|x-a|^n)}{(x-a)^n}\right](x-a)^n \quad (x \to a) \, . \tag{3.3}$$

Setzen wir $\gamma := |f^{(n)}(a)|/(2n!) > 0$, so gibt es gemäß Bemerkung 3.1 ein $\delta > 0$ mit

$$\frac{\left|o(|x-a|^n)\right|}{|x-a|^n} \leq \gamma \, , \qquad x \in I \cap (a-\delta, a+\delta) \, . \tag{3.4}$$

Wir unterscheiden folgende Fälle:

(α) Es seien n ungerade und $f^{(n)}(a) > 0$. Dann ergeben (3.3) und (3.4) die Beziehungen

$$f(x) \geq f(a) + \gamma(x-a)^n \, , \qquad x \in (a, a+\delta) \cap I \, ,$$

und

$$f(x) \leq f(a) - \gamma(a-x)^n \, , \qquad x \in (a-\delta, a) \cap I \, .$$

Also kann a keine Extremalstelle von f sein.

(β) Sind n ungerade und $f^{(n)}(a) < 0$, so folgen aus (3.3) und (3.4):

$$f(x) \leq f(a) - \gamma(x-a)^n \, , \qquad x \in (a, a+\delta) \cap I \, ,$$

und

$$f(x) \geq f(a) + \gamma(a-x)^n \, , \qquad x \in (a-\delta, a) \cap I \, .$$

Deshalb kann a auch in diesem Fall keine Extremalstelle von f sein.

(γ) Es seien n gerade und $f^{(n)}(a) > 0$. Dann gilt

$$f(x) \geq f(a) + \gamma(x-a)^n \, , \qquad x \in (a-\delta, a+\delta) \cap I \, .$$

Also ist a eine Minimalstelle von f.

(δ) Schließlich seien n gerade und $f^{(n)}(a) < 0$. In diesem Fall gilt

$$f(x) \leq f(a) - \gamma(x-a)^n \, , \qquad x \in (a-\delta, a+\delta) \cap I \, ,$$

d.h., a ist eine Maximalstelle von f. ∎

Bemerkung Die oben angegebenen Bedingungen sind nur hinreichend. In der Tat: Die Funktion

$$f(x) := \begin{cases} e^{-1/x} \, , & x > 0 \, , \\ 0 \, , & x \leq 0 \, , \end{cases}$$

besitzt in 0 ein globales Minimum. Andererseits haben wir in Beispiel 1.17 festgestellt, daß f glatt ist mit $f^{(n)}(0) = 0$ für $n \in \mathbb{N}$. ∎

(b) (Eine Charakterisierung der Exponentialfunktion[3]) *Es seien $a, b \in \mathbb{C}$, und die differenzierbare Funktion $f : \mathbb{C} \to \mathbb{C}$ erfülle*

$$f'(z) = bf(z) \, , \quad z \in \mathbb{C} \, , \qquad f(0) = a \, . \tag{3.5}$$

Dann ist f eindeutig festgelegt und es gilt $f(z) = ae^{bz}$ für $z \in \mathbb{C}$.

---

[3]Diese Charakterisierung besagt, daß $z \mapsto ae^{bz}$ die eindeutig bestimmte Lösung der Differentialgleichung $f' = bf$ zu der Anfangsbedingung $f(0) = a$ ist. Differentialgleichungen werden wir in Kapitel IX ausführlicher studieren.

Beweis Aus $f' = bf$ und Korollar 1.2 leiten wir $f \in C^\infty(\mathbb{C})$ und $f^{(k)} = b^k f$ für $k \in \mathbb{N}$ ab. Gilt außerdem $f(0) = a$, so erhalten wir

$$\sum_k \frac{f^{(k)}(0)}{k!} X^k = f(0) \sum_k \frac{b^k}{k!} X^k = a \sum_k \frac{b^k}{k!} X^k .$$

Da diese Potenzreihe den Konvergenzradius ∞ besitzt, wie aus Satz II.9.4 folgt, ergibt sich

$$T(f, 0)(z) = a e^{bz} , \qquad z \in \mathbb{C} .$$

Um den Beweis zu vervollständigen, müssen wir nachweisen, daß diese Taylorreihe die Funktion f auf ganz $\mathbb{C}$ darstellt, d.h., wir müssen nachweisen, daß die Restglieder gegen 0 konvergieren. Dazu schätzen wir $R_n(f, 0)(z)$ gemäß Theorem 3.2 für jedes $z \in \mathbb{C}$ wie folgt ab:

$$|R_n(f, 0)(z)| \leq \sup_{0 < t < 1} \left| f^{(n)}(tz) - f^{(n)}(0) \right| \frac{|z|^n}{(n-1)!} = \frac{|b|^n |z|^n}{(n-1)!} \sup_{0 < t < 1} |f(tz) - a|$$

$$\leq M |bz| \frac{|bz|^{n-1}}{(n-1)!} ,$$

wobei wir $M > 0$ so gewählt haben, daß $|f(w) - a| \leq M$ für alle $w \in \bar{\mathbb{B}}(0, |z|)$ gilt. Wegen Beispiel II.4.2(c) folgt nun $R_n(f, 0)(z) \to 0$ für $n \to \infty$. ∎

(c) (Die Charakterisierung der Exponentialfunktion durch ihre Funktionalgleichung) *Die Funktion $f : \mathbb{C} \to \mathbb{C}$ genüge der Funktionalgleichung*

$$f(z + w) = f(z) f(w) , \qquad z, w \in \mathbb{C} , \tag{3.6}$$

und erfülle

$$\lim_{z \to 0} \frac{f(z) - 1}{z} = b \quad \text{für ein } b \in \mathbb{C} . \tag{3.7}$$

Dann ist f eindeutig festgelegt, und es gilt $f(z) = e^{bz}$ für $z \in \mathbb{C}$.

Beweis Zuerst bestimmen wir $f(0)$. Aus (3.6) folgt $f(z) = f(z) f(0)$ für $z \in \mathbb{C}$ und deshalb $f(0) \neq 0$. Denn wäre $f(0) = 0$, so würde f identisch verschwinden, was wegen (3.7) nicht möglich ist. Aus $f(0) \neq 0$ und $f(0) = f(0)^2$ ergibt sich $f(0) = 1$.

Für jedes $z \in \mathbb{C}$ gilt wegen (3.6)

$$\frac{f(z + h) - f(z)}{h} = f(z) \frac{f(h) - 1}{h} , \qquad h \in \mathbb{C}^\times .$$

Also ist f aufgrund von (3.7) differenzierbar mit $f' = bf$. Die Behauptung folgt nun aus (b). ∎

(d) (Taylorentwicklung des reellen Logarithmus) *Für $x \in (-1, 1]$ gilt*[4]

$$\log(1+x) = \sum_{k=1}^{\infty} \frac{(-1)^{k-1}}{k} x^k = x - \frac{x^2}{2} + \frac{x^3}{3} - \frac{x^4}{4} + - \cdots$$

Insbesondere hat die alternierende harmonische Reihe den Wert $\log 2$.

Beweis Wie im Beweis von Beispiel 3.5 sei $f(x) := \log(1+x)$ für $x > -1$. Dann gelten

$$f^{(n+1)}(x) = (-1)^n \frac{n!}{(1+x)^{n+1}} , \qquad x > -1 ,$$

sowie

$$\log(1+x) = \sum_{k=1}^{n} \frac{(-1)^{k-1}}{k} x^k + R_n(f, 0)(x) , \qquad x > -1 .$$

Um das Restglied auf $[0, 1]$ abzuschätzen, verwenden wir die Lagrangesche Darstellung (Korollar 3.8) und finden zu jedem $x \in [0, 1]$ ein $\xi_n \in (0, x)$ mit

$$|R_n(f, 0)(x)| = \left| \frac{x^{n+1}}{(n+1)(1+\xi_n)^{n+1}} \right| \le \frac{1}{n+1} , \qquad n \in \mathbb{N} .$$

Also gilt die angegebene Taylorentwicklung von $\log(1+x)$ auf $[0, 1]$.

Im Fall $x \in (-1, 0)$ führt die Cauchysche Darstellung von $R_n(f, 0)$ zum Ziel. Die zweite Formel in Korollar 3.8 liefert nämlich zu jedem $n \in \mathbb{N}$ ein $\eta_n \in (x, 0)$ mit

$$|R_n(f, 0)(x)| \le \left| \frac{1}{1+\eta_n} \right| \left| \frac{x-\eta_n}{1+\eta_n} \right|^n .$$

Für $\eta \in (x, 0)$ gilt wegen $\eta - x = \eta + 1 - (x + 1)$ die Abschätzung

$$\left| \frac{x-\eta}{1+\eta} \right| = \frac{\eta - x}{1+\eta} = 1 - \frac{1+x}{1+\eta} < -x < 1 .$$

Also gilt auch $\lim_n R_n(f, 0)(x) = 0$ für $x \in (-1, 0)$. Die zweite Behauptung ergibt sich für $x = 1$. ∎

(e) (Eine Charakterisierung konvexer Funktionen) *Es seien I ein perfektes Intervall und $f \in C^2(I, \mathbb{R})$. Dann ist f genau dann konvex, wenn der Graph von f in jedem Punkt von I über seiner Tangente liegt, d.h., wenn*

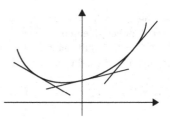

$$f(y) \ge f(x) + f'(x)(y - x) , \qquad x, y \in I ,$$

gilt.

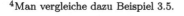

[4]Man vergleiche dazu Beispiel 3.5.

Beweis Es seien $x, y \in I$. Dann gibt es gemäß Theorem 3.2 und der Lagrangeschen Darstellung des Restgliedes $R_1(f, x)$ ein $\xi \in I$ mit

$$f(y) = f(x) + f'(x)(y - x) + \frac{f''(\xi)}{2}(y - x)^2 .$$

Andererseits wissen wir aus Korollar 2.13, daß f genau dann konvex ist, wenn $f''(\xi) \geq 0$ für $\xi \in I$ gilt. Damit ist die Behauptung bewiesen. ∎

Polynomiale Interpolation

Es seien $-\infty < a \leq x_0 < x_1 < \cdots < x_m \leq b < \infty$ und $f : [a, b] \to \mathbb{R}$. In Satz I.12.9 haben wir gezeigt, daß es genau ein Interpolationspolynom $p_m[f; x_0, \ldots, x_m]$ vom Grad $\leq m$ zu f und den Stützstellen $x_0, \ldots, x_m$ gibt. Nun sind wir in der Lage, den Fehler

$$r_m[f; x_0, \ldots, x_m] := f - p_m[f; x_0, \ldots, x_m]$$

auf dem Intervall $I := [a, b]$ abzuschätzen, falls f genügend regulär ist.

3.10 Satz Es seien $m \in \mathbb{N}$ und $f \in C^m(I)$, und $f^{(m+1)}$ existiere in $\mathring{I}$. Dann gibt es ein $\xi := \xi(x, x_0, \ldots, x_m) \in (x \wedge x_0, x \vee x_m)$ mit

$$r_m[f; x_0, \ldots, x_m](x) = \frac{1}{(m+1)!} f^{(m+1)}(\xi) \prod_{j=0}^{m}(x - x_j) , \qquad x \in I .$$

Beweis Für $x \neq x_j$, $0 \leq j \leq m$, seien

$$g(x) := \frac{f(x) - p_m[f; x_0, \ldots, x_m](x)}{\prod_{j=0}^{m}(x - x_j)} \tag{3.8}$$

und

$$\varphi(t) := f(t) - p_m[f; x_0, \ldots, x_m](t) - g(x)\prod_{j=0}^{m}(t - x_j) , \qquad t \in I .$$

Dann gehört φ zu $C^m(I)$ und $\varphi^{(m+1)}$ existiert in $\mathring{I}$ mit

$$\varphi^{(m+1)}(t) = f^{(m+1)}(t) - (m+1)!\, g(x) , \qquad t \in \mathring{I} . \tag{3.9}$$

Ferner besitzt φ die $m + 2$ paarweise verschiedenen Nullstellen $x, x_0, \ldots, x_m$. Folglich gibt es nach dem verallgemeinerten Satz von Rolle (Aufgabe 2.16) ein $\xi \in (x \wedge x_0, x \vee x_m)$ mit $\varphi^{(m+1)}(\xi) = 0$. Somit zeigt (3.9), daß $g(x) = f^{(m+1)}(\xi)/(m+1)!$ gilt. Nun folgt die Behauptung aus (3.8), da sie offensichtlich richtig ist, wenn x mit einem x_j zusammenfällt. ∎

3.11 Korollar Für $f \in C^{m+1}(I, \mathbb{R})$ gilt

$$\left| r_m[f; x_0, \ldots, x_m](x) \right| \leq \frac{\|f^{(m+1)}\|_\infty}{(m+1)!} \prod_{j=0}^{m} |x - x_j| , \qquad x \in I .$$

Differenzenquotienten höherer Ordnung

Gemäß Bemerkung I.12.10(b) können wir das Interpolationspolynom $p_m[f; x_0, \ldots, x_m]$
in der Newtonschen Form

$$p_m[f; x_0, \ldots, x_m] = \sum_{j=0}^{m} f[x_0, \ldots, x_j] \prod_{k=0}^{j-1} (X - x_k) \qquad (3.10)$$

darstellen. Hierbei sind $f[x_0, \ldots, x_n]$ die dividierten Differenzen von f, welche aus der
Formel

$$f[x_0, \ldots, x_n] = \frac{f[x_0, \ldots, x_{n-1}] - f[x_1, \ldots, x_n]}{x_0 - x_n} , \qquad 1 \le n \le m , \qquad (3.11)$$

rekursiv berechnet werden können (vgl. Aufgabe I.12.10). Aus (3.11) (mit $n = 1$) und
dem Mittelwertsatz folgt $f[x_0, x_1] = f'(\xi)$ mit einem geeigneten $\xi \in (x_0, x_1)$. Der nächste
Satz zeigt, daß ein entsprechendes Resultat für dividierte Differenzen höherer Ordnung
richtig ist.

3.12 Satz *Es sei $f \in C^m(I, \mathbb{R})$, und $f^{(m+1)}$ existiere auf $\mathring{I}$. Dann gibt es ein von den
Punkten $x, x_0, \ldots, x_m$ abhängiges $\xi \in (x \wedge x_0, x \vee x_m)$ mit*

$$f[x_0, \ldots, x_m, x] = \frac{1}{(m+1)!} f^{(m+1)}(\xi) , \qquad x \in I , \quad x \ne x_j , \quad 0 \le j \le m .$$

Beweis Aus (3.10) (mit m ersetzt durch $m + 1$) folgt

$$p_{m+1}[f; x_0, \ldots, x_{m+1}] = p_m[f; x_0, \ldots, x_m] + f[x_0, \ldots, x_{m+1}] \prod_{j=0}^{m} (X - x_j) .$$

Auswertung an der Stelle $x = x_{m+1}$ liefert

$$f(x_{m+1}) = p_m[f; x_0, \ldots, x_m](x_{m+1}) + f[x_0, \ldots, x_{m+1}] \prod_{j=0}^{m} (x_{m+1} - x_j) .$$

Nennen wir x_{m+1} wieder x, finden wir

$$f(x) - p_m[f; x_0, \ldots, x_m](x) = f[x_0, \ldots, x_m, x] \prod_{j=0}^{m} (x - x_j) . \qquad (3.12)$$

Diese Beziehung gilt gemäß Herleitung für $x_m < x \le b$, und sie ist offensichtlich auch für
$x = x_m$ richtig. Da die dividierten Differenzen symmetrische Funktionen ihrer Argumente
sind (Aufgabe I.12.10(b)), sehen wir, daß (3.12) sogar für alle $x \in I$ richtig ist.

Auf der linken Seite von (3.12) steht der Interpolationsfehler $r_m[f; x_0, \ldots, x_m]$. Also
folgt aus Satz 3.10, daß

$$\frac{1}{(m+1)!} f^{(m+1)}(\xi) \prod_{j=0}^{m} (x - x_j) = f[x_0, \ldots, x_m, x] \prod_{j=0}^{m} (x - x_j) , \qquad x \in I ,$$

mit einem geeigneten $\xi := \xi(x, x_0, \ldots, x_m) \in (x \wedge x_0, x \vee x_m)$ gilt. ∎

3.13 Korollar *Es sei $f \in C^{m+1}(I, \mathbb{R})$. Dann gilt für $x \in I$:*

$$\lim_{(x_0,\dots,x_m) \to (x,\dots,x)} f[x_0, \dots, x_m, x] = \frac{1}{(m+1)!} f^{(m+1)}(x) \ ,$$

falls bei diesem Grenzübergang nie ein x_j mit x zusammenfällt.

Dieses Korollar zeigt, daß die dividierten Differenzen höherer Ordnung in dem Sinne Analoga der gewöhnlichen Differenzenquotienten erster Ordnung sind, daß sie zur Approximation höherer Ableitungen verwendet werden können.

Eine besonders einfache Situation liegt dann vor, wenn die Stützstellen gleichabständig sind:

$$x_j := x_0 + jh \ , \qquad 0 \le j \le n \ ,$$

mit einem geeigneten $h > 0$.

3.14 Satz *Es seien $n \in \mathbb{N}^\times$ und $f \in C^{n-1}(I, \mathbb{R})$. Ferner existiere $f^{(n)}$ auf $\overset{\circ}{I}$, und es sei $0 < h \le (b-a)/n$. Dann gibt es ein $\xi \in (a, a + nh)$ mit*

$$\triangle_h^n f(a) = f^{(n)}(\xi) \ .$$

Beweis Aus (3.10), der Eindeutigkeit des Interpolationspolynoms (Satz I.12.9), dem Identitätssatz für Polynome und aus (I.12.15) folgt

$$\frac{1}{n!} \triangle_h^n f(a) = f[x_0, x_1, \dots, x_n] \ , \qquad x_0 := a \ . \tag{3.13}$$

Nun ergibt sich die Behauptung aus Satz 3.12. ∎

3.15 Korollar *Für $f \in C^n(I, \mathbb{R})$ gilt*

$$\lim_{h \to 0+} \triangle_h^n f(x) = f^{(n)}(x) \ , \qquad x \in I \ .$$

Beweis Dies folgt unmittelbar aus (3.13) und Korollar 3.13. ∎

3.16 Bemerkungen (a) Es sei $f \in C^n(I, \mathbb{R})$. Nach Satz I.12.13 hat das Newtonsche Interpolationspolynom für f bei gleichabständigen Stützstellen $x_j := x_0 + jh \in I$, $0 \le j \le n$, mit $h > 0$ die Gestalt

$$N_n[f; x_0; h] = \sum_{j=0}^n \frac{\triangle_h^j f(x_0)}{j!} \prod_{k=0}^{j-1} (X - x_k) \ .$$

Mit Korollar 3.15 erhalten wir

$$\lim_{h \to 0+} N_n[f; x_0; h] = \sum_{j=0}^n \frac{f^{(j)}(x_0)}{j!} (X - x_0)^j = \mathcal{T}_n(f, x_0) \ .$$

Dies zeigt, daß im Grenzfall, in dem alle Stützstellen zusammenfallen, Taylorpolynome als Newtonsche Interpolationspolynome aufgefaßt werden können.

(b) Die Korollare 3.13 und 3.15 stellen die Grundlage dar für die theoretische Rechtfertigung von Verfahren zur numerischen Differentiation, bei denen Differentialquotienten durch Differenzenquotienten ersetzt werden. Für Einzelheiten und Weiterentwicklungen verweisen wir auf die einschlägige Literatur (z.B. [WS79] oder [IK66]) sowie auf Vorlesungen über Numerische Mathematik. ∎

Aufgaben

1 Es seien $\alpha, \beta, R > 0$, $p \in C^2([0, R), \mathbb{R})$ und

$$p(x) \geq \alpha \;, \quad (1 + \beta)\big[p'(x)\big]^2 \leq p''(x)p(x) \;, \qquad x \geq 0 \;.$$

Man zeige, daß $R < \infty$ und $p(x) \to \infty$ für $x \to R - 0$ gilt.
(Hinweise: Die Funktion $p^{-\beta}$ ist konkav. Mit Hilfe der Tangente an $p^{-\beta}$ finde man eine Abschätzung nach unten für p (vgl. Anwendung 3.9(e)).

2 Es seien $a, b \in \mathbb{C}$, $\omega \in \mathbb{R}$, und die zweimal differenzierbare Funktion $f : \mathbb{C} \to \mathbb{C}$ erfülle

$$f(z) + \omega^2 f''(z) = 0 \;, \quad z \in \mathbb{C} \;, \qquad f(0) = a \;, \qquad f'(0) = \omega b \;. \qquad (3.14)$$

(a) Man zeige, daß f zu $C^\infty(\mathbb{C})$ gehört und daß f durch (3.14) eindeutig festgelegt ist. Man bestimme f.
(b) Wie lautet f, wenn (3.14) durch

$$f(z) = \omega^2 f''(z) \;, \quad z \in \mathbb{C} \;, \qquad f(0) = a \;, \qquad f'(0) = \omega b \;,$$

ersetzt wird?

3 Man bestimme die Taylorentwicklung von $f : \mathbb{C} \to \mathbb{C}$ im Punkt 1 für
(a) $f(z) = 3z^3 - 7z^2 + 2z + 4$, (b) $f(z) = e^z$.

4 Wie lautet das n-te Taylorpolynom um 0 von $\log\big((1 + x)/(1 - x)\big)$, $x \in (-1, 1)$?

5 Man bestimme die Definitionsbereiche in $\mathbb{R}$, die Extrema und die Wendepunkte der durch folgende Ausdrücke gegebenen Funktionen:
(a) $x^3/(x - 1)^2$, (b) $e^{\sin x}$, (c) $x^n e^{-x^2}$, (d) $x^2/\log x$, (e) $\sqrt[3]{(x - 1)^2(x + 1)}$,
(f) $\big(\log(3x)\big)^2/x$.

6 Für $a > 1$ verifiziere man

$$\frac{1}{1 + x} - \frac{1}{1 + ax} \leq \frac{\sqrt{a} - 1}{\sqrt{a} + 1} \;, \qquad x \geq 1 \;.$$

7 Es seien $s \in \mathbb{R}$ und $n \in \mathbb{N}$. Man zeige, daß es zu jedem $x > -1$ ein $\tau \in (0, 1)$ gibt mit

$$(1 + x)^s = \sum_{k=0}^{n} \binom{s}{k} x^k + \binom{s}{n + 1} \frac{x^{n+1}}{(1 + \tau x)^{n+1-s}} \;. \qquad (3.15)$$

Dabei bezeichnen

$$\binom{\alpha}{k} := \begin{cases} \dfrac{\alpha(\alpha - 1) \cdot \cdots \cdot (\alpha - k + 1)}{k!} \;, & k \in \mathbb{N}^\times \;, \\ 1 \;, & k = 0 \;, \end{cases}$$

die (**allgemeinen**) **Binomialkoeffizienten**[5] für $\alpha \in \mathbb{C}$.

---

[5]Vgl. Paragraph V.3.

8 Man berechne mit Hilfe von (3.15) näherungsweise $\sqrt[5]{30}$ und schätze den Fehler der Näherung ab. (Hinweis: $\sqrt[5]{30} = 2\sqrt[5]{1 - (1/16)}$.)

9 Man beweise die Taylorentwicklung der allgemeinen Potenz[6]

$$(1 + x)^s = \sum_{k=0}^{\infty} \binom{s}{k} x^k , \qquad x \in (-1, 1) .$$

(Hinweis: Zur Abschätzung des Restgliedes unterscheide man die Fälle $x \in (0, 1)$ und $x \in (-1, 0)$ (vgl. Anwendung 3.9(d)).

10 Es seien $X \subset \mathbb{K}$ perfekt und $f \in C^n(X, \mathbb{K})$ für $n \in \mathbb{N}^{\times}$. Gelten die Beziehungen $f(x_0) = \cdots = f^{(n-1)}(x_0) = 0$ und $f^{(n)}(x_0) \neq 0$, so heißt x_0 **Nullstelle der Ordnung** (oder der **Vielfachheit**) n von f. Man zeige: Ist X konvex, so hat f in x_0 genau dann eine Nullstelle der Ordnung $\geq n$, wenn es ein $g \in C(X, \mathbb{K})$ gibt mit $f(x) = (x - x_0)^n g(x)$ für $x \in X$.

11 Es sei $p = X^n + a_{n-1}X^{n-1} + \cdots + a_0$ ein Polynom mit Koeffizienten in $\mathbb{R}$. Man beweise oder widerlege: Die Funktion $p + \exp$ hat in $\mathbb{R}$ eine Nullstelle der Ordnung $\leq n$.

12 Folgende Aussagen sind zu verifizieren:

(a) $T_n(x) := \cos(n \arccos x)$, $x \in \mathbb{R}$, ist für jedes $n \in \mathbb{N}$ ein Polynom vom Grad n, und es gilt

$$T_n(x) = x^n + \binom{n}{2} x^{n-2}(x^2 - 1) + \binom{n}{4} x^{n-4}(x^2 - 1)^2 + \cdots .$$

T_n heißt **Tschebyscheffpolynom** vom Grad n.

(b) Es gilt die Rekursionsformel

$$T_{n+1} = 2X T_n - T_{n-1} , \qquad n \in \mathbb{N}^{\times} .$$

(c) Für jedes $n \in \mathbb{N}^{\times}$ gibt es ein Polynom p_n mit $\mathrm{Grad}(p_n) < n$ und $T_n = 2^{n-1}X^n + p_n$.

(d) T_n hat in den Punkten

$$x_k := \cos \frac{(2k-1)\pi}{2n} , \qquad k = 1, 2, \ldots, n ,$$

jeweils eine einfache Nullstelle.

(e) Die Extremalstellen von T_n in $[-1, 1]$ sind genau durch die Punkte

$$y_k := \cos \frac{k\pi}{n} , \qquad k = 0, 1, \ldots, n ,$$

gegeben, und es gilt $T_n(y_k) = (-1)^k$.
(Hinweise: (a) Für $\alpha \in [0, \pi]$ und $x := \cos \alpha$ gilt $\cos n\alpha + i \sin n\alpha = \left(x + i\sqrt{1 - x^2}\right)^n$.
(b) Additionstheorem für cos.)

13 Für $n \in \mathbb{N}$ bezeichne $\mathcal{P}_n$ die Menge aller Polynome $X^n + a_1 X^{n-1} + \cdots + a_n$ mit $a_1, \ldots, a_n \in \mathbb{R}$. Ferner seien $\tilde{T}_n := 2^{1-n}T_n$ für $n \in \mathbb{N}^{\times}$ und $\tilde{T}_0 := T_0$ die **normierten Tschebyscheffpolynome**, und $\|\cdot\|_\infty$ bezeichne die Maximumsnorm auf $[-1, 1]$. Man beweise:[7]

---

[6]Man vergleiche dazu Theorem V.3.10.
[7]Die Aussage (a) wird als **Satz von Tschebyscheff** bezeichnet.

(a) Das normierte Tschebyscheffpolynom vom Grad n realisiert die beste gleichmäßige Approximation der Null auf $[-1, 1]$ in der Klasse $\mathcal{P}_n$, d.h., für jedes $n \in \mathbb{N}$ gilt

$$\left\| \widetilde{T}_n \right\|_\infty \leq \|p\|_\infty , \qquad p \in \mathcal{P}_n .$$

(b) Für $-\infty < a < b < \infty$ gilt

$$\max_{a \leq x \leq b} |p(x)| \geq 2^{1-2n} (b-a)^n , \qquad p \in \mathcal{P}_n .$$

(c) Es sei $f \in C^{n+1}([-1, 1], \mathbb{R})$, und $x_0, \ldots, x_n$ seien die Nullstellen von T_{n+1}. Ferner bezeichne p_n das Interpolationspolynom vom Grad $\leq n$ zu f und den Stützstellen $x_0, \ldots, x_n$. Dann gilt für den Fehler die Abschätzung

$$\|r_n[f; x_0, \ldots, x_n]\|_\infty \leq \frac{\|f^{(n+1)}\|_\infty}{2^n (n+1)!} ,$$

und diese Fehlerabschätzung ist optimal.

4 Iterationsverfahren

Wir haben in den vorangehenden Kapiteln bereits an verschiedenen Stellen Aussagen über Nullstellen von Funktionen hergeleitet. Als prominenteste Beispiele seien der Fundamentalsatz der Algebra, der Zwischenwertsatz und der Satz von Rolle genannt. Allen diesen wichtigen und tiefen Sätzen ist gemeinsam, daß es sich um reine Existenzaussagen handelt, deren Beweise nicht konstruktiv sind. So wissen wir beispielsweise, daß die reelle Funktion

$$x \mapsto x^5 e^{|x|} - \frac{1}{\pi}x^2 \sin\big(\log(x^2)\big) + 1998$$

mindestens eine Nullstelle besitzt (warum?). Eine Methode zur Bestimmung von Nullstellen steht uns aber bislang nicht zur Verfügung.[1]

In diesem Paragraphen sollen Verfahren entwickelt und untersucht werden, welche eine — zumindest näherungsweise — Berechnung der Lösungen von Gleichungen ermöglicht. Das zentrale Resultat dieses Paragraphen, der Banachsche Fixpunktsatz, ist, weit über den Rahmen dieser Betrachtungen hinaus, von erheblicher theoretischer Bedeutung, wie wir in späteren Kapiteln sehen werden.

Fixpunkte und Kontraktionen

Es sei $f : X \to Y$ eine Abbildung zwischen zwei Mengen X und Y mit $X \subset Y$. Ein Element $a \in X$ mit $f(a) = a$ heißt **Fixpunkt** von f.

4.1 Bemerkungen (a) Es seien E ein Vektorraum, $X \subset E$ und $f : X \to E$. Setzen wir $g(x) := f(x) + x$ für $x \in X$, so ist offensichtlich $a \in X$ genau dann eine Nullstelle von f, wenn a ein Fixpunkt von g ist. Somit kann die Bestimmung der Nullstellen von f in diesem Fall auf die Bestimmung der Fixpunkte von g zurückgeführt werden.

(b) Im allgemeinen können einer Gleichung der Form $f(x) = 0$ mehrere Fixpunktgleichungen zugeordnet werden. Es sei etwa $E = \mathbb{R}$, und $h : \mathbb{R} \to \mathbb{R}$ besitze 0 als einzige Nullstelle. Ferner sei $g(x) = h\big(f(x)\big) + x$ für $x \in X$. Dann ist $a \in X$ genau dann eine Nullstelle von f, wenn a ein Fixpunkt von g ist.

(c) Es sei X ein metrischer Raum, und a sei ein Fixpunkt von $f : X \to Y$. Außerdem sei $x_0 \in X$, und die „Iteration $x_{k+1} = f(x_k)$ sei unbeschränkt durchführbar", d.h., die Folge (x_k) kann durch die „Iterationsvorschrift" $x_{k+1} := f(x_k)$ rekursiv definiert werden. Letzteres bedeutet natürlich, daß $f(x_k)$ wieder zu X gehört, falls x_k bereits definiert war. Gilt dann $x_k \to a$, so sagt man, „a wird mit der **Methode der sukzessiven Approximation** (näherungsweise) berechnet", oder „Die Methode der sukzessiven Approximation **konvergiert** gegen a".

---

[1]Vgl. Aufgabe 9.

Die folgenden Skizzen veranschaulichen diesen Sachverhalt in einfachen Situationen. Sie zeigen insbesondere, daß die Methode der sukzessiven Approximation selbst dann, wenn die Iteration unbeschränkt durchführbar ist und f nur einen einzigen Fixpunkt besitzt, im allgemeinen nicht zu konvergieren braucht.

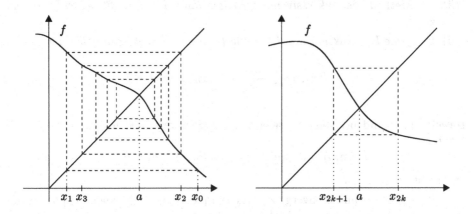

Betrachten wir z.B. die Funktion $f : [0,1] \to [0,1]$ mit $f(x) := 1 - x$. Sie hat genau einen Fixpunkt, nämlich $a = 1/2$. Für die Folge (x_k) mit $x_{k+1} := f(x_k)$ für $k \in \mathbb{N}$ gelten $x_{2k} = x_0$ und $x_{2k+1} = 1 - x_0$ für $k \in \mathbb{N}$. Also ist (x_k) für jedes $x_0 \neq 1/2$ divergent. ∎

Eine Abbildung $f : X \to Y$ zwischen zwei metrischen Räumen X und Y heißt **Kontraktion**, falls es ein $q \in (0,1)$ gibt mit

$$d\bigl(f(x), f(x')\bigr) \leq qd(x,x') , \qquad x, x' \in X .$$

In diesem Fall ist q eine **Kontraktionskonstante** für f.

4.2 Bemerkungen (a) Die Abbildung $f : X \to Y$ ist genau dann eine Kontraktion, wenn f Lipschitz-stetig ist mit einer Lipschitz-Konstanten kleiner als 1.

(b) Es sei $X \subset \mathbb{K}$ konvex und perfekt, und E sei ein normierter Vektorraum. Ferner sei $f : X \to E$ differenzierbar, und es gelte $\sup_X \|f'(x)\| < 1$. Dann folgt aus dem Mittelwertsatz für vektorwertige Funktionen (Theorem 2.18), daß f eine Kontraktion ist. ∎

Der Banachsche Fixpunktsatz

Das folgende Theorem ist die zentrale Aussage dieses Paragraphen. Es besitzt zahllose Anwendungen, insbesondere im Bereich der Angewandten Mathematik.

4.3 Theorem (Kontraktionssatz, Banachscher Fixpunktsatz) *Es sei X ein voll-ständiger metrischer Raum, und $f: X \to X$ sei eine Kontraktion. Dann gelten folgende Aussagen:*

(i) *f hat genau einen Fixpunkt a.*

(ii) *Die Methode der sukzessiven Approximation konvergiert für jeden Startwert gegen a.*

(iii) *Ist q eine Kontraktionskonstante für f, so gilt die Fehlerabschätzung*

$$d(x_k, a) \le \frac{q^k}{1-q} d(x_1, x_0) \;, \qquad k \in \mathbb{N} \;.$$

Beweis (a) (Eindeutigkeit) Es seien $a, b \in X$ zwei verschiedene Fixpunkte von f. Dann gilt

$$d(a, b) = d\big(f(a), f(b)\big) \le q d(a, b) < d(a, b) \;,$$

was nicht möglich ist.

(b) (Existenz und Konvergenz) Es sei $x_0 \in X$, und die Folge (x_k) sei durch $x_{k+1} := f(x_k)$ für $k \in \mathbb{N}$ rekursiv definiert. Dann gilt

$$d(x_{n+1}, x_n) = d\big(f(x_n), f(x_{n-1})\big) \le q d(x_n, x_{n-1}) \;, \qquad n \in \mathbb{N}^\times \;.$$

Induktiv folgt hieraus für $n > k \ge 0$ die Beziehung

$$d(x_{n+1}, x_n) \le q^{n-k} d(x_{k+1}, x_k) \;. \tag{4.1}$$

Aus (4.1) erhalten wir

$$\begin{aligned}
d(x_n, x_k) &\le d(x_n, x_{n-1}) + d(x_{n-1}, x_{n-2}) + \cdots + d(x_{k+1}, x_k) \\
&\le (q^{n-k-1} + q^{n-k-2} + \cdots + 1) d(x_{k+1}, x_k) \\
&= \frac{1 - q^{n-k}}{1 - q} d(x_{k+1}, x_k)
\end{aligned} \tag{4.2}$$

für $n > k \ge 0$. Ebenfalls wegen (4.1) gilt $d(x_{k+1}, x_k) \le q^k d(x_1, x_0)$. Somit folgt aus (4.2):

$$d(x_n, x_k) \le \frac{q^k - q^n}{1 - q} d(x_1, x_0) \le \frac{q^k}{1 - q} d(x_1, x_0) \;, \qquad n > k \ge 0 \;. \tag{4.3}$$

Diese Abschätzung zeigt, daß (x_k) eine Cauchyfolge ist. Da X ein vollständiger metrischer Raum ist, gibt es ein $a \in X$ mit $\lim x_k = a$. Aus der Stetigkeit von f und der Definition der Folge (x_k) ergibt sich nun, daß a ein Fixpunkt von f ist.

(c) (Fehlerabschätzung) Da die Folge (x_n) gegen a konvergiert, können wir in (4.3) den Grenzübergang $n \to \infty$ durchführen und erhalten die behauptete Abschätzung (vgl. Beispiel III.1.3(l)). ∎

4.4 Bemerkungen (a) Neben der a priori Fehlerabschätzung in Theorem 4.3(iii) gilt auch die a posteriori Schranke

$$d(x_k, a) \leq \frac{q}{1-q} d(x_k, x_{k-1}) , \qquad k \in \mathbb{N} .$$

Beweis Aus (4.2) folgt für $n \to \infty$

$$d(x_k, a) \leq \frac{1}{1-q} d(x_{k+1}, x_k) \leq \frac{q}{1-q} d(x_k, x_{k-1}) ,$$

wobei auch (4.1) verwendet wurde. ∎

(b) Es sei $f \colon X \to X$ eine Kontraktion mit Kontraktionskonstanter q, und a sei ein Fixpunkt von f. Dann gilt für die Methode der sukzessiven Approximation folgende Abschätzung:

$$d(x_{k+1}, a) = d\big(f(x_k), f(a)\big) \leq q d(x_k, a) , \qquad k \in \mathbb{N} .$$

Man sagt, das Iterationsverfahren **konvergiere linear**.

Generell sagt man, eine Folge (x_n) **konvergiere von der Ordnung** α gegen a, wenn $\alpha \geq 1$ gilt und es Konstanten n_0 und c gibt mit

$$d(x_{n+1}, a) \leq c \big[d(x_n, a) \big]^\alpha , \qquad n \geq n_0 .$$

Ist $\alpha = 1$, d.h. liegt lineare Konvergenz vor, verlangen wir $c < 1$. Im allgemeinen konvergiert eine Folge um so schneller, je größer ihre Konvergenzordnung ist. So wird z.B. bei **quadratischer Konvergenz** bei jedem weiteren Schritt die Anzahl der richtigen Dezimalen verdoppelt, falls $d(x_{n_0}, a) < 1$ und $c \leq 1$ gelten. Allerdings wird in praktischen Fällen c i. allg. wesentlich größer als 1 sein, wodurch dieser Effekt zum Teil wieder aufgehoben wird.

(c) In Anwendungen liegt oft folgende Situation vor: Es seien E ein Banachraum, X eine abgeschlossene Teilmenge von E und $f \colon X \to E$ eine Kontraktion mit $f(X) \subset X$. Dann gelten die Aussagen des Kontraktionssatzes, da X ein vollständiger metrischer Raum ist (vgl. Aufgabe II.6.4).

(d) Die Voraussetzung $f(X) \subset X$ in (b) kann abgeschwächt werden. Gibt es nämlich einen Startwert $x_0 \in X$, so daß die Iteration $x_{k+1} = f(x_k)$ unbeschränkt durchführbar ist, so gelten die Aussagen des Kontraktionssatzes für *dieses* x_0. ∎

Mittels der letzten Bemerkung können wir eine nützliche „lokale Version" des Banachschen Fixpunktsatzes herleiten.

4.5 Satz *Es seien E ein Banachraum und $X := \bar{\mathbb{B}}_E(x_0, r)$ mit $x_0 \in E$ und $r > 0$. Ferner sei $f \colon X \to E$ eine Kontraktion mit Kontraktionskonstanter q, und es gelte die Abschätzung $\| f(x_0) - x_0 \| \leq (1-q)r$. Dann hat f genau einen Fixpunkt, und* *die Methode der sukzessiven Approximation konvergiert, falls x_0 als Startwert gewählt wird.*

Beweis Da X eine abgeschlossene Teilmenge eines Banachraumes ist, ist X ein vollständiger metrischer Raum. Also genügt es gemäß Bemerkung 4.4(d) nachzuweisen, daß die Iterationsfolge $x_{k+1} = f(x_k)$ für $k \in \mathbb{N}$ stets in X liegt. Für $x_1 = f(x_0)$ ist dies wegen der Voraussetzung $\|f(x_0) - x_0\| = \|x_1 - x_0\| \leq (1-q)r$ richtig.

Nehmen wir an, es gelte $x_1, \ldots, x_k \in X$. Aus der Abschätzung (4.3) folgt dann

$$\|x_{k+1} - x_0\| \leq \frac{1 - q^{k+1}}{1-q} \|x_1 - x_0\| \leq (1 - q^{k+1})r < r \, .$$

Folglich liegt auch x_{k+1} in X, und die Iteration $x_{k+1} = f(x_k)$ ist unbeschränkt durchführbar. ∎

4.6 Beispiele **(a)** Es soll die Lösung ξ der Gleichung $\tan x = x$ mit $\pi/2 < \xi < 3\pi/2$ bestimmt werden. Setzen wir $I := (\pi/2, 3\pi/2)$ und $f(x) := \tan x$ für $x \in I$, so gilt $f'(x) = 1 + f^2(x)$. Somit folgt aus dem Mittelwertsatz, daß f in keiner Umgebung von ξ eine Kontraktion sein kann. Um den Kontraktionssatz trotzdem anwenden zu können, betrachten wir die Umkehrfunktion von f, d.h. die Funktion

$$g \colon \left[\tan \big| (\pi/2, 3\pi/2)\right]^{-1} \colon \mathbb{R} \to (\pi/2, 3\pi/2) \, .$$

Da der Tangens auf $(\pi/2, 3\pi/2)$ strikt wächst, ist die Abbildung g wohldefiniert, und es gilt $g(x) = \arctan(x) + \pi$. Außerdem sind die Fixpunktprobleme für f und g äquivalent, d.h., für $a \in (\pi/2, 3\pi/2)$ gilt

$$a = \tan a \iff a = \arctan(a) + \pi \, .$$

Wegen $g'(x) = 1/(1 + x^2)$ (vgl. (IV.2.3)) können wir auf g den Kontraktionssatz anwenden. Dazu entnehmen wir einer graphischen Darstellung, daß $\xi > \pi$ gilt. Dann setzen wir $X := [\pi, \infty) \subset \mathbb{R}$ und beachten, daß $g(X) \subset [\pi, 3\pi/2) \subset X$ gilt. Wegen $|g'(x)| \leq 1/(1 + \pi^2) < 1$ für $x \in X$ ist g eine Kontraktion auf X. Also folgt aus Theorem 4.3, daß es genau ein $\xi \in [\pi, 3\pi/2)$ gibt mit $\xi = g(\xi)$. Mit dem Startwert $x_0 := \pi$ konvergiert die Methode der sukzessiven Approximation gegen ξ.

(b) Es sei $-\infty < a < b < \infty$, und $f \in C^1([a, b], \mathbb{R})$ sei eine Kontraktion. Ferner sei das Iterationsverfahren $x_{k+1} = f(x_k)$ für $x_0 \in [a, b]$ unbeschränkt durchführbar. Gemäß Bemerkung 4.4(d) gibt es ein eindeutig bestimmtes $\xi \in [a, b]$ mit $x_k \to \xi$. Die Folge (x_k) konvergiert monoton gegen ξ, falls $f'(x) > 0$ für $x \in [a, b]$ gilt; und sie konvergiert *alternierend*, d.h., je zwei aufeinanderfolgende Näherungslösungen x_k und x_{k+1} schließen die exakte Lösung ξ ein, wenn $f'(x) < 0$ für $x \in [a,b]$ erfüllt ist.

Beweis Nach dem Mittelwertsatz gibt es zu jedem $k \in \mathbb{N}$ ein $\eta_k \in (a,b)$ mit

$$x_{k+1} - x_k = f(x_k) - f(x_{k-1}) = f'(\eta_k)(x_k - x_{k-1}) .$$

Ist f strikt wachsend, so folgt aus Theorem 2.5, daß $f'(\eta_k) \geq 0$ ist. Deshalb gilt

$$\operatorname{sign}(x_{k+1} - x_k) \in \{ \operatorname{sign}(x_k - x_{k-1}), 0 \} , \qquad k \in \mathbb{N}^\times .$$

Also ist (x_k) eine monotone Folge. Ist f strikt fallend, so gilt $f'(\eta_k) \leq 0$, und wir finden

$$\operatorname{sign}(x_{k+1} - x_k) \in \{ -\operatorname{sign}(x_k - x_{k-1}), 0 \} , \qquad k \in \mathbb{N}^\times ,$$

d.h., (x_k) konvergiert alternierend. ∎

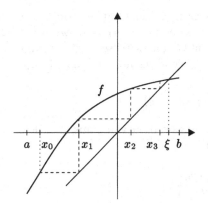

Monotone Konvergenz

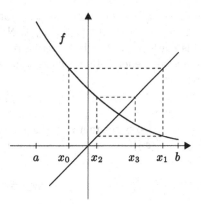

Alternierende Konvergenz

Mit Beispiel 4.6(a) sollte vor allem gezeigt werden, daß es bei konkreten Aufgabenstellungen wichtig ist, die Probleme zuerst theoretisch zu analysieren und gegebenenfalls in eine neue Form zu bringen, damit die Techniken der Differentialrechnung effizient angewendet werden können.

Das Newtonverfahren

Im restlichen Teil dieses Paragraphen seien folgende Voraussetzungen erfüllt:

> Es seien $-\infty < a < b < \infty$, und
> $f \in C^2([a,b], \mathbb{R})$ mit $f'(x) \neq 0$ und $x \in [a,b]$. $\qquad$ (4.4)
> Ferner gebe es ein $\xi \in (a,b)$ mit $f(\xi) = 0$.

Unser Ziel ist die Herleitung eines Verfahrens zur näherungsweisen Berechnung der Nullstelle ξ von f. Dazu machen wir uns den eigentlichen Grundgedanken der

Differentialrechnung — die lineare Approximierbarkeit von f — zunutze. Geometrisch gesehen ist ξ der Schnittpunkt des Graphen von f mit der x-Achse.

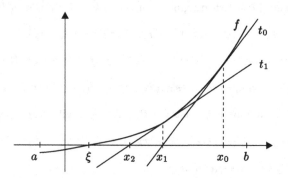

Für einen ersten Näherungswert x_0 von ξ ersetzen wir den Graphen von f durch die Tangente t_0 im Punkt $\big(x_0, f(x_0)\big)$. Nach Voraussetzung (4.4) verschwindet f' nirgends auf $[a, b]$. Deshalb schneidet die Tangente t_0 die x-Achse in einem Punkt x_1, der uns als neuer Näherungswert für ξ dient. Die Tangente im Punkt $\big(x_0, f(x_0)\big)$ wird durch

$$x \mapsto f(x_0) + f'(x_0)(x - x_0)$$

gegeben. Also berechnet sich der neue Näherungswert x_1 von ξ aus der Gleichung $f(x_0) + f'(x_0)(x_1 - x_0) = 0$, und wir finden

$$x_1 = x_0 - \frac{f(x_0)}{f'(x_0)} \ .$$

Iterativ erhalten wir so das **Newtonverfahren**

$$x_{n+1} = x_n - \frac{f(x_n)}{f'(x_n)} \ , \quad n \in \mathbb{N} \ , \quad x_0 \in [a, b] \ .$$

Nach dieser anschaulichen Herleitung stellt sich die Frage, unter welchen Annahmen dieses Verfahren konvergiert. Die Voraussetzungen (4.4) genügen nicht, um die Konvergenz $x_n \to \xi$ sicherzustellen, wie folgende Skizze belegt:

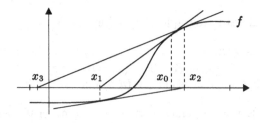

Wir definieren $g : [a, b] \to \mathbb{R}$ durch

$$g(x) := x - f(x)/f'(x) \ . \tag{4.5}$$

Dann ist ξ offensichtlich ein Fixpunkt von g, und die Iterationsvorschrift des Newtonverfahrens ist nichts anderes als die Methode der sukzessiven Approximation für die Funktion g. Somit ist es naheliegend zu versuchen, den Banachschen Fixpunktsatz anzuwenden. Diese Idee stellt den Kern des Beweises des folgenden Konvergenzresultates für das Newtonverfahren dar.

4.7 Theorem *Es gibt ein $\delta > 0$, so daß das Newtonverfahren für jedes x_0 im Intervall $[\xi - \delta, \xi + \delta]$ gegen ξ konvergiert. Mit anderen Worten: Das Newtonverfahren ist konvergent, wenn der Startwert hinreichend nahe bei der Nullstelle liegt.*

Beweis (i) Nach dem Satz vom Minimum und Maximum (Korollar III.3.8) gibt es Konstanten $M_1, M_2, m > 0$ mit

$$m \leq |f'(x)| \leq M_1 \ , \quad |f''(x)| \leq M_2 \ , \quad x \in [a, b] \ . \tag{4.6}$$

Für die in (4.5) definierte Funktion g gilt $g' = f f'' / [f']^2$. Hieraus folgt

$$|g'(x)| \leq \frac{M_2}{m^2} |f(x)| \ , \quad x \in [a, b] \ .$$

Den Betrag von f können wir wegen $f(\xi) = 0$ mit dem Mittelwertsatz wie folgt abschätzen:

$$|f(x)| = |f(x) - f(\xi)| \leq M_1 |x - \xi| \ , \quad x \in [a, b] \ . \tag{4.7}$$

Insgesamt erhalten wir

$$|g'(x)| \leq \frac{M_1 M_2}{m^2} |x - \xi| \ , \quad x \in [a, b] \ .$$

(ii) Wir wählen $\delta_1 > 0$ mit

$$I := [\xi - \delta_1, \xi + \delta_1] \subset [a, b] \quad \text{und} \quad \frac{M_1 M_2}{m^2} \delta_1 \leq \frac{1}{2} \ .$$

Dann ist g eine Kontraktion auf I mit der Kontraktionskonstanten $1/2$. Nun setzen wir $r := \delta_1/2$ und wählen $\delta > 0$ mit $M_1 \delta/m \leq r/2$. Wegen $M_1 \geq m$ gilt $\delta \leq \delta_1/4$. Also finden wir für jedes $x_0 \in [\xi - \delta, \xi + \delta]$ und jedes $x \in [x_0 - r, x_0 + r]$ die Abschätzung

$$|x - \xi| \leq |x - x_0| + |x_0 - \xi| \leq r + \delta \leq \frac{\delta_1}{2} + \frac{\delta_1}{4} < \delta_1 \ .$$

Somit haben wir die Inklusion $\bar{\mathbb{B}}(x_0, r) \subset I$ für jedes $x_0 \in [\xi - \delta, \xi + \delta]$ nachgewiesen. Insgesamt ist g deshalb eine Kontraktion auf $\bar{\mathbb{B}}(x_0, r)$ mit der Kontraktionskonstanten $1/2$.

Schließlich folgt aus (4.6) und (4.7) die Abschätzung

$$|x_0 - g(x_0)| = \left| \frac{f(x_0)}{f'(x_0)} \right| \leq \frac{M_1}{m} |x_0 - \xi| \leq \frac{M_1 \delta}{m} \leq \frac{r}{2} \ .$$

Also erfüllt g die Voraussetzungen von Satz 4.5. Folglich gibt es einen eindeutigen Fixpunkt η von g in $[\xi - \delta, \xi + \delta]$. Da η eine Nullstelle von f ist, und f in $[a, b]$ wegen des Satzes von Rolle nur eine Nullstelle hat, folgt $\eta = \xi$. Nun erhalten wir die Konvergenzaussage aus der entsprechenden Aussage des Banachschen Fixpunktsatzes. ∎

4.8 Bemerkungen (a) Das Newtonverfahren konvergiert quadratisch, d.h., es gibt ein $c > 0$ mit

$$|x_{n+1} - \xi| \leq c |x_n - \xi|^2 \ , \qquad n \in \mathbb{N} \ .$$

Beweis Es sei $n \in \mathbb{N}$. Die Lagrangesche Form des Restgliedes in der Taylorformel sichert die Existenz eines $\eta_n \in (\xi \wedge x_n, \xi \vee x_n)$ mit

$$0 = f(\xi) = f(x_n) + f'(x_n)(\xi - x_n) + \frac{1}{2} f''(\eta_n)(\xi - x_n)^2 \ .$$

Wir erhalten also aus dem Newtonverfahren die Identität

$$\xi - x_{n+1} = \xi - x_n + \frac{f(x_n)}{f'(x_n)} = -\frac{1}{2} \frac{f''(\eta_n)}{f'(x_n)} (\xi - x_n)^2 \ .$$

Mit den Bezeichnungen von (4.6) und $c := M_2/(2m)$ folgt nun die Behauptung. ∎

(b) Das Newtonverfahren konvergiert monoton, wenn f konvex und $f(x_0)$ positiv sind (bzw. wenn f konkav und $f(x_0)$ negativ sind).

Beweis Dies folgt unmittelbar aus der Anwendung 3.9(e) und der Charakterisierung konvexer bzw. konkaver Funktionen von Theorem 2.12. ∎

4.9 Beispiel (Wurzelziehen) Für $a > 0$ und $n \geq 2$ soll $\sqrt[n]{a}$ mit dem Newtonverfahren näherungsweise bestimmt werden. Dazu setzen wir $f(x) = x^n - a$ für $x \geq 0$. Die Iterationsvorschrift des Newtonverfahrens liefert dann

$$x_{k+1} = x_k - \frac{x_k^n - a}{n x_k^{n-1}} = \left(1 - \frac{1}{n}\right) x_k + \frac{a}{n x_k^{n-1}} \ , \qquad k \in \mathbb{N} \ . \tag{4.8}$$

Es sei nun $x_0 > 1 \vee a$. Dann gilt $f(x_0) = x_0^n - a > 0$. Außerdem ist f konvex. Wegen Bemerkung 4.8(b) konvergiert (x_k) deshalb fallend gegen $\sqrt[n]{a}$. Im Spezialfall $n = 2$ wird aus (4.8):

$$x_{k+1} = \frac{1}{2}\left(x_k + \frac{a}{x_k}\right) \ , \qquad k \in \mathbb{N} \ , \qquad x_0 = a \vee 1 \ ,$$

also das babylonische Wurzelziehen von Aufgabe II.4.4. ∎

Aufgaben

1 Es sei X ein vollständiger metrischer Raum, und für $f : X \to X$ bezeichne f^n die n-**fach iterierte Abbildung** von f, d.h., $f^0 := \mathrm{id}_X$ und $f^n := f \circ f^{n-1}$, $n \in \mathbb{N}^\times$. Ferner gebe es $q_n \geq 0$ mit

$$d\big(f^n(x), f^n(y)\big) \leq q_n d(x, y) , \qquad x, y \in X .$$

Man zeige, daß f einen Fixpunkt in X besitzt, wenn (q_n) eine Nullfolge ist.

2 Es seien X und Λ metrische Räume, X sei vollständig und $f \in C(X \times \Lambda, X)$. Ferner gebe es ein $\alpha \in [0, 1)$ und zu jedem $\lambda \in \Lambda$ ein $q(\lambda) \in [0, \alpha]$ mit

$$d\big(f(x, \lambda), f(y, \lambda)\big) \leq q(\lambda) d(x, y) , \qquad x, y \in X .$$

Gemäß dem Banachschen Fixpunktsatz besitzt $f(\cdot, \lambda)$ für jedes $\lambda \in \Lambda$ genau einen Fixpunkt $x(\lambda)$ in X. Man beweise: $[\lambda \mapsto x(\lambda)] \in C(\Lambda, X)$.

3 Man verifiziere, daß die Funktion $f : \mathbb{R} \to \mathbb{R}$, $x \mapsto e^{x-1} - e^{1-x}$ genau einen Fixpunkt x^* hat. Man bestimme x^* näherungsweise.

4 Mit Hilfe des Newtonverfahrens berechne man näherungsweise die reellen Nullstellen von $X^3 - 2X - 5$.

5 Man bestimme numerisch die kleinsten positiven Lösungen der Gleichungen

$$x \tan x = 1 , \quad x^3 + e^{-x} = 2 , \quad x - \cos^2 x = 0 , \quad 2 \cos x = x^2 .$$

6 Für ungerades $n \in \mathbb{N}^\times$ hat die Funktion $f(x) = 1 + x + x^2/2! + \cdots + x^n/n!$, $x \in \mathbb{R}$, gemäß Aufgabe 2.6 genau eine Nullstelle. Man bestimme deren Wert näherungsweise.

7 Es seien $-\infty < a < b < \infty$, und $f : [a, b] \to \mathbb{R}$ sei differenzierbar und konvex. Ferner gelte entweder

$$f(a) < 0 < f(b) \quad \text{oder} \quad f(a) > 0 > f(b) .$$

Man zeige, daß die rekursiv definierte Folge

$$x_{n+1} := x_n - \frac{f(x_n)}{f'(x_0)} , \qquad n \in \mathbb{N}^\times , \tag{4.9}$$

für jeden Startwert x_0 mit $f(x_0) > 0$ gegen die Nullstelle von f in $[a, b]$ konvergiert.[2] Für welche Startwerte konvergiert dieses Verfahren, wenn f konkav ist?

8 Es seien $-\infty < a < b < \infty$, und $f \in C([a, b], \mathbb{R})$ erfülle $f(a) < 0 < f(b)$. Man setze $a_0 := a$, $b_0 := b$ und erkläre rekursiv

$$c_{n+1} := a_n - \frac{b_n - a_n}{f(b_n) - f(a_n)} f(a_n) , \qquad n \in \mathbb{N} , \tag{4.10}$$

wobei

$$a_{n+1} := \begin{cases} c_{n+1} , & f(c_{n+1}) \leq 0 , \\ a_n & \text{sonst} , \end{cases} , \quad b_{n+1} := \begin{cases} b_n , & f(c_{n+1}) \leq 0 , \\ c_{n+1} & \text{sonst} , \end{cases} \tag{4.11}$$

gesetzt sind. Dann konvergiert (c_n) gegen eine Nullstelle von f. Man mache sich dieses Verfahren, die **regula falsi**, graphisch klar. Wie ist die Rekursionsvorschrift zu modifizieren, wenn $f(a) > 0 > f(b)$ gilt?

---

[2]Die in (4.9) angegebene Iteration heißt **vereinfachtes Newtonverfahren**.

9 Man bestimme näherungsweise eine Nullstelle von

$$x^5 e^{|x|} - \frac{1}{\pi} x^2 \sin\left(\log(x^2)\right) + 1998 .$$

10 Es sei I ein kompaktes perfektes Intervall, und $f \in C^1(I, I)$ sei eine Kontraktion mit $f'(x) \neq 0$ für $x \in I$. Ferner sei $x_0 \in I$, und $x^* := \lim f^n(x_0)$ bezeichne den eindeutigen Fixpunkt von f in I. Schließlich gelte $x_0 \neq x^*$. Man verifiziere:

(a) $f^n(x_0) \neq x^*$ für jedes $n \in \mathbb{N}^\times$.

(b) $\displaystyle \lim_{n \to \infty} \frac{f^{n+1}(x_0) - x^*}{f^n(x_0) - x^*} = f'(x^*)$.

Kapitel V

Funktionenfolgen

In diesem Kapitel steht einmal mehr die Approximationsidee im Zentrum unseres Interesses. Es ist, wie auch das zweite Kapitel, Folgen und Reihen gewidmet. Allerdings befassen wir uns hier mit der komplexeren Situation von Folgen, deren Glieder Funktionen sind. In diesem Fall gibt es zwei Möglichkeiten: Wir können solche Folgen lokal betrachten, also in jedem Punkt, oder global. Im letzteren dieser Fälle ist es natürlich, die Glieder der Funktionenfolge als Elemente eines Funktionenraumes aufzufassen. Dann sind wir wieder in der Situation von Kapitel II. Sind die betrachteten Funktionen alle beschränkt, so handelt es sich um eine Folge im Banachraum der beschränkten Funktionen, und wir können alle Resultate über Folgen und Reihen, die wir im zweiten Kapitel entwickelt haben, anwenden. Diese Idee ist äußerst fruchtbar und erlaubt kurze und elegante Beweise. Auch macht sie die Vorteile des allgemeinen Rahmens, in welchem wir die Grundbegriffe der Analysis entwickeln, zum ersten Mal richtig klar.

Im ersten Paragraphen analysieren wir die verschiedenen Konvergenzbegriffe, die sich beim Studium von Funktionenfolgen aufdrängen. Wir werden sehen, daß der wichtige Begriff der gleichmäßigen Konvergenz gerade der Konvergenz im Raum der beschränkten Funktionen entspricht. Das Hauptresultat dieses Paragraphen ist das Weierstraßsche Majorantenkriterium, das sich als nichts anderes als das Majorantenkriterium des zweiten Kapitels im Rahmen des Banachraumes der beschränkten Funktionen entpuppt.

Paragraph 2 ist den Zusammenhängen zwischen Stetigkeit, Differenzierbarkeit und Konvergenz von Funktionenfolgen gewidmet. Dabei werden wir in natürlicher Weise unseren Vorrat an konkreten Banachräumen um ein weiteres wichtiges Exemplar erweitern: den Raum der stetigen Funktionen auf einem kompakten metrischen Raum.

Im darauffolgenden Paragraphen greifen wir unsere früheren Betrachtungen über Potenzreihen auf und untersuchen solche Funktionen, welche lokal durch Potenzreihen darstellbar sind, die analytischen Funktionen. Wir analysieren insbe-

sondere die Taylorreihe einer Funktion und leiten einige klassische Potenzreihenentwicklungen her. Ein tieferes Eindringen in die schöne und wichtige Theorie der
analytischen Funktionen müssen wir allerdings zurückstellen, bis wir im Besitz
eines tragfähigen Integralbegriffes sind.

Der letzte Paragraph ist der Frage nach der Approximierbarkeit stetiger
Funktionen durch Polynome gewidmet. Während wir mittels der Taylorschen Polynome lokale Approximationen angeben können, interessieren wir uns hier für das
Problem der gleichmäßigen Approximierbarkeit. Das Hauptresultat ist der Satz
von Stone und Weierstraß. Darüberhinaus geben wir erste Einblicke in das Verhalten periodischer Funktionen. Wir beweisen, daß die Banachalgebra der stetigen
2π-periodischen Funktionen isomorph ist zur Banachalgebra der stetigen Funktionen auf der Einheitskreislinie. Aus dieser Tatsache ergibt sich unmittelbar der
Weierstraßsche Approximationssatz für periodische Funktionen.

1 Gleichmäßige Konvergenz

Im Fall von Funktionenfolgen müssen wir mehrere Konvergenzbegriffe nebeneinanderstellen, je nachdem, ob wir uns für das punktweise oder mehr für das „globale" Verhalten der involvierten Funktionen interessieren. In diesem Paragraphen führen wir die punktweise und die gleichmäßige Konvergenz ein und studieren die Relationen, welche zwischen ihnen bestehen. Die abgeleiteten Resultate stellen die Grundlage für tiefergehende analytische Untersuchungen dar.

Im gesamten Paragraphen bezeichnen X eine Menge und $E := (E, |\cdot|)$ einen Banachraum über $\mathbb{K}$.

Punktweise konvergente Folgen

Unter einer E-**wertigen Funktionenfolge auf** X verstehen wir eine Folge (f_n) in E^X. Ist die Wahl von X und E aus dem Zusammenhang klar (oder unwesentlich), nennen wir (f_n) kurz **Funktionenfolge**.

Die Funktionenfolge (f_n) **konvergiert punktweise** gegen $f \in E^X$, wenn für jedes $x \in X$ die Folge $(f_n(x))$ in E gegen $f(x)$ konvergiert. In diesem Fall schreiben wir $f_n \xrightarrow[\text{pktw}]{} f$ oder $f_n \to f$ (pktw) und nennen f (**punktweisen**) **Limes** oder (**punktweise**) **Grenzfunktion** von (f_n).

1.1 Bemerkungen (a) Konvergiert (f_n) punktweise, so ist die Grenzfunktion eindeutig bestimmt.

Beweis Dies folgt unmittelbar aus Korollar II.1.13. ∎

(b) Folgende Aussagen sind äquivalent:

(i) $f_n \to f$ (pktw).

(ii) Zu jedem $x \in X$ und jedem $\varepsilon > 0$ gibt es eine natürliche Zahl $N = N(x, \varepsilon)$ mit $|f_n(x) - f(x)| < \varepsilon$ für $n \geq N$.

(iii) Für jedes $x \in X$ ist $(f_n(x))$ eine Cauchyfolge in E.

Beweis Die Implikationen „(i)⇒(ii)⇒(iii)" sind klar. Die Aussage „(iii)⇒(i)" gilt, weil E vollständig ist. ∎

(c) Offensichtlich sind die obigen Definitionen auch sinnvoll, wenn E durch einen beliebigen metrischen Raum ersetzt wird. ∎

1.2 Beispiele (a) Es seien $X := [0, 1]$, $E := \mathbb{R}$ und $f_n(x) := x^{n+1}$. Dann konvergiert (f_n) punktweise gegen die Funktion $f : [0, 1] \to \mathbb{R}$ mit

$$f(x) := \begin{cases} 0, & x \in [0, 1), \\ 1, & x = 1. \end{cases}$$

(b) Es seien $X := [0,1]$, $E := \mathbb{R}$ und[1]

$$f_n(x) := \begin{cases} 2nx\,, & x \in [0, 1/2n]\,, \\ 2 - 2nx\,, & x \in [1/2n, 1/n]\,, \\ 0\,, & x \in (1/n, 1]\,. \end{cases}$$

Dann konvergiert (f_n) punktweise gegen 0.

(c) Es seien $X := \mathbb{R}$, $E := \mathbb{R}$ und

$$f_n(x) := \begin{cases} 1/(n+1)\,, & x \in [n, n+1)\,, \\ 0 & \text{sonst}\,. \end{cases}$$

Auch in diesem Fall konvergiert (f_n) punktweise gegen 0. ∎

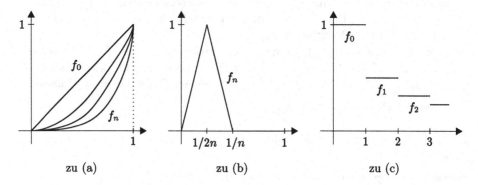

zu (a)   zu (b)   zu (c)

Es zeigt sich, daß die punktweise Konvergenz für viele Zwecke zu schwach ist. Analysiert man etwa Beispiel 1.2(a), so erkennt man, daß alle Folgenglieder beliebig oft differenzierbar sind, die Grenzfunktion aber nicht einmal stetig ist. Wir wollen deshalb einen stärkeren Konvergenzbegriff einführen, der die Vertauschbarkeit von Grenzübergängen bei Funktionenfolgen sicherstellt.

Gleichmäßig konvergente Folgen

Die Funktionenfolge (f_n) **konvergiert gleichmäßig** gegen f, wenn es zu jedem $\varepsilon > 0$ ein $N = N(\varepsilon) \in \mathbb{N}$ gibt mit

$$|f_n(x) - f(x)| < \varepsilon\,, \qquad n \geq N\,, \quad x \in X\,. \tag{1.1}$$

In diesem Fall schreiben wir $f_n \xrightarrow[\text{glm}]{} f$ oder $f_n \to f$ (glm).

---

[1]Hier und in ähnlichen Situationen bedeutet $1/ab$ natürlich $1/(ab)$, und nicht $(1/a)b = b/a$.

Der wesentliche Unterschied zwischen punktweiser und gleichmäßiger Konvergenz besteht darin, daß bei gleichmäßiger Konvergenz der Index N nur von ε und nicht von $x \in X$ abhängt, während bei punktweiser Konvergenz bei gegebenem ε der Index $N(\varepsilon, x)$ i. allg. „von Punkt zu Punkt" verschieden sein kann. Bei gleichmäßiger Konvergenz gilt die Abschätzung (1.1) *gleichmäßig* bezüglich $x \in X$.

1.3 Bemerkungen und Beispiele (a) Jede gleichmäßig konvergente Funktionenfolge konvergiert punktweise, d.h., aus $f_n \to f$ (glm) folgt $f_n \to f$ (pktw).

(b) Die Umkehrung von (a) ist falsch, d.h., es gibt punktweise konvergente Funktionenfolgen, die nicht gleichmäßig konvergieren.

Beweis Es bezeichne (f_n) die Folge von Beispiel 1.2(b). Setzen wir $x_n := 1/2n$ für $n \in \mathbb{N}^\times$, so gilt $|f_n(x_n) - f(x_n)| = 1$. Deshalb kann (f_n) nicht gleichmäßig konvergieren. ∎

(c) Die Funktionenfolge (f_n) von Beispiel 1.2(c) konvergiert gleichmäßig gegen 0.

(d) Es seien $X := (0, \infty)$, $E := \mathbb{R}$ und $f_n(x) := 1/nx$ für $n \in \mathbb{N}^\times$. Dann gelten:

(i) $f_n \to 0$ (pktw).

(ii) Für jedes $a > 0$ konvergiert (f_n) auf $[a, \infty)$ gleichmäßig gegen 0.

(iii) Die Funktionenfolge (f_n) konvergiert nicht gleichmäßig gegen 0.

Beweis Die erste Aussage ist klar.

(ii) Es sei $a > 0$. Dann gilt:

$$|f_n(x)| = 1/nx \leq 1/na \,, \qquad n \in \mathbb{N}^\times \,, \quad x \geq a \,.$$

Also konvergiert (f_n) auf $[a, \infty)$ gleichmäßig gegen 0.

(iii) Für $\varepsilon > 0$ und $x > 0$ gilt $|f_n(x)| = 1/nx < \varepsilon$ genau dann, wenn $n > 1/x\varepsilon$ gilt. Deshalb kann (f_n) auf $(0, \infty)$ nicht gleichmäßig gegen 0 konvergieren. ∎

(e) Die folgenden Aussagen sind äquivalent:

(i) $f_n \to f$ (glm).

(ii) $(f_n - f) \to 0$ in $B(X, E)$.

(iii) $\|f_n - f\|_\infty \to 0$ in $\mathbb{R}$.

Man beachte, daß bei diesen Aussagen weder f_n noch f zu $B(X, E)$ gehören muß, aber trotzdem gleichmäßige Konvergenz vorliegen kann. Es seien nämlich $X := \mathbb{R}$, $E := \mathbb{R}$, $f_n(x) := x + 1/n$ für $n \in \mathbb{N}^\times$ und $f(x) := x$. Dann konvergiert (f_n) gleichmäßig gegen f, aber weder f noch f_n gehören zu $B(\mathbb{R}, \mathbb{R})$.

(f) Gehören f_n und f zu $B(X, E)$, so konvergiert (f_n) genau dann gleichmäßig gegen f, wenn (f_n) in $B(X, E)$ gegen f konvergiert. ∎

1.4 Satz (Cauchysches Konvergenzkriterium für gleichmäßige Konvergenz)   *Die Aussagen*

(i) *Die Funktionenfolge (f_n) konvergiert gleichmäßig;*

(ii) *Zu jedem $\varepsilon > 0$ gibt es ein $N := N(\varepsilon) \in \mathbb{N}$ mit*

$$\|f_n - f_m\|_\infty < \varepsilon \,, \qquad n, m \geq N \,;$$

sind äquivalent.

Beweis „(i)$\Rightarrow$(ii)" Nach Voraussetzung gibt es ein $f \in E^X$ mit $f_n \to f$ (glm). Somit folgt aus Bemerkung 1.3(e), daß $(f_n - f)$ im Raum $B(X, E)$ gegen 0 konvergiert. Wegen

$$\|f_n - f_m\|_\infty \leq \|f_n - f\|_\infty + \|f - f_m\|_\infty$$

ergibt sich deshalb die Behauptung.

„(ii)$\Rightarrow$(i)" Zu jedem $\varepsilon > 0$ gibt es ein $N = N(\varepsilon)$ mit $\|f_n - f_m\|_\infty < \varepsilon$ für $m, n \geq N$. Setzen wir speziell $\varepsilon := 1$ und $\widehat{f} := f_{N(1)}$, so erkennen wir, daß jedes $f_n - \widehat{f}$ zu $B(X, E)$ gehört, falls $n \geq N(1)$ gilt. Darüber hinaus ist $(f_n - \widehat{f})$ eine Cauchyfolge in $B(X, E)$. Da $B(X, E)$ nach Theorem II.6.6 vollständig ist, gibt es ein $\widetilde{f} \in B(X, E)$ mit $(f_n - \widehat{f}) \to \widetilde{f}$ in $B(X, E)$. Aufgrund von Bemerkung 1.3(e) konvergiert die Folge (f_n) deshalb gleichmäßig gegen $\widetilde{f} + \widehat{f}$. $\blacksquare$

Funktionenreihen

Es sei (f_k) eine E-wertige Funktionenfolge auf X, also eine Folge in E^X. Dann gilt

$$s_n := \sum_{k=0}^n f_k \in E^X \,, \qquad n \in \mathbb{N} \,.$$

Also ist die Folge (s_n) in E^X wohldefiniert. Wie in Paragraph II.7 wird sie mit $\sum f_k$ oder $\sum_k f_k$ bezeichnet und heißt E-**wertige Funktionenreihe** auf X, kurz: **Funktionenreihe** (auf X). Ferner sind s_n die n-te Partialsumme und f_k der k-te Summand dieser Funktionenreihe.

Die Funktionenreihe $\sum f_k$ heißt

> **punktweise konvergent** $:\Longleftrightarrow \sum f_k(x)$ konvergiert in E für jedes $x \in X$;
>
> **absolut konvergent** $:\Longleftrightarrow \sum |f_k(x)| < \infty$ für jedes $x \in X$;
>
> **gleichmäßig konvergent** $:\Longleftrightarrow (s_n)$ konvergiert gleichmäßig;
>
> **normal konvergent** $:\Longleftrightarrow \sum \|f_k\|_\infty < \infty$.

1.5 Bemerkungen (a) Es sei $\sum f_k$ eine punktweise konvergente E-wertige Funktionenreihe auf X. Dann wird durch

$$X \to E \, , \quad x \mapsto \sum_{k=0}^{\infty} f_k(x)$$

eine Funktion erklärt, die wir als (**punktweise**) **Summe** oder (**punktweise**) **Grenzfunktion** der Reihe $\sum f_k$ bezeichnen.

(b) Es sei (f_k) eine Folge in $B(X, E)$. Dann können wir die Reihe $\sum f_k$ sowohl als Reihe in $B(X, E)$ als auch als E-wertige Funktionenreihe auf X auffassen. Die normale Konvergenz der Funktionenreihe ist dann nichts anderes als die absolute Konvergenz[2] der Reihe $\sum f_k$ im Banachraum $B(X, E)$.

(c) Es gelten die folgenden Aussagen:[3]

(i) $\sum f_k$ absolut konvergent $\quad \Rightarrow \sum f_k$ punktweise konvergent;

(ii) $\sum f_k$ gleichmäßig konvergent $\not\Leftarrow\Rightarrow \sum f_k$ absolut konvergent;

(iii) $\sum f_k$ normal konvergent $\quad \underset{\not\Leftarrow}{\Rightarrow} \sum f_k$ absolut und gleichmäßig konvergent.

Beweis Die erste Aussage folgt aus Satz II.8.1.

(ii) Wir setzen $X := \mathbb{R}$, $E := \mathbb{R}$ und $f_k(x) := (-1)^k/k$ für $k \in \mathbb{N}^{\times}$. Dann konvergiert $\sum f_k$ zwar gleichmäßig, aber nicht absolut (vgl. Bemerkung II.8.2(a)).

Um hier die zweite Aussage zu verifizieren, betrachten wir $X := (0,1)$, $E := \mathbb{R}$ und $f_k(x) := x^k$, $k \in \mathbb{N}$. Dann ist $\sum f_k$ absolut konvergent. Für die Grenzfunktion s gilt

$$s(x) = \sum_{k=0}^{\infty} f_k(x) = 1/(1-x) \, , \qquad x \in (0,1) \, ,$$

und für die Reihenreste

$$s(x) - s_n(x) = \sum_{k=n+1}^{\infty} x^k = x^{n+1}/(1-x) \, , \qquad x \in (0,1) \, , \quad n \in \mathbb{N} \, .$$

Somit gilt für $\varepsilon, x \in (0,1)$:

$$s(x) - s_n(x) < \varepsilon \Longleftrightarrow \frac{x^{n+1}}{1-x} < \varepsilon \, .$$

Da die rechts stehende Ungleichung für x nahe bei 1 nicht erfüllt ist, kann die Folge der Partialsummen (s_n) nicht gleichmäßig konvergieren.

---

[2]Es ist sorgfältig zu unterscheiden zwischen der (punktweisen) absoluten Konvergenz einer Funktionenreihe $\sum f_k$ und der absoluten Konvergenz von $\sum f_k$ im Banachraum $B(X, E)$. Aus diesem Grund verwendet man im letzteren Fall den Begriff „normale Konvergenz".

[3]$(A \not\Rightarrow B) := \neg(A \Rightarrow B)$.

(iii) Es sei $\sum f_k$ normal konvergent. Dann gilt für jedes $x \in X$ die Abschätzung $\sum |f_k(x)| \leq \sum \|f_k\|_\infty < \infty$. Also ist $\sum f_k$ absolut konvergent. Weiter folgt aus (b) und Satz II.8.1, daß die Reihe $\sum f_k$ in $B(X, E)$ konvergiert. Deshalb ergibt sich aus Bemerkung 1.3(f) die gleichmäßige Konvergenz von $\sum f_k$.

Schließlich bezeichne (f_k) die Funktionenfolge von Beispiel 1.2(c). Dann konvergiert $\sum f_k$ zwar absolut und gleichmäßig, aber wegen $\sum \|f_k\|_\infty = \sum 1/(k+1) = \infty$ nicht normal. ∎

Das Weierstraßsche Majorantenkriterium

Eine besonders einfache Situation liegt vor, wenn wir eine Funktionenreihe als eine Reihe im Banachraum $B(X, E)$ auffassen können. In diesem Fall ist es möglich, Resultate von Kapitel II anzuwenden. Auf diese Weise erhalten wir unmittelbar den folgenden äußerst bequemen und wichtigen Konvergenzsatz.

1.6 Theorem (Weierstraßsches Majorantenkriterium) *Es sei $f_k \in B(X, E)$ für $k \in \mathbb{N}$. Gibt es eine in $\mathbb{R}$ konvergente Reihe $\sum \alpha_k$ mit $\|f_k\|_\infty \leq \alpha_k$ für fast alle $k \in \mathbb{N}$, so ist $\sum f_k$ normal, also insbesondere absolut und gleichmäßig, konvergent.*

Beweis Wegen $\|f_k\|_\infty < \infty$ für alle $k \in \mathbb{N}$ können wir die Reihe $\sum f_k$ im Banachraum $B(X, E)$ betrachten. Dann folgt die Behauptung unmittelbar aus dem Majorantenkriterium (Theorem II.8.3) und aus Bemerkung 1.5(c). ∎

1.7 Beispiele **(a)** Die Funktionenreihe $\sum_k \cos(kx)/k^2$ konvergiert normal auf $\mathbb{R}$.
Beweis Für $x \in \mathbb{R}$ und $k \in \mathbb{N}^\times$ gilt

$$|\cos(kx)/k^2| \leq 1/k^2 .$$

Also folgt die Behauptung aus Theorem 1.6 und Beispiel II.7.1(b). ∎

(b) Für jedes $\alpha > 1$ konvergiert die Funktionenreihe[4] $\sum_k 1/k^z$ normal auf

$$X_\alpha := \{ z \in \mathbb{C} ; \operatorname{Re} z \geq \alpha \} .$$

Beweis Offensichtlich gilt

$$|1/k^z| = 1/k^{\operatorname{Re} z} \leq 1/k^\alpha , \qquad z \in X_\alpha , \quad k \in \mathbb{N}^\times .$$

Außerdem konvergiert die Reihe $\sum 1/k^\alpha$ (vgl. Aufgabe II.7.12). Deshalb folgt die Behauptung aus Theorem 1.6. ∎

(c) Für jedes $m \in \mathbb{N}^\times$ konvergiert $\sum_k x^{m+2} e^{-kx^2}$ normal auf $\mathbb{R}$.

---

[4]Die durch $\zeta(z) := \sum_k 1/k^z$ auf $\{ z \in \mathbb{C} ; \operatorname{Re} z > 1 \}$ dargestellte Funktion heißt (**Riemannsche**) **Zetafunktion**. Wir werden sie in Paragraph VI.6 ausführlicher studieren.

Beweis Es sei $f_{m,k}(x) := |x^{m+2}e^{-kx^2}|$ für $x \in \mathbb{R}$. Die Funktion $f_{m,k}$ besitzt an der Stelle $x_M := \sqrt{(m+2)/2k}$ ein absolutes Maximum, dessen Wert

$$\left[(m+2)/2ek \right]^{(m+2)/2}$$

beträgt. Setzen wir $c_m := \left[(m+2)/2e \right]^{(m+2)/2}$, so gilt $\|f_{m,k}\|_\infty = c_m k^{-(m+2)/2}$. Weil die Reihe $\sum_k k^{-(m+2)/2}$ gemäß Aufgabe II.7.12 konvergiert, erhalten wir die Behauptung wiederum aus Theorem 1.6. ■

Als eine wichtige Anwendung des Weierstraßschen Majorantenkriteriums beweisen wir, daß eine Potenzreihe auf jeder kompakten Teilmenge ihres Konvergenzkreises normal konvergiert.

1.8 Theorem *Es seien $\sum a_k Y^k$ eine Potenzreihe mit positivem Konvergenzradius ρ und $0 < r < \rho$. Dann konvergiert die Reihe[5] $\sum a_k Y^k$ normal auf $r\bar{\mathbb{B}}_\mathbb{K}$, also insbesondere absolut und gleichmäßig.*

Beweis Wir setzen $X := r\bar{\mathbb{B}}_\mathbb{K}$ und $f_k(x) := a_k x^k$ für $x \in X$ und $k \in \mathbb{N}$. Dann gilt

$$\sum \|f_k\|_\infty = \sum |a_k| r^k < \infty ,$$

da gemäß Theorem II.9.2 jede Potenzreihe im Innern ihres Konvergenzkreises absolut konvergiert. Nun impliziert Theorem 1.6 die Behauptung. ■

Aufgaben

1 Man entscheide, welche der Funktionenfolgen (f_n) auf $X := (0,1)$ gleichmäßig konvergieren, wenn $f_n(x)$ gegeben ist durch:
(a) $\sqrt[n]{x}$;　(b) $1/(1+nx)$;　(c) $x/(1+nx)$.

2 Man verifiziere, daß (f_n), mit $f_n(x) := \sqrt{(1/n^2) + |x|^2}$, auf $\mathbb{K}$ gleichmäßig gegen die Betragsfunktion $x \mapsto |x|$ konvergiert.

3 Man beweise oder widerlege, daß $\sum x^n/n^2$ bzw. $\sum x^n$ auf $\mathbb{B}_\mathbb{C}$ gleichmäßig konvergiert.

4 Man beweise oder widerlege: $\sum (-1)^n/nx$ konvergiert auf $(0,1]$ punktweise bzw. gleichmäßig bzw. absolut.

5 Es sei $X := \mathbb{B}_\mathbb{K}$. Man untersuche $\sum f_n$ auf normale Konvergenz, falls $f_n(x)$ gegeben ist durch:
(a) x^n;　(b) $|x|^2/(1+|x|^2)^n$;　(c) $x(1-x^2)^n$;　(d) $\left[x(1-x^2) \right]^n$.

6 Man verifiziere, daß jede der Reihen
(a) $\sum \left(1 - \cos(x/n) \right)$,　(b) $\sum n\left(x/n - \sin(x/n) \right)$,
auf jedem kompakten Teilintervall von $\mathbb{R}$ gleichmäßig konvergiert.

---

[5]Gemäß unserer Vereinbarung von Paragraph I.8 identifizieren wir das Monom $a_k Y^k$ mit der entsprechenden „monomialen" Funktion.

(Hinweis: Man approximiere die Glieder dieser Reihen mit Hilfe des Taylorpolynoms ersten bzw. zweiten Grades.)

7 Es sei (f_n) bzw. (g_n) eine gleichmäßig konvergente E-wertige Funktionenfolge auf X mit Grenzfunktion f bzw. g. Man zeige:

(a) $(f_n + g_n)$ konvergiert gleichmäßig gegen $f + g$.

(b) Gehört f oder g zu $B(X, \mathbb{K})$, so konvergiert $(f_n g_n)$ gleichmäßig gegen fg.

Ferner belege man anhand eines Beispieles, daß in (b) auf die Beschränktheit der Grenzfunktionen nicht verzichtet werden kann.

8 Es sei (f_n) eine gleichmäßig konvergente $\mathbb{K}$-wertige Funktionenfolge auf X mit Grenzwert f, und es gebe ein $\alpha > 0$ mit

$$|f_n(x)| \geq \alpha > 0 , \qquad n \in \mathbb{N} , \quad x \in X .$$

Dann konvergiert $(1/f_n)$ gleichmäßig gegen $1/f$.

9 Es seien (f_n) eine gleichmäßig konvergente E-wertige Funktionenfolge auf X und F ein Banachraum. Ferner gelte $f_n(X) \subset D$ für $n \in \mathbb{N}$, und $g : D \to F$ sei gleichmäßig stetig. Dann ist $(g \circ f_n)$ gleichmäßig konvergent.

2 Stetigkeit und Differenzierbarkeit bei Funktionenfolgen

In diesem Paragraphen betrachten wir konvergente Funktionenfolgen, deren Glieder stetig oder stetig differenzierbar sind, und untersuchen die Frage, unter welchen Bedingungen die Grenzfunktionen die entsprechenden Eigenschaften „erben".

Im folgenden seien $X := (X, d)$ ein metrischer Raum und $E := (E, |\cdot|)$ ein Banachraum. Ferner sei (f_n) eine E-wertige Funktionenfolge auf X.

Stetigkeit

Beispiel 1.2(a) zeigt, daß der punktweise Grenzwert einer Folge stetiger (sogar unendlich oft stetig differenzierbarer) Funktionen nicht stetig zu sein braucht. Konvergiert die Folge jedoch gleichmäßig, kann die Stetigkeit der Grenzfunktion garantiert werden, wie das folgende Theorem zeigt.

2.1 Theorem *Konvergiert die Funktionenfolge (f_n) gleichmäßig gegen f und sind fast alle f_n in $a \in X$ stetig, so ist auch f in a stetig.*

Beweis Es sei $\varepsilon > 0$. Weil f_n gleichmäßig gegen f konvergiert, gibt es gemäß Bemerkung 1.3(e) ein $N \in \mathbb{N}$ mit $\|f_n - f\|_\infty < \varepsilon/3$ für $n \geq N$. Da fast alle f_n in a stetig sind, können wir annehmen, daß f_N diese Eigenschaft hat. Somit finden wir eine Umgebung U von a in X mit $|f_N(x) - f_N(a)| < \varepsilon/3$ für $x \in U$. Also gilt für jedes $x \in U$ die Abschätzung

$$|f(x) - f(a)| \leq |f(x) - f_N(x)| + |f_N(x) - f_N(a)| + |f_N(a) - f(a)|$$
$$\leq 2\|f - f_N\|_\infty + |f_N(x) - f_N(a)| < \varepsilon ,$$

welche die Stetigkeit von f in a beweist. ∎

2.2 Bemerkung Offensichtlich bleiben Theorem 2.1 und sein Beweis richtig, wenn X durch einen beliebigen topologischen Raum und E durch einen metrischen Raum ersetzt werden. Dies gilt auch für alle nachfolgenden Aussagen dieses Paragraphen, in denen nur von Stetigkeit die Rede ist, wie der Leser leicht verifizieren mag. ∎

Lokal gleichmäßige Konvergenz

Eine Inspektion des Beweises von Theorem 2.1 zeigt, daß dessen Aussage richtig bleibt, wenn es eine Umgebung U von a gibt, so daß (f_n) auf U gleichmäßig konvergiert. Das Verhalten von (f_n) außerhalb von U ist für die Stetigkeit von f in a bedeutungslos, da die Stetigkeit eine „lokale" Eigenschaft ist. Diese Tatsache legt es nahe, auch den Begriff der gleichmäßigen Konvergenz zu „lokalisieren".

Die Funktionenfolge (f_n) heißt **lokal gleichmäßig konvergent**, wenn es zu jedem $x \in X$ eine Umgebung U gibt, so daß $(f_n | U)$ gleichmäßig konvergiert. Die

Funktionenreihe $\sum f_n$ heißt **lokal gleichmäßig konvergent**, wenn die Folge der Partialsummen (s_n) lokal gleichmäßig konvergiert.

2.3 Bemerkungen   (a) Jede gleichmäßig konvergente Funktionenfolge konvergiert lokal gleichmäßig.

(b) Jede lokal gleichmäßig konvergente Funktionenfolge konvergiert punktweise.

(c) Ist X kompakt und konvergiert (f_n) lokal gleichmäßig, so konvergiert (f_n) gleichmäßig.

Beweis Gemäß (b) ist die (punktweise) Grenzfunktion f von (f_n) wohldefiniert. Es sei $\varepsilon > 0$. Weil (f_n) lokal gleichmäßig konvergiert, gibt es zu jedem $x \in X$ eine offene Umgebung U_x von x und ein $N(x) \in \mathbb{N}$ mit

$$|f_n(y) - f(y)| < \varepsilon , \qquad y \in U_x , \quad n \geq N(x) .$$

Die Familie $\{U_x \; ; \; x \in X\}$ stellt eine offene Überdeckung des kompakten Raumes X dar. Also finden wir Punkte $x_0, \dots, x_m \in X$, so daß X bereits von den Mengen U_{x_j}, $0 \leq j \leq m$, überdeckt wird. Für $N := \max\{N(x_0), \dots, N(x_m)\}$ gilt dann

$$|f_n(x) - f(x)| < \varepsilon , \qquad x \in X , \quad n \geq N ,$$

was zeigt, daß (f_n) gleichmäßig gegen f konvergiert. ∎

2.4 Theorem (über die Stetigkeit der Grenzwerte von Funktionenfolgen)   *Konvergiert die Folge stetiger Funktionen (f_n) lokal gleichmäßig gegen f, so ist auch f stetig. Mit anderen Worten: Lokal gleichmäßige Grenzwerte stetiger Funktionen sind stetig.*

Beweis Da die Stetigkeit von f eine lokale Eigenschaft ist, folgt die Behauptung aus Theorem 2.1 ∎

2.5 Bemerkungen (a) Die Funktionenfolge (f_n) konvergiere punktweise gegen f und alle f_n sowie f seien stetig. Dann folgt i. allg. *nicht*, daß (f_n) lokal gleichmäßig gegen f konvergiert.

Beweis Für die Funktionenfolge (f_n) aus Beispiel 1.2(b) gilt $f_n \in C(\mathbb{R})$ mit $f_n \xrightarrow[\text{pktw}]{} 0$, aber (f_n) konvergiert in keiner Umgebung von 0 gleichmäßig. ∎

(b) Theorem 2.4 kann als Aussage über die Vertauschbarkeit von Grenzwerten interpretiert werden: Konvergiert die Funktionenfolge (f_n) lokal gleichmäßig gegen f, so gilt für $a \in X$

$$\lim_{x \to a} \lim_{n \to \infty} f_n(x) = \lim_{n \to \infty} \lim_{x \to a} f_n(x) = \lim_{n \to \infty} f_n(a) = f(a) .$$

Analog gilt für eine lokal gleichmäßig konvergente Funktionenreihe

$$\lim_{x \to a} \sum_{k=0}^{\infty} f_k(x) = \sum_{k=0}^{\infty} \lim_{x \to a} f_k(x) = \sum_{k=0}^{\infty} f_k(a) , \qquad a \in X .$$

Diese Tatsachen können dadurch ausgedrückt werden, daß man sagt: „Lokal gleichmäßige Konvergenz ist mit Grenzwertbildungen verträglich."

Beweis Man beachte die auf Theorem III.1.4 folgende Bemerkung. ∎

(c) Jede Potenzreihe mit positivem Konvergenzradius stellt auf ihrem Konvergenzkreis eine stetige Funktion dar.[1]

Beweis Nach Theorem 1.8 konvergieren Potenzreihen im Konvergenzkreis lokal gleichmäßig. Also folgt die Behauptung aus Theorem 2.4. ∎

Der Banachraum der beschränkten und stetigen Funktionen

Als einen besonders wichtigen Untervektorraum des Raumes $B(X, E)$ der beschränkten E-wertigen Funktionen auf X führen wir nun den Raum

$$BC(X, E) := B(X, E) \cap C(X, E)$$

der **beschränkten und stetigen Funktionen** von X nach E ein. Offensichtlich ist $BC(X, E)$ ein Untervektorraum von $B(X, E)$ (und von $C(X, E)$), den wir stets mit der Supremumsnorm

$$\|\cdot\|_{BC} := \|\cdot\|_\infty \,,$$

d.h. mit der von $B(X, E)$ induzierten Topologie, versehen. Das folgende Theorem zeigt, daß $BC(X, E)$ ein Banachraum ist.

2.6 Theorem

(i) *$BC(X, E)$ ist ein abgeschlossener Untervektorraum von $B(X, E)$, also ein Banachraum.*

(ii) *Ist X kompakt, so gilt*

$$BC(X, E) = C(X, E) \,,$$

und die Supremumsnorm $\|\cdot\|_\infty$ stimmt mit der **Maximumsnorm**

$$f \mapsto \max_{x \in X} |f(x)|$$

überein.

Beweis (i) Es sei (f_n) eine Folge in $BC(X, E)$, die in $B(X, E)$ gegen f konvergiert. Dann konvergiert (f_n) wegen Bemerkung 1.3(e) gleichmäßig gegen f. Also ist f nach Theorem 2.4 stetig. Somit gehört f zu $BC(X, E)$, was zeigt, daß $BC(X, E)$ ein abgeschlossener Untervektorraum von $B(X, E)$ ist. Also ist $BC(X, E)$ vollständig (vgl. Aufgabe II.6.4).

---

[1] Wir werden im nächsten Paragraphen sogar nachweisen, daß die durch Potenzreihen dargestellten Funktionen beliebig oft differenzierbar sind.

(ii) Ist X kompakt, so folgen aus dem Satz vom Minimum und Maximum (Korollar III.3.8) die Beziehungen $C(X, E) \subset B(X, E)$ und

$$\max_{x \in X} |f(x)| = \sup_{x \in X} |f(x)| = \|f\|_\infty \,,$$

was die Behauptungen beweist. ∎

2.7 Bemerkung Ist X ein nichtkompakter metrischer Raum, z.B. eine offene Teilmenge von $\mathbb{K}^n$, dann ist es nicht möglich, die lokal gleichmäßige Konvergenz durch eine Norm auf $C(X, E)$ zu beschreiben. Mit anderen Worten: *Ist X nicht kompakt, so ist $C(X, E)$ kein normierter Vektorraum.* Für einen Beweis dieser Tatsache muß auf Vorlesungen oder Bücher über Funktionalanalysis verwiesen werden. ∎

Differenzierbarkeit bei Funktionenfolgen

Wir wollen nun untersuchen, unter welchen Voraussetzungen der punktweise Limes einer Folge differenzierbarer Funktionen differenzierbar ist.

2.8 Theorem (über die Differenzierbarkeit von Funktionenfolgen) *Es sei X eine offene oder konvexe und perfekte Teilmenge von $\mathbb{K}$, und es gelte $f_n \in C^1(X, E)$ für $n \in \mathbb{N}$. Ferner gebe es $f, g \in E^X$, so daß*

(i) *(f_n) punktweise gegen f konvergiert;*

(ii) *(f_n') lokal gleichmäßig gegen g konvergiert.*

Dann gehört f zu $C^1(X, E)$, und es gilt $f' = g$. Außerdem konvergiert (f_n) lokal gleichmäßig gegen f.

Beweis Es sei $a \in X$. Dann gibt es ein $r > 0$, so daß (f_n') auf $B_r := \mathbb{B}_\mathbb{K}(a, r) \cap X$ gleichmäßig gegen g konvergiert. Ist X offen, so können wir $r > 0$ so klein wählen, daß $\mathbb{B}(a, r)$ in X liegt. Also ist B_r in jedem Fall konvex und perfekt. Deshalb können wir für jedes $x \in B_r$ den Mittelwertsatz (Theorem IV.2.18) auf

$$[0, 1] \to E \,, \quad t \mapsto f_n\big(a + t(x - a)\big) - t f_n'(a)(x - a)$$

anwenden und finden die Abschätzung

$$|f_n(x) - f_n(a) - f_n'(a)(x - a)| \leq \sup_{0 < t < 1} \big|f_n'\big(a + t(x - a)\big) - f_n'(a)\big| \, |x - a| \,.$$

Durch den Grenzübergang $n \to \infty$ erhalten wir hieraus

$$|f(x) - f(a) - g(a)(x - a)| \leq \sup_{0 < t < 1} \big|g\big(a + t(x - a)\big) - g(a)\big| \, |x - a| \qquad (2.1)$$

für jedes $x \in B_r$. Theorem 2.4 zeigt, daß g zu $C(X, E)$ gehört. Deshalb folgt aus (2.1)

$$f(x) - f(a) - g(a)(x - a) = o(|x - a|) \quad (x \to a) \,.$$

Also ist f in a differenzierbar, und $f'(a) = g(a)$. Insgesamt erhalten wir somit $f \in C^1(X, E)$.

Es bleibt nachzuweisen, daß (f_n) lokal gleichmäßig gegen f konvergiert. Dazu wenden wir den Mittelwertsatz auf die Funktion

$$[0,1] \to E , \quad t \mapsto (f_n - f)\big(a + t(x - a)\big)$$

an. Damit erhalten wir die Abschätzung

$$|f_n(x) - f(x)| \le \big|f_n(x) - f(x) - \big(f_n(a) - f(a)\big)\big| + |f_n(a) - f(a)|$$
$$\le r \sup_{0 < t < 1} \big|f_n'\big(a + t(x - a)\big) - f'\big(a + t(x - a)\big)\big| + |f_n(a) - f(a)|$$
$$\le r \|f_n' - f'\|_{\infty, B_r} + |f_n(a) - f(a)|$$

für jedes $x \in B_r$. Die rechte Seite dieser Ungleichungskette ist unabhängig von $x \in B_r$ und konvergiert wegen (ii), und da $f' = g$ bereits gezeigt ist, für $n \to \infty$ gegen 0. Also konvergiert (f_n) auf B_r gleichmäßig gegen f. ∎

2.9 Korollar (über die Differenzierbarkeit von Funktionenreihen) *Es sei $X \subset \mathbb{K}$ offen oder konvex und perfekt, und (f_n) sei eine Folge in $C^1(X, E)$, für die $\sum f_n$ punktweise und $\sum f_n'$ lokal gleichmäßig konvergieren. Dann gehört die Summe $\sum_{n=0}^{\infty} f_n$ zu $C^1(X, E)$, und*

$$\left(\sum_{n=0}^{\infty} f_n \right)' = \sum_{n=0}^{\infty} f_n' \ .$$

Außerdem konvergiert $\sum f_n$ lokal gleichmäßig.

Beweis Dies folgt unmittelbar aus Theorem 2.8. ∎

2.10 Bemerkungen (a) Es sei (f_n) eine Folge in $C^1(X, E)$, die gleichmäßig gegen f konvergiert. Selbst wenn f stetig differenzierbar ist, konvergiert (f_n') i. allg. nicht punktweise gegen f'.

Beweis Es seien $X := \mathbb{R}$, $E := \mathbb{R}$ und $f_n(x) := (1/n) \sin(nx)$ für $n \in \mathbb{N}^\times$. Wegen

$$|f_n(x)| = |\sin(nx)|/n \le 1/n , \qquad x \in X ,$$

konvergiert (f_n) gleichmäßig gegen 0. Andererseits gilt $\lim f_n'(0) = 1$. Also konvergiert die Folge $\big(f_n'(0)\big)$ nicht gegen die Ableitung der Grenzfunktion im Punkt 0. ∎

(b) Es sei (f_n) eine Folge in $C^1(X, E)$, und $\sum f_n$ konvergiere gleichmäßig. Dann konvergiert $\sum f_n'$ i. allg. nicht einmal punktweise.

Beweis Es seien wieder $X := \mathbb{R}$ und $E := \mathbb{R}$. Außerdem sei $f_n(x) := (1/n^2) \sin(nx)$ für $n \in \mathbb{N}^\times$. Dann gilt $\|f_n\|_\infty = 1/n^2$, und die Funktionenreihe $\sum f_n$ konvergiert nach dem Weierstraßschen Majorantenkriterium gleichmäßig. Wegen $f_n'(x) = (1/n) \cos(nx)$ konvergiert $\sum f_n'(0)$ nicht. ∎

Aufgaben

1 Man zeige:

(a) Ist (f_n) gleichmäßig konvergent und ist jedes f_n gleichmäßig stetig, so ist auch die Grenzfunktion gleichmäßig stetig.

(b) $BUC(X, E) := \left(\{ f \in BC(X, E) \; ; \; f \text{ ist gleichmäßig stetig} \}, \; \|\cdot\|_\infty \right)$ ist ein Banachraum.

(c) Ist X kompakt, so gilt $BUC(X, E) = C(X, E)$.

2 Man betrachte eine Doppelfolge (x_{jk}) in E mit:

(i) $(x_{jk})_{k \in \mathbb{N}}$ konvergiert für jedes $j \in \mathbb{N}$;

(ii) Zu jedem $\varepsilon > 0$ gibt es ein $N \in \mathbb{N}$ mit

$$|x_{mk} - x_{nk}| < \varepsilon \,, \qquad m, n \geq N \,, \quad k \in \mathbb{N} \,.$$

Dann konvergiert $(x_{jk})_{j \in \mathbb{N}}$ für jedes $k \in \mathbb{N}$. Ferner konvergieren die Folgen $(\lim_k x_{jk})_{j \in \mathbb{N}}$ und $(\lim_j x_{jk})_{k \in \mathbb{N}}$, und es gilt

$$\lim_j (\lim_k x_{jk}) = \lim_k (\lim_j x_{jk}) \,.$$

3 Es sei X kompakt, und (f_n) sei eine punktweise konvergente Folge reellwertiger stetiger Funktionen auf X. Ist die Grenzfunktion stetig und konvergiert (f_n) monoton, so ist (f_n) gleichmäßig konvergent (**Satz von Dini**).
(Hinweis: Konvergiert (f_n) wachsend gegen f, so gilt

$$0 \leq f(y) - f_{N_x}(y) = \big(f(y) - f(x)\big) + \big(f(x) - f_{N_x}(x)\big) + \big(f_{N_x}(x) - f_{N_x}(y)\big)$$

für $x, y \in X$ und $N_x \in \mathbb{N}$.)

4 Man belege anhand von Beispielen, daß im Satz von Dini weder auf die Stetigkeit der Grenzfunktion noch auf die monotone Konvergenz verzichtet werden kann.

5 Es sei (f_n) eine Folge monotoner Funktionen auf einem kompakten Intervall I. Ferner konvergiere (f_n) punktweise, und die Grenzfunktion f sei stetig. Dann ist f monoton, und (f_n) konvergiert gleichmäßig gegen f.

6 Man betrachte eine reellwertige Funktionenfolge (f_n) auf X, für die gilt:

(i) Für jedes $x \in X$ ist $(f_n(x))$ fallend;

(ii) (f_n) konvergiert gleichmäßig gegen 0.

Dann konvergiert $\sum (-1)^n f_n$ gleichmäßig.

7 Es seien (f_n) eine reellwertige und (g_n) eine $\mathbb{K}$-wertige Funktionenfolge auf X. Ferner gelten:

(i) Für jedes $x \in X$ ist $(f_n(x))$ fallend;

(ii) (f_n) konvergiert gleichmäßig gegen 0;

(iii) $\sup_n \left\| \sum_{k=0}^n g_k \right\|_\infty < \infty$.

Dann konvergiert $\sum g_n f_n$ gleichmäßig.

(Hinweise: Mit $\alpha_k := \sum_{j=0}^{k} g_j$ gilt

$$\sum_{k=m+1}^{n} g_k f_k = \sum_{k=m}^{n-1} \alpha_k (f_k - f_{k+1}) + \alpha_n f_n - \alpha_m f_m$$

für $m < n$. Zu $\varepsilon > 0$ und $M := \sup_k \|\alpha_k\|_\infty$ gibt es ein $N \in \mathbb{N}$ mit $\|f_n\|_\infty < \varepsilon/2M$ für $n \geq N$. Somit folgt

$$\left| \sum_{k=m+1}^{n} g_k(x) f_k(x) \right| \leq M \sum_{k=m}^{n-1} (f_k - f_{k+1})(x) + M(f_n + f_m)(x) < \varepsilon$$

für $x \in X$ und $n > m \geq N$. Schließlich beachte man Satz 1.4.)

8 Mit Hilfe der vorhergehenden Aufgabe zeige man, daß für jedes $\alpha \in (0, \pi)$ die Funktionenreihe $\sum_k e^{ikx}/k$ auf $[\alpha, 2\pi - \alpha]$ gleichmäßig konvergiert.
(Hinweis: Es gilt

$$|e^{ix} - 1| \geq \sqrt{2(1 - \cos\alpha)}, \qquad x \in [\alpha, 2\pi - \alpha].$$

Somit folgt

$$\left| \sum_{k=0}^{n} e^{ikx} \right| = \frac{|e^{inx} - 1|}{|e^{ix} - 1|} \leq \sqrt{2/(1 - \cos\alpha)}$$

für $x \in [\alpha, 2\pi - \alpha]$.)

9 Es sei $A: E \to E$ linear, und es gebe ein $\alpha \geq 0$ mit $\|Ax\| \leq \alpha \|x\|$ für $x \in E$. Ferner sei $x_0 \in E$, und

$$u(z) := \sum_{k=0}^{\infty} \frac{z^k}{k!} A^k x_0, \qquad z \in \mathbb{K}.$$

Dabei bezeichnet A^k die k-fach Iterierte von A. Man zeige: $u \in C^\infty(\mathbb{K}, E)$; und man bestimme $\partial^n u$ für $n \in \mathbb{N}^\times$.
(Hinweise: $\sum (z^k/k!) A^k x_0$ besitzt $\|x_0\| e^{|z|\alpha}$ als konvergente Majorante. Außerdem gilt $\sum A(z^k/k!) A^k x_0 = Au(z)$.)

10 Es seien X offen in $\mathbb{K}$, $n \in \mathbb{N}^\times$ und

$$BC^n(X, E) := \left(\{ f \in C^n(X, E) \; ; \; \partial^j f \in B(X, E), \; j = 0, \dots, n \}, \; \|\cdot\|_{BC^n} \right)$$

mit $\|f\|_{BC^n} := \max_{1 \leq j \leq n} \|\partial^j f\|_\infty$. Man beweise:
(a) $BC^n(X, E)$ ist kein abgeschlossener Untervektorraum von $BC(X, E)$.
(b) $BC^n(X, E)$ ist ein Banachraum.

11 Es seien $-\infty < a < b < \infty$ und $f_n \in C^1([a, b], E)$ für $n \in \mathbb{N}$. Die Folge (f_n') konvergiere gleichmäßig, und es gebe ein $x_0 \in [a, b]$, für welches $(f_n(x_0))_{n \in \mathbb{N}}$ konvergiert. Man beweise die gleichmäßige Konvergenz von (f_n). (Hinweis: Man beachte Theorem IV.2.18.)

3 Analytische Funktionen

Nun studieren wir Funktionenreihen von besonders einfacher Bauart, nämlich Potenzreihen. Wir wissen bereits, daß solche Reihen auf ihren jeweiligen Konvergenzkreisen lokal gleichmäßig konvergieren. Es wird sich zeigen, daß eine Potenzreihe in ihrem Konvergenzkreis gliedweise differenziert werden kann und daß die „abgeleitete" Reihe wieder eine Potenzreihe mit demselben Konvergenzradius wie die ursprüngliche Reihe ist. Hieraus folgt unmittelbar, daß eine Potenzreihe in ihrem Konvergenzkreis eine glatte Funktion darstellt.

Diese Beobachtung führt uns in natürlicher Weise zum Studium solcher Abbildungen — der *analytischen Funktionen* —, die lokal durch Potenzreihen darstellbar sind. Diese Klasse von Funktionen besitzt eine sehr reichhaltige „innere" Struktur, deren Schönheit und Bedeutung wir in späteren Kapiteln besser kennenlernen werden.

Differenzierbarkeit von Potenzreihen

Es sei $a = \sum_k a_k X^k \in \mathbb{K}[\![X]\!]$. Wie üblich bezeichnen $\rho = \rho_a$ den Konvergenzradius von a und $\underline{a}$ die durch a auf $\rho \mathbb{B}_{\mathbb{K}}$ dargestellte Funktion. Sind keine Mißverständnisse zu befürchten, schreiben wir $\mathbb{B}$ für $\mathbb{B}_{\mathbb{K}}$.

3.1 Theorem (über die Differenzierbarkeit von Potenzreihen) *Ist $a = \sum_k a_k X^k$ eine Potenzreihe, so ist $\underline{a}$ auf $\rho \mathbb{B}$ stetig differenzierbar. Die „gliedweise differenzierte" Reihe $\sum_{k \geq 1} k a_k X^{k-1}$ hat ebenfalls den Konvergenzradius ρ, und*

$$\underline{a}'(x) = \left(\sum_{k=0}^{\infty} a_k x^k \right)' = \sum_{k=1}^{\infty} k a_k x^{k-1} \, , \qquad x \in \rho \mathbb{B} \, .$$

Beweis Es bezeichne ρ' den Konvergenzradius der Potenzreihe $\sum k a_k X^{k-1}$. Die Hadamardsche Formel (II.9.3) liefert, zusammen mit Beispiel II.4.2(d) und Aufgabe II.5.2(d), die Beziehung

$$\rho' = \frac{1}{\overline{\lim} \sqrt[k]{k \, |a_k|}} = \frac{1}{\overline{\lim} \sqrt[k]{k} \, \overline{\lim} \sqrt[k]{|a_k|}} = \frac{1}{\overline{\lim} \sqrt[k]{|a_k|}} = \rho \, .$$

Außerdem konvergiert die Potenzreihe $\sum_{k \geq 1} k a_k X^{k-1}$ gemäß Theorem 1.8 in $\rho \mathbb{B}$ lokal gleichmäßig. Also ergibt sich die Behauptung aus Korollar 2.9 ∎

3.2 Korollar *Ist $a = \sum a_k X^k$ eine Potenzreihe mit positivem Konvergenzradius, so gelten $\underline{a} \in C^{\infty}(\rho \mathbb{B}, \mathbb{K})$ und $\underline{a} = T(\underline{a}, 0)$. Mit anderen Worten: $\sum a_k X^k$ ist die Taylorreihe von $\underline{a}$ um 0 und $a_k = \underline{a}^{(k)}(0)/k!$.*

Beweis Durch vollständige Induktion folgt aus Theorem 3.1, daß $\underline{a}$ auf $\rho\mathbb{B}$ glatt ist und daß für $x \in \rho\mathbb{B}$

$$\underline{a}^{(k)}(x) = \sum_{n=k}^{\infty} n(n-1) \cdots (n-k+1) a_n x^{n-k} \ , \qquad k \in \mathbb{N} \ ,$$

gilt. Hieraus ergibt sich $\underline{a}^{(k)}(0) = k! \, a_k$ für $k \in \mathbb{N}$, und somit die Behauptung. ∎

Analytizität

Es sei D offen in $\mathbb{K}$. Eine Abbildung $f \colon D \to \mathbb{K}$ heißt **analytisch** (in D), wenn es zu jedem $x_0 \in D$ ein $r = r(x_0) > 0$ mit $\mathbb{B}(x_0, r) \subset D$ und eine Potenzreihe $\sum_k a_k X^k$ mit Konvergenzradius $\rho \geq r$ gibt, so daß

$$f(x) = \sum_{k=0}^{\infty} a_k (x - x_0)^k \ , \qquad x \in \mathbb{B}(x_0, r) \ ,$$

gilt. In diesem Fall sagt man, f sei **um x_0 in die Potenzreihe** $\sum_k a_k (X - x_0)^k$ **entwickelt**, und x_0 ist der **Entwicklungspunkt** dieser Darstellung. Die Menge aller in D analytischen Funktionen bezeichnen wir mit $C^\omega(D, \mathbb{K})$ oder mit $C^\omega(D)$, falls keine Mißverständnisse zu befürchten sind. Ferner heißt $f \in C^\omega(D)$ **reell-** bzw. **komplex-analytisch**, wenn $\mathbb{K} = \mathbb{R}$ bzw. $\mathbb{K} = \mathbb{C}$ gilt.

3.3 Beispiele **(a)** Polynome sind analytisch auf $\mathbb{K}$.

Beweis Dies folgt aus (IV.3.1). ∎

(b) Die Abbildung $\mathbb{K}^\times \to \mathbb{K}^\times$, $x \mapsto 1/x$ ist analytisch.

Beweis Es sei $x_0 \in \mathbb{K}^\times$. Dann gilt gemäß Beispiel II.7.4 für jedes $x \in \mathbb{B}(x_0, |x_0|)$ die Identität:

$$\frac{1}{x} = \frac{1}{x_0} \frac{1}{1 + (x - x_0)/x_0} = \frac{1}{x_0} \sum_{k=0}^{\infty} (-1)^k \left(\frac{x - x_0}{x_0} \right)^k = \sum_{k=0}^{\infty} \frac{(-1)^k}{x_0^{k+1}} (x - x_0)^k \ .$$

Dies beweist die Analytizität von $x \mapsto 1/x$ auf $\mathbb{K}^\times$. ∎

3.4 Bemerkungen Es seien D offen in $\mathbb{K}$ und $f \in \mathbb{K}^D$.

(a) Ist f analytisch, so ist die Potenzreihenentwicklung von f um x_0 eindeutig.

Beweis Dies folgt aus dem Identitätssatz für Potenzreihen (Korollar II.9.9). ∎

(b) f ist genau dann analytisch, wenn f zu $C^\infty(D)$ gehört und es zu jedem $x_0 \in D$ eine Umgebung U in D gibt mit

$$f(x) = T(f, x_0)(x) \ , \qquad x \in U \ ,$$

d.h., wenn $f \in C^{\infty}(D)$ **in jedem** $x_0 \in D$ **lokal** durch seine Taylorreihe **darstellbar** ist.

Beweis Dies folgt unmittelbar aus Korollar 3.2. ∎

(c) Die Analytizität von f ist eine lokale Eigenschaft, d.h., f ist genau dann in D analytisch, wenn es zu jedem $x_0 \in D$ eine Umgebung U gibt mit $f|U \in C^{\omega}(U)$.

(d) Für die Funktion $f : \mathbb{R} \to \mathbb{R}$ mit

$$f(x) := \begin{cases} e^{-1/x} \,, & x > 0 \,, \\ 0 \,, & x \leq 0 \,, \end{cases}$$

gelten $f \in C^{\infty}(\mathbb{R})$ und $f(x) \neq T(f,0)(x) = 0$ für $x > 0$, wie wir in Beispiel IV.1.17 gesehen haben. Somit wird die Funktion f in keiner Umgebung von 0 durch ihre Taylorreihe dargestellt. Also ist f nicht analytisch.

(e) $C^{\omega}(D,\mathbb{K})$ ist eine Unteralgebra von $C^{\infty}(D,\mathbb{K})$, und $1 \in C^{\omega}(D,\mathbb{K})$.

Beweis Aus Theorem IV.1.12 wissen wir, daß $C^{\infty}(D,\mathbb{K})$ eine $\mathbb{K}$-Algebra ist. Somit folgt die Behauptung aus Satz II.9.7. ∎

Als nächstes wollen wir beweisen, daß Potenzreihen in ihren Konvergenzkreisen analytische Funktionen darstellen. Gemäß Bemerkung 3.4(b) und Korollar 3.2 bleibt nachzuweisen, daß Potenzreihen lokal durch ihre Taylorreihen darstellbar sind.

3.5 Satz *Es sei $a = \sum a_k X^k$ eine Potenzreihe mit Konvergenzradius ρ. Dann gilt $\underline{a} \in C^{\omega}(\rho\mathbb{B},\mathbb{K})$, und*

$$\underline{a}(x) = T(\underline{a},x_0)(x) \,, \qquad x_0 \in \rho\mathbb{B} \,, \quad x \in \mathbb{B}(x_0, \rho - |x_0|) \,.$$

Eine Potenzreihe stellt in ihrem Konvergenzkreis eine analytische Funktion dar.

Beweis (i) Wie im Beweis von Korollar 3.2 finden wir

$$\underline{a}^{(k)}(x_0) = \sum_{n=k}^{\infty} n(n-1)\cdots(n-k+1)a_n x_0^{n-k} = k! \sum_{n=k}^{\infty} \binom{n}{k} a_n x_0^{n-k}$$

für $x_0 \in \rho\mathbb{B}$. Beachten wir $\binom{n}{k} = 0$ für $k > n$, so erhalten wir:

$$T(\underline{a},x_0) = \sum_{k=0}^{\infty} \left(\sum_{n=0}^{\infty} \binom{n}{k} a_n x_0^{n-k} \right) (X - x_0)^k \,. \tag{3.1}$$

(ii) Mit $r := \rho - |x_0| > 0$ und

$$b_{n,k}(x) := \binom{n}{k} a_n x_0^{n-k} (x - x_0)^k \,, \qquad n,k \in \mathbb{N} \,, \quad x \in \mathbb{B}(x_0, r) \,,$$

folgt aus dem binomischen Lehrsatz (Theorem I.8.4)

$$\sum_{n,k=0}^{m} |b_{n,k}(x)| = \sum_{n=0}^{m} |a_n| \left(|x_0| + |x - x_0|\right)^n , \qquad m \in \mathbb{N} , \quad x \in \mathbb{B}(x_0,r) . \qquad (3.2)$$

Da die Potenzreihe a in $\rho\mathbb{B}$ absolut konvergiert, ist für $x \in \rho\mathbb{B}$

$$M(x) := \sum_{n=0}^{\infty} |a_n| \left(|x_0| + |x - x_0|\right)^n < \infty ,$$

denn es gilt $|x_0| + |x - x_0| < \rho$. Zusammen mit (3.2) finden wir

$$\sup_{m \in \mathbb{N}} \sum_{n,k=0}^{m} |b_{n,k}(x)| \le M(x) , \qquad x \in \mathbb{B}(x_0,r) .$$

Also ist die Doppelreihe $\sum_{n,k} \binom{n}{k} a_n x_0^{n-k} (x - x_0)^k$ für jedes $x \in \mathbb{B}(x_0,r)$ summierbar. Somit folgt aus Theorem II.8.10(ii) und (3.1):

$$\begin{aligned} T(\underline{a},x_0)(x) &= \sum_{k=0}^{\infty} \sum_{n=0}^{\infty} \binom{n}{k} a_n x_0^{n-k} (x - x_0)^k \\ &= \sum_{n=0}^{\infty} \Big(\sum_{k=0}^{n} \binom{n}{k} x_0^{n-k} (x - x_0)^k \Big) a_n = \sum_{n=0}^{\infty} a_n x^n = \underline{a}(x) \end{aligned}$$

für $x \in \mathbb{B}(x_0,r)$, wobei wir $\binom{n}{k} = 0$ für $k > n$ und noch einmal den binomischen Satz verwendet haben. Aufgrund von Korollar 3.2 und Bemerkung 3.4(b) ist somit alles bewiesen. ∎

3.6 Korollar

(i) *Die Funktionen* exp, cos *und* sin *sind analytisch auf* $\mathbb{K}$.

(ii) *Aus* $f \in C^\omega(D,\mathbb{K})$ *folgt* $f' \in C^\omega(D,\mathbb{K})$.

Beweis Die erste Aussage folgt unmittelbar aus Satz 3.5. Wegen Theorem 3.1 ergibt sich (ii) ebenfalls aus Satz 3.5. ∎

Stammfunktionen analytischer Funktionen

Es seien D offen in $\mathbb{K}$, E ein normierter Vektorraum und $f : D \to E$. Dann heißt $F : D \to E$ **Stammfunktion** von f, falls F differenzierbar ist mit $F' = f$.

Eine nichtleere Teilmenge eines metrischen Raumes nennen wir **Gebiet**, wenn sie offen und zusammenhängend ist.

3.7 Bemerkungen (a) Es seien $D \subset \mathbb{K}$ ein Gebiet und $f : D \to E$. Ferner seien $F_1, F_2 \in E^D$ Stammfunktionen von f. Dann ist $F_2 - F_1$ konstant, d.h., *Stammfunktionen sind bis auf additive Konstanten eindeutig.*

Beweis (i) Es sei $F := F_2 - F_1$. Dann ist F differenzierbar mit $F' = 0$. Wir müssen nachweisen, daß F konstant ist. Dazu seien $x_0 \in D$ fest und $Y := \{ x \in D \; ; \; F(x) = F(x_0) \}$. Wegen $x_0 \in Y$ gilt $Y \neq \emptyset$.

(ii) Als nächstes zeigen wir, daß Y in D offen ist. Es sei $y \in Y$. Da D offen ist, gibt es ein $r > 0$ mit $\mathbb{B}(y, r) \subset D$. Für $x \in \mathbb{B}(y, r)$ setzen wir $\varphi(t) := F(y + t(x - y))$, $t \in [0, 1]$. Dann ist $\varphi : [0, 1] \to E$ differenzierbar mit

$$\varphi'(t) = F'(y + t(x - y))(x - y) = 0 \; , \qquad t \in [0, 1] \; ,$$

wegen $F' = 0$. Also folgt aus Theorem IV.2.18, daß φ konstant ist. Insbesondere ergibt sich $F(x) = \varphi(1) = \varphi(0) = F(y) = F(x_0)$, da y zu Y gehört. Wir haben somit nachgewiesen, daß $\mathbb{B}(y, r)$ in Y liegt, d.h., Y ist offen in D.

(iii) Die Funktion F ist differenzierbar und damit stetig. Ferner ist Y die Faser von F im Punkt $F(x_0)$, d.h. $Y = F^{-1}(F(x_0))$. Deshalb ist Y in D abgeschlossen (vgl. Beispiel III.2.22(a)).

(iv) Da D zusammenhängend ist, folgt aus Bemerkung III.4.3, daß $Y = D$ gilt. Also ist F konstant. ∎

(b) Es sei $a = \sum a_k X^k$ eine Potenzreihe mit positivem Konvergenzradius ρ. Dann besitzt $\underline{a}$ in $\rho \mathbb{B}$ eine Stammfunktion, die bis auf additive Konstanten eindeutig ist und durch die Potenzreihe $\sum (a_k / (k + 1)) X^{k+1}$ dargestellt wird.

Beweis Da $\rho \mathbb{B}$ zusammenhängend ist, genügt es gemäß (a) nachzuweisen, daß die angegebene Potenzreihe in $\rho \mathbb{B}$ eine Stammfunktion von $\underline{a}$ darstellt. Dies folgt aber aus Theorem 3.1. ∎

3.8 Satz *Besitzt $f \in C^\omega(D, \mathbb{K})$ eine Stammfunktion F, so ist auch F analytisch.*

Beweis Es sei $x_0 \in D$. Dann gibt es ein $r > 0$ mit

$$f(x) = \sum_{k=0}^{\infty} \frac{f^{(k)}(x_0)}{k!} (x - x_0)^k \; , \qquad x \in \mathbb{B}(x_0, r) \subset D \; .$$

Nach Bemerkung 3.7(b) gibt es ein $a \in \mathbb{K}$ mit

$$F(x) = a + \sum_{k=0}^{\infty} \frac{f^{(k)}(x_0)}{(k+1)!} (x - x_0)^{k+1} \; , \qquad x \in \mathbb{B}(x_0, r) \; . \tag{3.3}$$

Also folgt aus Satz 3.5, daß F in $\mathbb{B}(x_0, r)$ analytisch ist. Da die Analytizität eine lokale Eigenschaft ist, folgt die Behauptung. ∎

Die Potenzreihenentwicklung des Logarithmus

Im nächsten Theorem werden insbesondere die Aussagen von Beispiel IV.3.5 und Anwendung IV.3.9(d) verschärft.

3.9 Theorem *Der Logarithmus ist analytisch auf* $\mathbb{C}\backslash(-\infty, 0]$, *und für* $z \in \mathbb{B}_\mathbb{C}$ *gilt* $\log(1 + z) = \sum_{k=1}^{\infty}(-1)^{k-1}z^k/k$.

Beweis Wir wissen aus Beispiel IV.1.13(e), daß der Logarithmus eine Stammfunktion von $z \mapsto 1/z$ auf $\mathbb{C}\backslash(-\infty, 0]$ ist. Deshalb ergibt sich die erste Aussage aus Satz 3.8 und Beispiel 3.3(b).

Aus der Potenzreihenentwicklung

$$\frac{1}{z} = \sum_{k=0}^{\infty} \frac{(-1)^k}{z_0^{k+1}}(z - z_0)^k \ , \qquad z_0 \in \mathbb{C}^\times \ , \quad z \in \mathbb{B}_\mathbb{C}(z_0, |z_0|) \ ,$$

und Bemerkung 3.7(b) folgt

$$\log z = c + \sum_{k=0}^{\infty} \frac{(-1)^k}{(k+1)z_0^{k+1}}(z - z_0)^{k+1} \ , \qquad z, z_0 \in \mathbb{C}\backslash(-\infty, 0] \ , \quad |z - z_0| < |z_0| \ ,$$

mit einer geeigneten Konstanten c. Setzen wir $z = z_0$ erhalten wir $c = \log z_0$, und mit $z_0 = 1$ ergibt sich die angegebene Potenzreihenentwicklung. ∎

Die Binomialreihe

Die (**allgemeinen**) **Binomialkoeffizienten** werden für $\alpha \in \mathbb{C}$ und $n \in \mathbb{N}$ durch

$$\binom{\alpha}{n} := \frac{\alpha(\alpha-1)\cdot\ \cdots\ \cdot(\alpha-n+1)}{n!} \ , \quad n \in \mathbb{N}^\times \ , \qquad \binom{\alpha}{0} := 1 \ ,$$

definiert. Offensichtlich stimmen diese Definitionen für $\alpha \in \mathbb{N}$ mit denen von Paragraph I.5 überein. Ferner gelten die Formeln

$$\binom{\alpha}{n} = \binom{\alpha-1}{n} + \binom{\alpha-1}{n-1} \quad \text{und} \quad \alpha\binom{\alpha-1}{n} = (n+1)\binom{\alpha}{n+1} \tag{3.4}$$

für $\alpha \in \mathbb{C}$ und $n \in \mathbb{N}$ (vgl. Aufgabe 7). Die Potenzreihe

$$\sum_k \binom{\alpha}{k} X^k \in \mathbb{C}[\![X]\!]$$

heißt **Binomialreihe** (oder **binomische Reihe**) **zum Exponenten** α. Für $\alpha \in \mathbb{N}$ gilt offensichtlich $\binom{\alpha}{k} = 0$ für $k > \alpha$. In diesem Fall reduziert sich die Binomialreihe auf das Polynom

$$\sum_{k=0}^{\alpha} \binom{\alpha}{k} X^k = (1 + X)^\alpha \ .$$

Im folgenden Theorem erweitern wir diese Aussage auf den Fall beliebiger Exponenten.

3.10 Theorem *Es sei $\alpha \in \mathbb{C}\backslash\mathbb{N}$.*

(i) *Die Binomialreihe hat den Konvergenzradius 1, und*

$$\sum_{k=0}^{\infty}\binom{\alpha}{k}z^k = (1+z)^{\alpha} , \qquad z \in \mathbb{B}_{\mathbb{C}} . \tag{3.5}$$

(ii) *Die Potenzfunktion $z \mapsto z^{\alpha}$ ist analytisch auf $\{z \in \mathbb{C} ; \operatorname{Re} z > 0\}$, und es gilt*

$$z^{\alpha} = \sum_{k=0}^{\infty}\binom{\alpha}{k}z_0^{\alpha-k}(z-z_0)^k , \qquad \operatorname{Re} z, \operatorname{Re} z_0 > 0 , \quad |z-z_0| < |z_0| .$$

(iii) *Für $\operatorname{Re} z > 0$ und $w \in \mathbb{C}\backslash(-\infty,0]$ mit $z+w \in \mathbb{C}\backslash(-\infty,0]$ und $|z| > |w|$ gilt[1]*

$$(z+w)^{\alpha} = \sum_{k=0}^{\infty}\binom{\alpha}{k}z^{\alpha-k}w^k .$$

(iv) *Für $\alpha \in (0,\infty)$ konvergiert die Binomialreihe normal auf $\bar{\mathbb{B}}_{\mathbb{C}}$.*

Beweis Im folgenden sei $a_k := \binom{\alpha}{k}$.

(i) Wegen $\alpha \notin \mathbb{N}$ gilt $\lim |a_k/a_{k+1}| = \lim_k \big((k+1)/|\alpha-k|\big) = 1$. Also besitzt die Binomialreihe nach Satz II.9.4 den Konvergenzradius 1.

Es sei $f(z) := \sum_{k=0}^{\infty} a_k z^k$ für $z \in \mathbb{B}_{\mathbb{C}}$. Aus Theorem 3.1 und (3.4) folgt

$$f'(z) = \sum_{k=1}^{\infty} k\binom{\alpha}{k}z^{k-1} = \sum_{k=0}^{\infty}(k+1)\binom{\alpha}{k+1}z^k = \alpha \sum_{k=0}^{\infty}\binom{\alpha-1}{k}z^k ,$$

und wir erhalten unter Beachtung der ersten Formel von (3.4)

$$(1+z)f'(z) = \alpha\Big(\sum_{k=0}^{\infty}\binom{\alpha-1}{k}z^k + \sum_{k=0}^{\infty}\binom{\alpha-1}{k}z^{k+1}\Big)$$

$$= \alpha\Big\{1 + \sum_{k=1}^{\infty}\Big(\binom{\alpha-1}{k} + \binom{\alpha-1}{k-1}\Big)z^k\Big\} = \alpha f(z)$$

für $z \in \mathbb{B}_{\mathbb{C}}$. Somit gilt

$$(1+z)f'(z) - \alpha f(z) = 0 , \qquad z \in \mathbb{B}_{\mathbb{C}} .$$

---

[1]Aus Beispiel IV.1.13(g), Bemerkung 3.4(b) und Theorem VIII.5.11 wird folgen, daß die Aussagen (ii) und (iii) für alle $z \in \mathbb{C}\backslash(-\infty,0]$ gelten.

Hieraus folgt

$$[(1+z)^{-\alpha}f(z)]' = (1+z)^{-\alpha-1}[(1+z)f'(z) - \alpha f(z)] = 0 , \qquad z \in \mathbb{B}_{\mathbb{C}} .$$

Weil $\mathbb{B}_{\mathbb{C}}$ ein Gebiet ist, wissen wir aus Bemerkung 3.7(a), daß es ein $c \in \mathbb{C}$ gibt mit $(1+z)^{-\alpha}f(z) = c$ für $z \in \mathbb{B}$. Wegen $f(0) = 1$ erhalten wir $c = 1$, und somit $f(z) = (1+z)^{\alpha}$ für $z \in \mathbb{B}_{\mathbb{C}}$. Damit ist diese Aussage bewiesen.

(ii) Es seien $\operatorname{Re} z, \operatorname{Re} z_0 > 0$ mit $|z - z_0| < |z_0|$. Dann folgt aus (3.5):

$$z^{\alpha} = \left(z_0 + (z - z_0)\right)^{\alpha} = z_0^{\alpha}\left(1 + \frac{z - z_0}{z_0}\right)^{\alpha}$$

$$= z_0^{\alpha} \sum_{k=0}^{\infty} \binom{\alpha}{k} \frac{(z - z_0)^k}{z_0^k} = \sum_{k=0}^{\infty} \binom{\alpha}{k} z_0^{\alpha-k}(z - z_0)^k .$$

Insbesondere ist $z \mapsto z^{\alpha}$ auf $\{ z \in \mathbb{C} \ ; \ \operatorname{Re} z > 0 \}$ analytisch.

(iii) Wegen $|w/z| < 1$ finden wir, wiederum mit (3.5),

$$(z + w)^{\alpha} = z^{\alpha}\left(1 + \frac{w}{z}\right)^{\alpha} = z^{\alpha} \sum_{k=0}^{\infty} \binom{\alpha}{k}\left(\frac{w}{z}\right)^k = \sum_{k=0}^{\infty} \binom{\alpha}{k} z^{\alpha-k} w^k ,$$

also die Behauptung.

(iv) Wir setzen $\alpha_k := \left|\binom{\alpha}{k}\right|$ für $k \in \mathbb{N}$. Dann gilt

$$k\alpha_k - (k+1)\alpha_{k+1} = \alpha\alpha_k > 0 , \qquad k > \alpha > 0 . \tag{3.6}$$

Also ist die Folge $(k\alpha_k)$ fallend für $k > \alpha$, und es gibt ein $\beta \geq 0$ mit $\lim k\alpha_k = \beta$. Hieraus folgt

$$\lim_n \sum_{k=0}^{n}(k\alpha_k - (k+1)\alpha_{k+1}) = -\lim_n((n+1)\alpha_{n+1}) = -\beta .$$

Folglich erhalten wir mit (3.6)

$$\sum_{k>\alpha} \alpha_k = \frac{1}{\alpha} \sum_{k>\alpha}(k\alpha_k - (k+1)\alpha_{k+1}) < \infty .$$

Wegen $|a_k z^k| \leq \alpha_k$ für $|z| \leq 1$ ist die Behauptung nun eine Konsequenz des Weierstraßschen Majorantenkriteriums (Theorem 1.6). ∎

3.11 Beispiele Wir wollen im folgenden die Binomialreihe für die speziellen Werte $\alpha = 1/2$ und $\alpha = -1/2$ genauer untersuchen.

(a) (Der Fall $\alpha = 1/2$) Zuerst berechnen wir die Binomialkoeffizienten:

$$\binom{1/2}{k} = \frac{1}{k!}\frac{1}{2}\left(\frac{1}{2}-1\right)\cdot\cdots\cdot\left(\frac{1}{2}-k+1\right)$$

$$= \frac{(-1)^{k-1}}{k!}\frac{1\cdot 3\cdot\cdots\cdot(2k-3)}{2^k}$$

$$= (-1)^{k-1}\frac{1\cdot 3\cdot\cdots\cdot(2k-3)}{2\cdot 4\cdot\cdots\cdot 2k}$$

für $k \geq 2$. Also liefert Theorem 3.10 die Reihenentwicklung

$$\sqrt{1+z} = 1 + \frac{z}{2} + \sum_{k=2}^{\infty}(-1)^{k-1}\frac{1\cdot 3\cdot\cdots\cdot(2k-3)}{2\cdot 4\cdot\cdots\cdot 2k}z^k , \qquad z \in \bar{\mathbb{B}}_{\mathbb{C}} . \tag{3.7}$$

(b) (Berechnung von Quadratwurzeln) Wir schreiben (3.7) in der Form

$$\sqrt{1+z} = 1 + \frac{z}{2} - z^2\sum_{k=0}^{\infty}(-1)^k b_k z^k , \qquad z \in \bar{\mathbb{B}}_{\mathbb{C}} ,$$

mit

$$b_0 := 1/8 , \qquad b_{k+1} := b_k(2k+3)/(2k+6) , \qquad k \in \mathbb{N} ,$$

und betrachten diese Reihe auf dem Intervall $[0,1]$. Aus der Fehlerabschätzung für alternierende Reihen (Korollar II.7.9) folgt dann

$$1 + \frac{x}{2} - x^2\left(\sum_{k=0}^{2n}(-1)^k b_k x^k\right) \leq \sqrt{1+x} \leq 1 + \frac{x}{2} - x^2\left(\sum_{k=0}^{2n+1}(-1)^k b_k x^k\right)$$

für $n \in \mathbb{N}$ und $x \in [0,1]$. Diese Abschätzungen bieten eine weitere Möglichkeit zur numerischen Approximation von Quadratwurzeln. So gilt z.B. für $n = 2$ und $x = 1$:

$$1 + \frac{1}{2} - \frac{1}{8} + \frac{1}{16} - \frac{5}{128} = 1,39843\ldots \leq \sqrt{2} \leq 1,39843\ldots + \frac{7}{256} = 1,42578\ldots$$

Mit diesem Verfahren können Quadratwurzeln für Zahlen aus dem Intervall $[0,2]$ numerisch approximiert werden.

Eine Methode, mit der auch Werte, die größer als 2 sind, behandelt werden können, erhalten wir durch eine einfache Modifikation: Soll die Quadratwurzel von $a > 2$ bestimmt werden, so suche man $m \in \mathbb{N}$ mit $m^2 < a \leq 2m^2$. Setzt man dann $x := (a - m^2)/m^2$, so gelten $x \in (0,1)$ und $a = m^2(1+x)$. Deshalb finden wir

$$\sqrt{a} = m\sqrt{1+x} = m\left(1 + \frac{x}{2} - \frac{x^2}{8} + \frac{x^3}{16} \mp \cdots\right) ,$$

und folglich

$$m\left[1 + \frac{x}{2} - x^2\sum_{k=0}^{2n}(-1)^k b_k x^k\right] \leq \sqrt{a} \leq m\left[1 + \frac{x}{2} - x^2\sum_{k=0}^{2n+1}(-1)^k b_k x^k\right] .$$

Als numerisches Beispiel dient uns

$$\sqrt{10} = 3\left(1 + \frac{1}{2 \cdot 9} - \frac{1}{8 \cdot 81} + \frac{1}{16 \cdot 729} - \frac{5}{128 \cdot 6561} \pm \cdots\right)$$

mit der Approximation

$$3\left(1 + \frac{1}{18} - \frac{1}{648} + \frac{1}{11664} - \frac{5}{839808}\right) = 3,16227637\ldots \leq \sqrt{10}$$

$$\leq 3,16227637\ldots + \frac{21}{15116544}$$

$$= 3,16227776\ldots$$

Zum Vergleich geben wir die ersten gesicherten Ziffern der Dezimalbruchentwicklung an: $\sqrt{10} = 3,162277660\ldots$

(c) (Der Fall $\alpha = -1/2$) Hier gilt

$$\binom{-1/2}{k} = (-1)^k \frac{1 \cdot 3 \cdot \cdots \cdot (2k-1)}{2 \cdot 4 \cdot \cdots \cdot 2k}, \qquad k \geq 2.$$

Somit erhalten wir aus Theorem 3.10

$$\frac{1}{\sqrt{1+z}} = 1 - \frac{z}{2} + \sum_{k=2}^{\infty} (-1)^k \frac{1 \cdot 3 \cdot \cdots \cdot (2k-1)}{2 \cdot 4 \cdot \cdots \cdot 2k} z^k, \qquad z \in \bar{\mathbb{B}}_{\mathbb{C}}.$$

Aus $|z| < 1$ folgt $|-z^2| < 1$. Wir können also z durch $-z^2$ ersetzen und erhalten

$$\frac{1}{\sqrt{1-z^2}} = 1 + \frac{z^2}{2} + \sum_{k=2}^{\infty} \frac{1 \cdot 3 \cdot \cdots \cdot (2k-1)}{2 \cdot 4 \cdot \cdots \cdot 2k} z^{2k}, \qquad z \in \bar{\mathbb{B}}_{\mathbb{C}}. \qquad (3.8)$$

Insbesondere folgt aus Satz 3.5, daß die Funktion $z \mapsto 1/\sqrt{1-z^2}$ auf $\mathbb{B}_{\mathbb{C}}$ analytisch ist. ∎

Für reelle Argumente erhalten wir aus (3.8) eine Potenzreihenentwicklung für den Arcussinus.

3.12 Korollar *Der Arcussinus ist reell analytisch auf* $(-1,1)$ *und*

$$\arcsin(x) = x + \sum_{k=1}^{\infty} \frac{1 \cdot 3 \cdot \cdots \cdot (2k-1)}{2 \cdot 4 \cdot \cdots \cdot 2k} \frac{x^{2k+1}}{2k+1}, \qquad x \in (-1,1).$$

Beweis Gemäß Bemerkung 3.7(b) und (3.8) ist

$$F(x) := x + \frac{x^3}{2 \cdot 3} + \sum_{k=2}^{\infty} \frac{1 \cdot 3 \cdot \cdots \cdot (2k-1)}{2 \cdot 4 \cdot \cdots \cdot 2k} \frac{x^{2k+1}}{2k+1}, \qquad x \in (-1,1),$$

eine Stammfunktion von $f : (-1,1) \to \mathbb{R}$, $x \mapsto 1/\sqrt{1-x^2}$. Andererseits wissen wir aus Anwendung IV.2.10, daß auch der Arcussinus eine Stammfunktion von f

ist. Wegen $F(0) = 0 = \arcsin(0)$ und Bemerkung 3.4(a) gilt deshalb $F = \arcsin$. Schließlich folgt aus Satz 3.5, daß arcsin auf $(-1, 1)$ analytisch ist. ∎

Der Identitätssatz für analytische Funktionen

Am Schluß dieses Paragraphen wollen wir eine wichtige *globale* Eigenschaft analytischer Funktionen vorstellen: Verschwindet eine analytische Funktion auf einer offenen Teilmenge eines Gebietes D, so verschwindet sie auf ganz D.

3.13 Theorem (Identitätssatz für analytische Funktionen) *Es seien D ein Gebiet in $\mathbb{K}$ und $f \in C^\omega(D, \mathbb{K})$. Gibt es in D einen Häufungspunkt von Nullstellen von f, so verschwindet f in D.*

Beweis Wir setzen

$$Y := \left\{ x \in D \; ; \; \exists\, (x_n) \text{ in } D \backslash \{x\} \text{ mit } \lim x_n = x \text{ und } f(x_n) = 0 \text{ für } n \in \mathbb{N} \right\}.$$

Dann ist Y gemäß Annahme nicht leer. Für jedes $y \in Y$ gilt $f(y) = 0$ aufgrund der Stetigkeit von f. Folglich gehört jeder Häufungspunkt von Y ebenfalls zu Y. Also ist Y gemäß Satz III.2.11 abgeschlossen in D. Es sei $x_0 \in Y$. Da f analytisch ist, gibt es eine Umgebung V von x_0 in D und eine Potenzreihe $\sum a_k X^k$ mit $f(x) = \sum a_k (x - x_0)^k$ für $x \in V$. Da x_0 zu Y gehört, gibt es eine Folge (y_n) in $V \backslash \{x_0\}$ mit $y_n \to x_0$ und $f(y_n) = 0$ für $n \in \mathbb{N}$. Somit folgt aus dem Identitätssatz für Potenzreihen (Korollar II.9.9) $a_k = 0$ für $k \in \mathbb{N}$. Also verschwindet f in V, was zeigt, daß V zu Y gehört. Folglich ist Y auch offen in D.

Insgesamt ist gezeigt, daß Y eine nichtleere, offene und abgeschlossene Teilmenge des Gebietes D ist. Da D zusammenhängend ist, folgt deshalb $Y = D$ (vgl. Bemerkung III.4.3). ∎

3.14 Bemerkungen (a) Es seien D ein Gebiet in $\mathbb{K}$ und $f, g \in C^\omega(D, \mathbb{K})$. Gibt es eine in D konvergente Folge (x_n) mit $x_n \neq x_{n+1}$ und $f(x_n) = g(x_n)$ für $n \in \mathbb{N}$, so gilt $f = g$.

Beweis Die Funktion $h := f - g$ ist analytisch in D und $\lim x_n$ ist ein Häufungspunkt in D von Nullstellen von h. Also impliziert Theorem 3.13 die Behauptung. ∎

(b) Ist D offen in $\mathbb{R}$, so ist $C^\omega(D, \mathbb{R})$ eine echte Unteralgebra von $C^\infty(D, \mathbb{R})$.

Beweis Da sowohl die Differenzierbarkeit als auch die Analytizität lokale Eigenschaften sind, können wir annehmen, D sei ein beschränktes offenes Intervall. Es ist leicht zu sehen, daß für $x_0 \in D$ und $f \in C^\omega(D, \mathbb{R})$ die Funktion $x \mapsto f(x - x_0)$ auf $x_0 + D$ analytisch ist. Also genügt es, den Fall $D := (-a, a)$ für ein $a > 0$ zu betrachten. Es sei nun f die Einschränkung der Funktion von Beispiel IV.1.17 auf D. Dann gelten $f \in C^\infty(D, \mathbb{R})$ und $f \,|\, (-a, 0) = 0$, aber $f \neq 0$. Somit folgt aus (a), daß f nicht analytisch ist. ∎

(c) Eine von Null verschiedene analytische Funktion kann durchaus unendlich viele Nullstellen besitzen, wie das Beispiel des Cosinus zeigt. Nur dürfen sie sich nicht im Definitionsgebiet häufen.

(d) Der Beweis von (b) zeigt, daß in Theorem 3.13 im reellen Fall *nicht* auf die Analytizität von f verzichtet werden kann. Im komplexen Fall liegt eine völlig andere Situation vor. Wir werden später sehen, daß die Begriffe „komplexe Differenzierbarkeit" und „komplexe Analytizität" zusammenfallen, so daß sogar $C^1(D, \mathbb{C})$ für jede offene Teilmenge D von $\mathbb{C}$ mit $C^\omega(D, \mathbb{C})$ übereinstimmt. ∎

3.15 Bemerkung Es sei D offen in $\mathbb{R}$, und $f \colon D \to \mathbb{R}$ sei (reell) analytisch. Dann gibt es zu jedem $x \in D$ ein $r_x > 0$ mit

$$f(y) = \sum_{k=0}^{\infty} \frac{f^{(k)}(x)}{k!} (y - x)^k , \qquad y \in \mathbb{B}_{\mathbb{R}}(x, r_x) \cap D .$$

Die Menge

$$D_{\mathbb{C}} := \bigcup_{x \in D} \mathbb{B}_{\mathbb{C}}(x, r_x)$$

ist eine in $\mathbb{C}$ offene Umgebung von D. Durch

$$f_{\mathbb{C},x}(z) := \sum_{k=0}^{\infty} \frac{f^{(k)}(x)}{k!} (z - x)^k , \qquad z \in \mathbb{B}_{\mathbb{C}}(x, r_x) ,$$

wird gemäß Satz 3.5 für jedes $x \in D$ auf $\mathbb{B}_{\mathbb{C}}(x, r_x)$ eine analytische Funktion definiert. Aus dem Identitätssatz für analytische Funktionen folgt, daß durch

$$f_{\mathbb{C}}(z) := f_{\mathbb{C},x}(z) , \qquad z \in \mathbb{B}_{\mathbb{C}}(x, r_x) , \quad x \in D ,$$

eine analytische Funktion $f_{\mathbb{C}} \colon D_{\mathbb{C}} \to \mathbb{C}$ mit $f_{\mathbb{C}} \supset f$ definiert wird, die **analytische Fortsetzung** von f auf $D_{\mathbb{C}}$.

Nun seien D offen in $\mathbb{C}$ und $D_{\mathbb{R}} := D \cap \mathbb{R} \neq \emptyset$. Ferner seien $f \in C^\omega(D, \mathbb{C})$ und $f(D_{\mathbb{R}}) \subset \mathbb{R}$. Dann ist $f \mid D_{\mathbb{R}}$ offensichtlich reell analytisch.

Diese Überlegungen zeigen, daß wir uns beim Studium analytischer Funktionen auf den komplexen Fall beschränken können, was wir im weiteren stets tun werden. ∎

Aufgaben

1 Es seien D offen in $\mathbb{C}$ mit $D_{\mathbb{R}} := D \cap \mathbb{R} \neq \emptyset$ und $f \in C^\omega(D, \mathbb{C})$. Man zeige:

(a) $(\operatorname{Re} f) \mid D_{\mathbb{R}}$ und $(\operatorname{Im} f) \mid D_{\mathbb{R}}$ sind reell-analytisch.

(b) Es sei $f = \sum a_k (X - x_0)^k$ eine Potenzreihenentwicklung von f um $x_0 \in D_{\mathbb{R}}$ mit Konvergenzradius $\rho > 0$. Dann sind die Aussagen

   (i) $f \mid \widetilde{D} \in C^\omega(\widetilde{D}, \mathbb{R})$;

(ii) $a_k \in \mathbb{R}$ für jedes $k \in \mathbb{N}$;

wobei $\widetilde{D} := D_{\mathbb{R}} \cap (x_0 - \rho, x_0 + \rho)$, äquivalent.

2 Die Funktion $f \in C^\omega(D, \mathbb{K})$ habe keine Nullstelle. Man zeige, daß auch $1/f$ analytisch ist.
(Hinweis: Man verwende den Divisionsalgorithmus von Aufgabe II.9.9.)

3 Es sei $h : \mathbb{C} \to \mathbb{C}$ durch

$$h(z) := \begin{cases} (e^z - 1)/z\,, & z \in \mathbb{C}^\times\,, \\ 1\,, & z = 0\,, \end{cases}$$

gegeben. Man verifiziere: $h \in C^\omega(\mathbb{C}, \mathbb{C})$ mit $h(z) \neq 0$ für $|z| < 1/(e-1)$.
(Hinweise: Für die Analytizität betrachte man $\sum X^k/(k+1)!$. Aus Bemerkung II.8.2(c) folgt die Abschätzung

$$|h(z)| = \left| \frac{e^z - 1}{z} \right| \geq 1 - \sum_{k=1}^\infty \frac{|z|^k}{(k+1)!}$$

für $z \in \mathbb{C}$.)

4 Gemäß den Aufgaben 2 und 3 ist die Funktion $z \mapsto z/(e^z - 1)$ auf $\mathbb{B}\big(0, 1/(e-1)\big)$ analytisch. Also gibt es ein $\rho > 0$ und $B_k \in \mathbb{C}$ mit

$$\frac{z}{e^z - 1} = \sum_{k=0}^\infty \frac{B_k}{k!} z^k\,, \qquad z \in \rho\mathbb{B}\,.$$

Man berechne $B_0, \ldots, B_{10}$ und verifiziere, daß alle B_k rational sind.

5 Es seien D ein Gebiet in $\mathbb{C}$ und $f \in C^\omega(D, \mathbb{C})$, und es gelte eine der Bedingungen

(i) $\operatorname{Re} f = \text{const}$;

(ii) $\operatorname{Im} f = \text{const}$;

(iii) $\overline{f} \in C^\omega(D, \mathbb{C})$;

(iv) $|f| = \text{const}$.

Dann ist f konstant. (Hinweise: (i) Durch Betrachten geeigneter Differenzenquotienten zeige man $f'(z) \in i\mathbb{R} \cap \mathbb{R}$.   (iii) $2\operatorname{Re} f = f + \overline{f}$ und (i).   (iv) $|f|^2 = f\overline{f}$ und Aufgabe 2.)

6 Es sei $\rho > 0$, und $f \in C^\omega(\rho\mathbb{B})$ werde auf $\rho\mathbb{B}$ durch $\sum a_k X^k$ dargestellt. Ferner sei (x_n) eine Nullfolge in $(\rho\mathbb{B}) \backslash \{0\}$. Dann sind die folgenden Aussagen äquivalent:

(i) f ist gerade;

(ii) $f(x_n) = f(-x_n)$, $n \in \mathbb{N}$;

(iii) $a_{2m+1} = 0$, $m \in \mathbb{N}$.

Man formuliere eine analoge Charakterisierung von ungeraden analytischen Funktionen auf $\rho\mathbb{B}$.

7 Man beweise die Formeln (3.4).

8 Für $\alpha, \beta \in \mathbb{C}$ und $k \in \mathbb{N}$ gilt

$$\binom{\alpha + \beta}{k} = \sum_{\ell=0}^{k} \binom{\alpha}{\ell} \binom{\beta}{k - \ell} .$$

9 Man verifiziere, daß die Funktionen

(a) $\sinh : \mathbb{C} \to \mathbb{C}$, $\cosh : \mathbb{C} \to \mathbb{C}$, $\tanh : \mathbb{C} \backslash i\pi(\mathbb{Z} + 1/2) \to \mathbb{C}$;

(b) $\tan : \mathbb{C} \backslash \pi(\mathbb{Z} + 1/2) \to \mathbb{C}$, $\cot : \mathbb{C} \backslash \pi\mathbb{Z} \to \mathbb{C}$;

analytisch sind. (Hinweis: Man verwende Satz 3.8.)

10 Es ist zu zeigen, daß die Funktionen

$$\ln(\cos) , \quad \ln(\cosh) , \quad x \mapsto \ln^2(1 + x)$$

in einer Umgebung von 0 analytisch sind. Wie lauten die entsprechenden Potenzreihenentwicklungen um 0?
(Hinweis: Man bestimme zuerst eine Potenzreihenentwicklung für die Ableitungen.)

11 Für $x \in [-1, 1]$ gilt

$$\arctan x = \sum_{k=0}^{\infty} (-1)^k \frac{x^{2k+1}}{2k + 1} = x - \frac{x^3}{3} + \frac{x^5}{5} - \frac{x^7}{7} + - \cdots ,$$

und somit (**Formel von Leibniz**)

$$\frac{\pi}{4} = \sum_{k=0}^{\infty} \frac{(-1)^k}{2k + 1} = 1 - \frac{1}{3} + \frac{1}{5} - \frac{1}{7} + - \cdots .$$

(Hinweise: $\arctan' x = 1/(1 + x^2)$. Für $x = \pm 1$ ergibt sich die Konvergenz aus dem Leibnizschen Kriterium (Theorem II.7.8).)

4 Polynomiale Approximation

Wir haben gesehen, daß differenzierbare Funktionen lokal durch ihre Taylorpolynome approximiert werden. Liegt Analytizität vor, besteht sogar eine lokale Darstellung durch Potenzreihen. Dies bedeutet, daß analytische Funktionen lokal beliebig genau durch Polynome approximiert werden können, wobei der Fehler in jeder Ordnung beliebig klein gemacht werden kann, wenn man Polynome beliebig hohen Grades zuläßt und sich auf hinreichend kleine Umgebungen eines Punktes x_0 beschränkt. Dabei sind die approximierenden Polynome die Taylorpolynome, die durch die Werte der zu approximierenden Funktion und ihrer Ableitungen im Punkt x_0 explizit gegeben sind. Außerdem kann für Taylorpolynome der Approximationsfehler mittels der diversen Restglieddarstellungen kontrolliert werden. In diesen Tatsachen liegt nicht zuletzt die große Bedeutung des Taylorschen Satzes, insbesondere im Bereich der Numerischen Mathematik, die sich u.a. mit der Herleitung effizienter Algorithmen zur näherungsweisen Berechnung von Funktionen und Lösungen von Gleichungen befaßt.

In diesem Paragraphen untersuchen wir das Problem der *globalen* Approximation von Funktionen durch Polynome. Wir werden sehen, daß der Satz von Stone und Weierstraß eine Lösung dieser Aufgabe für beliebige stetige Funktionen auf kompakten Teilmengen des $\mathbb{R}^n$ garantiert.

Banachalgebren

Eine Algebra A heißt **Banachalgebra**, wenn A ein Banachraum ist, und wenn die Ungleichungen

$$\|ab\| \leq \|a\| \, \|b\| \ , \qquad a, b \in A \ ,$$

erfüllt sind. Besitzt A ein Einselement e, wird außerdem $\|e\| = 1$ gefordert.

4.1 Beispiele **(a)** Es sei X eine nichtleere Menge. Dann ist $B(X, \mathbb{K})$ eine Banachalgebra mit dem Einselement $\mathbf{1}$.

Beweis Aus Theorem II.6.6 wissen wir, daß $B(X, \mathbb{K})$ ein Banachraum ist. Ferner gilt

$$\|fg\|_\infty = \sup_{x \in X} |f(x)g(x)| \leq \sup_{x \in X} |f(x)| \sup_{x \in X} |g(x)| = \|f\|_\infty \, \|g\|_\infty \ , \qquad f, g \in B(X, \mathbb{K}) \ .$$

Dies zeigt, daß $B(X, \mathbb{K})$ eine Unteralgebra von $\mathbb{K}^X$ ist. Für das Einselement $\mathbf{1}$ von $\mathbb{K}^X$ gelten $\mathbf{1} \in B(X, \mathbb{K})$ und $\|\mathbf{1}\|_\infty = 1$. Damit ist alles gezeigt. ∎

(b) Es sei X ein metrischer Raum. Dann ist $BC(X, \mathbb{K})$ eine abgeschlossene Unteralgebra von $B(X, \mathbb{K})$, welche $\mathbf{1}$ enthält, also eine Banachalgebra mit Eins.

Beweis Gemäß Theorem 2.6 ist $BC(X, \mathbb{K})$ ein abgeschlossener Untervektorraum von $B(X, \mathbb{K})$, und damit selbst ein Banachraum. Nun folgt die Behauptung aus (a) und Satz III.1.5. ∎

(c) Es sei X ein kompakter metrischer Raum. Dann ist $C(X, \mathbb{K})$ eine Banachalgebra mit dem Einselement **1**.

Beweis In Theorem 2.6 haben wir gezeigt, daß in diesem Fall die Banachräume $C(X, \mathbb{K})$ und $BC(X, \mathbb{K})$ übereinstimmen. ∎

(d) In jeder Banachalgebra A ist die Multiplikation $A \times A \to A$, $(a, b) \mapsto ab$ stetig.

Beweis Für (a, b) und (a_0, b_0) aus $A \times A$ gilt

$$\|ab - a_0 b_0\| \leq \|a - a_0\| \, \|b\| + \|a_0\| \, \|b - b_0\| \;,$$

woraus sich die Behauptung leicht ergibt (vgl. den Beweis von Beispiel III.1.3(m)). ∎

(e) Ist B eine Unteralgebra einer Banachalgebra A, so ist $\overline{B}$ eine Banachalgebra.

Beweis Zu $a, b \in \overline{B}$ gibt es Folgen (a_n) und (b_n) mit $a_n \to a$ und $b_n \to b$ in A. Aus Satz II.2.2 und Bemerkung II.3.1(c) folgt

$$a + \lambda b = \lim a_n + \lambda \lim b_n = \lim(a_n + \lambda b_n) \in \overline{B}$$

für $\lambda \in \mathbb{K}$. Also ist $\overline{B}$ ein abgeschlossener Untervektorraum von A und somit selbst ein Banachraum. Wegen (d) gilt auch $a_n b_n \to ab$, so daß auch ab zu $\overline{B}$ gehört. Folglich ist $\overline{B}$ eine Unteralgebra von A, also eine Banachalgebra. ∎

Dichtheit und Separabilität

Eine Teilmenge D eines metrischen Raumes X ist **dicht** in X, wenn $\overline{D} = X$ gilt. Ein metrischer Raum heißt **separabel**, wenn er eine abzählbare dichte Teilmenge enthält.

4.2 Bemerkungen **(a)** Die folgenden Aussagen sind äquivalent:

   (i) D ist dicht in X.

   (ii) Für jedes $x \in X$ und für jede Umgebung U von x gilt: $U \cap D \neq \emptyset$.

   (iii) Zu jedem $x \in X$ gibt es eine Folge (d_j) in D mit $d_j \to x$.

(b) Es seien $X_1, \ldots, X_m$ metrische Räume, und D_j sei dicht in X_j für $1 \leq j \leq m$. Dann ist $D_1 \times \cdots \times D_m$ dicht in $X_1 \times \cdots \times X_m$.

Beweis Dies ist eine unmittelbare Konsequenz von (a) und Beispiel II.1.8(e). ∎

(c) Die Definitionen von Dichtheit und Separabilität sind offensichtlich für allgemeine topologische Räume gültig. Ebenso sind die Aussagen (i) und (ii) von (a) in allgemeinen topologischen Räumen zueinander äquivalent, nicht jedoch zu (iii).

(d) Es seien X und Y metrische Räume, und $h \colon X \to Y$ sei topologisch. Dann ist D genau dann dicht in X, wenn $h(D)$ dicht in Y ist.

Beweis Dies folgt unmittelbar aus der Charakterisierung (ii) von (a) und der Tatsache, daß Homöomorphismen Umgebungen auf Umgebungen abbilden (vgl. Aufgabe III.3.3). ∎

4.3 Beispiele (a) $\mathbb{Q}$ ist dicht in $\mathbb{R}$. Also ist $\mathbb{R}$ separabel.

Beweis Dies folgt aus den Sätzen I.10.8 und I.9.4. ∎

(b) Die irrationalen Zahlen $\mathbb{R}\backslash\mathbb{Q}$ bilden eine dichte Teilmenge von $\mathbb{R}$.

Beweis Dies haben wir in Satz I.10.11 bewiesen. ∎

(c) Für jede Teilmenge A von X gilt: A ist dicht in $\overline{A}$.

(d) $\mathbb{Q} + i\mathbb{Q}$ ist dicht in $\mathbb{C}$. Also ist $\mathbb{C}$ separabel.

Beweis Dies folgt aus (a) und Bemerkung 4.2(b) (vgl. auch Bemerkung II.3.13(e)). ∎

(e) Jeder endlich-dimensionale normierte Vektorraum ist separabel. Insbesondere ist $\mathbb{K}^n$ separabel.

Beweis Es sei V ein normierter Vektorraum über $\mathbb{K}$, und $(b_1, \ldots, b_n)$ sei eine Basis von V. Gemäß (a) und (d) ist $\mathbb{K}$ separabel. Es seien D eine abzählbare und dichte Teilmenge von $\mathbb{K}$ und

$$V_D := \left\{ \sum_{k=1}^n \alpha_k b_k \ ; \ \alpha_k \in D \right\} .$$

Dann ist V_D abzählbar und dicht in V (vgl. Aufgabe 6). ∎

Im folgenden Satz stellen wir einige nützliche äquivalente Formulierungen der Dichtheit zusammen.

4.4 Satz *Es seien X ein metrischer Raum und $D \subset X$. Dann sind die folgenden Aussagen äquivalent:*

(i) *D ist dicht in X.*

(ii) *Ist A abgeschlossen mit $D \subset A \subset X$, so folgt $A = X$. Also ist X die einzige abgeschlossene dichte Teilmenge von X.*

(iii) *Zu jedem $x \in X$ und jedem $\varepsilon > 0$ gibt es ein $y \in D$ mit $d(x,y) < \varepsilon$.*

(iv) *Das Komplement von D hat ein leeres Inneres, d.h. $(D^c)^\circ = \emptyset$.*

Beweis „(i)$\Rightarrow$(ii)" Es sei A abgeschlossen mit $D \subset A \subset X$. Aus Korollar III.2.13 folgt dann $X = \overline{D} \subset \overline{A} = A$. Also gilt $A = X$.

„(ii)$\Rightarrow$(iii)" Wir argumentieren indirekt: Gibt es ein $x \in X$ und ein $\varepsilon > 0$ mit $D \cap \mathbb{B}(x,\varepsilon) = \emptyset$, so folgt $D \subset \big[\mathbb{B}(x,\varepsilon)\big]^c$. Dies widerspricht (ii), da $\big[\mathbb{B}(x,\varepsilon)\big]^c$ eine abgeschlossene Teilmenge von X ist mit $\big[\mathbb{B}(x,\varepsilon)\big]^c \neq X$.

„(iii)$\Rightarrow$(iv)" Nehmen wir an, $(D^c)^\circ$ sei nicht leer. Da $(D^c)^\circ$ offen ist, gibt es ein $x \in (D^c)^\circ$ und ein $\varepsilon > 0$ mit $\mathbb{B}(x,\varepsilon) \subset (D^c)^\circ \subset D^c$. Also gilt $D \cap \mathbb{B}(x,\varepsilon) = \emptyset$, was (iii) widerspricht.

„(iv)$\Rightarrow$(i)" Gemäß Aufgabe III.2.5 gilt für jede Teilmenge V von X die Beziehung $\overset{\circ}{V} = X \backslash \overline{(X\backslash V)}$. Aus (iv) folgt deshalb $\emptyset = (D^c)^\circ = X \backslash \overline{(D^c)^c} = X \backslash \overline{D}$, also $\overline{D} = X$. Damit ist alles bewiesen. ∎

Natürlich ist Aussage (iii) äquivalent zu Aussage (ii) von Bemerkung 4.2(a).

Der Satz von Stone und Weierstraß

Als Vorbereitung auf den eigentlichen Beweis des Satzes von Stone-Weierstraß wollen wir zwei Hilfssätze bereitstellen.

4.5 Lemma   *Es gilt*

$$|t| = \sum_{k=0}^{\infty} \binom{1/2}{k} (t^2 - 1)^k , \qquad t \in [-1, 1] .$$

Die Reihe konvergiert normal auf $[-1, 1]$.

Beweis   Wir setzen $x := t^2 - 1$ für $t \in [-1, 1]$. Dann gilt

$$|t| = \sqrt{t^2} = \sqrt{1 + t^2 - 1} = \sqrt{1 + x} ,$$

und die Behauptung folgt aus Theorem 3.10. ∎

4.6 Lemma   *Es seien X ein kompakter metrischer Raum und A eine abgeschlossene Unteralgebra von $C(X, \mathbb{R})$, welche 1 enthält. Dann gehören mit f und g auch $|f|$, $f \vee g$ und $f \wedge g$ zu A.*

Beweis   Es seien $f, g \in A$. Nach Aufgabe I.8.11 gelten die Beziehungen

$$f \vee g = \frac{1}{2}(f + g + |f - g|) , \quad f \wedge g = \frac{1}{2}(f + g - |f - g|) .$$

Deshalb genügt es nachzuweisen, daß mit f auch $|f|$ zu A gehört. Außerdem genügt es, den Fall $f \neq 0$ zu betrachten. Aus Lemma 4.5 folgt

$$\left| |t| - \sum_{k=0}^{m} \binom{1/2}{k} (t^2 - 1)^k \right| \leq \sum_{k=m+1}^{\infty} \left| \binom{1/2}{k} \right| , \qquad t \in [-1, 1] ,$$

wobei die rechts stehenden Reihenreste für $m \to \infty$ gegen Null konvergieren. Also finden wir zu jedem $\varepsilon > 0$ ein $P_\varepsilon \in \mathbb{R}[t]$ mit

$$\left| |t| - P_\varepsilon(t) \right| < \varepsilon / \|f\|_\infty , \qquad t \in [-1, 1] .$$

Mit $t := f(x)/\|f\|_\infty$ gilt somit

$$\|f\|_\infty \left| |f(x)/\|f\|_\infty| - P_\varepsilon\big(f(x)/\|f\|_\infty\big) \right| < \varepsilon , \qquad x \in X .$$

Es sei $g_\varepsilon := \|f\|_\infty P_\varepsilon(f/\|f\|_\infty)$. Da A eine Unteralgebra von $C(X, \mathbb{R})$ ist, welche 1 enthält, gehört g_ε zu A. Somit ist gezeigt: Zu jedem $\varepsilon > 0$ gibt es ein $g \in A$ mit $\big\| |f| - g \big\|_\infty < \varepsilon$. Also gehört $|f|$ zu $\overline{A}$. Da A nach Voraussetzung abgeschlossen ist, folgt die Behauptung. ∎

Eine Teilmenge M von $C(X, \mathbb{K})$ **trennt die Punkte von** X, wenn es zu jedem $(x, y) \in X \times X$ mit $x \neq y$ ein $m \in M$ gibt mit $m(x) \neq m(y)$. Die Menge M heißt **stabil unter Konjugation**, wenn aus $m \in M$ stets $\overline{m} \in M$ folgt.[1]

Nach diesen Vorbereitungen können wir das Haupttheorem dieses Paragraphen beweisen.

4.7 Theorem (Approximationssatz von Stone und Weierstraß) *Es sei X ein kompakter metrischer Raum, und A sei eine Unteralgebra von $C(X, \mathbb{K})$, welche $\mathbf{1}$ enthält. Trennt A die Punkte von X und ist A stabil unter Konjugation, so ist A dicht in $C(X, \mathbb{K})$. Also gibt es zu jedem $f \in C(X, \mathbb{K})$ und jedem $\varepsilon > 0$ ein $a \in A$ mit $\|f - a\|_\infty < \varepsilon$.*

Beweis Wir unterscheiden die Fälle $\mathbb{K} = \mathbb{R}$ und $\mathbb{K} = \mathbb{C}$.

(a) Es seien zuerst $f \in C(X, \mathbb{R})$ und $\varepsilon > 0$.

(i) Wir behaupten: Für $y, z \in X$ gibt es ein $h_{y,z} \in A$ mit

$$h_{y,z}(y) = f(y) \quad \text{und} \quad h_{y,z}(z) = f(z) \ . \tag{4.1}$$

In der Tat: Gilt $y = z$, leistet die konstante Funktion $h_{y,z} := f(y)\mathbf{1}$ das Gewünschte. Weil A die Punkte von X trennt, finden wir im Fall $y \neq z$ ein $g \in A$ mit $g(y) \neq g(z)$. Deshalb können wir

$$h_{y,z} := f(y)\mathbf{1} + \frac{f(z) - f(y)}{g(z) - g(y)}\big(g - g(y)\mathbf{1}\big)$$

bilden, und diese Funktion gehört zu A. Wegen $h_{y,z}(y) = f(y)$ und $h_{y,z}(z) = f(z)$ ist (4.1) bewiesen.

(ii) Für $y, z \in X$ setzen wir

$$U_{y,z} := \big\{ x \in X \ ; \ h_{y,z}(x) < f(x) + \varepsilon \big\} \ , \quad V_{y,z} := \big\{ x \in X \ ; \ h_{y,z}(x) > f(x) - \varepsilon \big\} \ .$$

Da $h_{y,z} - f$ stetig ist, wissen wir aus Beispiel III.2.22(c), daß $U_{y,z}$ und $V_{y,z}$ in X offen sind. Wegen (4.1) gehören y zu $U_{y,z}$ und z zu $V_{y,z}$. Es sei nun $z \in X$ fest. Dann ist $\{ U_{y,z} \ , \ y \in X \}$ eine offene Überdeckung des kompakten Raumes X. Deshalb finden wir $y_0, \dots, y_m$ in X mit $\bigcup_{j=0}^{m} U_{y_j,z} = X$. Wir setzen

$$h_z := \min_{0 \le j \le m} h_{y_j,z} := h_{y_0,z} \wedge \cdots \wedge h_{y_m,z} \ .$$

Aufgrund von Lemma 4.6 gehört h_z zu $\overline{A}$. Zudem gilt

$$h_z(x) < f(x) + \varepsilon \ , \qquad x \in X \ , \tag{4.2}$$

da es zu jedem $x \in X$ ein $j \in \{0, \dots, m\}$ gibt mit $x \in U_{y_j,z}$.

---

[1]Im reellen Fall ist diese Forderung immer erfüllt: Jede Teilmenge von $C(X, \mathbb{R})$ ist stabil unter Konjugation.

(iii) Für $z \in X$ sei $V_z := \bigcap_{j=0}^{m} V_{y_j,z}$. Dann gilt

$$h_z(x) > f(x) - \varepsilon , \qquad x \in V_z . \tag{4.3}$$

Wegen (4.1) ist $\{ V_z ; z \in X \}$ eine offene Überdeckung von X. Also finden wir, aufgrund der Kompaktheit von X, Punkte $z_0, \ldots, z_n$ in X mit $X = \bigcup_{k=0}^{n} V_{z_k}$. Setzen wir

$$h := \max_{0 \le k \le n} h_{z_k} := h_{z_0} \vee \cdots \vee h_{z_n} ,$$

so zeigen Lemma 4.6 und Beispiel 4.1(e), daß h zu $\overline{A}$ gehört. Außerdem folgen aus (4.2) und (4.3) die Ungleichungen

$$f(x) - \varepsilon < h(x) < f(x) + \varepsilon , \qquad x \in X .$$

Also gilt $\|f - h\|_\infty < \varepsilon$. Da h zu $\overline{A}$ gehört, gibt es ein $a \in A$ mit $\|h - a\|_\infty < \varepsilon$. Insgesamt haben wir nachgewiesen, daß $\|f - a\|_\infty < 2\varepsilon$ gilt. Weil $\varepsilon > 0$ beliebig war, folgt nun die Behauptung aus Satz 4.4.

(b) Es sei $\mathbb{K} = \mathbb{C}$.

(i) Wir bezeichnen mit $A_\mathbb{R}$ die Menge aller reellwertigen Funktionen in A. Dann ist $A_\mathbb{R}$ eine Algebra über dem Körper $\mathbb{R}$. Weil A unter Konjugation stabil ist, gehören für jedes $f \in A$ die Funktionen $\operatorname{Re} f = (f + \overline{f})/2$ und $\operatorname{Im} f = (f - \overline{f})/2i$ zu $A_\mathbb{R}$. Also gilt $A \subset A_\mathbb{R} + i A_\mathbb{R}$. Da offensichtlich auch $A_\mathbb{R} + i A_\mathbb{R} \subset A$ richtig ist, haben wir $A = A_\mathbb{R} + i A_\mathbb{R}$ bewiesen.

(ii) Es seien $y, z \in X$ mit $y \ne z$. Weil A die Punkte von X trennt, gibt es ein $f \in A$ mit $f(y) \ne f(z)$. Insbesondere gilt $\operatorname{Re} f(y) \ne \operatorname{Re} f(z)$ oder $\operatorname{Im} f(y) \ne \operatorname{Im} f(z)$. Also trennt auch $A_\mathbb{R}$ die Punkte von X. Nun können wir das in (a) bewiesene Resultat anwenden und finden $C(X, \mathbb{R}) = \overline{A_\mathbb{R}}$. Deshalb gilt

$$\overline{A} \subset C(X, \mathbb{C}) = C(X, \mathbb{R}) + i C(X, \mathbb{R}) = \overline{A_\mathbb{R}} + i \overline{A_\mathbb{R}} . \tag{4.4}$$

(iii) Schließlich sei $f \in \overline{A_\mathbb{R}} + i \overline{A_\mathbb{R}}$. Dann gibt es $g, h \in \overline{A_\mathbb{R}}$ mit $f = g + ih$, und wir finden Folgen (g_k) und (h_k) in A mit $g_j \to g$ und $h_j \to h$ in $C(X, \mathbb{R})$. Deshalb konvergiert die Folge $(g_k + i h_k)$ in $C(X, \mathbb{C})$ gegen $g + ih = f$. Folglich gehört f zu $\overline{A}$, was $C(X, \mathbb{C}) = \overline{A_\mathbb{R}} + i \overline{A_\mathbb{R}} \subset \overline{A}$ beweist. Mit (4.4) ergibt sich nun die Behauptung. ∎

4.8 Korollar   *Es sei $M \subset \mathbb{R}^n$ kompakt.*

(a) *Jede stetige $\mathbb{K}$-wertige Funktion auf M kann beliebig genau gleichmäßig durch Polynome in n Variablen approximiert werden, d.h., $\mathbb{K}[X_1, \ldots, X_n]\,|\,M$ ist dicht in $C(M, \mathbb{K})$.*

(b) *Der Banachraum $C(M, \mathbb{K})$ ist separabel.*

Beweis (a) Wir setzen $A := \mathbb{K}[X_1, \ldots, X_n]\,|\,M$. Dann ist A offensichtlich eine Unteralgebra mit Eins von $C(M, \mathbb{K})$. Außerdem trennt A die Punkte von M und ist stabil unter Konjugation (vgl. Aufgabe 7). Somit folgt die Behauptung aus dem Satz von Stone und Weierstraß.

(b) Im Fall $\mathbb{K} = \mathbb{R}$ bildet $\mathbb{Q}[X_1, \ldots, X_n] \,|\, M$ eine abzählbare dichte Teilmenge von $C(M, \mathbb{R})$. Im Fall $\mathbb{K} = \mathbb{C}$ leistet $(\mathbb{Q} + i\mathbb{Q})[X_1, \ldots, X_n] \,|\, M$ das Gewünschte. ∎

4.9 Korollar (Weierstraßscher Approximationssatz) *Es gelte* $-\infty < a < b < \infty$. *Dann gibt es zu jedem* $f \in C([a, b], \mathbb{K})$ *und zu jedem* $\varepsilon > 0$ *ein Polynom* p *mit Koeffizienten in* $\mathbb{K}$, *so daß* $|f(x) - p(x)| < \varepsilon$ *für* $x \in [a, b]$ *gilt.*

Mit Hilfe des Stone-Weierstraßschen Theorems können wir nun leicht ein Beispiel eines normierten Vektorraumes, der nicht vollständig ist, angeben.

4.10 Beispiele (a) Es sei I ein kompaktes perfektes Intervall, und $\mathcal{P}$ sei die Unteralgebra von $C(I)$ aller (Restriktionen von) Polynome(n) auf I. Dann ist $\mathcal{P}$ ein normierter Vektorraum, aber kein Banachraum.

Beweis Nach Korollar 4.9 ist $\mathcal{P}$ dicht in $C(I)$. Da $\exp | I$ zu $C(I)$, aber nicht zu $\mathcal{P}$ gehört, ist $\mathcal{P}$ ein echter Untervektorraum von $C(I)$. Somit folgt aus Satz 4.4, daß $\mathcal{P}$ nicht abgeschlossen, also auch nicht vollständig ist. ∎

(b) Es seien I ein kompaktes Intervall und $\varepsilon := \exp | I$. Dann ist

$$A := \left\{ \sum_{k=0}^n a_k \varepsilon^k \; ; \; a_k \in \mathbb{K}, \ n \in \mathbb{N} \right\}$$

eine dichte Unteralgebra von $C(I, \mathbb{K})$. Also kann jede auf I stetige Funktion beliebig genau gleichmäßig durch „Exponentialsummen" $t \mapsto \sum_{k=0}^n a_k e^{tk}$ approximiert werden.

Beweis Offensichtlich ist A eine Unteralgebra von $C(I, \mathbb{K})$ mit $\mathbf{1} \in A$. Wegen $e(s) \neq e(t)$ für $s \neq t$ trennt A die Punkte von I. Da A stabil ist unter Konjugation, folgt die Behauptung aus Theorem 4.7. ∎

(c) Es seien $S := S^1 := \{ z \in \mathbb{C} \; ; \; |z| = 1 \}$ und $\chi(z) := z$ für $z \in S$. Mit $\chi_k := \chi^k$ für $k \in \mathbb{Z}$ sei

$$\mathcal{P}(S) := \mathcal{P}(S, \mathbb{C}) := \left\{ \sum_{k=-n}^n c_k \chi_k \; ; \; c_k \in \mathbb{C}, \ n \in \mathbb{N} \right\} .$$

Dann ist $\mathcal{P}(S)$ eine dichte Unteralgebra von $C(S) := C(S, \mathbb{C})$.

Beweis Es ist klar, daß $\mathcal{P} := \mathcal{P}(S)$ eine Unteralgebra von $C(S)$ ist mit $\mathbf{1} \in \mathcal{P}$. Wegen $\chi(z) \neq \chi(w)$ für $z \neq w$ trennt $\mathcal{P}$ die Punkte von S, und wegen $\overline{\chi}_k = \chi_{-k}$ ist $\mathcal{P}$ stabil unter Konjugation. Also impliziert Theorem 4.7 wieder die Behauptung. ∎

Die große Allgemeinheit des Satzes von Stone und Weierstraß muß durch einen nichtkonstruktiven Beweis erkauft werden. Beschränkt man sich auf die Situation des klassischen Weierstraßschen Approximationssatzes, also auf das Problem, eine stetige Funktion auf einem kompakten Intervall gleichmäßig durch Polynome zu approximieren, so sind Beweise möglich, welche explizite Vorschriften zur Konstruktion der Näherungspolynome enthalten (vgl. Aufgaben 11 und 12).

Trigonometrische Polynome

Wir greifen Beispiel 4.10(c) nochmals auf und stellen z in der Form e^{it} mit einem geeigneten $t \in \mathbb{R}$ dar. Für $k \in \mathbb{N}$ und $c_k, c_{-k} \in \mathbb{C}$ folgt dann aus der Eulerschen Formel (III.6.1)

$$c_k z^k + c_{-k} z^{-k} = (c_k + c_{-k}) \cos(kt) + i(c_k - c_{-k}) \sin(kt) .$$

Mit

$$a_k := c_k + c_{-k} , \quad b_k := i(c_k - c_{-k}) \tag{4.5}$$

gilt für $p := \sum_{k=-n}^{n} c_k \chi_k \in \mathcal{P}(S)$:

$$p(e^{it}) = \frac{a_0}{2} + \sum_{k=1}^{n} [a_k \cos(kt) + b_k \sin(kt)] . \tag{4.6}$$

Dies legt folgende Definition nahe: Für $n \in \mathbb{N}$ und $a_k, b_k \in \mathbb{K}$ heißt die Funktion

$$T_n : \mathbb{R} \to \mathbb{K} , \quad t \mapsto \frac{a_0}{2} + \sum_{k=1}^{n} [a_k \cos(kt) + b_k \sin(kt)] \tag{4.7}$$

(**$\mathbb{K}$-wertiges**) **trigonometrisches Polynom**. Ist $\mathbb{K} = \mathbb{R}$ bzw. $\mathbb{K} = \mathbb{C}$, so ist T_n **reell** bzw. **komplex**. Gilt $(a_n, b_n) \neq (0, 0)$, ist T_n ein trigonometrisches Polynom vom **Grad** n.

4.11 Bemerkungen (a) Es sei

$$\mathcal{P}(S, \mathbb{R}) := \left\{ p = \sum_{k=-n}^{n} c_k \chi_k ; \ c_{-k} = \bar{c}_k, \ -n \leq k \leq n, \ n \in \mathbb{N} \right\} .$$

Dann gilt $\mathcal{P}(S, \mathbb{R}) = \mathcal{P}(S, \mathbb{C}) \cap C(S, \mathbb{R})$, und $\mathcal{P}(S, \mathbb{R})$ ist eine reelle Unteralgebra von $C(S, \mathbb{R})$.

Beweis Für $p \in \mathcal{P}(S, \mathbb{R})$ gilt

$$\bar{p} = \sum_{k=-n}^{n} \bar{c}_k \bar{\chi}_k = \sum_{k=-n}^{n} c_{-k} \chi_{-k} = p .$$

Dies zeigt $\mathcal{P}(S, \mathbb{R}) \subset \mathcal{P}(S) \cap C(S, \mathbb{R})$. Ist $p \in \mathcal{P}(S)$ reellwertig, so folgt aus $\bar{\chi}_k = \chi_{-k}$, daß

$$\sum_{k=-n}^{n} \bar{c}_k \chi_{-k} = \bar{p} = p = \sum_{k=-n}^{n} c_k \chi_k = \sum_{k=-n}^{n} c_{-k} \chi_{-k}$$

gilt, also

$$\sum_{k=-n}^{n} (c_{-k} - \bar{c}_k) \chi_{-k} = 0 . \tag{4.8}$$

Da χ_{-n} nirgends verschwindet, folgt aus der Relation $\chi_{-k} = \chi_{-n} \chi_{n-k}$, daß (4.8) zu

$$\varphi := \sum_{k=0}^{2n} a_{n-k} \chi_{n-k} = 0 \tag{4.9}$$

mit $a_{n-k} := c_{-k} - \bar{c}_k$ für $-n \leq k \leq n$ äquivalent ist. Da φ die Restriktion auf S eines Polynoms ist, folgt aus dem Identitätssatz für Polynome (Korollar I.8.18) $a_k = 0$ für $0 \leq k \leq 2n$. Also gehört p zu $\mathcal{P}(S, \mathbb{R})$, was die erste Behauptung beweist. Die zweite Aussage ist nun klar. ∎

(b) Es sei $\mathcal{TP}(\mathbb{R}, \mathbb{K})$ die Menge aller $\mathbb{K}$-wertigen trigonometrischen Polynome. Dann ist $\mathcal{TP}(\mathbb{R}, \mathbb{K})$ eine Unteralgebra von $BC(\mathbb{R}, \mathbb{K})$, und

$$\mathrm{cis}^* : \mathcal{P}(S, \mathbb{K}) \to \mathcal{TP}(\mathbb{R}, \mathbb{K}) \,, \quad p \mapsto p \circ \mathrm{cis}$$

ist ein Algebrenisomorphismus.

Beweis Aus (4.5), (4.6) und (a) folgt leicht, daß die Abbildung cis^* wohldefiniert ist. Es ist auch klar, daß $\mathcal{TP}(\mathbb{R}, \mathbb{K})$ ein Untervektorraum von $BC(\mathbb{R}, \mathbb{K})$ ist, und daß cis^* linear und injektiv ist. Es sei $T_n \in \mathcal{TP}(\mathbb{R}, \mathbb{K})$ durch (4.7) gegeben. Wir setzen $p := \sum_{k=-n}^{n} c_k \chi_k$ mit

$$c_0 := a_0/2 \,, \quad c_k := (a_k - ib_k)/2 \,, \quad c_{-k} := (a_k + ib_k)/2 \,, \quad 1 \leq k \leq n \,. \tag{4.10}$$

Dann folgt aus (a), daß p zu $\mathcal{P}(S, \mathbb{K})$ gehört, und (4.5) und (4.6) implizieren $T_n = p \circ \mathrm{cis}$. Also ist cis^* auch surjektiv und somit ein Vektorraumisomorphismus. Ferner gilt

$$\mathrm{cis}^*(pq) = (pq) \circ \mathrm{cis} = (p \circ \mathrm{cis})(q \circ \mathrm{cis}) = (\mathrm{cis}^* p)(\mathrm{cis}^* q) \,, \quad p, q \in \mathcal{P}(S, \mathbb{K}) \,.$$

Folglich ist $\mathrm{cis}^* : \mathcal{P}(S, \mathbb{K}) \to BC(\mathbb{R}, \mathbb{K})$ ein Algebrenhomomorphismus. Hieraus ergibt sich, daß $\mathcal{TP}(\mathbb{R}, \mathbb{K})$, das Bild von $\mathcal{P}(S, \mathbb{K})$ unter cis^*, eine Unteralgebra von $BC(\mathbb{R}, \mathbb{K})$ und cis^* ein Isomorphismus von $\mathcal{P}(S, \mathbb{K})$ auf $\mathcal{TP}(\mathbb{R}, \mathbb{K})$ sind. ∎

(c) Die Unteralgebra $\mathcal{TP}(\mathbb{R}, \mathbb{K})$ ist nicht dicht in $BC(\mathbb{R}, \mathbb{K})$.

Beweis Es sei $f \in BC(\mathbb{R}, \mathbb{K})$ durch

$$f(t) := \begin{cases} -2\pi \,, & -\infty < t < -2\pi \,, \\ t \,, & -2\pi \leq t \leq 2\pi \,, \\ 2\pi \,, & 2\pi < t < \infty \,, \end{cases}$$

definiert. Ferner gelte für $T \in \mathcal{TP}(\mathbb{R}, \mathbb{K})$ die Abschätzung $|T(2\pi) - 2\pi| < 2\pi$. Da T periodisch mit der Periode 2π ist und $f(2\pi) = 2\pi = -f(-2\pi)$ gilt, folgt

$$|T(-2\pi) - f(-2\pi)| = |T(2\pi) + 2\pi| > 2\pi \,.$$

Also ist für jedes $T \in \mathcal{TP}(\mathbb{R}, \mathbb{K})$ die Abschätzung $\|f - T\|_\infty \geq 2\pi$ richtig. Nun folgt die Behauptung aus Satz 4.4. ∎

Nach Beispiel 4.1(e) ist der Abschluß von $\mathcal{TP}(\mathbb{R}, \mathbb{K})$ in $BC(\mathbb{R}, \mathbb{K})$ eine Banachalgebra. Wir werden nun zeigen, daß diese Banachalgebra gerade die Algebra der auf $\mathbb{R}$ stetigen und 2π-periodischen $\mathbb{K}$-wertigen Funktionen ist.

Periodische Funktionen

Zuerst beweisen wir einige allgemeine Eigenschaften periodischer Funktionen. Es seien M eine Menge und $p \neq 0$. Dann heißt $f : \mathbb{R} \to M$ **periodisch** mit der **Periode** p (kurz: p-**periodisch**), wenn gilt:[2] $f(t + p) = f(t)$ für $t \in \mathbb{R}$.

4.12 Bemerkungen   **(a)** Eine p-periodische Funktion ist vollständig bestimmt durch ihre Restriktion auf ein Intervall der Länge p, ein **Periodenintervall**.

(b) Es seien $f : \mathbb{R} \to M$ p-periodisch und $q > 0$. Dann ist die Funktion

$$\mathbb{R} \to M , \quad t \mapsto f(tp/q)$$

q-periodisch. Folglich genügt es für das Studium periodischer Funktionen einer festen Periode p, sich auf den Wert $p = 2\pi$ zu beschränken.

(c) Es sei $\mathrm{Abb}_{2\pi}(\mathbb{R}, M)$ die Teilmenge von $M^{\mathbb{R}}$ der 2π-periodischen Funktionen mit Werten in M. Dann ist die Abbildung

$$\mathrm{cis}^* : M^S \to \mathrm{Abb}_{2\pi}(\mathbb{R}, M) , \quad g \mapsto g \circ \mathrm{cis}$$

bijektiv. Also können wir mittels dieser Bijektion die 2π-periodischen Funktionen mit den Funktionen auf der Einheitskreislinie identifizieren.

Beweis   Da $\mathrm{cis} : \mathbb{R} \to S$ periodisch ist mit der Periode 2π, hat für jedes $g \in M^S$ auch $g \circ \mathrm{cis}$ diese Eigenschaft. Aufgrund von Satz III.6.15 ist $\varphi := \mathrm{cis}\,|\,[0, 2\pi)$ eine Bijektion von $[0, 2\pi)$ auf S. Somit stellt die Funktion $g := f \circ \varphi^{-1}$ für $f \in \mathrm{Abb}_{2\pi}(\mathbb{R}, M)$ eine wohldefinierte Abbildung von S nach M dar, und es ist klar, daß $g \circ \mathrm{cis} = f$ gilt. Also ist cis^* bijektiv. ∎

(d)   Es sei M ein metrischer Raum, und $f \in C(\mathbb{R}, M)$ sei periodisch und nicht konstant. Dann besitzt f eine kleinste positive Periode p, die **minimale Periode**, und $p\mathbb{Z}^{\times}$ ist die Menge aller Perioden von f.

Beweis   Für $t \in \mathbb{R}$ seien $P_t := \{\, p \in \mathbb{R} \,;\, f(t + p) = f(t) \,\}$ und $P := \bigcap_{t \in \mathbb{R}} P_t$. Dann ist $P \backslash \{0\}$ die Menge aller Perioden von f. Da f stetig ist, ist auch $p \mapsto f(t + p)$ stetig auf $\mathbb{R}$. Weil P_t die Faser der Abbildung $p \mapsto f(t + p)$ im Punkt $f(t)$ ist, folgt aus Beispiel III.2.22(a), daß P_t in $\mathbb{R}$ abgeschlossen ist. Also ist auch P als Durchschnitt abgeschlossener Mengen abgeschlossen. Ferner gelten $P \neq \{0\}$, da f periodisch ist, und $P \neq \mathbb{R}$, da f nicht konstant ist. Für $p_1, p_2 \in P$ gilt $f(t + p_1 - p_2) = f(t + p_1) = f(t)$ für $t \in \mathbb{R}$. Also gehört auch $p_1 - p_2$ zu P. Für $p_1 = 0$ folgt somit, daß mit p auch $-p$ zu P gehört. Ersetzen wir nun p_2 durch $-p_2$, erhalten wir $p_1 + p_2 \in P$. Also ist P eine abgeschlossene Untergruppe von $(\mathbb{R}, +)$. Wegen $P \neq \mathbb{R}$ enthält P ein kleinstes positives Element p_0. Denn sonst gäbe es zu jedem $\varepsilon > 0$ ein $p \in P \cap (0, \varepsilon)$, folglich zu jedem $s \in \mathbb{R}$ ein $k \in \mathbb{Z}$ mit $|s - kp| < \varepsilon$. Somit wäre P dicht in $\mathbb{R}$, was nach Satz 4.4 $P = \mathbb{R}$ bedeuten würde. Offensichtlich ist $p_0\mathbb{Z}$ eine Untergruppe von P. Nehmen wir an, $q \in P \backslash p_0\mathbb{Z}$ und, ohne Beschränkung der Allgemeinheit, $q > 0$. Dann gibt es ein $r \in (0, p_0)$ und ein $k \in \mathbb{N}^{\times}$ mit

---

[2]Dies ist ein Spezialfall der in der Fußnote zu Korollar III.6.14 gegebenen Definition.

$q = kp_0 + r$. Hieraus folgt $r = q - kp_0 \in P$, was der Minimalität von p_0 widerspricht. Dies zeigt $P = p_0\mathbb{Z}$, und damit die Behauptung.[3] ∎

Es sei M ein metrischer Raum. Dann setzen wir

$$C_{2\pi}(\mathbb{R}, M) := \{ f \in C(\mathbb{R}, M) \; ; \; f \text{ ist } 2\pi\text{-periodisch} \} .$$

Die folgenden Überlegungen zeigen, daß die Abbildung cis* von Bemerkung 4.11(b) eine stetige Erweiterung auf $C(S, \mathbb{K})$ besitzt. Dieses Resultat, das eine wesentliche Verschärfung von Bemerkung 4.12(c) darstellt, impliziert außerdem, daß wir die stetigen 2π-periodischen Funktionen mit den stetigen Funktionen auf S identifizieren können.

4.13 Satz *Ist M ein metrischer Raum, so ist* cis* *eine Bijektion von $C(S, M)$ auf $C_{2\pi}(\mathbb{R}, M)$.*

Beweis Aus Bemerkung 4.12(c) und der Stetigkeit von cis folgt, daß cis* eine injektive Abbildung von $C(S, M)$ nach $C_{2\pi}(\mathbb{R}, M)$ ist. Da cis* bijektiv von M^S nach $\text{Abb}_{2\pi}(\mathbb{R}, M)$ ist, bleibt zu zeigen, daß für $f \in C_{2\pi}(\mathbb{R}, M)$ die Funktion $(\text{cis}^*)^{-1}(f)$ auf S stetig ist. Dazu beachten wir, daß für $\varphi = \text{cis} \,|\, [0, 2\pi)$ gilt $\varphi^{-1} = \arg |\, S$. Somit folgt aus Aufgabe III.6.9, daß φ^{-1} die Menge $S^\bullet := S \backslash \{-1\}$ stetig auf $(-\pi, \pi)$ abbildet. Also bildet $g := (\text{cis}^*)^{-1}(f) = f \circ \varphi^{-1}$ die Menge $S^\bullet$ stetig nach M ab. Wenn t in $(-\pi, \pi)$ gegen $\pm\pi$ strebt, gilt $\text{cis}(t) \to -1$, und die 2π-Periodizität von f impliziert

$$\lim_{\substack{z \to -1 \\ z \in S^\bullet}} g(z) = f(\pi) = (\text{cis}^*)^{-1}(f)(-1) .$$

Folglich ist $(\text{cis}^*)^{-1}(f)$ stetig auf S. ∎

4.14 Korollar *Es sei $E := (E, |\cdot|)$ ein Banachraum. Dann ist auch $C_{2\pi}(\mathbb{R}, E)$ ein Banachraum mit der Maximumsnorm*

$$\|f\|_{C_{2\pi}} := \max_{-\pi \leq t \leq \pi} |f(t)| ,$$

nämlich ein abgeschlossener Untervektorraum von $BC(\mathbb{R}, E)$, und cis* *ist ein isometrischer Isomorphismus[4] von $C(S, E)$ auf $C_{2\pi}(\mathbb{R}, E)$.*

Beweis Aufgrund von Bemerkung 4.12(a) ist es offensichtlich, daß $C_{2\pi}(\mathbb{R}, E)$ ein Untervektorraum von $BC(\mathbb{R}, E)$ ist, und daß $\|\cdot\|_\infty$ die Norm $\|\cdot\|_{C_{2\pi}}$ induziert. Es ist auch klar, daß der punktweise — also insbesondere der gleichmäßige — Grenzwert einer Folge 2π-periodischer Funktionen wieder 2π-periodisch ist. Folglich ist

---

[3] Dieser Beweis zeigt: Ist G eine abgeschlossene Untergruppe von $(\mathbb{R}, +)$, so gilt entweder $G = \{0\}$, $G = (\mathbb{R}, +)$, oder G ist unendlich **zyklisch** (d.h., G ist eine unendliche Gruppe, die von einem einzigen Element erzeugt wird).

[4] Natürlich ist im Zusammenhang mit Vektorräumen mit einem …morphismus immer ein Vektorraum…morphismus gemeint.

$C_{2\pi}(\mathbb{R}, E)$ ein abgeschlossener Untervektorraum des Banachraums $BC(\mathbb{R}, E)$, also selbst ein Banachraum. Nach Satz 4.13 ist cis^* eine Bijektion von $C(S, E)$ auf $C_{2\pi}(S, E)$, die trivialerweise linear ist. Da cis nach Satz III.6.15 eine Bijektion von $[-\pi, \pi)$ auf S ist, folgt

$$\| \mathrm{cis}^*(f) \|_{C_{2\pi}} = \max_{-\pi \leq t \leq \pi} \left| f(\mathrm{cis}(t)) \right| = \max_{z \in S} |f(z)| = \| f \|_{C(S,E)}$$

für $f \in C(S, E)$. Also ist cis^* isometrisch. ∎

4.15 Bemerkung Für jedes $a \in \mathbb{R}$ gilt:

$$\| f \|_{C_{2\pi}} = \max_{a \leq t \leq a+2\pi} |f(t)| \ .$$

Beweis Dies folgt unmittelbar aus der Periodizität von f. ∎

Der trigonometrische Approximationssatz

Nach diesen Betrachtungen über periodische Funktionen können wir leicht die trigonometrische Form des Weierstraßschen Approximationssatzes beweisen.

4.16 Theorem $C_{2\pi}(\mathbb{R}, \mathbb{K})$ *ist eine Banachalgebra mit dem Einselement* 1, *und die Unteralgebra der trigonometrischen Polynome,* $T\mathcal{P}(\mathbb{R}, \mathbb{K})$, *ist in* $C_{2\pi}(\mathbb{R}, \mathbb{K})$ *dicht. Außerdem ist* cis^* *ein isometrischer Algebrenisomorphismus von* $C(S, \mathbb{K})$ *auf* $C_{2\pi}(\mathbb{R}, \mathbb{K})$.

Beweis Aus Korollar 4.14 wissen wir, daß cis^* ein isometrischer Vektorraumisomorphismus von $C := C(S, \mathbb{K})$ auf $C_{2\pi} := C_{2\pi}(\mathbb{R}, \mathbb{K})$ ist. Beispiel 4.10(c) und Bemerkung 4.11(a) garantieren, daß $\mathcal{P} := \mathcal{P}(S, \mathbb{K})$ eine dichte Unteralgebra von C ist. Bemerkung 4.11(b) besagt, daß $\mathrm{cis}^* \,|\, T\mathcal{P}$ ein Algebrenisomorphismus von $\mathcal{P}$ auf $T\mathcal{P} := T\mathcal{P}(\mathbb{R}, \mathbb{K})$ ist. Es seien nun $f, g \in C$. Dann gibt es Folgen (f_n) und (g_n) in $\mathcal{P}$ mit $f_n \to f$ und $g_n \to g$ in C. Aus der Stetigkeit von cis^* und der Stetigkeit der Multiplikation folgt somit

$$\mathrm{cis}^*(fg) = \lim \mathrm{cis}^*(f_n g_n) = \lim (\mathrm{cis}^* f_n)(\mathrm{cis}^* g_n) = (\mathrm{cis}^* f)(\mathrm{cis}^* g) \ .$$

Also ist cis^* ein Algebrenisomorphismus von C auf $C_{2\pi}$. Da $\mathcal{P}$ dicht in C und cis^* ein Homöomorphismus von C auf $C_{2\pi}$ sind, ist das Bild $T\mathcal{P}$ von $\mathcal{P}$ unter cis^* dicht in $C_{2\pi}$ (vgl. Bemerkung 4.2(d)). ∎

4.17 Korollar (Trigonometrische Form des Weierstraßschen Approximationssatzes)
Zu jedem $f \in C_{2\pi}(\mathbb{R}, \mathbb{K})$ *und jedem* $\varepsilon > 0$ *gibt es* $n \in \mathbb{N}$ *und* $a_k, b_k \in \mathbb{K}$ *mit*

$$\left| f(t) - \frac{a_0}{2} - \sum_{k=1}^{n} \left[a_k \cos(kt) + b_k \sin(kt) \right] \right| < \varepsilon$$

für $t \in \mathbb{R}$.

Theorem 4.16 besagt insbesondere, daß die beiden Banachalgebren $C(S, \mathbb{K})$ und $C_{2\pi}(\mathbb{R}, \mathbb{K})$ isomorph und auch aus metrischer Sicht äquivalent, nämlich isometrisch, sind. Dies bedeutet, daß wir für konkrete algebraische Operationen sowie für Stetigkeitsbetrachtungen und Grenzübergänge stets jenes „Modell" verwenden können, in welchem die entsprechenden Betrachtungen am einfachsten durchzuführen sind. Für algebraische Operationen und abstrakte Betrachtungen wird dies oft die Algebra $C(S, \mathbb{K})$ sein, während für die konkrete Darstellung 2π-periodischer Funktionen meistens dem Raum $C_{2\pi}(\mathbb{R}, \mathbb{K})$ der Vorzug gegeben wird.

Korollar 4.17 legt einige Fragen nahe:

• Unter welchen Bedingungen an die Koeffizientenfolgen (a_k) und (b_k) konvergiert die **trigonometrische Reihe**

$$\frac{a_0}{2} + \sum_k \left[a_k \cos(k \cdot) + b_k \sin(k \cdot) \right] \qquad (4.11)$$

auf $\mathbb{R}$ gleichmäßig? Ist dies der Fall, stellt sie offensichtlich eine stetige periodische Funktion der Periode 2π dar.

• Wie kann man die Koeffizienten a_k und b_k aus $f \in C_{2\pi}(\mathbb{R}, \mathbb{K})$ berechnen, falls f durch eine trigonometrische Reihe dargestellt wird? Sind sie durch f eindeutig bestimmt? Ist jede 2π-periodische stetige Funktion so darstellbar?

Auf die erste dieser Fragen können wir mittels des Weierstraßschen Majorantenkriteriums leicht eine (hinreichende) Antwort geben. Auf die anderen angesprochenen Probleme werden wir in späteren Kapiteln zurückkommen.

Aufgaben

1 Man verifiziere, daß $BC^k(X, \mathbb{K})$ von Aufgabe 2.10 eine Algebra mit Eins und stetiger Multiplikation ist. Für welche k ist $BC^k(X, \mathbb{K})$ eine Banachalgebra?

2 Es seien $x_0, \ldots, x_k \in \mathbb{K}^n \setminus \{0\}$. Dann ist $\left\{ x \in \mathbb{K}^n \ ; \ \prod_{j=0}^k (x \mid x_j) \neq 0 \right\}$ offen und dicht in $\mathbb{K}^n$.

3 Es sei M ein metrischer Raum. Man beweise oder widerlege:

(a) Endliche Durchschnitte dichter Teilmengen von M sind dicht in M.

(b) Endliche Durchschnitte offener dichter Teilmengen von M sind offen und dicht in M.

4 Es seien D_k, $k \in \mathbb{N}$, offene und dichte Teilmengen von $\mathbb{K}^n$ und $D := \bigcap_k D_k$. Dann gilt[5]

(a) D ist dicht in $\mathbb{K}^n$;

(b) D ist überabzählbar.

(Hinweise: (a) Man setze $F_k := \bigcap_{\ell=0}^k D_k$. Dann ist F_k offen und dicht, und $F_0 \supset F_1 \supset \cdots$. Es seien $x \in \mathbb{K}^n$ und $r > 0$. Dann gibt es $x_0 \in F_0$ und $r_0 > 0$ mit $\bar{\mathbb{B}}(x_0, r_0) \subset \mathbb{B}(x, r) \cap F_0$. Induktiv wähle man nun $x_k \in F_k$ und $r_k > 0$ mit $\bar{\mathbb{B}}(x_{k+1}, r_{k+1}) \subset \mathbb{B}(x_k, r_k) \cap F_k$ für $k \in \mathbb{N}$. Schließlich beachte man Aufgabe III.3.4. (b) Falls D abzählbar wäre, gäbe es $x_m \in \mathbb{K}^n$ mit $D = \{ x_m \ ; \ m \in \mathbb{N} \}$. Man betrachte $\bigcap_m \{x_m\}^c \cap \bigcap_k D_k$.)

---

[5](a) ist ein Spezialfall des Satzes von Baire.

5 Es gibt keine Funktion von $\mathbb{R}$ nach $\mathbb{R}$, die in jedem rationalen Punkt stetig und in jedem irrationalen Punkt unstetig ist. (Hinweis: Es sei f ein solche Funktion. Man betrachte $D_k := \{\, x \in \mathbb{R} \;;\; \omega_f(x) < 1/k \,\}$ für $k \in \mathbb{N}^\times$, wobei ω_f der Stetigkeitsmodul von Aufgabe III.1.17 ist. Gemäß Aufgabe III.2.20 ist D_k offen. Außerdem gelten $\mathbb{Q} \subset D_k$ und $\bigcap_k D_k = \mathbb{Q}$, was wegen 4(b) nicht möglich ist.)

6 Es sei V ein endlich-dimensionaler normierter Vektorraum mit Basis $(b_1, \ldots, b_n)$, und D sei eine abzählbare dichte Teilmenge von $\mathbb{K}$. Man zeige, daß $\{\, \sum_{k=1}^n \alpha_k b_k \;;\; \alpha_k \in D \,\}$ abzählbar und dicht in V ist.

7 Es seien $M \subset \mathbb{R}^n$ und $A := \mathbb{K}[X_1, \ldots, X_n]\,|\,M$. Dann trennt A die Punkte von M und ist stabil unter Konjugation.

8 Es seien $-\infty < a < b < \infty$ und $f \in C([a,b], \mathbb{K})$. Man zeige, daß f eine Stammfunktion besitzt. (Hinweise: Es sei (p_n) eine Folge von Polynomen, die gleichmäßig gegen f konvergiert. Man bestimme $F_n \in C^1([a,b], \mathbb{K})$ mit $F_n' = p_n$ und $F_n(a) = 0$. Schließlich beachte man Aufgabe 2.11 und Theorem 2.8.)

9 Es sei $f \in C_{2\pi}(\mathbb{R}, \mathbb{R})$ differenzierbar. Dann hat f' in $(0, 2\pi)$ eine Nullstelle.

10 Es sei $D_0(\mathbb{R}, \mathbb{K})$ die Menge aller absolut konvergenten trigonometrischen Reihen mit $a_0 = 0$ (vgl. (4.11)). Man zeige:

(a) $D_0(\mathbb{R}, \mathbb{K})$ ist eine Unteralgebra von $C_{2\pi}(\mathbb{R}, \mathbb{K})$.

(b) Jedes $f \in D_0(\mathbb{R}, \mathbb{K})$ besitzt eine 2π-periodische Stammfunktion.

(c) Jedes $f \in D_0(\mathbb{R}, \mathbb{R})$ besitzt in $(0, 2\pi)$ eine Nullstelle.

(d) Aussage (c) ist für Funktionen aus $D_0(\mathbb{R}, \mathbb{C})$ falsch.

11 Für $n \in \mathbb{N}$ und $0 \le k \le n$ werden die (**elementaren**) **Bernsteinpolynome** $B_{n,k}$ durch

$$B_{n,k} := \binom{n}{k} X^k (1-X)^{n-k}$$

definiert.

Man zeige:

(a) Die Bernsteinpolynome bilden für jedes $n \in \mathbb{N}$ eine **Zerlegung der Eins**, d.h., es gilt $\sum_{k=0}^n B_{n,k} = 1$.

(b) $\sum_{k=0}^n k B_{n,k} = nX$, $\sum_{k=0}^n k(k-1) B_{n,k} = n(n-1)X^2$.

(c) $\sum_{k=0}^n (k - nX)^2 B_{n,k} = nX(1-X)$.

(Hinweis: Für $y \in \mathbb{R}$ sei $p_{n,y} := (X+y)^n$. Man betrachte $X p_{n,y}'$ und $X^2 p_{n,y}''$ und setze dann $y := 1 - X$.)

12 Es seien E ein Banachraum und $f \in C([0,1], E)$. Dann konvergiert die Folge $(B_n(f))$ der **Bernsteinpolynome für** f,

$$B_n(f) := \sum_{k=0}^n f\!\left(\frac{k}{n}\right) B_{n,k}, \qquad n \in \mathbb{N},$$

in $C([0,1], E)$, also gleichmäßig auf $[0,1]$, gegen f. (Hinweis: Für geeignete $\delta > 0$ betrachte man $|x - n/k| \le \delta$ und $|x - n/k| > \delta$ und verwende Aufgabe 11.)

13 Es sei X ein topologischer Raum. Eine Familie $\mathcal{B}$ offener Mengen von X heißt **Basis der Topologie** von X, wenn es zu jedem $x \in X$ und jeder Umgebung U von x ein $B \in \mathcal{B}$ gibt mit $x \in B \subset U$. Man beweise:

(a) Jeder separable metrische Raum besitzt eine abzählbare Basis offener Mengen.

(b) Jede Teilmenge eines separablen metrischen Raumes ist separabel (d.h. ein separabler metrischer Raum mit der induzierten Metrik).

(c) Jede Teilmenge des $\mathbb{R}^n$ ist separabel.

14 Es sei X ein kompakter separabler metrischer Raum. Dann ist $C(X, \mathbb{K})$ ein separabler Banachraum. (Hinweis: Man betrachte Linearkombinationen mit rationalen Koeffizienten von „Monomen" $d_{B_1}^{m_1} \cdot \cdots \cdot d_{B_k}^{m_k}$ mit $k \in \mathbb{N}$, $m_j \in \mathbb{N}$, $B_j \in \mathcal{B}$, wobei $\mathcal{B}$ eine Basis der Topologie von X ist, und $d_B := d(\cdot, B^c)$ für $B \in \mathcal{B}$.)

> **Bemerkung** Aus Satz IX.1.8 folgt, daß jeder kompakte metrische Raum separabel ist.

Anhang

Einführung in die Schlußlehre

1 Die Schlußlehre handelt von Aussagen und Beweisen. Beispiele von *Aussagen* sind etwa: *Die Gleichung* $x^2 + 1 = 0$ *hat keine Lösung* oder *2 ist größer als 3* oder *Durch einen Punkt außerhalb einer Geraden läuft genau eine Parallele zu dieser Geraden* (Parallelenpostulat in der Formulierung von Proklos).

Wie man sieht, können Aussagen 'wahr', 'falsch' oder 'unbeweisbar' sein. An sich sind sie an keinen Wahrheitsbegriff gebunden. Meist ergibt sich ein Wahrheitsgehalt nur im Zusammenhang mit anderen Aussagen.

Aussagen werden in einer bestimmten Sprache ausgedrückt. In den Begriffsbildungen, die die Logik entworfen hat, erscheinen Aussagen als Sätze formaler Sprachen. Solche Sprachen beruhen auf simplen Wortbildungsregeln und Grammatiken, vermeiden somit die vielen Zweideutigkeiten herkömmlicher 'Idiome', führen aber zu unübersichtlichen immens langen Sätzen.

Da wir uns hier einer herkömmlichen Sprache bedienen, müssen wir auf eine genaue Definition des Aussagenbegriffs verzichten. Unsere Aussagen werden zwar in Sätzen der deutschen Sprache formuliert, können jedoch nicht mit solchen Sätzen identifiziert werden. Denn erstens können verschiedene Sätze dieselbe Aussage liefern; so wird durch *Es existiert keine Zahl x so, daß* $x^2 = -1$ dieselbe Aussage formuliert wie in unserem ersten Beispiel. Zweitens sind viele Sätze mehrdeutig, weil Wörter mehrere Bedeutungen haben oder weil Teile der beabsichtigten Aussagen unterdrückt werden, wenn sie als selbstverständlich betrachtet werden; so wird in unserem ersten Beispiel verschwiegen, daß nur reelle Lösungen gefragt sind. Schließlich liefern die meisten Alltagssätze keine Aussagen in unserem Sinne; denn wir wollen nicht versuchen, Sätze wie *Der FC Bayern steckt in einer Krise* in ein logisch kohärentes System von Aussagen einzubinden. Wir beschränken uns hier auf Aussagen über *Terme*, d.h. über mathematische Objekte wie Zahlen, Punkte, Funktionen, Variablen, ...

2 Wenn wir schon auf eine genaue Definition des Aussagenbegriffs verzichten, so wollen wir zumindest einige Konstruktionsregeln angeben:

a) Die *Gleichsetzung*: Terme können immer gleichgesetzt werden. So erhält man etwa die als 'wahr' geltende Aussage *Die Lösungsmenge der Gleichung* $x^2 - 1 = 0$ *ist gleich* $\{-1, 1\}$ und die 'falsche' Aussage '$2 = [0, 1]$'.

b) Die *Zugehörigkeit*: Sätze wie *Der Punkt P liegt auf der Geraden $\mathcal{G}$, P gehört zur Geraden $\mathcal{G}$* oder *P ist ein Element der Geraden $\mathcal{G}$* liefern dieselbe Aussage, die oft auch formelhaft mit Hilfe des Zugehörigkeitszeichens $\in$ ausgedrückt wird: '$P \in \mathcal{G}$'.

Aus beliebigen Aussagen können neue Aussagen wie folgt gewonnen werden:

c) Zunächst gehört zu jeder Aussage ϕ eine *Negation* $\neg\phi$ dieser Aussage. So ist *Die Gleichung $x^2 + 1 = 0$ hat keine Lösung* die Negation von *Die Gleichung* $x^2 + 1 = 0$ *hat eine Lösung*. Die Negation von *2 ist größer als 3* ist *2 ist nicht größer als 3*; sie ist zu unterscheiden von *2 ist kleiner als 3*.

d) Aus je zwei Aussagen ϕ und ψ wird eine Aussage $\phi \to \psi$ (in Worten: *wenn ϕ dann ψ*) gewonnen. So erhält man etwa die 'wahre', anscheinend abstruse Aussage '*Wenn 2 größer ist als 3, dann hat die Gleichung $x^2 + 1 = 0$ eine Lösung*'.

e) Die Konstruktionen c) und d) können auch kombiniert werden: so erhält man aus ϕ und ψ die Aussagen $\phi \vee \psi = (\neg\phi) \to \psi$ (in Worten: ϕ *oder* ψ) und $\phi \wedge \psi = \neg(\phi \to \neg\psi)$ (in Worten: ϕ *und* ψ).

f) *Existenzaussagen*: Die Aussage *Es existieren reelle Zahlen x und y so, daß* $x^2 + y^2 = 1$ wird oft formelhaft mit Hilfe des Zeichens $\exists$ (*Existenzquantor*) ausgedrückt:

$$\exists x\, \exists y\Big(((x \in \mathbb{R}) \wedge (y \in \mathbb{R})) \wedge (x^2 + y^2 = 1)\Big).$$

Dabei bezeichnet $\mathbb{R}$ die Menge der reellen Zahlen.

Der Ausdruck $((x \in \mathbb{R}) \wedge (y \in \mathbb{R})) \wedge (x^2 + y^2 = 1)$ liefert hier keine Aussage, weil x und y unbestimmte *Variablen* sind. Er ist eine *Aussageform*, die verschiedene Aussagen liefert, wenn die Variablen durch Zahlen ersetzt oder wie oben durch Existenzquantoren zu einer Existenzaussage *gebunden* werden.

g) Eine Aussage wie *Für alle reellen x und alle reellen y gilt $x^2 + y^2 > 0$* ist eine 'doppelt' negierte Existenzaussage:

$$\neg(\exists x)(\exists y)\Big(\neg\big((x \in \mathbb{R}) \wedge (y \in \mathbb{R}) \to (x^2 + y^2 > 0)\big)\Big).$$

In der Praxis kürzt man diese Formel wie folgt mit Hilfe des Zeichens $\forall$ (*Allquantor*) ab:

$$(\forall x)(\forall y)\big((x \in \mathbb{R}) \wedge (y \in \mathbb{R}) \to (x^2 + y^2 > 0)\big)$$

3 Zu jeder Aussagenmenge Γ gehört ihr *logischer Abschluß* $\overline{\Gamma}$, der die Aussagen umfaßt, die von Γ *impliziert* werden. Zur Beschreibung von $\overline{\Gamma}$ listet die Schlußlehre genaue Konstruktionsregeln auf, woraus insbesondere folgt, daß $\overline{\Gamma}$ die Menge Γ (Voraussetzungsregel) sowie den logischen Abschluß $\overline{\Delta}$ jeder Teilmenge Δ von $\overline{\Gamma}$

(Kettenregel) enthält. Von den übrigen Regeln seien hier nur die wichtigsten angeführt. Dabei bedeutet die Notation $\Gamma \vdash \phi$, daß Γ die Aussage ϕ impliziert; analog bedeutet $\Gamma, \psi \vdash \phi$, daß ϕ von der Aussagenmenge impliziert wird, die aus ψ und den Aussagen aus Γ besteht ... :

a) $\Gamma \vdash (t = t)$ für jede Aussagenmenge Γ und jeden 'konstanten' Term t (Gleichheitsregel). Insbesondere wird $t = t$ von der 'leeren' Aussagenmenge $\emptyset$ impliziert.

b) $\psi, \neg\psi \vdash \phi$ für alle Aussagen ϕ und ψ (Widerspruchsregel).

c) Aus $\Gamma, \psi \vdash \phi$ und $\Gamma, \neg\psi \vdash \phi$ folgt $\Gamma \vdash \phi$ (Fallunterscheidungsregel).

d) Aus $\Gamma, \phi \vdash \psi$ folgt $\Gamma \vdash (\phi \to \psi)$ (Implikationsregel).

e) $\phi, (\phi \to \psi) \vdash \psi$ (Modus ponens).

f) Sind $a, b, \ldots, c$ konstante Terme und $\phi(x, y, \ldots, z)$ eine Aussageform mit den freien Variablen $x, y, \ldots, z$, so gilt $\phi(a, b, \ldots, c) \vdash (\exists x)(\exists y) \ldots (\exists z)\phi(x, y, \ldots, z)$ (Substitutionsregel).

4   Durch Zusammensetzung ergeben sich aus 3 weitere Konstruktionsregeln:

a) Aus $\Gamma \vdash (\phi \to \psi)$ folgt $\Gamma, \phi \vdash \psi$ (Umkehrung der Implikationsregel):
Denn aus $\phi, (\phi \to \psi) \vdash \psi$ (Modus ponens) folgt $\Gamma, \phi, (\phi \to \psi) \vdash \psi$ sowie $\Gamma, \phi \vdash \psi$, weil $\phi \to \psi$ zu $\overline{\Gamma}$ gehört (Kettenregel).

b) $(\phi \to \psi) \vdash (\neg\psi \to \neg\phi)$ (1. Kontrapositionsregel):
Denn aus $\phi, (\phi \to \psi) \vdash \psi$ (Modus ponens) folgt $\phi, (\phi \to \psi), \neg\psi \vdash \psi$.
Mit $\phi, (\phi \to \psi), \neg\psi \vdash \neg\psi$ folgt $\phi, (\phi \to \psi), \neg\psi \vdash \neg\phi$ (Widerspruchsregel).
Aus $\phi, (\phi \to \psi), \neg\psi \vdash \neg\phi$ und $\neg\phi, (\phi \to \psi), \neg\psi \vdash \neg\phi$ folgen schließlich $(\phi \to \psi), \neg\psi \vdash \neg\phi$ (Fallunterscheidung)
und das gewünschte $(\phi \to \psi) \vdash (\neg\psi \to \neg\phi)$ (Implikationsregel).
Ähnlich beweist man die Regeln
$(\phi \to \neg\psi) \vdash (\psi \to \neg\phi)$ (2. Kontrapositionsregel),
$(\neg\phi \to \psi) \vdash (\neg\psi \to \phi)$ (3. Kontrapositionsregel),
$(\neg\phi \to \neg\psi) \vdash (\psi \to \phi)$ (4. Kontrapositionsregel).
Zum Beweis der 4. Regel etwa ersetze man ϕ, $\neg\phi$, ψ und $\neg\psi$ beziehungsweise durch $\neg\phi$, ϕ, $\neg\psi$ und ψ im Beweis der 1. Regel.
Natürlich fallen die Kontrapositionsregeln 2–4 mit der ersten zusammen, wenn die zugrunde liegende Sprache so beschaffen ist, daß eine doppelte Negation $\neg\neg\phi$ stets mit ϕ übereinstimmt. Dies mag so sein in der Alltagssprache, wenn wir die doppelte Negation *Es stimmt nicht, daß die Gleichung* $x^2 + 1 = 0$ *keine Lösung hat* als reine Umformulierung der Aussage *Die Gleichung* $x^2 + 1 = 0$ *hat eine Lösung* auffassen. Jedoch unterscheidet man ϕ von $\neg\neg\phi$ in den üblichen formalen Sprachen der Logik. In diesen ist $\neg\neg\phi$ nur 'äquivalent' zu ϕ im Sinn der Implikation:

c) $\phi \vdash \neg\neg\phi$ und $\neg\neg\phi \vdash \phi$ (Regeln der doppelten Negation):
Denn aus $\neg\phi \vdash \neg\phi$ (Voraussetzungsregel) folgt
$\emptyset \vdash (\neg\phi \to \neg\phi) \vdash (\phi \to \neg\neg\phi)$ (Implikations- und 2. Kontrapositionsregel).

Aus $\emptyset \vdash (\phi \to \neg\neg\phi)$ (Kettenregel) folgt dann $\phi \vdash \neg\neg\phi$ (Umkehrung der Implikationsregel).

d1) $\psi \vdash (\phi \to \psi)$:
Aus $\psi, \phi \vdash \psi$ (Voraussetzungsregel) folgt nämlich $\psi \vdash (\phi \to \psi)$ (Implikationsregel).

d2) $\neg\phi \vdash (\phi \to \psi)$:
Gemäß Kettenregel folgt dies aus $\neg\phi \vdash (\neg\psi \to \neg\phi)$ und $(\neg\psi \to \neg\phi) \vdash (\phi \to \psi)$ (4. Kontrapositionsregel)

d3) $\phi, \neg\psi \vdash \neg(\phi \to \psi)$:
Denn aus $\phi, (\phi \to \psi) \vdash \psi$ (Modus ponens) folgt $\phi \vdash ((\phi \to \psi) \to \psi)$ (Implikationsregel) sowie $\phi \vdash (\neg\psi \to \neg(\phi \to \psi))$ (1. Kontrapositions- und Kettenregel). Die Umkehrung der Implikationsregel liefert nun die gewünschte Behauptung.

e1) $\phi, \psi \vdash \phi \wedge \psi$ (Konjunktionsregel):
Denn aus $\phi, (\phi \to \neg\psi) \vdash \neg\psi$ (Modus ponens) folgt $\phi \vdash ((\phi \to \neg\psi) \to \neg\psi)$ (Implikationsregel). Wegen der 2. Kontrapositions- und der Kettenregel gilt dann auch $\phi \vdash (\psi \to \neg(\phi \to \neg\psi))$. Die Umkehrung der Implikationsregel liefert nun die gewünschte Behauptung.

e2) $(\phi \wedge \psi \vdash \phi)$:
Denn aus $\neg\phi \vdash (\phi \to \neg\psi)$ (d2) folgt $\emptyset \vdash (\neg\phi \to (\phi \to \neg\psi)) \vdash (\neg(\phi \to \neg\psi) \to \phi)$ (3. Kontrapositionsregel) und $\neg(\phi \to \neg\psi) \vdash \phi$ (Umkehrung der Implikationsregel).

e3) $(\phi \wedge \psi \vdash \psi)$:
Denn aus $\neg\psi \vdash (\phi \to \neg\psi)$ (d1) folgt $\emptyset \vdash (\neg\psi \to (\phi \to \neg\psi)) \vdash (\neg(\phi \to \neg\psi) \to \psi)$ (3. Kontrapositionsregel) und $\neg(\phi \to \neg\psi) \vdash \psi$ (Umkehrung der Implikationsregel).

f1) $\psi \vdash (\phi \vee \psi) \vdash (\psi \vee \phi)$ (Disjunktionsregel):
Nach Definition gilt nämlich $(\phi \vee \psi) = (\neg\phi \to \psi)$. Die erste Implikation folgt also aus d1), die zweite aus der 3. Kontrapositionsregel.

f2) $(\phi \vee \psi), \neg\phi \vdash \psi$ (Modus ponens).

5 Die Konstruktionsregeln des logischen Abschlusses liefern eine Reihe von Aussagen α so, daß $\emptyset \vdash \alpha$. Aus $\phi \vdash \phi$ und der Implikationsregel erhält man etwa $\emptyset \vdash (\phi \to \phi)$ für jede Aussage ϕ. Insbesondere gilt die Implikation '*Tertium non datur*': $\emptyset \vdash (\psi \vee \neg\psi) = (\neg\psi \to \neg\psi)$.

Aussagen, die von der leeren Aussagenmenge impliziert werden, kann man als *absolut wahr* bezeichnen. Weitere Beispiele absolut wahrer Aussagen sind: $t = t$, $\neg\phi \to (\phi \to \psi)$, $(\phi \vee \psi) \to (\psi \vee \phi)$, $\phi \to \neg\neg\phi$, $(\psi \wedge \neg\psi) \to \phi$, …

Da den Mathematiker aber nach mehr dürstet als nur nach Absolutem, stellt er in der Regel seinen Schlüssen Aussagen Γ voran, die er seiner Erfahrung entnimmt und *Axiome* nennt. Beispiele solcher Axiome sind etwa das Parallelenpostulat im euklidischen Aufbau der Geometrie oder das *Extensionalitätsaxiom* der

Mengenlehre (Mengen x und y sind genau dann gleich, wenn jedes z aus x zu y gehört und jedes z aus y zu x):

$$\forall x \forall y \Big(\forall z \big((z \in x \to z \in y) \wedge (z \in y \to z \in x) \big) \to x = y \Big).$$

Das Ziel des Mathematikers ist die Ergründung des logischen Abschlusses $\overline{\Gamma}$ der vorangestellten Aussagenmenge. Wir wollen hier annehmen, daß seine Axiome unser Vertrauen verdienen, daß Γ also keinen Widerspruch der Form $(\neg \phi \wedge \phi) = \neg(\neg \phi \to \phi)$ impliziert. Dementsprechend nennen wir eine Aussage ϕ *wahr*, wenn sie zu $\overline{\Gamma}$ gehört; wir nennen sie *falsch*, wenn $\neg\phi$ wahr ist.

Eine Aussage der Form $\phi \vee \psi$ ist wahr, wenn eine der Aussagen ϕ, ψ wahr ist (Disjunktionsregel). Sie ist falsch, wenn ϕ und ψ falsch sind (4f2). Sie kann aber durchaus wahr sein, ohne daß eine der Aussagen ϕ, $\neg\phi$, ψ, $\neg\psi$ zu $\overline{\Gamma}$ gehört. So ist die Aussage $\psi \vee \neg\psi$ absolut wahr. Daraus folgt im allgemeinen aber nicht, daß ψ wahr ist oder falsch. Es kann durchaus sein, daß ψ nicht *entscheidbar* ist, d.h. daß weder ψ noch $\neg\psi$ von Γ impliziert werden.

Beschränken wir uns auf *entscheidbare* Aussagen, so erhalten wir eine *Wahrheitsfunktion*, die jeder entscheidbaren Aussage einen der beiden Werte w (= wahr) oder f (= falsch) zuordnet. Die folgende 'Wahrheitstafel' liefert den Wahrheitswert von Zusammensetzungen entscheidbarer Aussagen. Die Entscheidbarkeit dieser Zusammensetzungen folgt leicht aus 3 und 4. Ist ϕ etwa wahr und ψ falsch, so sind $\neg\phi$, $\phi \to \psi$, $\phi \wedge \psi$ falsch und $\phi \vee \psi$ wahr.

ϕ	ψ	$\neg\phi$	$\phi \to \psi$	$\phi \vee \psi$	$\phi \wedge \psi$
w	w	f	w	w	w
w	f	f	f	w	f
f	w	w	w	w	f
f	f	w	w	f	f

6 Für eine präzisere Besprechung der Schlußlehre müssen wir auf die Expertenliteratur verweisen, etwa auf [EFT96]. Die dort erläuterten Grammatiken formaler Sprachen sind durchaus simpel. Wir gehen hier aber nicht näher darauf ein, weil wir unsere Sätze in der 'Alltagssprache' formulieren. Diese ist dem Leser geläufig und erlaubt viele Abkürzungen nach geeigneter Einarbeitung. Sie unterscheidet auch nicht scharf zwischen Syntax und Semantik. Für sie ist eine *Menge* noch eine *Zusammenfassung von Gegenständen der Sachwelt oder des Denkens*. Sie wird nicht zu einem reinen Buchstaben degradiert, der in Zeichenzusammensetzungen wie $x \in M$ auftaucht und jeglichen Sinnes entleert wurde. In formalen Sprachen wird die Interpretation dem Leser überlassen, in der Alltagssprache wird sie in der Regel mitgeliefert.

Literaturverzeichnis

[Art93] M. Artin. *Algebra*. Birkhäuser, Basel, 1993.

[Ded32] R. Dedekind. *Was sind und was sollen die Zahlen?* Gesammelte mathematische Werke, Band 3. Vieweg & Sohn, Braunschweig, 1932.

[Dug66] J. Dugundji. *Topology*. Allyn & Bacon, Boston, 1966.

[Ebb77] H.-D. Ebbinghaus. *Einführung in die Mengenlehre*. Wiss. Buchgesellschaft, Darmstadt, 1977.

[EFT96] H.-D. Ebbinghaus, J. Flum, W. Thomas. *Einführung in die mathematische Logik*. Spektrum Akademischer Verlag, Heidelberg, 1996.

[FP85] U. Friedrichsdorf, A. Prestel. *Mengenlehre für den Mathematiker*. Vieweg & Sohn, Braunschweig/Wiesbaden, 1985.

[Gab96] P. Gabriel. *Matrizen, Geometrie, Lineare Algebra*. Birkhäuser, Basel, 1996.

[Hal69] P. Halmos. *Naive Mengenlehre*. Vandenhoeck & Ruprecht, Göttingen, 1969.

[Hil23] D. Hilbert. *Grundlagen der Geometrie*. Anhang VI: Über den Zahlbegriff. Teubner, Leipzig, 1923.

[IK66] E. Isaacson, H.B. Keller. *Analysis of Numerical Methods*. Wiley, New York, 1966.

[Koe83] M. Koecher. *Lineare Algebra und analytische Geometrie*. Springer Verlag, Berlin, 1983.

[Lan30] E. Landau. *Grundlagen der Analysis* (4. Auflage, Chelsea, New York 1965). Leipzig, 1930.

[Ost45] A. Ostrowski. *Vorlesungen über Differential- und Integralrechnung I–III*. Birkhäuser, Basel, 1945–1954.

[Wal82] R. Walter. *Einführung in die lineare Algebra*. Vieweg & Sohn, Braunschweig, 1982.

[Wal85] R. Walter. *Lineare Algebra und analytische Geometrie*. Vieweg & Sohn, Braunschweig, 1985.

[WS79] H. Werner, R. Schaback. *Praktische Mathematik II*. Springer Verlag, Berlin, 1979.

Index